siam.

国外油气勘探开发新进展丛书

GUOWAIYOUQIKANTANKAIFAXINJINZHANCONGSHU

COMPUTATIONAL METHODS FOR MULTIPHASE FLOWS IN POROUS MEDIA

多孔介质中多相流动的计算方法

【美】陈掌星（Zhangxing Chen）
【中】桓冠仁（Guanren Huan） 著
【中】马远乐（Yuanle Ma）
吴淑红 王宝华 李巧云 李 华 等译

石油工業出版社

内容提要

本书系统阐述了油藏工程领域各种渗流的数学模型、数值模型及求解，以及油藏数值模拟的实际应用等，包括单相流、两相流、黑油模型、挥发油、组分模型、非等温流动、化学组分模型、裂缝多孔介质流动等渗流微分方程及其数值求解方法，以及井建模、采收率优化、地面管网系统等专题。

本书可作为高等院校石油工程专业教材使用，也可供从事油气田开发、油气藏数值模拟相关专业研究人员、技术人员参考使用。

图书在版编目（CIP）数据

多孔介质中多相流动的计算方法 /（美）陈掌星，桓冠仁，马远乐著；吴淑红等译．—北京：石油工业出版社，2024.10

（国外油气勘探开发新进展丛书．二十六）

Computational Methods for Multiphase Flows in Porous Media

ISBN 978-7-5183-5677-5

Ⅰ. ①多… Ⅱ. ①陈… ②桓… ③马… ④吴… Ⅲ. ①多孔介质－多相流动－计算方法 Ⅳ. ① TE319

中国国家版本馆 CIP 数据核字（2023）第 054090 号

出版发行：石油工业出版社

（北京安定门外安华里 2 区 1 号　100011）

网　址：www.petropub.com

编辑部：（010）64523760

图书营销中心：（010）64523633

经　　销：全国新华书店

印　　刷：北京中石油彩色印刷有限责任公司

2024 年 10 月第 1 版　2024 年 10 月第 1 次印刷

787×1092 毫米　开本：1/16　印张：30.75

字数：750 千字

定价：120.00 元

《国外油气勘探开发新进展丛书(二十六)》编委会

主　任: 何江川

副主任: 李国欣　方　庆　雷　平

编　委: (按姓氏笔画排序)

于荣泽　方　辉　刘　卓

李　中　李文宏　吴淑红

秦　勇　章卫兵

序

“他山之石，可以攻玉”。学习和借鉴国外油气勘探开发新理论、新技术和新工艺，对于提高国内油气勘探开发水平、丰富科研管理人员知识储备、增强公司科技创新能力和整体实力、推动提升勘探开发力度的实践具有重要的现实意义。鉴于此，中国石油勘探与生产分公司（现为中国石油油气和新能源分公司）和石油工业出版社组织多方力量，本着先进、实用、有效的原则，对国外著名出版社和知名学者最新出版的、代表行业先进理论和技术水平的著作进行引进并翻译出版，形成涵盖油气勘探、开发、工程技术等上游较全面和系统的系列丛书——《国外油气勘探开发新进展丛书》。

自 2001 年丛书第一辑正式出版后，在持续跟踪国外油气勘探、开发新理论新技术发展的基础上，从国内科研、生产需求出发，截至目前，优中选优，共计翻译出版了二十五辑 100 余种专著。这些译著发行后，受到了企业和科研院所广大科研人员和大学院校师生的欢迎，并在勘探开发实践中发挥了重要作用。达到了促进生产、更新知识、提高业务水平的目的。同时，集团公司也筛选了部分适合基层员工学习参考的图书，列入“千万图书下基层，百万员工品书香”书目，配发到中国石油所属的 4 万余个基层队站。该套系列丛书也获得了我国出版界的认可，先后八次获得了中国出版协会的“引进版科技类优秀图书奖”，形成了规模品牌，获得了很好的社会效益。

此次在前二十五辑出版的基础上，经过多次调研、筛选，又推选出了《油藏描述、建模和定量解释》《致密油藏表征、建模与开发》《蠕虫状胶束的体系、表征及应用》《非常规油气人工智能预测和建模方法》《多孔介质中多相流动的计算方法》《页岩油气开采》等 6 本专著翻译出版，以飨读者。

在本套丛书的引进、翻译和出版过程中，中国石油油气和新能源分公司和石油工业出版社在图书选择、工作组织、质量保障方面积极发挥作用，一批具有较高外语水平的知名专家、教授和有丰富实践经验的工程技术人员担任翻译和审校工作，使得该套丛书能以较高的质量正式出版，在此对他们的努力和付出表示衷心的感谢！希望该套丛书在相关企业、科研单位、院校的生产和科研中继续发挥应有的作用。

丛书编委会

前　言

自 19 世纪末开始，数学模型就已应用在油气藏开发模拟中 (Darcy，1856)。完整的数学模型包括一组描述油气藏流体运移的微分方程、适当的边界条件和 / 或初始条件，预测可靠度取决于油气藏描述的准确性。由于油气藏渗流过程十分复杂无法准确描述，因此建立数学模型通常需要一定的简化和假设。解析求解数学模型所需的假设十分苛刻，如许多解析解问题需要假设储层均质且各向同性，因此一般情况下必须使用数值方法近似求解数学模型。20 世纪 50 年代以来，随着电子计算机的广泛应用，数值方法开始使用在油气藏复杂流体渗流过程的预测、理解和优化中。此外，油气藏开发领域出现了复杂的提高采收率技术，只有精细的数学和计算工具才有能力模拟其中的复杂物理现象和急剧变化的流体界面。本书为研究人员提供了多孔介质特别是油藏领域渗流研究成果，总结了各种多相流和渗流模型以及求解这些模型所使用的计算方法。

本书对油藏渗流模拟的计算方法，特别是有限元法的应用进行了基础和实用的介绍。文中尽量深入浅出地引入每个概念，尽可能严格严谨，同时尽量降低抽象程度，使得内容不那么晦涩难懂。在建立数值方法时，对基本概念进行了简要的讨论，并为读者提供了合适的参考书籍，以便获得更多的细节。书中尽量不给出任何数学证明，而是总结了多相流方程和计算方法以引入基本术语和符号。对这些主题，文中以一致的方式深入讨论了各方面内容，并将重点放在这些方程的数学公式和求解方法上。

本书共涵盖四个主题 (渗流和输运方程及其数值解、岩石和流体性质、数值方法和线性方程组求解)、八个应用 (单相流、两相流、黑油模型、挥发油、组分模型、非等温流、化学组分模型、裂缝多孔介质流) 和六个专题 (井建模、粗化、历史拟合、并行计算、采收率优化和地面网络系统)。每一章的结尾都有参考书籍和练习题。

在第二章中，第 2.1 节为概述，之后总结了单相流 (第 2.2 节)、两相流 (第 2.3 节)、流体中某一组分的运移 (第 2.4 节)、流体中多组分运移 (第 2.5 节)、黑油模型 (第 2.6 节)、挥发油模型 (第 2.7 节)、组分模型 (第 2.8 节)、非等温模型 (第 2.9 节)、化学组分模型 (第 2.10 节)，以及裂缝多孔介质流的模型 (第 2.11 节) 等各种渗流类型的基本控制方程。第 2.2 节以可变形介质、非达西定律和其他影响为例讨论了单相流的特殊情况。此外，在第 2.3 节中为两相流建立了其他特殊微分方程，这些微分方程可以推广到其他类型的流动。第 2.12 节讨论了所有这些流之间的关系。

第三章考虑了岩石和流体性质。第 3.1 节岩石物性中讨论了毛细管压力和相对渗透率，第 3.2 节的流体性质中研究了油、气、水性质和状态方程。第 3.3 节描述了与温度相关的岩石和流体性质。

第四章建立了数值方法，重点是有限元法。第 4.1 节前言中介绍了经典有限差分法，随后总结了 6 种主要类型的有限元法：标准法 (第 4.2 节)、控制体积法 (第 4.3 节)、间断法 (第 4.4 节)、混合法 (第 4.5 节)、特征法 (第 4.6 节) 和自适应法 (第 4.7 节)。所有这些有限元法都已应用在油藏模拟中。每一种方法都给出了简短介绍，以及符号、基本术语和必要概念的解释。

第五章讨论了油藏数值模拟的线性系统求解方法；直接和迭代两种算法。第 5.1 节和第 5.2 节分别讨论了用于三对角矩阵和一般带状矩阵的高斯消元法和 Cholesky 方法。因为矩阵的结构取决于节点的顺序，所以第 5.3 节专门对此进行了讨论。第 5.4 节至第 5.7 节分别描述了 Krylov 子空间算法：共轭梯度（CG）、广义最小残差（GMRES）、正交最小残差（ORTHOMIN）和稳定双共轭梯度（BiCGSTAB）迭代算法。第 5.8 节和第 5.9 节研究了这些算法的预处理方法及其选择方法。第 5.10 节分析了油藏模拟实际应用时选择预处理方法的考虑。最后，第 5.11 节给出了直接和迭代算法的比较。

第 6 章至第 12 章，研究了单相流、两相流、黑油、组分、非等温、化学组分，以及裂缝性多孔介质流的数值计算方法。对于单相和两相流，对比了数值和解析解。对于两相流，也给出了不同数值方法的比较。对于黑油模型，对比了不同的求解方案（例如，全隐式、顺序和 IMPES——隐压显饱）。第 6 章至第 12 章给出的数值和实验算例包括石油工程师学会组织前九个标准算例和现场实际问题。

第 13 章讨论了使用有限差分和有限元法求解直井和水平井模型。最后，第 14 章简要介绍了粗化、历史拟合、并行计算、采收率优化和地面网络系统。

这本书可以作为地质学、石油工程和应用数学方面研究生（甚至是高年级本科生）的教科书；也可以作为手册，为石油行业中需要掌握建模和计算方法的员工提供参考；还可以作为地质学家、石油工程师、应用数学家和油藏数值模拟领域科学家的参考书。使用本书的前提条件是需要了解微积分和基础物理知识，熟悉偏微分方程和线性代数。

第 2 章至第 5 章是本书的核心内容。第 6 章至第 13 章本质上每章都是独立的，可以选择不同的学习路径。每章的练习对于学习本章具有十分重要的作用，读者应该花时间复习练习题。

最后，笔者向多人表达谢意，他们为本书编撰提供了不同的帮助。在成书过程中笔者得到了 Jim Douglas, Jr. 教授和 Richard E. Ewing 教授的大力支持；感谢 Ian Gladwell 教授阅读整个手稿并提出宝贵的建议；Roland Glowinski 教授为本书确定了书名。许多学生对这本书的早期草稿做出了宝贵的支持，特别感谢 Baoyan Li 博士和 Wenjun Li 博士为本书做的很多数值实验。

Zhangxing Chen，Guanren Huan，Yuanle Ma

美国　得克萨斯州　达拉斯

目 录

第1章 绪 论

1.1 油藏模拟

在数学术语中，多孔介质是欧几里得空间 $\boldsymbol{R}^d$（$d=1,2,3$）子集的闭包。油藏是含有烃类化合物的多孔介质。油藏模拟的主要目标是预测油藏未来的产量，并找到优化烃类化合物采收率的方法和手段。

油藏的两个重要特征是岩石及其内部流体的性质。油藏通常是非均质的；它的属性在很大程度上取决于空间位置。例如，裂缝性油藏就是非均质的，由多孔介质块（基质）和裂缝组成。这样油藏的岩石性质会发生巨大的变化；渗透率可以从基质的1毫达西（mD）到裂缝的数千毫达西不等。虽然裂缝性油藏的控制方程与普通油藏类似，但还有其他的困难需要克服。本书介绍的数学模型考虑了多孔介质的非均质性，并给出了普通介质和裂缝性介质的计算方法。

油藏中流体的性质很大程度上取决于采油的阶段。在早期阶段，油藏中基本上只存在单一流体，如气或油（通常可以忽略水）。通常情况下，此阶段的压力非常高，因此可以通过简单的自然降压开采气或油，而不必进行任何人工举升。这个阶段称为一次采油，当油藏与大气之间达到压力平衡时结束。一次采油通常会将70%~85%的烃类化合物留在油藏中。

为了采集剩余油，通常会把某种流体（通常为水）注入一些井（注入井）中，同时利用其他井（生产井）产油。该过程有助于保持较高的油藏压力和流量，推动剩余油流向生产井。这一采油阶段称为二次采油（或水驱）。

在二次采油中，如果油藏压力高于油相的泡点压力，则存在两相非混相流，一相是水，另一相是油，且两相之间没有传质。如果油藏压力降低至泡点压力以下，那么油相（更确切地说是烃相）在热力学平衡状态下，分裂成液相和气相。在这种情况下，流体是黑油类型；水相与其他相没有质量交换，但液相和气相之间存在质量交换。

水驱的作用有限，在此阶段过后，油藏中通常会剩余50%或更多的残余油。受表面张力作用影响，大量原油被困在孔隙中，不能驱替出来。此外，当油为重油或稠油时，水极易发生指进。此时生产井主要产出的是水，而不是石油。

为了将更多的油气开采出来，人们开发了若干提高采收率技术。这些技术涉及复杂的化学和热效应，称为三次采油或提高采收率技术（EOR）。提高采收率技术是指通过向油藏中注入通常不存在于油藏的物质来驱替采油。提高采收率技术有许多种，但其主要目标之一是实现混相，从而减少残余油饱和度。提高温度（如原位燃烧）或注入 CO_2 等其他化学物质都可以实现混相。提高采收率的一个典型流动是组分流，其中只有化学物质的数量是事先确定的，而相的数量以及各相包含哪些化学物质则取决于热力学条件和各类化学物质的总浓度。其他类型的流动则使用热力法，特别是蒸汽驱和蒸汽吞吐，以及化学驱，例如碱性、表面活性剂、聚合物和泡沫驱（ASP+泡沫）。本书考虑了油藏应用中所有的类流动类型。

1.2 数值方法

通常来说，油藏数学模型的控制方程不能通过解析法求解，但可以通过计算机用数值模型求解。自20世纪50年代以来，计算机得到了广泛应用，数值模型也被用于预测，理解和优化油藏中复杂的流体流动过程。近年来计算能力的进步（特别是随着新型并行体系结构的出现）极大地提升了解决更大型模型的潜力，从而允许将更多物理知识结合到微分方程中。虽然有一些书研究了有限差分法在多孔介质领域应用（Peaceman，1977b；Aziz et al.，1979），但似乎没有一本书对有限元法在该领域的应用进行研究。本书目的是尝试为该领域，特别是油藏工程方面的研究人员提供当下最先进的有限元方法。

与有限差分法相比，有限元法问世的时间还不长。有限元法相对于有限差分法的优势在于它可以相对容易地处理一般的边界条件，复杂几何形状和可变材料性质。而且，有限元清晰的结构和通用性使得开发通用应用软件成为可能。此外，有一个坚实的理论基础可以让人充满信心，在许多情况下有限元解的具体误差估计都可以求出。Courant（1943）首先引入了有限元方法。在20世纪50—70年代，工程师和数学家将其发展为偏微分方程数值解的一般方法。

在石油和天然气的勘探生产及采收率技术需求的推动下，石油行业使用有限元法开发并实现了各种油藏数值模拟器（可以参见自1968年以来石油工程师协会一年发表两次的SPE数值模拟文章）。除上述优点外，在应用于油藏模拟时有限元法还具有一些独特的性质，如在网格取向效应下降时；在实现局部网格加密，水平井和斜井以及角点技术时；在断层和裂缝的模拟中；在流线的设计中，以及在对数值解高阶精度要求中。本书将详细研究这些内容。

本书涵盖了标准有限元法及其两个密切相关的方法——控制体积法和间断有限元法。控制体积有限元法在每个控制体积上都具有局部质量守恒的性质，而间断法与已在油藏模拟中使用的有限体积法密切相关。本书还讨论了两种非标准方法——混合有限元法和特征有限元法。研究混合有限元法的原因是，在许多应用中，向量变量（如油藏模拟中的速度场）是人们感兴趣的主变量，因此设计了混合法同时估算这个变量以及标量变量（如压力），并绘出了两个变量的高阶近似。特征有限元法适用于平流（或对流）问题。该方法采取较大的时间步长，刻画尖锐的解前缘，并保存质量。最后，本书还介绍了自适应有限元法。该方法能自我调整改进具有重要局部和瞬态特征的近似解。

1.3 线性系统求解

对于具有100000个网格以上的油藏模拟算例，80%~90%总模拟时间用于线性系统的求解。因此，在油藏模拟中选择一种快速的线性求解方法就至关重要。通常情况下，在油藏数值模拟中出现的系统矩阵是稀疏、高度不对称且病态的。虽然稀疏，但其天然带状结构通常被射孔到众多网格块中的井和（或）不规则的网格结构破坏。此外，矩阵的维数 M 通常从几百到几百万不等。对于此类系统的求解，Krylov子空间算法是唯一选择。

求解非对称线性方程组无参数Krylov子空间算法有十几种。三个主要的迭代算法是

CGN（正则共轭梯度迭代），GMRES（残差最小化）和 BiCGSTAB（从双共轭梯度迭代演化而来的双正交化方法）。这三种算法的功能完全不同，可以构造矩阵的例子，以表明每种类型的迭代都可以以 $\sqrt{M}$ 或 M 数量级的因子优于其他迭代（Nachtigal et al.，1992）。而且，这些算法在没有预处理的情况下通常是无用的。本书将讨论 Krylov 子空间算法及其预处理方法。对这些算法及其预处理的研究适用于一般的算法。对于给定问题本书还提供如何选择合适算法的一些指导原则。

1.4 数值求解方法

由于多孔介质中的流体流动模型涉及非线性、时变偏微分方程的大型耦合系统，因此数值模拟中的一个重要问题是开发出稳定、有效、可靠、准确和有自适应能力的时间推进技术。像前向欧拉方法这样的显式方法需要满足 Courant-Friedrichs-Lewy（CFL）时间步约束，而隐式方法如后向欧拉法和 Crank-Nicolson 方法则相当稳定。另外，显式方法在计算上效率很高，而隐式方法需要在每个时间步求解大型的非线性方程组。在油藏模拟中，经常使用显式方法及一些类似牛顿迭代的线性化方法。由于 CFL 条件，该方法需要非常大的计算量模拟油田尺度模型中的长时间段（例如，超过十年）问题，因此不能有效地利用完全显式的方法，尤其是对于强非线性问题。

IMPES（隐压显饱）方法可以提供更好的稳定性且不需要大量的计算。该方法适用于中等难度和非线性问题（例如，两相不可压缩流），广泛应用于石油行业。然而，对于强非线性问题，特别是涉及两个以上流体相的问题，它是效率不高。

求解多相流方程的另一个基本方案是联立求解（SS）方法，它同时隐式地求解所有耦合的非线性方程。该技术是稳定的，在保持稳定性的同时可以采取非常大的时间步长。对于黑油模型和热采模型（具有几个组分），SS 方法是一个不错的选择。然而，对于许多化学组分的复杂问题（例如，组分和化学组分流问题），需要求解的系统矩阵的尺寸太大，即使当今的计算能力也难以完成。

此外还有各种用于隐式求解而没有完全耦合的顺序方法。它们不如 SS 方法稳定但计算的效率更高，与 IMPES 方法相比则更稳定但效率低。顺序方法非常适合组分和化学组分流等涉及很多化学组分的问题。

最后，自适应隐式方法可用于油藏模拟。该技术的主要思想是在 IMPES（或顺序方法）和 SS 方法之间寻求一种有效的折中办法。也就是说，在给定的时间步，昂贵的 SS 方法仅用于需要它的那些网格，而在剩余的网格上使用 IMPES 方法。求解方法的大多数研究都集中在时间推进的稳定性，以及有效线性化和迭代求解上。这些方法的准确性也必须得到解决。本书涵盖并比较了所有提到的解决方法。

1.5 数值例子

本书给出了许多数值例子测试和比较不同的数值方法、线性系统求解方法和算例求解方法。这些例子以石油工程师学会组织的前九个标准算例为基础。通常，每个算例大约有十个组织参与。书中给出的数值例子包括三维黑油模拟，锥进问题研究，逆凝析气藏的循环注气分析，注蒸汽模拟，双重孔隙模型模拟，网格技术，水平井模型和大规模油藏模拟。

书中还给出了几个基于实际油藏数据的数值例子。

1.6 地下水流模型

有许多使用类似于油藏模拟技术和方法的模型和模拟过程，其中一个例子是地下水流模型。地下水是地球上分布最广，最重要的资源之一。例如，美国一半以上的人口依靠地下水供水。此外，地下水是灌溉和工业生产用水的重要来源。在美国的很大一部分地区，可用的地下水资源是制约发展和经济活动的根本因素。若由于处置不当或意外泄漏导致有机、无机和放射性污染物进入地下，会危害地下水的质量。保护地下水质是一个具有广泛经济和社会重要性的问题。

土壤科学家和农业工程师数十年地对地下水运动进行了研究。该研究可以追溯到Richards（1931）的文献。地下是一个多相系统，它至少由三个相组成：土壤基质的固相、水相和气相。也可能存在其他相，如单独的有机液相或冰相。研究地下系统的传统方法主要集中在水上。在过去的几十年里，关于其他相的非常重要的问题也引起了人们的兴趣。其中包括修复技术评估，如土壤通风，其中气相起着重要作用。土壤通风技术的初衷是在污染物严重污染地下水源之前从土壤中清除污染物。它的工作原理是将空气泵送通过地下被挥发性污染物污染的部分，使其挥发，从而通过气相流将其除去。此项技术的先前评估表明，该技术在可挥发性污染物清理方面是经济有效的。对于这种应用，必须求解空气—水系统的耦合非线性方程组。虽然地下水模型变得越来越重要，但对它的研究超出了本书的范围。然而，需要强调的是油藏中使用的类似技术和方法也适用于地下水流动（Chen et al.，1997a；Helmig，1997）。

1.7 盆地模拟

盆地模拟这一术语常用于描述三个因素：沉积物的埋藏史，沉积物的热历史，烃化合物的产生、迁移和保存。沉积物的埋藏历史由沉积物源，化学和机械压实，构造力，侵蚀和侵入事件以及海平面变化推动。了解沉积物的这种动态演化对盆地模拟至关重要，因为古构造、孔隙度、沉积热导率、溶解度、断层和流体流动都取决于沉积的行为模式。当已知沉积物的埋藏史时，需要确定其热历史。对此，有两种方法。第一种方法使用热通量演化的先验模型，并且通过法则确定。第二种方法使用当前数据，其中包含一些累积的热历史测量值，并尝试利用这些数据重建沉积物的热历史。确定沉积热历史后，需要确定碳烃化合物的产生、迁移和保存。在这一步中，需要弄清楚有机材料产生烃类的热动力学模型方法和手段，并验证其准确性。所有这些因素构成了盆地模拟的关键部分。盆地建模是一个非常重要和复杂的过程（Allen et al.，1990；Lerche，1990；Chen et al.，2002b）。由于本书的篇幅有限，该主题将不再进一步讨论。

1.8 单位

美国的油藏工程几乎全部使用英制单位。然而，公制系统，特别是SI（Sisteme International）单位系统的使用一直在增加。因此，本书给出 SI 基本单位和一些从 Campbell et al.（1985）、

Lake（1989）改编的常见衍生单位。SI 基本参数和单位见表 1.1。当使用摩尔时，必须明确基本实体；它们可以是石油工程中的原子、分子、离子、电子、其他粒子或特定的粒子群。

表 1.2 给出了一些 SI 衍生单位，一些有用的单位转换见表 1.3。在压力（1MPa≈147psia）和温度（1K＝1.8R，Rankine）之间的换算是两个比较麻烦的转换。华氏温度和摄氏温度都不是绝对的，因此需要额外的转换。

$$°F = R - 459.67,\quad °C = K - 273.16$$

表 1.1　SI 基本参数和单位

基本参数	SI 单位名称	SI 单位符号	SPE 符号
时间	秒	s	t
长度	米	m	L
质量	千克	kg	M
热力学温度	开尔文	K	T
物质的量	摩尔	mol	

表 1.2　一些常见的 SI 衍生单位

参数	单位名称	SI 单位符号	单位符号
压力	帕斯卡	Pa	N/m^2
速度	米每秒		m/s
加速度	米每二次方秒		m/s^2
面积	平方米		m^2
体积	立方米		m^3
密度	千克每立方米		kg/m^3
能量（功）	焦耳	J	N·m
力	牛顿	N	$kg \cdot m/s^2$
运动黏度	帕斯卡秒		Pa·s
动力黏度	平方米每秒		m^2/s

表 1.3 单位转换

原单位	目标单位	转换系数
天（平均太阳日）	秒（s）	8.640000×10^{4}
达西	米²（m^2）	9.869232×10^{-13}
英里（美国的测量）	米（m）	1.609347×10^{3}
英亩（美国的测量）	米²（m^2）	4.046872×10^{3}
英亩	英尺²（ft^2）	4.356000×10^{4}
气压（标准）	帕斯卡（Pa）	1.013250×10^{5}
bar	帕斯卡（Pa）	1.000000×10^{5}
桶	英尺³（ft^3）	5.615000×10^{0}
桶（石油 42 加仑）	米³（m^3）	1.589873×10^{-1}
英热单位	焦耳（J）	1.055232×10^{3}
达因	牛顿（N）	1.000000×10^{-5}
加仑（美）	米³（m^3）	3.785412×10^{-3}
公顷	米²（m^2）	1.000000×10^{4}
克	千克（kg）	1.000000×10^{-3}
磅（质量）	千克（kg）	4.535924×10^{-1}
吨（2000 lbm）	千克（kg）	9.071847×10^{2}

绝对温度刻度 K 和 R 不使用上标 °。由于质量和标准体积可以互换使用，因此体积转换也很麻烦：

$$1 \text{ 油桶（或 bbl）} = 0.159\text{m}^3$$

$$1 \text{ 标准桶（或 STB）} = 0.159\text{SCM}$$

符号 SCM（标准立方米）不是标准的 SI 单位；它表示在标准压力和温度下计算的 1m^3 中所含的质量。

使用单位前缀有时很方便（参见表 1.4），但需要仔细。如果对前缀单元取幂，则指数对前缀和单位都有效。例如，$1\text{km}^2 = 1(10^3\text{m})^2 = 1 \times 10^6\text{m}^2$。

表 1.4 SI 单位前缀

因数	SI 前缀	符号	含义（美制）
10^{-9}	纳	n	十亿分之一
10^{-6}	微	μ	百万分之一
10^{-3}	毫	m	千分之一

续表

因数	SI 前缀	符号	含义（美制）
10^{-2}	厘	c	百分之一
10^{-1}	分	d	十分之一
10	十	da	十倍
10^{2}	百	h	百倍
10^{3}	千	k	千倍
10^{6}	百万	M	百万倍
10^{9}	十亿	G	十亿倍
10^{12}	万亿	T	万亿倍

在 SI 和实际单位之间有几个量具有完全相同或近似的数值：

$$1\text{cP} = 1\text{mPa}\cdot\text{s},\quad 1\text{dyn/cm} = 1\text{mN/m},$$

$$1\text{Btu} \approx 1\text{kJ},\quad 1\text{D} \approx 1\mu\text{m}^2,\quad 1\text{ppm} \approx 1\text{g/m}^3。$$

还有更实用的几个单位转换：

$$1\text{atm}=14.7\text{psia},\quad 1\text{d}=24\text{h},\quad 1\text{ft}=30.48\text{cm},$$

$$1\text{bbl}=5.615\text{ft}^3,\quad 1\text{D}=1000\text{mD},\quad 1\text{h}=3600\text{s}。$$

更多单位转换将在第 16 章说明。

第2章　渗流和输运方程

2.1　概述

19 世纪后期起，油气藏数学模型就得到了广泛应用。这些数学模型由描述油气藏流体渗流的方程组，以及适当的边界和 / 或初始条件组成。本章主要讨论这些数学模型。

油气藏渗流方程遵守质量、动量和能量守恒。在油气藏渗流模拟中，动量方程遵循达西定律（Darcy，1856），该定律由经验推导得到，描述了多孔介质中流体速度与势梯度之间的线性关系规律，其理论基础可见于 Whitaker（1966）等；也可参考 Bear（1972）和 Scheidegger（1974）的著作。本章节考虑一些已知的具有实际意义的模型。

有很多描述多孔介质渗流的书，如 Muskat（1937，1949）研究了地下渗流力学，Collins（1961）讨论了油藏工程实践和理论基础，Bear（1972）的则是关于流体动力学和静力学的。Peaceman（1977）以及 Aziz et al.（1979）（也可参考 Mattax et al.，1990）介绍了有限差分法在多孔介质渗流方程中的应用。虽然 Chavent 和 Jaffré（1986）讨论了有限元法，但非常简短，其中大部分内容都是关于数学模型的。Ewing（1983），Wheeler（1995）和 Chen et al.（2000A）讨论了渗流问题的有限元方法。也有关于地下水文学的，如 Polubarinova-Kochina（1962），Wang et al.（1982），以及 Helmig（1997）。

本章内容经过高度提炼概括，笔者没有推导多孔介质渗流微分方程，而是介绍了这些方程式，以及所使用的术语和符号。本章结构如下：第 2.2 节讨论了多孔介质单相流，虽然本书的重点是常见的多孔介质，但也将可变形和裂缝多孔介质作为例子进行了研究。此外，本节还介绍了具备非达西效应的渗流方程，并给出了边界条件和初始条件。第 2.3 节建立了多孔介质两相非混相流的控制方程，着重研究了非混相渗流的特殊微分方程，给出了它们的边界条件和初始条件。第 2.4 节研究了流体相中单组分的流动和运移，以及一种流体与另一种流体的混相驱问题，还讨论了扩散和弥散效应。第 2.5 节中探讨了流体相中的多组分运移，介绍了反应流问题。第 2.6 节介绍了三相黑油模型。第 2.7 节建立了包括原油挥发性效应的挥发油模型。第 2.8 节建立了涉及相间传质的多相多组分渗流的微分方程。尽管大多数数学模型都是等温流动的，但第 2.9 节中也介绍了非等温渗流模型。第 2.10 节研究了化学驱模型，介绍了 ASP+ 泡沫（碱性、表面活性剂和聚合物驱）驱油。第 2.11 节详细地研究了流体在裂缝多孔介质中的流动。第 2.12 节专门讨论了本章介绍的所有渗流模型之间的关系。最后，第 2.13 节列出了参考书目。本章简要介绍数学模型，关于控制微分方程和本构关系的更多细节在后面章节给出，并具体讨论这些模型。

“相” 这一术语表示具有均质化学组分和物理特性的物质。固相、液相和气相之间各不相同。尽管在多孔介质中可能存在多个液相，但是气相只能有一个，各相彼此分开。“组分”这一术语与特定的化学物质相关，且组分是相的组成部分。

2.2 单相流

本节考虑等温条件下充满整个多孔介质孔隙空间的“牛顿流体”的流动。

2.2.1 多孔介质中的单相流

通过质量守恒、达西定律和状态方程可以得到多孔介质中单相流体（单一组分或均质混合物）的控制方程。假设由弥散和扩散引起的质量流很小（相对对流质量通量），可以忽略不计，那么对于流体质量来说流固界面就是一个实质面，即该流体的质量不穿过该界面。

令 $\boldsymbol{x}=(x_1, x_2, x_3)$ 和 t 分别表示空间和时间变量。设 ϕ 为多孔介质的孔隙度（岩样内可用于流体存储的孔隙总体积所占百分比），ρ 为单位体积的流体密度，$\boldsymbol{u}=(u_1, u_2, u_3)$ 为“达西流速”，q 为外部源和汇。考虑一个渗流场中的矩形六面体，面与坐标轴平行（图 2.1）。

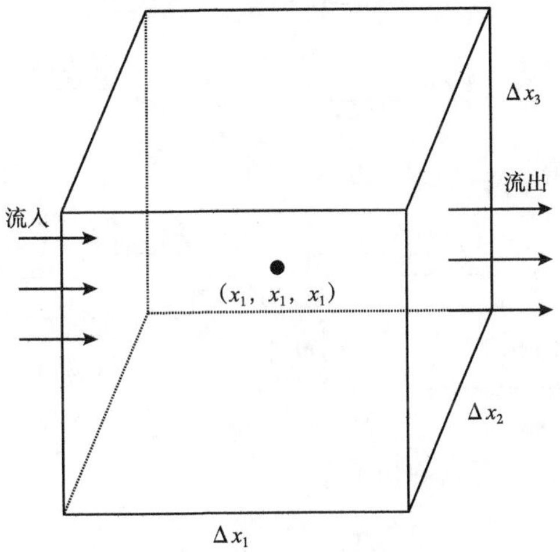

图 2.1 渗流场中的六面体单元

设 (x_1, x_2, x_3) 为该六面体的中心点坐标，沿 x_i 坐标方向的长度为 Δx_i，$i=1, 2, 3$。流体质量流量（单位时间、单位面积的质量流量）在 x_i 方向上的分量为 ρu_i。如图 2.1 所示，单位时间内在 $x_1-\dfrac{\Delta x_1}{2}$ 处流入侧面的质量流量为

$$(\rho u_1)_{x_1-\frac{\Delta x_1}{2},x_2,x_3}\Delta x_2\Delta x_3$$

在 $x_1+\dfrac{\Delta x_1}{2}$ 处流出侧面的质量流量为

$$(\rho u_1)_{x_1+\frac{\Delta x_1}{2},x_2,x_3}\Delta x_2\Delta x_3$$

类似地，x_2 和 x_3 坐标方向上流入和流出侧面的质量流量分别是

$$(\rho u_2)_{x_1,x_2-\frac{\Delta x_2}{2},x_3}\Delta x_1\Delta x_3,\quad (\rho u_2)_{x_1,x_2+\frac{\Delta x_2}{2},x_3}\Delta x_1\Delta x_3$$

和

$$(\rho u_3)_{x_1,x_2,x_3-\frac{\Delta x_3}{2}}\Delta x_1\Delta x_2,\quad (\rho u_3)_{x_1,x_2,x_3+\frac{\Delta x_3}{2}}\Delta x_1\Delta x_2$$

令 $\partial/\partial t$ 为时间微分，单位时间内由于液体压缩性引起的质量增量为

$$\frac{\partial(\phi\rho)}{\partial t}\Delta x_1\Delta x_2\Delta x_3$$

同时六面体内质量减少，即由强度 q（单位时间内单位体积的质量）的下降引起的积累质量减少（增加）为

$$-q\Delta x_1\Delta x_2\Delta x_3$$

质量流入和流出差等于六面体内质量累积之和：

$$\left[(\rho u_1)_{x_1-\frac{\Delta x_1}{2},x_2,x_3}-(\rho u_1)_{x_1+\frac{\Delta x_1}{2},x_2,x_3}\right]\Delta x_2\Delta x_3+\left[(\rho u_2)_{x_1,x_2-\frac{\Delta x_2}{2},x_3}-(\rho u_2)_{x_1,x_2+\frac{\Delta x_2}{2},x_3}\right]\Delta x_1\Delta x_3+$$
$$\left[(\rho u_3)_{x_1,x_2,x_3-\frac{\Delta x_3}{2}}-(\rho u_3)_{x_1,x_2,x_3+\frac{\Delta x_3}{2}}\right]\Delta x_1\Delta x_2=\left[\frac{\partial(\phi\rho)}{\partial t}-q\right]\Delta x_1\Delta x_2\Delta x_3$$

方程两边除以 $\Delta x_1\Delta x_2\Delta x_3$ 得

$$-\frac{(\rho u_1)_{x_1+\frac{\Delta x_1}{2},x_2,x_3}-(\rho u_1)_{x_1-\frac{\Delta x_1}{2},x_2,x_3}}{\Delta x_1}-\frac{(\rho u_2)_{x_1,x_2+\frac{\Delta x_2}{2},x_3}-(\rho u_2)_{x_1,x_2-\frac{\Delta x_2}{2},x_3}}{\Delta x_2}-$$
$$\frac{(\rho u_3)_{x_1,x_2,x_3+\frac{\Delta x_3}{2}}-(\rho u_3)_{x_1,x_2,x_3-\frac{\Delta x_3}{2}}}{\Delta x_3}=\frac{\partial(\phi\rho)}{\partial t}-q$$

令 $\Delta x_i\to 0$，$i=1$，2，3，得到质量守恒方程

$$\frac{\partial(\phi\rho)}{\partial t}=-\nabla\cdot(\rho\boldsymbol{u})+q \tag{2.1}$$

其中 $\nabla\cdot$ 是“散度”算子：

$$\nabla\cdot\boldsymbol{u}=\frac{\partial u_1}{\partial x_1}+\frac{\partial u_2}{\partial x_2}+\frac{\partial u_3}{\partial x_3}$$

注意，对于汇 q 是负数，对于源 q 是正数。

式（2.1）适用三维空间。如果引入如下维数因子，该方程也适用于一维（x_1 方向）或二维（x_1x_2 平面）流动：

$$\begin{cases}\bar{\alpha}(\boldsymbol{x})=\Delta x_2(\boldsymbol{x})\Delta x_3(\boldsymbol{x}), & \text{一维}\\ \bar{\alpha}(\boldsymbol{x})=\Delta x_3(\boldsymbol{x}), & \text{二维}\\ \bar{\alpha}(\boldsymbol{x})=1, & \text{三维}\end{cases}$$

对于这三种情况，式（2.1）变为

$$\bar{\alpha}\frac{\partial(\phi\rho)}{\partial t}=-\nabla\cdot(\bar{\alpha}\rho\boldsymbol{u})+\bar{\alpha}q \tag{2.2}$$

定义地层体积因子 B 为油藏条件下流体体积与标准条件下同质量流体体积的比值：

$$B(p,T)=\frac{V(p,T)}{V_s}$$

其中 s 表示标准条件，p 和 T 分别表示流体压力和温度（油藏条件下）。设 W 为流体的质量。由于 $V=W/\rho$ 且 $V_s=W/\rho_s$，其中 ρ_s 是标准条件下的密度，可以得到

$$\rho=\frac{\rho_s}{B}$$

将 ρ 代入式（2.2），可得

$$\bar{\alpha}\frac{\partial}{\partial t}\left(\frac{\phi}{B}\right)=-\nabla\cdot\left(\frac{\bar{\alpha}}{B}\boldsymbol{u}\right)+\frac{\bar{\alpha}q}{\rho_s} \tag{2.3}$$

虽然式（2.1）和式（2.3）是等价的，但除黑油和挥发油模型外，本书使用前者。

除方程式（2.1）之外，达西定律的形式也可以表示动量守恒（Darcy，1856），即流速和压头梯度之间的线性关系式为：

$$\boldsymbol{u}=-\frac{1}{\mu}\boldsymbol{K}(\nabla p-\rho\wp\nabla z) \tag{2.4}$$

其中 $\boldsymbol{K}$ 表示多孔介质的绝对渗透率张量，μ 表示流体黏度，$\wp$ 为重力加速度，z 为深度，∇ 为梯度算子：

$$\nabla p=\left(\frac{\partial p}{\partial x_1},\frac{\partial p}{\partial x_2},\frac{\partial p}{\partial x_3}\right)$$

式（2.4）中 x_3 坐标的方向垂直向下。渗透率是一种衡量通过多孔介质能力的平均介质属性。在某些情况下，可以假设 $\boldsymbol{K}$ 为对角张量。

$$\boldsymbol{K}=\begin{pmatrix}K_{11} & & \\ & K_{22} & \\ & & K_{33}\end{pmatrix}=\mathrm{diag}(K_{11},K_{22},K_{33})$$

如果 $K_{11}=K_{22}=K_{33}$，多孔介质是各向同性的；否则，是各向异性的。

2.2.2 单相流的一般方程

将式（2.4）代入式（2.1）得到

$$\frac{\partial(\phi\rho)}{\partial t}=\nabla\cdot\left[\frac{\rho}{\mu}\boldsymbol{K}(\nabla p-\rho\wp\nabla z)\right]+q \tag{2.5}$$

在固定温度 T 下，用流体压缩系数 c_f 表示状态方程：

$$c_f=-\frac{1}{V}\frac{\partial V}{\partial p}\bigg|_T=\frac{1}{\rho}\frac{\partial\rho}{\partial p}\bigg|_T \tag{2.6}$$

其中 V 代表油藏条件下流体所占体积。结合式（2.5）和式（2.6）就得到主要未知量 p 或 ρ 的

封闭系统。这一系统可以简化，如微可压缩流体中 p 和 ρ 之间的线性关系；详见下一小节。

在数学分析中，通过引入拟压力（Hubbert，1956），将式（2.5）写成如下重力的稳式形式：

$$\Phi' = \int_{p^0}^{p} \frac{1}{\rho(\xi)\wp} \mathrm{d}\xi - z \tag{2.7}$$

表示式（2.5）有时更方便，其中 p^0 为参考压力。将式（2.7）代入式（2.5）得

$$\frac{\partial(\phi\rho)}{\partial t} = \nabla \cdot \left(\frac{\rho^2 \wp}{\mu} \boldsymbol{K} \nabla \Phi' \right) + q \tag{2.8}$$

在数值计算中，更常使用的是势（压头）

$$\Phi = p - \rho \wp z$$

当 $p^0=0$ 且 p 为常数时，$\boldsymbol{\Phi}$ 与 $\boldsymbol{\Phi}'$ 之间具有关系式

$$\Phi = \rho \wp \Phi'$$

如果忽略 $\wp z \nabla \rho$ 项，则式（2.5）可以用 $\boldsymbol{\Phi}$ 表示：

$$\frac{\partial(\phi\rho)}{\partial t} = \nabla \cdot \left(\frac{\rho}{\mu} \boldsymbol{K} \nabla \Phi \right) + q \tag{2.9}$$

通常来说，三维介质单相流中没有分布质量源或汇。作为近似，可以考虑流体的源和汇位于孤立点 $x^{(i)}$ 的情况。这些点源和点汇可以被介质外的小球包围。这些球体的表面可以认为是质边界的一部分，每个源或汇的单位体积质量流速决定了通过其表面的总流量。

处理点源和点汇的另一种方法是将它们代入到质量守恒方程中。即，对于点汇，定义式（2.5）中的 q 为

$$q = -\sum_i \rho q^{(i)} \delta\left[\boldsymbol{x} - \boldsymbol{x}^{(i)} \right] \tag{2.10}$$

其中 $q^{(i)}$ 表示在 $x^{(i)}$ 处单位时间产生的流体体积，δ 为狄拉克 δ 函数。对于点源，q 由下式给出

$$q = \sum_i \rho^{(i)} q^{(i)} \delta\left[\boldsymbol{x} - \boldsymbol{x}^{(i)} \right] \tag{2.11}$$

其中 $q^{(i)}$ 和 $\rho^{(i)}$ 分别表示单位时间注入的流体体积和其在 $x^{(i)}$ 处的密度（已知）。源和汇的处理将在后面的章节（见第 13 章）更详细地讨论。

2.2.3 微可压缩流体和岩石的方程

有时可以假设，流体压缩系数 c_{f} 在一定压力范围内是常数。因此，在积分后（见练习 2.1），可以将式（2.6）改写为

$$\rho = \rho^0 \mathrm{e}^{c_{\mathrm{f}}(p-p^0)} \tag{2.12}$$

其中 ρ^0 是参考压力为 p^0 处的密度。由泰勒级数展开，可知

$$\rho = \rho^0 \left[1 + c_{\mathrm{f}}\left(p-p^0\right) + \frac{1}{2!} c_{\mathrm{f}}^2 \left(p-p^0\right)^2 + \cdots \right]$$

近似为

$$\rho \approx \rho^0\left[1+c_{\mathrm{f}}\left(p-p^0\right)\right] \tag{2.13}$$

定义岩石压缩系数

$$c_{\mathrm{R}}=\frac{1}{\phi}\frac{\mathrm{d}\phi}{\mathrm{d}p} \tag{2.14}$$

积分后可得

$$\phi=\phi^0\mathrm{e}^{c_{\mathrm{R}}\left(p-p^0\right)} \tag{2.15}$$

其中 ϕ^0 是 p^0 处的孔隙度。同理，它的近似值为

$$\phi \approx \phi^0\left[1+c_{\mathrm{R}}\left(p-p^0\right)\right] \tag{2.16}$$

求导后得

$$\frac{\mathrm{d}\phi}{\mathrm{d}p}=\phi^0 c_{\mathrm{R}} \tag{2.17}$$

对式（2.5）左侧求时间导数，得

$$\left(\phi\frac{\partial\rho}{\partial p}+\rho\frac{\mathrm{d}\phi}{\mathrm{d}p}\right)\frac{\partial p}{\partial t}=\nabla\cdot\left[\frac{\rho}{\mu}\boldsymbol{K}\left(\nabla p-\rho\wp\nabla z\right)\right]+q \tag{2.18}$$

将式（2.6）和式（2.17）代入式（2.18）可得

$$\rho\left(\phi c_{\mathrm{f}}+\phi^0 c_{\mathrm{R}}\right)\frac{\partial p}{\partial t}=\nabla\cdot\left[\frac{\rho}{\mu}\boldsymbol{K}\left(\nabla p-\rho\wp\nabla z\right)\right]+q$$

定义综合压缩系数为

$$c_t=c_{\mathrm{f}}+\frac{\phi^0}{\phi}c_{\mathrm{R}} \tag{2.19}$$

得到

$$\phi\rho c_t\frac{\partial p}{\partial t}=\nabla\cdot\left[\frac{\rho}{\mu}\boldsymbol{K}\left(\nabla p-\rho\wp\nabla z\right)\right]+q \tag{2.20}$$

这是关于 p 的抛物线方程（参考第 2.3.2 节），ρ 由式（2.12）给出。

2.2.4 气体流动方程

对于气体流动，通常不能假设压缩系数 c_{g} 是常数。对于这种情况，等式（2.18）可以写为

$$c(p)\frac{\partial p}{\partial t}=\nabla\cdot\left[\frac{\rho}{\mu}\boldsymbol{K}\left(\nabla p-\rho\wp\nabla z\right)\right]+q \tag{2.21}$$

其中

$$c(p)=\phi\frac{\partial\rho}{\partial p}+\rho\frac{\mathrm{d}\phi}{\mathrm{d}p}$$

如果使用气体定律［压力—体积—温度（PVT）的关系式］，可以得到式（2.21）的另一种形式

$$\rho=\frac{pW}{ZRT} \tag{2.22}$$

其中 W 为分子质量，Z 为气体压缩因子，R 为通用气体常数。如果压力、温度和密度的单位分别为 atm，K 和 g/cm^3，则 R 的值为 82.057。对于纯气藏，重力常数较小通常可以忽略不计。假设多孔介质是各向同性的；即，$\boldsymbol{K}=K\mathrm{I}$，其中 I 是单位张量。进一步的，假设 ϕ 和 μ 是常数。将式（2.22）代入式（2.5）得

$$\frac{\phi}{K}\frac{\partial}{\partial t}\left(\frac{p}{Z}\right)=\nabla\cdot\left(\frac{p}{\mu Z}\nabla p\right)+\frac{RT}{WK}q \tag{2.23}$$

注意到 $2p\nabla p=\nabla p^2$，所以式（2.23）变为

$$\frac{2\phi\mu Z}{K}\frac{\partial}{\partial t}\left(\frac{p}{Z}\right)=\Delta p^2+2pZ\frac{\mathrm{d}}{\mathrm{d}p}\left(\frac{1}{Z}\right)|\nabla p|^2+\frac{2\mu ZRT}{WK}q \tag{2.24}$$

其中 Δ 是拉普拉斯算子：

$$\Delta p=\frac{\partial^2 p}{\partial x_1^2}+\frac{\partial^2 p}{\partial x_2^2}+\frac{\partial^2 p}{\partial x_3^2}$$

由于

$$c_g=\frac{1}{\rho}\frac{\mathrm{d}\rho}{\mathrm{d}p}\bigg|_T=\frac{1}{p}-\frac{1}{Z}\frac{\mathrm{d}Z}{\mathrm{d}p}$$

可得

$$\frac{\partial}{\partial t}\left(\frac{p}{Z}\right)=\frac{pc_g}{Z}\frac{\partial p}{\partial t}$$

将此式带入（2.24）并忽略带有 $|\nabla p|^2$ 的项［通常小于式（2.24）中的其他项］，可得

$$\frac{\phi\mu c_g}{K}\frac{\partial p^2}{\partial t}=\Delta p^2+\frac{2ZRT\mu}{WK}q \tag{2.25}$$

这是关于 p^2 的抛物线方程。

还有另一种方法可以推导出类似（2.25）的方程。定义拟压力

$$\psi=2\int_{p^0}^{p}\frac{p}{Z\mu}\mathrm{d}p$$

注意到

$$\nabla\psi=\frac{2p}{Z\mu}\nabla p,\quad \frac{\partial\psi}{\partial t}=\frac{2p}{Z\mu}\frac{\partial p}{\partial t}$$

式（2.23）变为

$$\frac{\phi\mu c_g}{K}\frac{\partial\psi}{\partial t}=\Delta\psi+\frac{2RT}{WK}q \tag{2.26}$$

式(2.26)的推导不需要忽略等式(2.24)右侧的第二项。

2.2.5 可变形介质中的单相流

考虑一种可变形孔隙介质，其固体骨架具有压缩系数和剪切刚度。假设介质由线弹性材料构成，且形变程度低。

令 $\boldsymbol{w}_s$ 和 $\boldsymbol{w}$ 分别表示固体和流体位移。对于可变形介质，达西定律式(2.4)可以推广为(Biot，1955；Chen et al.，2004b)：

$$\dot{\boldsymbol{w}}-\dot{\boldsymbol{w}}_s=-\frac{1}{\mu}K(\nabla p-\rho\wp\nabla Z) \tag{2.27}$$

其中 $\dot{\boldsymbol{w}}=\partial\boldsymbol{w}/\partial t$。注意到 $\boldsymbol{u}=\dot{\boldsymbol{w}}$，所以式(2.27)只引入了一个新的因变量 w_s。对于封闭系统需要更多的方程。

设 $\boldsymbol{I}$ 为单位矩阵。疏松材料的总应力张量为

$$\boldsymbol{\sigma}+\sigma\boldsymbol{I}\equiv\begin{pmatrix}\sigma_{11}+\sigma & \sigma_{12} & \sigma_{13}\\ \sigma_{21} & \sigma_{22}+\sigma & \sigma_{23}\\ \sigma_{31} & \sigma_{32} & \sigma_{33}+\sigma\end{pmatrix}$$

其中 σ_{ij} 具有对称性 $\sigma_{ij}=\sigma_{ji}$。为了理解这个张量的含义，考虑单位尺寸疏松材料立方体。上式中 σ 表示施加到立方体表面流体部分的总法向张力，σ_{ij} 表示施加到立方体表面固体部分的力。应力张量满足平衡关系

$$\nabla\cdot(\boldsymbol{\sigma}+\sigma\boldsymbol{I})+\rho_t\wp\nabla z=0 \tag{2.28}$$

其中 $\rho_t=\phi\rho+(1-\phi)\rho_s$ 是疏松材料的质量密度，ρ_s 是固体密度。为了将 $\boldsymbol{\sigma}$ 与 $\boldsymbol{w}_s$ 联系起来，需要了解应力和应变张量之间的本构关系。

分别用 $\boldsymbol{\epsilon}_s$ 和 $\boldsymbol{\epsilon}$ 表示固体和流体的应变张量，并定义为

$$\epsilon_{s,ij}=\frac{1}{2}\left(\frac{\partial w_{s,i}}{\partial x_j}+\frac{\partial w_{s,j}}{\partial x_i}\right),\quad \epsilon_{ij}=\frac{1}{2}\left(\frac{\partial w_i}{\partial x_j}+\frac{\partial w_j}{\partial x_i}\right),\qquad i,j=1,2,3$$

另外，定义 $\epsilon=\epsilon_{11}+\epsilon_{22}+\epsilon_{33}$。应力—应变关系是

$$\begin{pmatrix}\sigma_{11}\\ \sigma_{22}\\ \sigma_{33}\\ \sigma_{23}\\ \sigma_{31}\\ \sigma_{12}\\ \sigma\end{pmatrix}=\begin{pmatrix}c_{11} & c_{12} & c_{13} & c_{14} & c_{15} & c_{16} & c_{17}\\ \cdot & c_{22} & c_{23} & c_{24} & c_{25} & c_{26} & c_{27}\\ \cdot & \cdot & c_{33} & c_{34} & c_{35} & c_{36} & c_{37}\\ \cdot & \cdot & \cdot & c_{44} & c_{45} & c_{46} & c_{47}\\ \cdot & \cdot & \cdot & \cdot & c_{55} & c_{56} & c_{57}\\ \cdot & \cdot & \cdot & \cdot & \cdot & c_{66} & c_{67}\\ \cdot & \cdot & \cdot & \cdot & \cdot & \cdot & c_{77}\end{pmatrix}\begin{pmatrix}\epsilon_{s,11}\\ \epsilon_{s,11}\\ \epsilon_{s,11}\\ \epsilon_{s,11}\\ \epsilon_{s,11}\\ \epsilon_{s,11}\\ \epsilon\end{pmatrix}$$

其中 $c_{ij}=c_{ji}$(即，系数矩阵对称)。然后，将上式代入式(2.28)，得到三个未知数 $w_{s,1}$，$w_{s,2}$ 和 $w_{s,3}$ 的三个方程。

作为应变关系的例子，考虑固体基质是各向同性的情况。此时，$\epsilon_s=\epsilon_{s,11}+\epsilon_{s,22}+\epsilon_{s,33}$，关系式为

$$\sigma_{ii}=2G\left(\epsilon_{s,ii}+\frac{\nu\epsilon_s}{1-2\nu}\right)-Hp,\qquad i=1,2,3$$

$$\sigma_{ij}=2G\epsilon_{s,ij},\qquad\qquad i,j=1,2,3,i\neq j$$

其中 G 和 ν 是固体基质的杨氏模量和泊松比，H 是物理常数，由实验或数值方法确定（Biot，1955；Chen et al.，2004b）。

2.2.6　裂缝介质中的单相流

裂缝多孔介质内部贯穿了一系列相互连接的裂缝或溶孔（图 2.2），通过在整个区域内快速且在连续地改变孔隙度和渗透率可以模拟这种介质。裂缝中孔隙度和渗透率比在多孔介质（称为基质块）中大得多。如果采用单孔模型模拟整个裂缝区域内的渗流，模拟所需数据量和计算成本就太大了。更便捷的方法是将孔隙空间中的流体视为由两部分组成，一部分在裂缝中，另一部分在基质中，每个部分在各自区域的连续。这两个重叠的连续系统彼此共存且相互作用。存在两个不同的双重概念：双重孔隙（单渗）和双孔双渗。本节主要研究前者，第 2.11 节讨论后者。

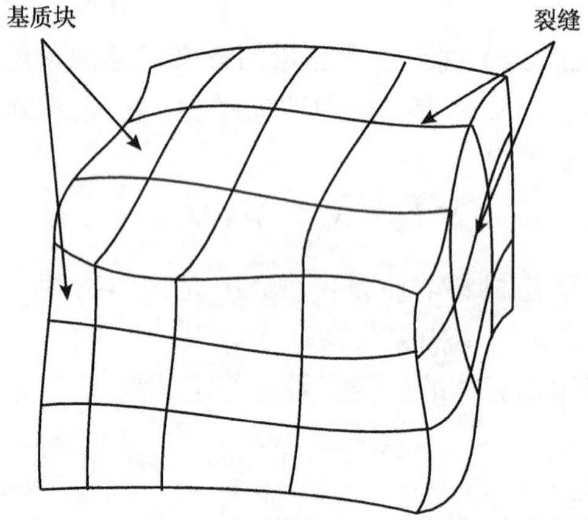

图 2.2　裂隙多孔介质

由于裂缝中流体流速比基质中的流动速度快，因此假设流体不会直接从一个区域直接流到另一个区域，而是先流入裂缝中，再流入基质块或留在裂缝中（Douglas et al.，1990）。此外，描述裂缝连续流动的方程包含一个源项，即流体从基质到裂缝的流动；假设该项分布于整个介质中。最后，假设外部源和汇仅与裂缝系统相互作用，因为裂缝系统中的流速比基岩中的快得多，所以这个假设是合理的。基于这些假设，裂隙多孔介质中各基质块的流动方程为

$$\frac{\partial(\phi\rho)}{\partial t}=-\nabla\cdot(\rho\boldsymbol{u})\qquad(2.29)$$

裂缝中的方程为

$$\frac{\partial(\phi_f \rho_f)}{\partial t} = -\nabla \cdot (\rho_f \boldsymbol{u}_f) + q_{mf} + q_{ext} \tag{2.30}$$

其中下角标 f 表示裂缝数量，q_{mf} 表示从基质到裂缝的流量，q_{ext} 表示外部源和汇。速度 $\boldsymbol{u}$ 和 $\boldsymbol{u}_f$ 符合达西定律，见式（2.4）。

可以通过两种不同的方法定义基质—裂缝渗流项 q_{mf}：一种是使用形状因子（Warren et al.，1963；Kazemi，1969），另一种是基于明确施加在基质块上的边界条件（Pirson，1953；Barenblatt et al.，1960）。本节介绍后一种方法；前一种方法将在第 2.11 节和第 12 章中讨论。单位时间内从第 i 个基质块流出的总质量 Ω_i 为

$$\int_{\partial\Omega_i} \rho \boldsymbol{u} \cdot \nu \mathrm{d}\ell$$

其中 $\boldsymbol{\nu}$ 是垂直于 Ω_i 表面 $\partial\Omega_i$ 的单位外法向量，且点积 $\boldsymbol{u} \cdot \boldsymbol{\nu}$ 定义如下

$$\boldsymbol{u} \cdot \nu = u_1\nu_1 + u_2\nu_2 + u_3\nu_3$$

由散度定理和式（2.29）有

$$\int_{\partial\Omega_i} \rho \boldsymbol{u} \cdot \boldsymbol{\nu} \mathrm{d}\ell = \int_{\Omega_i} \nabla \cdot (\rho \boldsymbol{u}) \mathrm{d}\boldsymbol{x} = -\int_{\Omega_i} \frac{\partial(\phi\rho)}{\partial t} \mathrm{d}\boldsymbol{x}$$

现在，定义 q_{mf} 为

$$q_{mf} = -\sum_i \chi_i(\boldsymbol{x}) \frac{1}{|\Omega_i|} \int_{\Omega_i} \frac{\partial(\phi\rho)}{\partial t} \mathrm{d}\boldsymbol{x} \tag{2.31}$$

其中 $|\Omega_i|$ 表示 Ω_i 的体积，$\chi_i(\boldsymbol{x})$ 是特征函数，即

$$\chi_i(\boldsymbol{x}) = \begin{cases} 1, & \boldsymbol{x} \in \Omega_i \\ 0, & \text{其他} \end{cases}$$

根据 q_{mf} 的定义，在每个基质块的表面建立通用边界条件。引力对这种条件有特殊的影响。此外，必须重视压力梯度效应与引力效应。为此，参考 Arbogast（1993），使用式（2.7）中定义的拟势 Φ' 在每个基质块的表面施加条件

$$\Phi' = \Phi_f' - \Phi'^0, \text{在} \partial\Omega_i \text{上} \tag{2.32}$$

其中，Φ'_f，Φ^0 已知是每个块 Φ_i 的拟势参考值，由式（2.33）确定

$$\frac{1}{|\Omega_i|} \int_{\Omega_i} (\phi\rho) \left[\psi' \left(\Phi_f - \Phi^0 + x_3 \right) \right] \mathrm{d}\boldsymbol{x} = (\phi\rho) p_f \tag{2.33}$$

其中函数 ψ' 等于式（2.7）中积分的逆，是关于 p 的函数。除非岩石和流体是不可压缩的，$\phi\rho$ 单调保证式（2.33）有唯一解。在这种情况下，令 $\Phi^0 = 0$。

对于上述模型，高渗透性裂缝系统在裂缝中快速达到局部平衡状态。这种平衡是用拟势定义的，并通过边界条件（2.32）反映在基质方程中。

2.2.7 非达西定律

严格来说，达西定律仅适用于一定流速范围内的牛顿流体。随着流速的增加，这一定

律也会出现偏差（Dupuit，1863；Forchheimer，1901）。通过实验和计算，观察到这种偏差是由惯性、湍流和其他与高速的效应造成的（Fancher et al.，1933；Hubbert，1956；Mei et al.，1991；Chen et al.，2000B）。Hubbert（1956）观察到流体的雷诺兹数大约为 1 时偏离达西定律（基于松散介质的粒径），到雷诺兹数接近 600 时有湍流出现（Aziz et al.，1979）。

对于高流速，修正达西定律可以用二次项描述（Forchheimer，1901；Ward，1964；Chen et al.，2000b）：

$$(\mu \boldsymbol{I} + \beta\rho|\boldsymbol{u}|\boldsymbol{K})\boldsymbol{u} = -\boldsymbol{K}(\nabla p - \rho\wp\nabla z)$$

其中 β 表示惯性或湍流因子，且

$$|\boldsymbol{u}| = \sqrt{u_1^2 + u_2^2 + u_3^2}$$

该方程通常称为 Forchheimer 定律，体现了层流、惯性和湍流效应。许多实验和理论研究以此为主题，为推导 Forchheimer 提供实际或理论基础。如以量纲分析为主的经验方法（Ward，1964）、试验性研究（MacDonald et al.，1979）、平均法（Chen et al.，2000b），以及变分原理（Knupp et al.，1995）等众多方法。

2.2.8　其他效应

对于基本流动方程，还存在其他复杂效应。一些流体（例如，聚合物溶液；参见第 2.10 节和第 11 章）表现出非牛顿现象，其特征是剪应力与剪切速率之间非线性相关。非牛顿流体的研究不在本书的范围内，但可以在流变学的文献中找到。实际上，多孔介质中的流动阻力可以用达西定律表示，其中黏度 μ 取决于流速，即

$$\boldsymbol{u} = -\frac{1}{\mu(\boldsymbol{u})}\boldsymbol{K}(\nabla p - \rho\wp\nabla z)$$

在一定的速度范围内（流动的拟塑性区），黏度可用幂率近似求出（Bird et al.，1960）：

$$\mu(\boldsymbol{u}) = \mu_0|\boldsymbol{u}|^{m-1}$$

其中常数 μ_0 和 m 由经验确定。

其他效应则与阈值和滑脱现象有关。试验观察到启动流体流动需要一定的非零压力梯度。低速下阈值现象体现在 q 和 $\partial p/\partial x$ 的关系上，如图 2.3 所示。滑脱（或 Klinkenberg）现象出现在低压气流中，与液体相比，有效渗透率增加。这两种现象相对不重要，可以与修正达西定律结合起来（Bear，1972）。

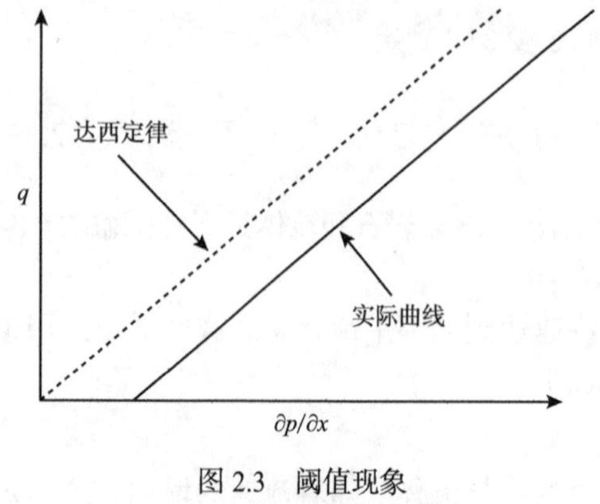

图 2.3　阈值现象

2.2.9　边界条件

前几节所述的单相流数学模型并不完整，还需要必要的边界条件和初始条件。下面介绍与式（2.5）相关的三种边界条件。式（2.28）定义了固体位移，具有相似的边界条件。此外，双重孔隙模型也具有类似的边界条件。用 Γ 表

示多孔介质域Ω的外部边界或边界段。

（1）定压边界条件。

若指定Γ上的压力为一个关于位置和时间的已知函数时，则边界条件为

$$p=g_1，\text{在}\Gamma\text{上}$$

在偏微分方程理论中，这种条件称为第一类边界条件或 Dirichlet 边界条件。

（2）定流量边界条件。

若已知Γ上的总质量流量，则边界条件为

$$\rho \boldsymbol{u}\cdot \boldsymbol{v}=g_2,\ \text{在}\Gamma\text{上}$$

其中$\boldsymbol{v}$表示Γ的单位外法线向量。该条件称为第二类边界条件或 Neumann 边界条件。对于不渗透边界，$g_2=0$。

（3）混合边界条件。

混合型边界条件（或第三类边界条件）的形式为

$$g_p p+g_u\rho \boldsymbol{u}\cdot \boldsymbol{v}=g_3\text{，在}\Gamma\text{上}$$

其中g_p，g_u和g_3是已知函数。这种情况被称为Robin或Dankwerts边界条件。这类条件在Γ是半渗透边界时出现。最后，初始条件可以用p来定义：

$$p(\boldsymbol{x},0)=p_0(\boldsymbol{x}),\ \boldsymbol{x}\in\Omega$$

2.3 两相非混相流

在油藏模拟中，通常关心的是多孔介质中两相或更多相同时存在的问题。下面讨论多孔介质中多相流的基本方程。本节考虑研究两相非混流，即相间没有质量传递。如果相（如水）比另一相（如油）更能润湿多孔介质，则称之为润湿相，并由下角标 w 表示。另一相称为非润湿相，由 o 表示。通常，相对于油和气来说，水是润湿相，而相对于气体，油是润湿相。

2.3.1 基本方程

首先引入几个多相流特有的物理量，如饱和度、毛细管压力和相对渗透率。流体相的饱和度定义为该相所填充的多孔介质孔隙体积的比例。两相流体共同填充孔隙空间意味着

$$S_{\mathrm{w}}+S_{\mathrm{o}}=1 \tag{2.34}$$

其中S_{w}和S_{o}分别是润湿相和非润湿相的饱和度。此外，由于两相交界面的曲率和表面张力，润湿流体中的压力小于非润湿流体。压力差由毛细管压力给出

$$p_{\mathrm{c}}=p_{\mathrm{o}}-p_{\mathrm{w}} \tag{2.35}$$

经验表明，毛细管压力是饱和度S_{w}的函数。

除累积项外，式（2.1）的推导过程也适用于各流体相的质量守恒方程（参见练习 2.2）。单位时间内单元体中的质量增加为

$$\frac{\partial(\phi\rho_\alpha S_\alpha)}{\partial t}\Delta x_1\Delta x_2\Delta x_3$$

假设非混相流中各相间没有质量传递，由止式知则质量在各相中守恒：

$$\frac{\partial(\phi\rho_\alpha S_\alpha)}{\partial t}=-\nabla\cdot(\rho_\alpha \boldsymbol{u}_\alpha)+q_\alpha,\quad \alpha=\mathrm{w,o} \tag{2.36}$$

其中各相的密度为 ρ_α，达西速度为 $\boldsymbol{u}_\alpha$，质量流速为 q_α。单相流的达西定律可直接推广到多相流：

$$\boldsymbol{u}_\alpha=-\frac{1}{\mu_\alpha}\boldsymbol{K}_\alpha(\nabla p_\alpha-\rho_\alpha\wp\nabla z),\quad \alpha=\mathrm{w,o} \tag{2.37}$$

其中 $\boldsymbol{K}_\alpha$，p_α 和 μ_α 分别为 α 相的有效渗透率，压力和黏度。由于两种流体的同时流动导致彼此相互干扰，因此有效渗透率不大于多孔介质的绝对渗透率 K。相对渗透率 $K_{r\alpha}$ 广泛应用于油藏模拟中：

$$\boldsymbol{K}_\alpha=K_{r\alpha}\boldsymbol{K},\ \alpha=\mathrm{w,o} \tag{2.38}$$

函数 $K_{r\alpha}$ 表示 α 相润湿多孔介质的趋势。

典型的 p_c 和 $K_{r\alpha}$ 函数将在下一章中介绍。当 q_w 和 q_o 表示有限个点源或点汇时，它们可以按照式（2.10）或式（2.11）定义。此外，密度 ρ_w 和 ρ_o 是各自压力的函数。因此，将式（2.37）代入式（2.36）并使用式（2.34）和式（2.35），就得到一个包括两个方程的封闭系统，从中可以解出四个主要未知数 p_α 和 S_α，$\alpha=\mathrm{w,o}$ 中的两个。更多的数学公式也将在本节中讨论。对可变形和裂隙多孔介质中单相流的研究也适用于两相流。类似的推导，在此不做讨论。

2.3.2 不同形式的微分方程

本节推导微分方程（2.34）至式（2.37）的几种其他形式。

（1）相压力方程。

假设毛细管压力 p_c 有唯一的逆函数：

$$S_w=p_c^{-1}(p_o-p_w)$$

将 p_w 和 p_o 作为主要未知量，由式（2.34）至式（2.37）得到

$$\begin{aligned}\nabla\cdot\left[\frac{\rho_w}{\mu_w}K_w(\nabla p_w-\rho_w\wp\nabla z)\right]&=\frac{\partial\left(\phi\rho_w p_c^{-1}\right)}{\partial t}-q_w\\ \nabla\cdot\left[\frac{\rho_o}{\mu_o}K_o(\nabla p_o-\rho_o\wp\nabla z)\right]&=\frac{\partial\left[\phi\rho_o\left(1-p_c^{-1}\right)\right]}{\partial t}-q_o\end{aligned} \tag{2.39}$$

该系统可用于油藏中联立求解（SS）格式求解（Douglas 等，1959）。系统内方程非线性且强耦合。更多细节将在第 7 章中给出。

（2）相压力和饱和度方程。

将 p_o 和 S_w 作为主要变量。由式（2.34）、式（2.35）和式（2.37），式（2.36）可改写为

$$\begin{aligned}&\nabla\cdot\left[\frac{\rho_{\mathrm{w}}}{\mu_{\mathrm{w}}}K_{\mathrm{w}}\left(\nabla p_{\mathrm{o}}-\frac{\mathrm{d}p_{\mathrm{c}}}{\mathrm{d}S_{\mathrm{w}}}\nabla S_{\mathrm{w}}-\rho_{\mathrm{w}}\wp\nabla z\right)\right]=\frac{\partial(\phi\rho_{\mathrm{w}}S_{\mathrm{w}})}{\partial t}-q_{\mathrm{w}}\\&\nabla\cdot\left[\frac{\rho_{\mathrm{o}}}{\mu_{\mathrm{o}}}K_{\mathrm{o}}(\nabla p_{\mathrm{o}}-\rho_{\mathrm{o}}\wp\nabla z)\right]=\frac{\partial[\phi\rho_{\mathrm{o}}(1-S_{\mathrm{w}})]}{\partial t}-q_{\mathrm{o}}\end{aligned}\tag{2.40}$$

求式(2.40)的时间导数，将第一个和第二个方程分别除以ρ_{w}和ρ_{o}，并将所得方程相加，得到

$$\begin{aligned}&\frac{1}{\rho_{\mathrm{w}}}\nabla\cdot\left[\frac{\rho_{\mathrm{w}}}{\mu_{\mathrm{w}}}k_{\mathrm{w}}\left(\nabla p_{\mathrm{o}}-\frac{\mathrm{d}p_{\mathrm{c}}}{\mathrm{d}S_{\mathrm{w}}}\nabla S_{\mathrm{w}}-\rho_{\mathrm{w}}\wp\nabla z\right)\right]+\frac{1}{\rho_{\mathrm{o}}}\nabla\cdot\left[\frac{\rho_{\mathrm{o}}}{\mu_{\mathrm{o}}}k_{\mathrm{o}}(\nabla p_{\mathrm{o}}-\rho_{\mathrm{o}}\wp\nabla z)\right]\\&=\frac{S_{\mathrm{w}}}{\rho_{\mathrm{w}}}\frac{\partial(\phi\rho_{\mathrm{w}})}{\partial t}+\frac{1-S_{\mathrm{w}}}{\rho_{\mathrm{o}}}\frac{\partial(\phi\rho_{\mathrm{o}})}{\partial t}-\frac{q_{\mathrm{w}}}{\rho_{\mathrm{w}}}-\frac{q_{\mathrm{o}}}{\rho_{\mathrm{o}}}\end{aligned}\tag{2.41}$$

注意，如果式(2.41)中饱和度S_{w}可显式计算，就可以使用该方程求解p_{o}。在计算出压力之后，再使用式(2.40)中的第二个方程计算S_{w}。这是隐式压力显式饱和度(IMPES)格式，广泛应用于油藏两相流求解中(参见第7章)。

(3)全局压力方程。

如上所述，式(2.39)和式(2.40)有很强的耦合性。为了降低耦合性，将它们以不同的形式改写，这里将会用到全局压力。方便起见，假设密度是常数；但该公式也适用于可变的密度(Chen et al.，1995；Chen et al.，1997a)。引入相流度

$$\lambda_\alpha=\frac{K_{\mathrm{r}\alpha}}{\mu_\alpha},\qquad \alpha=\mathrm{w},\mathrm{o}$$

和总流度

$$\lambda=\lambda_{\mathrm{w}}+\lambda_{\mathrm{o}}$$

另外，定义分流函数

$$f_\alpha=\frac{\lambda_\alpha}{\lambda},\qquad \alpha=\mathrm{w},\mathrm{o}$$

当$S=S_{\mathrm{w}}$时，定义全局压力（Antoncev，1972；Chavent和Jaffré，1986）

$$p=p_{\mathrm{o}}-\int^{p_{\mathrm{c}}(S)}f_{\mathrm{w}}\left[p_{\mathrm{c}}^{-1}(\xi)\right]\mathrm{d}\xi\tag{2.42}$$

和总流速

$$\boldsymbol{u}=\boldsymbol{u}_{\mathrm{w}}+\boldsymbol{u}_{\mathrm{o}}\tag{2.43}$$

结合式(2.35)，式(2.37)和式(2.42)得出总流速为

$$\boldsymbol{u}=-K\lambda[\nabla p-(\rho_{\mathrm{w}}f_{\mathrm{w}}+\rho_{\mathrm{o}}f_{\mathrm{o}})\wp\nabla z]\tag{2.44}$$

另外，对式(2.36)求导，除以ρ_α，将得到的两个方程相加(α=w和o)，并利用式(2.42)，得到

$$\nabla\cdot\boldsymbol{u}=-\frac{\partial\phi}{\partial t}+\frac{q_{\mathrm{w}}}{\rho_{\mathrm{w}}}+\frac{q_{\mathrm{o}}}{\rho_{\mathrm{o}}}\tag{2.45}$$

将式（2.44）代入式（2.45）得到 p 的方程：

$$-\nabla\cdot\{\boldsymbol{K}\lambda[\nabla p-(\rho_{\mathrm{w}}f_{\mathrm{w}}+\rho_{\mathrm{o}}f_{\mathrm{o}})\wp\nabla z]\}=-\frac{\partial\phi}{\partial t}+\frac{q_{\mathrm{w}}}{\rho_{\mathrm{w}}}+\frac{q_{\mathrm{o}}}{\rho_{\mathrm{o}}} \tag{2.46}$$

相速度和总流速有关（参见练习 2.3）

$$\begin{aligned}\boldsymbol{u}_{\mathrm{w}}&=f_{\mathrm{w}}\boldsymbol{u}+\boldsymbol{K}\lambda_{\mathrm{o}}f_{\mathrm{w}}\nabla p_{\mathrm{c}}+\boldsymbol{K}\lambda_{\mathrm{o}}f_{\mathrm{w}}(\rho_{\mathrm{w}}-\rho_{\mathrm{o}})\wp\nabla z\\ \boldsymbol{u}_{\mathrm{o}}&=f_{\mathrm{o}}\boldsymbol{u}+\boldsymbol{K}\lambda_{\mathrm{w}}f_{\mathrm{o}}\nabla p_{\mathrm{c}}+\boldsymbol{K}\lambda_{\mathrm{w}}f_{\mathrm{o}}(\rho_{\mathrm{o}}-\rho_{\mathrm{w}})\wp\nabla z\end{aligned} \tag{2.47}$$

当 $\alpha=\mathrm{w}$ 时，从（2.47）的第一个方程和（2.36）可得到 $S=S_{\mathrm{w}}$ 的饱和度方程：

$$\phi\frac{\partial S}{\partial t}+\nabla\cdot\left\{\boldsymbol{K}\lambda_{\mathrm{o}}f_{\mathrm{w}}\left[\frac{\mathrm{d}p_{\mathrm{c}}}{\mathrm{d}S}\nabla S-(\rho_{\mathrm{o}}-\rho_{\mathrm{w}})\wp\nabla z\right]+f_{\mathrm{w}}\boldsymbol{u}\right\}=-S\frac{\partial\phi}{\partial t}+\frac{q_{\mathrm{w}}}{\rho_{\mathrm{w}}} \tag{2.48}$$

（4）微分方程类型。

二阶偏微分方程大体上有三种类型：椭圆型，抛物型和双曲型。在设计求解这些方程的数值方法时，必须区分其所属类型。

如果考虑两个独立变量（x_1,x_2）或（x_1,t），那么当 $x=x_1$ 时，二阶偏微分方程的形式为

$$a\frac{\partial^2 p}{\partial x^2}+b\frac{\partial^2 p}{\partial t^2}=f\left(\frac{\partial p}{\partial x},\frac{\partial p}{\partial t},p\right)$$

①若 $ab>0$，为椭圆型；②若 $ab=0$，为抛物型；③若 $ab<0$，为双曲型。

泊松方程是最简单的椭圆型方程

$$\frac{\partial^2 p}{\partial x_1^2}+\frac{\partial^2 p}{\partial x_2^2}=f(x_1,x_2)$$

热传导方程是典型的抛物型方程

$$\phi\frac{\partial p}{\partial t}=\frac{\partial^2 p}{\partial x_1^2}+\frac{\partial^2 p}{\partial x_2^2}$$

最后，波动方程是典型的双曲型方程

$$\frac{1}{v^2}\frac{\partial^2 p}{\partial t^2}=\frac{\partial^2 p}{\partial x_1^2}+\frac{\partial^2 p}{\partial x_2^2}$$

在一维的情况下，上面方程可以“分解”为两个一阶部分：

$$\left(\frac{1}{v}\frac{\partial}{\partial t}-\frac{\partial}{\partial x}\right)\left(\frac{1}{v}\frac{\partial}{\partial t}+\frac{\partial}{\partial x}\right)p=0$$

第二部分是一阶双曲型方程

$$\frac{\partial p}{\partial t}+v\frac{\partial p}{\partial x}=0$$

下面讨论两相流方程。虽然相流度 λ_α 可以为零（参见第 3 章），但总流度 λ 一直是正

的，因此压力方程（2.46）是椭圆型。如果其中一个密度发生改变，则该方程变为抛物型。通常，$-\boldsymbol{K}\lambda_o f_w \mathrm{d}p_c/\mathrm{d}S$ 是半正定的，因此饱和度方程（2.48）是退化抛物型方程，换言之，其扩散量可以为零。如果忽略毛细管压力，则该方程变为双曲型。总速度用于全局压力公式，比相速度更平滑。总速度也可用于相方程式（2.39）和式（2.40）（Chen et al.，1997b）。需要注意，式（2.46）和式（2.48）之间的耦合远不如式（2.39）和式（2.40）之间的耦合强。最后，当 $p_c=0$ 时，式（2.48）变为著名的 Buckley–Leverett 方程，在非零通量函数 f_w 所对应的饱和度区域内，通常是非凸的，如图 2.4 所示。下一小节将讨论双曲型公式。

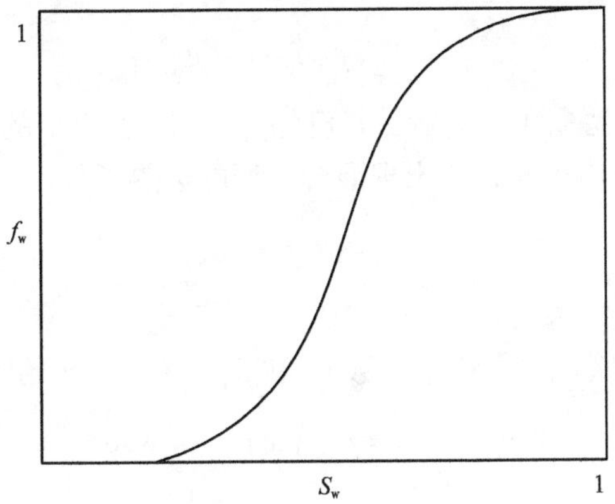

图 2.4　通量函数 f_w

（5）双曲型方程。

假设 $p_c=0$ 且忽略岩石压缩系数，则式（2.48）变成

$$\phi\frac{\partial S}{\partial t}+\nabla\cdot\left[f_w\boldsymbol{u}-\lambda_o f_w(\rho_o-\rho_w)\wp\boldsymbol{K}\nabla z\right]=\frac{q_w}{\rho_w} \tag{2.49}$$

使用（2.45）以及 $f_w+f_o=1$，上式可改写为

$$\phi\frac{\partial S}{\partial t}+\left[\frac{\mathrm{d}f_w}{\mathrm{d}S}\boldsymbol{u}-\frac{\mathrm{d}(\lambda_o f_w)}{\mathrm{d}S}(\rho_o-\rho_w)\wp\boldsymbol{K}\nabla z\right]\cdot\nabla S=\frac{f_o q_w}{\rho_w}-\frac{f_w q_o}{\rho_o} \tag{2.50}$$

这是关于 S 的双曲型方程。最后，忽略引力项，可以得到

$$\phi\frac{\partial S}{\partial t}+\frac{\mathrm{d}f_w}{\mathrm{d}S}\boldsymbol{u}\cdot\nabla S=\frac{f_o q_w}{\rho_w}-\frac{f_w q_o}{\rho_o} \tag{2.51}$$

这是水驱方程的常见形式，即 Buckley–Leverett 方程。由达西定律可知

$$\frac{q_w}{\rho_w}=f_w\left(\frac{q_w}{\rho_w}+\frac{q_o}{\rho_o}\right)$$

所以式（2.51）中生产（井）的源项为零。对于注入（井），这一源项可能不为零，因为此时它等于（$1-f_w$）$q_w/\rho_w\neq 0$。

2.3.3　边界条件

如同单相流一样，如果没有边界条件和初始条件，上述两相流数学模型是不完整的。

下面给出与式（2.39），式（2.40），式（2.46）和式（2.48）的三种边界条件。用Γ表示所考虑的多孔介质域Ω的外部边界或边界段。

（1）式（2.39）的边界条件。

用下角标符号α记所考虑的相（α=w, o）。当指定Γ上相压力为关于位置和时间的已知函数时，边界条件为

$$p_\alpha = g_{\alpha,1}, 在\Gamma上 \tag{2.52}$$

若已知Γ上相α的质量流量，则边界条件为

$$在\Gamma上，\rho_\alpha \boldsymbol{u}_\alpha \cdot \boldsymbol{\nu} = g_{\alpha,2} \tag{2.53}$$

其中$\boldsymbol{\nu}$表示垂直于Γ的外法向单位向量，且已知$g_{\alpha,2}$。对于相α的不渗透边界，$g_{\alpha,2}=0$。

当Γ是相α的半渗透边界时，会出现混合类型的边界条件：

$$g_{\alpha,p} p_\alpha + g_{\alpha,u} \rho_\alpha \boldsymbol{u}_\alpha \cdot \boldsymbol{\nu} = g_{\alpha,3}, 在\Gamma上 \tag{2.54}$$

其中$g_{\alpha,p}$，$g_{\alpha,u}$和$g_{\alpha,3}$是已知函数。

初始条件明确为整个区域上主要未知数p_w和p_o，在某个初始时间（通常为$t=0$）的值：

$$p_\alpha(\boldsymbol{x},0) = p_{\alpha,0}(\boldsymbol{x}),\ \alpha = \mathrm{w,o}$$

其中$p_{\alpha,0}(\boldsymbol{x})$是已知函数。

（2）式（2.40）的边界条件。

式（2.40）的边界条件与式（2.39）相同；即式（2.52）至式（2.54）适用于式（2.40）。这两个系统的边界条件唯一的区别是，对于式（2.40），有时会指定Γ上的饱和度：

$$S_\mathrm{w} = g_4，在\Gamma上$$

事实上，这种饱和边界条件很少出现。然而，当介质与润湿相主体接触时，就会出现$g_4=1$的条件。例如，$S_\mathrm{w}=1$就可以应用在地表的水池底部。此外，还需明确系统的初始饱和度：

$$S_\mathrm{w}(\boldsymbol{x},0) = S_\mathrm{w,o}(\boldsymbol{x})$$

其中$S_\mathrm{w,o}(\boldsymbol{x})$是已知的。

（3）式（2.46）和式（2.48）的边界条件。

全局系统的边界条件与相数相关，类似于式（2.52）至式（2.54）。可以将这些条件转换为式（2.42）和式（2.43）形式的全局变量。例如，对于式（2.52）中的压力边界条件，相应的边界条件由下式给出

$$p = g_1, 在\Gamma上$$

其中p由式（2.42）定义，g_1由下式确定

$$g_1 = g_{\mathrm{o},1} - \int^{g_{\mathrm{o},1}-g_{\mathrm{w},1}} f_\mathrm{w}\left[p_\mathrm{c}^{-1}(\xi)\right]\mathrm{d}\xi$$

此外，当Γ上总质量流量已知时，根据（2.53）可得

$$\boldsymbol{u}\cdot\boldsymbol{v}=g_2,\text{在}\Gamma\text{上}$$

其中

$$g_2=\frac{g_{o,2}}{\rho_o}+\frac{g_{w,2}}{\rho_w}$$

对于总流量的不渗透边界，$g_2=0$。

2.4 流体相中单组分的运移

本节考虑占据多孔介质内全部孔隙空间的流体相中单组分（如溶质的运移）。此处不考虑流体相内组分之间的化学反应、放射性衰变、生物降解或由于细菌活动引起的，组分数量增加或减少所带来的影响。流体相中组分的质量守恒方程如下：

$$\frac{\partial(\phi c\rho)}{\partial t}=-\nabla\cdot(c\rho\boldsymbol{u}-\rho\boldsymbol{D}\nabla c)-\sum_i q_1^{(i)}\left[\boldsymbol{x}^{(i)},t\right]\delta\left[\boldsymbol{x}-\boldsymbol{x}^{(i)}\right](\rho c)(\boldsymbol{x},t)+\sum_j q_2^{(j)}\left[\boldsymbol{x}^{(j)},t\right]\delta\left[\boldsymbol{x}-\boldsymbol{x}^{(j)}\right]\left[\rho^{(j)}c^{(j)}\right](\boldsymbol{x},t) \tag{2.55}$$

其中 c 是组分浓度（流体相中的体积分数），$\boldsymbol{D}$ 是扩散—弥散张量，$q_1^{(i)}$ 和 $q_2^{(j)}$ 分别是在 $\boldsymbol{x}^{(i)}$ 和 $\boldsymbol{x}^{(j)}$ 处的生产和注入速率（每单位时间的体积），$c^{(j)}$ 是源点处的指定浓度。

流体达西定律如式（2.4）所示，即

$$\boldsymbol{u}=-\frac{1}{\mu}K(\nabla p-\rho\wp\nabla z) \tag{2.56}$$

流体的质量平衡方程为

$$\frac{\partial(\phi\rho)}{\partial t}+\nabla\cdot(\rho\boldsymbol{u})=-\sum_i\rho q_1^{(i)}\left[\boldsymbol{x}^{(i)},t\right]\delta\left[\boldsymbol{x}-\boldsymbol{x}^{(i)}\right]+\sum_j\rho^{(j)}q_2^{(j)}\left[\boldsymbol{x}^{(j)},t\right]\delta\left[\boldsymbol{x}-\boldsymbol{x}^{(j)}\right] \tag{2.57}$$

式（2.55）中三维空间中的扩散—弥散张量 $\boldsymbol{D}$ 定义为

$$\boldsymbol{D}(\boldsymbol{u})=\phi\left\{d_m\boldsymbol{I}+|\boldsymbol{u}|\left[d_l\boldsymbol{E}(\boldsymbol{u})+d_t\boldsymbol{E}^{\perp}(\boldsymbol{u})\right]\right\} \tag{2.58}$$

其中 d_m 是分子扩散系数；d_l 和 d_t 分别是纵向和横向弥散系数；$|\boldsymbol{u}|$ 是 $\boldsymbol{u}=(u_1,u_2,u_3)$ 的欧几里得范数，$|\boldsymbol{u}|=\sqrt{u_1^2+u_2^2+u_3^2}$；$\boldsymbol{E}(\boldsymbol{u})$ 是沿速度方向的正交投影，

$$\boldsymbol{E}(\boldsymbol{u})=\frac{1}{|\boldsymbol{u}|^2}\begin{pmatrix}u_1^2 & u_1u_2 & u_1u_3\\ u_2u_1 & u_2^2 & u_2u_3\\ u_3u_1 & u_3u_2 & u_3^2\end{pmatrix}$$

且 $\boldsymbol{E}^{\perp}(\boldsymbol{u})=\boldsymbol{I}-\boldsymbol{E}(\boldsymbol{u})$。

在物理上，张量弥散比分子扩散更为显著；另外，d_l 通常比 d_t 大得多。密度和黏度是

关于 p 和 c 的已知函数：

$$\rho=\rho(p,c),\quad \mu=\mu(p,c)$$

将式（2.56）代入式（2.55）和式（2.57），可得关于 c 和 p 的两个方程的耦合系统。该系统的边界条件和初始条件可以像前面小节一样推导。注意，这里给出的等式适用于多孔介质中流体的混相驱替问题。第 2.2 节中讨论的各种简化形式适用于式（2.56）和式（2.57）。

2.5 流体相中多组分的运移

用于模拟多孔介质中流体相的多组分运移方程类似于（2.55）；即

$$\frac{\partial(\phi c_i\rho)}{\partial t}=-\nabla\cdot(c_i\rho\boldsymbol{u}-\rho\boldsymbol{D}_i\nabla c_i)+q_i,\quad i=1,2,\cdots,N_{\mathrm{c}} \tag{2.59}$$

其中 c_i，q_i 和 $\boldsymbol{D}_i$ 分别是第 i 项组分的（体积）浓度，源（汇）项和扩散—弥散张量，N_{c} 是流体中组分的数量。浓度的约束是

$$\sum_{i=1}^{N_{\mathrm{c}}}c_i=1$$

组分的源和汇可以来自外部的注入和生产，也可以来自流体相内的各种变化，例如组分之间化学反应、放射性衰变、生物降解和由细菌活动引起的组分数量增加或减少，如前所述。本节只关注化学反应，即反应流问题。

化学反应会导致组分浓度上升或下降，q_i 可表示为

$$q_i=Q_i-L_ic_i \tag{2.60}$$

其中 Q_i 和 L_i 分别表示第 i 项组分的化学产量和损失率。为了得到浓度的表达式，需要化学组分之间的单分子、双分子和三分子反应。这些情况通常可以表达为

$$s_1\rightleftharpoons s_2+s_3$$

$$s_1+s_2\rightleftharpoons s_3+s_4$$

$$s_1+s_2+s_3\rightleftharpoons s_4+s_5$$

其中 s_i 表示通用化学组分。相应地，Q_i 和 L_i 为

$$Q_i=\sum_{j=1}^{N_{\mathrm{c}}}K_{i,j}^{\mathrm{f}}c_j+\sum_{j,l=1}^{N_{\mathrm{c}}}K_{i,jl}^{\mathrm{f}}c_jc_l+\sum_{j,l,m=1}^{N_{\mathrm{c}}}K_{i,jlm}^{\mathrm{f}}c_jc_lc_m$$

$$L_i=K_i^{\mathrm{r}}+\sum_{j=1}^{N_{\mathrm{c}}}K_{i,j}^{\mathrm{r}}c_j+\sum_{j,l=1}^{N_{\mathrm{c}}}K_{i,jl}^{\mathrm{r}}c_jc_l$$

其中 K^{f} 和 K^{r} 分别是正向和逆向化学速率。这些速率是压力和温度的函数（Oran et al., 2001）。

达西定律（2.56）和总质量平衡方程（2.57）适用于多组分运移。同理，忽略达西速度，可得关于 c_i 和 p（$i=1,2,\cdots,N_{\mathrm{c}}$）的耦合系统，系统包含 $N_{\mathrm{c}}+1$ 个方程（参见练习 2.4）。

2.6 黑油模型

下面讨论多孔介质三相（如水，油和气）流共存的基本方程。之前假设质量不在相之间传递。黑油模型放宽了这一条件。现在假设在标准压力和温度下烃组分在储罐中分离成气组分和油组分，且水相和其他两相（油和气）之间不发生传质。气体组分主要是甲烷和乙烷。

为了避免混淆，对相和组分进行区分。分别使用小写和大写字母下标表示相和组分。注意水相只是水组分。下标 s 表示标准条件。式（2.36）所述质量守恒适用于此。然而，由于油相和气相之间存在质量交换，质量在每一项中并不守恒，但每一组分的总质量必须是守恒的。

水组分：

$$\frac{\partial(\phi\rho_{\mathrm{w}}S_{\mathrm{w}})}{\partial t}=-\nabla\cdot(\rho_{\mathrm{w}}\boldsymbol{u}_{\mathrm{w}})+q_{\mathrm{W}} \tag{2.61}$$

油组分：

$$\frac{\partial(\phi\rho_{\mathrm{Oo}}S_{\mathrm{o}})}{\partial t}=-\nabla\cdot(\rho_{\mathrm{Oo}}\boldsymbol{u}_{\mathrm{o}})+q_{\mathrm{O}} \tag{2.62}$$

气体组分：

$$\frac{\partial}{\partial t}\left[\phi\left(\rho_{\mathrm{Go}}S_{\mathrm{o}}+\rho_{\mathrm{g}}S_{\mathrm{g}}\right)\right]=-\nabla\cdot\left(\rho_{\mathrm{Go}}\boldsymbol{u}_{\mathrm{o}}+\rho_{\mathrm{g}}\boldsymbol{u}_{\mathrm{g}}\right)+q_{\mathrm{G}} \tag{2.63}$$

其中 ρ_{Oo} 和 ρ_{Go} 分别表示油相中油组分和气组分的密度。式（2.63）表明气体组分在油相和气相中都可以存在。

每一相的达西定律都可以写为

$$\boldsymbol{u}_{\alpha}=-\frac{1}{\mu_{\alpha}}\boldsymbol{K}_{\alpha}(\nabla p_{\alpha}-\rho_{\alpha}\wp\nabla z),\quad \alpha=\mathrm{w,o,g} \tag{2.64}$$

三个相共同填满孔隙空间时，有

$$S_{\mathrm{w}}+S_{\mathrm{o}}+S_{\mathrm{g}}=1 \tag{2.65}$$

最后，相压力与毛细管压力有关

$$p_{\mathrm{cow}}=p_{\mathrm{o}}-p_{\mathrm{w}},\qquad p_{\mathrm{cgo}}=p_{\mathrm{g}}-p_{\mathrm{o}} \tag{2.66}$$

无须定义第三个毛细管压力，因为它可以用 p_{cow} 和 p_{cgo} 表示。

同两相情况一样，可以推导出三相黑油模型其他类型的微分方程（Chen，2000）。也就是说，式（2.61）至式（2.66）可以改写为三个压力的形式（参见练习 2.5），或一个压力和两个饱和度的形式（参见练习 2.6），或一个全局压力和两个饱和度的形式（参见练习 2.7）。受密度影响全局压力方程是椭圆型或抛物型的。如果存在毛细管压力效应，两个饱和度方程是抛物型的；否则是双曲型的（Chen，2000）。

方便起见，通常使用“标准体积”守恒方程，而不是“质量”守恒方程式（2.61）至式（2.63）表示黑油模型。油相中油气组分的质量分数可以通过气体溶解度 R_{so}（也称为溶解气油比）确定，R_{so}是在给定压力和油藏温度下单位体积储罐油内所溶解的气体体积（标准条件下）：

$$R_{so}(p,T)=\frac{V_{Gs}}{V_{Os}} \tag{2.67}$$

这里

$$V_{Os}=\frac{W_O}{\rho_{Os}},\quad V_{Gs}=\frac{W_G}{\rho_{Gs}} \tag{2.68}$$

其中W_O和W_G分别是油组分和气组分的质量。由此（2.67）可改写

$$R_{so}=\frac{W_G\rho_{Os}}{W_O\rho_{Gs}} \tag{2.69}$$

地层原油体积系数B_o是在油藏条件下油相体积V_o与标准条件下油组分体积V_{Os}之比：

$$B_o(p,T)=\frac{V_o(p,T)}{V_{Os}} \tag{2.70}$$

其中

$$V_o=\frac{W_O+W_G}{\rho_o} \tag{2.71}$$

联合式（2.68）、式（2.70）和式（2.71），可得

$$B_o=\frac{(W_O+W_G)\rho_{Os}}{W_O\rho_o} \tag{2.72}$$

利用式（2.69）和式（2.72），可得油相中油和气组分的质量分数分别为

$$C_{Oo}=\frac{W_O}{W_O+W_G}=\frac{\rho_{Os}}{B_o\rho_o}$$

$$C_{Go}=\frac{W_G}{W_O+W_G}=\frac{R_{so}\rho_{Gs}}{B_o\rho_o}$$

考虑到$C_{Oo}+C_{Go}=1$，得到

$$\rho_o=\frac{R_{so}\rho_{Gs}+\rho_{Os}}{B_o} \tag{2.73}$$

地层天然气体积系数B_g是油藏条件下气相体积与标准条件下气体组分体积之比：

$$B_g(p,T)=\frac{V_g(p,T)}{V_{Gs}}$$

设$W_g=W_G$为自由气的质量。由于$V_g=W_G/\rho_g$且$V_{Gs}=W_G/\rho_{Gs}$，可知

$$\rho_g=\frac{\rho_{Gs}}{B_g} \tag{2.74}$$

完整起见，地层水体积系数 B_w 由下式定义：

$$\rho_w = \frac{\rho_{Ws}}{B_w} \tag{2.75}$$

最后，将式（2.73）至式（2.75）代入式（2.61）至式（2.63）得到标准体积的守恒方程：
水组分：

$$\frac{\partial}{\partial t}\left(\frac{\phi\rho_{Ws}}{B_w}S_w\right) = -\nabla\cdot\left(\frac{\rho_{Ws}}{B_w}\boldsymbol{u}_w\right) + q_W \tag{2.76}$$

油组分：

$$\frac{\partial}{\partial t}\left(\frac{\phi\rho_{Os}}{B_o}S_o\right) = -\nabla\cdot\left(\frac{\rho_{Os}}{B_o}\boldsymbol{u}_o\right) + q_O \tag{2.77}$$

气组分：

$$\frac{\partial}{\partial t}\left[\phi\left(\frac{\rho_{Gs}}{B_g}S_g + \frac{R_{so}\rho_{Gs}}{B_o}S_o\right)\right] = -\nabla\cdot\left(\frac{\rho_{Gs}}{B_g}\boldsymbol{u}_g + \frac{R_{so}\rho_{Gs}}{B_o}\boldsymbol{u}_o\right) + q_G \tag{2.78}$$

式（2.76）至式（2.78）是标准体积的守恒方程。标准条件下体积流量是

$$\begin{aligned} q_W &= \frac{q_{Ws}\rho_{Ws}}{B_w},\ q_O = \frac{q_{Os}\rho_{Os}}{B_o} \\ q_G &= \frac{q_{Gs}\rho_{Gs}}{B_g} + \frac{q_{Os}R_{so}\rho_{Gs}}{B_o} \end{aligned} \tag{2.79}$$

由于 ρ_{Ws}、ρ_{Os} 和 ρ_{Gs} 是常数，将式（2.79）代入式（2.76）至式（2.78）后可以将其抵消。

式（2.64）至式（2.66）和式（2.76）至式（2.78）构成了黑油模型的基本方程。主要未知量的选择取决于油藏的状态，即饱和状态或欠饱和状态，这个问题将在第 8 章讨论。

2.7 挥发油模型

上述黑油模型不适用于挥发性油藏。挥发性油藏储层温度接近或高于 250°F，包含大量的低碳烃（以乙烷至癸烷），高地层体积系数较高，原油重度大于 45°API（Jacoby et al., 1957）。挥发油模型，考虑了原油挥发性是一种更精细的双组分烃模型。在该模型中，同时存在油和气组分，即允许气组分存在于气和油相中，也允许油组分蒸发到气相中。因此，这两种烃组分同时存在于油相和气相中。

气相中的原油挥发度为

$$R_v = \frac{V_{Os}}{V_{Gs}}$$

与黑油模型推导类似，标准体积下的守恒方程为
水组分：

$$\frac{\partial}{\partial t}\left(\frac{\phi\rho_{Ws}}{B_w}S_w\right) = -\nabla\cdot\left(\frac{\rho_{Ws}}{B_w}\boldsymbol{u}_w\right) + q_W \tag{2.80}$$

油组分：

$$\frac{\partial}{\partial t}\left[\phi\left(\frac{\rho_{\rm Os}}{B_{\rm o}}S_{\rm o}+\frac{R_{\rm v}\rho_{\rm Os}}{B_{\rm g}}S_{\rm g}\right)\right]=-\nabla\cdot\left(\frac{\rho_{\rm Os}}{B_{\rm o}}\boldsymbol{u}_{\rm o}+\frac{R_{\rm v}\rho_{\rm Os}}{B_{\rm g}}\boldsymbol{u}_{\rm g}\right)+q_{\rm O} \tag{2.81}$$

气组分：

$$\frac{\partial}{\partial t}\left[\phi\left(\frac{\rho_{\rm Gs}}{B_{\rm g}}S_{\rm g}+\frac{R_{\rm so}\rho_{\rm Gs}}{B_{\rm o}}S_{\rm o}\right)\right]=-\nabla\cdot\left(\frac{\rho_{\rm Gs}}{B_{\rm g}}\boldsymbol{u}_{\rm g}+\frac{R_{\rm so}\rho_{\rm Gs}}{B_{\rm o}}\boldsymbol{u}_{\rm o}\right)+q_{\rm G} \tag{2.82}$$

通常，可以使用下一节组分模型中的拟组分定义烃组分（即油和气）。

2.8　组分模型

在黑油和挥发油模型中，只涉及两种烃组分。本节所考虑的组分模型具有通用形式，涉及多种组分和相间传质。在组分模型中，油藏流体由有限数量的烃组分组成，每种烃组分可存在于油、气、水三相中的任何一相。假设流动过程是等温的（即，恒定温度），组分至多存在于三个相（如汽，液和水）中，且水相和烃相（即气相和液相）之间没有质量交换。这样可以提出一个包含任意数量的相和组分的通用模型，每个组分存在于任一相或全部相之中（参见第 2.10 节）。虽然这种模型的控制微分方程很容易建立，但求解非常复杂。因此，本节选取石油行业中广泛应用的组分模型。

由于相平衡关系通常以摩尔分数而不是浓度定义［参见式（2.91）］，所以在组分模型中对每个组分使用摩尔分数更便捷。令 $\xi_{i\rm o}$ 和 $\xi_{i\rm g}$ 分别为液（如油）和气（如气）相中组分 i 的摩尔密度，$i=1,2,\cdots,N_{\rm c}$，其中 $N_{\rm c}$ 是组分的数量。其物理含义是每孔隙体积所含摩尔数。如果 W_i 是组分 i 的摩尔质量，即组分 i 的质量除以组分 i 的摩尔数，那么 $\xi_{i\alpha}$ 与质量密度 $\rho_{i\alpha}$ 的关系为 $\xi_{i\alpha}=\rho_{i\alpha}/W_i$。相 α 的摩尔密度为

$$\xi_\alpha=\sum_{i=1}^{N_{\rm c}}\xi_{i\alpha},\qquad \alpha={\rm o,g} \tag{2.83}$$

相 α 中组分 i 的摩尔分数为

$$x_{i\alpha}=\frac{\xi_{i\alpha}}{\xi_\alpha},\quad i=1,2,\cdots,N_{\rm c},\qquad \alpha={\rm o,g} \tag{2.84}$$

由于各相之间存在质量交换，质量在每相中都不守恒；但每个组分的总质量是守恒的：

$$\begin{gathered}\frac{\partial(\phi\xi_{\rm w}S_{\rm w})}{\partial t}+\nabla\cdot(\xi_{\rm w}\boldsymbol{u}_{\rm w})=q_{\rm w}\\ \frac{\partial\left[\phi\left(x_{i\rm o}\xi_{\rm o}S_{\rm o}+x_{i\rm g}\xi_{\rm g}S_{\rm g}\right)\right]}{\partial t}+\nabla\cdot\left(x_{i\rm o}\xi_{\rm o}\boldsymbol{u}_{\rm o}+x_{i\rm g}\xi_{\rm g}\boldsymbol{u}_{\rm g}\right)+\\ \nabla\cdot\left(\boldsymbol{d}_{i\rm o}+\boldsymbol{d}_{i\rm g}\right)=q_i,\qquad i=1,2,\cdots,N_{\rm c}\end{gathered} \tag{2.85}$$

其中 $\xi_{\rm w}$ 是水的摩尔密度，$q_{\rm w}$ 和 q_i 分别是水和第 i 组分的摩尔流速，$\boldsymbol{d}_{i\alpha}$ 表示 α 相中第 i 组分的扩散通量，$\alpha={\rm o,g}$。在式（2.85）中，体积速度 $\boldsymbol{u}_\alpha$ 由达西定律给出，如（2.64）所示：

$$\boldsymbol{u}_\alpha = -\frac{1}{\mu_\alpha}\boldsymbol{K}_\alpha\left(\nabla p_\alpha - \rho_\alpha \wp \nabla z\right), \quad \alpha = \mathrm{w,o,g} \tag{2.86}$$

除了微分方程（2.85）和方程（2.86）之外，还存在代数约束。根据摩尔分数平衡有

$$\sum_{i=1}^{N_c} x_{io} = 1, \quad \sum_{i=1}^{N_c} x_{ig} = 1 \tag{2.87}$$

在流动过程中，多孔介质中的流体饱和度满足：

$$S_\mathrm{w} + S_\mathrm{o} + S_\mathrm{g} = 1 \tag{2.88}$$

相压力与毛细管压力有关：

$$p_{\mathrm{cow}} = p_\mathrm{o} - p_\mathrm{w}, \quad p_{\mathrm{cgo}} = p_\mathrm{g} - p_\mathrm{o} \tag{2.89}$$

假设毛细管压力是关于饱和度的已知函数。相对渗透率 $K_{r\alpha}$ 也是关于饱和度的已知函数，且黏度 μ_α，摩尔密度 ξ_α 和质量密度 ρ_α 都是关于它们各自相压力和组分的函数，$\alpha = \mathrm{w,o,g}$。

式（2.85）中最不易理解的是涉及扩散通量 $\boldsymbol{d}_{i\alpha}$ 的那一项。这些量精确的本构关系仍然需要推导；然而，从实际角度看，以下由单相 Fick 定律直接推广到多相流的方法广泛使用：

$$\boldsymbol{d}_{i\alpha} = -\xi_\alpha \boldsymbol{D}_{i\alpha} \nabla x_{i\alpha}, \quad i = 1,2,\cdots,N_c, \quad \alpha = \mathrm{o,g} \tag{2.90}$$

其中 $\boldsymbol{D}_{i\alpha}$ 是组分 i 在 α 相中的扩散系数［参见式（2.58）或第 2.10 节］。扩散通量必须满足

$$\sum_{i=1}^{N_c} d_{i\alpha} = 0, \quad \alpha = \mathrm{o,g}$$

需要注意的是，组分模型的因变量比微分方程和代数关系加起来还要多；它形式上有 $2N_c+9$ 个因变量：x_{io}、x_{ig}、$\boldsymbol{u}_\alpha$、p_α 和 S_α，$\alpha = \mathrm{w,o,g}$，$i = 1,2,\cdots,N_c$。因此，如果要确定该系统的解，$2N_c+9$ 个独立关系。式（2.85）至式（2.89）提供了 N_c+9 个独立的微分方程或代数关系；另外的 N_c 个关系。由与摩尔数相关的平衡关系提供。

相间质量交换的特征在于气相和液相中各组分质量分布的变化。通常假设这两个相处于相平衡态。因为相间的质量交换比多孔介质流体的流动快得多，这个假设在物理上是合理的。因此，每个烃组分在两相中的分布受稳定热力学平衡的条件约束，由组分系统最小 Gibbs 自由能给出（Bear，1972；Chen et al.，2000c）：

$$f_{io}\left(p_\mathrm{o}, x_{1\mathrm{o}}, x_{2\mathrm{o}}, \cdots, x_{N_c\mathrm{o}}\right) = f_{ig}\left(p_\mathrm{g}, x_{1\mathrm{g}}, x_{2\mathrm{g}}, \cdots, x_{N_c\mathrm{g}}\right) \tag{2.91}$$

其中 f_{io} 和 f_{ig} 分别是液相和气相中第 i 组分的逸度函数，$i = 1,2,\cdots,N_c$。更多关于逸度函数的细节将在第 3 章和第 9 章中给出。

最后相 α 中组分 i 的质量分数 $c_{i\alpha}$ 可由摩尔分数 $x_{i\alpha}$ 计算（参见练习 2.8）

$$c_{i\alpha} = \frac{W_i x_{i\alpha}}{\sum_{j=1}^{N_c}\left(W_j x_{j\alpha}\right)}, \quad i = 1,2,\cdots,N_c, \quad \alpha = \mathrm{o,g} \tag{2.92}$$

质量密度 ρ_α 可由摩尔密度 ξ_α 计算

$$\rho_\alpha=\xi_\alpha\sum_{i=1}^{N_c}W_i x_{i\alpha} \tag{2.93}$$

2.9　非等温模型

上述各节建立的微分方程是以等温流动为假设条件的。添加能量守恒方程可以消除这一假设。能量守恒方程为流体系统引入了另一个因变量——温度。与质量输运方程假设（固体本身不受质量通量影响）不同，固体基质可以导热。多孔介质中固体和流体的平均温度可能不同。此外，各相之间可以交换热量。简单起见，引入局部热平衡要求，即要求所有相中的温度都相同。

对于多孔介质中的多组分多相流，质量平衡和其他方程如式（2.85）至式（2.91）所示。在非等温条件下，一些变量如孔隙度、密度和黏度可能取决于温度（参见第3章）。能量守恒方程的推导与等2.2节中质量守恒方程推导类似。微分体积 V 中的能量平衡或热力学第一定律表述如下

向 V 的能量净输入率 $+V$ 中的能量产生率 $=V$ 中的能量积累率

使用该定律，总能量平衡方程为（Lake，1989）

$$\frac{\partial}{\partial t}\left(\rho_t U+\frac{1}{2}\sum_{\alpha=w}^{g}\rho_\alpha|\boldsymbol{u}_\alpha|^2\right)+\nabla\cdot\boldsymbol{E}+\sum_{\alpha=w}^{g}\left[\nabla\cdot(p_\alpha\boldsymbol{u}_\alpha)-\rho_\alpha\boldsymbol{u}_\alpha\cdot\wp\nabla z\right]=q_H-q_L \tag{2.94}$$

其中 ρ_t 是总密度，$\rho_t U$ 是总内能，$\sum_{\alpha=w}^{g}\rho_\alpha|\boldsymbol{u}_\alpha|^2/2$ 表示每单位体积的动能，$\boldsymbol{E}$ 是能量通量。

$$\sum_{\alpha=w}^{g}\left[\nabla\cdot(p_\alpha\boldsymbol{u}_\alpha)-\rho_\alpha\boldsymbol{u}_\alpha\cdot\wp\nabla z\right]$$

是压力场和重力的功率，q_H 表示每单位体积的焓源项，q_L 是热损失。

总内能为

$$\rho_t U=\phi\sum_{\alpha=w}^{g}\rho_\alpha S_\alpha U_\alpha+(1-\phi)\rho_s C_s T \tag{2.95}$$

其中 U_α 和 C_s 分别是相 α 单位质量的比内能和固体的比热容，ρ_s 是固体的密度。总密度 ρ_t 由下式决定

$$\rho_t=\phi\sum_{\alpha=w}^{g}\rho_\alpha S_\alpha+(1-\phi)\rho_s$$

能量通量由相对流，热传导和辐射组成（忽略所有其他来源）：

$$\boldsymbol{E}=\sum_{\alpha=w}^{g}\rho_\alpha\boldsymbol{u}_\alpha\left(U_\alpha+\frac{1}{2}|\boldsymbol{u}_\alpha|^2\right)+\boldsymbol{q}_c+\boldsymbol{q}_r \tag{2.96}$$

其中 $\boldsymbol{q}_c$ 和 $\boldsymbol{q}_r$ 分别是热传导和辐射通量。对于多相流，热传导通量由傅里叶定律给出：

$$\boldsymbol{q}_c=-K_T\nabla T \tag{2.97}$$

其中 K_T 代表总导热系数。简便起见忽略热辐射，尽管它在估算井筒热损失方面很重要。将式（2.95）至式（2.97）代入式（2.94）并将式（2.96）右边的第一项与压力做的功结合，可得

$$\frac{\partial}{\partial t}\left[\phi\sum_{\alpha=\mathrm{w}}^{\mathrm{g}}\rho_\alpha S_\alpha U_\alpha+(1-\phi)\rho_{\mathrm{s}}C_{\mathrm{s}}T+\frac{1}{2}\sum_{\alpha=\mathrm{w}}^{\mathrm{g}}\rho_\alpha|\boldsymbol{u}_\alpha|^2\right]+\nabla\cdot\left[\sum_{\alpha=\mathrm{w}}^{\mathrm{g}}\rho_\alpha\boldsymbol{u}_\alpha\left(H_\alpha+\frac{1}{2}|\boldsymbol{u}_\alpha|^2\right)\right]- \\ \nabla\cdot(K_{\mathrm{T}}\nabla T)+\sum_{\alpha=\mathrm{w}}^{\mathrm{g}}\rho_\alpha\boldsymbol{u}_\alpha\cdot\wp\nabla z=q_{\mathrm{H}}-q_{\mathrm{L}} \tag{2.98}$$

其中 H_α 是相 α（单位质量）的焓，由下式给出

$$H_\alpha=U_\alpha+\frac{p_\alpha}{\rho_\alpha},\quad \alpha=\mathrm{w,o,g}$$

通常（Lake，1989），如果忽略动能和式（2.98）左边的最后一项，可以得到温度 T 的能量方程

$$\frac{\partial}{\partial t}\left(\phi\sum_{\alpha=w}^{g}\rho_\alpha S_\alpha U_\alpha+(1-\phi)\rho_{\mathrm{s}}C_{\mathrm{s}}T\right) \\ +\nabla\cdot\sum_{\alpha=w}^{g}\rho_\alpha\boldsymbol{u}_\alpha H_\alpha-\nabla\cdot(K_T\nabla T)=q_H-q_L \tag{2.99}$$

如果需要，类似与式（2.85）将扩散通量加到式（2.99）的左侧，即利用式（2.90），插入

$$-\sum_{i=1}^{N_{\mathrm{c}}}\sum_{\alpha=\mathrm{w}}^{\mathrm{g}}\nabla\cdot(\xi_\alpha H_{i\alpha}W_i\boldsymbol{D}_{i\alpha}\nabla x_{i\alpha})$$

其中 W_i 是组分 i 的分子量，$H_{i\alpha}$ 表示组分 i 在相 α 中的焓。

在热力学方法中，热量在油藏、上覆岩层或下伏岩层的相邻地层中有损失，这包含在式（2.99）的 q_{L} 项中。假设上覆岩层和下伏岩层沿 x_3 轴（垂直方向）正负方向可以无限延长，如图 2.5 所示。如果上覆岩层和下伏岩层是不可渗透的，则热量完全通过传导传递。当所有流体速度和对流通量为零时，能量守恒方程式（2.99）简化为

$$\frac{\partial}{\partial t}(\rho_{\mathrm{ob}}C_{p,\mathrm{ob}}T_{\mathrm{ob}})=\nabla\cdot(k_{\mathrm{ob}}\nabla T_{\mathrm{ob}}) \tag{2.100}$$

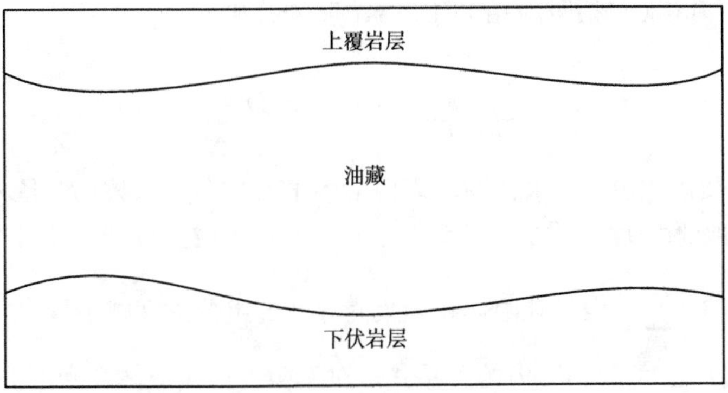

图 2.5　油藏、上覆岩层和下伏岩层示意图

其中下角标 ob 表示变量与上覆岩层相关，$C_{p,\mathrm{ob}}$ 是恒定压力下的热容。初始条件是上覆岩层的原始温度 $T_{\mathrm{ob},0}$：

$$T_{\mathrm{ob}}(\boldsymbol{x},0)=T_{\mathrm{ob},0}(\boldsymbol{x})$$

油藏顶部的边界条件为

$$T_{\mathrm{ob}}(\boldsymbol{x},t)=T(\boldsymbol{x},t)$$

其中 T 为油藏温度。在无穷远处，T_{ob} 是固定的：

$$T_{\mathrm{ob}}(x_1,x_2,\infty,t)=T_\infty$$

在其他边界上，可以使用不渗透边界条件

$$k_{\mathrm{ob}}\nabla T_{\mathrm{ob}}\cdot\nu=0$$

其中 ν 表示与这些边界垂直的单位量外法向。上覆岩层的热损失率由 $k_{\mathrm{ob}}\nabla T_{\mathrm{ob}}\cdot\nu$ 计算得到，其中 ν 是上覆岩层和油藏相交界面的单位法线向量（指向上覆岩层）。下伏岩层微分方程及其初始和边界条件的推导与之类似。

2.10　化学组分模型

化学驱是提高原油采收率的一个重要方法，如碱、表面活性剂、聚合物和泡沫（ASP+泡沫）驱。注入化学组分可降低流体流度，提高油藏的波及效率，即在给定时间增加可接触的可渗透介质的体积。对于化学驱组分模型，控制微分方程由每个组分的质量守恒方程、能量方程、达西定律和总质量守恒方程或压力连续方程组成。这些方程的建立基于以下假设：局部热力学平衡，非流动固体相，Fickian 扩散，理想混合，微可压缩的岩层和流体，以及达西定律。

对于该模型，因为涉及了化学反应，所以在质量守恒方程中使用组分浓度更方便，如第 2.4 节和第 2.5 节所述。组分 i 的质量守恒可由单位孔隙体积内该组分的总浓度表示：

$$\frac{\partial}{\partial t}(\phi\tilde{c}_i\rho_i)=-\nabla\cdot\left[\sum_{\alpha=1}^{N_{\mathrm{p}}}\rho_i(c_{i\alpha}\boldsymbol{u}_\alpha-\boldsymbol{D}_{i\alpha}\nabla c_{i\alpha})\right]+q_i,\quad i=1,2,\cdots,N_{\mathrm{c}} \tag{2.101}$$

其中总浓度 $\tilde{c}_i$ 是所有相（包括吸附相）内组分浓度的总和。

$$\tilde{c}_i=\left(1-\sum_{j=1}^{N_{\mathrm{cv}}}\hat{c}_j\right)\sum_{\alpha=1}^{N_{\mathrm{p}}}S_\alpha c_{i\alpha}+\hat{c}_i,\quad i=1,2,\cdots,N_{\mathrm{c}} \tag{2.102}$$

N_{cv} 是多孔介质内组分（如水，油，表面活性剂和空气）总数；N_{p} 是相数量；$\hat{c}_i$，ρ_i 和 q_i 分别是组分 i 的吸附浓度，质量密度和源（汇项）；$c_{i\alpha}$ 和 $\boldsymbol{D}_{i\alpha}$ 分别是相 α 中组分 i 的浓度和扩散—弥散张量。$1-\sum_{j=1}^{N_{\mathrm{cv}}}c_j$ 表示孔隙体积内吸附导致的组分浓度减小量。

式（2.6）给出了密度 ρ_i 和压力的关系式。对于微可压缩流体，密度公式由式（2.12）给出；即在参考相压力 p_{r} 下，有

$$\rho_i = \rho_i^0 \left[1 + C_i^0 \left(p_{\mathrm{r}} - p_{\mathrm{r}}^0 \right) \right] \tag{2.103}$$

其中 C_i^0 是常压缩系数，ρ_i^0 是参考压力 p_{r}^0 下的密度。

扩散—弥散张量 $\boldsymbol{D}_{i\alpha}$ 将式（2.58）推广到多相流：

$$\boldsymbol{D}_{i\alpha}(\boldsymbol{u}_\alpha) = \phi \left\{ S_\alpha d_{i\alpha} \boldsymbol{I} + |\boldsymbol{u}_\alpha| \left[d_{\mathrm{l}\alpha} \boldsymbol{E}(\boldsymbol{u}_\alpha) + d_{\mathrm{t}\alpha} \boldsymbol{E}^\perp(\boldsymbol{u}_\alpha) \right] \right\} \tag{2.104}$$

其中 $\boldsymbol{d}_{i\alpha}$ 是相 α 中组分 i 的分子扩散系数；$d_{\mathrm{l}\alpha}$ 和 $d_{\mathrm{t}\alpha}$ 分别是相 α 的纵向和横向弥散系数；$|\boldsymbol{u}_\alpha|$ 是 $\boldsymbol{u}_\alpha = (u_{1\alpha}, u_{2\alpha}, u_{3\alpha})$ 的欧几里得范数 $|\boldsymbol{u}_\alpha| = \sqrt{u_{1\alpha}^2 + u_{2\alpha}^2 + u_{3\alpha}^2}$；$\boldsymbol{E}(\boldsymbol{u}_\alpha)$ 是沿速度的正交投影

$$\boldsymbol{E}(\boldsymbol{u}_\alpha) = \frac{1}{|\boldsymbol{u}_\alpha|^2} \begin{pmatrix} u_{1\alpha}^2 & u_{1\alpha}u_{2\alpha} & u_{1\alpha}u_{3\alpha} \\ u_{2\alpha}u_{1\alpha} & u_{2\alpha}^2 & u_{2\alpha}u_{3\alpha} \\ u_{3\alpha}u_{1\alpha} & u_{3\alpha}u_{2\alpha} & u_{3\alpha}^2 \end{pmatrix}$$

且 $\boldsymbol{E}^\perp(\boldsymbol{u}_\alpha) = \boldsymbol{I} - \boldsymbol{E}(\boldsymbol{u}_\alpha)$，$i = 1,2,\cdots,N_{\mathrm{c}}$，$\alpha = 1,2,\cdots,N_{\mathrm{p}}$。源（汇）项 q_i 是组分 i 所有速率的和，为

$$q_i = \phi \sum_{\alpha=1}^{N_{\mathrm{p}}} S_\alpha r_{i\alpha} + (1-\phi) r_{i\mathrm{s}} + \tilde{q}_i \tag{2.105}$$

其中 $r_{i\alpha}$ 和 $r_{i\mathrm{s}}$ 分别是组分 i 在流体相 α 和岩石相中的反应速率，$\tilde{q}_i$ 是单位体积内同一组分的注入（生产）速率。体积速度 $\boldsymbol{u}_\alpha$ 由达西定律给出，如式（2.86），有

$$\boldsymbol{u}_\alpha = -\frac{1}{\mu_\alpha} K_\alpha (\nabla p_\alpha - \rho_\alpha \wp \nabla z), \quad \alpha = 1,2,\cdots,N_{\mathrm{p}} \tag{2.106}$$

能量守恒方程可参考式（2.99），有

$$\frac{\partial}{\partial t}\left[\phi \sum_{\alpha=1}^{N_{\mathrm{p}}} \rho_\alpha S_\alpha U_\alpha + (1-\phi)\rho_{\mathrm{s}} C_{\mathrm{s}} T \right] + \nabla \cdot \sum_{\alpha=1}^{N_{\mathrm{p}}} \rho_\alpha \boldsymbol{u}_\alpha H_\alpha - \nabla \cdot (K_{\mathrm{T}} \nabla T) = q_{\mathrm{H}} - q_{\mathrm{L}} \tag{2.107}$$

上覆岩层和下伏岩层的热损失可参考第 2.9 节计算。

在化学驱模拟中，水相（如，相 1）压力方程可以通过孔隙空间内组分的总质量平衡得到。使用毛细管压力函数可以计算其他相压力，如式（2.89），有

$$p_{\mathrm{c}\alpha 1} = p_\alpha - p_1, \quad \alpha = 1,2,\cdots,N_{\mathrm{p}} \tag{2.108}$$

方便起见，令 $p_{\mathrm{c}11} = 0$。引入相流度

$$\lambda_\alpha = \frac{k_{\mathrm{r}\alpha}}{\mu_\alpha} \sum_{i=1}^{N_{\mathrm{cv}}} \rho_i c_{i\alpha}, \quad \alpha = 1,2,\cdots,N_{\mathrm{p}}$$

以及总流度

$$\lambda = \sum_{\alpha=1}^{N_{\mathrm{p}}} \lambda_\alpha$$

注意到

$$\sum_{i=1}^{N_{\mathrm{cv}}}\rho_i \boldsymbol{D}_{i\alpha}\nabla c_{i\alpha}=0,\quad \sum_{i=1}^{N_{\mathrm{cv}}}r_{i\alpha}=\sum_{i=1}^{N_{\mathrm{cv}}}r_{i\mathrm{s}}=0,\quad \alpha=1,2,\cdots,N_{\mathrm{p}}$$

现在，对式（2.101）关于 i 求和，$i=1,2,\cdots,N_{\mathrm{cv}}$，得到压力方程（参见练习 2.9）

$$\phi c_{\mathrm{t}}\frac{\partial p_1}{\partial t}-\nabla\left(\lambda \boldsymbol{K}\nabla p_1\right)=\nabla\cdot\sum_{\alpha=1}^{N_{\mathrm{p}}}\lambda_\alpha \boldsymbol{K}\left(\nabla p_{\mathrm{c}\alpha 1}-\rho_\alpha \wp\nabla z\right)+\sum_{i=1}^{N_{\mathrm{cv}}}\tilde{q}_i \tag{2.109}$$

其中综合压缩系数 c_{t} 定义为

$$c_{\mathrm{t}}=\frac{1}{\phi}\frac{\partial}{\partial p_1}\sum_{i=1}^{N_{\mathrm{cv}}}\phi\tilde{c}_i\rho_i$$

假设岩石压缩系数由式（2.16）给出；即，在参考压力 p_{r}^0 下

$$\phi=\phi^0\left[1+c_{\mathrm{R}}\left(p_{\mathrm{r}}-p_{\mathrm{r}}^0\right)\right] \tag{2.110}$$

利用 $p_{\mathrm{r}}=p_1$ 以及式（2.103）和式（2.110），得到

$$\phi\tilde{c}_i\rho_i=\phi^o\tilde{c}_i\rho_i^o\left[1+\left(c_{\mathrm{R}}+C_i^0\right)\left(p_1-p_1^0\right)+c_{\mathrm{R}}C_i^0\left(p_1-p_1^0\right)^2\right]$$

忽略方程中的高阶项，得到

$$\phi\tilde{c}_i\rho_i\approx\phi^o\tilde{c}_i\rho_i^0\left[1+\left(c_{\mathrm{R}}+C_i^0\right)\left(p_1-p_1^0\right)\right] \tag{2.111}$$

应用式（2.111），综合压缩系数 c_{t} 简化为

$$c_{\mathrm{t}}=\frac{\phi^0}{\phi}\sum_{i=1}^{N_{\mathrm{cv}}}\tilde{c}_i\rho_i^0\left(c_{\mathrm{R}}+C_i^0\right) \tag{2.112}$$

注意到因变量数量比微分方程和代数关系多；形式上存在 $N_{\mathrm{c}}+N_{\mathrm{cv}}+N_{\mathrm{c}}N_{\mathrm{p}}+3N_{\mathrm{p}}+1$ 个因变量：c_i，$\hat{c}_j$，$c_{i\alpha}$，T，$\boldsymbol{u}_\alpha$，p_α 以及 S_α，$\alpha=1,2,\cdots,N_{\mathrm{p}}$，$i=1,2,\cdots,N_{\mathrm{c}}$，$j=1,2,\cdots,N_{\mathrm{cv}}$。式（2.101）和式（2.106）至式（2.109）提供了 $N_{\mathrm{c}}+2N_{\mathrm{p}}$ 个独立微分或代数关系；额外的 $N_{\mathrm{cv}}+N_{\mathrm{c}}N_{\mathrm{p}}+N_{\mathrm{p}}+1$ 个关系由以下约束给出

$$\begin{aligned}
&\sum_{i=1}^{N_{\mathrm{p}}}S_\alpha=1\left(\text{饱和度约束}\right)\\
&\sum_{i=1}^{N_{\mathrm{cv}}}c_{i\alpha}=1\left(N_{\mathrm{p}}\text{相浓度约束}\right)\\
&c_i=\sum_{i=1}^{N_{\mathrm{p}}}S_\alpha c_{i\alpha}\left(N_{\mathrm{c}}\text{组分浓度约束}\right)\\
&\hat{c}_j=\hat{c}_j\left(c_1,c_2,\cdots,c_{N_{\mathrm{c}}}\right)\left(N_{\mathrm{cv}}\text{吸附约束}\right)\\
&f_{i\alpha}\left(p_\alpha,T,c_{1\alpha},\cdots,c_{N_{\mathrm{c}}\alpha}\right)=f_{i\beta}\left(p_\beta,T,c_{1\beta},\cdots,c_{N_{\mathrm{c}}\beta}\right)\\
&\qquad\left[N_{\mathrm{c}}\left(N_{\mathrm{p}}-1\right)\text{个相平衡关系}\right]
\end{aligned} \tag{2.113}$$

其中 $f_{i\alpha}$ 是相 α 中第 i 个组分的逸度函数。

2.11 裂缝介质的模型

在第 2.2.6 节中，针对单相流建立了双重孔隙模型。这个概念可以推广到其他类型的流动，如研究裂缝多孔介质中的组分流动。方便起见，忽略扩散效应。

2.11.1 双孔双渗模型

在第 2.2.6 节中研究单相流的双重孔隙模型时，假设流体只能从基质流入裂缝，反之则不成立，且基质之间没有联系。现在，考虑没有这两个假设的更一般情况。此时，基质中的质量平衡方程还包含基质—裂缝窜流项，$i=1,2,\cdots,N_{\mathrm{c}}$：

$$\begin{aligned}&\frac{\partial\left(\phi\xi_{\mathrm{w}}S_{\mathrm{w}}\right)}{\partial t}+\nabla\cdot\left(\xi_{\mathrm{w}}\boldsymbol{u}_{\mathrm{w}}\right)=-q_{\mathrm{w,mf}}\\&\frac{\partial\left[\phi\left(x_{io}\xi_{\mathrm{o}}S_{\mathrm{o}}+x_{ig}\xi_{\mathrm{g}}S_{\mathrm{g}}\right)\right]}{\partial t}+\nabla\cdot\left(x_{io}\xi_{\mathrm{o}}\boldsymbol{u}_{\mathrm{o}}+x_{ig}\xi_{\mathrm{g}}\boldsymbol{u}_{\mathrm{g}}\right)=-q_{i,\mathrm{mf}}\end{aligned}\tag{2.114}$$

其中假设外部源（汇）项不与该系统交互。在裂缝系统中，质量平衡方程为

$$\begin{aligned}&\frac{\partial\left(\phi\xi_{\mathrm{w}}S_{\mathrm{w}}\right)_f}{\partial t}+\nabla\cdot\left(\xi_{\mathrm{w}}\boldsymbol{u}_{\mathrm{w}}\right)_f=q_{\mathrm{w,m}f}+q_{\mathrm{w}}\\&\frac{\partial\left[\phi\left(x_{io}\xi_{\mathrm{o}}S_{\mathrm{o}}+x_{ig}\xi_{\mathrm{g}}S_{\mathrm{g}}\right)\right]_f}{\partial t}+\nabla\cdot\left(x_{io}\xi_{\mathrm{o}}\boldsymbol{u}_{\mathrm{o}}+x_{ig}\xi_{\mathrm{g}}\boldsymbol{u}_{\mathrm{g}}\right)_f=q_{i,\mathrm{m}f}+q_i,\quad i=1,2,\cdots,N_{\mathrm{c}}\end{aligned}\tag{2.115}$$

其中下角标 f 代表裂缝变量。式（2.86）至式（2.91）对于基质和裂缝均适用。

Warren 和 Root（1963）和 Kazemi（1969）定义了双孔双渗模型的基质—裂缝窜流项 $q_{\mathrm{w,m}f}$ 和 $q_{i,\mathrm{m}f}$。特定组分的窜流项与基质形状因子 σ，流体流度以及裂缝和基岩系统之间的势差直接相关。毛细管压力，重力和黏性力也须加入进该项。此外，还需包括每个基质块的压力梯度（以及各组分的分子扩散率）。简洁起见，忽略扩散率。

通过观察处理基质块的压力梯度：对于裂缝中被水包围的油基质块，压力差为

$$\Delta p_{\mathrm{w}}=0,\quad \Delta p_{\mathrm{o}}=\wp\left(\rho_{\mathrm{w}}-\rho_{\mathrm{o}}\right)$$

以此类推，对于裂缝中气体包围的含油基质块和裂缝中水包围的含气基质块，压力差分别为

$$\Delta p_{\mathrm{g}}=0,\quad \Delta p_{\mathrm{o}}=\wp\left(\rho_{\mathrm{o}}-\rho_{\mathrm{g}}\right)$$

以及

$$\Delta p_{\mathrm{w}}=0,\quad \Delta p_{\mathrm{g}}=\wp\left(\rho_{\mathrm{w}}-\rho_{\mathrm{g}}\right)$$

引入裂缝中的总流体密度

$$\rho_f=S_{\mathrm{w},f}\rho_{\mathrm{w}}+S_{\mathrm{o},f}\rho_{\mathrm{o}}+S_{\mathrm{g},f}\rho_{\mathrm{g}}$$

并定义压力梯度效应为

$$\Delta p_\alpha = \wp|\rho_f - \rho_\alpha|,\quad \alpha = w,o,g$$

因此考虑毛细管压力、重力和黏性力，以及基质的压力梯度窜流项变为

$$\begin{aligned} q_{w,mf} &= T_m \frac{K_{rw}\xi_w}{\mu_w}\left(\Phi_w - \Phi_{w,f} + L_c\Delta p_w\right) \\ q_{i,mf} &= T_m \left\{\frac{K_{ro}x_{io}\xi_o}{\mu_o}\left(\Phi_o - \Phi_{o,f} + L_c\Delta p_o\right) + \frac{K_{rg}x_{ig}\xi_g}{\mu_g}\left(\Phi_g - \Phi_{g,f} + L_c\Delta p_g\right)\right\} \end{aligned} \tag{2.116}$$

其中 Φ_α 是相势

$$\Phi_\alpha = p_\alpha - \rho_\alpha gz,\quad \alpha = w,o,g$$

L_c 是基质—裂缝流的特征长度，且

$$T_m = K\sigma\left(\frac{1}{l_{x_1}^2} + \frac{1}{l_{x_2}^2} + \frac{1}{l_{x_3}^2}\right)$$

是基岩—裂缝窜流系数，σ 是形状因子，l_{x_1}，l_{x_2} 和 l_{x_3} 是基质维度。当基质渗透率 $\boldsymbol{K}$ 是张量并且在三个坐标方向上都不同时，基质—裂缝窜流系数修正为

$$T_m = \sigma\left(\frac{K_{11}}{l_{x_1}^2} + \frac{K_{22}}{l_{x_2}^2} + \frac{K_{33}}{l_{x_3}^2}\right),\ K = \operatorname{diag}(K_{11}, K_{22}, K_{33})$$

2.11.2　双重孔隙模型

在建立双重孔隙模型时，基质块充当了裂缝系统的源项。在这种情况下，有两种方法可以推导出这个模型：第 2.11.1 节中的 Warren-Root 方法和第 2.2.6 节中明确施加在基质块上的边界条件方法。

（1）Warren-Root 方法。

在这种方法中，基质中的质量平衡方程变为

$$\begin{aligned} &\frac{\partial(\phi\xi_w S_w)}{\partial t} = -q_{w,mf} \\ &\frac{\partial\left[\phi\left(x_{io}\xi_o S_o + x_{ig}\xi_g S_g\right)\right]}{\partial t} = -q_{i,mf},\quad i = 1,2,\cdots,N_c \end{aligned} \tag{2.117}$$

其中 $q_{w,mf}$ 和 $q_{i,mf}$ 由方程式（2.116）定义。裂缝中的平衡方程式（2.114）保持不变。

（2）边界条件方法。

对于组分流的双重孔隙模型，基质系统中的渗流模型建立方法与式（2.31）中单相流的相同。设基质系统由不相交的基质块 $\{\Omega_i\}$ 组成。在每个基质块 $\{\Omega_i\}i = 1,2,\cdots,N_c$ 上质量平衡方程成立：

$$\begin{aligned} &\frac{\partial(\phi\xi_w S_w)}{\partial t} + \nabla\cdot(\xi_w \boldsymbol{u}_w) = 0 \\ &\frac{\partial\left[\phi\left(x_{io}\xi_o S_o + x_{ig}\xi_g S_g\right)\right]}{\partial t} + \nabla\cdot\left(x_{io}\xi_o \boldsymbol{u}_o + x_{ig}\xi_g \boldsymbol{u}_g\right) = 0 \end{aligned} \tag{2.118}$$

类似于（2.115），裂缝中的质量平衡方程由 $q_{\mathrm{w,m}f}$ 和 $q_{i,\mathrm{m}f}$ 定义如下（参见练习 2.10）

$$
\begin{aligned}
q_{\mathrm{w,m}f} &= -\sum_j \chi_j(\boldsymbol{x}) \frac{1}{\left|\Omega_j\right|} \int_{\Omega_i} \frac{\partial\left(\phi \xi_{\mathrm{w}} S_{\mathrm{w}}\right)}{\partial t} \mathrm{d}\boldsymbol{x} \\
q_{i,\mathrm{m}f} &= -\sum_j \chi_j(\boldsymbol{x}) \frac{1}{\left|\Omega_j\right|} \int_{\Omega_i} \frac{\partial\left[\phi\left(x_{i\mathrm{o}} \xi_{\mathrm{o}} S_{\mathrm{o}} + x_{i\mathrm{g}} \xi_{\mathrm{g}} S_{\mathrm{g}}\right)\right]}{\partial t} \mathrm{d}\boldsymbol{x}
\end{aligned}
\tag{2.119}
$$

其中 $i=1,2,\cdots,N_{\mathrm{c}}$。下面为第 2.2.6 节中的基质方程（2.118）添加边界条件。对于固定的 ξ_1，$\xi_2,\cdots,\xi_{\mathrm{N}}$，定义相拟势为

$$
\Phi'_\alpha\left(p_\alpha,\xi_1,\xi_2,\cdots,\xi_{\mathrm{N}}\right)=\int_{p_\alpha^0}^{p_\alpha} \frac{1}{\rho_\alpha\left(\xi,\xi_1,\xi_2,\cdots,\xi_{\mathrm{N}}\right)g} \mathrm{d}\xi - z \tag{2.120}
$$

其中 p_α^0 是参考压力，$\alpha=\mathrm{o,g}$。该积分的逆记为 $\psi'_\alpha(\cdot,\xi_1,\xi_2,\cdots,\xi_N)$，$\xi_1,\cdots,\xi_N$ 固定。

对于方程式（2.118），每个基质块 Ω_i 的表面 $\partial\Omega_i$ 上的边界条件为

$$
\begin{aligned}
x_{i\alpha} &= x_{i\alpha,f} \\
\Phi'_\alpha\left(p_\alpha,x_{1\alpha},x_{2\alpha},\cdots,x_{N\alpha}\right) &= \Phi'_{\alpha,f}\left(p_{\alpha,f},x_{1\alpha,f},x_{2\alpha,f},\cdots,x_{N\alpha,f}\right)-\Phi_\alpha^0
\end{aligned}
\tag{2.121}
$$

$i=1,2,\cdots,N_{\mathrm{c}}$，$\alpha=\mathrm{o,g}$，对于给定的 $\Phi'_{\alpha,f}$，每个基质块 Ω_i 上的拟势参考值 Φ_α^0 可由下式给出

$$
\begin{aligned}
&\frac{1}{\left|\Omega_j\right|}\int_{\Omega_i}(\phi\rho_\alpha)\left[\psi'_\alpha\left(\Phi'_{\alpha,\mathrm{f}}-\Phi_\alpha^0+x_3,x_{1\alpha,\mathrm{f}},x_{2\alpha,\mathrm{f}},\cdots,x_{N\alpha,\mathrm{f}}\right),x_{1\alpha,\mathrm{f}},x_{2\alpha,\mathrm{f}},\cdots,\xi_{N\alpha,\mathrm{f}}\right]\mathrm{d}\boldsymbol{x} \\
&\qquad =(\phi\rho_\alpha)\left(p_{\alpha,\mathrm{f}},x_{1\alpha,\mathrm{f}},x_{2\alpha,\mathrm{f}},\cdots,x_{N\alpha,\mathrm{f}}\right)
\end{aligned}
\tag{2.122}
$$

如果假设 $\partial\rho_\alpha/\partial p_\alpha \geqslant 0$（对于固定的 $x_{1\alpha},x_{2\alpha},\cdots,x_{\mathrm{N}\alpha}$），则（2.122）对于 Φ_α^0 是可解的（对于不可压缩的 α 相流体，令 $\Phi_\alpha^0=0$）。（2.121）中的第二个方程适用于（2.118）中的第一方程；对于水组分，拟势仅取决于压力。

该模型意味着高渗透性的裂缝系统在裂缝尺度上可以快速达到局部化学和力学平衡。平衡由摩尔分数和化学平衡拟势定义，并通过式（2.121）中的边界条件体现在基质方程中。

2.12　结束语

本章为油气藏建立了一系列基本渗流和输运方程，包括：单相，两相，黑油，挥发油，组分，热采和化学驱模型等。这些不同的模型对应不同的石油生产阶段。它们的控制微分方程由质量和能量守恒方程以及达西定律组成。笔者选择从最简单的单相流模型开始，以最复杂的化学驱模型结束。这个顺序也可以反过来；即可以从化学驱模型开始，依次推导出热采、组分、挥发油、黑油、两相和单相模型。

化学驱模型考虑了存在 N_{c} 个化学组分的一般情况，每个化学组分可以存在于一个或全部 N_{p} 个相中。其基本方程包括每个组分的质量守恒方程式（2.101），温度的能量方程式（2.107），每个流体相体积速度的达西定律式（2.106），相压力的总质量守恒方程式（2.109），以及描述化学驱特有的物理和化学现象的代数约束方程式（2.113）。流动方程考虑了岩石和流体的压缩系数、弥散和分子扩散、化学反应和相行为。尽管热采和化学驱

的驱替机制不同，但相应的模型，没有太大差异，即二者都包括质量和能量守恒以及达西定律。在热采模拟中，质量方程的求解通常基于每种组分的摩尔分数［参见式（2.85）］，此外，前者侧重于组分和温度的求解，后者侧重于组分和反应的求解。

当流体是等温流动时，化学驱和热采模型包括组分流基本方程。组分模型不需要能量方程，由组分摩尔分数的质量守恒方程式（2.85），相体积速度的达西定律方程式（2.86）以及计算组分的相平衡关系式（2.91）组成。在该模型中，N_c 个组分最多形成三个相（例如气，液和水），并且质量交换仅存在于烃相（即气相和液相）之间。

如果整个多孔介质中仅存在单相，而非三个流体相，则组分模型中每个组分的质量守恒方程变为流体相中多组分的输运方程式（2.59）。当最多涉及两个组分时，方程简化为一个组分的输运方程式（2.55）。

黑油和挥发油模型可以视为简化的双组分模型。在这些模型中，烃系统由储罐条件下的气（主要是甲烷和乙烷）和油组分组成。水相与油相和气相之间没有传质。在黑油模型中，气体组分可以存在于油相和气相中。在挥发油模型中，两种烃组分都可以存在于这两相中。黑油模型不适合处理挥发性油藏。这两种模型的控制微分方程通常用标准条件下的体积速率表达，见式（2.76）至式（2.78）和式（2.80）至式（2.82）。

两相非混相流模型是黑油模型的一个特例；若两相之间没有传质，则会出现两相非混相流模型，模型由质量守恒方程式（2.36）和每相的达西定律式（2.37）组成。最后，若仅存在单相，则两相流模型简化为单相流模型［参见第（2.1）节和第（2.4）节］。

对于普通多孔介质。给出了各模型之间的关系。对于裂缝多孔介质，引入了双重孔隙和双孔双渗的概念。在第 2.2.6 节和第 2.11 节中分别讨论了裂缝介质中单相和组分流的例子。

本章的介绍没有充分讨论所有模型基本渗流方程的局限性。后续章节也不考虑非牛顿流体。此外，所有研究都基于达西定律，而不是动量平衡方程。第 2.2.7 节和第 2.2.8 节简要描述了单相流的非达西定律和非牛顿现象。

2.13　文献信息

Aziz 和 Settari（1979）涵盖了从单相流到黑油模型的内容，而 Peaceman（1977）介绍的模型包括组分模型。本章以非常简练的方式介绍了非等温和化学组分渗流模型。关于这两种模型的更多物理学信息，读者应参考 Lake（1989）和 Delshad 等（2000）的技术文献（另见第 10 章和第 11 章）。

练习

练习 2.1　从式（2.6）推导出式（2.12）。

练习 2.2　推导多孔介质中两相流的质量守恒方程式（2.36）。

练习 2.3　详细推导系统式（2.47）。

练习 2.4　考虑多孔介质流体相的多组分输运方程［参见式（2.59）］，

$$\phi\frac{\partial\left(c_i\rho\right)}{\partial t}=-\nabla\cdot\left(c_i\rho\boldsymbol{u}-\rho\boldsymbol{D}\nabla c_i\right)+q_i,\quad i=1,2,\cdots,N_c \tag{2.123}$$

和流体达西定律

$$\boldsymbol{u}=-\frac{1}{\mu}\boldsymbol{K}\nabla p \tag{2.124}$$

回顾状态方程［参见式（2.6）］

$$\frac{d\rho}{\rho}=c_f\mathrm{d}p \tag{2.125}$$

其中假设压缩系数 c_f 是常数。基于式（2.123）至式（2.125）和浓度约束

$$\sum_{i=1}^{N_c}c_i=1$$

在忽略“高阶”二次项 $c_f\boldsymbol{u}\cdot\nabla p$ 的条件下，证明压力方程

$$\phi c_f\frac{\partial p}{\partial t}-\nabla\cdot\left(\frac{1}{\mu}\boldsymbol{K}\nabla p\right)=\sum_{i=1}^{N_c}q_i \tag{2.126}$$

成立。式（2.126）可与式（2.123）中的 N_c-1 个方程一起描述流体中多组分的运移或可压缩混相驱过程。

练习 2.5　假设毛细管压力 p_{cow} 和 p_{cgo} 具有 $p_{cow}=p_{cow}(S_w)$ 和 $p_{cgo}=p_{cgo}(S_g)$ 的形式，并有各自的反函数 p_{cow}^{-1} 和 p_{cgo}^{-1}，以三压力形式（p_w，p_o，p_g）表达式（2.61）至式（2.66）。

练习 2.6　在与练习 2.5 相同的假设下，以压力（p_o）和双饱和度（S_w,S_g）的形式表达式（2.61）至 式（2.66）。

练习 2.7　考虑三相非混相流

$$\begin{gathered}\frac{\partial(\phi\rho_\alpha S_\alpha)}{\partial t}=-\nabla\cdot(\rho_\alpha\boldsymbol{u}_\alpha)+q_\alpha\\ \boldsymbol{u}_\alpha=-\frac{K_{r\alpha}}{\mu_\alpha}\boldsymbol{K}(\nabla p_\alpha-\rho_\alpha\wp\nabla z),\quad \alpha=\mathrm{w,o,g}\end{gathered} \tag{2.127}$$

及附加约束

$$\begin{gathered}S_w+S_o+S_g=1\\ p_{cw}(S_w,S_g)=p_w-p_o,\quad p_{cg}(S_w,S_g)=p_g-p_o\end{gathered} \tag{2.128}$$

其中 $p_{cw}=-p_{cow}$ 且 $p_{cg}=p_{cgo}$。相和总流度以及分流函数的定义方式与第 2.3 节中相同：

$$\lambda_\alpha=\frac{K_{r\alpha}}{\mu_\alpha},\quad \lambda=\sum_{\alpha=w}^{g}\lambda_\alpha,\quad f_\alpha=\frac{\lambda_\alpha}{\lambda},\quad \alpha=\mathrm{w,o,g}$$

其中 f_α 取决于饱和度 S_w 和 S_g。

（1）证明当且仅当以下方程满足时：

$$\frac{\partial p_c}{\partial S_w}=f_w\frac{\partial p_{cw}}{\partial S_w}+f_g\frac{\partial p_{cg}}{\partial S_w},\frac{\partial p_c}{\partial S_g}=f_w\frac{\partial p_{cw}}{\partial S_g}+f_g\frac{\partial p_{cg}}{\partial S_g} \tag{2.129}$$

存在函数 $(S_w, S_g) \mapsto p_c(S_w, S_g)$ 使得

$$\nabla p_c = f_w \nabla p_{cw} + f_g \nabla p_{cg} \tag{2.130}$$

（2）证明满足式（2.129）的函数 p_c 存在的充分必要条件为

$$\frac{\partial f_w}{\partial S_g}\frac{\partial p_{cw}}{\partial S_w} + \frac{\partial f_g}{\partial S_g}\frac{\partial p_{cg}}{\partial S_w} = \frac{\partial f_w}{\partial S_w}\frac{\partial p_{cw}}{\partial S_g} + \frac{\partial f_g}{\partial S_w}\frac{\partial p_{cg}}{\partial S_g} \tag{2.131}$$

这个条件称为全差分条件。

（3）当式（2.131）满足时，函数 p_c 为

$$\begin{aligned} p_c(S_w, S_g) = &\int_1^{S_w}\left[f_w(\xi,0)\frac{\partial p_{cw}}{\partial S_w}(\xi,0) + f_g(\xi,0)\frac{\partial p_{cg}}{\partial S_w}(\xi,0)\right]\mathrm{d}\xi + \\ &\int_1^{S_g}\left[f_w(S_w,\xi)\frac{\partial p_{cw}}{\partial S_g}(S_w,\xi) + f_g(S_w,\xi)\frac{\partial p_{cg}}{\partial S_g}(S_w,\xi)\right]\mathrm{d}\xi \end{aligned} \tag{2.132}$$

假设上述积分存在，引入整体压力和总速度

$$p = p_o + p_c, \quad \boldsymbol{u} = \boldsymbol{u}_w + \boldsymbol{u}_o + \boldsymbol{u}_g \tag{2.133}$$

用主要未知量 p，S_w 和 S_g 写出式（2.127）和式（2.128）。

练习 2.8　设相 α 中的组分 i 的质量密度 $\rho_{i\alpha}$ 和摩尔密度 $\xi_{i\alpha}$ 之间存在关系 $\xi_{i\alpha}=\rho_{i\alpha}/W_i$，其中 W_i 是组分 i 的摩尔质量，$i=1,2,\cdots,N_c$，$\alpha=\mathrm{o},\mathrm{g}$。证明式（2.92）和式（2.93）。

练习 2.9　详细推导压力式（2.109）。

练习 2.10　对于组分流的双重孔隙模型，推导式（2.119）的基岩—裂缝窜流项 $q_{w,mf}$ 和 $q_{i,mf}$。

第3章　岩石和流体性质

第二章介绍了油藏基本渗流方程，求解这些方程的算法取决于多孔介质的岩石和流体性质。本章将讨论这些性质，如用于描述两相流、黑油、挥发油，以及组分模型的毛细管压力、相对渗透率、地层体积系数、密度、溶解度、黏度、压缩系数以及状态方程，其中状态方程是用来确定烃（碳氢化合物）组分在不同相中分布状态的。对于热采模型，本章还给出了与温度相关的岩石和流体性质。在化学剂驱过程中，岩石和流体之间会发生非常复杂的物理化学变化，交换等。因此，化学驱组分模型的岩石和流体性质将在第 11 章讨论。

本章组织如下：第 3.1 节介绍了岩石性质，以及两相和三相流的毛细管压力和相对渗透率函数。第 3.2 节介绍了流体性质，如水、油、气，水的 PVT（压力—体积—温度）数据以及组分模型的状态方程。第 3.3 节考虑了与温度相关的岩石和流体性质。最后，第 3.4 节给出了参考文献信息。

3.1　岩石性质

3.1.1　毛细管压力

在两相流中，任何两种不相溶的流体（如油水）界面处都存在不连续的流体压力。这就是界面张力存在的根本原因。非润湿相（即油相）的压力 p_o 和润湿相（即水相）压力 p_w 之间的不连续性就是毛细管压力 p_c：

$$p_c = p_o - p_w \tag{3.1}$$

这里界面处的相压力取自于各自的侧面。图 3.1 给出了典型的毛细管压力曲线。毛细管压力取决于润湿相含水饱和度 S_w 和饱和度变化（驱替或渗吸）的方向。依赖于饱和度历史的现象称为滞后。虽然从饱和历史考虑滞后现象模型（Mualem，1976；Bedrikovetsky et al.，1996），大多数情况下，只需一组毛细管压力就可以预测流动方向。Brooks et al.（1964），van Genuchten（1980）以及 Corey（1986）研究了驱替或渗吸循环的各种曲线。

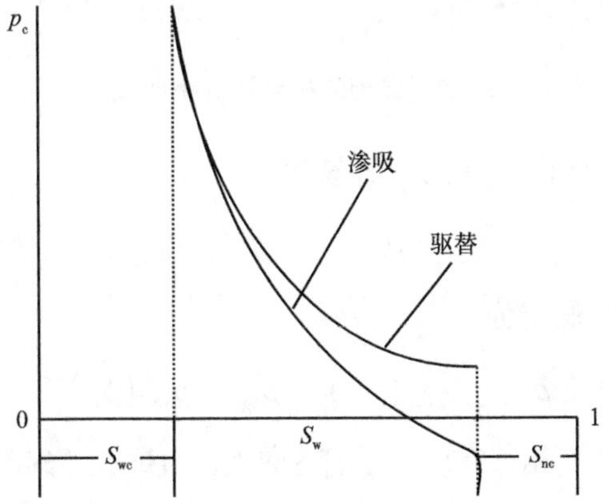

图 3.1　典型毛细管压力曲线

驱替开始时所需的压力 p_{cb} 通常称为临界压力（Bear, 1972）。当润湿相不能再通过施加压力梯度，发生驱替时的饱和度值称为残余饱和度。毛细管压力曲线有一条渐近线，此处两相压力梯度保持连续。这种现象可以在考虑垂向重力平衡时观察到。同样当趋近非润湿相的残余饱和度时，渗吸过程中毛细管压力曲线的另一端也会出现类似的情况（Calhoun et al., 1949; Morrow，1970）。

目前为止都是假定毛细管压力只取决于润湿相饱和度及其历史。可是，一般而言，毛细管压力还取决于表面张力 σ、孔隙度 ϕ、渗透率 K 及润湿相接触角 θ，同时，也取决于温度和流体组分（Poston et al.，1970；Beat-Bachmat，1991）：

$$J(S_w)=\frac{p_c}{\sigma\cos\theta}\sqrt{\frac{K}{\phi}}$$

上式称为 J 函数，如果忽略润湿接触角，J 函数变为

$$J=\frac{p_c}{\sigma}\sqrt{\frac{K}{\phi}}$$

利用 J 函数，通过试验可得到 p_c 的典型曲线。J 函数也是测量渗透率的一些理论方法的基础，（Ashford，1969）。

对于三相流，需要计算两个毛细管压力：

$$p_{cow}=p_o-p_w,\quad p_{cgo}=p_g-p_o \tag{3.2}$$

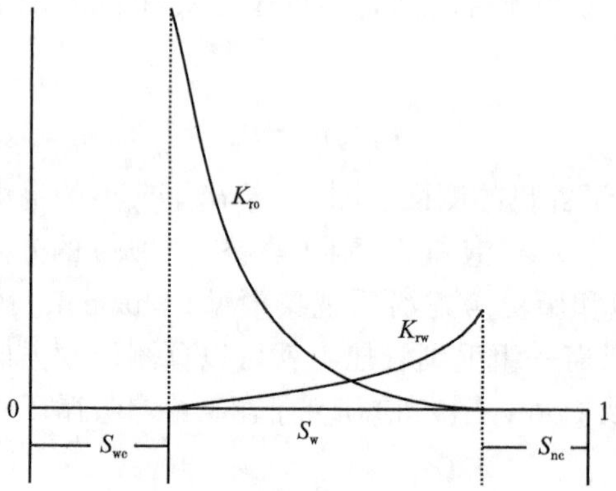

图 3.2 典型的相对渗透率曲线

第三个毛细管压力 p_{cgw} 可以由 p_{cow} 和 p_{cgo} 计算得

$$p_{cgw}=p_g-p_w=p_{cow}+p_{cgo}$$

毛细管压力 p_{cow} 和 p_{cgo} 通常假定为

$$p_{cow}=p_{cow}(S_w),\quad p_{cgo}=p_{cgo}(S_g) \tag{3.3}$$

此处 S_w 和 S_g 分别是水相和气相饱和度。尽管 Shutler（1969）修订了物理参数形式，但上述形式仍然广泛使用。

3.1.2 相对渗透率

（1）两相流。

相对渗透率主要是从两相流中测得的。图 3.2 给出了水驱油油水系统的典型相对渗透率曲线。水开始流动时的 S_w 称为束缚饱和度，油停止流动束缚饱和度 S_{nc} 称为残余饱和度。类似的，在驱替过程中 S_{nc} 和 S_{wc} 分别称为束缚饱和度和残余饱和度。

在数值模拟中，残余饱和度处的毛细管压力曲线的斜率一定是有限的，因此，不能使用这些曲线本身定义驱替结束时的饱和度。此时，饱和度的值可以用该相相对渗透率为零时的残余饱和度求得。达西定律意味着相停止流动是因为运移变为零（而不是因为外力变为零）。因此没必要区分束缚饱和度和残余饱和度。

对于毛细管压力，相对渗透率不仅取决于湿相饱和度 S_w，还取决于饱和度变化的方向（驱替或者渗吸）。图 3.3 是非润湿相和相对渗透率饱和度变化历史关系的曲线，渗吸曲线总是低于驱替曲线。对于润湿相，相对渗透率不依赖于饱和度历史。

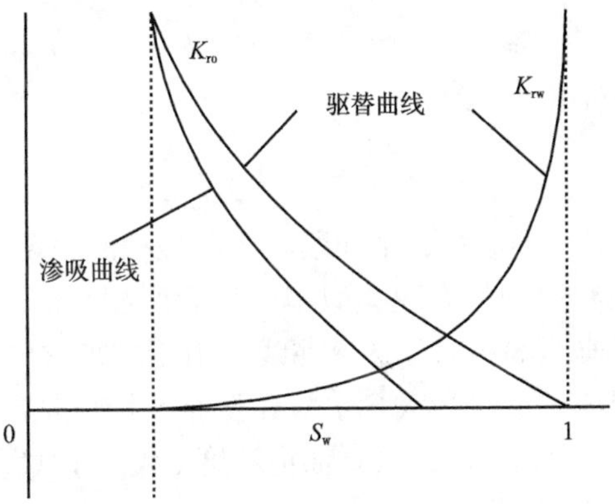

图 3.3 相对渗透率曲线的滞后现象

岩石的润湿性也严重影响相对渗透率（Owens et al.，1971）。因此试验中应使用储层流体而非精炼流体。

对于每种特定的多孔介质，其相对渗透率必须由经验或试验方法确定。但是很多文献也介绍了关于相对渗透率与润湿相饱和度之间关系的解析表达式（Corey，1986），这些表达式通常可由简化的多孔介质模型得到（例如，毛细管束模型以及毛细管网格模型），参见练习 3.3 及练习 3.4。

（2）三相流。

对比两相情况，三相流的相对渗透率测定是相当困难的。根据试验可以得到，三相相对渗透率与饱和度的三角形关系，如图 3.4 所示。该图是根据各相相对渗透率为 1% 的等值线综

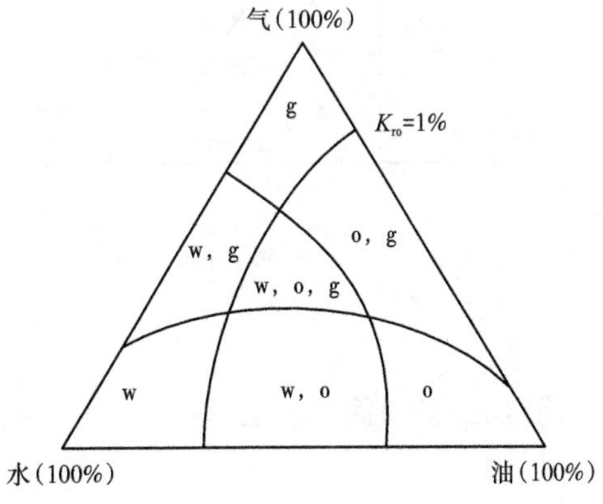

图 3.4 三元相图

合绘制而成。从中可以看到什么样的同饱和度组合条件下可以发生单相、两相，或者三相流，如在三条等值线相交的三角形区域中，三种流可同时存在。

从 Leverett 和 Lewis 开始，大多数三相相对渗透率的测量，都是通过试验进行的（Leverett et al.，1941）。

这些测量结果表明，如同两相系统，三相系统中润湿相和非润湿相的相对渗透率都是各自饱和度的函数，（Corey et al.，1956；Snell，1962）：

$$K_{rw}=K_{rw}\left(S_w\right),\ K_{rg}=K_{rg}\left(S_g\right) \tag{3.4}$$

中间润湿相的相对渗透率是两个独立饱和度的函数：

$$K_{ro}=K_{ro}\left(S_w,S_g\right) \tag{3.5}$$

式（3.5）的函数形式很难确定。实际上三相相对渗透率可以根据两组两相流数据估算，即中间和润湿相的相对渗透率为

$$K_{row}=K_{row}\left(S_w\right) \tag{3.6}$$

中间和非润湿相的相对渗透率为

$$K_{rog}=K_{rog}\left(S_g\right) \tag{3.7}$$

这里潜在的概念是：对于润湿相，中间段和非润湿相的表现类似于单个非润湿相系统，而对于非润湿相，中间和润湿相的表现类似于单个润湿相系统。图 3.5 给出了各向同性多孔介质中油气水三相系统典型的相对渗透率曲线。由于增加含气饱和度可以进一步降低含油饱和度，因此 K_{row}=0 对应的点是最大含水饱和度而不是临界含油饱和度。通过试验观察到，当水和气同时驱油时，存在非零的残余油饱和度（或最小）S_{or}。前面关于非润湿相相对渗透率滞后的讨论同样适用于三相系统。

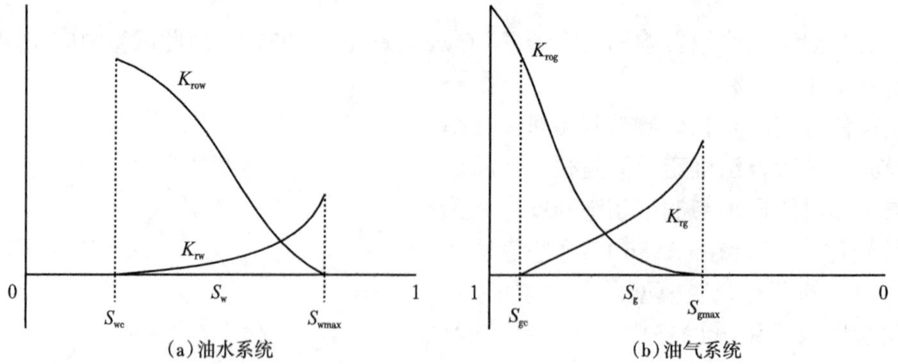

图 3.5 三相系统的相对渗透率曲线

确定 K_{ro} 的最简单方法是：

$$K_{ro}=K_{row}K_{rog} \tag{3.8}$$

Stone（1970；1973），Corey（1986）和 Delshad et al.（1989）等人也提出了其他模型。下面

引入 Stone 的两个模型，模型Ⅰ和模型Ⅱ。

① Stone 模型Ⅰ。

饱和度的规范化形式如下：

$$S_{no} = \frac{S_o - S_{or}}{1 - S_{wc} - S_{or}}, \quad S_o \geqslant S_{or}$$

$$S_{nw} = \frac{S_w - S_{wc}}{1 - S_{wc} - S_{or}}, \quad S_w \geqslant S_{wc}$$

$$S_{ng} = \frac{S_g}{1 - S_{wc} - S_{or}}$$

应指出：

$$S_{no} + S_{nw} + S_{ng} = 1$$

油相相对渗透率定义为

$$K_{ro} = S_{no}\beta_w\beta_g \tag{3.9}$$

为了确定 β_w 的值，取 $S_g=S_{ng}=0$；即将三相系统简化为油水两相系统。此时，$\beta_g=1$，且 $K_{ro}=K_{row}$，代入式(3.9)，可得

$$\beta_w = \frac{K_{row}(S_w)}{1 - S_{nw}} \tag{3.10}$$

同理，为要确定 β_g，令 $S_w=S_{wc}$，使得 $\beta_w=1$，且 $K_{ro}=K_{rog}$，由式(3.9)，可得

$$\beta_g = \frac{K_{rog}(S_g)}{1 - S_{ng}} \tag{3.11}$$

将式(3.10)和式(3.11)代入式(3.9)，可得 Stone 模型 I 中的 K_{ro} 表达式。

只有当条件：

$$K_{row}(S_{wc}) = K_{rog}(S_g = 0) = 1 \tag{3.12}$$

满足时，Stone 模型工才能精确地还原为两相数据；否则，$K_{ro}(S_w,S_g)$ 只能接近两相数据。如果在束缚水存在的条件下测量油气数据，可以得到不受此限制的模型。在这种情况下，油水系统中 S_{wc} 的点与油气系统中 $S_g=0$ 的点在物理上是等同的，即两种系统都满足 $S_w=S_{wc}$ 和 $S_o=1-S_{wc}$。因此式(3.12)等价于绝对渗透率的定义，即束缚水 S_{wc} 存在时的油相有效渗透率。

令

$$K_{row}(S_{wc}) = K_{rog}(S_g = 0) = K_{rc}$$

则 Stone 模型 I 可以修改为

$$K_{ro} = K_{rc}S_{no}\beta_w\beta_g \tag{3.13}$$

其中：

$$\beta_{\mathrm{w}}=\frac{K_{\mathrm{row}}(S_{\mathrm{w}})}{(1-S_{\mathrm{nw}})K_{\mathrm{rc}}},\ \beta_{\mathrm{g}}=\frac{K_{\mathrm{rog}}(1-S_{\mathrm{g}})}{(1-S_{\mathrm{ng}})K_{\mathrm{rc}}}$$

② Stone 模型Ⅱ。

在 Stone 模型Ⅰ中，必须指定残余油饱和度 S_{or}。事实上，S_{or} 的值可以从管流方程推导得

$$K_{\mathrm{ro}}=(K_{\mathrm{row}}+K_{\mathrm{rw}})(K_{\mathrm{rog}}+K_{\mathrm{rg}})-(K_{\mathrm{rw}}+K_{\mathrm{rg}}) \tag{3.14}$$

此处需要 $K_{\mathrm{ro}}\geqslant 0$（如果 $K_{\mathrm{ro}}<0$，则意味着油不能流动）。正如斯通（Stone）模型Ⅰ，为了满足式（3.12），Stone 模型Ⅱ可修改为

$$K_{\mathrm{ro}}=K_{\mathrm{rc}}\left[(K_{\mathrm{row}}/K_{\mathrm{rc}}+K_{\mathrm{rw}})(K_{\mathrm{rog}}/K_{\mathrm{rc}}+K_{\mathrm{rg}})-(K_{\mathrm{rw}}+K_{\mathrm{rg}})\right] \tag{3.15}$$

3.1.3 岩石压缩性

岩石压缩性定义如下：

$$c_{\mathrm{R}}=\frac{1}{\phi}\frac{\mathrm{d}\phi}{\mathrm{d}p} \tag{3.16}$$

上式积分后，可得到（练习 3.5）：

$$\phi=\phi^{0}\mathrm{e}^{c_{\mathrm{R}}(p-p^{0})} \tag{3.17}$$

这里 ϕ^{0} 是参考压力 p^{0} 下的孔隙度。由泰勒级数展开，可得

$$\phi=\phi^{0}\left[1+c_{\mathrm{R}}(p-p^{0})+\frac{1}{2!}c_{\mathrm{R}}^{2}(p-p^{0})^{2}+\cdots\right]$$

因此有

$$\phi\approx\phi^{0}\left[1+c_{\mathrm{R}}(p-p^{0})\right]$$

3.2 流体性质

在进行油藏模拟前，需要准确分析流体性质，如地层体积系数、密度、溶解度、黏度以及压缩系数等。一般情况下，选取并研究具有代表性的储层油气样本，通过试验室测量得到这些流体性质。然后，利用这些信息预测油层和地面分离器相态的变化。分离器是一种压力容器（立式或卧式），用于将井内流体分离成气体和液体组分。

当试验测得的数据不可靠时，可以采取经验公式计算流体性质。本节，将介绍这些经验公式。更详细的信息可参考 Carr et al.（1954）、Chew et al.（1959）、Dempsey（1965）、Wichert et al.（1972）、Dranchuk et al.（1974）、Beggs et al.（1975）、Numbere et al.（1977）、Standing（1977）、Meehan（1980a，1980b）、Vasquez et al.（1980）和 Craft et al.（1991）的文献。

在三相流中（如黑油），当气体全部溶解在油相中时，不存在气相，即 $S_g=0$。此时，油藏处于未饱和状态。如果三相共存，则油藏处于饱和状态。泡点是指一定温度下，流体系统刚好由液体（水和油）组成，此时的油藏压力是泡点压力。任何微小的压力降低（或者体积的增加）均会使该系统出现气体。

3.2.1 水的 PVT 性质

若要对上一章介绍的黑油和挥发油进行模拟，需要 4 种水的 PVT 参数：

标准条件下水的密度 ρ_{Ws}；

水的地层体积系数 B_w；

水的压缩系数 c_w；

水的黏度 μ_w。

当试验数据不可用时，也可利用经验公式根据以下给定的数据进行：

油藏的压力 p 和温度 T；

水的矿化度 S_{ALI}；

溶解气水比 R_{SW}。

（1）标准条件下水的密度 ρ_{ws}。

标准条件下，使用下列经验数据对水密度和水矿化度进行线性插值。

矿化度（mg/L）	0	100000	200000	280000
ρ_{Ws}（g/cm³）	1.0	1.073	1.137	1.186

（2）水的地层体积系数。

水的地层体积系数 B_w（bbl/bbl；详见第 16 章）可由经验公式计算得

$$B_w=\left(A+Bp+Cp^2\right)F_{SB} \tag{3.18}$$

其中常数 A、B 和 C 取决于地层温度（T_F）和气相饱和度，p（psia）是地层压力，F_{SB} 是 B_w 的矿化度校正系数：

$$F_{SB}=\left[5.1\times10^{-8}p+\left(5.47\times10^{-6}-1.95\times10^{-10}p\right)\left(T_F-60\right)-\right.$$
$$\left.\left(3.23\times10^{-8}-8.5\times10^{-13}p\right)\left(T_F-60\right)^2\right]S_{ALI}+1$$

T_F（°F）的是地层温度，S_{ALI} 是矿化度百分数（1%=10000ppm）。式（3.18）中的常数 A，B 和 C 可由下面公式计算：

$$A=A_1+A_2T_F+A_3T_F^{\,2}$$

$$B=B_1+B_2T_F+B_3T_F^{\,2}$$

$$C=C_1+C_2T_F+C_3T_F^{\,2}$$

饱和状态（存在气相）时

$$A_1=0.9911,\quad A_2=6.35\times10^{-5},\quad A_3=8.5\times10^{-7}$$

$$B_1 = -1.093 \times 10^{-6}\text{，} B_2 = -3.497 \times 10^{-9}\text{，} B_3 = 4.57 \times 10^{-12}$$

$$C_1 = -5 \times 10^{-11}\text{，} C_2 = 6.429 \times 10^{-13}\text{，} C_3 = -1.43 \times 10^{-15}$$

未饱和状态（不存在气相）时：

$$A_1 = 0.9947\text{，} A_2 = 5.8 \times 10^{-6}\text{，} A_3 = 1.02 \times 10^{-6}$$

$$B_1 = -4.228 \times 10^{-6}\text{，} B_2 = 1.8376 \times 10^{-8}\text{，} B_3 = -6.77 \times 10^{-11}$$

$$C_1 = 1.3 \times 10^{-10}\text{，} C_2 = -1.3855 \times 10^{-12}\text{，} C_3 = 4.285 \times 10^{-15}$$

B_w 公式里参数的有效范围为

$$1000 < p < 5000\text{psi},\ 100 < T < 250°\text{F},\ 0 \leqslant S_{ALI} < 25$$

（3）水的等温压缩系数。

根据矿化度、温度和压力，通过经验公式，计算水的压缩系数 c_w（1/psi）：

$$c_w = \left(\hat{A} + \hat{B}T_F + \hat{C}T_F^{\ 2}\right)10^{-6}\left(1 + 0.0089R_{SW}\right)F_{SC} \tag{3.19}$$

这里的常数 $\hat{A}$、$\hat{B}$ 和 $\hat{C}$ 取决于地层压力：

$$\hat{A} = 3.8546 - 1.34 \times 10^{-4} p$$

$$\hat{B} = -0.01052 + 4.77 \times 10^{-7} p$$

$$\hat{C} = 3.9267 \times 10^{-5} - 8.8 \times 10^{-10} p$$

在未饱和情况下，溶解气水比 R_{SW}（ft^3/bbl）为零，饱和情况下：

$$R_{SW} = \left(A_{R_{SW}} + B_{R_{SW}}\, p + C_{R_{SW}}\, p^2\right)\left[1 - \left(0.0753 - 1.73 \times 10^{-4} T_F\right)S_{ALI}\right]$$

这里的常系数 $A_{R_{sw}}$、$B_{R_{sw}}$ 和 $C_{R_{sw}}$ 是和地层温度有关的函数，计算公式如下：

$$A_{R_{SW}} = 2.12 + 3.45 \times 10^{-3} T_F - 3.59 \times 10^{-5} T_F^2$$

$$B_{R_{SW}} = 0.0107 - 5.26 \times 10^{-5} T_F + 1.48 \times 10^{-7} T_F^2$$

$$C_{R_{SW}} = -8.75 \times 10^{-7} + 3.9 \times 10^{-9} T_F - 1.02 \times 10^{-11} T_F^2$$

最后，c_w 的矿化度校正系数 F_{SC} 定义如下：

$$F_{SC} = \left(-0.52 + 2.7 \times 10^{-4} T_F - 1.14 \times 10^{-6} T_F^{\ 2} + 1.121 \times 10^{-9} T_F^{\ 3}\right)S_{ALI}^{0.7} + 1$$

c_w 公式中参数的有效取值范围估算如下：

$$1000 < p < 6000\text{psi},\ 80 < T < 250°\text{F},\ 0 \leqslant S_{ALI} < 25$$

（4）水黏度。

水黏度 μ_w（mPa·s）可由矿化度、温度、压力参数计算：

$$\mu_w = 0.02414 \times 10^{247.8/(T_K - 140)} F_{SV} F_{PV} \quad (3.20)$$

T_K 是地层温度，单位为 K；$T_K = 273.15 + T_C$，$T_C = (T_F - 32)/1.8$。μ_w 的矿化度校正系数 F_{SV} 为

$$F_{SV} = 1 - 1.87 \times 10^{-3} S_{ALI}^{1/2} + 2.18 \times 10^{-4} S_{ALI}^{2.5} + \left(T_F^{1/2} - 0.0135 T_F\right)\left(2.76 \times 10^{-3} S_{ALI} - 3.44 \times 10^{-4} S_{ALI}^{1.5}\right)$$

μ_w 的压力校正系数 F_{PV} 为

$$F_{PV} = 1 + 3.5 \times 10^{-12} P^2 (T_F - 40)$$

μ_w 公式中参数的有效范围为

$$32 < T < 572°F,\ 0 \leqslant S_{ALI} < 25$$

练习 3.6 给出了水的 PVT 性质计算的例子。

3.2.2 油 PVT 性质

上一章所描述的黑油及挥发油模型未解需要 5 个与泡点压力（p_b）相关的油的 PVT 性质：

溶解气油比 R_{so}；原油的地层体积系数 B_o；原油压缩系数 c_o；原油黏度 μ_o；原油的黏度压缩系数 c_μ。

同样，当这些量的试验数据不可用时，可以根据以下数据采用经验公式计算：

油藏压力 p 和温度 T；分离器条件下测得的采出气油比 GOR；原油重度 API；原料气重度（空气单位）Y_G；分离器条件下的压力 p_{sep} 和温度 T_{sep}。

（1）初始泡点压力。

初始泡点压力 p_{bi}（psi）可由以下经验公式计算：

$$p_{bi} = \left[\frac{GOR}{A_0 Y_{GS} \exp(C_0 \mathrm{API} / T_R)}\right]^{1/B_0} \quad (3.21)$$

其中 GOR（ft^3/bbl）是观测得到的气油比，A_{PI}（°API）是原油重度：$A_{PI} = 141.5/D_{OB} - 131.5$，$D_{OB}$（$g/cm^3$）是标准条件下的表面原油密度，$Y_{GS}$ 是校正气体重度（空气单位）。

$$Y_{GS} = Y_G \left[1 + 5.912 \times 10^{-5} A_{PI} T_{sep} \lg\left(\frac{p_{sep}}{114.7}\right)\right]$$

此处 Y_G 是气体重度（在空气单位），p_{sep} 和 T_{sep} 是分离器条件下的压力和温度，T_R（R）是油藏温度（$T_R = T_F + 460$）。计算泡点压力所需的常数 A_0、B_0 和 C_0 如下：

若 $A_{PI} \leqslant 30$，则 $A_0 = 0.0362$，$B_0 = 1.0937$，$C_0 = 25.724$

若 $A_{PI} > 30$，则 $A_0 = 0.0178$，$B_0 = 1.1870$，$C_0 = 23.931$

泡点的有效范围估计如下：

$$30 < p_{sep} < 535\text{psi},\ 76 < T_{sep} < 150°F$$

此外：

$$若\ 15.3 < A_{PI} \leqslant 30°API，则\ 0.511 < Y_G < 1.351$$

且

$$若\ 30.6 < A_{PI} < 59.5°API，则\ 0.53 < Y_G < 1.259$$

（2）溶解气油比。

溶解气油比 R_{so}（ft^3/bbl）的经验公式如下：

$$R_{so} = A_0 Y_{GS} p_b^{B_0} \exp\left(\frac{C_0 A_{PI}}{T_R}\right) \quad (3.22)$$

应用该公式可以得到 R_{so} 和泡点压力 p_b 之间的函数关系。

（3）原油的地层体积系数。

在饱和情况下，原油的地层体积系数 B_o（bbl/bbl）可以表示为溶解气油比的函数：

$$B_o(p_b) = 1 + \tilde{A}(T_F - 60)\frac{A_{PI}}{Y_{GS}} + \left[\tilde{B} + \tilde{C}(T_F - 60)\frac{A_{PI}}{Y_{GS}}\right]R_{so} \quad (3.23)$$

其中常数 $\tilde{A}$、$\tilde{B}$、$\tilde{C}$ 为

$$若\ A_{PI} < 30，则\ \tilde{A} = 1.751 \times 10^{-5}，\tilde{B} = 4.677 \times 10^{-4}，\tilde{C} = -1.811 \times 10^{-8}$$

$$若\ A_{PI} \geqslant 30，则\ \tilde{A} = 1.1 \times 10^{-5}，\tilde{B} = 4.67 \times 10^{-4}，\tilde{C} = 1.337 \times 10^{-9}$$

当储层压力 p 大于泡点压力 p_b 时，即未饱和状态，地层体积系数可用 p_b 处的 B_o、原油压缩系数 c_o（1/psi）和压力求得

$$B_o(p, p_b) = B_o(p_b)\exp[-c_o(p - p_b)] \quad (3.24)$$

或近似为

$$B_o(p, p_b) \approx B_o(p_b)[1 - c_o(p - p_b)] \quad (3.25)$$

B_o 表达式的有效范围为

$$30 < p_{sep} < 535psi，76 < T_{sep} < 150°F，15.3 < A_{PI} < 59.5°API$$

另外，在泡点压力以上时参数取值如下

$$0.511 < Y_G < 1.351，111 < p < 9485psi$$

泡点压力以下时，参数的取值范围如下：

$$若\ A_{PI} \leqslant 30°API，则\ 0.511 < Y_G < 1.351，14.7 < p < 4542psi$$

并且：

$$若\ 30.6 < A_{PI} < 59.5°API，则\ 0.53 < Y_G < 1.259，14.7 < p < 6025psi$$

（4）原油等温压缩系数。

原油压缩系数 c_o（1/psi）可由经验公式计算：

$$c_o = \frac{-1433 + 5R_{so} + 17.2T_F - 1180Y_{GS} + 12.61A_{PI}}{100000p_b} \tag{3.26}$$

其中 R_{so}、T_F、Y_{GS}、A_{PI} 及 p_b 定义如前。

（5）原油黏度。

原油黏度 μ_o（mPa·s）一般由 Beggs-Robinson 方程计算（Beggs et al., 1975）。饱和状态和未饱和状态下的计算方式不同。饱和状态，通过以下公式计算死油黏度

$$\mu_o(p_b) = \bar{A}\mu_{do}^{\bar{B}} \tag{3.27}$$

其中 μ_{do}（mPa·s）是死油黏度，$\bar{A} = 10.715(R_{so}+100)^{-0.515}$，$\bar{B} = 5.44(R_{so}+150)^{-0.338}$。死油黏度 μ_{do} 的经验公式

$$\mu_{do} = 10^{\bar{C}} - 1$$

其中：

$$\bar{C} = 10^{C'}T_F^{-1.163},\ C' = 3.0324 - 0.02023A_{PI}$$

计算 μ_o 和 μ_{do} 的参数有效取值范围如下：

$$30 < p_{sep} < 535\text{psi},\ 70 < T_{sep} < 150°\text{F}$$

并且：

$$70 < T < 295°\text{F},\ 16 < A_{PI} < 58°\text{API}$$

未饱和状态下，μ_o 由经验公式

$$\mu_o(p, p_b) = \mu_o(p_b)\left(\frac{p}{p_b}\right)^{A'} \tag{3.28}$$

计算，其中 p（psi）是油藏压力，且

$$A' = 2.6p^{1.187}\exp\left(-8.98\times10^{-5}p - 11.513\right)$$

参数的有效范围如下：

$$15.3 < \text{API} < 59.5°A_{PI},\ 0.511 < Y_G < 1.351,\ 111 < p < 9485\text{psi}$$

（6）原油黏度压缩系数。

在黑油模型中，未饱和状态下，原油黏度由原油黏度压缩系数 c_μ 计算：

$$\mu_o(p, p_b) = \mu_o(p_b)\left[1 + c_\mu(p - p_b)\right] \tag{3.29}$$

其中

$$c_\mu = \left(1 + p_b^{-1}\right)^{B'} - 1$$

$$B' = 2.6(1+p_b)^{1.187}\exp\left[-8.98\times10^{-5}(1+p_b) - 11.513\right]$$

练习 3.7 给出了计算原油 PVT 性质的例子。

3.2.3 气体 PVT 性质

前一章描述的黑油和挥发油模型需要两个气体高压物性性质与压力之间的函数（参数）关系：①天然气偏差因子 Z 或地层体积系数 B_g；②天然气黏度 μ_g。

当试验数据不可应用时，可根据经验公式进行计算，所需数据为：①给定油藏的压力 p、温度 T；②原料气重度（单位体积）Y_G；③ CO_2、H_2S、N_2 的含量 Y_{CO_2}、Y_{H_2S} 及 Y_{N_2}。

（1）压力和温度的降维。

在计算天然气偏差因子 Z 之前，必须计算无因次物理量，即降维压力 p_{red} 和温度 T_{red}：

$$p_{red}=\frac{p}{p_{pc}},\quad T_{red}=\frac{T_R}{T_{pc}} \tag{3.30}$$

其中 p（psi）是地层压力，T_R（R）是地层温度（$T_R=T_F+460$），并且 p_{pc}（psi）和 T_{pc}（R）分别是天然气的拟临界压力和拟临界温度，p_{pc}（psi）和 T_{pc}（R）根据凝析气藏和其他类型气藏的气体重度估算。对于酸性气藏，必须用 Wichert-Aziz 修正校正。在使用 Wichert-Aziz 修正之前，采用经验公式计算：

$$\begin{aligned} p_{pc0}&=A_{pc}+B_{pc}Y_G+C_{pc}Y_G^2\\ T_{pc0}&=\hat{A}_{pc}+\hat{B}_{pc}Y_G+\hat{C}_{pc}Y_G^2 \end{aligned} \tag{3.31}$$

其中 Y_G 是原料气重度（单位体积），对于地表气，式（3.31）中的常数为

$$A_{pc}=677,\ B_{pc}=15,\ C_{pc}=-37.5$$

$$\hat{A}_{pc}=168,\ \hat{B}_{pc}=325,\ \hat{C}_{pc}=-12.5$$

对凝析气，常数如下：

$$A_{pc}=706,\ B_{pc}=-51.7,\ C_{pc}=-11.1$$

$$\hat{A}_{pc}=187,\ \hat{B}_{pc}=330,\ \hat{C}_{pc}=-71.5$$

近年来 p_{pc}（psi）和 T_{pc}（R），采用 Wichert-Aziz 修正校正酸气的 p_{pc}（psi）和 T_{pc}（R）：

$$p_{pc}=\frac{p_{pc0}\left(T_{pc0}-W_A\right)}{T_{pc0}+Y_{H_2S}\left(1-Y_{H_2S}\right)W_A},\quad T_{pc}=T_{pc0}-W_A$$

其中 Wichert-Aziz 修正系数 W_A（°F）为

$$W_A=120\left[\left(Y_{CO_2}+Y_{H_2S}\right)^{0.9}-\left(Y_{CO_2}+Y_{H_2S}\right)^{1.6}\right]-15\left(Y_{H_2S}^{0.5}-Y_{H_2S}^{4}\right)$$

并且 Y_{H_2S} 和 Y_{CO_2}（小数）分别是 H_2S 和 CO_2 的含量。p_{pc}（psi）和 T_{pc}（R）参数的有效取值范围：$0.36 < Y_G < 1.3$（凝析气）；$Y_{H_2S}+Y_{CO_2} < 0.8$（其他混合气体）。

（2）气体偏差因子 Z。

气体偏差因子 Z 采用 Dranchuk et al.（1974）优化的方法计算，这一方法来自 Standing-Katz Z 因子修正 Benedict-Webb-Rubin 状态方程。然后，采用 Newton-Raphson 迭代方法计

算所产生的非线性方程（详见第 8 章）：

$$Z=\frac{0.27p_{\mathrm{red}}}{\rho_{\mathrm{gr}}T_{\mathrm{red}}} \tag{3.32}$$

此处 ρ_{gr} 是对比气体密度，由 Newton–Raphson 迭代计算：

$$\rho_{\mathrm{gr}}^{i+1}=\rho_{\mathrm{gr}}^{i}-F\left(\rho_{\mathrm{gr}}^{i}\right)/F'\left(\rho_{\mathrm{gr}}^{i}\right)$$

$$F\left(\rho_{\mathrm{gr}}^{i}\right)=A_{\mathrm{r}}\left(\rho_{\mathrm{gr}}^{i}\right)^{6}+B_{\mathrm{r}}\left(\rho_{\mathrm{gr}}^{i}\right)^{3}+C_{\mathrm{r}}\left(\rho_{\mathrm{gr}}^{i}\right)^{2}+E_{\mathrm{r}}\rho_{\mathrm{gr}}^{i}+$$
$$+F_{\mathrm{r}}\left(\rho_{\mathrm{gr}}^{i}\right)^{3}\left[1+G_{\mathrm{r}}\left(\rho_{\mathrm{gr}}^{i}\right)^{2}\right]\exp\left[-G_{\mathrm{r}}\left(\rho_{\mathrm{gr}}^{i}\right)^{2}\right]-H_{\mathrm{r}}$$

$$F'\left(\rho_{\mathrm{gr}}^{i}\right)=6A_{\mathrm{r}}\left(\rho_{\mathrm{gr}}^{i}\right)^{5}+3B_{\mathrm{r}}\left(\rho_{\mathrm{gr}}^{i}\right)^{2}+2C_{\mathrm{r}}\rho_{\mathrm{gr}}^{i}+E_{\mathrm{r}}+$$
$$+F_{\mathrm{r}}\left(\rho_{\mathrm{gr}}^{i}\right)^{2}\left\{3+G_{\mathrm{r}}\left(\rho_{\mathrm{gr}}^{i}\right)^{2}\left[3-2G_{\mathrm{r}}\left(\rho_{\mathrm{gr}}^{i}\right)^{2}\right]\right\}\exp\left[-G_{\mathrm{r}}\left(\rho_{\mathrm{gr}}^{i}\right)^{2}\right]$$

其中

$$A_{\mathrm{r}}=0.06423,\quad B_{\mathrm{r}}=0.5353T_{\mathrm{red}}-0.6123$$

$$C_{\mathrm{r}}=0.3151T_{\mathrm{red}}-1.0467-\frac{0.5783}{T_{\mathrm{red}}^{2}},\quad E_{\mathrm{r}}=T_{\mathrm{red}}$$

$$F_{\mathrm{r}}=\frac{0.6816}{T_{\mathrm{red}}^{2}},\quad G_{\mathrm{r}}=0.6845$$

$$H_{\mathrm{r}}=0.27p_{\mathrm{red}},\quad \rho_{\mathrm{gr}}^{0}=\frac{0.27p_{\mathrm{red}}}{T_{\mathrm{red}}}$$

如果初值 ρ_{gr}^{0} 选得好，这一迭代过程可以快速收敛（迭代次数少于 5 次），式（3.32）中 P_{red} 和 T_{red} 的有效取值范围为

$$0<p_{\mathrm{red}}<30,\ 1.05\leqslant T_{\mathrm{red}}<3$$

上述条件涵盖了包括高压和高温储层在内的所有可能储层状况。

（3）天然气的地层体积系数。

天然气的地层体积系数 B_{g}（bbl/ft^3），即储层条件下气相体积与标准状态下气体组分体积 V_{Gs} 的比值，可用气体偏差因子 Z 计算：

$$B_{\mathrm{g}}=\frac{0.00504ZT_{\mathrm{R}}}{p} \tag{3.33}$$

此处 p（psi）是地层压力。

（4）天然气的黏度。

天然气黏度 μ_{g}（mPa·s）的计算基于真实气体定律（用 Z 因子校正）修正的气体密度。对于非烃组分，需要校正拟临界压力和拟临界温度。μ_{g} 由 Lee–Gonzalez 修正公式（Lee–Gonzalez correction，Dempsey，1965）计算：

$$\mu_g = \frac{\exp(F)\mu_c}{T_{red}} \tag{3.34}$$

其中

$$F = \breve{A} + \breve{B}T_{red} + \breve{C}T_{red}^2 + \breve{D}T_{red}^3$$
$$\breve{A} = \breve{A}_0 + \breve{A}_1 p_{red} + \breve{A}_2 p_{red}^2 + \breve{A}_{33} p_{red}^3$$
$$\breve{B} = \breve{B}_0 + \breve{B}_1 p_{red} + \breve{B}_2 p_{red}^2 + \breve{B}_3 p_{red}^3$$
$$\breve{C} = \breve{C}_0 + \breve{C}_1 p_{red} + \breve{C}_2 p_{red}^2 + \breve{C}_3 p_{red}^3$$
$$\breve{D} = \breve{D}_0 + \breve{D}_1 p_{red} + \breve{D}_2 p_{red}^2 + \breve{D}_3 p_{red}^3$$

常系数值如下：

$$\breve{A}_0 = -2.4621182,\ \breve{A}_1 = 2.97054714$$
$$\breve{A}_2 = -0.286264054,\ \breve{A}_3 = 8.05420522 \times 10^{-3}$$
$$\breve{B}_0 = 2.80860949,\ \breve{B}_1 = -3.49803305$$
$$\breve{B}_2 = 0.36037302,\ \breve{B}_3 = -1.04432413 \times 10^{-2}$$
$$\breve{C}_0 = -0.793385684,\ \breve{C}_1 = 1.39643306$$
$$\breve{C}_2 = -0.149144925,\ \breve{C}_3 = 4.41015512 \times 10^{-3}$$
$$\breve{D}_0 = 0.0839387178,\ \breve{D}_1 = 0.186408848$$
$$\breve{D}_2 = 0.0203367881,\ \breve{D}_3 = 6.09579263 \times 10^{-4}$$

式（3.34）中的修正天然气黏度如下（Carr et al.，1954）

$$\mu_c = \left(1.709 \times 10^{-5} - 2.062 \times 10^{-6} Y_G\right)T_F + 8.188 \times 10^{-3} - 6.15 \times 10^{-3} \lg(Y_G)$$
$$+Y_{N_2}\left[9.59 \times 10^{-3} + 8.48 \times 10^{-3} \lg(Y_G)\right] + Y_{CO_2}\left[6.24 \times 10^{-3} + 9.08 \times 10^{-3} \lg(Y_G)\right]$$
$$+Y_{H_2S}\left[3.73 \times 10^{-3} + 8.49 \times 10^{-3} \lg(Y_G)\right]$$

其中 Y_{N_2}（小数）是 N_2 含量。μ_c 是 14.7psi、储层温度下气体混合物的黏度。习题 3.8 给出了天然气 PVT 性质的计算例子。

3.2.4　综合压缩系数

对于多孔介质单相流，综合压缩系数 c_t（1/psi）为

$$c_t = c_f + \frac{\phi^0}{\phi} c_R \tag{3.35}$$

其中 c_f 是流体压缩系数。对于多相流（即油气水三相流动），综合压缩系数 c_t（1/psi）为

$$c_t = S_\omega c_\omega + S_o c_o + S_g c_g + \frac{\phi^0}{\phi} c_R \tag{3.36}$$

3.2.5　状态方程

利用数学方法描述烃类行为（相间化学组分的分布）是可行的。最常见的方法有：（1）

K- 值方法；（2）状态方程；（3）试验中获得的各种经验图表。本书讨论前两种方法。

（1）平衡 K- 值。

设 x_{io} 和 x_{ig} 分别是液相（如油）和气相（如气）中组分 i 的摩尔分数，$i=1, 2, \cdots, N_c$（N_c 为组分的数量）。组分 i 的平衡闪蒸比定义如下：

$$K_i = \frac{x_{ig}}{x_{io}}, \quad i = 1,2,\cdots,N_c \tag{3.37}$$

此处 K_i 是组分 i 的平衡值 K- 常数。低压时，K- 值与混合物压力和温度相关（可参考 3.3.2 节的例子）。事实上，很容易从纯组分的蒸气压数据中估算出 K- 值。高压时，K- 值是所有组分的函数。在 K- 值函数中引入组分增加了闪蒸计算的复杂程度。

（2）状态方程。

虽然 K- 值方法易于建立，但缺乏通用性，并且可能导致油藏模拟不准确。近年来，由于具有更一致的组分、密度和摩尔体积状态方程（EOSs）得到更广泛的应用。最知名的状态方程是发 van der waals 状态方程（Reid et al.，1977）。些处讨论三个更精确的状态方程：PR（Peng-Robinson），RK（Redlich-Kwong），以及 SRK（Redlich-Kwong-Soave）方程。

① PR（Peng-Robinson）状态方程。

Peng-Robinson 状态方程的混合原则如下：

$$a_\alpha = \sum_{i=1}^{N_c}\sum_{j=1}^{N_c} x_{i\alpha} x_{j\alpha}\left(1-\kappa_{ij}\right)\sqrt{a_i a_j}$$

$$b_\alpha = \sum_{i=1}^{N_c} x_{i\alpha} b_i, \quad \alpha = \mathrm{o,g}$$

此处 κ_{ij} 是组分 i 与 j 之间的二元相互作用参数，a_i 和 b_i 是纯组分 i 的经验因子。相互作用参数是指两个不同分子间的分子相互作用。根据定义，当 i 和 j 表示相同组分时，κ_{ij} 为零；当 i 和 j 表示的组分差别不大时（如组分 i 和 j 都是烷烃），κ_{ij} 比较小；而当 i 和 j 表示的组分差别很大时，κ_{ij} 比较大。理想情况下，κ_{ij} 取决于压力和温度以及组分 i 和组分 j 的性质（Zudkevitch 和 Joffe，1970；Whitson，1982）。

因子 a_i 和 b_i 的计算如下：

$$a_i = \Omega_{ia}\alpha_i \frac{R^2 T_{ic}^2}{p_{ic}}, \quad b_i = \Omega_{ib}\frac{RT_{ic}}{p_{ic}}$$

其中 R 是通用气体常数，T 是温度，T_{ic} 和 p_{ic} 是临界温度和临界压力，状态方程参数 Ω_{ia} 和 Ω_{ib} 由下式计算：

$$\Omega_{ia} = 0.45724, \Omega_{ib} = 0.077796$$

$$\alpha_i = \left[1-\lambda_i\left(1-\sqrt{T/T_{ic}}\right)\right]^2$$

$$\lambda_i = 0.37464 + 1.5423\omega_i - 0.26992\omega_i^2$$

ω_i 是组分 i 的偏心因子。偏心因子粗略地表示分子形状与球体的偏差（Reid et al.，1977）。

定义：

$$A_\alpha=\frac{a_\alpha p_\alpha}{R^2T^2},\quad B_\alpha=\frac{b_\alpha p_\alpha}{RT},\quad \alpha=\mathrm{o,g}$$

这里压力 p_α 由 Peng-Robinson 两参数状态方程给定（Peng 和 Robinson，1976）：

$$p_\alpha=\frac{RT}{V_\alpha-b_\alpha}-\frac{a_\alpha(T)}{V_\alpha(V_\alpha+b_\alpha)+b_\alpha(V_\alpha-b_\alpha)} \tag{3.38}$$

其中 V_α 是 α 相的摩尔体积。引入压缩系数

$$Z_\alpha=\frac{p_\alpha V_\alpha}{RT},\quad \alpha=\mathrm{o,g}$$

式（3.38）可以表示为 Z_α 三次方程的形式：

$$Z_\alpha^3-(1-B_\alpha)Z_\alpha^2+\left(A_\alpha-2B_\alpha-3B_\alpha^2\right)Z_\alpha-\left(A_\alpha B_\alpha-B_\alpha^2-B_\alpha^3\right)=0 \tag{3.39}$$

这个方程有三个根。如果只有一个实根就选择这个根。如果有三个实根，则依据液相或者气相哪个更占优进行选择（详见第 9 章）。对于 $i=1,2,\cdots,N_\mathrm{c}$，$\alpha$=o，g，混合物中组分 i 的逸度系数计算如下：

$$\ln\varphi_{i\alpha}=\frac{b_i}{b_\alpha}(Z_\alpha-1)-\ln(Z_\alpha-B_\alpha)$$
$$-\frac{A_\alpha}{2\sqrt{2}B_\alpha}\left[\frac{2}{a_\alpha}\sum_{j=1}^{N_\mathrm{c}}x_{j\alpha}\left(1-\kappa_{ij}\right)\sqrt{a_ia_j}-\frac{b_i}{b_\alpha}\right]\ln\left[\frac{Z_\alpha+\left(1+\sqrt{2}\right)B_\alpha}{Z_\alpha-\left(1-\sqrt{2}B_\alpha\right)}\right] \tag{3.40}$$

组分 i 的逸度为

$$f_{i\alpha}=p_\alpha x_{i\alpha}\varphi_{i\alpha},\quad i=1,2,\cdots,N_\mathrm{c},\quad \alpha=\mathrm{o,g}$$

最后，通过热力学平衡关系给出各烃组分在液相和气相中的分布（$i=1,2,\cdots,N_\mathrm{c}$）。

$$f_{i\mathrm{o}}\left(p_\mathrm{o},x_{1\mathrm{o}},x_{2\mathrm{o}},\cdots,x_{N_\mathrm{c}\mathrm{o}}\right)=f_{i\mathrm{g}}\left(p_\mathrm{g},x_{1\mathrm{g}},x_{2\mathrm{g}},\cdots,x_{N_\mathrm{c}\mathrm{g}}\right) \tag{3.41}$$

② RK（Redlich-Kwong）状态方程。

RK（Redlich-Kwong）两参数状态方程如下：

$$p_\alpha=\frac{RT}{V_\alpha-b_\alpha}-\frac{a_\alpha}{V_\alpha(V_\alpha+b_\alpha)},\quad \alpha=\mathrm{o,g} \tag{3.42}$$

令 $Z_\alpha=p_\alpha V_\alpha/(RT)$，上式可写成三次方程形式

$$Z_\alpha^3-Z_\alpha^2+\left(A_\alpha-B_\alpha-B_\alpha^2\right)Z_\alpha-A_\alpha B_\alpha=0,\quad \alpha=\mathrm{o,g} \tag{3.43}$$

该方程根的选择与 PR 两参数状态方程相同。此处状态方程的参数 Ω_{ia} 和 Ω_{ib} 和 α_i 为

$$\Omega_{ia}=0.42748,\quad \Omega_{ib}=0.08664$$
$$\alpha_i=T/T_{ic}$$

其他量 A_α，B_α，a_α，b_α，a_i 和 b_i 的定义与 Redlich-Kwong 两参数状态方程一致，$i=1,2\cdots$，

N_c，α=o，g。混合物中组分 i 的逸度系数由下式计算：

$$\ln\varphi_{i\alpha}=\frac{b_i}{b_\alpha}(Z_\alpha-1)-\ln(Z_\alpha-B_\alpha)-\frac{A_\alpha}{B_\alpha}\left[\frac{2}{a_\alpha}\sum_{j=1}^{N_c}x_{j\alpha}(1-\kappa_{ij})\sqrt{a_i a_j}-\frac{b_i}{b_\alpha}\right]\ln\left(\frac{Z_\alpha+B_\alpha}{Z_\alpha}\right) \quad (3.44)$$

③ Redlich-Kwong-Soave 状态方程。

Soave 修正 RK 状态方程中的参数 α_i 定义为

$$\alpha_i=\left[1+\lambda_i\left(1-\sqrt{T/T_{ic}}\right)\right]^2,\quad i=1,2,\cdots,N_c$$

其中 $\lambda_i=0.48+1.574\omega_i-0.176\omega_i^2$，$\omega_i$ 是组分 i 的偏心因子。其他参数与逸度系数的定义与 RK 状态方程相同。PR 状态方程及 Soave 修正的 RK 状态方程广泛应用于预测提高采收率（EOR）相行为方面。

3.3 温度相关性质

3.3.1 岩石性质

非等温流动条件下的岩石性质类似于等温黑油和组分模型情形，只是这些参数均与温度相关。特别地毛细管压力的形式为

$$p_{cow}(S_w,T)=p_o-p_w,\quad p_{cgw}(S_g,T)=p_g-p_w \quad (3.45)$$

类似地，水、气、油的相对渗透率分别为

$$\begin{aligned}&K_{rw}=K_{rw}(S_w,T),\quad K_{row}=K_{row}(S_w,T)\\&K_{rg}=K_{rg}(S_g,T),\quad K_{rog}=K_{rog}(S_g,T)\\&K_{ro}=K_{ro}(S_w,S_g,T)\end{aligned} \quad (3.46)$$

第 3.1.2 节定义的 Stone 模型Ⅰ和Ⅱ适用于油相相对渗透率 K_{ro}。在油水系统中，相对渗透率函数 K_{rw} 和 K_{row} 定义为：

$$\begin{aligned}&K_{rw}=K_{rwro}(T)\left[\frac{S_w-S_{wir}(T)}{1-S_{orw}(T)-S_{wir}(T)}\right]^{nw}\\&K_{row}=K_{rocw}(T)\left[\frac{1-S_w-S_{orw}(T)}{1-S_{orw}(T)-S_{wc}(T)}\right]^{now}\end{aligned} \quad (3.47)$$

油气系统中函数 K_{rg} 和 K_{rog} 定义为：

$$\begin{aligned}&K_{rg}=K_{rgro}(T)\left[\frac{S_g-S_{gr}}{1-S_{wc}(T)-S_{oinit}-S_{gr}}\right]^{ng}\\&K_{rog}=K_{rocw}(T)\left[\frac{1-S_g-S_{wc}(T)-S_{org}(T)}{1-S_{wc}(T)-S_{org}(T)}\right]^{nog}\end{aligned} \quad (3.48)$$

其中，nw、now、ng、nog 均为非负实数；S_{wc}、S_{wir}、S_{orw}、S_{org} 和 S_{gr} 分别为油水系统中的原

生水饱和度、束缚水饱和度、油水系统中残余油饱和度，油气系统中的残余油饱和度、残余气饱和度；K_{rwro}、K_{rocw}、K_{rgro} 分别为油水系统中残余油饱和度处的水相相对渗透率，原生水饱和度处的油相相对渗透率，以及油气系统中 $S_g=1-S_{wc}$（T）$-S_{oinit}$ 处的气相相对渗透率；S_{oinit} 为油气系统中的初始含油饱和度。最后，对于岩石性质，储层上覆岩层和下伏岩层的导热系数及热容量也必须考虑。

3.3.2　流体性质

（1）水性质。

水和蒸汽的物理性质，如密度、内能、焓和黏度，均可在水—蒸汽表（Lake，1989）中查到。这个表是根据自变量（温度和压力）给出的。储层在饱和状态下存在游离气，此时，温度和压力是相关的，故二者只有一个作为独立变量。

（2）油性质。

如同前一章提到的多组分流方程，描述非等温多相流的微分系统中，组分的数量也可以是任意的。当组分增加时，计算工作量和时间显著增加。为了方便计算，通常将几种相似的化学组分组合成一个数学组分。这样，在实际应用中仅需模拟较少的几个组分（或拟组分）。

油相是烃组分的混合物，这些组分分布的范围从最轻的组分如甲烷（CH_4），到最重的组分如沥青。如前所述，减少组分数量的一种方法是引入拟组分。根据每个拟组分的组成，即可推断其物理性质，如拟分子量（可能不是常数）、临界压力和温度、压缩系数、密度、黏度、热膨胀系数和比热。这些性质均为压力和温度的函数。

最重要的性质是与温度相关的油相和气相黏度为

$$\mu_{io}=\exp\left(a_1T^{b_1}\right)+c_1,\quad \mu_{ig}=a_2T^{b_2}$$

其中 T 是绝对温度，a_1、b_1、c_1、a_2 和 b_2 均为试验测得的经验参数，μ_{io} 和 μ_{ig} 分别为油相、气相中第 i 个组分的黏度。

（3）状态方程。

第 3.2.5 节定义的状态方程也可用于定义非等温流动条件下的逸度函数 $f_{i\alpha}$，现在取决于温度。但是，由于这种流动非常复杂，通常使用第 3.2.5 节中介绍的平衡 K- 值法来描述平衡关系：

$$x_{iw}=K_{iw}\left(p,T\right)x_{io},\quad x_{ig}=K_{ig}\left(p,T\right)x_{io},\quad i=1,2,\cdots,N_c \tag{3.49}$$

计算 K- 值 $K_{i\alpha}$ 的一种方法是使用经验公式：

$$K_{i\alpha}=\left(\kappa_{i\alpha}^1+\frac{\kappa_{i\alpha}^2}{p}+\kappa_{i\alpha}^3p\right)\exp\left(-\frac{\kappa_{i\alpha}^4}{T-\kappa_{i\alpha}^5}\right) \tag{3.50}$$

其中常数 $\kappa_{\alpha j}^i$ 可通过试验获得，$i=1,2,\cdots,N_c$，$j=1,2,3,4,5$，$\alpha=w,g$。

3.4　文献信息

关于水 PVT 性质的更多信息，可参考 Numbere（1977）、Meehan（1980a，1980b）、

Craft et al.(1991)。关于油相 PVT 性质，可参考 Chew et al.(1959)、Beggs et al.(1975)、Standing(1977)、Vasquez et al.(1980)。关于气相 PVT 性质，可参考 Carr(1954)、Dempsey(1965)、Wichert et al.(1972)、Dranchuk(1974)。最后，关于状态方程的更多细节可参考 Peng et al.(1976)、Coats(1980)等。

练习

练习 3.1 计算油水系统的毛细管压力。给定经验公式

$$p_{\text{cow}}(S_{\text{w}})=p_{\text{cowmin}}+B\ln\left(\frac{S_{\text{w}}-S_{\text{wc}}+\varepsilon}{1-S_{\text{wc}}}\right)$$

其中，已知 S_{wc} 是束缚水饱和度，ε 是一个较小的正数，且有

$$p_{\text{cowmax}}=p_{\text{cow}}(S_{\text{wc}}),\quad B=\frac{p_{\text{cowmax}}-p_{\text{cowmin}}}{\ln[\varepsilon/(1-S_{\text{wc}})]}$$

给定输入数据

$$\varepsilon=0.01,\quad S_{\text{wc}}=0.22,\quad p_{\text{cowmin}}=0,\quad p_{\text{cowmax}}=6.3(\text{psia})$$

请计算 S_{w} 为 0.22、0.30、0.40、0.50、0.60、0.80、0.90 和 1.00 时对应的 p_{cow}。

练习 3.2 定义油气系统的毛细管压力。给定经验公式

$$p_{\text{cgo}}(S_{\text{g}})=p_{\text{cgomin}}+B\ln\left(\frac{1-S_{\text{g}}-S_{\text{or}}-S_{\text{wc}}+\varepsilon}{1-S_{\text{or}}-S_{\text{wc}}}\right)$$

其中，已知 S_{or} 为残余油饱和度，且

$$p_{\text{cgomax}}=p_{\text{cow}}(1-S_{\text{or}}-S_{\text{wc}}),\quad B=\frac{p_{\text{cgomax}}-p_{\text{cgomin}}}{\ln[\varepsilon/(1-S_{\text{or}}-S\ )]}$$

给定输入数据

$$\varepsilon=0.01,\quad S_{\text{wc}}=0.22,\quad S_{\text{or}}=0.18,\quad p_{\text{cgomin}}=0,\quad p_{\text{cgomax}}=3.9(\text{psia})$$

请计算 S_{w} 为 0、0.04、0.10、0.20、0.30、0.40、0.50、0.60、0.70 和 0.78 时对应的 p_{cgo}。

练习 3.3 计算油水系统的相对渗透率。给定经验公式

$$K_{\text{rw}}(S_{\text{w}})=K_{\text{rwmax}}\left(\frac{S_{\text{w}}-S_{\text{wc}}}{1-S_{\text{or}}-S_{\text{wc}}}\right)^{nw}$$

$$K_{\text{row}}(S_{\text{w}})=\left(\frac{1-S_{\text{w}}-S_{\text{or}}}{1-S_{\text{or}}-S_{\text{wc}}}\right)^{now},\quad S_{\text{wc}}\leqslant S_{\text{w}}\leqslant S_{\text{wmax}}$$

其中，$K_{\text{rwmax}}=K_{\text{rw}}(S_{\text{wmax}})$，$S_{\text{or}}=1-S_{\text{wmax}}$，且 nw 和 now 为正数，给定输入数据：

$$S_{\text{wc}}=0.4,\quad S_{\text{or}}=0.2,\quad K_{\text{rwmax}}=0.2,\quad nw=now=2$$

请计算 S_w 为 0.40、0.42、0.44、0.50、0.60、0.70、0.76、0.78、0.80 和 1.00 时对应的 K_{rg} 和 K_{row}。

练习 3.4 计算油气系统的相对渗透率。给定经验公式：

$$K_{rg}\left(S_g\right)=\left(\frac{S_g-S_{gr}}{1-S_{gr}-S_{or}-S_{wc}}\right)^{ng}$$

$$K_{rog}(S_g)=\left(\frac{1-S_g-S_{or}-S_{wc}}{1-S_{or}-S_{wc}}\right)^{nog},\quad S_{gr}\leqslant S_g\leqslant 1-S_{or}-S_{wc}$$

其中，S_{gr} 为临界可动气体饱和度，ng 和 nog 均为正数，给定输入数据：

$$S_{wc}=0.4,\ S_{or}=0.2,\ S_{gr}=0.02,\ ng=0.83,\ nog=7.5$$

请计算 S_g 为 0.020、0.039、0.058、0.115、0.172、0.210、0.286、0.400 和 0.600 时对应的 K_{rg} 和 K_{og}。

练习 3.5 由式（3.16）推导式（3.17）。

练习 3.6 计算黑油模型中水相 PVT 性质。给定数据：

水的盐度 =100000mg/L（$S_{ALI}=100000/10000=10$）
气体饱和状态：饱和
地层温度：$T_F=250°F$
$T_C=(250-32)/1.8=121.11°C$
$T_K=273.15+T_C=349.26K$
地层压力 $p=5000psia$

计算（1）标准条件下的水密度 ρ_{ws}，单位为 g/m^3、lb/ft^3，（$g/m^3=0.016018463\,lb/ft^3$）；（2）水的地层体积系数 B_w（bbl/bbl）；（3）水的压缩系数 c_w（1/psi）；（4）水黏度 μ_w（mPa·s）。

练习 3.7 计算黑油模型的油相 PVT 性质，给定数据：

地层压力 $p=6000, 5004.2, 3000, 2000, 1000psia$
地层温度 $T_F=250°F$
采出气油比 $G_{OR}=1000ft^3/bbl$
原油重度 $A_{PI}=40°API$
原料气体重度 $Y_G=0.6$
分离器条件下压力 $p_{sep}=100psia$
分离器条件下温度 $T_{sep}=85°F$

（1）计算泡点压力。

（2）计算原油 PVT 性质：①溶解气油比 R_{so}（ft^3/bbl），②原油黏度 μ_o（mPa·s），③原油压缩系数 c_o（1/psi），④原油黏度压缩系数 c_μ（1/psi），⑤原油地层体积系数 B_o（bbl/bbl）与地层压力的关系式。

练习 3.8 计算黑油模型中气相 PVT 性质，给定数据：

地层压力 $p=7500\text{psia}$
地层温度 $T_F=250°F$
T 原料气重度 $Y_G=0.6$
CO_2、H_2S 和 N_2 含量=0
气体为凝析气

计算（1）降维的压力 p_{red} 和温度 T_{red}，（2）气体偏差系数 Z，（3）天然气的地层体积系数 B_g（bbl/ft^3），（4）气体黏度 μ_g（mPa·s）。

第 4 章　数值方法

求解微分方程问题的数值方法包括离散过程，即将具有无限多个自由度的问题离散为自由度有限、可用计算机求解的问题。与有限差分法相比，有限元法的引入相对较晚，且具有以下优势：（1）有限元法更容易处理一般边界条件、复杂几何结构和可变物理性质；（2）有限元法结构清晰、用途广泛，适用于通用应用软件的开发；（3）有限元法理论基础坚实，可靠性高，许多情况下能获得有限元解的具体误差估计值。1943 年，Courant 首次提出有限元方法，20 世纪 50 年代到 70 年代期间，该方法发展为求解偏微分方程数值解的一般方法。

应用在油藏模拟中时，有限元法在降低网格取向效应，处理局部网格加密、水平井、斜井和角点技术问题，模拟断层和裂缝，设计流线以及要求有高精度数值解等方面存在一些特殊性。后面章节详细研究这些问题。

为了对比有限差分解和有限元解，首先在第 4.1 节简要介绍了有限差分格式。Peaceman（1977a，1977b），Aziz et al.（1979）详细介绍了这些方法在油藏模拟中的应用。笔者重点关注有限元法在油藏模拟中的应用，具体包括六种主要类型：标准有限元法（第 4.2 节）、控制体有限元法（第 4.3 节）、间断有限元法（第 4.4 节）、混合有限元法（第 4.5 节）、特征有限元法（第 4.6 节）和自适应有限元法（第 4.7 节）。对于每一种方法，都给出了简介、符号、基本术语和必要概念。除了控制体有限元法之外，其他方法直接选自 Chen，2005；有关各种方法及其理论结果的详细介绍，也请参考这本书。本书没有介绍多尺度、粒子、无网格等后出现的有限元法。本章介绍了多种不同的网格化方法。第 4.7 节介绍了美国石油工程师学会（SPE）给出的第八个标准算例（CSP），最后第 4.8 节给出了参考书目。

4.1　有限差分方法

4.1.1　一阶差商

首先介绍具有两个空间变量 x_1、x_2 和时间变量 t 函数的一阶差商和二阶差商，再分别简化为一个空间变量的函数及扩展为三个空间变量的函数。

考虑 x_1、x_2 和 t 的函数 $p(x_1,x_2,t)$。p 关于变量 x_1 的一阶偏导数如下

$$\frac{\partial p(x_1,x_2,t)}{\partial x_1}=\lim_{h_1\to 0}\frac{p(x_1+h_1,x_2,t)-p(x_1,x_2,t)}{h_1}$$

$$\frac{\partial p(x_1,x_2,t)}{\partial x_1}=\lim_{h_1\to 0}\frac{p(x_1,x_2,t)-p(x_1-h_1,x_2,t)}{h_1}$$

$$\frac{\partial p(x_1,x_2,t)}{\partial x_1}=\lim_{h_1\to 0}\frac{p(x_1+h_1,x_2,t)-p(x_1-h_1,x_2,t)}{2h_1}$$

用差商代替导数，利用泰勒级数展开：

$$p\left(x_1+h_1,x_2,t\right)=p\left(x_1,x_2,t\right)+\frac{\partial p\left(x_1,x_2,t\right)}{\partial x_1}h_1+\frac{\partial^2 p\left(x_1^*,x_2,t\right)}{\partial x_1^2}\frac{h_1^2}{2}$$

其中 $x_1 \leqslant x_1^* \leqslant x_1+h_1$，$h_1>0$ 且为定值。该方程最后一项是包含 p 的二阶偏导数的余数，$\partial p/\partial x_1$ 可由下式得到：

$$\frac{\partial p\left(x_1,x_2,t\right)}{\partial x_1}=\frac{p\left(x_1+h_1,x_2,t\right)-p\left(x_1,x_2,t\right)}{h_1}-\frac{\partial^2 p\left(x_1^*,x_2,t\right)}{\partial x_1^2}\frac{h_1}{2} \tag{4.1}$$

表达式

$$\frac{p\left(x_1+h_1,x_2,t\right)-p\left(x_1,x_2,t\right)}{h_1}$$

称作前向差商，以 h_1 的一阶误差近似偏导数 $\partial p/\partial x_1$。

同理，有：

$$\frac{\partial p\left(x_1,x_2,t\right)}{\partial x_1}=\frac{p\left(x_1,x_2,t\right)-p\left(x_1-h_1,x_2,t\right)}{h_1}-\frac{\partial^2 p\left(x_1^{**},x_2,t\right)}{\partial x_1^2}\frac{h_1}{2} \tag{4.2}$$

其中，$x_1-h_1 \leqslant x_1^{**} \leqslant x_1$，表达式

$$\frac{p\left(x_1,x_2,t\right)-p\left(x_1-h_1,x_2,t\right)}{h_1}$$

称作后向差商，也是 $\partial p/\partial x_1$ 的一阶近似。

下面，再继续泰勒级数展开，其余数含有 p 的三阶偏导数

$$p\left(x_1+h_1,x_2,t\right)=p\left(x_1,x_2,t\right)+\frac{\partial p\left(x_1,x_2,t\right)}{\partial x_1}h_1+\frac{\partial^2 p\left(x_1,x_2,t\right)}{\partial x_1^2}\frac{h_1^2}{2!}+\frac{\partial^3 p\left(x_1^*,x_2,t\right)}{\partial x_1^3}\frac{h_1^3}{3!}$$

$$p\left(x_1-h_1,x_2,t\right)=p\left(x_1,x_2,t\right)-\frac{\partial p\left(x_1,x_2,t\right)}{\partial x_1}h_1+\frac{\partial^2 p\left(x_1,x_2,t\right)}{\partial x_1^2}\frac{h_1^2}{2!}-\frac{\partial^3 p\left(x_1^{**},x_2,t\right)}{\partial x_1^3}\frac{h_1^3}{3!}$$

其中 $x_1 \leqslant x_1^* \leqslant x_1+h_1$，$x_1-h_1 \leqslant x_1^{**} \leqslant x_1$。两个方程相减，得

$$\frac{\partial p\left(x_1,x_2,t\right)}{\partial x_1}=\frac{p\left(x_1+h_1,x_2,t\right)-p\left(x_1-h_1,x_2,t\right)}{2h_1}-\left[\frac{\partial^3 p\left(x_1^*,x_2,t\right)}{\partial x_1^3}+\frac{\partial^3 p\left(x_1^{**},x_2,t\right)}{\partial x_1^3}\right]\frac{h_1^2}{12} \tag{4.3}$$

表达式

$$\frac{p\left(x_1+h_1,x_2,t\right)-p\left(x_1-h_1,x_2,t\right)}{2h_1}$$

称作中心差商，以 h_1 的二阶误差近似 $\partial p/\partial x_1$。

由式（4.1）、式（4.2）、式（4.3）可知，用中心差商近似 $\partial p/\partial x_1$ 更好。但也不尽然，到底该用哪个差商，要根据具体问题判断（见第 4.1.8 节）。

也可计算 $x_1+\frac{h_1}{2}$ 点处的 $\partial p/\partial x_1$ 的近似差商，类似于式（4.3），有

$$\frac{\partial p}{\partial x_1}\left(x_1+\frac{h_1}{2},x_2,t\right)=\frac{p(x_1+h_1,x_2,t)-p(x_1,x_2,t)}{h_1}-\left[\frac{\partial^3 p\left(x_1^*,x_2,t\right)}{\partial x_1^3}+\frac{\partial^3 p\left(x_1^{**},x_2,t\right)}{\partial x_1^3}\right]\frac{h_1^2}{48} \tag{4.4}$$

其中，$x_1\leqslant x_1^*$，$x_1^{**}\leqslant x_1+h_1$。综上，定义了 x_1 方向上的三个一阶差商，也可以在 x_2 和 t 方向上定义同样的差商。

4.1.2　二阶差商

采用泰勒级数展开 p 的余数，其余数包含 p 的四阶偏导数：

$$p(x_1+h_1,x_2,t)=p(x_1,x_2,t)+\frac{\partial p(x_1,x_2,t)}{\partial x_1}h_1+\frac{\partial^2 p(x_1,x_2,t)}{\partial x_1^2}\frac{h_1^2}{2!}+\frac{\partial^3 p(x_1,x_2,t)}{\partial x_1^3}\frac{h_1^3}{3!}+\frac{\partial^4 p\left(x_1^*,x_2,t\right)}{\partial x_1^4}\frac{h_1^4}{4!}$$

$$p(x_1-h_1,x_2,t)=p(x_1,x_2,t)+\frac{\partial p(x_1,x_2,t)}{\partial x_1}h_1+\frac{\partial^2 p(x_1,x_2,t)}{\partial x_1^2}\frac{h_1^2}{2!}-\frac{\partial^3 p(x_1,x_2,t)}{\partial x_1^3}\frac{h_1^3}{3!}+\frac{\partial^4 p\left(x_1^{**},x_2,t\right)}{\partial x_1^4}\frac{h_1^4}{4!}$$

其中，$x_1\leqslant x_1^*\leqslant x_1+h_1$，$x_1-h_1\leqslant x_1^{**}\leqslant x_1$。两个方程相加，得到

$$\frac{\partial^2 p(x_1,x_2,t)}{\partial x_1^2}=\frac{p(x_1+h_1,x_2,t)-2p(x_1,x_2,t)+p(x_1-h_1,x_2,t)}{h_1^2}-\left[\frac{\partial^4 p\left(x_1^*,x_2,t\right)}{\partial x_1^4}+\frac{\partial^4 p\left(x_1^{**},x_2,t\right)}{\partial x_1^4}\right]\frac{h_1^2}{24} \tag{4.5}$$

表达式

$$\Delta_{x_1}^2 p(x_1,x_2,t)=\frac{p(x_1+h_1,x_2,t)-2p(x_1,x_2,t)+p(x_1-h_1,x_2,t)}{h_1^2} \tag{4.6}$$

定义为中心二阶差商，以 h_1 的二阶精度近似偏导数 $\partial^2 p/\partial x_1^2$。

式（4.5）是在 x_1 左右两侧等距离的区间上离散得到的。现在考虑（x_1-h_1'，x_1）和（x_1，x_1+h_1''）区间上的 p，式中 h_1' 和 h_1'' 不一定相同。引入二阶导数

$$\frac{\partial}{\partial x_1}\left[a(x_1,x_2,t)\frac{\partial p}{\partial x_1}\right]$$

的差商 b 其中 a 是给定函数。同样，泰勒级数展开得

$$\begin{aligned}\left(a\frac{\partial p}{\partial x_1}\right)\left(x_1-\frac{h_1'}{2},x_2,t\right)&\approx a\left(x_1-\frac{h_1'}{2},x_2,t\right)\frac{p(x_1,x_2,t)-p(x_1-h_1',x_2,t)}{h_1'},\\ \left(a\frac{\partial p}{\partial x_1}\right)\left(x_1+\frac{h_1''}{2},x_2,t\right)&\approx a\left(x_1+\frac{h''}{2},x_2,t\right)\frac{p(x_1+h_1'',x_2,t)-p(x_1,x_2,t)}{h_1''}\end{aligned} \tag{4.7}$$

注意到：

$$\frac{\partial}{\partial x_1}\left(a\frac{\partial p}{\partial x_1}\right)(x_1,x_2,t)\approx\left[\left(a\frac{\partial p}{\partial x_1}\right)\left(x_1+\frac{h_1''}{2},x_2,t\right)-\left(a\frac{\partial p}{\partial x_1}\right)\left(x_1-\frac{h_1'}{2},x_2,t\right)\right]\Big/\left[\left(x_1+\frac{h_1''}{2}\right)-\left(x_1-\frac{h_1'}{2}\right)\right]$$

应用式(4.7)，得

$$\frac{\partial}{\partial x_1}\left(a\frac{\partial p}{\partial x_1}\right)(x_1,x_2,t)\approx\left[a\left(x_1+\frac{h_1''}{2},x_2,t\right)\frac{p(x_1+h_1'',x_2,t)-p(x_1,x_2,t)}{h_1''}-a\left(x_1-\frac{h_1'}{2},x_2,t\right)\frac{p(x_1,x_2,t)-p(x_1-h_1',x_2,t)}{h_1'}\right]\Big/\left(\frac{h_1'+h_1''}{2}\right)$$

将其写作：

$$\Delta_{x1}(a\Delta_{x1}p) \tag{4.8}$$

该式是$\dfrac{\partial}{\partial x_1}\left(a\dfrac{\partial p}{\partial x_1}\right)$的 h_1 二阶近似，$h_1=\max\{h_1',h_1''\}$。也可以对 $\Delta_{x2}(a\Delta_{x2}p)$ 给出同样的定义。

4.1.3 网格系统

油藏模拟中常用两种类型的网格系统：块中心网格和点中心网格。令整数 i 是 x_1 方向上的序列点，整数 j 是 x_2 方向上的序列点。分别用 $x_{1,i}$ 和 $x_{2,j}$ 表示 x_1 和 x_2 方向上的第 i 个和第 j 个值。设

$$p_{ij}=p\left(x_{1,i},x_{2,j}\right)$$

(1)块中心网格。

将矩形区域 Ω 分割成不同的小矩形，点 $(x_{1,i},\ x_{2,j})$ 位于矩形 (i,j) 的中心，如图 4.1 所示。矩形 (i,j) 的左边界位于 $x_{1,i-\frac{1}{2}}$，右边界位于 $x_{1,i+\frac{1}{2}}$。同理，$x_{2,j-\frac{1}{2}}$ 和 $x_{2,j+\frac{1}{2}}$ 分别是矩形 (i,j) 的底边和顶边。这种类型的网格称为块中心网格。例如，如果 $\Omega=(0,\ 1)^2$ 是单位正方形，那么矩形网格由 $0=x_{1,\frac{1}{2}}<x_{1,\frac{3}{2}}<\cdots$ 和 $0=x_{2,\frac{1}{2}}<x_{2,\frac{3}{2}}<\cdots$ 确定，且有

$$x_{1,i}=\frac{1}{2}\left(x_{1,i-\frac{1}{2}}+x_{1,i+\frac{1}{2}}\right)$$

$$h_{1,i}=x_{1,i+\frac{1}{2}}-x_{1,i-\frac{1}{2}}$$

$$h_{1,i-\frac{1}{2}}=x_{1,i}-x_{1,i-1}$$

对变量 x_2 也可以进行类似的规定。

(2)点中心网格。

在另一种网格中，点 $(x_{1,i},x_{2,j})$ 是矩形的一个顶点，如图 4.2 所示，这种网格称为点中心

网格。在点中心网格中，网格由$\Omega\in(0,1)^2$上的序列$0=<x_{1,0}<x_{1,2}<\cdots$和$0=<x_{2,0}<x_{2,2}<\cdots$确定。另外，有

$$x_{1,i-\frac{1}{2}}=\frac{1}{2}\left(x_{1,i-1}+x_{1,i}\right)$$

$$h_{1,i}=x_{1,i}-x_{1,i-1}$$

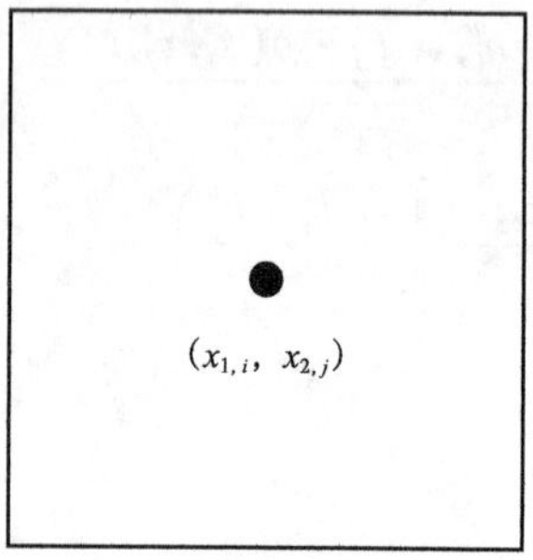

图 4.1 块中心网格

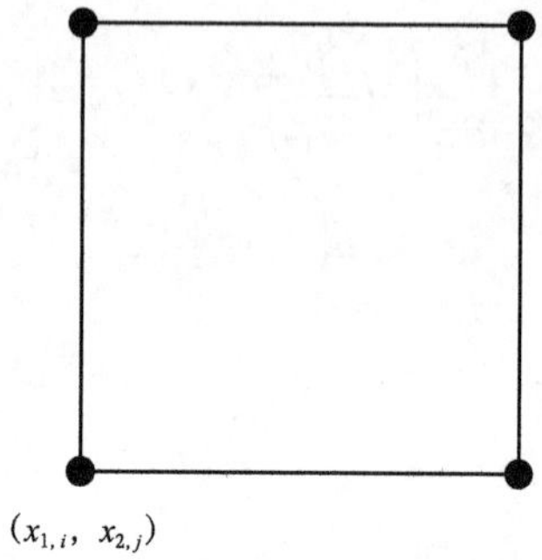

图 4.2 点中心网格

4.1.4 边界条件

块中心网格和点中心网格系统的差分方程在形式上相同。但是，二者之间存在明显的本质差异。具体来说，当网格为非均匀网格时，点和块的边界位置不一致。而且，边界条件的处理也不同。类似于第 2.2.9 节引入边界条件的差分方程。

（1）第一类边界条件

假设$x_1=0$处的边界条件为：

$$p\left(0,x_2,t\right)=g\left(x_2,t\right) \tag{4.9}$$

此为第一类边界条件，即 Dirichlet 型边界条件。在油藏模拟中，当指定储层边界处或井的压力时，就是这种边界条件。对于点中心网格（图 4.3），边界条件

$$p_{0j}^n=g_j^n \tag{4.10}$$

当差分方程中需要p_{0j}^n时就使用式（4.10）。

对于块中心网格，距边界最近的点是$(x_{1,1},x_{2,j})$（图 4.4），此时须将p_{1j}^n的值外推至该点。最简单的外推是

$$p_{1j}^n=g_j^n \tag{4.11}$$

不过这只是空间上的一阶近似，二阶近似采用

$$\frac{1}{2}\left(3p_{1j}^n-p_{2j}^n\right)=g_j^n \tag{4.12}$$

请注意，待求解的差分方程组中必须包含式（4.12）。因此在 Dirichlet 边界处可用半个网格块修正块中心网格（图 4.5）。

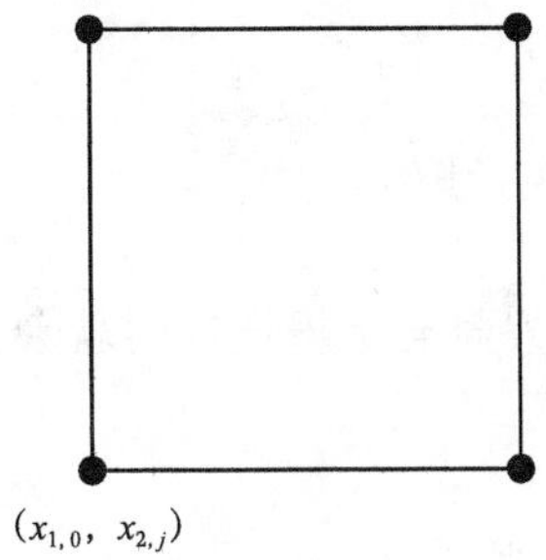

图 4.3 点中心网格的 Dirichlet 边界条件

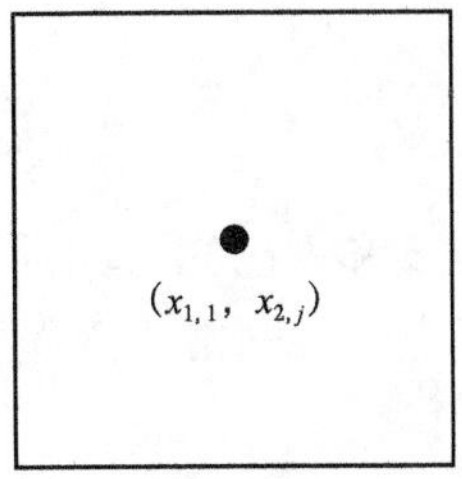

图 4.4 块中心网格的 Dirichlet 边界条件

（2）第二类边界条件。

在 $x_1=0$ 处的边界条件

$$\frac{\partial p(0,x_2,t)}{\partial x_1}=g(x_2,t) \tag{4.13}$$

称为第二类边界条件，即 Neumann 边界条件，用于表示通过边界的流量或确定井的注入量或产出量。

对于点中心网格，式（4.13）可近似为：

$$\frac{p_{1j}^n-p_{0j}^n}{h_{1,1}}=g_j^n \tag{4.14}$$

此为一阶近似。二阶近似采用反射（镜像）点：对每一个 j，引入一个辅助点 $(x_{1,-1},x_{2,j})$（图 4.6）。在 $x_1=0$ 处用中心差分离散格式（4.13），得

$$\frac{p_{1j}^n-p_{-1j}^n}{2h_{1,1}}=g_j^n \tag{4.15}$$

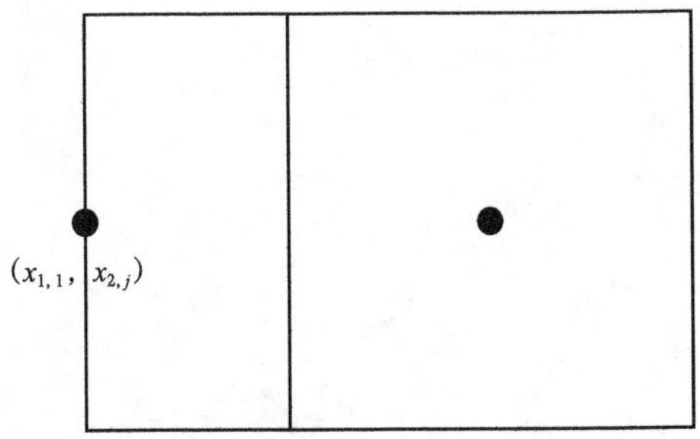

图 4.5 在 Dirichlet 边界处使用半个网格块

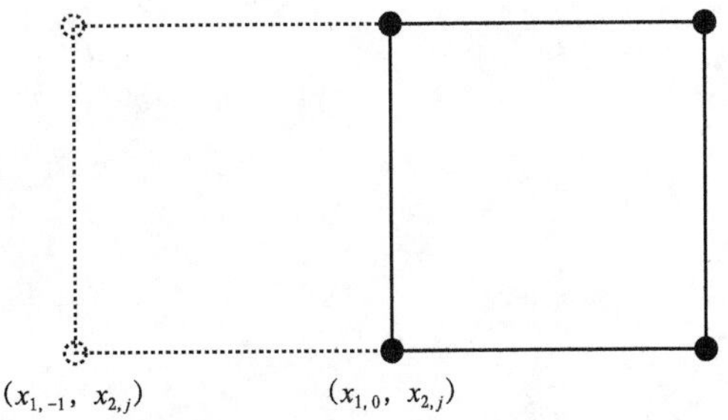

图 4.6 点中心网格的反射点

在 $x_1=0$ 处，使用式（4.15）消除差分方程中的 p_{-1j}^n。对于块中心网格，也可以通过类似式（4.9）的修正方法得到式（4.13）的一阶近似和二阶近似。

（3）第三类边界条件。

第三类边界条件具有

$$\left(a\frac{\partial p}{\partial x_1}+bp\right)(0,x_2,t)=g(x_2,t) \tag{4.16}$$

的形式，函数 a 和 b 已知。如前一章所述，当部分外边界具有半渗透性时就会出现这种边界条件。对于点中心网格，方程可近似为

$$a_{0j}^n\frac{p_{1j}^n-p_{-1j}^n}{2h_{1,1}}+b_{0j}^n p_{0j}^n=g_j^n \tag{4.17}$$

$(x_{1,-1},x_{2,j})$ 是反射点。对于块中心网格，很难求得式（4.16）的近似。

4.1.5 稳态问题的有限差分

在矩形区域 Ω 上考虑二维稳态问题：

$$-\nabla\cdot(a\nabla p)=f(x_1,x_2),\quad (x_1,x_2)\in\Omega \tag{4.18}$$

其中函数 a 和 f 已知，假设函数 a 在 Ω 上为正。不可压缩流的压力方程就是稳态方程的例子。如前所述，油藏模拟中广泛应用两种网格，二者的差分方程形式相同。在点 (i,j) 处，式（4.18）近似为

$$-\frac{a_{i+\frac{1}{2},j}\dfrac{p_{i+1,j}-p_{i,j}}{h_{1,i+\frac{1}{2}}}-a_{i-\frac{1}{2},j}\dfrac{p_{i,j}-p_{i-1,j}}{h_{1,i-\frac{1}{2}}}}{h_{1,i}}-\frac{a_{i,j+\frac{1}{2}}\dfrac{p_{i,j+1}-p_{i,j}}{h_{2,j+\frac{1}{2}}}-a_{i,j-\frac{1}{2}}\dfrac{p_{i,j}-p_{i,j-1}}{h_{2,j-\frac{1}{2}}}}{h_{2,j}}=f_{ij} \tag{4.19}$$

其中 $p_{i,j}=p\left(x_{1,i},x_{2,j}\right)$，$a_{i+\frac{1}{2},j}=a\left(x_{1,i+\frac{1}{2}},x_{2,j}\right)$。如果定义

$$a_{1,i+\frac{1}{2},j}=\frac{a_{i+\frac{1}{2},j}h_{2,j}}{h_{1,i+\frac{1}{2}}}$$

$$a_{2,i,j+\frac{1}{2}}=\frac{a_{i,j+\frac{1}{2}}h_{1,i}}{h_{2,j+\frac{1}{2}}}$$

式（4.19）可写为

$$\begin{aligned}&-a_{1,i+\frac{1}{2},j}\left(p_{i+1,j}-p_{i,j}\right)+a_{1,i-\frac{1}{2},j}\left(p_{i,j}-p_{i-1,j}\right)\\&-a_{2,i,j+\frac{1}{2}}\left(p_{i,j+1}-p_{i,j}\right)+a_{2,i,j-\frac{1}{2}}\left(p_{i,j}-p_{i,j-1}\right)=F_{ij}\end{aligned} \tag{4.20}$$

其中，$F_{ij}=f_{ij}h_{1,i}h_{2,j}$ 可视为函数 $f(x_1,x_2)$ 在面积为 $h_{1,i}h_{2,j}$ 的矩形区域上的积分。截断误差是用差分方程代替微分方程时所产生的误差。由第 4.1.2 节讨论可知，用差分格式（4.20）近似式（4.18）时，截断误差都是 h_1 和 h_2 二阶的。该格式是二维问题常用的五点模板格式（图 4.7）。对于解区域边界附近或边界上的某些点，该格式用到区域外的一个或两个虚拟点。根据所用的网格类型和边界条件，消除这些点的 p 值。式（4.20）可以写为含有未知数 $\{p_{i,j}\}$ 的矩阵形式，并且必须使用直接或迭代法求解（见第 5 章）。练习 4.1 给出了这方面的例子。

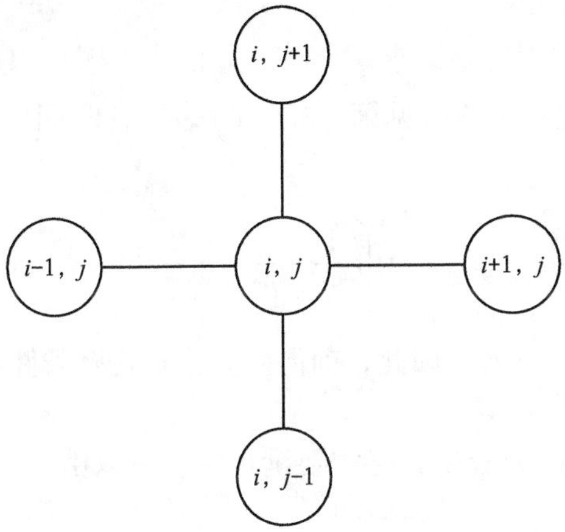

图 4.7　五点模板格式

4.1.6　抛物型问题的有限差分

本节讨论矩形区域上的二维瞬变问题（抛物型问题）：

$$\phi\frac{\partial p}{\partial t}-\nabla\cdot(a\nabla p)=f(x_1,x_2,t),\quad (x_1,x_2)\in\Omega,\ t>0 \tag{4.21}$$

其中，a、f、ϕ 是 x_1、x_2 和 t 的已知函数。假设函数 a 和 ϕ 在 Ω 上分别为正和非负。根据前一章可知，可压缩流的压力方程是抛物型方程。对于抛物型问题，除边界条件外，还需要初始条件：

$$p(x_1,x_2,0)=p_0(x_1,x_2)$$

令 $\{t^n\}$ 为一系列实数，使

$$0=t^0<t^1<\cdots<t^n<t^{n+1}<\cdots$$

对于瞬态问题，通过 t^0 时的初始解，求 t^1 时的解；通常，根据 t^n 时间点的解求 t^{n+1} 处的解。因此，求解过程随时间推进。设

$$\Delta t^n=t^{n+1}-t^n,n=1,2,\cdots$$

且

$$p_{ij}^n=p(x_{1,i},x_{2,j},t^n)$$

（1）前向差分格式。

问题（4.21）最简单的差分格式是用 t^n 时的二阶差分代替空间上的二阶偏导数，用前向差分代替 $\partial p/\partial t$ 。得到的格式是空间上的中心二阶差分和时间上的前向差分，称为前向差分格式（或前向欧拉格式）：

$$\phi_{ij}^{n}\frac{p_{i,j}^{n+1}-p_{i,j}^{n}}{\Delta t^{n}}h_{1,i}h_{2,j}-a_{1,i+\frac{1}{2},j}^{n}\left(p_{i+1,j}^{n}-p_{i,j}^{n}\right)+a_{1,i-\frac{1}{2},j}^{n}\left(p_{i,j}^{n}-p_{i-1,j}^{n}\right)-$$
$$a_{2,i,j+\frac{1}{2}}^{n}\left(p_{i,j+1}^{n}-p_{i,j}^{n}\right)+a_{2,i,j-\frac{1}{2}}^{n}\left(p_{i,j}^{n}-p_{i,j-1}^{n}\right)=F_{ij}^{n} \tag{4.22}$$

其中，$n=0,1,2,\cdots$。该方程可显式求解 $p_{i,j}^{n+1}$ 。显格式求解会引起稳定性问题。例如，对于 $a=\phi=1$ 和 $f=0$，稳定性分析（参见第 4.1.7 节）表明，时间和空间步长必须满足下面的条件才能稳定：

$$\Delta t\left(\frac{1}{h_1^2}+\frac{1}{h_2^2}\right)\leqslant\frac{1}{2} \tag{4.23}$$

其中，$\Delta t=\max\{\Delta t^n : n=0,1,\cdots\}$。因此，前向差分格式是有条件稳定的。

（2）后向差分格式。

稳定性式（4.23）是前向差分格式必需要满足的，可以由 t^{n+1} 处的二阶偏导消除该稳定性问题：

$$\phi_{ij}^{n+1}\frac{p_{i,j}^{n+1}-p_{i,j}^{n}}{\Delta t^{n}}h_{1,i}h_{2,j}-a_{1,i+\frac{1}{2},j}^{n+1}\left(p_{i+1,j}^{n+1}-p_{i,j}^{n+1}\right)+a_{1,i-\frac{1}{2},j}^{n+1}\left(p_{i,j}^{n+1}-p_{i-1,j}^{n+1}\right)-$$
$$a_{2,i,j+\frac{1}{2}}^{n+1}\left(p_{i,j+1}^{n+1}-p_{i,j}^{n+1}\right)+a_{2,i,j-\frac{1}{2}}^{n+1}\left(p_{i,j}^{n+1}-p_{i,j-1}^{n+1}\right)=F_{ij}^{n+1} \tag{4.24}$$

从 n 到 $n+1$ 求解时，式（4.24）隐式定义了 $p_{i,j}^{n+1}$ ，称作后向差分（或后向欧拉）格式。在每个节点 t^{n+1}，必须求解线性方程组。该方程组的形式与稳态问题中的形式相同。稳定性分析表明，式（4.24）是无条件稳定的；也就是说，对于时间步长 Δt 没有任何限制（参见第 4.1.7 节）。

前向差分格式和后向差分格式的截断误差在 h_1 和 h_2 上都是二阶的，在 Δt 上是一阶的。为了提高时间上的精度，可以采用 Crank-Nicholson 差分格式。

（3）Crank-Nicholson 差分格式。

式（4.21）的另一个隐式差分格式是用差商（$p^{n+1}-p^n$）$/\Delta t^n$ 代替平均值 $[\partial p(t^{n+1})/\partial t+\partial p(t^n)/\partial t]/2$：

$$\phi_{ij}^{n+1}\frac{p_{i,j}^{n+1}-p_{i,j}^{n}}{\Delta t^{n}}h_{1,i}h_{2,j}-\frac{1}{2}\Bigg[a_{1,i+\frac{1}{2},j}^{n+1}\left(p_{i+1,j}^{n+1}-p_{i,j}^{n+1}\right)-a_{1,i-\frac{1}{2},j}^{n+1}\left(p_{i,j}^{n+1}-p_{i-1,j}^{n+1}\right)+$$
$$a_{2,i,j+\frac{1}{2}}^{n+1}\left(p_{i,j+1}^{n+1}-p_{i,j}^{n+1}\right)-a_{2,i,j-\frac{1}{2}}^{n+1}\left(p_{i,j}^{n+1}-p_{i,j-1}^{n+1}\right)+a_{1,i+\frac{1}{2},j}^{n}\left(p_{i+1,j}^{n}-p_{i,j}^{n}\right)- \tag{4.25}$$
$$a_{1,i-\frac{1}{2},j}^{n}\left(p_{i,j}^{n}-p_{i-1,j}^{n}\right)+a_{2,i,j+\frac{1}{2}}^{n}\left(p_{i,j+1}^{n}-p_{i,j}^{n}\right)-a_{2,i,j-\frac{1}{2}}^{n}\left(p_{i,j}^{n}-p_{i,j-1}^{n}\right)\Bigg]=\frac{1}{2}\left(F_{ij}^{n+1}+F_{ij}^{n}\right)$$

该格式截断误差在 h_1、h_2 和 t 上都是二阶的。这种隐格式也是无条件稳定的。此外，该格式产生了一个联立方程组，形式与后向差分格式相同。

4.1.7 一致性、稳定性、收敛性

本节给出有限差分格式的一致性、稳定性和收敛性的基本定义。此处只关注纯初值问题。包含边界条件时，必须将定义扩展到初始边界值问题（Thomas，1995）。此外，此处只关注一维瞬态问题，解域是整个 x_1 轴，即：$-\infty < x_1 < \infty$。令 $x_{1,i}=ih, i=0, \pm1, \pm2, \cdots, t^n=n\Delta t,\ n=0,1,2,\cdots$。

（1）一致性。

对于两个实数 ϵ 和 $h>0$，

$$\epsilon = \mathcal{O}(h)$$

若存在正常数 C，使

$$|\epsilon| \leqslant Ch$$

则可记 $\epsilon = \mathcal{O}(h)$。

如果对于任何光滑函数 $v=v(x,t)$，下式成立，那么有限差分格式 $L_i^n P_i^n = G_i^n$ 与偏微分方程 $Lp=F$ 在点 (x,t) 处（逐点）一致：

$$R_i^n \equiv (Lv-F)\Big|_i^n - \left\{L_i^n v(ih, n\Delta t) - G_i^n\right\} \to 0 \tag{4.26}$$

当 h，$\Delta t \to 0$ 时，$(ih, n\Delta t) \to (x,t)$。注意到前向差分格式（4.22）和后向差分格式（4.24）的截断误差具有相同的形式：

$$R_i^n = \mathcal{O}\left(h^2\right) + \mathcal{O}(\Delta t)$$

而 Crank-Nicholson 差分格式的截断误差为

$$R_i^n = \mathcal{O}\left(h^2\right) + \mathcal{O}\left[(\Delta t)^2\right]$$

因此，这些格式与式（4.21）一致（参见练习 4.3）。

（2）稳定性。

如果在计算的任何阶段产生的误差（或扰动）都不会在后期计算阶段传播成更大的误差，也就是说，局部截断误差不会通过计算进一步扩大，那么有限差分格式就是稳定的。可以将解的扰动值代入差分格式检验其稳定性。

考虑式（4.21）的一维形式（$x=x_1$）：

$$\frac{\partial p}{\partial t} = \frac{\partial^2 p}{\partial x^2} \tag{4.27}$$

令 p_i^n 对应前向差分格式的解，并令扰动 $p_i^n+\epsilon_i^n$ 满足相同的格式：

$$\frac{\left(p_i^{n+1}+\epsilon_i^{n+1}\right)-\left(p_i^n+\epsilon_i^n\right)}{\Delta t} = \frac{\left(p_{i+1}^n+\epsilon_{i+1}^n\right)-2\left(p_i^n+\epsilon_i^n\right)+\left(p_{i-1}^n+\epsilon_{i-1}^n\right)}{h^2}$$

由 p_i^n 的定义，得

$$\frac{\epsilon_i^{n+1}-\epsilon_i^n}{\Delta t}=\frac{\epsilon_{i+1}^n-2\epsilon_i^n+\epsilon_{i-1}^n}{h^2} \tag{4.28}$$

以傅里叶级数形式展开误差 ϵ_i^n：

$$\epsilon_i^n=\sum_k \gamma_k^n \exp\left(\bar{i}kx_i\right)$$

其中，$\bar{i}=\sqrt{-1}$。若假设误差方程式（4.28）的解只有一项即去掉 γ_k^n 中的下标 k，进行一定程度上简化分析，有

则可以

$$\epsilon_i^n=\gamma^n \exp\left(\bar{i}kx_i\right) \tag{4.29}$$

将式（4.29）代入式（4.28），求解放大因子：

$$\gamma=\gamma^{n+1}/\gamma^n$$

稳定性的 Von-Neumann 判据是该因子的模量不大于 1（Tomas，1995）。由式（4.28）和式（4.29），有

$$\frac{\gamma^{n+1}-\gamma^n}{\Delta t}=\frac{\gamma^n\exp\left(\bar{i}kh\right)-2\gamma^n+\gamma^n\exp\left(-\bar{i}kh\right)}{h^2} \tag{4.30}$$

由于 $\exp\left(\bar{i}kh\right)-2+\exp\left(-\bar{i}kh\right)=2\cos\left(kn\right)-2=-4\sin^2\left(\frac{kh}{2}\right)$，因此

$$\gamma^{n+1}=\left[1-\frac{4\Delta t}{h^2}\sin^2\left(\frac{kh}{2}\right)\right]\gamma^n$$

除以 γ^n，得

$$\gamma=1-\frac{4\Delta t}{h^2}\sin^2\left(\frac{kh}{2}\right)$$

因此，如果式

$$\left|1-\frac{4\Delta t}{h^2}\sin^2\left(\frac{kh}{2}\right)\right|\leqslant 1 \tag{4.31}$$

成立，则满足 Von Neumann 稳定性判据。

当以下稳定性条件满足时，不等式（4.31）成立：

$$\frac{\Delta t}{h^2}\leqslant\frac{1}{2} \tag{4.32}$$

式（4.27）的前向差分格式在条件（4.32）下稳定；即该差分格式是有条件稳定的。

对式（4.27）的后向差分格式（4.24）开展类似的 Von Neumann 稳定性分析。此时，误差方程具有如下形式

$$\frac{\epsilon_i^{n+1}-\epsilon_i^n}{\Delta t}=\frac{\epsilon_{i+1}^{n+1}-2\epsilon_i^{n+1}+\epsilon_{i-1}^{n+1}}{h^2} \tag{4.33}$$

将式(4.29)代入式(4.33)并进行简单的计算，得到放大因子 γ 的方程：

$$\gamma=\frac{1}{1+\left(4\Delta t/h^2\right)\sin^2\left(kh/2\right)}$$

不管 k、Δt、h 如何取值，放大因子总是小于或等于 1。因此，后向差分格式是无条件稳定的。类似分析表明，Crank–Nicholson 格式也是无条件稳定的(参见练习 4.4)。

(3)收敛性。

之所以选择有限差分格式是因为它们的解可以近似于某些偏微分方程的解，但实际计算中真正需要的是差分格式的解能以任意期望精度逼近微分方程的近似解。即需要使有限差分的解收敛于偏微分方程的解。对于任意(x,t)，如果当 h，$\Delta t\to 0$ 且$(ih,n\Delta t)\to(x,t)$时，P_i^n 收敛于 $p(x,t)$，则有限差分格式 $L_i^n P_i^n=G_i^n$(逐点)收敛于偏微分方程 $Lp=F$。

用式(4.27)的前向差分格式(4.22)举例说明：

$$\frac{p_i^{n+1}-p_i^n}{\Delta t}=\frac{p_{i+1}^n-2p_i^n+p_{i-1}^n}{h^2} \tag{4.34}$$

采用第 4.1.1 节和第 4.1.2 节的分析，根据式(4.27)得

$$\frac{p_i^{n+1}-p_i^n}{\Delta t}=\frac{p_{i+1}^n-2p_i^n+p_{i-1}^n}{h^2}+\mathcal{O}\left(h^2\right)+\mathcal{O}\left(\Delta t\right) \tag{4.35}$$

定义误差：

$$z_i^n=P_i^n-p_i^n$$

用式(4.34)减去式(4.35)，得

$$z_i^{n+1}=(1-2R)z_i^n+R\left(z_{i+1}^n+z_{i-1}^n\right)+\mathcal{O}\left(h^2\Delta t\right)+\mathcal{O}\left[(\Delta t)^2\right]$$

其中，$R=\Delta t/h^2$。如果 $0<R\leqslant 1/2$，那么方程右边的系数非负，可得

$$\left|z_i^{n+1}\right|\leqslant(1-2R)\left|z_i^n\right|+R\left(\left|z_{i+1}^n\right|+\left|z_{i-1}^n\right|\right)+C\Delta t\left(h^2+\Delta t\right)\leqslant Z^n+C\Delta t\left(h^2+\Delta t\right) \tag{4.36}$$

式中：$Z^n=\sup_i\left\{\left|z_i^n\right|\right\}$，常数 C 是约束“大 $\mathcal{O}$”项的一致常数。取式(4.36)左边 i 的上确界，得到：

$$Z^{n+1}\leqslant Z^n+C\Delta t\left(h^2+\Delta t\right) \tag{4.37}$$

应用式(4.37)递推有

$$Z^{n+1}\leqslant Z^0+C(n+1)\Delta t\left(h^2+\Delta t\right)$$

首先令 $Z^0=0$，当$(n+1)\Delta t\to t, h, \Delta t\to 0$ 时，有

$$\left|P_i^{n+1}-p\left[ih,(n+1)\Delta t\right]\right|\leqslant Z^{n+1}\leqslant C(n+1)\Delta t\left(h^2+\Delta t\right)\to 0$$

因此，式(4.27)的前向差分格式在式(4.32)下收敛。同样，也可以证明后向差分格式和

Crank–Nicholson 差分格式的收敛性（参见练习 4.5 和练习 4.6）。

稳定性和收敛性之间存在联系。事实上，对于适定的线性初值问题，当且仅当其收敛时才有一致的二阶差分格式（即涉及两个时间层）。这就是 Lax 等价定理（Tomas，1995）。

4.1.8 双曲型问题的有限差分

为引入双曲型问题的有限差分，考虑单向波问题：

$$\frac{\partial p}{\partial t}+b\frac{\partial p}{\partial x}=0 \tag{4.38}$$

其中，b 是常数，$x=x_1$。一维 Buckley–Leverett 方程就是这种形式（参见第 2.3.2 节）。式（4.38）的边界条件取决于 b 的符号。例如，如果该问题定义在有界区间（l_1, l_2）上，那么只需流入边界条件。换言之，若 $b>0$，则 p 在 l_1 处给出，若 $b<0$，则 p 在 l_2 处给出。简单起见，考虑整条实线 R 上的式（4.38）。当然，任何情况下，都必须给出初始条件

$$p(x,0)=p_0(x)$$

（1）显格式。

考虑式（4.38）的显格式：

$$\frac{p_i^{n+1}-p_i^n}{\Delta t}+b\frac{p_{i+1}^n-p_i^n}{h}=0 \tag{4.39}$$

式（4.39）与式（4.38）一致（参见练习 4.7）。式（4.39）的放大因子 γ（参见第 4.1.7 节和练习 4.8）为

$$\gamma=1+\frac{b\Delta t}{h}\left[1-\cos(kh)\right]-\bar{i}\,\frac{b\Delta t}{h}\sin(kh)$$

$b>0$ 时，$|\gamma|>1$（参见练习 4.9）。因此，通过 Von–Noumann 稳定性判据，式（4.39）总是不稳定的。$b<0$ 时，只要满足下列条件，即可证明（参见练习 4.10）式（4.39）是稳定的：

$$\frac{|b|\Delta t}{h}\leqslant 1 \tag{4.40}$$

这就是 Courant–Friedrichs–Lewy（CFL）条件。换言之，若 $b<0$，则式（4.39）是有条件稳定的。

因此，当 $b<0$ 时，式（4.39）适用于式（4.38），当 $b>0$ 时不适用。当 $b<0$ 时，式（4.39）通过任一点的特征都向右下方运行到 x 轴（图 4.8）。那么，式（4.39）必须沿着同一方向返回。因此，当 $b>0$ 时，适用于式（4.38）的形式是

$$\frac{p_i^{n+1}-p_i^n}{\Delta t}+b\frac{p_i^n-p_{i-1}^n}{h}=0 \tag{4.41}$$

事实上，当 $b>0$ 时，可以看出（参见练习 4.11），式（4.41）在式（4.40）下是稳定的（当 $b<0$ 时，它总是不稳定的）。

显式差分格式式（4.39）和式（4.41）是单侧稳定的。根据上面的稳定性分析，只有迎

风格式是有条件稳定的。

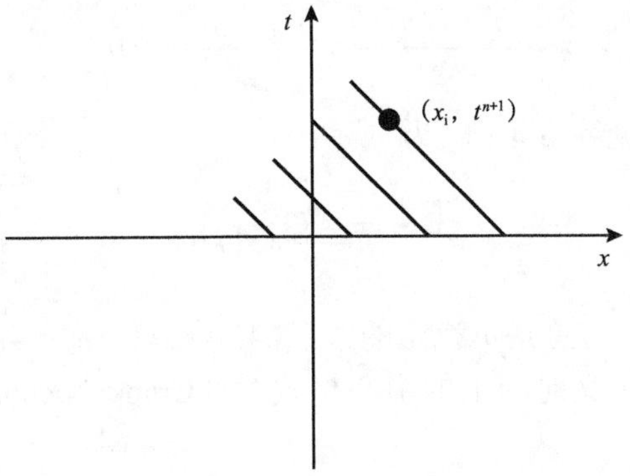

图 4.8 $b<0$ 时式(4.38)的特征

此外还有求解式(4.38)的其他差分格式。空间上的中心格式为

$$\frac{p_i^{n+1}-p_i^n}{\Delta t}+b\frac{p_{i+1}^n-p_{i-1}^n}{2h}=0 \tag{4.42}$$

该格式的放大因子 γ(参见练习 4.12)为

$$\gamma=1-\bar{i}\,\frac{b\Delta t}{h}\sin(kh)$$

由于 $|\gamma|^2=1+b^2(\Delta t)^2\sin^2(kh)/h^2\geqslant 1$,式(4.42)总是不稳定的。

(2)隐格式。

类似于显格式的稳定性分析,单侧稳定的全隐差分格式必须是迎风格式。当 $b<0$ 时,迎风隐格式为

$$\frac{p_i^{n+1}-p_i^n}{\Delta t}+b\frac{p_{i+1}^{n+1}-p_i^{n+1}}{h}=0 \tag{4.43}$$

当 $b>0$ 时,迎风隐格式为

$$\frac{p_i^{n+1}-p_i^n}{\Delta t}+b\frac{p_i^{n+1}-p_{i-1}^{n+1}}{h}=0 \tag{4.44}$$

式(4.43)的放大因子 γ(参见练习 4.13)为

$$\gamma=\left\{1-\frac{b\Delta t}{h}[1-\cos(kh)]+\bar{i}\,\frac{b\Delta t}{h}\sin(kh)\right\}^{-1}$$

因此,如果 $b<0$,有

$$|\gamma|^2=\left[1-4\frac{b\Delta t}{h}\sin^2\left(\frac{kh}{2}\right)\left(1-\frac{b\Delta t}{h}\right)\right]^{-1}\leqslant 1$$

故而当 $b<0$ 时,式(4.43)是无条件稳定的。当 $b>0$ 时,可以类似证明式(4.44)具有同样的稳定性。

现在，考虑与式（4.42）类似的全隐格式：

$$\frac{p_i^{n+1}-p_i^n}{\Delta t}+b\frac{p_{i+1}^{n+1}-p_{i-1}^{n+1}}{2h}=0 \tag{4.45}$$

该格式的放大因子γ（参见练习 4.14）为

$$\gamma=\left[1+\bar{i}\,\frac{b\Delta t}{h}\sin(kh)\right]^{-1}$$

上式满足 $|\gamma|\leqslant 1$。因此，与总是不稳定的式（4.42）相反，式（4.45）是无条件稳定的。也可以对问题（4.38）的解定义时间上的中心格式（如 Crank–Nicholson 式）（参见练习 4.15~练习 4.17）。

（3）数值弥散。

$b<0$ 时问题（4.38）的迎风式差分格式（4.39）的局部截断误差是（参见练习 4.18）：

$$R_i^n=-\frac{bh}{2}\frac{\partial^2 p}{\partial x^2}\left(x_i,t^n\right)-\frac{\Delta t}{2}\frac{\partial^2 p}{\partial t^2}\left(x_i,t^n\right)+\mathcal{O}\left(h^2\right)+\mathcal{O}\left[(\Delta t)^2\right] \tag{4.46}$$

式（4.38）对 t 求导，得

$$\frac{\partial^2 p}{\partial t^2}=-b\frac{\partial^2 p}{\partial x\partial t}$$

对 x 求导，得

$$\frac{\partial^2 p}{\partial x\partial t}=-b\frac{\partial^2 p}{\partial x^2}$$

因此：

$$\frac{\partial^2 p}{\partial t^2}=-b\frac{\partial^2 p}{\partial x^2}$$

代入式（4.46），得

$$R_i^n=-\frac{bh}{2}\left(1+\frac{b\Delta t}{h}\right)\frac{\partial^2 p}{\partial x^2}\left(x_i,t^n\right)+\mathcal{O}\left(h^2\right)+\mathcal{O}\left[(\Delta t)^2\right] \tag{4.47}$$

这就是式（4.39）的局部截断误差。

由局部截断误差的定义式（4.26），可将式（4.47）写成

$$\frac{p_i^{n+1}-p_i^n}{\Delta t}+b\frac{p_{i+1}^n-p_i^n}{h}=\left(\frac{\partial p}{\partial t}+b\frac{\partial p}{\partial x}+a_{\text{num}}\frac{\partial^2 p}{\partial x^2}\right)\left(x_i,t^n\right)+\mathcal{O}\left(h^2\right)+\mathcal{O}\left[(\Delta t)^2\right] \tag{4.48}$$

其中

$$a_{\text{num}}=\frac{bh}{2}\left(1+\frac{b\Delta t}{h}\right) \tag{4.49}$$

因此，差分方程式（4.39）是在求解扩散—对流问题

$$\frac{\partial p}{\partial t}+b\frac{\partial p}{\partial x}-a_{\text{num}}\frac{\partial^2 p}{\partial x^2}=0$$

而不是求解纯双曲型问题［式（4.38）］。也就是说，式（4.39）的截断误差包含数值弥散项 a_{num}。

如果考虑扩散—对流问题：

$$\frac{\partial p}{\partial t}+b\frac{\partial p}{\partial x}-a\frac{\partial^2 p}{\partial x^2}=0,\quad a>0$$

并建立与式（4.39）类似的差分格式，那么上述截断误差分析表明，得到的差分方程的解与下列问题有关：

$$\frac{\partial p}{\partial t}+b\frac{\partial p}{\partial x}-\left(a-a_{\text{num}}\right)\frac{\partial^2 p}{\partial x^2}=0$$

当物理扩散系数 a 很小时，会出现严重问题。如果数值弥散很严重（经常如此），那么 a_{num} 很容易支配 a。因此，数值弥散会淹没物理弥散，导致锐利前缘变得模糊严重（参见练习 4.20）。第 4.4 节和 4.6 节讨论用有限元法求解双曲型问题，尤其是第 4.6 节介绍的特征有限元法可减少数值弥散。

4.1.9 网格取向效应

有限差分法的另一个缺点是偏微分问题的解在很大程度上取决于计算网格的空间方向，称为网格取向效应。这意味着在油藏模拟中，不同的网格方向得到的预测结果截然不同。

如果对二维问题使用如式（4.39）所示的迎风方法，那么得到的数值弥散与量：

$$\frac{h_1}{2}\frac{\partial^2 p}{\partial x_1^2}+\frac{h_2}{2}\frac{\partial^2 p}{\partial x_2^2}$$

有关［式（4.49）］，上式不是旋转不变量，因此受方向影响。当模拟高流度比（主要由于黏度比大）多相流时，一旦建立了优势渗流模式，低黏流的高速流动形成渗流通道控制流动方式。利用五点（二维空间）或七点（三维空间）有限差分模板格式，沿坐标方向建立优势渗流通道（参见图 4.9，图中显示的是两相流例子；参见练习 4.1 和第 7 章），那么用迎风稳定方法将极大地增加优势方向的流动。在流度比非常高的情况下，这种网格取向效应非常大。因此，必须引入不同的离散和网格方法。

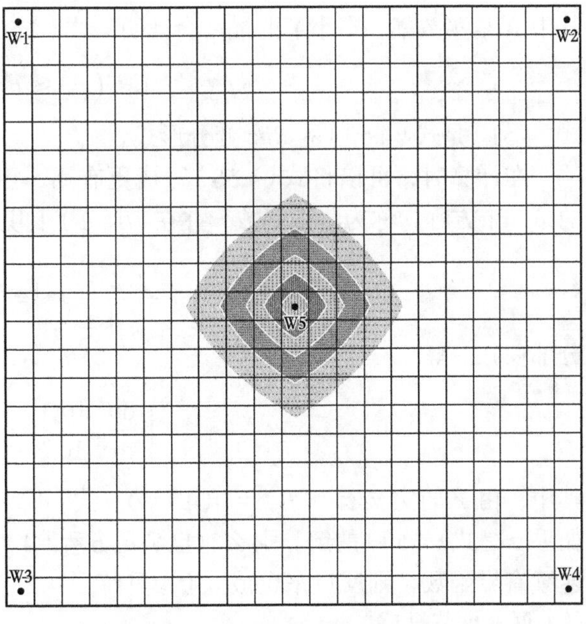

图 4.9 五点有限差分示例

4.2 标准有限元法

4.2.1 稳态问题的有限元法

本节主要介绍有限元法的基本术语，总结建立有限元法所需的基本要素。

（1）一维模型问题。

考虑一维稳态问题：

$$\begin{cases} -\dfrac{d^2 p}{dx^2} = f(x),\ 0<x<1 \\ p(0) = p(1) = 0 \end{cases} \tag{4.50}$$

其中 f 是已知具有实数值的分段连续有界函数。注意到式（4.50）是两点边界问题（如一维椭圆压力方程）。

如上一节所示，式（4.50）的有限差法是用含有某些 p 值的差商代替二阶导数。而有限元法则不同。用有限元法离散，首先要将式（4.50）改写为等价变分形式。为此，引入点积：

$$(\upsilon,w) = \int_0^1 \upsilon(x) w(x)\mathrm{d}x$$

对于实数值分段连续有界函数 υ 和 w，定义线性空间：

$$V = \left\{\upsilon : \upsilon\text{是}[0,1]\text{上的连续函数，}\frac{\mathrm{d}\upsilon}{\mathrm{d}x}\text{是}(0,1)\text{上的分段连续有界函数，}\upsilon(0) = \upsilon(1) = 0\right\}$$

再定义函数 F：$V \to \mathbf{R}$：

$$F(\upsilon) = \frac{1}{2}\left(\frac{\mathrm{d}\upsilon}{\mathrm{d}x},\frac{\mathrm{d}\upsilon}{\mathrm{d}x}\right) - (f,\upsilon),\quad \upsilon \in V$$

其中 $\mathbf{R}$ 是实数集。本小节的最后会证明，式（4.50）的求解等价于最小化问题：

$$\text{求} p \in V\text{，使} F(p) \leqslant F(\upsilon) \quad \forall \upsilon \in V \tag{4.51}$$

式（4.51）是式（4.50）的 *Ritz* 变分形式。

在计算时，可以将式（4.50）写成更有用、更直接的形式。用任意 $\upsilon \in V$ 乘以式（4.50）的第一个方程，称为测试函数，并在（0，1）上积分，得到

$$-\left(\frac{\mathrm{d}^2 p}{\mathrm{d}x^2},\upsilon\right) = (f,\upsilon)$$

分部积分，得

$$\left(\frac{\mathrm{d}p}{\mathrm{d}x},\frac{\mathrm{d}\upsilon}{\mathrm{d}x}\right) = (f,\upsilon) \tag{4.52}$$

其中，由 V 的定义有 $\upsilon(0) = \upsilon(1) = 0$。式（4.52）称作式（4.50）的 *Galerkin* 变分或弱式。如果 p 是式（4.50）的解，那么它也满足方程（4.52）；若 $\mathrm{d}^2p/\mathrm{d}x^2$ 存在且是（0，1）上的分段连续有界函数，则反过来也成立（参见练习 4.21）。可以看出式（4.51）和式（4.52）是等价的（见本小节最后）。

现在构造求解方程（4.50）的有限元法。为此，对于正整数 M，使用 $0=x_0<x_1<\cdots<x_M<x_{M+1}=1$ 将区间（0，1）剖分成长度为 $h_i=x_i-x_{i-1}$（$i=1,2,\cdots,M+1$）的子区间 $I_i=(x_{i-1},x_i)$。设 $h=\max\{h_i: i=1,2,\cdots,M+1\}$。步长决定剖分的精细程度。定义有限元空间：

$$V_h=\{\upsilon:\upsilon\text{是}[0,1]\text{上的连续函数，}\upsilon\text{在每一个子区间}I_i\text{上为线性，}\upsilon(0)=\upsilon(1)=0\}$$

函数 $\upsilon\in V_h$ 的图示说明如图 4.10 所示。注意，$V_h\subset V$（即 V_h 是 V 的子空间）。

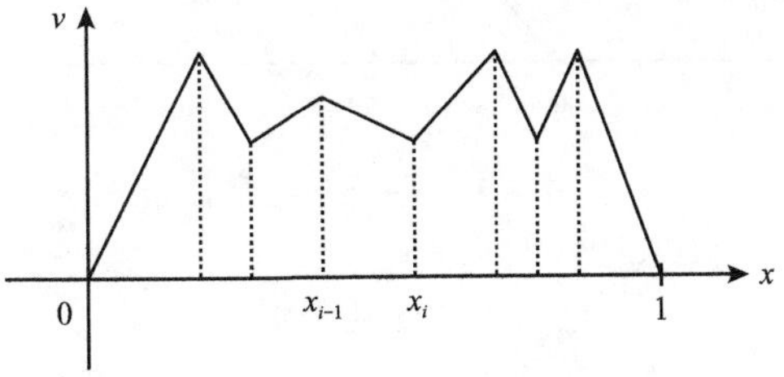

图 4.10　函数 $\upsilon\in V_h$ 的图示

式（4.51）的离散形式为

$$\text{求 } p_h\in V_h\text{，使 } F(p_h)\leqslant F(\upsilon)\qquad\forall\upsilon\in V_h\tag{4.53}$$

式（4.53）称为 Ritz 有限元法。和式（4.52）一样（参见本小节最后），式（4.53）等价于：

$$\text{求 } p_h\in V_h\text{，使}\left(\frac{\mathrm{d}p_h}{\mathrm{d}x},\frac{\mathrm{d}v}{\mathrm{d}x}\right)=(f,v),\qquad\forall\upsilon\in V_h\tag{4.54}$$

通常称其为 Galerkin 有限元法。

容易看出，式（4.54）有唯一解。实际上，在式（4.54）中，令 $f=0$，取 $\upsilon=p_h$，有

$$\left(\frac{\mathrm{d}p_h}{\mathrm{d}x},\frac{\mathrm{d}p_h}{\mathrm{d}x}\right)=0$$

因此 p_h 是常数。由 V_h 的边界条件得到 $p_h=0$。

引入基函数 $\varphi_i\in V_h$，$i=1,2,\cdots,M$：

$$\varphi_i(x_j)=\begin{cases}1,\ \text{如果}i=j\\0,\ \text{如果}i\neq j\end{cases}$$

即 φ_i 是 [0，1] 上的连续分段线性函数，因而其值在 x_i 处为 1，在其他点处为零（图 4.11），称其为帽子函数。任意函数 $\upsilon\in V_h$ 都有唯一表达式：

$$\upsilon(x)=\sum_{i=1}^{M}\upsilon_i\varphi_i(x),\quad 0\leqslant x\leqslant 1$$

其中 $\upsilon_i=\upsilon(x_i)$。对于每个 j，在式（4.54）中，令 $\upsilon=\varphi_j$，得

$$\left(\frac{\mathrm{d}p_h}{\mathrm{d}x},\frac{\mathrm{d}\varphi_j}{\mathrm{d}x}\right)=(f,\varphi_j),\quad j=1,2,\cdots,M\tag{4.55}$$

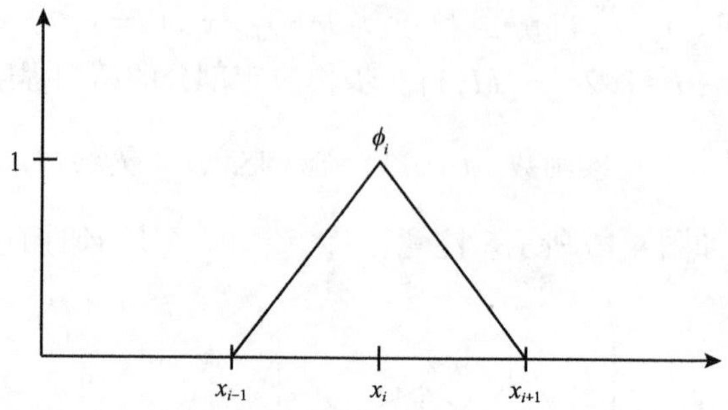

图 4.11　一维基函数

设

$$p_h(x)=\sum_{i=1}^{M}p_i\varphi_i(x),\quad p_i=p_h(x_i)$$

代入式（4.55），得

$$\sum_{i=1}^{M}\left(\frac{d\varphi_i}{dx},\frac{d\varphi_j}{dx}\right)p_i=\left(f,\varphi_j\right),\quad j=1,2,\cdots,M \tag{4.56}$$

这是一个有 M 个未知变量 $p_1,p_2,\cdots,p_M$ 的线性方程组，可以写成矩阵形式：

$$\boldsymbol{A}\boldsymbol{p}=\boldsymbol{f} \tag{4.57}$$

其中，矩阵 $\boldsymbol{A}$，向量 $\boldsymbol{p}$ 和 $\boldsymbol{f}$ 为

$$\boldsymbol{A}=\begin{pmatrix}a_{11} & a_{12} & \cdots & a_{1M}\\ a_{21} & a_{22} & \cdots & a_{2M}\\ \vdots & \vdots & & \vdots\\ a_{M1} & a_{M2} & \cdots & a_{MM}\end{pmatrix},\quad \boldsymbol{p}=\begin{pmatrix}p_1\\ p_2\\ \vdots\\ p_M\end{pmatrix},\quad \boldsymbol{f}=\begin{pmatrix}f_1\\ f_2\\ \vdots\\ f_M\end{pmatrix}$$

其中

$$a_{ij}=\left(\frac{\mathrm{d}\varphi_i}{\mathrm{d}x},\frac{\mathrm{d}\varphi_j}{\mathrm{d}x}\right),\quad f_j=\left(f,\varphi_j\right),\quad i,j=1,2,\cdots,M$$

矩阵 $\boldsymbol{A}$ 称作刚度矩阵，$\boldsymbol{f}$ 是源向量。

由基函数的定义，有

$$\left(\frac{\mathrm{d}\varphi_i}{\mathrm{d}x},\frac{\mathrm{d}\varphi_j}{\mathrm{d}x}\right)=0,\quad \text{当}|i-j|\geqslant 2\text{时}$$

因此，$\boldsymbol{A}$ 是三对角矩阵，即：仅主对角线和相邻对角线上的元素是非零的。实际上，元素 a_{ij} 可由下式计算：

$$a_{ii}=\frac{1}{h_i}+\frac{1}{h_{i+1}},\quad a_{i-1,i}=-\frac{1}{h_i},\quad a_{i,i+1}=-\frac{1}{h_{i+1}}$$

由此也可证明 $\boldsymbol{A}$ 是对称（$a_{ij}=a_{ji}$）且正定的：

$$\text{对于所有非零}\ \boldsymbol{\eta}\in\mathbf{R}^M,\quad \boldsymbol{\eta}^T\boldsymbol{A}\boldsymbol{\eta}=\sum_{i,j=1}^{M}\eta_i a_{ij}\eta_j>0$$

式中：$\boldsymbol{\eta}^T$ 表示 $\boldsymbol{\eta}$ 的转置。因为正定矩阵是非奇异矩阵，所以式（4.57）有唯一解。由此以另一种方法证明式（4.54）有唯一解 $p_h\in V_h$。

$\boldsymbol{A}$ 的对称性可以从 a_{ij} 的定义中得到。正定性证明如下，由

$$\eta=\sum_{i=1}^{M}\eta_i\varphi_i\in V_h,\quad \boldsymbol{\eta}^T=(\eta_1,\eta_2,\cdots,\eta_M)$$

得

$$\sum_{i,j=1}^{M}\eta_i a_{ij}\eta_j=\sum_{i,j=1}^{M}\eta_i\left(\frac{\mathrm{d}\varphi_i}{\mathrm{d}x},\frac{\mathrm{d}\varphi_j}{\mathrm{d}x}\right)\eta_j=\left(\sum_{i=1}^{M}\eta_i\frac{\mathrm{d}\varphi_i}{\mathrm{d}x},\sum_{j=1}^{M}\eta_j\frac{\mathrm{d}\varphi_j}{\mathrm{d}x}\right)=\left(\frac{\mathrm{d}\eta}{\mathrm{d}x},\frac{\mathrm{d}\eta}{\mathrm{d}x}\right)\geqslant 0$$

考虑到式（4.54）的边界条件，常函数 η 一定是 0（即 $\eta\equiv 0$），因此等式成立。

$\boldsymbol{A}$ 是稀疏矩阵，也就是说，矩阵 $\boldsymbol{A}$ 的每行中只有少数几个元素为非零元素。在一维情况下，是三对角矩阵。由于 V_h 中的基函数仅在少数几个区间不为零，因此 $\boldsymbol{A}$ 具有稀疏性，或者说，A 有紧凑支持。因此，它只受少数其他基函数干扰。这种选择基函数的方式是有限元法的重要特性。

均匀剖分时，即 $h=h_i$，$i=1,2,\cdots,M+1$，刚度矩阵 $\boldsymbol{A}$ 形式如下：

$$\boldsymbol{A}=\frac{1}{h}\begin{pmatrix}2&-1&0&\cdots&0&0\\-1&2&-1&\cdots&0&0\\0&-1&2&\cdots&0&0\\\vdots&\vdots&\vdots&&\vdots&\vdots\\0&0&0&\cdots&2&-1\\0&0&0&\cdots&-1&2\end{pmatrix}$$

用 h 除 A 中的各元素，可将式（4.54）视作中心差分格式的变体，其右侧由区间（x_{j-1}，x_{j+1}）上 $f\varphi_j$ 的均值组成（参见第 4.1.5 节）。

通常，有限元法误差估计的推导技术性很强。这里简要说明如何推导一维误差估计。式（4.52）减式（4.54），得

$$\left(\frac{\mathrm{d}p}{\mathrm{d}x}-\frac{\mathrm{d}p_h}{\mathrm{d}x},\frac{\mathrm{d}\upsilon}{\mathrm{d}x}\right)=0,\qquad \forall\upsilon\in V_h \tag{4.58}$$

引入符号：

$$\upsilon=(\upsilon,\upsilon)^{1/2}=\left(\int_0^1\upsilon^2\mathrm{d}x\right)^{1/2}$$

它是与点积（·，·）有关的范数。用柯西不等式（参见练习 4.23）：

$$|(\upsilon,w)|\leqslant\|\upsilon\|\|w\| \tag{4.59}$$

注意到对于任意 $\upsilon \in V_{\mathrm{h}}$，应用式（4.58），得

$$\left\|\frac{\mathrm{d}p}{\mathrm{d}x}-\frac{\mathrm{d}p_h}{\mathrm{d}x}\right\|^2=\left(\frac{\mathrm{d}p}{\mathrm{d}x}-\frac{\mathrm{d}p_h}{\mathrm{d}x},\frac{\mathrm{d}p}{\mathrm{d}x}-\frac{\mathrm{d}p_h}{\mathrm{d}x}\right)$$
$$=\left[\frac{\mathrm{d}p}{\mathrm{d}x}-\frac{\mathrm{d}p_h}{\mathrm{d}x},\left(\frac{\mathrm{d}p}{\mathrm{d}x}-\frac{\mathrm{d}\upsilon}{\mathrm{d}x}\right)+\left(\frac{\mathrm{d}\upsilon}{\mathrm{d}x}-\frac{\mathrm{d}p_h}{\mathrm{d}x}\right)\right]$$
$$=\left(\frac{\mathrm{d}p}{\mathrm{d}x}-\frac{\mathrm{d}p_h}{\mathrm{d}x},\frac{\mathrm{d}p}{\mathrm{d}x}-\frac{\mathrm{d}\upsilon}{\mathrm{d}x}\right)$$

因此，由式（4.59）得到

$$\left\|\frac{\mathrm{d}p}{\mathrm{d}x}-\frac{\mathrm{d}p_h}{\mathrm{d}x}\right\|\leqslant\left\|\frac{\mathrm{d}p}{\mathrm{d}x}-\frac{\mathrm{d}\upsilon}{\mathrm{d}x}\right\| \quad \forall \upsilon\in V_h \tag{4.60}$$

式（4.60）说明 P_{h} 是 $p\in V_{\mathrm{h}}$ 的最佳可能近似。

为了获得误差范围，将式（4.60）中的 υ 作为 p 的插值 $\tilde{p}_h\in V_{\mathrm{h}}$，$\tilde{p}_h$ 定义为

$$\tilde{p}_h(x_i)=p(x_i),\ i=0,1,\cdots,M+1 \tag{4.61}$$

容易看出（练习 4.24），对于 $x\in[0,1]$：

$$\begin{aligned}&\left|(p-\tilde{p}_h)(x)\right|\leqslant\frac{h^2}{8}\max_{y\in[0,1]}\left|\frac{\mathrm{d}^2p(y)}{\mathrm{d}x^2}\right|\\&\left|\left(\frac{\mathrm{d}p}{\mathrm{d}x}-\frac{\mathrm{d}\tilde{p}_h}{\mathrm{d}x}\right)(x)\right|\leqslant h\max_{y\in[0,1]}\left|\frac{\mathrm{d}^2p(y)}{\mathrm{d}x^2}\right|\end{aligned} \tag{4.62}$$

由式（4.60）的 $\upsilon=\tilde{p}_{\mathrm{h}}$ 和式（4.62）中的第二个方程，得到

$$\left|\frac{\mathrm{d}p}{\mathrm{d}x}-\frac{\mathrm{d}p_h}{\mathrm{d}x}\right|\leqslant h\max_{y\in[0,1]}\left|\frac{\mathrm{d}^2p(y)}{\mathrm{d}x^2}\right| \tag{4.63}$$

由 $p(0)-p_h(0)=0$，得

$$p(x)-p_h(x)=\int_0^x\left(\frac{\mathrm{d}p}{\mathrm{d}x}-\frac{\mathrm{d}p_h}{\mathrm{d}x}\right)(y)\mathrm{d}y,\ x\in[0,1]$$

联立式（4.63）得到

$$|p(x)-p_h(x)|\leqslant h\max_{y\in[0,1]}\left|\frac{\mathrm{d}^2p(y)}{\mathrm{d}x^2}\right|,\ x\in[0,1] \tag{4.64}$$

注意到对于插值误差，式（4.64）中的 h 没有式（4.62）中的第一个估计值锐利。通过更精细的分析，可以证明式（4.62）中的第一个误差估计对 p_h 和 $\tilde{p}_h$ 成立。实际上，也可以证明 $p_h=\tilde{p}_h$（参见练习 4.25），不过该等式仅适用于一维情形。

总之，已经得到式（4.63）和式（4.64）中的定量估值，结果表明，当 $h\to0$ 时，因此式（4.54）的近似解趋近于式（4.50）的精确解。这意味着有限元法式（4.54）具有收敛性（参见第 4.1.7 节）。

现在，考虑式（4.51）和式（4.52）之间的等价性。令 p 是式（4.51）的解。那么，对于任意 $\upsilon\in V$ 和任意 $\epsilon\in\mathbf{R}$，都有

$$F(p)\leqslant F(p+\epsilon\upsilon)$$

由定义

$$G(\epsilon)=F(p+\epsilon\upsilon)=\frac{1}{2}\left(\frac{\mathrm{d}p}{\mathrm{d}x},\frac{\mathrm{d}p}{\mathrm{d}x}\right)+\epsilon\left(\frac{\mathrm{d}p}{\mathrm{d}x},\frac{\mathrm{d}\upsilon}{\mathrm{d}x}\right)+\frac{\epsilon^2}{2}\left(\frac{\mathrm{d}\upsilon}{\mathrm{d}x},\frac{\mathrm{d}\upsilon}{\mathrm{d}x}\right)-\epsilon(f,\upsilon)-(f,p)$$

可知 G 在 $\epsilon=0$ 处有最小值，因此 $\frac{\mathrm{d}G}{\mathrm{d}\epsilon}(0)=0$。由于：

$$\frac{\mathrm{d}G}{\mathrm{d}\epsilon}(0)=\left(\frac{\mathrm{d}p}{\mathrm{d}x},\frac{\mathrm{d}\upsilon}{\mathrm{d}x}\right)-(f,\upsilon)$$

因此 p 是式（4.52）的解。反过来，假设 p 是式（4.52）的解，对于任意 $\upsilon\in V$，设 $w=\upsilon-p\in V$，有：

$$\begin{aligned}F(\upsilon)=F(p+w)&=\frac{1}{2}\left[\frac{\mathrm{d}(p+w)}{\mathrm{d}x},\frac{\mathrm{d}(p+w)}{\mathrm{d}x}\right]-(f,p+w)\\&=\frac{1}{2}\left(\frac{\mathrm{d}p}{\mathrm{d}x},\frac{\mathrm{d}p}{\mathrm{d}x}\right)-(f,p)+\left(\frac{\mathrm{d}p}{\mathrm{d}x},\frac{\mathrm{d}w}{\mathrm{d}x}\right)-(f,w)+\frac{1}{2}\left(\frac{\mathrm{d}w}{\mathrm{d}x},\frac{\mathrm{d}w}{\mathrm{d}x}\right)\\&=\frac{1}{2}\left(\frac{\mathrm{d}p}{\mathrm{d}x},\frac{\mathrm{d}p}{\mathrm{d}x}\right)-(f,p)+\frac{1}{2}\left(\frac{\mathrm{d}w}{\mathrm{d}x},\frac{\mathrm{d}w}{\mathrm{d}x}\right)\geqslant F(p)\end{aligned}$$

上式意味着 p 是问题（4.51）的解。由于式（4.50）和式（4.52）具有等价性，因此式（4.51）也等价于式（4.50）。

（2）二维模型问题。

考虑二维稳态问题：

$$\begin{cases}-\Delta p=f, & 在\,\Omega\,中\\ p=0, & 在\,\Gamma\,上\end{cases}\tag{4.65}$$

式中：Ω 是二维平面中的有界区域，边界为 Γ。$f\in\Omega$ 是已知的具有实数值的分段连续有界函数，拉普拉斯算子定义如下：

$$\Delta p=\frac{\partial^2 p}{\partial x_1^2}+\frac{\partial^2 p}{\partial x_2^2}$$

引入线性空间：

$$V=\left\{\upsilon:\upsilon\,是\,\Omega\,上的连续函数，\frac{\partial\upsilon}{\partial x_1}\,和\,\frac{\partial\upsilon}{\partial x_2}\,是\,\Omega\,上的分段连续有界函数，在\,\Gamma\,上\,\upsilon=0\right\}$$

回顾 Green 公式。对于向量值函数 $\boldsymbol{b}=(b_1,b_2)$，由散度定理知：

$$\int_\Omega\nabla\cdot\boldsymbol{b}\mathrm{d}\mathbf{x}=\int_\Gamma\boldsymbol{b}\cdot\nu\mathrm{d}l\tag{4.66}$$

式中散度算子

$$\nabla \cdot \boldsymbol{b}=\frac{\partial b_1}{\partial x_1}+\frac{\partial b_2}{\partial x_2}$$

$\boldsymbol{v}$ 是 Γ 的单位外法向量，点积 $\boldsymbol{b} \cdot \boldsymbol{v}$ 为：

$$\boldsymbol{b} \cdot \boldsymbol{v}=b_1 v_1+b_2 b v_2$$

由于 $\upsilon, w \in V$，在式（4.66）中分别取 $\boldsymbol{b}=\left(\frac{\partial \upsilon}{\partial x_1} w, 0\right)$ 和 $\boldsymbol{b}=\left(0, \frac{\partial \upsilon}{\partial x_2} w\right)$，有

$$\int_\Omega \frac{\partial^2 \upsilon}{\partial x_i^2} w \mathrm{d}\boldsymbol{x}+\int_\Omega \frac{\partial \upsilon}{\partial x_i} \frac{\partial w}{\partial x_i} \mathrm{d}\boldsymbol{x}=\int_\Gamma \frac{\partial \upsilon}{\partial x_i} w v_i \mathrm{d}\ell, \quad i=1,2 \tag{4.67}$$

由梯度算子定义

$$\nabla \upsilon=\left(\frac{\partial \upsilon}{\partial x_1}+\frac{\partial \upsilon}{\partial x_2}\right)$$

求式（4.67）在 $i=1,2$ 上的和，得

$$\int_\Omega \Delta \upsilon w \mathrm{d}\boldsymbol{x}=\int_\Gamma \frac{\partial \upsilon}{\partial \boldsymbol{v}} w \mathrm{d}\ell-\int_\Omega \nabla \upsilon \cdot \nabla w \mathrm{d}\boldsymbol{x} \tag{4.68}$$

式中，法向导数为

$$\frac{\partial \upsilon}{\partial \boldsymbol{v}}=\frac{\partial \upsilon}{\partial x_1} v_1+\frac{\partial \upsilon}{\partial x_2} v_1$$

式（4.68）是格林公式，三维情况也成立（参见练习 4.26）。

引入符号：

$$a(p, \upsilon) \int_\Omega \nabla p \cdot \nabla \upsilon \mathrm{d}\boldsymbol{x},(f, \upsilon)=\int_\Omega f \upsilon \mathrm{d}\boldsymbol{x}$$

$a(\cdot, \cdot)$ 是 $V \times V$ 上的双线性形式，即

$$a(u, \alpha \upsilon+\beta w)=\alpha a(u, \upsilon)+\beta a(u, w)$$

$$a(\alpha u, \beta \upsilon, w)=\alpha a(u, w)+\beta a(\upsilon, w)$$

其中，$\alpha, \beta \in \mathbf{R}$, $u, \upsilon, w \in V$。另外，函数 F: $V \rightarrow \mathbf{R}$ 定义为

$$F(\upsilon)=\frac{1}{2} a(\upsilon, \upsilon)-(f, \upsilon), \quad \upsilon \in V$$

和一维问题一样，二维问题（4.65）也可以转换为最小化问题：

求 $p \in V$，使 $F(p) \leqslant F(\upsilon)\ \forall \upsilon \in V$

该问题也等价于变分问题式（4.69），证明方式类似于式（4.51）与式（4.52）等价性的证明。

用 $\upsilon \in V$ 乘以式（4.65）的第一个方程并在 Ω 上积分，得到

$$-\int_\Omega \Delta p \upsilon \mathrm{d}\boldsymbol{x}=\int_\Omega f \upsilon \mathrm{d}\boldsymbol{x}$$

由（4.68），并使用均匀边界条件，得到

$$\int_{\Omega} \nabla p \cdot \nabla \upsilon \mathrm{d}\boldsymbol{x} = \int_{\Omega} f \upsilon \mathrm{d}\boldsymbol{x} \qquad \forall \upsilon \in V$$

由此得到变分形式：

$$求 p \in V，使 a(p,\upsilon) = (f,\upsilon) \quad \forall \upsilon \in V \tag{4.69}$$

现在构建式（4.65）的有限元法。简单起见，假设Ω是多边形区域。第4.2.2节讨论弯曲域。

设剖分K_h将Ω分割成不重叠（开）的三角形K_i（称作三角剖分）（参见图4.12）：

$$\bar{\Omega} = \bar{K}_1 \cup \bar{K}_2 \cup \cdots \cup \bar{K}_{\bar{M}}$$

每个三角形的顶点都不位于另一个三角形的区域内。式中，$\bar{\Omega}$表示Ω的闭（即$\bar{\Omega} = \Omega \cup \Gamma$），类似含义也适用于每个$K_i$。

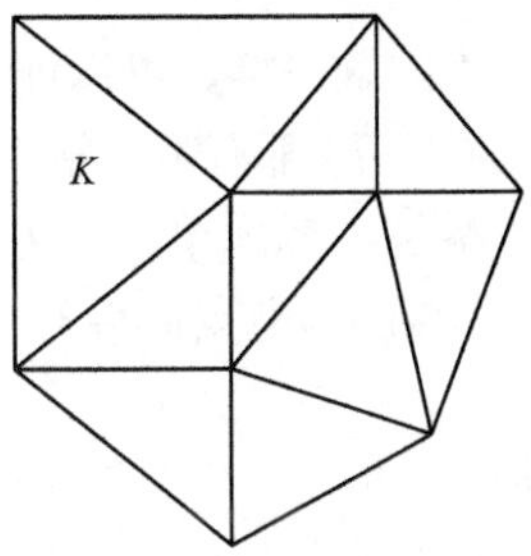

图4.12　二维有限元剖分

对（开）三角形$K \in K_h$，定义网格参数：

直径$(K) = \bar{K}$的最长边，$h = \max_{K \in K_h} \{直径(K)\}$引入有限元空间。

$V_h = \{\upsilon: \upsilon$是$\Omega$上的连续函数，$\upsilon$在每个三角形$K \in K_h$上为线性，在$\Gamma$上$\upsilon = 0\}$。

注意。$V_h \subset \bar{V}$。式（4.65）的有限元法表述如下：

$$求 p_h \in V_h，使 a(p_h, \upsilon) = (f, \upsilon) \quad \forall \upsilon \in V_h \tag{4.70}$$

和式（4.54）一样可以证明式（4.70）解的存在性和唯一性。此外，可以用证明式（4.51）与式（4.52）等价的同样方法证明式（4.70）等价于离散最小化问题：

$$求 p_h \in V_h，使 F(p_h) \leqslant F(\upsilon) \quad \forall \upsilon \in V_h$$

用$x_1, x_2, \cdots, x_{\bar{M}}$表示$K_h$中三角形的顶点（节点）。$V_h$中的基函数$\varphi_i$，$i = 1, 2, \cdots, \bar{M}$，定义如下：

$$\varphi_i(\boldsymbol{x}_j) = \begin{cases} 1, & 如果 i = j \\ 0, & 如果 i \neq j \end{cases}$$

支撑φ_i是$\varphi_i(\boldsymbol{x}) \neq 0$的$\boldsymbol{x}$的集合，由具有共同节点$\boldsymbol{x}_i$的三角形组成（图4.13）。函数$\varphi_i$也称为帽子函数。

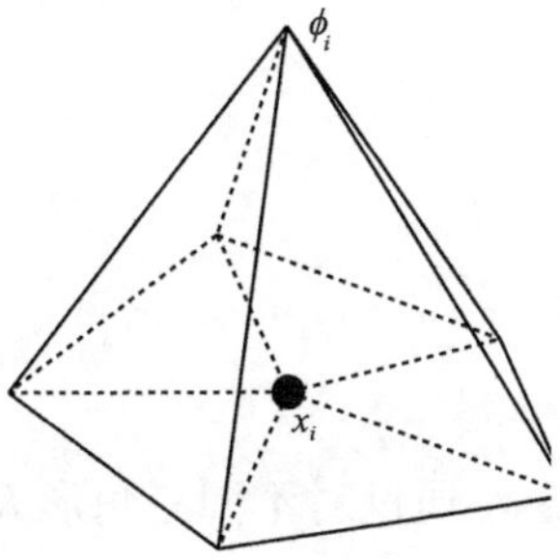

图4.13　二维基函数

设M是K_h中的内顶点数；方便起见，令前M个顶点为内顶点。与前一小节一样，任意函数$\upsilon \in V_h$都有唯一表达：

$$\upsilon(\boldsymbol{x}) = \sum_{i=1}^{M} \upsilon_i \varphi_i(\boldsymbol{x}), \ \boldsymbol{x} \in \Omega$$

其中，$\upsilon_i = \upsilon(\boldsymbol{x}_i)$。由于Dirichlet边界条件，可以排除$\Omega$边界上的顶点。

和式（4.54）一样，也可将式（4.70）写为矩阵形式（参

见练习 4.27）：

$$\boldsymbol{A}\boldsymbol{p}=\boldsymbol{f} \tag{4.71}$$

其中矩阵 $\boldsymbol{A}$，向量 $\boldsymbol{p}$ 和 $\boldsymbol{f}$ 为

$$\boldsymbol{A}=\left(a_{ij}\right),\boldsymbol{p}=\left(p_j\right),\boldsymbol{f}=\left(f_j\right)$$

其中：

$$a_{ij}=a\left(\varphi_i,\varphi_j\right),f_j=\left(f,\varphi_i\right),i,j=1,2,\cdots,M$$

和一维问题一样，可以证明刚度矩阵 $\boldsymbol{A}$ 是对称正定矩阵，而且是非奇异的。因此，式（4.71）和式（4.70）都有唯一解。

举例，考虑单位正方形 $\Omega=(0,1)\times(0,1)$、K_h 是 Ω 的均匀三角剖分的情况，如图 4.14 所示（该图为节点枚举）。此时，矩阵 $\boldsymbol{A}$ 具有如下形式（参见练习 4.28）：

$$\boldsymbol{A}=\begin{pmatrix} 4 & -1 & 0 & 0 & \cdots & 0 & -1 & 0 & \cdots & 0 & 0 \\ -1 & 4 & -1 & 0 & \cdots & 0 & 0 & -1 & \cdots & 0 & 0 \\ 0 & -1 & 4 & -1 & \cdots & 0 & 0 & 0 & \cdots & -1 & 0 \\ 0 & 0 & -1 & 4 & \cdots & 0 & 0 & 0 & \cdots & 0 & -1 \\ \vdots & \vdots & \vdots & \vdots & & \vdots & \vdots & \vdots & & \vdots & \vdots \\ 0 & 0 & 0 & 0 & \cdots & 4 & -1 & 0 & \cdots & 0 & 0 \\ -1 & 0 & 0 & 0 & \cdots & -1 & 4 & -1 & \cdots & 0 & 0 \\ 0 & -1 & 0 & 0 & \cdots & 0 & -1 & 4 & \cdots & 0 & 0 \\ \vdots & \vdots & \vdots & \vdots & & \vdots & \vdots & \vdots & & \vdots & \vdots \\ 0 & 0 & -1 & 0 & \cdots & 0 & 0 & 0 & \cdots & 4 & -1 \\ 0 & 0 & 0 & -1 & \cdots & 0 & 0 & 0 & \cdots & -1 & 4 \end{pmatrix}$$

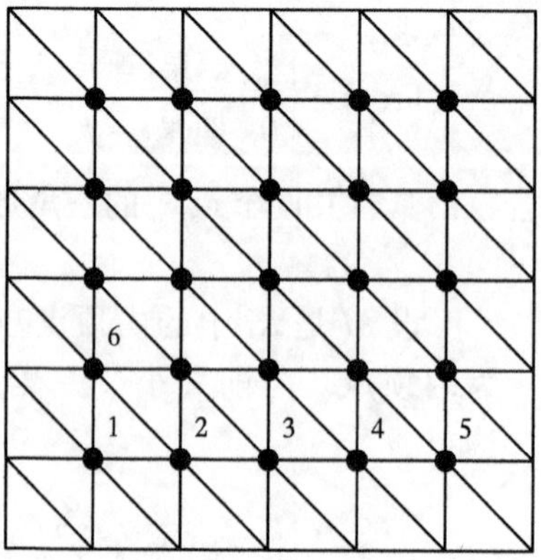

图 4.14 三角剖分例子

在实际计算中（参见下面的编程考虑因素），矩阵 $\boldsymbol{A}$ 的元素 a_{ij} 通过对不同三角形 $K\in K_h$ 的贡献求和得到

$$a_{ij}=a\left(\varphi_i,\varphi_j\right)=\sum_{K\in K_h}a^K\left(\varphi_i,\varphi_j\right)$$

其中

$$a_{ij}^K\equiv a^K\left(\varphi_i,\varphi_j\right)=\int_K\nabla\varphi_i\cdot\nabla\varphi_j\mathrm{d}\boldsymbol{x} \tag{4.72}$$

由基函数定义知，除非节点 $\boldsymbol{x}_i$ 和 $\boldsymbol{x}_j$ 都是 K 的顶点，都有 $a^K(\varphi_i,\varphi_j)=0$。因此 $\boldsymbol{A}$ 是稀疏矩阵。

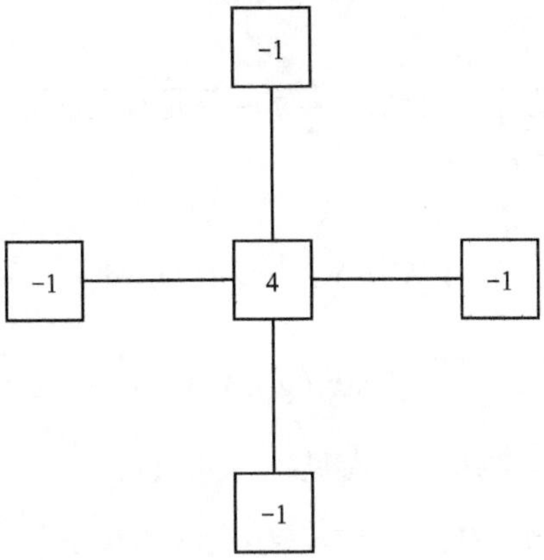

图 4.15　五点模板格式

如前所述，误差估计的推导非常细致。通过与式（4.60）相同的论证，得到

$$\|\nabla p-\nabla p_h\|\leqslant\|\nabla p-\nabla \upsilon\| \quad \forall \upsilon\in V_h$$

其中，p 和 p_h 分别是方程（4.69）和方程（4.70）的解，$\|\cdot\|$ 是范数：

$$\nabla p=\left\{\int_\Omega\left[\left(\frac{\partial p}{\partial x_1}\right)^2+\left(\frac{\partial p}{\partial x_2}\right)^2\right]\right\}^{1/2}$$

这表明，根据双线性形式 $a(\cdot,\cdot)$ 推导出的范数，p_h 是 $p\in V_h$ 的最佳可能近似。应用近似定理（Chen，2005），得

$$\|p-p_h\|+h\|\nabla p-\nabla p_h\|\leqslant Ch^2 \tag{4.73}$$

其中，常数 C 与 p 的二阶偏导数和三角形 $K\in K_h$ 的最小角有关，但与 h 无关（Ciarlet，1978；Chen，2005）。误差估计式（4.73）表明，如果解足够光滑，那么当 $h\to0$ 时，范数 $\|\cdot\|$ 中 $p_h\to p$。

（3）一般边界条件的扩展。

现将有限元法扩展到具有第三类边界条件的稳态问题：

$$\begin{cases}-\Delta p=f, & \text{在}\Omega\text{中}\\ bp+\dfrac{\partial p}{\partial v}=g, & \text{在}\Gamma\text{上}\end{cases} \tag{4.74}$$

其中，b 和 g 是已知函数，$\partial p/\partial \nu$ 是外法线导数。当 $b=0$ 时，边界条件是第二类或 Neumann 条件。当 b 为无穷大时，边界条件简化为第一类或 Dirichlet 边界条件，前面讨论过这种条件。第 4.6 节将讨论第四类边界条件（即周期性边界条件）。本小节讨论 b 有界的情况。

注意到如果在 Γ 上 $b=0$，那么由式（4.74）与 Green 公式（4.68）得到（参见练习 4.30）：

$$\int_{\Omega} f\mathrm{d}x + \int_{\Gamma} g\mathrm{d}\ell = 0 \tag{4.75}$$

要使式（4.74）有解，必须满足相容性条件式（4.75）。此时 p 仅在积分常数范围内唯一。

引入线性空间：

$$V = \left\{ \upsilon : \upsilon\text{是}\Omega\text{上的连续函数,}\ \frac{\partial \upsilon}{\partial x_1}\text{和}\frac{\partial \upsilon}{\partial x_2}\text{是}\Omega\text{上的分段连续有界函数} \right\}$$

以及符号

$$a(\upsilon, w) = \int_{\Omega} \nabla \upsilon \cdot \nabla w \mathrm{d}\boldsymbol{x} + \int_{\Gamma} b\upsilon w \mathrm{d}\ell,\quad \upsilon, w \in V$$

$$(f, \upsilon) = \int_{\Omega} f\upsilon \mathrm{d}\boldsymbol{x}, (\mathrm{g}, \upsilon)_{\Gamma} \int_{\Gamma} \mathrm{g}\upsilon d\ell,\quad \upsilon \in V$$

与上一节类似，将式（4.74）可改写为（参见练习 4.31）：

$$\text{求 } p \in V,\ \text{使 } a(p, \upsilon) = (f, \upsilon) + (g, \upsilon)_{\Gamma} \qquad \forall \upsilon \in V \tag{4.76}$$

请注意，方程（4.74）中的边界条件并不在 V 的定义中，而是隐含在式（4.76）中。不需要额外加的边界条件称为自然条件。纯 Neumann 边界条件是自然条件。前面的 Dirichlet 边界条件是明确在 V 中的，称为必要条件。

最大常数范围内在考虑式（4.74）解的唯一性。若 $b\equiv 0$，需要修改 V 的定义，即

$$V = \left\{ \upsilon : \upsilon\text{是}\Omega\text{上的连续函数,}\ \frac{\partial \upsilon}{\partial x_1}\text{和}\frac{\partial \upsilon}{\partial x_2}\text{是}\Omega\text{上的分段连续有界函数, 且}\int_{\Omega} \upsilon \mathrm{d}x = 0 \right\}$$

为了构建式（4.74）的有限元法，设 K_h 是 Ω 的三角剖分。有限元空间 V_h 为

$$V_h = \left\{ \upsilon : \upsilon\text{是}\Omega\text{上的连续函数, 并在每个三角形}K \in K_h\text{上为线性} \right\}$$

V_h 中的函数不需要满足任何边界条件。现在，有限元解满足：

$$\text{求 } p_h \in V_h,\ \text{使 } a(p_h, \upsilon) = (f, \upsilon) + (g, \upsilon)_{\Gamma} \qquad \forall \upsilon \in V_h \tag{4.77}$$

同样，对于纯 Neumann 边界条件，必须将 V_h 修改为

$$V_h = \left\{ \upsilon : \upsilon\text{是}\Omega\text{上的连续函数, 并在每个三角形}K \in K_h\text{上为线性, 且}\int_{\Omega} \upsilon \mathrm{d}x = 0 \right\}$$

正如前两个小节那样式（4.77）可以用矩阵形式表示，并且在包含二阶偏导数的解 p 的合理光滑性假设条件下，误差估计也可以类似地表示。

式（4.65）和式（4.74）中已考虑泊松方程。后面讨论更加一般的偏微分方程。

（4）编程注意事项。

实现有限元法的典型计算机程序具有以下基本特征：

①Ω 域、右侧的函数 f、边界数据 b 和 g［参见问题（4.74）］以及可能出现在微分问题

中的系数等数据的输入。

②三角剖分 K_h 的构建。

③刚度矩阵 $\boldsymbol{A}$ 以及右侧向量 $\boldsymbol{f}$ 的计算和构建。

④线性代数方程组 $\boldsymbol{Ap}=\boldsymbol{f}$ 求解。

⑤计算结果的输出。

在小型子程序中很容易实现数据输入，结果输出与所用的计算机系统和软件有关。此处简单讨论其他三个方面，以二维问题为例说明。

①三角剖分 $\boldsymbol{K}_h$ 构建。

可以通过连续加密 Ω 的初始粗剖分构建三角剖分 K_h；例如，通过连接粗三角形边的中点得到细三角形。经过一系列均匀加密，得到准均匀网格，在这种网格中，K_h 中的三角形在整个 Ω 上的大小基本相同（图 4.16）。如果 Ω 的边界 Γ 是曲线，那么在 Γ 附近需要特别注意（参见第 4.2.2 节）。

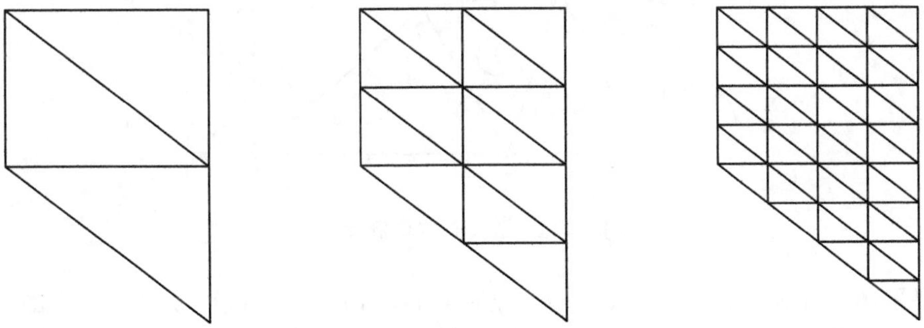

图 4.16　均匀加密

在实际应用中，在 Ω 的不同子域，需要使用的 K_h 中的三角形大小差异通常很大。例如，在精确解快速变化或某些导数较大的区域中，需使用较小的三角形（图 4.17，采用了局部加密策略）。在加密策略中，需要正确处理不同大小三角形区域之间的过渡带，才能产生规则的局部加密结果（即，一个三角形的顶点不位于另一个三角形的边内；参见第 4.7 节）。在需要时可以自动加密的方法称为自适应方法，第 4.7 节中会详细研究这种方法。

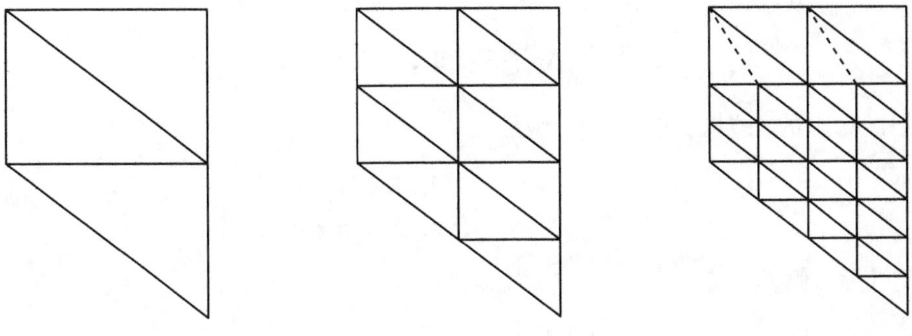

图 4.17　不均匀加密

设三角剖分 K_h 具有 M 个节点和 $\mathcal{M}$ 个三角形。用数组 $\boldsymbol{Z}(2,\ M)$ 和 $\mathcal{Z}(3,\ M)$ 表示三角剖分，其中 $\boldsymbol{Z}(i,\ j)(i=1,2)$ 表示第 j 个节点的坐标，$j=1,2,\cdots,M$，$\mathcal{Z}(i,\ k)(i=1,2,3)$ 枚举了第 k 个三角形的节点，$k=1,2,\cdots,\mathcal{M}$。图 4.18 举了一个例子，图中，圆圈内的数字为三角形的编号。本例中，数组 $\mathcal{Z}(3,\ \mathcal{M})$ 具有如下形式，其中 $M=\mathcal{M}=11$：

$$Z=\begin{pmatrix} 1 & 1 & 2 & 3 & 4 & 4 & 5 & 6 & 7 & 7 & 8 \\ 2 & 4 & 5 & 4 & 5 & 7 & 9 & 7 & 9 & 10 & 10 \\ 4 & 3 & 4 & 6 & 7 & 6 & 7 & 8 & 10 & 8 & 11 \end{pmatrix}$$

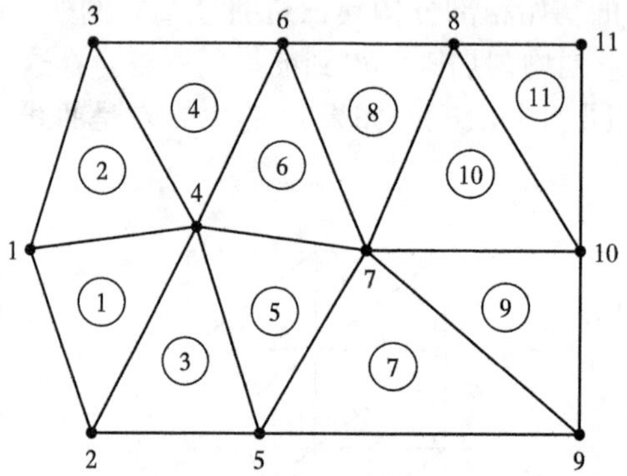

图 4.18　节点和三角形枚举

如果采用直接法（高斯消元法）求解线性方程组 $\boldsymbol{Ap}=\boldsymbol{f}$，就应该以 $\boldsymbol{A}$ 中每行的带宽尽可能小的方式枚举节点。该问题在下一章中与线性方程组的解法讨论结合起来进行研究。

通常，当三角剖分 $\boldsymbol{K}_h$ 中涉及局部加密时，很难有效地枚举节点和三角形；第 4.7 节会介绍一些策略。对于简单的域 Ω（例如凸多边形 Ω），在整个域中构建和表出均匀加密的三角剖分是相当容易的。

②刚度矩阵的构建。

构建三角剖分 $\boldsymbol{K}_h$ 之后，用式（4.72）计算单元刚度矩阵的元素 a_{ij}^K。除非节点 x_i 和 x_j 都是 $K\in K_h$ 的顶点，$a_{ij}^K=0$。

对于第 k 个三角形 K_k，$\mathcal{Z}(m,k)(m=1,2,3)$ 是 K_k 的顶点数，单元刚度矩阵 $\boldsymbol{A}^{(k)}=\left(a_{mn}^k\right)_{m,n=1}^3$ 由：

$$a_{mn}^k=\int_{K_k}\Delta\varphi_m\cdot\nabla\varphi_n\,\mathrm{d}x,\quad m,n=1,2,3$$

计算，式中 K_k 上的（线性）基函数 φ_m 满足：

$$\varphi_m\left[\boldsymbol{x}_{Z(n,K)}\right]=\begin{cases}1, \text{如果} m=n \\ 0, \text{如果} m\neq n\end{cases}$$

在 K_k 上，右侧 $\boldsymbol{f}$ 由式：

$$f_m^k=\int_{K_k}f\varphi_m\mathrm{d}x,\quad m=1,2,3$$

计算，注意，m 和 n 是 K_k 三个顶点的局部数，而式（4.72）中使用的 i 和 j 是 K_h 中顶点的全局数。

为了构建全局矩阵 $\boldsymbol{A}=(a_{ij})$ 和右侧向量 $\boldsymbol{f}=(f_j)$，循环遍历所有三角形 K_k，并连续加上不同 K_k 的贡献：

对 $k=1,2,\cdots,\mathcal{M}$，计算：

$$a_{\mathcal{Z}(m,k),\mathcal{Z}(n,k)}=a_{\mathcal{Z}(m,k),\mathcal{Z}(n,k)}+a_{mn}^k$$

$$f_{\mathcal{Z}(m,k)}=f_{\mathcal{Z}(m,k)}+f_m^k,\quad m,n=1,2,3$$

这种方法是单元定向的；即，循环遍历单元（三角形）。经验表明，这种方法比点定向方法（即循环遍历所有节点）更有效；后一种方法重复计算 $\boldsymbol{A}$ 和 $\boldsymbol{f}$，浪费了很多时间。

③线性方程组的解。

线性方程组 $\boldsymbol{Ap}=\boldsymbol{f}$ 的解可通过直接法（高斯消元法）或迭代法（如共轭梯度法）求得，有关内容将在下一章讨论。这里只提一下，在使用这两种算法时，没有必要利用数组 $\boldsymbol{A}(M,M)$ 储存刚度矩阵 $\boldsymbol{A}$。相反，由于 $\boldsymbol{A}$ 是稀疏矩阵，通常为带状矩阵，因此只需要储存 $\boldsymbol{A}$ 的非零元素，例如，将非零元素储存在一维数组中。

（5）有限元空间。

前面小节讨论了分段线性函数的有限元空间。此处介绍更一般的有限元空间。

①三角形。

首先考虑 $\Omega\subset\mathbf{R}^2$ 是平面中多边形区域的情况。如前文所述，设 $\boldsymbol{K}_h$ 是将 Ω 分成三角形 K 的三角剖分。引入符号：

$$P_r(K)=\{\upsilon:\upsilon\text{ 是 }K\text{ 上最高为 }r\text{ 次的多项式}\}$$

其中 $r=0,1,2,\cdots$。对于 $r=1$，$P_1(K)$ 为前面所说线性函数的空间，形式如下：

$$\upsilon(\boldsymbol{x})=\upsilon_{00}+\upsilon_{10}x_1+\upsilon_{01}x_2,\quad \boldsymbol{x}=(x_1,x_2)\in K,\quad \upsilon\in P_1(K)$$

式中 $\upsilon_{ij}\in\mathbf{R}$, $i,j=0,1$。注意到 $\dim[P_1(K)]=3$；也就是说，其维数是 3。

对于 $r=2$，$P_2(K)$ 是 K 上二次函数的空间：

$$\upsilon(\boldsymbol{x})=\upsilon_{00}+\upsilon_{10}x_1+\upsilon_{01}x_2+\upsilon_{20}x_1^2+\upsilon_{11}x_1x_2+\upsilon_{20}x_2^2,\quad \upsilon\in P_2(K)$$

式中 $\upsilon_{ij}\in\mathbf{R}$, $i,j=0,1,2$。可以看出，$\dim[P_2(K)]=6$。

一般地，有

$$P_r(K)=\left\{\upsilon:\upsilon(\boldsymbol{x})=\sum_{0\leqslant i+j\leqslant r}\upsilon_{ij}x_1^ix_2^j,\ \boldsymbol{x}\in K,\ \upsilon_{ij}\in\mathbf{R}\right\},\quad r\geqslant 0$$

因此

$$\dim[P_r(K)]=\frac{(r+1)(r+2)}{2}$$

例 4.1 定义：

$$V_h=\{\upsilon:\upsilon\text{ 在 }\Omega\text{ 上连续},\quad \upsilon|_K\in P_1(K),\quad K\in K_h\}$$

式中 $\upsilon|_K$ 表示将 υ 限制在 K 上。作为参数或全局自由度，为了描述 V_h 中的函数，使用 K_h 的顶点（节点）处的值。为了证明这样做的合理性，对于每个三角形 $K\in K_h$，令 $\boldsymbol{m}_1$、$\boldsymbol{m}_2$、$\boldsymbol{m}_3$ 表示其顶点（图 4.19）。

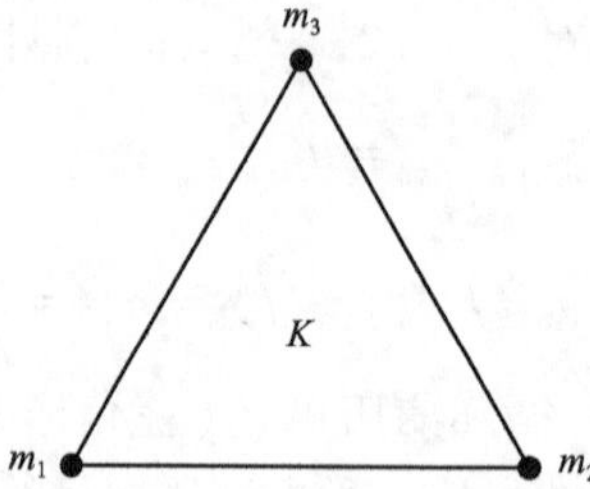

图 4.19　P_1（K）的单元自由度

另外，令 $P_1(K)$ 的（局部）基函数为 λ_i，$i=1,2,3$，其定义为

$$\lambda_i(\boldsymbol{m}_j)=\begin{cases}1, & \text{如果}i=j\\ 0, & \text{如果}i\neq j\end{cases}\qquad i,j=1,2,3$$

这些基函数可以由如下方法确定：通过顶点 $\boldsymbol{m}_2$ 和 $\boldsymbol{m}_3$ 的直线方程由下式给出：

$$c_0+c_1x_1+c_2x_2=0$$

然后，定义：

$$\lambda_1(\boldsymbol{x})=\gamma(c_0+c_1x_1+c_2x_2),\qquad \boldsymbol{x}=(x_1,\ x_2)$$

式中，选择常数 γ 使 $\lambda_1(\boldsymbol{m}_1)=1$。可以用同样的方法确定函数 λ_2 和 λ_3。有时将函数 λ_1、λ_2、λ_3 称为三角形的重心坐标。如果 K 是顶点为（1，0）、（0，1）和（0，0）的参考三角形，那么 λ_1、λ_2 和 λ_3 分别是 x_1、x_2 和 $1-x_1-x_2$。现在，任意函数 $\upsilon\in P_1(K)$ 都有唯一表示：

$$\upsilon(\boldsymbol{x})=\sum_{i=1}^{3}\upsilon(\boldsymbol{m}_i)\lambda_i(\boldsymbol{x}),\qquad \boldsymbol{x}\in K$$

因此，$\upsilon\in P_1(K)$ 由其在三个顶点处的值唯一确定。所以，在每个三角形 $K\in K_h$ 上，自由度（单元自由度）可以是（节点）值。这些自由度是全局自由度，曾用于构建前面介绍过的 V_h 中的基函数。

对于满足 $\upsilon|_K\in P_1(K), K\in K_h$ 的函数，如果在内顶点处连续，则 $\upsilon\in C^0(\bar{\Omega})$（Chen，2005），式中，$C^0(\bar{\Omega})$ 是 $\bar{\Omega}$ 上连续函数的集合。

例 4.2　令

$$V_h=\{\upsilon:\upsilon\text{ 在 }\Omega\text{ 上连续},\quad \upsilon|_K\in P_2(K),\quad K\in K_h\}$$

即，V_h 是连续分片二次函数空间。函数 $\upsilon\in V_h$ 的全局自由度由 K_h 中的顶点和边中点处的 υ 值确定。可以证明 υ 由这些自由度唯一确定（Chen，2005）。对于每个 $K\in K_h$，单元自由度如图 4.20 所示，图中，K 的边的中点由 $\boldsymbol{m}_{ij}$ 表示，$i<j$，且 $i,j=1,2,3$。

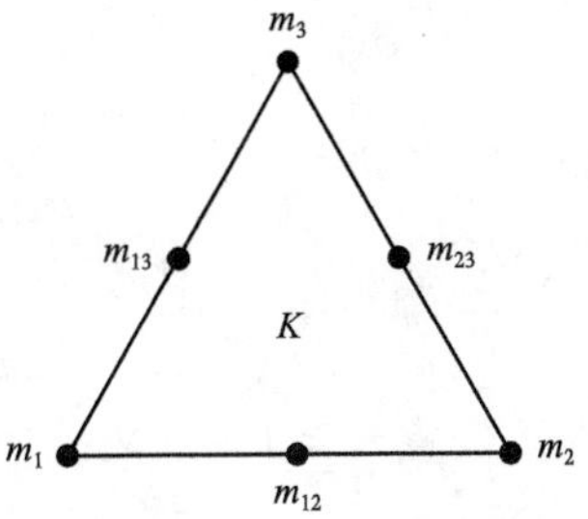

图 4.20 $P_2(K)$的单元自由度

可以得到（参见练习 4.32），函数 $\upsilon\in P_2(K)$有表达式。

$$\upsilon(\boldsymbol{x})=\sum_{i=1}^{3}\upsilon(\boldsymbol{m}_i)\lambda_i(\boldsymbol{x})[2\lambda_i(\boldsymbol{x})-1]+\sum_{i,j=1;i<j}^{3}4\upsilon(\boldsymbol{m}_{ij})\lambda_i(\boldsymbol{x})\lambda_j(\boldsymbol{x}),\quad \boldsymbol{x}\in K \tag{4.78}$$

此外，如例 4.1，可以证明，如果 υ 在内顶点和边上中点处连续，且 $\upsilon\in P_2(K)$，$K\in K_h$，那么 $\upsilon\in C^0(\bar{\Omega})$（Chen，2005）。

例 4.3 设

$$V_h=\{\upsilon:\upsilon\ 在\ \Omega\ 上连续，\upsilon|_K\in P_3(K)，K\in K_h\}$$

即 V_h 是连续分片三次函数空间。令 $K\in K_h$ 的顶点为 $\boldsymbol{m}_i$，$i=1,2,3$。对 $i,j=1,2,3,i\neq j$，定义：

$$\boldsymbol{m}_0=\frac{1}{3}(\boldsymbol{m}_1+\boldsymbol{m}_2+\boldsymbol{m}_3),\quad \boldsymbol{m}_{i,j}=\frac{1}{3}(2\boldsymbol{m}_i+\boldsymbol{m}_j)$$

式中：$\boldsymbol{m}_0$ 是 K 的重力中心（重心），如图 4.21 所示。可以证明，函数 $\upsilon\in P_3(K)$ 由下列值唯一确定（Chen，2005）：

$$\upsilon(\boldsymbol{m}_i),\ \upsilon(\boldsymbol{m}_0),\ \upsilon(\boldsymbol{m}_{i,j}),\ i,j=1,2,3,\ i\neq j$$

这些值可以用作自由度。

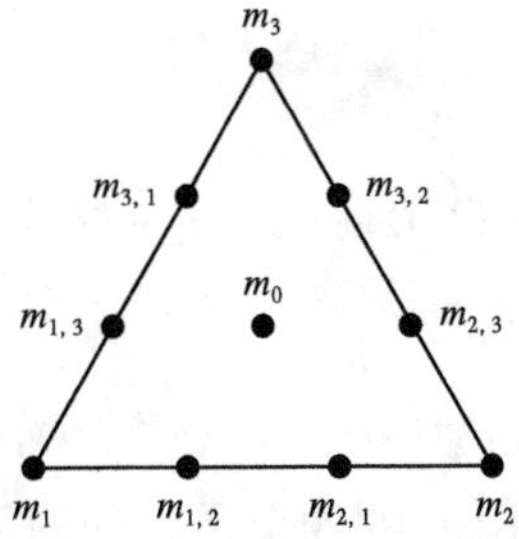

图 4.21 $P_3(K)$的单元自由度

例 4.4 可以用不同的方法选择 $P_3(K)$（也是 V_h）的自由度。函数 $\upsilon\in P_3(K)$ 也由下列值唯一确定（图 4.22）：

$$\upsilon(\boldsymbol{m}_i),\ \upsilon(\boldsymbol{m}_0),\frac{\partial\upsilon}{\partial x_j}(\boldsymbol{m}_i),\ i=1,2,3,\ j=1,2$$

对应的有限元空间 $V_h \in C^0(\bar{\Omega})$ 定义如下：

$$V_h=\left\{\upsilon:\upsilon\text{和}\frac{\partial\upsilon}{\partial x_i}(i=1,2)\text{在}K_h\text{的顶点上连续；}\ \upsilon|_K\in P_3(K),\ K\in K_h\right\}$$

考虑 $r \leqslant 3$ 的情况。通常，对于任意 $r \geqslant 1$，定义：

$$V_h=\{\upsilon:\upsilon\text{在}\Omega\text{上连续；}\ \upsilon|_K\in P_r(K),\ K\in K_h\}$$

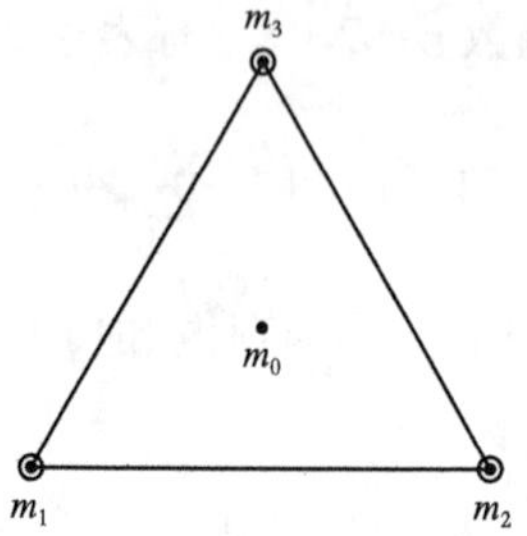

图 4.22　$P_3(K)$ 的第二种单元自由度

函数 $\upsilon \in P_r(K)$ 可以通过其在 K 中的三个顶点、边上的 $3(r-1)$ 个不同点以及 $(r-1)(r-2)/2$ 个内点处的值唯一确定。这些点的值可用作 V_h 中的自由度。

②矩形。

现在考虑 Ω 是矩形区域，剖分 K_h 将 Ω 分割成不重叠的矩形，且矩形的水平边和垂直边分别平行于 x_1 和 x_2 坐标轴。另外，还要求任何矩形的顶点都不在另一个矩形的边内。引入符号：

$$Q_r(K)=\left\{\upsilon:\upsilon(\boldsymbol{x})=\sum_{i,j=0}^{r}\upsilon_{ij}x_1^i x_2^j,\ \boldsymbol{x}\in K,\ \upsilon_{ij}\in\mathbf{R}\right\},\ r\geqslant 0$$

注意，$\dim(Q_r(K)) = (r+1)^2$。

对于 $r=1$，定义：

$$V_h=\{\upsilon:\upsilon\ \text{在}\ \Omega\ \text{上连续，}\upsilon|_K\in Q_1(K),\ K\in K_h\}$$

函数 $\upsilon \in Q_1(K)$ 是双线性函数，形式为

$$\upsilon(\boldsymbol{x})=\upsilon_{00}+\upsilon_{10}x_1+\upsilon_{01}x_2+\upsilon_{11}x_1x_2,\qquad \boldsymbol{x}=(x_1,\ x_2)\in K,\qquad \upsilon_{ij}\in\mathbf{R}$$

和三角形的情况一样，可以验证 υ 由 K 的四个顶点处的值唯一确定，且可以将其选为 V_h 的自由度（图 4.23）。

对于 $r=2$，定义：

$$V_h=\{\upsilon:\upsilon\ \text{在}\ \Omega\ \text{上连续，}\upsilon|_K\in Q_2(K),\ K\in K_h\}$$

式中 $Q_2(K)$ 是 K 上的四次函数的集合。可以通过顶点、边的中点和每个矩形的中心处的函

数值选择自由度（图 4.24）。$r\geqslant 3$ 的情况可以类推。

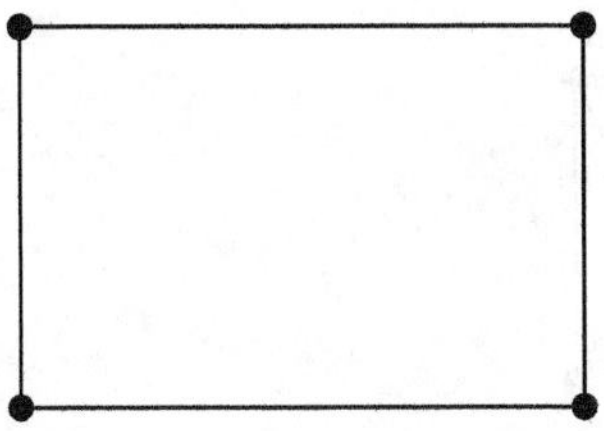

图 4.23　$Q_1(K)$ 的单元自由度

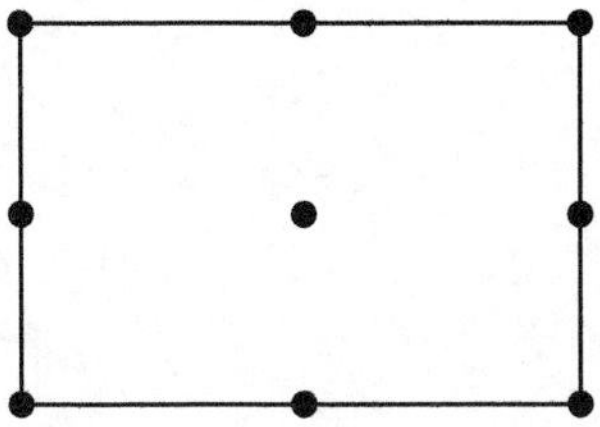

图 4.24　$Q_2(K)$ 的单元自由度

使用矩形要求 Ω 具有特殊的几何形状。因此，采用更一般的四边形是有意义的。第 4.2.2 节与等参有限元结合起来讨论一般四边形（参见练习 4.33）。

③三维情况。

例 4.5　在三维情况下，对于多边形区域 $\Omega\in\mathbf{R}^3$，令剖分 K_h 将 Ω 分割成不重叠的四面体，并且任意四面体的顶点都不位于另一个四面体的边内或面内。对于每个 $K\in K_h$ 和 $r\geqslant 0$，设

$$P_r(K)=\left\{\upsilon:\upsilon(\boldsymbol{x})=\sum_{0\leqslant i+j+k\leqslant r}\upsilon_{ijk}x_1^i x_2^j x_3^k,\ \boldsymbol{x}\in K,\ \upsilon_{ijk}\in\mathbf{R}\right\}$$

式中 $x=(x_1,x_2,x_3)$，且

$$\dim[P_r(K)]=\frac{(r+1)(r+2)(r+3)}{6}$$

对于 $r=1$，可以将 K 的四个顶点处的 $\upsilon\in P_1(K)$ 的函数值用作自由度（图 4.25）。$r\geqslant 2$ 的情况处理方法类似。

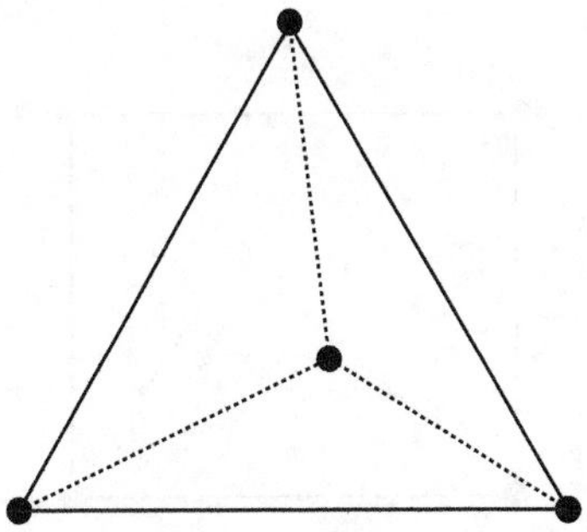

图 4.25　四面体上 $P_1(K)$ 的单元自由度

例 4.6　令 Ω 是 $\mathbf{R}^3$ 中的矩形区域，K_h 将 Ω 分割成不重叠平行六面体，且对应的面分别平行于 x_1、x_2、x_3 坐标轴剖分。对于每个 $K\in K_h$，V_h 使用的多项式类型如下：

$$Q_r(K)=\left\{\upsilon:\upsilon(\boldsymbol{x})=\sum_{i,j,k=0}^{r}\upsilon_{ijk}x_1^i x_2^j x_3^k,\ \boldsymbol{x}\in K,\ \upsilon_{ijk}\in R\right\},\ r\geqslant 0$$

注意 $\dim(Q_r(K))=(r+1)^3$。对于 $r=1$，可以将 K 的八个顶点处的 $v\in Q_1(K)$ 的函数值用作自由度（图 4.26）。

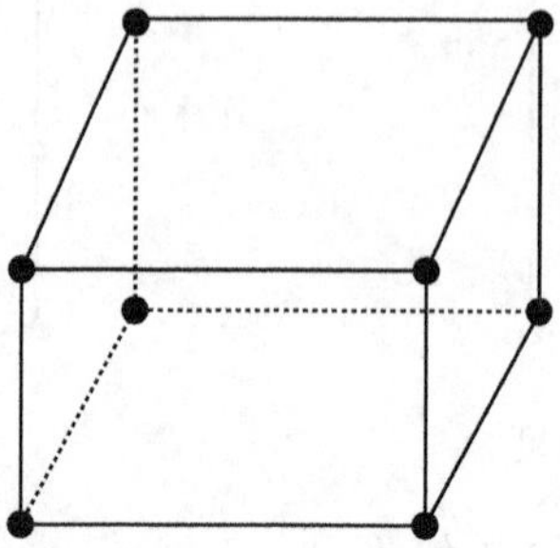

图 4.26 平行六面体上 $Q_1(K)$ 的单元自由度

例 4.7 令 $\Omega\subset\mathbf{R}^3$ 是形为 $\Omega=G\times[l_1,l_2]$ 的区域，其中，$G\subset\mathbf{R}^2$，l_1、l_2 是实数。令剖分 K_h 将 Ω 分成棱柱体，其基部是（x_1，x_2）面上的三角形，三个垂直边与 x_3 轴平行。将 $P_{l,r}$ 定义为变量 x_1 和 x_2 为 l 次、变量 x_3 为 r 次的多项式空间。也就是说，对于每个 $K\in K_h$ 和 l，$r\geqslant 0$，有

$$P_{l,r}(K)=\left\{v:v(\boldsymbol{x})=\sum_{0\leqslant i+j\leqslant 1}\sum_{k=0}^{r}v_{ijk}x_1^i x_2^j x_3^k,\ \boldsymbol{x}\in K,\ v_{ijk}\in\mathbf{R}\right\}$$

注意到 $\dim[P_{l,r}(K)]=(l+1)(l+2)(r+1)/2$。对于 $l=1$ 和 $r=1$，可以将 K 的六个顶点处的 $v\in P_{1,1}(K)$ 的函数值用作自由度（图 4.27）。

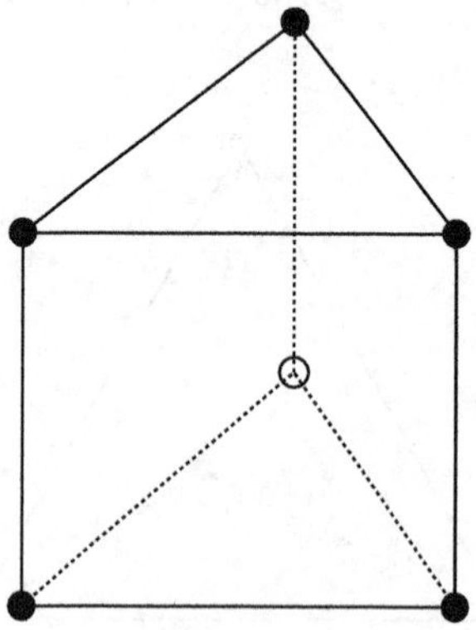

图 4.27 棱柱体上 $P_{1,1}(K)$ 的单元自由度

总之，有限元是三元组 $[K,P(K),\sum_K]$，其中，K 是几何对象（即单元），$P(K)$ 是 K 上函数的有限维线性空间，$\sum_K$ 是一组自由度，使得函数 $v\in P(K)$ 由 $\sum_K$ 唯一定义。例如，在例 4.1 中，K 是一个三角形，$P(K)=P_1(K)$，$\sum_K$ 是 K 顶点处值的集合。当 $\sum_K$ 包括函数的偏导数值时，有限元和例 4.4 中 Hermite 类型一样。当所有自由度都由函数值给出时，将有限元称为 Lagrange 单元。

（6）误差估计。

对平面有界区域Ω，定义Ω上的平方可积函数空间：

$$L^2(\Omega)=\left\{\upsilon:\upsilon在\Omega上定义，且\int_\Omega \upsilon^2\mathrm{d}x<\infty\right\}$$

该空间的点积：

$$(\upsilon,w)=\int_\Omega \upsilon w\mathrm{d}\boldsymbol{x}$$

对应范数为L^2（Ω）范数：

$$\|\upsilon\|\equiv\|\upsilon\|_{L^2(\Omega)}=(\upsilon,\upsilon)^{1/2}$$

引入其他空间，定义：

$$D^\alpha\upsilon=\frac{\partial^{|\alpha|}\upsilon}{\partial x_1^{\alpha_1}\partial x_2^{\alpha_2}}$$

式中，$\alpha=(\alpha_1,\alpha_2)$是指标，$\alpha_1$和$\alpha_2$为非负整数，$|\alpha|=\alpha_1+\alpha_2$。上述符号表示$\upsilon$的偏导数。例如，可以将二阶偏导数写作$D^\alpha\upsilon$，其中$\alpha=(2,0)$、$\alpha=(1,1)$或$\alpha=(0,2)$。对于$r=1,2,\cdots$，定义：

$$H^r(\Omega)=\left\{\upsilon\in L^2(\Omega):D^\alpha\upsilon\in L^2(\Omega)\forall|\alpha|\leqslant r\right\}$$

范数为：

$$\|\upsilon\|_{H^r(\Omega)}=\left(\sum_{|\alpha|\leqslant r}\int_\Omega\left|D^\alpha\upsilon\right|^2\mathrm{d}x\right)^{\frac{1}{2}}$$

半范数为：

$$\|\upsilon\|_{H^r(\Omega)}=\left(\sum_{|\alpha|=r}\int_\Omega\left|D^\alpha\upsilon\right|^2\mathrm{d}x\right)^{\frac{1}{2}}$$

即，H^r（Ω）中的函数以及r最大时函数的$|\alpha|$阶导数$D^\alpha\upsilon$都平方可积。这些是Sobolev空间（Adams），1975）的例子。可以用同样的方式定义误差三维。

对于$h>0$，令三角剖分K_h将Ω分割成若干三角形。对于$K\in K_h$，定义网格参数：

$$h_K=直径(K)=\bar{K}的最长边，h=\max_{K\in Kh}\{直径(K)\}。$$

还需要定义：

$$\rho_K=K中内切圆的直径$$

如果存在与h无关的常数β_1，那么三角剖分就是规则的，并有

$$\frac{h_K}{\rho_k}\leqslant\beta_1\quad\forall K\in K_h\tag{4.79}$$

这种情况表明，K_h中的三角形不是任意薄的，或者相当于三角形的角不是任意小的。常数

β_1 是对整个 $K\in K_h$ 中最小角的度量。

作为误差估计的一个例子，考虑问题［式（4.65）］及其离散形式［式（4.70）］，其中，有限元空间 V_h 是

$$V_h=\left\{\upsilon\in H^1(\Omega):\upsilon|_K\in P_r(K),\ K\in K_h,\ \upsilon|_\Gamma=0\right\}$$

其中 $r\geqslant 1$。那么典型的误差估计是（Ciarlet，1978；Chen，2005）：

$$\|p-p\|_{H^1(\Omega)}\leqslant Ch^r|p|_{H^{r+1}(\Omega)} \tag{4.80}$$

式中，常数 C 只与式（4.79）中的 r 和 β_1 有关。为了说明 $L^2(\Omega)$ 范数的估计，要求多边形区域 Ω 是凸的；若 Ω 具有光滑边界，则无须凸面。在凸多边形情况下，有

$$\|p-p\|_{L^2(\Omega)}\leqslant Ch^{r+1}|p|_{H^{r+1}(\Omega)} \tag{4.81}$$

这些估计对本节中考虑的其他有限元空间也有效，并且是最优的（即可以在精确解和近似解之间得到具有 h 的最大幂的估计）。可以在 Chen（2005）中找到估计式（4.80）和式（4.81）的证明。

4.2.2 一般区域

上述有限元空间的构建中，均假设二维区域 Ω 是多边形。本节考虑弯曲区域情况。简单起见，集中讨论二维空间。

对于二维区域 Ω，其曲线边界 Γ 的最简单的近似 Γ_h 是折线（图 4.28）。由该近似导致的误差（Γ 与 Γ_h 之间的最大距离）具有 $\mathcal{O}(h^2)$ 阶，h 为网格大小（参见练习 4.34）。为了获得更精确的近似，可以用次数 $r\geqslant 2$ 的分段多项式逼近 Γ。该近似的误差变为 $\mathcal{O}(h^{r+1})$ 阶。在这种近似域的分割中，距离 Γ 最近的单元至少有一个曲边。

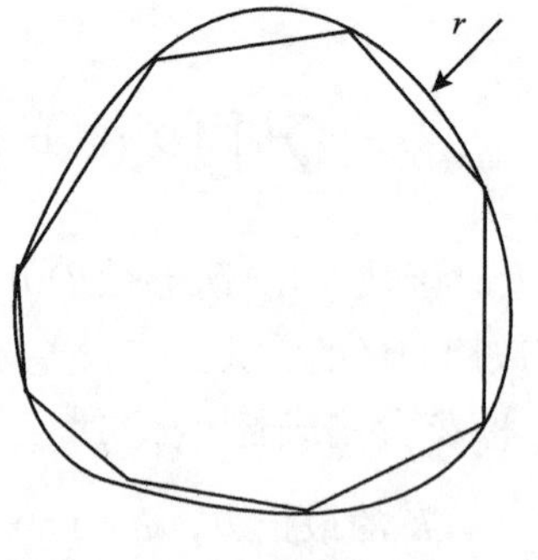

图 4.28 Γ 的折线近似

例如，令［$\hat{K}$，$P(\hat{K})$，$\Sigma_{\hat{K}}$］为有限元，其中，$\hat{K}$ 是 $\hat{\boldsymbol{x}}$ 平面中顶点为 $\hat{\boldsymbol{m}}_1=(0,0)$、$\hat{\boldsymbol{m}}_2=(1,0)$ 和 $\hat{\boldsymbol{m}}_3=(0,1)$ 的参考三角形。此外，假设该元素为拉格朗日类型；即所有自由度都由定点 $\hat{\boldsymbol{m}}_i$（$i=1,2,\cdots,l$）处的函数值定义（参见 4.2.1 节）。假设 $\boldsymbol{F}$ 是 $\hat{K}$ 到 K 上的一对一可逆映射，其中 K 为 $\boldsymbol{x}$ 平面上的曲边三角形；即，$K=\boldsymbol{F}(\hat{K})$（图 4.29）。定义：

$$P(K)=\left\{\upsilon:\upsilon(\boldsymbol{x})=\hat{\upsilon}\left[\boldsymbol{F}^{-1}(\boldsymbol{x})\right],\ \boldsymbol{x}\in K,\ \hat{\upsilon}\in P\left(\hat{K}\right)\right\}$$

$\sum_K$ 由 $m_i=F(\hat{\boldsymbol{m}}_i)$，$(i=1,2,\cdots,l)$ 处的函数值构成

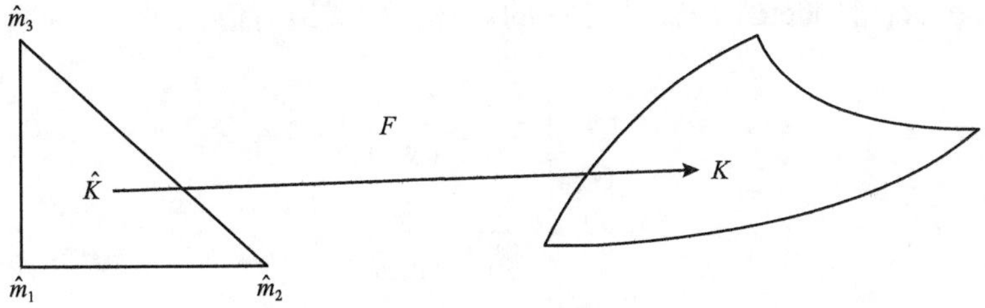

图 4.29 映射 $\boldsymbol{F}$

如果 $\boldsymbol{F}=(F_1,F_2)$ 与 $P(K)$ 中的函数类型相同，即 $F_1,F_2\in P(K)$，那么单元 $[K,P(K),\sum_K]$ 是等参单元。通常，$\boldsymbol{F}^1$ 不是多项式，因此曲线单元的函数 $\upsilon\in P(K)$ 也不是多项式。

令 $K_h=\{K\}$ 为将 Ω 分成“三角形”的三角剖分，其中某些三角形可能具有一个或多个曲边。再令 Ω_h 为这些三角形在 K_h 中的并集。注意，Ω_h 是具有分段光滑边界的 Ω 的近似值。现在，有限元空间 V_h 为

$$V_h=\left\{\upsilon\in H^1\left(\Omega_h\right):\upsilon|_K\in P(K),K\in K_h\right\}$$

例如利用该空间，类似于式(4.70)，可为泊松方程(4.65)定义有限元法。此外，与式(4.80)和式(4.81)类似的误差估计成立。

现在考虑刚度矩阵计算方法。令 $\{\hat{\varphi}_i\}_{i=1}^l$ 为 $P\left(\hat{K}\right)$ 的基，定义：

$$\varphi_i(\boldsymbol{x})=\hat{\varphi}_i\left[\boldsymbol{F}^{-1}(\boldsymbol{x})\right],\ \boldsymbol{x}\in K,\ i=1,2,\cdots,l$$

对于式(4.65)，需要计算(参见 4.2.1 节)：

$$a^K\left(\varphi_i,\varphi_j\right)=\int_K\nabla\varphi_i\cdot\nabla\varphi_j\mathrm{d}\boldsymbol{x},\quad i,j=1,2,\cdots,l \tag{4.82}$$

根据链式法则，有

$$\frac{\partial\varphi_i}{\partial x_K}=\frac{\partial}{\partial x_K}\left\{\hat{\varphi}_i\left[\boldsymbol{F}^{-1}(\boldsymbol{x})\right]\right\}=\frac{\partial\hat{\varphi}_i}{\partial\hat{x}_1}\frac{\partial\hat{x}_1}{\partial x_K}+\frac{\partial\hat{\varphi}_i}{\partial\hat{x}_2}\frac{\partial\hat{x}_2}{\partial x_K}$$

$k=1,2$。因此，得到

$$\nabla\varphi_i=\boldsymbol{G}^{-\mathrm{T}}\nabla\hat{\varphi}_i$$

式中，$\boldsymbol{G}^{-T}$ 是 $\boldsymbol{F}^1$ 的雅可比转置矩阵：

$$\boldsymbol{G}^{-\mathrm{T}}=\begin{pmatrix}\dfrac{\partial\hat{x}_1}{\partial x_1} & \dfrac{\partial\hat{x}_2}{\partial x_1}\\[2ex] \dfrac{\partial\hat{x}_1}{\partial x_2} & \dfrac{\partial\hat{x}_2}{\partial x_2}\end{pmatrix}$$

将映射 $\boldsymbol{F}$：$\hat{K} \to K$ 应用到式（4.82）中，得到

$$a^K\left(\varphi_i,\varphi_j\right)=\int_{\hat{K}}\left(\boldsymbol{G}^{-\mathrm{T}}\hat{\nabla}\hat{\varphi}_i\right)\left(\boldsymbol{G}^{-\mathrm{T}}\nabla\hat{\varphi}_j\right)\left|\det\boldsymbol{G}\right|\mathrm{d}\hat{\boldsymbol{x}} \tag{4.83}$$

式中 $i,j=1,2,\cdots,l$，且 $|\det\boldsymbol{G}|$ 是雅可比 G 的矩阵行列式绝对值：

$$\boldsymbol{G}=\begin{pmatrix}\dfrac{\partial x_1}{\partial\hat{x}_1} & \dfrac{\partial x_1}{\partial\hat{x}_2}\\ \dfrac{\partial x_2}{\partial\hat{x}_1} & \dfrac{\partial x_2}{\partial\hat{x}_2}\end{pmatrix}$$

因此：

$$\boldsymbol{G}^{-\mathrm{T}}=\left(\boldsymbol{G}^{-1}\right)^{\mathrm{T}}=\frac{1}{\det\boldsymbol{G}}\boldsymbol{G}'$$

式中

$$\boldsymbol{G}'=\begin{pmatrix}\dfrac{\partial x_2}{\partial\hat{x}_2} & -\dfrac{\partial x_2}{\partial\hat{x}_1}\\ -\dfrac{\partial x_1}{\partial\hat{x}_2} & \dfrac{\partial x_1}{\partial\hat{x}_1}\end{pmatrix}$$

因此，式（4.83）变为

$$a^K\left(\varphi_i,\varphi_j\right)=\int_{\hat{K}}\left(\boldsymbol{G}'\nabla\hat{\varphi}_i\right)\left(\boldsymbol{G}'\nabla\hat{\varphi}_j\right)\frac{1}{\left|\det\boldsymbol{G}\right|}\mathrm{d}\hat{\boldsymbol{x}} \tag{4.84}$$

$i,j=1,2,\cdots,l$。因此，K 上的矩阵元素 a_{ij} 可以通过式（4.83）或式（4.84）计算。通常，很难用解析方法求得这两个积分。但是，使用数值积分公式（或求积规则）可以相对容易地估计它们；更多内容详见下一节。

现在，构建一个映射 F：$\hat{K} \to K$ 的例子。令参考三角形 $\hat{K}$ 的顶点为 $\hat{m}_i$，$i=1,2,3$，边的中点为 $\hat{\boldsymbol{m}}_i$，$i=4,5,6$。且令 $P(\hat{K})=P_2(\hat{K})$，及 $\sum_{\hat{K}}$ 由 $\hat{\boldsymbol{m}}_i$，$i=1,2,\cdots,6$ 处的函数值组成。定义基函数 $\hat{\varphi}_i \in P_2\left(\hat{K}\right)$：

$$\hat{\varphi}_i\left(\hat{\boldsymbol{m}}_j\right)=\delta_{ij}\quad i,j=1,2,\cdots,6$$

此外，令 $\boldsymbol{x}$ 平面中的点 $\hat{\boldsymbol{m}}_i$，$i=1,2,\cdots,6$ 满足条件：$\boldsymbol{m}_4$ 和 $\boldsymbol{m}_6$ 分别是线段 $\boldsymbol{m}_1\boldsymbol{m}_2$ 和 $\boldsymbol{m}_1\boldsymbol{m}_3$ 的中点，$\boldsymbol{m}_5$ 稍微偏离线 段 $\boldsymbol{m}_2\boldsymbol{m}_3$（图 4.30）。定义 $\boldsymbol{F}$：

$$\boldsymbol{F}\left(\hat{\boldsymbol{x}}\right)=\sum_{i=1}^{6}\mathbf{m}_i\hat{\varphi}_i\left(\hat{\boldsymbol{x}}\right),\quad \hat{\boldsymbol{x}}\in\hat{K}$$

显然，$\boldsymbol{m}_i=\boldsymbol{F}\left(\hat{\boldsymbol{m}}_i\right),i=1,2,\cdots,6$。另外，可以证明对于足够小的 h_K（即 Γ 附近足够细的三角剖分）$\boldsymbol{F}$ 是一一对应的（Johnson，1994）。

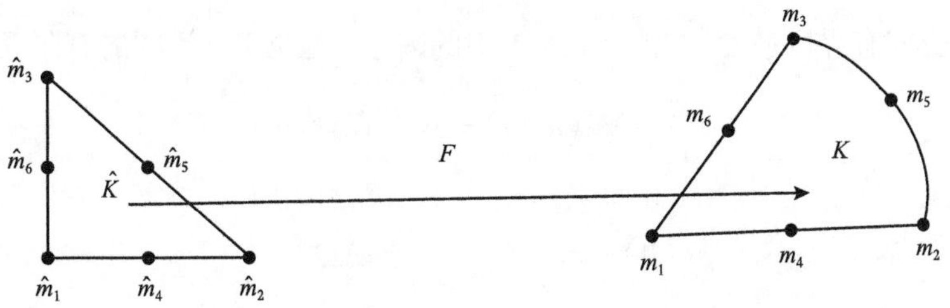

图 4.30　映射 $\boldsymbol{F}$ 举例

4.2.3　求积规则

如前所述，类似于式（4.83）和式（4.84）的某些积分只能近似估算。以下求积规则可以用来计算这些积分：

$$\int_K \mathrm{g}(\boldsymbol{x})\mathrm{d}\boldsymbol{x} \approx \sum_{i=1}^{m} w_i \mathrm{g}(\boldsymbol{x}_i) \tag{4.85}$$

式中 $w_i > 0$ 是一定的权重，点 $\boldsymbol{x}_i \in K$。如果求积规则［式（4.85）］对于 r 次多项式是精确的，则

$$\int_K \mathrm{g}(\boldsymbol{x})\mathrm{d}\boldsymbol{x} = \sum_{i=1}^{m} w_i \mathrm{g}(\boldsymbol{x}_i), \quad \mathrm{g} \in P_r(K) \tag{4.86}$$

式（4.85）的误差由下式约束（Ciarlet 和 Raviart，1972）：

$$\left| \int_K \mathrm{g}(\boldsymbol{x})\mathrm{d}\boldsymbol{x} - \sum_{i=1}^{m} w_i \mathrm{g}(\boldsymbol{x}_i) \right| \leqslant C h_K^{r+1} \sum_{|\alpha|=r+1} \int_K \left| D^{\alpha} \mathrm{g}(\boldsymbol{x}) \right| \mathrm{d}\boldsymbol{x}$$

式中，$r > 0$；$D^{\alpha} g$ 的定义见第 4.2.1 节。下面举几个例子，其中 r 表示能使式（4.86）成立的最高多项式次数。

例 4.8　令 K 是顶点为 $\boldsymbol{m}_i$，中点为 $\boldsymbol{m}_{ij}$, $i, j = 1, 2, 3$, $i < j$，重心为 $\boldsymbol{m}_0$ 的三角形。另外，用 $|K|$ 表示 K 的面积，则有

$$\int_K \mathrm{g}(\boldsymbol{x})\mathrm{d}\boldsymbol{x} \approx |K| \mathrm{g}(\boldsymbol{m}_0), \quad r=1$$

$$\int_K \mathrm{g}(\boldsymbol{x})\mathrm{d}\boldsymbol{x} \approx \frac{|K|}{3}[\mathrm{g}(\boldsymbol{m}_{12}) + \mathrm{g}(\boldsymbol{m}_{23}) + \mathrm{g}(\boldsymbol{m}_{13})], \quad r=2$$

$$\int_K \mathrm{g}(\boldsymbol{x})\mathrm{d}\boldsymbol{x} \approx |K| \left\{ \sum_{i=1}^{3} \frac{\mathrm{g}(\boldsymbol{m}_i)}{20} + \frac{9\mathrm{g}(\boldsymbol{m}_0)}{20} + \frac{2}{15}[\mathrm{g}(\boldsymbol{m}_{12}) + \mathrm{g}(\boldsymbol{m}_{23}) + \mathrm{g}(\boldsymbol{m}_{13})] \right\}, \quad r=3$$

例 4.9　令 K 为以原点为中心、边长分别为 $2h_1$ 和 $2h_2$ 且分别与 x_1 坐标轴和 x_2 坐标轴平行的矩形。那么

$$\int_K g(\boldsymbol{x})\mathrm{d}\boldsymbol{x} \approx |K| \mathrm{g}(0), \quad r=1$$

$$\int_K \boldsymbol{g}(\boldsymbol{x})\mathrm{d}\boldsymbol{x} \approx \frac{|K|}{4}\left[\mathrm{g}\left(\frac{h_1}{\sqrt{3}}, \frac{h_2}{\sqrt{3}}\right) + \mathrm{g}\left(\frac{h_1}{\sqrt{3}}, -\frac{h_2}{\sqrt{3}}\right) + \mathrm{g}\left(-\frac{h_1}{\sqrt{3}}, \frac{h_2}{\sqrt{3}}\right) + \mathrm{g}\left(-\frac{h_1}{\sqrt{3}}, -\frac{h_2}{\sqrt{3}}\right) \right], \quad r=3$$

4.2.4　瞬态问题的有限元法

本节简要研究有界区域$\Omega\subset\mathbf{R}^d$，$d\geqslant 1$中的瞬态（抛物型）问题的有限元方法：

$$\begin{aligned}&\phi\frac{\partial p}{\partial t}-\nabla\cdot(\boldsymbol{a}\nabla p)=f, &&\text{在}\Omega\times J\text{中}\\&p=0, &&\text{在}\Gamma\times J\text{上}\\&p(\cdot,0)=p_0, &&\text{在}\Omega\text{中}\end{aligned}\tag{4.87}$$

式中，$J=(0,T]$（$T>0$）是时间区间，ϕ、f、a和p_0是给定函数。假设函数ϕ在Ω上为非负，且张量函数$\boldsymbol{a}$满足：

$$0<a_*\leqslant|\eta|^2\sum_{i,j=1}^{d}a_{ij}(\boldsymbol{x})\eta_i\eta_j\leqslant a^*<\infty,\ \boldsymbol{x}\in\Omega,\ \eta\neq 0\in\mathbf{R}^d\tag{4.88}$$

首先，给出式（4.87）的有限元半离散格式，即仅在空间上离散；然后再给出全离散格式，即在时间上分别使用后向欧拉法，前向欧拉法和Crank–Nicholson方法进行离散。有关瞬态问题有限元法的更多细节，请参考Thomée（1984）。

（1）一维模型问题。

为了理解式（4.87）解的一些主要性质，考虑一维情形：

$$\begin{aligned}&\frac{\partial p}{\partial t}-\frac{\partial^2 p}{\partial x^2}=0, && 0<x<\pi, && t\in J\\&p(0,t)=p(\pi,t)=0, &&&& t\in J\\&p(x,0)=p_0(x), &&&& 0<x<\pi\end{aligned}\tag{4.89}$$

变量分离，得到

$$p(x,t)=\sum_{j=1}^{\infty}p_0^j\mathrm{e}^{-j^2t}\sin(jx)\tag{4.90}$$

式中初始数据p_0的傅里叶系数p_0^j为

$$p_0^j=\sqrt{\frac{2}{\pi}}\int_0^{\pi}p_0(x)\sin(jx)\mathrm{d}x,\quad j=1,2,\cdots$$

注意到$\left\{\sqrt{\frac{2}{\pi}}\sin(jx)\right\}_{j=1}^{\infty}$在条件：

$$\frac{2}{\pi}\int_0^{\pi}\sin(jx)\sin(kx)\mathrm{d}x=\begin{cases}1 & \text{如果}\ j=K\\0 & \text{如果}\ j\neq K\end{cases}\tag{4.91}$$

下形成正交方程组。根据式（4.90），解p是正弦波$\sin(jx)$与幅值$p_0^j\mathrm{e}^{-j^2t}$和频率j的线性组合。当$-j^2t$中等大小时，e^{-j^2t}很小，所以每个分量$\sin(jx)$在时间上都是$\mathcal{O}(j^{-2})$阶。因此，随着t增加，高频分量快速衰减，解p变得更光滑。从下面的稳定性估计中也可以理解该属性：

$$\begin{cases} \|p(t)\|_{L^2(\Omega)} \leqslant \|p_0\|_{L^2(\Omega)}, & t \in J \\ \left\|\dfrac{\partial p}{\partial t}(t)\right\|_{L^2(\Omega)} \leqslant \dfrac{C}{t}\|p_0\|_{L^2(\Omega)}, & t \in J \end{cases} \tag{4.92}$$

下面证明这两个估计（与收敛问题无关）。根据式（4.90）和式（4.91）可得

$$\|p(t)\|_{L^2(\Omega)}^2 = \int_0^{\pi}[p(x,t)]^2\,\mathrm{d}x = \frac{\pi}{2}\sum_{j=1}^{\infty}\left(p_0^j\right)^2 \mathrm{e}^{-2j^2t} \leqslant \frac{\pi}{2}\sum_{j=1}^{\infty}\left(p_0^j\right)^2 = \|p_0\|_{L^2(\Omega)}^2$$

另外，注意到

$$\frac{\partial p}{\partial t} = \sum_{j=1}^{\infty} p_0^j\left(-j^2\right)\mathrm{e}^{-j^2t}\sin(jx)$$

可得

$$\left\|\frac{\partial p}{\partial t}(t)\right\|_{L^2(\Omega)}^2 = \frac{\pi}{2}\sum_{j=1}^{\infty}\left(p_0^j\right)^2\left(-j^2\right)^2\mathrm{e}^{-2j^2t}$$

存在常数 C，对于任意 $\gamma \geqslant 0$，有 $0 \leqslant \gamma^2\mathrm{e}^{-\gamma} \leqslant C$，故而：

$$\left\|\frac{\partial p}{\partial t}(t)\right\|_{L^2(\Omega)}^2 \leqslant \frac{C}{t^2}\|p_0\|_{L^2(\Omega)}^2$$

根据式（4.92）中的第二个估计式，如果 $\|p_0\|_{L^2(\Omega)} < \infty$，那么，当 $t \to 0$ 时：

$$\left\|\frac{\partial p}{\partial t}(t)\right\|_{L^2(\Omega)} = O\left(t^{-1}\right)$$

p 的某些导数很大的初始阶段（t 很小）称为初始瞬变。通常，抛物型问题的解 p 具有初始瞬变性。随着 t 增加，解会变光滑。在用数值方法求解抛物型问题时，这一观察结果非常重要。应根据 p 的光滑程度改变网格大小（空间和时间）。对于 p 不光滑的区域，使用细网格；对于 p 变光滑的区域，增大网格尺寸。也就是说，应采用自适应有限元法，见第 4.7 节。如果边界数据或源项 f 在时间上突然改变，那么在 $t > 0$ 时也可能发生瞬变。

（2）空间上的半离散格式。

现在回到问题式（4.87）。简单起见，研究 $\phi = 1$ 时的特例。设

$$V = H_0^1(\Omega) = \left\{ \upsilon \in H^1(\Omega) : \upsilon|_{\Gamma} = 0 \right\}$$

和第 4.2.1 节一样，使用符号：

$$a(p,\upsilon) = \int_{\Omega} \boldsymbol{a}\nabla p \cdot \nabla \upsilon\,\mathrm{d}\boldsymbol{x}, \qquad (f,\upsilon) = \int_{\Omega} f\upsilon\,\mathrm{d}\boldsymbol{x}$$

然后将式（4.87）写成变分形式：求 $p: J \to V$，使：

$$\begin{aligned} &\left(\frac{\partial p}{\partial t},\upsilon\right) + a(p,\upsilon) = (f,\upsilon) && \forall \upsilon \in \mathrm{V},\ t \in J \\ &p(\boldsymbol{x},0) = p_0(\boldsymbol{x}) && \forall \boldsymbol{x} \in \Omega \end{aligned} \tag{4.93}$$

令 V_h 为 V 的有限元子空间。用 V_h 代替式（4.93）中的 V，得到有限元法：求 p_h: $J\to V_h$，使

$$\begin{aligned}&\left(\frac{\partial p_h}{\partial t},\upsilon\right)+a(p_h,\upsilon)=(f,\upsilon) \quad \forall\upsilon\in V_h,\ t\in J\\&[p_h(\cdot,0),\upsilon]=(p_0,\upsilon) \quad \forall\upsilon\in V_h\end{aligned}\tag{4.94}$$

该方程组在空间上离散，在时间上连续，因此称其为半离散格式。设 φ_i，$i=1,2,\cdots,M$ 是 V_h 中的基函数，将 p_h 表示为

$$p_h(\boldsymbol{x},t)=\sum_{i=1}^{M}p_i(t)\varphi_i(\boldsymbol{x}),\ (\boldsymbol{x},t)\in\Omega\times J\tag{4.95}$$

对于 $j=1,2,\cdots,M$，在式（4.94）中令 $\upsilon=\phi_j$，对于 $t\in J$，应用式（4.95），有

$$\sum_{i=1}^{M}(\varphi_i,\varphi_j)\frac{\mathrm{d}p_i}{\mathrm{d}t}+\sum_{i=1}^{M}a(\varphi_i,\varphi_j)p_i=(f,\varphi_j),\qquad j=1,2,\cdots,M$$

$$\sum_{i=1}^{M}(\varphi_i,\varphi_j)p_i(0)=(p_0,\varphi_j),\qquad j=1,2,\cdots,M$$

矩阵形式为

$$\begin{aligned}&\boldsymbol{B}\frac{\mathrm{d}\boldsymbol{p}(t)}{dt}+\boldsymbol{A}\boldsymbol{p}(t)=\boldsymbol{f}(t),\ t\in J\\&\boldsymbol{B}\boldsymbol{p}(0)=\boldsymbol{p}_0\end{aligned}\tag{4.96}$$

其中 $M\times M$ 矩阵 $\boldsymbol{A}$ 和 $\boldsymbol{B}$，以及向量 $\boldsymbol{p}$、$\boldsymbol{f}$ 和 $\boldsymbol{p}_0$ 分别为

$$\begin{aligned}&\boldsymbol{A}=(a_{ij}),\qquad a_{ij}=a(\varphi_i,\varphi_j)\\&\boldsymbol{B}=(b_{ij}),\qquad b_{ij}=(\varphi_i,\varphi_j)\\&\boldsymbol{p}=(p_j),\qquad \boldsymbol{f}=(f_j),\ f_j=(f,\varphi_j)\\&\boldsymbol{p}_0=((p_0)_j),\ (p_0)_j=(p_0,\varphi_j)\end{aligned}$$

和稳态问题一样，$\boldsymbol{A}$ 和 $\boldsymbol{B}$ 都是对称正定矩阵。当 $h\to 0$ 时，它们的条件数分别是 $\mathcal{O}(h^{-2})$ 和 $\mathcal{O}(1)$（Chen，2005）。对于对称矩阵，条件数是指最大特征值与最小特征值的比值。为此，分别称矩阵 $\boldsymbol{A}$ 和 $\boldsymbol{B}$ 为刚度矩阵和质量矩阵。式（4.96）是常微分方程（ODE）的刚度方程组。为了求解常微分方程组，需要对时间导数进行离散。一种方法是利用已有的常微分方程数值方法。不过，由于联立方程个数很多，也可以为瞬态偏微分问题建立另一种简单的数值方法，这种方法与 ODE 方程求解无关，下一节讨论这种方法。

上文提到的“刚度”和“质量”术语，实际上类似于模拟质量—弹簧系统，矩阵 $\boldsymbol{B}$ 模拟质量，矩阵 $\boldsymbol{A}$ 模拟弹簧，这是因为当矩阵 $\boldsymbol{A}$ 为刚度矩阵时，条件数较差。

证明 $f=0$ 时半离散格式（4.94）的稳定性。令式（4.94）第一个方程中的 $\upsilon=p_h(t)$，得到

$$\left(\frac{\partial p_h}{\partial t}, p_h\right) + a(p_h, p_h) = 0$$

进一步地：

$$\frac{1}{2}\frac{\mathrm{d}}{\mathrm{d}t}\|p_h(t)\|_{L^2(\Omega)}^2 + a(p_h, p_h) = 0$$

同时，在（4.94）的第二个方程中令 $\upsilon = p_h(0)$，使用 Cauchy 不等式（4.59），得

$$\|p_h(0)\|_{L^2(\Omega)} \leqslant \|p_0\|_{L^2(\Omega)}$$

然后，有

$$\|p_h(t)\|_{L^2(\Omega)}^2 + 2\int_0^t a[p_h(\ell), p_h(\ell)]\mathrm{d}\ell = \|p_h(0)\|_{L^2(\Omega)}^2 \leqslant \|p_0\|_{L^2(\Omega)}^2$$

最后得到

$$\|p_h(t)\|_{L^2(\Omega)} \leqslant \|p_0\|_{L^2(\Omega)}, \quad t \in J \tag{4.97}$$

该不等式与式（4.92）中的第一个不等式类似。类似地，可以证明后一个不等式。式（4.94）误差估计的推导比稳态问题的复杂得多。这里只说明 V_h 是 Ω 的准均匀三角剖分上的分段线性函数空间情况下的估计，在这个意义上，存在与 h 无关的正常数 β_2，使：

$$h_K \geqslant \beta_2 h \quad \forall K \in K_h \tag{4.98}$$

式中 h_K= 直径（K），$K \in K_h$，$h = \max\{h_K: K \in K_h\}$。条件式（4.98）要求所有元素 $K \in K_h$ 的大小大致相同。误差估计为（Thomée，1984；Johnson，1994）：

$$\max_{t \in J}\|(p - p_h)(t)\|_{L^2(\Omega)} \leqslant C\left(1 + \left|\ln\frac{T}{h^2}\right|\right)\max_{t \in J} h^2\|p(t)\|_{H^2(\Omega)} \tag{4.99}$$

由于存在因子 $\ln h^{-2}$，这个估计只是几乎最优的。

（3）全离散格式。

考虑三种全离散格式：后向欧拉法、前向欧拉法和 Crank–Nicholson 方法。

①后向欧拉法。

令 $0 = t^0 < t^1 < \cdots < t^N = T$ 将 J 剖分为长度为 $\Delta t^n = t^{n-1} - t^n$ 的子区间 $J^n = (t^{n-1}, t^n)$。对于时间的通用函数 υ，设 $\upsilon^n = \upsilon(t^n)$。半离散式（4.94）的后向欧拉法是：求 $p_h^n \in V_h$，$n = 1, 2, \cdots, N$，使

$$\begin{aligned}
&\left(\frac{p_h^n - p_h^{n-1}}{\Delta t^n}, \upsilon\right) + a(p_h^n, \upsilon) = (f^n, \upsilon) \quad && \forall \upsilon \in V_h \\
&(p_h^0, \upsilon) = (p_0, \upsilon) && \forall \upsilon \in V_h
\end{aligned} \tag{4.100}$$

注意到式（4.100）中用差商 $\left(p_h^n - p_h^{n-1}\right)/\Delta t^n$ 替换了式（4.94）中的时间导数。这一替换产生了 $\mathcal{O}\left(\Delta t^n\right)$ 阶离散误差（参见第 4.4.1 节）。和矩阵系统式（4.96）一样，式（4.100）的矩阵形式为：

$$\begin{aligned}&\left(\boldsymbol{B}+\boldsymbol{A}\Delta t^{n}\right)\boldsymbol{p}^{n}=\boldsymbol{B}\boldsymbol{p}^{n-1}+\boldsymbol{f}^{n}\Delta t^{n}\\&\boldsymbol{B}\boldsymbol{p}(0)=\boldsymbol{p}_{0}\end{aligned}\tag{4.101}$$

其中

$$p_h^n=\sum_{i=1}^{M}p_i^n\varphi_i,\quad n=0,1,\cdots,N$$

且

$$\boldsymbol{p}^n=\left(p_1^n,p_2^n,\cdots,p_M^n\right)^{\mathrm{T}}$$

显然，式（4.101）是隐格式；也就是说，需要在每个时间步求解一个线性方程组。

在 $f=0$ 的情况下证明式（4.100）是基本稳定的。在式（4.100）中令 $\upsilon=p_h^n$，得到

$$\left\|p_h^n\right\|^2-\left(p_h^{n-1}-p_h^n\right)+a\left(p_h^n,p_h^n\right)\Delta t^n=0$$

根据 Cauchy 不等式（4.59），有

$$\left(p_h^{n-1},\ p_h^n\right)\leqslant\left\|p_h^{n-1}\right\|\left\|p_h^n\right\|\leqslant\frac{1}{2}\left\|p_h^{n-1}\right\|^2+\frac{1}{2}\left\|p_h^n\right\|^2$$

进一步，有

$$\frac{1}{2}\left\|p_h^n\right\|^2-\frac{1}{2}\left\|p_h^{n-1}\right\|^2+a\left(p_h^n,p_h^n\right)\Delta t^n\leqslant0$$

对 n 求和，应用式（4.100）中的第二个方程，得到

$$\left\|p_h^j\right\|^2+2\sum_{n=1}^{j}a\left(p_h^n,p_h^n\right)\Delta t^n\leqslant\left\|p_h^0\right\|^2\leqslant\left\|p^0\right\|^{02}$$

由于 $a\left(p_h^n,p_h^n\right)\geqslant0$，得到稳定性结果

$$\left\|p_h^j\right\|\leqslant\left\|p^0\right\|,j=0,1,\cdots,N\tag{4.102}$$

注意到对 $\forall\ \Delta t^j$ 式（4.102）都成立。换言之，后向欧拉格式（4.100）是无条件稳定的。这是一种非常理想的抛物型问题的时间离散格式特征（参见第 4.1.6 节）。

可以推导出误差 $p-p_h$ 的估计。该误差源于空间离散和时间离散的组合。例如，当 V_h 是分段线性函数的有限元空间时，在 p 适当光滑的假设下，$\left\|p^n-p_h^n\right\|_{L^2(\Omega)}$ $(0\leqslant n\leqslant N)$ 是 $\mathcal{O}(\Delta t+h^2)$ 阶的（Thomée，1984 年）其中，$\Delta t=\max\{\Delta t^j,1\leqslant j\leqslant N\}$。

② Crank–Nicholson 方法。

式（4.94）的 Crank–Nicholson 离散格式为：求 $p_h^n\in V_h$，$n=1, 2, \cdots, N$，使

$$\begin{aligned}&\left(\frac{p_h^n-p_h^{n-1}}{\Delta t^n},\upsilon\right)+a\left(\frac{p_h^n+p_h^{n-1}}{2},\upsilon\right)=\left(\frac{f^n+f^{n-1}}{2},\upsilon\right)&&\forall\upsilon\in V_h\\&\left(p_h^n,\upsilon\right)=\left(p_0,\upsilon\right)&&\forall\upsilon\in V_h\end{aligned}\tag{4.103}$$

用差商 $(p^n-p_h^{n-1})/\Delta t^n$ 替换平均数 $[\partial p(t^n)/\partial t+\partial p(t^{n-1})/\partial t]/2$。得到的离散误差为 $\mathcal{O}[(\Delta t^n)^2]$（参见第 4.1.1 节）。和矩阵方程组（4.101）类似，方程组（4.103）的线性系统为：

$$\left(\boldsymbol{B}+\frac{\Delta t^n}{2}\boldsymbol{A}\right)\boldsymbol{p}^n=\left(\boldsymbol{B}-\frac{\Delta t^n}{2}\boldsymbol{A}\right)\boldsymbol{p}^{n-1}+\frac{\boldsymbol{f}^n+\boldsymbol{f}^{n-1}}{2}\Delta t^n$$
$$\boldsymbol{B}\boldsymbol{p}(0)=\boldsymbol{p}_0 \tag{4.104}$$

式中：$n=1,2,\cdots,N$。同样，这也是隐式法。当 $f=0$ 时，令式（4.103）中的 $\upsilon=(p_h^n+p_h^{n-1})/2$，可以证明稳定性结果［式（4.102）］对 Crank–Nicholson 方法无条件成立（参见练习 4.35）。此时，对于分段线性有限元空间 V_h，每个 n 对应的 $\left\|p^n-p_h^n\right\|_{L^2(\Omega)}$ 为 $\mathcal{O}[(\Delta t^n)2+h^2]$。注意到，Crank–Nicholson 方法在时间上比后向欧拉法更准确，但从计算角度来看稍微昂贵一些。

③前向欧拉法。

最后讨论前向欧拉法。该方法采用以下形式：求 $p_h^n\subset V_h$，$n=1,2,\cdots,N$，使

$$\left(\frac{p_h^n-p_h^{n-1}}{\Delta t^n},\upsilon\right)+a\left(p_h^{n-1},\upsilon\right)=\left(f^{n-1},\upsilon\right)\quad\forall\upsilon\in V_h$$
$$\left(p_h^0,\upsilon\right)=\left(p_0,\upsilon\right)\qquad\forall\upsilon\in V_h \tag{4.105}$$

相应的矩阵形式是

$$\boldsymbol{B}\boldsymbol{p}^n=\left(\boldsymbol{B}-\boldsymbol{A}\Delta t^n\right)\boldsymbol{p}^{n-1}+\boldsymbol{f}^{n-1}\Delta t^n$$
$$\boldsymbol{B}\boldsymbol{p}(0)=\boldsymbol{p}_0 \tag{4.106}$$

引入 Cholesky 分解 $\boldsymbol{B}=\boldsymbol{D}\boldsymbol{D}^T$（见下一章），并使用新变量 $\boldsymbol{q}=\boldsymbol{D}^{\mathrm{T}}\boldsymbol{p}$，其中 $\boldsymbol{D}^{\mathrm{T}}$ 是 $\boldsymbol{D}$ 的转置，得到式（4.106）的简单形式：

$$\boldsymbol{q}^n=\left(\mathbf{I}-\tilde{\boldsymbol{A}}\Delta t^n\right)\boldsymbol{q}^{n-1}+\boldsymbol{D}^{-1}\boldsymbol{f}^{n-1}\Delta t^n$$
$$\boldsymbol{q}(0)=\boldsymbol{D}^{-1}\boldsymbol{p}_0 \tag{4.107}$$

其中，$\tilde{\boldsymbol{A}}=\boldsymbol{D}^{-1}\boldsymbol{A}\boldsymbol{D}^{-1T}$。显然，式（4.107）是 $\boldsymbol{q}$ 的显格式。只有在下列稳定性条件下才能证明类似于式（4.102）的稳定性结果：

$$\Delta t^n\leqslant Ch^2,\quad n=1,2,\cdots,N \tag{4.108}$$

式中，C 是与 Δt 和 h 无关的常数。当 $f=0$ 时，式（4.107）的第一个等式变为

$$\boldsymbol{q}^n=\left(\boldsymbol{I}-\tilde{\boldsymbol{A}}\Delta t^n\right)\boldsymbol{q}^{n-1} \tag{4.109}$$

定义矩阵范数：

$$\left\|\tilde{\boldsymbol{A}}\right\|=\max_{\eta\in R^M,\eta\neq0}\frac{\left\|\tilde{\boldsymbol{A}}\eta\right\|}{\eta}$$

式中，$\|\eta\|$ 是 η（η_1，η_2，…，η_M）的欧几里得范数：$\|\eta\|^2=\eta_1^2+\eta_2^2+\ldots+\eta_M^2$。假设对称正定矩阵 $\tilde{A}$ 具有特征值 $\mu_i>0$，$i=1,2,\cdots$，M。现有（Axelsson，1994）：

$$\left\|\tilde{A}\right\| = \max_{i=1,2,\cdots,M} \mu_i$$

由此得

$$\left\|\boldsymbol{I} - \tilde{A}\Delta t^n\right\| = \max_{i=1,2,\cdots,M}\left|1 - \mu_i\Delta t^n\right|$$

举个例子，如果 $i=M$ 时达到最大值，那么，只要 $\mu_M\Delta t^n \leqslant 2$，就有

$$\left\|\boldsymbol{I} - \tilde{A}\Delta t^n\right\| \leqslant 1$$

由于 $\mu_M=\mathcal{O}(h^{-2})$（Chen，2005），因此 $\Delta t^n \leqslant 2/\mu_M=\mathcal{O}(h^2)$，即为式（4.108）。

稳定性条件式（4.108）要求时间步长足够小［参见式（4.23）］。即前向欧拉法［式（4.105）］是有条件稳定的。这种条件非常严格，对于长时间积分尤其如此。相比之下，后向欧拉法和 Crank–Nicholson 方法是无条件稳定的，但每个时间步需要更多工作量。这两种方法对于抛物型问题更有效，因为隐式法可以使用更大的时间步长，由此节约的成本足以弥补每一步发生的额外成本。

4.3　控制体有限元法

第 4.1 节介绍的有限差分格式是局部守恒的，但在处理复杂油藏时不灵活。另外，第 4.2 节介绍的标准有限元法比较灵活，在全局上是守恒的，但在局部单元（如三角形）上不守恒。本节介绍有限元法的一种变体，在每个控制体上都是局部守恒的。例如，可以通过连接三角形边的中点与三角形内部的点在网格节点周围形成控制体（图 4.31）。点的位置不同，网格节点之间产生不同的流动项形式。当它是三角形的重心时，得到的网格是 CVFE（控制体有限元）类型，对应的有限元法是控制体有限元（CVFE）法。这一方法最初由 Lemonnier（1979）引入油藏模拟。控制体有限元网格与 PEBI（垂直等分）网格［也称 Voronoi 多边形网格（Heinrich，1987 年）］的不同之处在于后者是局部正交的。控制体有限元网格更灵活。

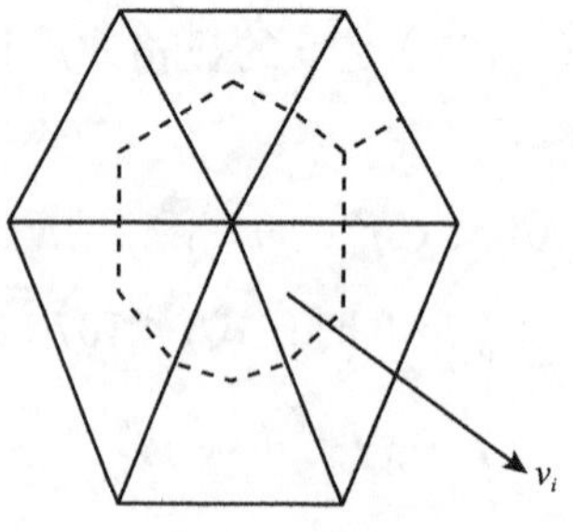

图 4.31　控制体

4.3.1　基本控制体有限元

为了直观了解控制体有限元（CVFE）的概念，现讨论二维线性三角形单元。将二维概念扩展到三维很简单。考虑稳态问题：

$$-\nabla\cdot(\boldsymbol{a}\nabla p) = f(x_1, x_2)，在\Omega中 \tag{4.110}$$

其中，Ω 是平面中的有界区域，p 是压力。

令 V_i 为控制体。用 $p_h \in V_h$（$\bar{\Omega}$ 连续分片线性函数的空间，参见第4.2.1节）替换式（4.110）中的 p，并在 V_i 上积分，得到：

$$-\int_{V_i} \nabla \cdot (\boldsymbol{a} \nabla p_h) \mathrm{d}\boldsymbol{x} = \int_{V_i} f \mathrm{d}\boldsymbol{x}$$

由散度定理知

$$-\int_{\partial V_i} \boldsymbol{a} \nabla p_h \cdot \nu \mathrm{d}\ell = \int_{V_i} f \mathrm{d}\mathbf{x} \tag{4.111}$$

注意到，$\nabla p_h \cdot \nu$ 在 ∂V_i 的每一段（位于三角形内）上是连续的。因此，如果 $\boldsymbol{a}$ 在该段上连续，那么流量 $\boldsymbol{a} \nabla p_h \cdot \nu$ 也连续。因此，流量在控制体 V_i 的边上是连续的。此外，式（4.111）表明控制体有限元法是局部（即在每个控制体上）守恒的。

给定三角形 K，顶点为 $\boldsymbol{m}_i$、$\boldsymbol{m}_j$、$\boldsymbol{m}_k$，边的中点为 $\boldsymbol{m}_\mathrm{a}$、$\boldsymbol{m}_\mathrm{b}$、$\boldsymbol{m}_\mathrm{d}$，中心为 $\boldsymbol{m}_\mathrm{c}$（图4.32），从例4.1得出，$p_h$ 对 K 上 p 的近似如下：

$$p_h = p_i \lambda_i + p_j \lambda_j + p_k \lambda_k \tag{4.112}$$

式中，局部基函数 λ_i 为

$$\lambda_i(\boldsymbol{m}_j) = \begin{cases} 1, & \text{如果} i = j \\ 0, & \text{如果} i \neq j \end{cases}$$

且：

$$\lambda_i + \lambda_j + \lambda_k = 1 \tag{4.113}$$

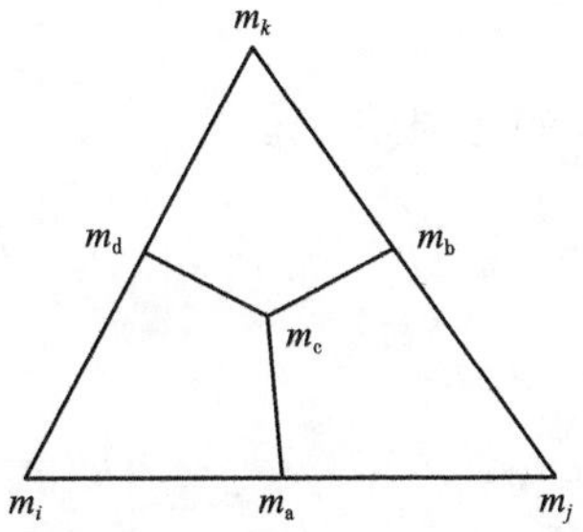

图4.32　基础三角形

这些基函数是三角形 K 的重心坐标。定义：

$$a_i = m_{j,2} - m_{k,2}, \qquad b_i = -(m_{j,1} - m_{k,1})$$

$$c_i = m_{j,1} m_{k,2} - m_{j,2} m_{k,1}$$

式中，$\boldsymbol{m}_i = (m_{i,1}, m_{i,2})$ 和 $\{i, j, k\}$ 循环置换。然后，局部基函数 λ_i、λ_j 和 λ_k 由下式（参见练习4.36）给出：

$$\begin{pmatrix} \lambda_i \\ \lambda_j \\ \lambda_k \end{pmatrix} = \frac{1}{2|K|} \begin{pmatrix} c_i & a_i & b_i \\ c_j & a_j & b_j \\ c_k & a_k & b_k \end{pmatrix} \begin{pmatrix} 1 \\ x_1 \\ x_2 \end{pmatrix} \tag{4.114}$$

式中 $|K|$ 是三角形 K 的面积。因此：

$$\frac{\partial \lambda_l}{\partial x_1}=\frac{a_l}{2|K|},\qquad \frac{\partial \lambda_l}{\partial x_2}=\frac{b_l}{2|K|},\qquad l=i,j,k \tag{4.115}$$

考虑在 $\boldsymbol{m}_{\mathrm{a}}\boldsymbol{m}_{\mathrm{c}}\boldsymbol{m}_{\mathrm{d}}$ 上计算式（4.111）的左边（图 4.32）：

$$f_i \equiv \int_{\boldsymbol{m}_{\mathrm{a}}\boldsymbol{m}_{\mathrm{c}}+\boldsymbol{m}_{\mathrm{c}}\boldsymbol{m}_{\mathrm{d}}} \boldsymbol{a}\nabla p_h \cdot \nu \mathrm{d}\ell \tag{4.116}$$

在 $\boldsymbol{m}_{\mathrm{a}}\boldsymbol{m}_{\mathrm{c}}$ 上，

$$\nu=\frac{\left(m_{\mathrm{c},2}-m_{\mathrm{a},2,}m_{\mathrm{a},1}-m_{\mathrm{c},1}\right)}{\left|\boldsymbol{m}_{\mathrm{a}}\boldsymbol{m}_{\mathrm{c}}\right|}$$

在 $\boldsymbol{m}_{\mathrm{c}}\boldsymbol{m}_{\mathrm{d}}$ 上，

$$\nu=\frac{\left(m_{\mathrm{d},2}-m_{\mathrm{c},2},m_{\mathrm{c},1}-m_{\mathrm{d},1}\right)}{\left|\boldsymbol{m}_{\mathrm{c}}\boldsymbol{m}_{\mathrm{d}}\right|}$$

式中 $\left|\boldsymbol{m}_{\mathrm{a}}\boldsymbol{m}_{\mathrm{c}}\right|$ 表示 $\boldsymbol{m}_{\mathrm{a}}\boldsymbol{m}_{\mathrm{c}}$ 的边长。因此，如果 $\boldsymbol{a}$ 是三角形 $\boldsymbol{K}$ 上的常数张量，那么根据式（4.112）、式（4.115）、式（4.116）、a_i 和 b_i 的定义以及简单的代数计算（参见练习 4.37）得到

$$f_i=|K|\sum_{l=i}^{k}\boldsymbol{a}\nabla\lambda_l\cdot\nabla\lambda_i p_l \tag{4.117}$$

这表明利用分片线性函数的控制体有限元法和标准有限元法有相同的刚度矩阵（参见第 4.2.1 节）。

用式（4.113）改写式（4.117）的有限差分形式：

$$f_i=-T_{ij}\left(p_j-p_i\right)-T_{ik}\left(p_k-p_i\right) \tag{4.118}$$

其中传导系数 T_{ij} 和 T_{ik} 分别是

$$T_{ij}=-|K|\boldsymbol{a}\nabla\lambda_j\cdot\nabla\lambda_i,\ T_{ik}=-|K|\boldsymbol{a}\nabla\lambda_k\cdot\nabla\lambda_i$$

现在构建全局传导矩阵。任意两个相邻节点 $\boldsymbol{m}_i$ 和 $\boldsymbol{m}_j$ 的连接都包括两个三角形 K_1 和 K_2 的作用，这两个三角形共用两个顶点 $\boldsymbol{m}_i$ 和 $\boldsymbol{m}_j$ 之间的边（图 4.33）。$\boldsymbol{m}_i$ 和 $\boldsymbol{m}_j$ 之间（至少其中的一个点不在外边界上）的传导系数为

$$T_{ij}=-\sum_{l=1}^{2}\left(|K|\boldsymbol{a}\nabla\lambda_j\cdot\nabla\lambda_i\right)\Big|_{K_l} \tag{4.119}$$

应用式（4.111）和式（4.118），根据三角形顶点处的压力得到控制体 V_i 上的线性方程组：

$$-\sum_{j\in\Omega_i}T_{ij}\left(p_j-p_i\right)=F_i \tag{4.120}$$

式中，Ω_i 是 $\boldsymbol{m}_{\mathrm{i}}$ 和 $F_{V_i}=\int_{V_i}f\mathrm{d}\boldsymbol{x}$ 的所有相邻节点的集合。

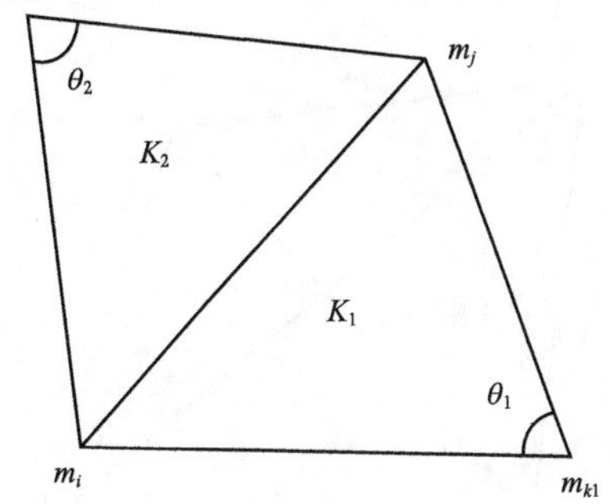

图 4.33 两个相邻三角形

如果 ∂V_i 包含 Neumann 边界的一部分，那么就给定该部分的流量；如果 ∂V_i 包含 Dirichlet 边界的一部分，那么就给定该部分的压力。也可以和第 4.2.1 节中一样考虑包含第三类边界条件。由于使用的是线性单元，因此式（4.73）中的误差估计在所考虑的 CVFE 中也成立。最后，CVFE 可以推广到第 4.2.4 节讨论的瞬态问题中。

4.3.2 正传导率

式（4.119）中定义的传导系数 T_{ij} 必须为正。正传导率或正向流动连接总能得到物理方向上的离散流动方向。负传导率没有物理意义，并会产生不好的解。

简单起见，考虑均匀各向异性介质（参见第 2.2.1 节）：$\boldsymbol{a}=\mathrm{diag}(a_{11}, a_{22})$（即 a_{11} 和 a_{22} 是正常数）。此时，使用式（4.115）和式（4.119），得到限制在每个三角形 K 上的 T_{ij}（图 4.33）：

$$T_{ij} = -\frac{a_{11}a_j a_i + a_{22}b_j b_i}{4|K|}$$

引入坐标变换：

$$x_1' = -\frac{x_1}{\sqrt{a_{11}}}, \quad x_2' = -\frac{x_2}{\sqrt{a_{22}}}$$

在该变换下，变换后三角形 K' 的面积为

$$|K'| = -\frac{|K|}{\sqrt{a_{11}a_{22}}}$$

因此，T_{ij} 变为

$$\begin{aligned} T_{ij} &= \sqrt{a_{11}a_{22}}\frac{|\boldsymbol{m}_{k'}\boldsymbol{m}_{j'}||\boldsymbol{m}_{k'}\boldsymbol{m}_{i'}|\cos\theta_{k'}}{4|K'|} \\ &= \sqrt{a_{11}a_{22}}\frac{\cot\theta_{k'}}{2} \end{aligned}$$

式中，$\theta_{k'}$ 是变换平面中节点 $\boldsymbol{m}_k$ 处三角形的角。由于每个全局传导率由两个相邻三角形作

用形成，因此节点 $\boldsymbol{m}_i$ 和 $\boldsymbol{m}_j$ 之间的全局 T_{ij}（图 4.33）为

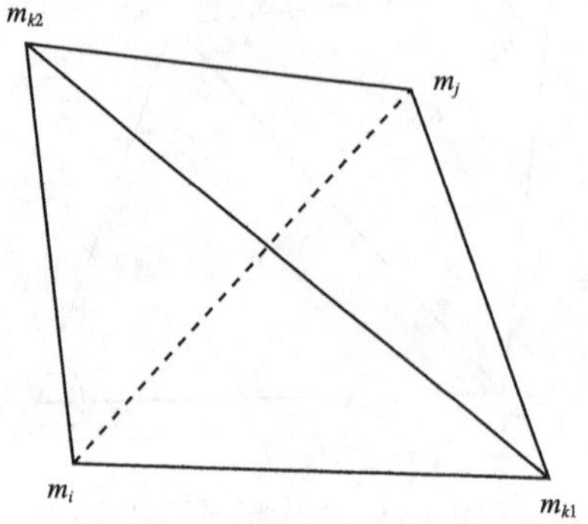

图 4.34　换边

$$T_{ij}=\sqrt{a_{11}a_{22}}\left(\frac{\cot\theta_{k_1'}+\cot\theta_{k_2'}}{2}\right) \tag{4.121}$$

式中 $\theta_{k_1'}$ 和 $\theta_{k_2'}$ 是两个三角形的对角。因此 $T_{ij}>0$ 的要求即相当于：

$$\theta_{k_1'}+\theta_{k_2'}<\pi \tag{4.122}$$

对于外边界上的边，要求该边的对角：

$$\theta_{k'}<\frac{\pi}{2} \tag{4.123}$$

注意到所有这些角都是在（x_1',x_2'）坐标平面上定义的。

4.3.3　控制体有限元网格构建

值得注意的是，式（4.122）与 Delaunay 三角剖分有关。Deleunay 三角剖分满足空圆标准：每个三角形的外切圆不得在其内部包含任何其他节点。在凸域中，给定形状规则的三角剖分 K_h（参见第 4.2.1 节），可以按照以下局部换边顺序将 K_h 转换为 Deleunay 三角剖分（Joe，1986；D'Azevedo et al.，1989）：检查 K_h 中的每个内边，若它是凸四边形的一部分（图 4.33），则检查两个三角形的外切圆，若其中一个外切圆包含四边形的第四个顶点，则交换该四边形的对角线（图 4.34）。由此产生的局部三角剖分满足空圆标准，即局部最优条件（Joe，1986；D'Azevedo et al.，1989）。一系列局部换边最终收敛，因此每个内边都是局部最优的。当且仅当三角剖分是 Deleunay 内三角剖分时，其所有内边都是局部最优的（Joe，1986）。

另一方面，局部最优条件相当于式（4.122）（D'Azevedo et al.，1989）。因此，可以用几何方式给出换边过程：给定规则三角剖分 K_h，如果与 $\boldsymbol{m}_i\boldsymbol{m}_j$ 边相对的两个角的和（图 4.33）大于 π，那么用 $\boldsymbol{m}_{k1}\boldsymbol{m}_{k2}$ 边替换该边。只有当四边形是凸四边形时，方可进行这种换边。否则，式（4.122）必为真。对于凸域，无须增加或移动节点即可将 K_h 转换为 Deleunay 三角剖分。

对于式(4.110)，可以推广换边过程(Forsyth，1991)：检查每个边 $\boldsymbol{m}_i\boldsymbol{m}_j$，并用式(4.119)计算传导率 T_{ij}。若 T_{ij} 为负，则用 $\boldsymbol{m}_{k1}\boldsymbol{m}_{k2}$ 替换该边。如果解域为凸且 $\boldsymbol{a}$ 为常数，则此过程相当于在(x_1'，x_2')平面内建立 Deleunay 三角剖分，其中，$\boldsymbol{a}'$ 为单位张量。当 $\boldsymbol{a}$ 为常数时，正传导率与 Deleunay 三角剖分的等价性仅适用于变换平面中的内边。一般而言，物理平面的 Deleunay 三角剖分不能保证正传导率，即使对内边也如此。然而，因为实际应用中出现的大多数区域都可视为是具有恒定渗透率张量 $\boldsymbol{a}$ 的凸域的组合，所以局部换边过程往往可以最小化具有负传导率的内边数。

通常，区域外边界上的边可能具有负传导率。可以通过添加边界节点解决此问题，如图 4.35 所示。假设 $\boldsymbol{m}_i\boldsymbol{m}_j$ 边上 $T_{ij} < 0$；即，在(x_1'，x_2')平面中，与该边相对的角大于 $\pi/2$。从 $\boldsymbol{m}_k$ 点向 $\boldsymbol{m}_i\boldsymbol{m}_j$ 边作垂线并与 $\boldsymbol{m}_i\boldsymbol{m}_j$ 相交，在该垂直相交点处增加一个新节点。此处没有替换边界的边。

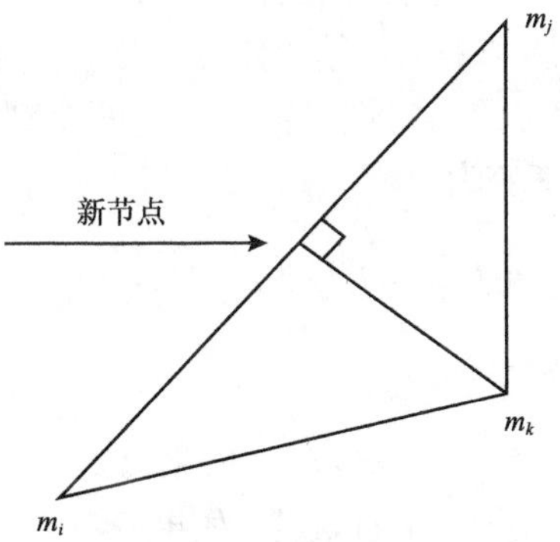

图 4.35　新增边界节点

三维空间中，Deleunay 空球标准不等于正传导率(Letniowski，1992)。由于油藏区域通常具有层状结构，因此一般通过二维网格的垂直投影获得 x_3 方向上的网格(图 4.36)。

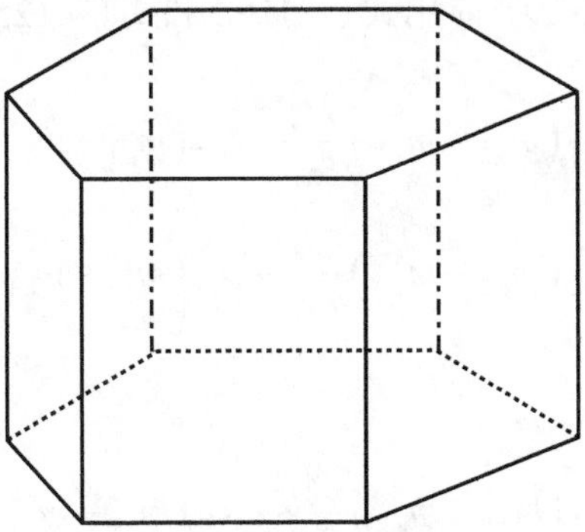

图 4.36　六棱柱

4.3.4　上游加权控制体有限元

上游加权的基本思想是根据流动的上游方向选择属性系数的值。在迎风有限差分格式中应用了相同的思想（参见第 4.1.8 节）。本节考虑式（4.120）的两种上游加权方法，即基于势和基于流动的方法。

（1）基于势的上游加权格式。

假设式（4.110）具有如下形式：

$$-\nabla\cdot\left(\lambda\boldsymbol{a}\nabla p\right)=f\left(x_1,x_2\right),\ \text{在}\varOmega\text{中} \tag{4.124}$$

式中的 $\boldsymbol{a}$ 和 λ 分别是渗透率张量和流度系数。对于这一问题，可以推导出类似于式（4.120）的控制体有限元法。如果 $\boldsymbol{a}$ 是标量 a，并且在 V_i 边的两侧不同，那么应该用调和平均

$$a_{\text{har}}\left(\boldsymbol{x}\right)=\frac{2a^{+}\left(\boldsymbol{x}\right)a^{-}\left(\boldsymbol{x}\right)}{a^{+}\left(\boldsymbol{x}\right)+a^{-}\left(\boldsymbol{x}\right)}$$

近似该过边标量，式中，a^{+} 和 a^{-} 分别表示边两侧的值。用调和平均是因为对于不活动的节点（即 $a=0$ 的节点），调和平均能得到正确的值（即 $a=0$），而算术平均则不能。如果 $\boldsymbol{a}$ 是张量，那么 $\boldsymbol{a}$ 的每个分量都用调和平均，结果用 $\boldsymbol{a}_{\text{har}}$ 表示。对于流度系数 λ，实际上，必须用上游加权保持控制体有限元法的稳定性。由于有这两个观察结果，限制在每个三角形 K 中的节点 $\boldsymbol{m}_i$ 和 $\boldsymbol{m}_j$ 之间的传导率变为

$$T_{ij}=-\left|K\right|\lambda_{ij}^{\text{up}}\boldsymbol{a}_{\text{har}}\nabla\lambda_j\cdot\nabla\lambda_i \tag{4.125}$$

式中，基于势的上游加权格式定义如下：

$$\lambda_{ij}^{\text{up}}=\begin{cases}\lambda\left(\boldsymbol{m}_i\right),\ \text{如果}p_i>p_j\\ \lambda\left(\boldsymbol{m}_j\right),\ \text{如果}p_i<p_j\end{cases} \tag{4.126}$$

实际上，在当前研究的背景下，基于势的上游加权格式是一种基于压力的方法。在油藏模拟中通常使用势代替 p（参见第 2.2.2 节）。

这种基于势的上游加权格式易于实现。但是，它违反了非常重要的不同控制体之间界面上流动的连续性。为了弄明白这一点，考虑 $\boldsymbol{a}=\text{diag}\left(a_{11},\ a_{22}\right)$ 的情况。其中 $\boldsymbol{a}$ 是三角形 K 上的常数对角线张量（图 4.32）。应用式（4.115）和式（4.125），$\boldsymbol{m}_\text{a}\boldsymbol{m}_\text{c}$ 边上的流量为

$$\begin{aligned}f_{i,\boldsymbol{m}_\text{a}\boldsymbol{m}_\text{c}}=&-\lambda_{ij}^{\text{up}}\left[a_{11}\left(m_{\text{c},2}-m_{\text{a},2}\right)\frac{\partial\lambda_j}{\partial x_1}+a_{22}\left(m_{\text{a},1}-m_{\text{c},1}\right)\frac{\partial\lambda_j}{\partial x_2}\right]\left(p_j-p_i\right)\\&-\lambda_{ik}^{\text{up}}\left[a_{11}\left(m_{\text{c},2}-m_{\text{a},2}\right)\frac{\partial\lambda_k}{\partial x_1}+a_{22}\left(m_{\text{a},1}-m_{\text{c},1}\right)\frac{\partial\lambda_k}{\partial x_2}\right]\left(p_k-p_i\right)\end{aligned}$$

$\boldsymbol{m}_\text{c}\boldsymbol{m}_\text{d}$ 边上的流量为

$$\begin{aligned}f_{i,\boldsymbol{m}_\text{c}\boldsymbol{m}_\text{d}}=&-\lambda_{ij}^{\text{up}}\left[a_{11}\left(m_{\text{d},2}-m_{\text{c},2}\right)\frac{\partial\lambda_j}{\partial x_1}+a_{22}\left(m_{\text{c},1}-m_{\text{d},1}\right)\frac{\partial\lambda_j}{\partial x_2}\right]\left(p_j-p_i\right)\\&-\lambda_{ik}^{\text{up}}\left[a_{11}\left(m_{\text{d},2}-m_{\text{c},2}\right)\frac{\partial\lambda_k}{\partial x_1}+a_{22}\left(m_{\text{c},1}-m_{\text{d},1}\right)\frac{\partial\lambda_k}{\partial x_2}\right]\left(p_k-p_i\right)\end{aligned}$$

类似地，节点 $\boldsymbol{m}_j$ 一侧的边 $\boldsymbol{m}_\text{b}\boldsymbol{m}_\text{c}$ 和 $\boldsymbol{m}_\text{c}\boldsymbol{m}_\text{a}$ 上的流量分别是

$$f_{j,\boldsymbol{m}_b\boldsymbol{m}_c} = -\lambda_{jk}^{\text{up}}\left[a_{11}\left(m_{c,2}-m_{b,2}\right)\frac{\partial\lambda_k}{\partial x_1}+a_{22}\left(m_{b,1}-m_{c,1}\right)\frac{\partial\lambda_k}{\partial x_2}\right]\left(p_k-p_j\right)$$
$$-\lambda_{ji}^{\text{up}}\left[a_{11}\left(m_{c,2}-m_{b,2}\right)\frac{\partial\lambda_i}{\partial x_1}+a_{22}\left(m_{b,1}-m_{c,1}\right)\frac{\partial\lambda_i}{\partial x_2}\right]\left(p_i-p_j\right)$$

和

$$f_{j,\boldsymbol{m}_c\boldsymbol{m}_a} = -\lambda_{jk}^{\text{up}}\left[a_{11}\left(m_{a,2}-m_{c,2}\right)\frac{\partial\lambda_k}{\partial x_1}+a_{22}\left(m_{c,1}-m_{a,1}\right)\frac{\partial\lambda_k}{\partial x_2}\right]\left(p_k-p_j\right)$$
$$-\lambda_{ji}^{\text{up}}\left[a_{11}\left(m_{a,2}-m_{c,2}\right)\frac{\partial\lambda_i}{\partial x_1}+a_{22}\left(m_{c,1}-m_{a,1}\right)\frac{\partial\lambda_i}{\partial x_2}\right]\left(p_i-p_j\right)$$

节点 $\boldsymbol{m}_k$ 一侧的边 $\boldsymbol{m}_d\boldsymbol{m}_c$ 和 $\boldsymbol{m}_c\boldsymbol{m}_b$ 上的流量分别是

$$f_{k,\boldsymbol{m}_d\boldsymbol{m}_c} = -\lambda_{ki}^{\text{up}}\left[a_{11}\left(m_{c,2}-m_{d,2}\right)\frac{\partial\lambda_i}{\partial x_1}+a_{22}\left(m_{d,1}-m_{c,1}\right)\frac{\partial\lambda_i}{\partial x_2}\right]\left(p_i-p_k\right)$$
$$-\lambda_{kj}^{\text{up}}\left[a_{11}\left(m_{c,2}-m_{d,2}\right)\frac{\partial\lambda_j}{\partial x_1}+a_{22}\left(m_{d,1}-m_{c,1}\right)\frac{\partial\lambda_j}{\partial x_2}\right]\left(p_j-p_k\right)$$

和

$$f_{k,\boldsymbol{m}_c\boldsymbol{m}_b} = -\lambda_{ki}^{\text{up}}\left[a_{11}\left(m_{b,2}-m_{c,2}\right)\frac{\partial\lambda_i}{\partial x_1}+a_{22}\left(m_{c,1}-m_{b,1}\right)\frac{\partial\lambda_i}{\partial x_2}\right]\left(p_i-p_k\right)$$
$$-\lambda_{kj}^{\text{up}}\left[a_{11}\left(m_{b,2}-m_{c,2}\right)\frac{\partial\lambda_j}{\partial x_1}+a_{22}\left(m_{c,1}-m_{b,1}\right)\frac{\partial\lambda_j}{\partial x_2}\right]\left(p_j-p_k\right)$$

欲使过边 $\boldsymbol{m}_a\boldsymbol{m}_c$ 的流动连续，须使 $f_{i,\boldsymbol{m}_a\boldsymbol{m}_c}+f_{i,\boldsymbol{m}_c\boldsymbol{m}_d}=0$；即

$$-\lambda_{ij}^{\text{up}}\left[a_{11}\left(m_{c,2}-m_{a,2}\right)\frac{\partial\lambda_j}{\partial x_1}+a_{22}\left(m_{a,1}-m_{c,1}\right)\frac{\partial\lambda_j}{\partial x_2}\right]\left(p_j-p_i\right)$$

$$-\lambda_{ik}^{\text{up}}\left[a_{11}\left(m_{c,2}-m_{a,2}\right)\frac{\partial\lambda_k}{\partial x_1}+a_{22}\left(m_{a,1}-m_{c,1}\right)\frac{\partial\lambda_k}{\partial x_2}\right]\left(p_k-p_i\right)$$

$$-\lambda_{jk}^{\text{up}}\left[a_{11}\left(m_{a,2}-m_{c,2}\right)\frac{\partial\lambda_k}{\partial x_1}+a_{22}\left(m_{c,1}-m_{a,1}\right)\frac{\partial\lambda_k}{\partial x_2}\right]\left(p_k-p_j\right)$$

$$-\lambda_{ji}^{\text{up}}\left[a_{11}\left(m_{a,2}-m_{c,2}\right)\frac{\partial\lambda_i}{\partial x_1}+a_{22}\left(m_{c,1}-m_{a,1}\right)\frac{\partial\lambda_i}{\partial x_2}\right]\left(p_i-p_j\right)=0$$

由于对 $\boldsymbol{a}$ 的所有选择都必须满足该条件，因此该式简化为

$$a_{11}\left(m_{a,2}-m_{c,2}\right)\left[\lambda_{ij}^{\text{up}}\frac{\partial\lambda_j}{\partial x_1}\left(p_j-p_i\right)+\lambda_{ji}^{\text{up}}\frac{\partial\lambda_i}{\partial x_1}\left(p_j-p_i\right)\right.$$
$$\left.+\lambda_{ik}^{\text{up}}\frac{\partial\lambda_k}{\partial x_1}\left(p_k-p_i\right)+\lambda_{jk}^{\text{up}}\frac{\partial\lambda_k}{\partial x_1}\left(p_j-p_k\right)\right]$$
$$=0$$

和

$$a_{22}\left(m_{c,1}-m_{a,1}\right)\left[\lambda_{ij}^{up}\frac{\partial\lambda_j}{\partial x_2}\left(p_j-p_i\right)+\lambda_{ji}^{up}\frac{\partial\lambda_i}{\partial x_2}\left(p_j-p_i\right)+\lambda_{ik}^{up}\frac{\partial\lambda_k}{\partial x_2}\left(p_k-p_i\right)+\lambda_{jk}^{up}\frac{\partial\lambda_k}{\partial x_2}\left(p_j-p_k\right)\right]=0$$

欲使这两个等式对任何类型的三角形都同时成立，唯一的可能是

$$p_K \geqslant p_i = p_j$$

用同样的方式，可以证明：

$$p_i \geqslant p_j = p_k, \qquad p_k \geqslant p_i = p_j$$

因此，欲使通过控制体边的流动连续，须使 $p_i=p_j=p_k$。换言之，当且仅当近似解 p_h 在所有顶点处都具有相同值时，流动才在通过所有控制体的边时连续，但这通常是不正确的。因此，一般而言，基于势的上游加权控制体有限元法过控制体的边产生不连续流动。此外，上面论证引出了另一种上游加权方法，即基于流动的上游加权。

（2）基于流动的上游加权格式。

对于基于流动的方法，上游方向由流动的符号确定。根据式（4.116）和式（4.125），节点 $\boldsymbol{m}_i$ 一侧的边 $\boldsymbol{m}_a\boldsymbol{m}_c$ 上的流量（参见图 4.32）是：

$$f_{i,\boldsymbol{m}_a\boldsymbol{m}_c}=-\sum_{l=i}^{k}\lambda^{up}\boldsymbol{a}_{har}\nabla\lambda_l\left(m_{c,2}-m_{a,2},m_{a,1}-m_{c,1}\right)p_l$$

节点 $\boldsymbol{m}_j$ 一侧的流量是：

$$f_{i,\boldsymbol{m}_c\boldsymbol{m}_a}=-\sum_{l=i}^{k}\lambda^{up}\boldsymbol{a}_{har}\nabla\lambda_l\left(m_{a,2}-m_{c,2},m_{c,1}-m_{a,1}\right)p_l$$

式中的上游加权定义如下：

$$\lambda^{up}=\begin{cases}\lambda\left(\boldsymbol{m}_i\right),\ 如果 f_{i,\boldsymbol{m}_a\boldsymbol{m}_c}>0\\ \lambda\left(\boldsymbol{m}_j\right),\ 如果 f_{i,\boldsymbol{m}_a\boldsymbol{m}_c}<0\end{cases}\tag{4.127}$$

根据该定义得到：

$$f_{i,\boldsymbol{m}_a\boldsymbol{m}_c}+f_{j,\boldsymbol{m}_c\boldsymbol{m}_d}=0\tag{4.128}$$

同样可以定义其他边上的流量。从式（4.128）明显有，基于流动的上游加权控制体有限元法过控制体边的流动具有连续特征。

4.3.5　控制体函数近似法

控制体有限元法可以推广为多种方法，最简单的是第 4.2.1 节所述的高阶有限元，亦即高次分片多项式。本节讨论推广为样条函数等非多项式函数，由此产生的控制体法称为控制体函数近似（CVFA）法（Lietal，2003a）。与 CVFE 相比，此方法更容易应用于任意形状的控制体，特别适用于混合网格油藏模拟。

假设 Ω 的剖分 K_h 由一组（开）控制体 V_i 组成：

$$\bar{\Omega}=\bigcup_{i=1}^{N}\bar{V}_i,\ V_i\cap V_j=\phi,i\neq j$$

式中，N 是控制体的总数。不同的控制体可以有不同的形状（参见图 4.37），如基本三角形、四边形及椭圆形单元等，也可以单独作为 Ω 剖分 K_h 的单元。每个控制体 V_i 的边界定义如下：

$$\partial V_i=\bigcup_{k=1}^{N_i}e_{ik} \tag{4.129}$$

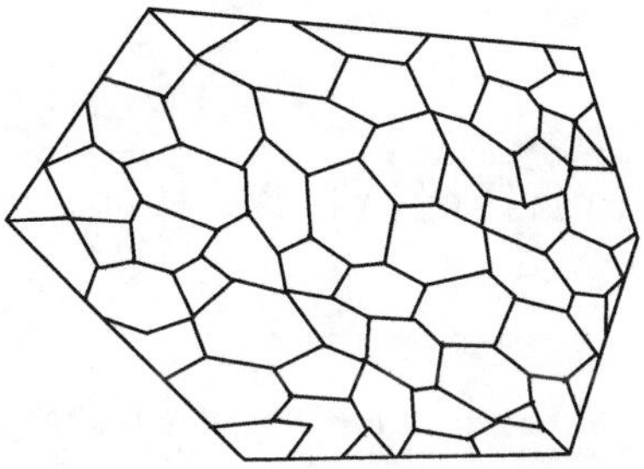

图 4.37 Ω 的剖分控制体

式中，N_i 是 ∂V_i 上边界 e_{ik} 的个数。对于每个 V_i，式（4.110）的积分方程类似于式（4.111）。在 $e_{ik}\subset\partial V_i$ 上，用插值 p_h 近似 p：

$$p_h(\boldsymbol{x})=-\sum_{j=1}^{R_{ik}}p_{ik}^j\varphi_{ik}^j(\boldsymbol{x}),\quad \boldsymbol{x}\in e_{ik},\ i=1,\ 2,\ \cdots,\ N \tag{4.130}$$

式中 R_{ik} 是 e_{ik} 的插值节点 $\boldsymbol{x}_{ik}^j$ 的个数，这些节点既可以位于 V_i 上也可以位于 V_i 的周围（图 4.38）。

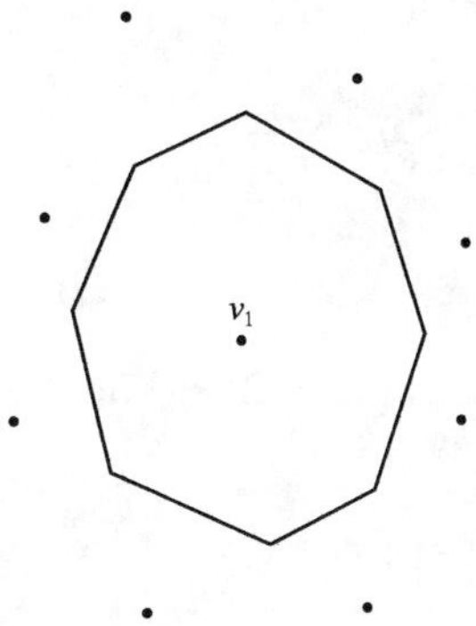

图 4.38 具有插值节点的控制体

假设基函数 φ_{ik}^j 满足：

$$\varphi_{ik}^j(\boldsymbol{x})=\begin{cases}1,\ 在x_{ik}^j节点上\\0,\ 在其他节点上\end{cases}$$

且

$$\sum_{j=1}^{R_{ik}}\varphi_{ik}^{j}(\boldsymbol{x})=1,\quad \boldsymbol{x}\in e_{ik},\quad k=1,2,\cdots,N_i,\quad i=1,2,\cdots,N \tag{4.131}$$

因此，p_{ik}^{j} 表示 e_{ik} 在第 j 个插值节点 $\boldsymbol{x}_{ik}^{j}$ 处的压力，恒定压力也由式（4.111）表示。后一种性质在 CVFA 的局部质量守恒中很重要。

将式（4.129）代入式（4.111）中，得到：

$$-\sum_{k=1}^{N_i}\int_{e_{ik}}\boldsymbol{a}\nabla p\cdot \mathrm{v}\mathrm{d}\ell=\int_{V_i}f\mathrm{d}\mathbf{x},\quad i=1,2,\cdots,N \tag{4.132}$$

将式（4.130）代入式（4.132），得到：

$$-\sum_{k=1}^{N_i}\sum_{j=1}^{R_{ik}}\int_{e_{ik}}a(\boldsymbol{x})p_{ik}^{j}\nabla\varphi_{ik}^{j}(\boldsymbol{x})\cdot \mathrm{v}\mathrm{d}\ell=\int_{V_i}f\mathrm{d}\mathbf{x},\ i=1,2,\cdots,N \tag{4.133}$$

设

$$T_{ik}^{j}=-\int_{e_{ik}}a(\boldsymbol{x})\nabla\varphi_{ik}^{j}(\boldsymbol{x})\cdot \mathrm{v}\mathrm{d}\ell$$

其中 $j=1,2,\cdots,R_{ik}$，$k=1,2,\cdots,N_i$，$i=1,2,\cdots,N$。则式（4.133）变为

$$-\sum_{k=1}^{N_i}\sum_{j=1}^{R_{ik}}T_{ik}^{j}p_{ik}^{j}=F_i,\qquad i=1,2,\cdots,N \tag{4.134}$$

上式是 p_{ik}^{j} 的线性方程组。也可以像第 4.3.4 节中 CVFE 的上游加权形式一样定义和分析 CVFA 的上游加权形式。

现在构建基函数 φ_{ik}^{j}。因为样条基函数具有非常好的平滑性（Schumaker，1981），可以用这样的基函数为例进行描述，如，其他非多项式函数如距离加权函数等也可以使用构建基函数（Li 等，2003a）。

首先，定义

$$\omega_{ik}^{j}(\boldsymbol{x})=a_{ik}^{j}+b_{ik}^{j}x_1+c_{ik}^{j}x_2+\sum_{l=1}^{R_{ik}}f_{ik,l}^{j}h_{ik}^{l}(\boldsymbol{x}),\quad \boldsymbol{x}=(x_1,x_2)\in e_{ik}$$

其中 $a_{ik}^{j},b_{ik}^{j},c_{ik}^{j},f_{ik,l}^{j}\in\mathbf{R}$，且

$$h_{ik}^{l}(\boldsymbol{x})=2\left(r_{ik}^{l}\right)^2\ln r_{ik}^{l}$$

$$r_{ik}^{l}(x_1,x_2)=\left[\left(x_1-x_{ik,1}^{l}\right)^2+\left(x_2-x_{ik,2}^{l}\right)^2\right]^{1/2}$$

式中节点坐标 $x_{ik}^{l}=(x_{ik,1}^{l},\ x_{ik,2}^{l})$，$j,l=1,2,\cdots,R_{ik}$，$k=1,2,\cdots,N_i$，$i=1,2,\cdots,N$。这些样条函数需满足下列属性：

节点值：

$$\omega_{ik}^{j}(\boldsymbol{x})=\begin{cases}1, & 在\boldsymbol{x}_{ik}^{j}节点上\\ 0, & 在其他节点上\end{cases}$$

总力为零：

$$\sum_{l=1}^{R_{ik}} f_{ik,l}^{j} = 0$$

总力矩为零：

$$\sum_{l=1}^{R_{ik}} f_{ik,l}^{j} \boldsymbol{x}_{ik}^{l} = 0$$

可以证明，合理选择插值节点 x_{ik}^{j} 可通过这三个约束，确定系数 a_{ik}^{j}、b_{ik}^{j}、c_{ik}^{j} 和 $f_{ik,l}^{j}$。最简单的选择是用每个边 e_{ik} 的四个相邻控制体的中心（图 4.39）。

现在，定义基函数 φ_{ik}^{j}：

$$\varphi_{ik}^{j}(\boldsymbol{x}) = \frac{\omega_{ik}^{j}(\boldsymbol{x})}{\sum_{l=1}^{R_{ik}} \omega_{ik}^{l}(\boldsymbol{x})}, \quad \boldsymbol{x} \in e_{ik} \tag{4.135}$$

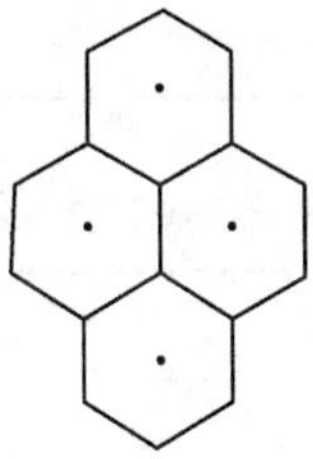

图 4.39　边 e_{ik}（中垂边）的相邻节点

由于对控制体的形状没有要求，因此 CVFA 特别适用于非结构网格油藏模拟。

现举几个 Li 等（2003A）文献中的例子。

例 4.10　为了比较 CVFA 和 CVFE，与第 4.3.1 节类似，基于三角形构建控制体。在式（4.110）中，令 $\Omega=(0,1)\times(0,1)$ 为单位正方形，$\boldsymbol{a}$ 为单位张量，且

$$f(\boldsymbol{x}) = 2\pi^2 \cos(\pi x_1)\cos(\pi x_2)$$

边界条件为

$$\begin{aligned} &\nabla p \cdot \nu = 0, && x_1 = 0 \text{ 和 } x_1 = 1, && x_2 \in (0,1) \\ &p = \cos(\pi x_1), && x_1 \in (0,1), && x_2 = 0 \\ &p = -\cos(\pi x_1), && x_1 \in (0,1), && x_2 = 1 \end{aligned}$$

则式（4.110）的精确解为 $p=\cos(\pi x_1)\cos(\pi x_2)$。

采用两种范数检验收敛速度：

$$\|\upsilon\|_{L^\infty(\Omega)} = \max_{x\in\Omega} |\upsilon(\boldsymbol{x})|, \quad \|\upsilon\|_{L^2(\Omega)} = \left(\int_\Omega |\upsilon(\boldsymbol{x})|^2 \mathrm{d}\boldsymbol{x}\right)^{1/2}$$

CVFA 的样条函数逼近方法中插值节点由控制体的中心组成。表 4.1 至表 4.4 给出了

CVFA 和 CVFE 中 p 和 p 的梯度 $\boldsymbol{u}=\nabla p$ 的数值误差及对应的收敛速度。p_h 和 $\boldsymbol{u}_h$ 分别是 p 和 $\boldsymbol{u}$ 的近似解，h 是基于三角剖分 x_1 方向和 x_2 方向上的空间步长，速度是对应范数的收敛速度。从这些计算结果可以看出，无论是对于 CVFA 还是 CVFE，p 和 $\boldsymbol{u}$ 的收敛速度都渐近是 $\mathcal{O}(h^2)$ 和 $\mathcal{O}(h)$ 阶渐近的。然而，从该试验和其他（本文未给出）数值试验中观察到，CVFA 的近似误差小于 CVFE 的近似误差。

表 4.1　控制体函数近似法（CVFA）中 p 的数值结果

$1/h$	$\|p-p_h\|_{L^\infty(\Omega)}$	速度	$\|p-p_h\|_{L^2(\Omega)}$	速度
2	0.31147353	—	0.18388206	—
4	0.11490560	1.4387	4.8526985×10^{-2}	1.9219
8	3.2336764×10^{-2}	1.8292	1.2107453×10^{-2}	2.0029
16	8.3515844×10^{-3}	1.9531	3.0019570×10^{-3}	2.0199
32	2.1060989×10^{-3}	1.9875	7.4598770×10^{-4}	2.0087
64	5.2769621×10^{-4}	1.9968	1.8585293×10^{-4}	2.0050

表 4.2　控制体函数近似法（CVFA）中 $\boldsymbol{u}$ 的数值结果

$1/h$	$\|\boldsymbol{u}-\boldsymbol{u}_h\|_{L^\infty(\Omega)}$	速度	$\|\boldsymbol{u}-\boldsymbol{u}_h\|_{L^2(\Omega)}$	速度
2	1.35576698	—	1.00055733	—
4	0.79144271	0.7766	0.40574242	1.3022
8	0.41524124	0.9305	0.15380230	1.3995
16	0.21064551	0.9791	6.3754123×10^{-2}	1.2705
32	0.10577494	0.9938	2.8906865×10^{-2}	1.1411
64	5.2954964×10^{-2}	0.9982	1.3795696×10^{-2}	1.0672

表 4.3　控制体有限元法（CVFE）中 p 的数值结果

$1/h$	$\|p-p_h\|_{L^\infty(\Omega)}$	速度	$\|p-p_h\|_{L^2(\Omega)}$	速度
2	0.35502877	—	0.18584850	—
4	0.11549486	1.6201	5.8970002×10^{-2}	1.6561
8	3.3079427×10^{-2}	1.8038	1.5744807×10^{-2}	1.9051
16	8.7789616×10^{-3}	1.9138	4.0029721×10^{-3}	1.9757
32	2.2525012×10^{-3}	1.9625	1.0049860×10^{-3}	1.9939
64	5.6991337×10^{-4}	1.9827	2.5151431×10^{-4}	1.9985

表 4.4 控制体有限元法（CVFE）中 u 的数值结果

$1/h$	$\|\boldsymbol{u}-\boldsymbol{u}_h\|_{L^\infty(\Omega)}$	速度	$\|\boldsymbol{u}-\boldsymbol{u}_h\|_{L^2(\Omega)}$	速度
2	1.8475225	—	1.2560773	—
4	1.3093706	0.4967	0.68846096	0.8675
8	0.70851284	0.8860	0.35305205	0.9635
16	0.36116394	0.9721	0.17767979	0.9906
32	0.18145106	0.9931	8.8985854×10^{-2}	0.9976
64	9.0834342×10^{-2}	0.9983	4.4511228×10^{-2}	0.9994

例 4.11 现在考虑一个 CVFE 无法轻松处理的例子：

$$\begin{aligned} -\Delta p &= \delta(\boldsymbol{x}-\boldsymbol{x}_0), & \boldsymbol{x}\in\Omega \\ p &= 0, & \boldsymbol{x}\in\Gamma \end{aligned} \tag{4.136}$$

式中，$\Omega=\{x\in\mathbf{R}^2:|x|\leqslant 1\}$ 为单位圆，$\delta(\boldsymbol{x}-\boldsymbol{x}_0)$ 是中心为 $\boldsymbol{x}_0$ 的狄拉克 δ 函数。式（4.136）的精确解为 Green 函数：

$$p(\boldsymbol{x})=\frac{1}{2\pi}\ln\left(\frac{|\boldsymbol{x}-\boldsymbol{x}_0|}{|\boldsymbol{x}_0||\boldsymbol{x}-\boldsymbol{x}_0^*|}\right) \tag{4.137}$$

式中，x_0^* 是 x_0 关于 Γ 的映像：

$$\boldsymbol{x}_0^*=\frac{1}{|\boldsymbol{x}_0|^2}\boldsymbol{x}_0$$

圆形网格（图 4.40）最适合该问题。CVFE 无法轻松、准确地处理这种类型的网格。但 CVFA 在单元形状方面的灵活性，能容易、准确地使用圆形网格。表 4.5 给出了 CVFA 的数值误差 $\|p-p_h\|_L{}^2(\Omega)$ 和相应的收敛速度。径向和角度方向上的均匀网格加密为 $h_r=1/N_r$、$h_\theta=2\pi/N_\theta$ 及 $\boldsymbol{x}_0=0.5\mathrm{e}^{\pi\mathrm{i}/6}$（$\mathrm{i}=\sqrt{-1}$）来度量。如表 4.5 所示，该范数中的收敛速度为 $\mathcal{O}(h)$ 阶渐近。收敛速度下降是因为式（4.136）解的正则性降低式（4.136）[参见式（4.137）]，且由于该解缺乏规律性，因此无法使用 $\dfrac{\|p-p_h\|_{L^2(\Omega)}}{\|u-u_h\|_{L^2(\Omega)}}$ 范数。

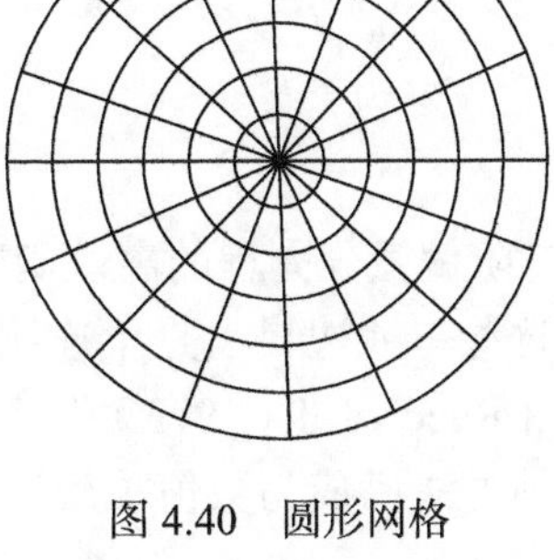

图 4.40 圆形网格

表 4.5　例 4.11 中控制体函数近似法（CVFA）的数值结果

(N_r, N_θ)	$\|p-p_h\|_{L^2(\Omega)}$	速度
(8, 12)	4.13287534×10^{-3}	—
(16, 24)	2.88767285×10^{-3}	0.5172
(32, 48)	1.49421476×10^{-3}	0.9595
(64, 96)	7.51098130×10^{-4}	0.9923

4.3.6　网格取向效应的减少

第 4.1.9 节表明，有限差分法具有网格取向效应。现在用 CVFE 计算图 4.9 所示的例子，结果如图 4.41 所示。图 4.41 表明，网格取向效应不复存在。另外也用 CVFA 计算了同一个例子，得到的数值结果与 CVFE 的结果相同。

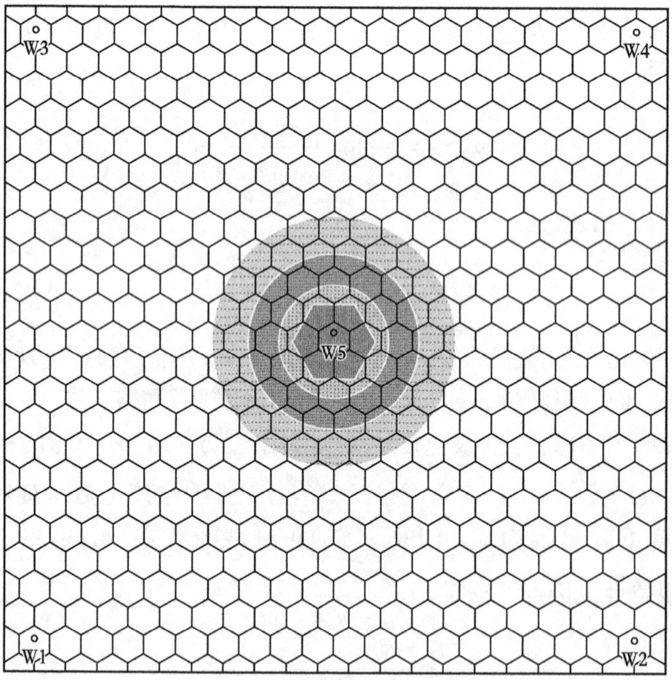

图 4.41　控制体有限元法（CVFE）例子

4.4　间断有限元法

在前两节中，有限元空间中二阶偏微分方程的离散函数在穿过单元音边界时是连续的。本节讨论有限元空间中的函数在这些单元边界上是不连续的情况，亦即间断有限元。间断 Galerkin（DG）有限元法最初是由 Reed et al.（1973）引入线性平流（双曲型）问题的。由于连续有限元法缺乏鲁棒性，这种方法已成为数值求解平流（对流）问题的重要替代方法。

DG 方法的重要特征是（在每个单元上）局部质量守恒，并具有高阶精度。

4.4.1 DG 方法

考虑平流问题：

$$\begin{aligned} \boldsymbol{b}\cdot\nabla p + Rp = f, \quad & \boldsymbol{x}\in\Omega \\ p = g, \quad & \boldsymbol{x}\in\Gamma_- \end{aligned} \tag{4.138}$$

其中函数 $\boldsymbol{b}$、R、f 和 g 已知，$\Omega\in\mathbf{R}^d$（$d\leqslant 3$）为有界区域，边界为 Γ。流入边界 Γ_- 定义如下：

$$\Gamma_-=\{\boldsymbol{x}\in\Gamma:(\boldsymbol{b}\cdot\boldsymbol{v})(\boldsymbol{x})\}$$

$\boldsymbol{v}$ 是 Γ 的单位外法线向量。假设平流系数 $\boldsymbol{b}$ 在（$\boldsymbol{x}$，t）上是光滑的，且反应系数 R 是有界、非负的。第 4.1.8 节研究了一维形式。

当 $h>0$ 时，令 K_h 是 Ω 的有限元剖分将 Ω 分割成单元 $\{K\}$。假设 K_h 满足最小角条件式（4.79）。对于 DG 方法，K_h 中的相邻单元无须匹配；例如，一个单元的顶点可以位于另一个单元的边内或面内。用 ε_h^0 表示 K_h 中所有内部边界 e 的集合，用 ε_h^b 表示 Γ 上边界 e 的集合，$\varepsilon_h=\varepsilon_h^0\cup\varepsilon_h^b$。默认 $\varepsilon_h^0\neq\phi$。

定义与 K_h 相关的有限元空间：

$$V_h=\{\upsilon:\upsilon\text{是}\Omega\text{上的有界函数，且}\upsilon|_K\in P_r(K),K\in K_h\}$$

式中 $P_r(K)$ 是 K 上次数最高的多项式空间，$r\geqslant 0$。注意到该空间中的函数无须具有跨单元边界的连续性。

为介绍 DG 方法，需要引入一些符号。对于每个 $K\in K_h$，将边界 ∂K 分成流入部分和流出部分：

$$\partial K_-=\{\boldsymbol{x}\in\partial K:(\boldsymbol{b}\cdot\boldsymbol{v})(\boldsymbol{x})<0\}$$

$$\partial K_+=\{\boldsymbol{x}\in\partial K:(\boldsymbol{b}\cdot\boldsymbol{v})(\boldsymbol{x})\geqslant 0\}$$

式中，$\boldsymbol{v}$ 是 ∂K 的单位外法线向量。图 4.42 所示为一个以 ∂K_- 和 ∂K_+ 为边的三角形 K。对于 $e\in\varepsilon_h^0$，函数 $\upsilon\in K_h$ 的边界 e 的左右极限定义如下：

$$\upsilon_-(\boldsymbol{x})=\lim_{\epsilon\to 0^-}\upsilon(\boldsymbol{x}+\epsilon\boldsymbol{b}),\quad \upsilon_+(\boldsymbol{x})=\lim_{\epsilon\to 0^+}\upsilon(\boldsymbol{x}+\epsilon\boldsymbol{b})$$

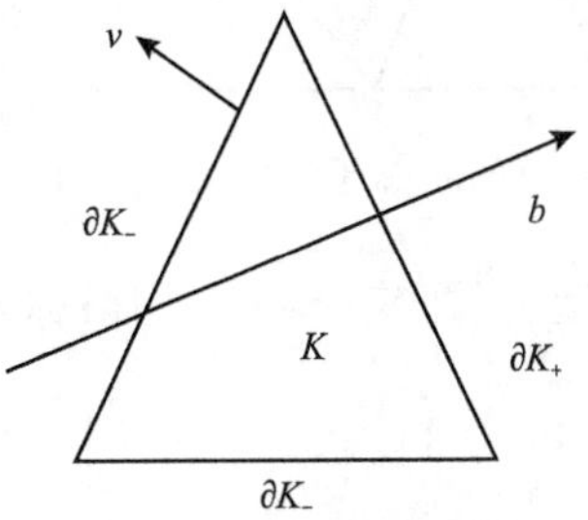

图 4.42 ∂K_- 与 ∂K_+ 的图示

对于 $\boldsymbol{x}\in e$，υ 穿过 e 的跳跃如下：

$$[\![\upsilon]\!] = \upsilon_+ - \upsilon_-$$

对于 $e \in \varepsilon_h^b$，（从 Ω 的内部）定义：

$$[\![\upsilon]\!] = \upsilon$$

现在，定义式（4.138）的 DG 方法：对于 $K \in K_h, p_{h,-}$ 在 ∂K_- 上已知，求 $p_h = p_h|_K \in P_r(K)$，使

$$\begin{aligned}&(\boldsymbol{b} \cdot \nabla p_h + R p_h, \upsilon)_K - \int_{\partial K_-} p_{h,+} \upsilon_+ \boldsymbol{b} \cdot \boldsymbol{v} \mathrm{d}\ell \\ &= (f, \upsilon)_K - \int_{\partial K_-} p_{h,-} \upsilon_+ \boldsymbol{b} \cdot \boldsymbol{v} \mathrm{d}\ell \qquad \forall \upsilon \in P_r(K)\end{aligned} \tag{4.139}$$

式中

$$(\upsilon, w)_K = \int_K \upsilon w \mathrm{d}\boldsymbol{x}, \quad p_{h,-} = g \text{在} \Gamma_- \text{上}$$

注意到式（4.139）是式（4.138）在单元 K 上的标准有限元法，边界条件弱施加。当 $p_{h,-}$ 在 ∂K_- 上给定时，和第 4.2.1 节中一样可以证明式（4.139）解存在且唯一［参见式（4.146）的注解］。式（4.139）也适用于连续式（4.138）（Chen，2005）。对于典型的三角剖分（图 4.43），先在与 Γ_- 相邻的三角形 K 上确定 p_h。继续该过程（根据已知信息求解未知信息），直到求得整个 Ω 上的 p_h 为止。因此，式（4.139）的计算是局部的。

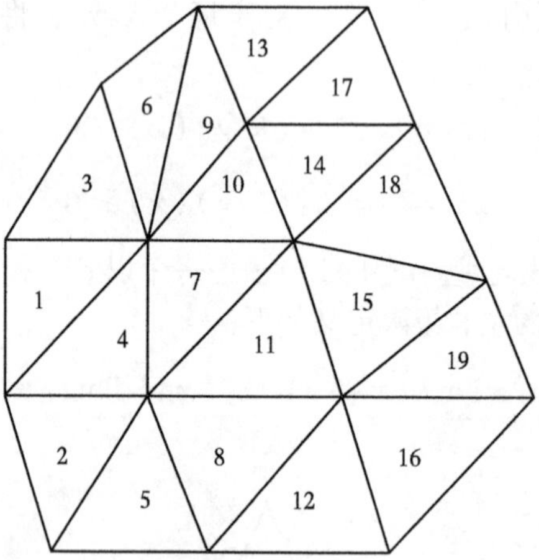

图 4.43　间断伽辽金（DG）法的计算顺序

如果 $\boldsymbol{b}$ 不发散（或为螺旋线型），即 $\nabla \cdot \boldsymbol{b} = 0$，用格林公式（4.68）可以得到（图 4.42）：

$$(\boldsymbol{b} \cdot \nabla p_h, 1)_K = \int_{\partial K_-} p_{h,+} \boldsymbol{b} \cdot \boldsymbol{v} \mathrm{d}\ell + \int_{\partial K_+} p_{h,-} \boldsymbol{b} \cdot \boldsymbol{v} \mathrm{d}\ell$$

υ=1 时将上式代入式（4.139），得到

$$(R p_h, 1)_K + \int_{\partial K_+} p_{h,-} \boldsymbol{b} \cdot \boldsymbol{v} \mathrm{d}\ell = (f, 1)_K - \int_{\partial K_-} p_{h,-} \boldsymbol{b} \cdot \boldsymbol{v} \mathrm{d}\ell \tag{4.140}$$

这是局部守恒性质（即流入、流出之差等于质量累积之和）。

为了以第 4.2 节中所用的形式表示式（4.139），定义：

$$a_K(v,w)=(\boldsymbol{b}\cdot\nabla v+Rv,w)_K-\int_{\partial K_-}[\![v]\!]w_+\boldsymbol{b}\cdot\boldsymbol{v}\mathrm{d}\ell,\quad K\in K_h$$

和

$$a(v,w)=\sum_{K\in K_h}a_K(v,w)$$

则式（4.139）表示如下：求 $p_h\in V_h$，使

$$a(p_h,v)=(f,v)\qquad\forall v\in V_h\tag{4.141}$$

其中，$p_{h,-}=g$ 位于 Γ_- 上。在证明式（4.141）的解具有稳定性和收敛性之前，首先考虑以下几个例子。

例 4.12　式（4.138）的一维例子：

$$\begin{aligned}&\frac{\mathrm{d}p}{\mathrm{d}x}+p=f,\quad x\in(0,1)\\&p(0)=g\end{aligned}\tag{4.142}$$

令 $0=x_0<x_1<\cdots<x_M=1$，将（0，1）分成长度为 $h_i=x_i-x_{i-1}$，$i=1,2,\cdots,M$ 的一组子区间 $I_i=(x_{i-1},x_i)$。此时，式（4.139）变为：对于 $i=1,2,\cdots,M$，给定 $[p_h(x_{i-1})]_-$，求 $p_h=p_h|_{I_i}\in P_r(I_i)$，使

$$\left(\frac{\mathrm{d}p_h}{\mathrm{d}x}+p_h,v\right)_{I_i}+[\![p_h(x_{i-1})]\!][v(x_{i-1})]_+=(f,v)_{I_i}\qquad\forall v\in P_r(I_i)$$

式中，$[p_h(x_0)]_-=g$。当 $r=0$ 时，V_h 是分段常数空间，DG 方法简化为：对于 $i=1,2,\cdots,M$，求 $p_i=[p_h(x_i)]_-$，使

$$\begin{aligned}&\frac{p_i-p_{i-1}}{h_i}+p_i=\frac{1}{h_i}\int_{I_i}f\mathrm{d}x\\&p_0=g\end{aligned}\tag{4.143}$$

注意到式（4.143）只是简单的迎风有限差分方法（参见第 4.1.8 节），等式右边是平均值。

例 4.13　在平流问题［式（4.138）］中设 $R=f=0$，则式（4.138）简化为

$$\begin{aligned}&\boldsymbol{b}\cdot\nabla p=0,\quad \boldsymbol{x}\in\Omega\\&p=g,\qquad \boldsymbol{x}\in\Gamma_-\end{aligned}\tag{4.144}$$

令 $r=0$，那么式（4.139）改写为：对于 $K\in K_h$，给定 ∂K_- 上的 $p_{h,-}$，求 $p_K=p_h|_K$，使

$$\int_{\partial K_-}p_K\boldsymbol{b}\cdot\boldsymbol{v}\mathrm{d}\ell=\int_{\partial K_-}p_{h,-}\boldsymbol{b}\cdot\boldsymbol{v}\mathrm{d}\ell$$

即

$$p_K=\frac{\int_{\partial K_-}p_{h,-}\boldsymbol{b}\cdot\boldsymbol{v}\mathrm{d}\ell}{\int_{\partial K_-}\boldsymbol{b}\cdot\boldsymbol{v}\mathrm{d}\ell}\tag{4.145}$$

因此，对于每个 $K \in K_h$，p_K 由 ∂K_- 上边的相邻单元的加权平均值 p_h 确定。例如，令 Ω 是 $\mathbf{R}^2$ 中的矩形区域，K_h 由矩形组成，$\boldsymbol{b}>0$。在这种情况下，对于图 4.44 所示图形，可得

$$p_3 = \frac{b_1}{b_1+b_2} p_1 + \frac{b_2}{b_1+b_2} p_2$$

式中，$p_i = p_h|_{K_i}, i=1,2,3$，且 $\boldsymbol{b}=(b_1, b_2)$。同样，在这种情况下，式（4.145）对应于式（4.144）的普通迎风有限差分方法。

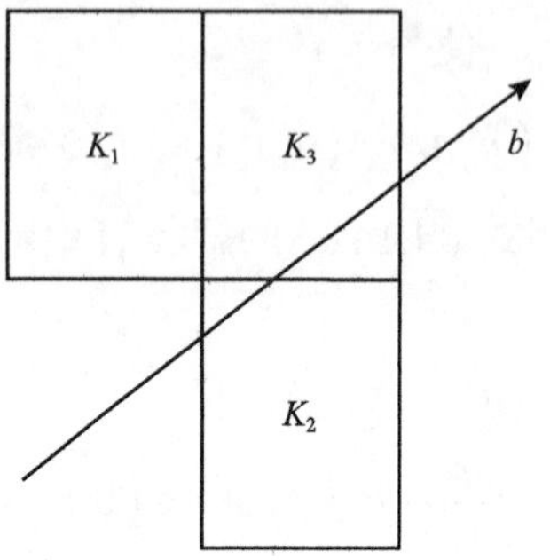

图 4.44　相邻矩形

为了证明 DG 方法［式（4.141）］的稳定性和收敛性，定义范数：

$$\|v\|_{\boldsymbol{b}} = \left[\left\| R^{1/2} v \right\|_{L^2(\Omega)}^2 + \frac{1}{2} \sum_{K \in K_h} \int_{\partial K_-} [\![v]\!]^2 |\boldsymbol{b} \cdot \boldsymbol{v}| \mathrm{d}\ell + \frac{1}{2} \int_{\Gamma_+} v_-^2 \boldsymbol{b} \cdot \boldsymbol{v} \mathrm{d}\ell \right]^{1/2}$$

如果 $\nabla \cdot \boldsymbol{b} = 0$，可以证明（Chen，2005）：

$$a(v,v) = \|v\|_{\boldsymbol{b}}^2 - \frac{1}{2} \int_{\Gamma_-} v_-^2 |\boldsymbol{b} \cdot \boldsymbol{v}| \mathrm{d}\ell, \quad v \in V_h \tag{4.146}$$

利用式（4.146），用普通方法可以证明式（4.141）解的存在性和唯一性（参见第 4.2.1 节）。如果假设 $R - \nabla \cdot \boldsymbol{b}/2 \geqslant 0$（而不是 $\nabla \cdot \boldsymbol{b} = 0$），那么用 $\|(R - \nabla \cdot \boldsymbol{b}/2)^{\frac{1}{2}} v\|_{L^2(\Omega)}$ 替换 $\|v\|_{\boldsymbol{b}}$ 定义中的 $\|R^{\frac{1}{2}} v\|_{L^2(\Omega)}$。

若 R 关于 $x \in \Omega$ 严格为正［即 $R(\boldsymbol{x}) \geqslant R_0 > 0$］，则可以从式（4.141）和式（4.146）中得出：

$$\|p_h\|_{\boldsymbol{b}} \leqslant C \left[\|f\|_{L^2(\Omega)}^2 + \int_{\Gamma_-} g^2 |\boldsymbol{b} \cdot \boldsymbol{v}| \mathrm{d}\ell \right]^{\frac{1}{2}} \tag{4.147}$$

式（4.147）是式（1.141）关于数据 f 和 g 的稳定性结果。如果式（4.138）的解 p 对于每个 $K \in K_h$ 都在 $H^{r+1}(K)$ 中，那么式（4.141）的误差估计为：

$$\|p - p_h\|_{L^2(\Omega)}^2 + h \sum_{K \in K_h} \|\boldsymbol{b} \cdot \nabla (p - p_h)\|_{L^2(K)}^2 \leqslant C h^{2r+1} \sum_{K \in K_h} \|p\|_{H^{r+1}(K)}^2 \tag{4.148}$$

$r \geqslant 0$。注意到 $L^2(\Omega)$ 估计在 h 的 1/2 次幂时最优，而速度（或流线）方向上导数的 $L^2(\Omega)$ 估计实际上就是最优的。对于一般的三角剖分，因此，因为 h 的指数不能增加 $L^2(\Omega)$ 估计是尖锐的（Johnson，1994）。

最后指出，与时间有关的平流问题可以写成与式（4.138）具有相同形式的方程组。为了证明这一点，考虑问题：

$$\phi\frac{\partial p}{\partial t}+\boldsymbol{b}\cdot\nabla p+Rp=f,\quad \boldsymbol{x}\in\Omega,\ t>0$$

设 $t=x_0$，$b_0=\phi$，有

$$\overline{\boldsymbol{b}}\cdot\nabla_{(t,x)}p+Rp=f$$

式中，$\overline{\boldsymbol{b}}=(b_0,\boldsymbol{b})$，$\nabla_{(t,x)}=\left(\frac{\partial}{\partial t},\nabla_{\boldsymbol{x}}\right)$（将时间视为类似于空间的变量）。因此，上述 DG 方法对问题（4.138）法适用。

4.4.2　稳定 DG 方法

考虑一种稳定的 DG（SDG）方法，将式（4.139）修改如下：对于 $K\in K_h$，$p_{h,-}$ 在 ∂K_- 上已知，求 $p_h=p_h|_K\in P_r(K)$，使

$$\begin{aligned}&(\boldsymbol{b}\cdot\nabla p_h+Rp_h,\upsilon+\theta\boldsymbol{b}\cdot\nabla\upsilon)_K-\int_{\partial K_-}p_{h,+}\upsilon_+\boldsymbol{b}\cdot\boldsymbol{\nu}\mathrm{d}\ell\\&=(f,\upsilon+\theta\boldsymbol{b}\cdot\nabla\upsilon)_K-\int_{\partial K_-}p_{h,-}\upsilon_+\boldsymbol{b}\cdot\boldsymbol{\nu}\mathrm{d}\ell,\quad\forall\upsilon\in P_r(K)\end{aligned}\tag{4.149}$$

式中，θ 是稳定参数。

$$\theta(\boldsymbol{b}\cdot\nabla p_h,\boldsymbol{b}\cdot\nabla\upsilon)$$

式（4.139）和式（4.149）的区别在于，式（4.149）的左右两边都增加了一个稳定项。这种稳定方法也称为流线扩散法，增加的项对应于流线（或特征）方向上的扩散（Johnson，1994）。

选择参数 θ，使 $\theta=\mathcal{O}(h)$，从而得到与 DG 方法相同的收敛速度。当 $r=0$ 时，DG 方法和 SDG 方法是相同的。

现在，定义双线性形式 $a_K(\cdot,\cdot)$ 和 $a(\cdot,\cdot)$：

$$a_K(\upsilon,w)=(\boldsymbol{b}\cdot\nabla\upsilon+R\upsilon,w+\theta\boldsymbol{b}\cdot\nabla w)_K-\int_{\partial K_-}[\![\upsilon]\!]w_+\boldsymbol{b}\cdot\boldsymbol{\nu}\mathrm{d}\ell,\quad K\in K_h$$

$$a(\upsilon,w)=\sum_{K\in K_h}a_K(\upsilon,w)$$

式（4.149）可表示为：求 $p_h\in V_h$，使

$$a(p_h,\upsilon)=\sum_{K\in K_h}(f,\upsilon+\theta\boldsymbol{b}\cdot\nabla\upsilon)_K,\quad\forall\upsilon\in V_h\tag{4.150}$$

式中 $p_{h,-}=g$ 位于 Γ_- 上。

若 $1-\theta R/2\geqslant 0$，则范数 $\|\cdot\|_{\boldsymbol{b}}$ 修改为

$$\begin{aligned}\|\upsilon\|_{\boldsymbol{b}}=&\left[\left\|R^{\frac{1}{2}}(1-\theta R/2)^{\frac{1}{2}}\upsilon\right\|_{L^2(\Omega)}^2+\frac{1}{2}\sum_{K\in K_h}\int_{\partial K_-}[\![\upsilon]\!]^2|\boldsymbol{b}\cdot\boldsymbol{\nu}|\mathrm{d}\ell\right.\\&\left.+\frac{1}{2}\sum_{K\in K_h}\left\|\theta^{\frac{1}{2}}\boldsymbol{b}\cdot\nabla\upsilon\right\|_{L^2(K)}^2+\frac{1}{2}\int_{\Gamma_-}\upsilon_-^2\boldsymbol{b}\cdot\boldsymbol{\nu}\mathrm{d}\ell\right]^{1/2}\end{aligned}$$

若 $\boldsymbol{b}$ 满足 $\nabla\cdot\boldsymbol{b}=0$，则有（Chen，2005）：

$$a(\upsilon,\ \upsilon)\geqslant\|\upsilon\|_b^2-\frac{1}{2}\int_{\Gamma_-}\upsilon_-^2|\boldsymbol{b}\cdot\boldsymbol{\nu}|\mathrm{d}\ell,\quad \upsilon\in V_h \tag{4.151}$$

因此，稳定性结果［式（4.147）］和收敛性结果［式（4.148）］也适用于式（4.150）（Chen，2005）。

若稳定参数 θ 选择适当，则 SDG 方法比 DG 法稳定得多。有关二者的详细对比，参见 Chen（2005）。本节仅针对双曲型问题（4.138）建立 DG 方法和 SDG 方法；这两种方法也可用于求解扩散问题（Chen，2005）。

4.5 混合有限元法

本节研究混合有限元法，它是第 4.2 节讨论的有限元法的推广。这种方法在 20 世纪 60 年代引入（Fraeijs de Veubeke，1965；Hellan，1967；Hermann，1967），用于求解固体连续体问题。此后，混合有限元法应用于流体力学中的许多领域，本节首先讨论它们在二阶偏微分问题中的应用。用混合有限元法的主要原因是在某些应用中，矢量变量（如流体速度）是人们关注的主要变量。然后，为同时近似计算向量变量和标量变量（如压力）建立混合有限元法，并给出两个变量的高阶近似。和标准有限元法应用单个有限元空间不同，混合有限元法使用两个不同的空间，为使混合有限元法稳定，而且这两个空间必须满足下确界和上确界条件（inf-sup）。Raviart 和 Thomas（1977）为二维情况引入了二阶椭圆问题的第一类混合有限元空间。之后，Nédélec（1980）将这些空间推广到三维问题。在这两篇论文的推动下，目前文献中有关混合有限元空间的内容很多，见 Brezzi et al.（1985，1987a，1987b）、Chen et al.（1989）。

4.5.1 一维模型问题

和第 4.2 节中一样，考虑一维上 p 的稳态问题：

$$\begin{aligned}-\frac{\mathrm{d}^2p}{\mathrm{d}x^2}&=f(x),\quad 0<x<1\\ p(0)&=p(1)=0\end{aligned} \tag{4.152}$$

其中，函数 $f\in L^2(I)$ 已知，$I=(0,1)$，且

$$L^2(I)=\left\{\upsilon:\upsilon\text{在}I\text{上定义，}\int_I\upsilon^2\mathrm{d}x<\infty\right\}$$

$L^2(I)$ 中的点积：

$$(\upsilon,w)=\int_0^1\upsilon(x)w(x)\mathrm{d}x$$

实值函数 $\upsilon,w\in L^2(I)$（参见第 4.2.1 节）。同时采用线性空间（参见第 4.2.1 节）：

$$H^1(I)=\left\{\upsilon\in L^2(I):\frac{\mathrm{d}\upsilon}{\mathrm{d}x}\in L^2(I)\right\}$$

设

$$V=H^1(I),\ W=L^2(I)$$

注：不需要 W 中的函数不必在区间 I 上连续。引入变量：

$$u=-\frac{\mathrm{d}p}{\mathrm{d}x} \tag{4.153}$$

将式（4.152）改写为：

$$\frac{\mathrm{d}u}{\mathrm{d}x}=f \tag{4.154}$$

用任意函数 $\upsilon\in V$ 乘以式（4.153），并在 I 上积分，得

$$(u,\upsilon)=-\left(\frac{\mathrm{d}p}{\mathrm{d}x},\upsilon\right)$$

对上式右边分部积分，得

$$(u,\upsilon)=-\left(p,\frac{\mathrm{d}\upsilon}{\mathrm{d}x}\right)$$

其中，采用从式（4.152）的边界条件 $p(0)=p(1)=0$。此外，用任意函数 $w\in W$ 乘以式（4.154），在 Ω 上积分，得

$$\left(\frac{\mathrm{d}u}{\mathrm{d}x},w\right)=(f,w)$$

因此，函数 u 和 p 满足方程组：

$$\begin{aligned}&(u,\upsilon)-\left(\frac{\mathrm{d}\upsilon}{\mathrm{d}x},p\right)=0,\quad \upsilon\in V\\&\left(\frac{\mathrm{d}u}{\mathrm{d}x},w\right)=(f,w),\qquad w\in W\end{aligned} \tag{4.155}$$

该系统是式（4.152）的混合变分（或弱）形式。如果函数 u 和 p 是式（4.153）和式（4.154）的解，那么它们也满足式（4.155）。如果 p 足够光滑［例如假设 $p\in H^2(I)$］，那么反之也成立；见练习 4.40。

引入函数 F: $V\times W\to\mathbf{R}$

$$F(\upsilon,w)=\frac{1}{2}(\upsilon,\upsilon)-\left(\frac{\mathrm{d}\upsilon}{\mathrm{d}x},w\right)+(f,w),\quad \upsilon\in V,\ w\in W$$

可以证明（Chen，2005），（4.155）相当于鞍点问题：即求 $u\in V$ 和 $p\in W$，使：

$$F(u,w)\leqslant F(u,p)\leqslant F(\upsilon,p)\quad \forall\upsilon\in V,\ w\in W \tag{4.156}$$

因此，式（4.155）也称鞍点问题。

为了利用混合有限元法来解式（4.152），对于正整数 M，令 $0=x_1<x_2<\cdots<x_M=1$，将 I 分成一组长度为 $h_i=x_i-x_{i-1}$, $i=2,3,\cdots,M$ 的子区间 (x_{i-1},x_i)。设 $h=\max\{h_i,2\leqslant i\leqslant M\}$。

定义混合有限元空间：

$$V_h=\{\upsilon:\upsilon\ 是\ [0,1]\ 上的连续函数，并在每个子区间\ I_i\ 上为线性\},$$

$$W_h=\{w:w\text{ 在每个子区间 }I_i\text{ 上为常数}\}$$

注意到 $V_h\subset V$，$W_h\subset W$。现在，将式（4.152）的混合有限元法定义为：求 $u_h\in V_h$ 和 $p_h\in W_h$，使

$$\begin{aligned}&(u_h,\upsilon)-\left(\frac{\mathrm{d}\upsilon}{\mathrm{d}x},p_h\right)=0,\quad \upsilon\in V_h\\&\left(\frac{\mathrm{d}u_h}{\mathrm{d}x},w\right)=(f,w),\qquad w\in W_h\end{aligned}\tag{4.157}$$

为了证明式（4.157）有唯一解，令 $f=0$；在式（4.157）中取 $v=u_h$ 和 $w=p_h$，结果相加得到：

$$(u_h,u_h)=0$$

因此 $u_h=0$。由式（4.157）得

$$\left(\frac{\mathrm{d}\upsilon}{\mathrm{d}x},p_h\right)=0,\quad \upsilon\in V_h$$

选择 $\upsilon\in V_h$ 使 $\mathrm{d}\upsilon/\mathrm{d}x=p_h$（由于 V_h 和 W_h 的定义），从而得到 $p_h=0$。因此，式（4.157）的解唯一。由于式（4.157）等价于有限维线性系统，因此也证明了解的存在性。

类似于式（4.155）与式（4.156）等价性的证明，式（4.157）也等价于鞍点问题，即求 $u_h\in V_h$ 和 $p_h\in W_h$，使

$$F(u_h,w)\leqslant F(u_h,p_h)\leqslant F(\upsilon,p_h)\quad \forall \upsilon\in V_h,\ w\in W_h\tag{4.158}$$

引入基函数 $\varphi_i\in V_h$, $i=1,2,\cdots,M$（图 4.11）：

$$\varphi_i(x_j)=\begin{cases}1, & \text{如果}i=j\\0, & \text{如果}i\neq j\end{cases}$$

及基函数 $\psi_i\in W_h$, $i=1,2,\cdots,M-1$：

$$\psi_i(x)=\begin{cases}1, & \text{如果}x\in I_i\\0, & \text{如果}x\notin I_i\end{cases}$$

函数 ψ_i 是特征函数。函数 $\upsilon\in V_h$ 和 $w\in W_h$ 具有唯一表达式：

$$\upsilon(x)=\sum_{i=1}^{M}\upsilon_i\varphi_i(x),\ w(x)=\sum_{i=1}^{M-1}w_i\psi_i(x),\ 0\leqslant x\leqslant 1$$

其中，$\upsilon_i=\upsilon(x_i)$，$w_i=w|_{I_i}$。取式（4.157）中的 υ 和 w 作为基函数，得

$$\begin{aligned}&(u_h,\varphi_j)-\left(\frac{\mathrm{d}\varphi_j}{\mathrm{d}x},p_h\right)=0,\ j=1,\ 2,\ \cdots,\ M\\&\left(\frac{\mathrm{d}u_h}{\mathrm{d}x},\psi_i\right)=(f,\psi_i),\qquad j=1,\ 2,\ \cdots,\ M-1\end{aligned}\tag{4.159}$$

设

$$u_h(x)=\sum_{i=1}^{M}u_i\varphi_i(x),\ u_i=u_h(x_i)$$

和

$$p_h(x)=\sum_{k=1}^{M-1}p_k\psi_k(x),\ p_k=p_h|_{I_k}$$

代入式（4.159）得

$$\begin{aligned}&\sum_{i=1}^{M}(\varphi_i,\varphi_j)u_i-\sum_{k=1}^{M-1}\left(\frac{\mathrm{d}\varphi_j}{\mathrm{d}x},\psi_k\right)p_k=0,\ j=1,\ 2,\ \cdots,M\\&\sum_{i=1}^{M}\left(\frac{\mathrm{d}\varphi_j}{\mathrm{d}x},\psi_j\right)u_i=(f,\psi_i),\ j=1,\ 2,\ \cdots,M-1\end{aligned}\tag{4.160}$$

引入矩阵和向量：

$$\boldsymbol{A}=(a_{ij})_{i,j=1,2,\cdots,M},\ \boldsymbol{B}=(b_{jk})_{i,j=1,2,\cdots,M,k=1,2,\cdots,M-1},$$

$$\boldsymbol{U}=(u_i)_{i=1,2,\cdots,M},\ \boldsymbol{p}=(p_k)_{k=1,2,\cdots,M-1},\ \boldsymbol{f}=(f_j)_{j=1,2,\cdots,M-1}$$

式中，

$$a_{ij}=(\varphi_i,\varphi_j),\ b_{jk}=\left(\frac{\mathrm{d}\varphi_j}{\mathrm{d}x},\psi_k\right),\ f_j=(f,\psi_i)$$

将式（4.160）写成矩阵形式

$$\begin{pmatrix}\boldsymbol{A}&\boldsymbol{B}\\\boldsymbol{B}^{\mathrm{T}}&0\end{pmatrix}\begin{pmatrix}\boldsymbol{U}\\\boldsymbol{p}\end{pmatrix}=\begin{pmatrix}0\\-\boldsymbol{f}\end{pmatrix}\tag{4.161}$$

其中，$\boldsymbol{B}^{\mathrm{T}}$ 是 $\boldsymbol{B}$ 的转置。式（4.161）是对称不定的。可以证明，由下式定义的矩阵 $\boldsymbol{M}$ 既具有正特征值，也具有负特征值（参见练习 4.45）。

$$\boldsymbol{M}=\begin{pmatrix}\boldsymbol{A}&\boldsymbol{B}\\\boldsymbol{B}^{\mathrm{T}}&0\end{pmatrix}$$

矩阵 $\boldsymbol{A}$ 既是对称正定的（参见 4.2.1 节），也是稀疏的。在一维情况下，它是三对角矩阵。由基函数 φ_i 的定义得出：

$$a_{ij}=(\varphi_i,\varphi_j)=0,\ 如果\ |i-j|\geqslant 2,$$

因此

$$a_{11}=\frac{h_2}{3},\ a_{MM}=\frac{h_M}{3}$$

而且，对于 $i=2,3,\cdots,M-1$，有

$$a_{i-1,i}=\frac{h_i}{6},\ a_{ii}=\frac{h_i}{3}+\frac{h_{i+1}}{3},\ a_{i,i+1}=\frac{h_{i+1}}{6}$$

另外可得

$$b_{jj}=1,\ b_{j+1,j}=-1,\ j=1,2,\cdots,M-1$$

矩阵 $\boldsymbol{B}$ 的所有其他元素都是零。也就是说，$M\times(M-1)$ 矩阵 $\boldsymbol{B}$ 是双对角的：

$$\boldsymbol{B}=\begin{pmatrix} 1 & 0 & 0 & \cdots & 0 & 0 \\ -1 & 1 & 0 & \cdots & 0 & 0 \\ 0 & -1 & 1 & \cdots & 0 & 0 \\ \vdots & \vdots & \vdots & & \vdots & \vdots \\ 0 & 0 & 0 & \cdots & 1 & 0 \\ 0 & 0 & 0 & \cdots & -1 & 1 \\ 0 & 0 & 0 & \cdots & 0 & -1 \end{pmatrix}$$

在均匀剖分情况下，即 $h=h_i$ 时：

$$\boldsymbol{A}=\frac{h}{6}\begin{pmatrix} 2 & 1 & 0 & \cdots & 0 & 0 \\ 1 & 4 & 1 & \cdots & 0 & 0 \\ 0 & 1 & 4 & \cdots & 0 & 0 \\ \vdots & \vdots & \vdots & & \vdots & \vdots \\ 0 & 0 & 0 & \cdots & 4 & 1 \\ 0 & 0 & 0 & \cdots & 1 & 2 \end{pmatrix}$$

即使对于一维问题，采用混合有限元法分析式（4.157）的误差也很复杂。这里仅指出，式（4.157）有以下类型的误差估计：

$$\|p-p_h\|+\|u-u_h\|\leqslant Ch \tag{4.162}$$

式中，u、p 和 u_h、p_h 分别是式（4.155）和式（4.157）的解，C 与 p 的二阶导数有关。范数（参见第 4.2.1 节）：

$$\|\upsilon\|=\|\upsilon\|_{L^2(I)}=\left(\int_0^1\upsilon^2\mathrm{d}x\right)^{1/2}$$

当 u 足够光滑［例如，$u\in H^2(I)$］时，可以证明误差估计（Brezzi 和 Fortin，1991；Chen，2005）：

$$\|u-u_h\|\leqslant Ch^2 \tag{4.163}$$

对于 p 和 u 误差限定式（4.162）和式（4.163）是最优的。

4.5.2　二维模型问题

将上述的混合有限元法推广到二维稳态问题中：

$$\begin{aligned} -\Delta p = f, &\quad 在\varOmega中 \\ p=0, &\quad 在\varGamma上 \end{aligned} \tag{4.164}$$

其中，$\varOmega$ 是二维平面中的有界区域，边界为 $\varGamma$。$f\in L^2(\varOmega)$ 已知。回忆一下：

$$L^2(\varOmega)=\left\{\upsilon:\upsilon在\varOmega上定义，且\int_\varOmega\upsilon^2\mathrm{d}x<\infty\right\}$$

其内积：

$$(\upsilon, w) = \int_{\Omega} \upsilon(\boldsymbol{x}) w(\boldsymbol{x}) \mathrm{d}\boldsymbol{x}, \quad \upsilon, w \in L^2(\Omega)$$

另外，空间：

$$\boldsymbol{H}(\mathrm{div}, \Omega) = \left\{ \boldsymbol{v} = (\upsilon_1, \upsilon_2) \in \left[L^2(\Omega) \right]^2 : \nabla \cdot \boldsymbol{v} \in L^2(\Omega) \right\}$$

其中

$$\nabla \cdot \boldsymbol{v} = \frac{\partial \upsilon_1}{\partial x_1} + \frac{\partial \upsilon_2}{\partial x_2}$$

可以证明（参见练习 4.46），对于 Ω 的任意内部两两不相交子域分解，空间 $\boldsymbol{H}(\mathrm{div}, \Omega)$ 上的注向分量在这些分解的内边上连续法向分量。定义：

$$\boldsymbol{V} = \boldsymbol{H}(\mathrm{div}, \Omega), \ W = L^2(\Omega)$$

设

$$\boldsymbol{u} = -\nabla p \tag{4.165}$$

式（4.164）中的第一个方程变为

$$\nabla \cdot \boldsymbol{u} = f \tag{4.166}$$

用 $\boldsymbol{v} \in \boldsymbol{V}$ 乘以式（4.165），并在 Ω 上积分，得

$$(\boldsymbol{u}, \boldsymbol{v}) = -(\boldsymbol{v}, \nabla p)$$

右侧应用格林公式［式（4.68）］，得

$$(\boldsymbol{u}, \boldsymbol{v}) = (\nabla \cdot \boldsymbol{v}, p)$$

应用式（4.164）的边界条件，并用 $w \in W$ 乘以式（4.166），得

$$(\nabla \cdot \boldsymbol{u}, w) = (f, w)$$

因此，得到 $\boldsymbol{u}$ 和 p 的方程组：

$$\begin{aligned} (\boldsymbol{u}, \boldsymbol{v}) - (\nabla \cdot \boldsymbol{v}, p) &= 0, \quad \boldsymbol{v} \in \boldsymbol{V} \\ (\nabla \cdot \boldsymbol{u}, w) &= (f, w), \quad w \in W \end{aligned} \tag{4.167}$$

这是（4.164）的混合变分形式。如果 $\boldsymbol{u}$ 和 p 满足式（4.165）和式（4.166），那么它们也满足式（4.167）。如果 p 足够光滑［例如 $p \in H^2(\Omega)$］，那么反之也成立；参见练习 4.47。类似于式（4.155）和式（4.156）的方法可以将式（4.167）写成鞍点问题。

对于多边形区域 Ω，令 K_h 是 Ω 的不重叠（开）三角形剖分，满足任三角形的顶点不位于另一个三角形边上。定义混合有限元空间：

$$\boldsymbol{V}_h = \{ \boldsymbol{v} \in \boldsymbol{V} : \boldsymbol{v} | K = (b_K x_1 + a_K, b_K x_2 + c_K), \quad a_K, b_K, c_K \in \mathbf{R}, \quad K \in K_h \}$$
$$W_h = \{ w : w\text{在每个三角形}K_h\text{上为常数} \}$$

$\boldsymbol{V}_h$ 也可以描述如下：

$$V_h=\{\boldsymbol{v}\in\boldsymbol{v}|_K=(b_Kx_1+a_K,b_Kx_2+c_K),K\in K_h,a_K,b_K,c_K\in\mathbf{R},\ \text{且}\boldsymbol{v}\text{的法向分量过}K_h\text{的内边连续}\}$$

注意 $\boldsymbol{V}_h\subset\boldsymbol{V}$，$W_h\subset W$。将式（4.164）的混合有限元法定义为：求 $\boldsymbol{u}_h\in\boldsymbol{V}_h$ 和 $p_h\in W_h$，使

$$\begin{aligned}(\boldsymbol{u}_h,\boldsymbol{v})-(\nabla\cdot\boldsymbol{v},p_h)&=0,\ \ \boldsymbol{v}\in\boldsymbol{V}_h\\(\nabla\cdot\boldsymbol{u}_h,w)&=(f,w),\quad w\in W_h\end{aligned}\tag{4.168}$$

与式（4.157）一样，可以证明式（4.168）具有唯一解。

令 $\{\boldsymbol{x}_i\}$ 为 K_h 边的中点集合，$i=1,2,\cdots,M$。将每个点 $\boldsymbol{x}_i$ 与单位法向量 $\boldsymbol{v}_i$ 关联起来。对于 $\boldsymbol{x}_i\in\Gamma$，$\boldsymbol{v}_i$ 是 Γ 的单位外法线向量。对于 $\boldsymbol{x}_i\in\boldsymbol{e}=\bar{K}_1\cap\bar{K}_2,K_1,K_2\in K_h$，令 $\boldsymbol{v}_i$ 是与 $\boldsymbol{e}$ 正交的任意单位向量（图 4.45）。定义 $\boldsymbol{V}_h$ 的基函数，$i=1,2,\cdots,M$：

$$(\varphi_i\cdot\boldsymbol{v}_i)(\boldsymbol{x}_j)=\begin{cases}1,\ \text{如果}i=j\\0,\ \text{如果}i\neq j\end{cases}$$

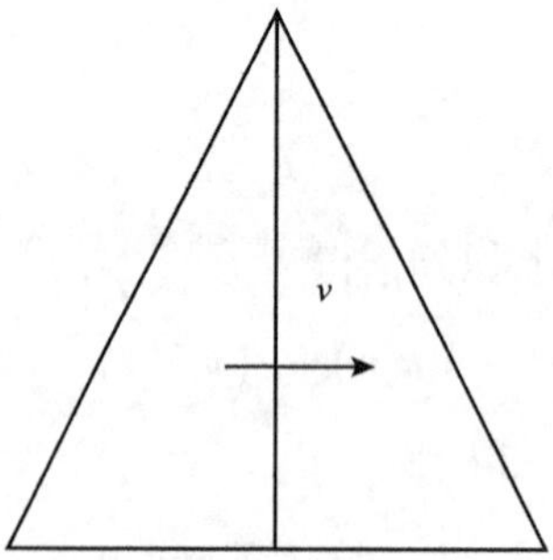

图 4.45 单位外法向量 $\boldsymbol{v}$ 的图示

任意 $\boldsymbol{v}\in\boldsymbol{V}_h$ 都有唯一表达式：

$$\boldsymbol{v}(\boldsymbol{x})=\sum_{i=1}^{N}\upsilon_i\varphi_i(\boldsymbol{x}),\ \ \boldsymbol{x}\in\Omega$$

式中，$\upsilon_i=(\boldsymbol{v}\cdot\boldsymbol{v}_i)(\boldsymbol{x}_i)$。此外，类似于前一节，定义基函数 $\psi_i\in W_h$，$i=1,2,\cdots,N$，即

$$\psi_i(\boldsymbol{x})=\begin{cases}1,\ \text{如果}\boldsymbol{x}\in K_i\\0,\ \text{如果}\boldsymbol{x}\notin K_i\end{cases}$$

式中 $\bar{\Omega}=\bigcup_{i=1}^{N}\bar{K}_i$，$N$ 是 K_h 中三角形的个数。$\forall\ w\in W_h$

$$w(\boldsymbol{x})=\sum_{i=1}^{N}w_i\psi_i(\boldsymbol{x}),\ \ \boldsymbol{x}\in\Omega,\ \ w_i=w|_{K_i}$$

与前一节方法一样，将式（4.168）改写为（参见练习 4.48）：

$$\begin{pmatrix}\boldsymbol{A}&\boldsymbol{B}\\\boldsymbol{B}^{\mathrm{T}}&0\end{pmatrix}\begin{pmatrix}\boldsymbol{U}\\\boldsymbol{p}\end{pmatrix}=\begin{pmatrix}0\\-\boldsymbol{f}\end{pmatrix}\tag{4.169}$$

其中

$$A=\left(a_{ij}\right)_{i,j=1,2,\cdots,M},\quad B=\left(b_{jk}\right)_{i,j=1,2,\cdots,M,k=1,2,\cdots,N},$$

$$U=\left(u_i\right)_{i=1,2,\cdots,M},\quad p=\left(p_k\right)_{k=1,2,\cdots,N},\quad f=\left(f_j\right)_{j=1,2,\cdots,N}$$

$$a_{ij}=\left(\varphi_i,\varphi_j\right),\ b_{jk}=-\left(\nabla\cdot\varphi_j,\psi_k\right),\ f_j=\left(f,\psi_i\right)$$

同样，由

$$M=\begin{pmatrix} A & B \\ B^{\mathrm{T}} & 0 \end{pmatrix}$$

定义的矩阵 M 既有正特征值又有负特征值。矩阵 A 是对称正定稀疏矩阵。实际上，在所给出的例子中，矩阵 A 每行最多有五个非零元素（参见练习 4.48）。矩阵 B 也是稀疏矩阵，每行有两个非零元素。

令 u、p 和 u_h、p_h 分别是式（4.167）和式（4.168）的解。则如下误差估计成立（Brezzi et al.，1991；Chen，2005）：

$$\|p-p_h\|+\|u-u_h\|\leqslant Ch \tag{4.170}$$

式中，C 与 p 的二阶偏导数的大小有关。该误差估计对这一混合有限元空间是最优的。

4.5.3 推广到其他类型的边界条件

（1）Neumann 边界条件。

上一节考虑了式（4.164）中的 Dirichlet 边界条件。现将混合有限元法推广到具有齐次 Neumann 边界条件的稳态问题中：

$$\begin{aligned} -\Delta p &= f,\ \text{在}\Omega\text{中} \\ \frac{\partial p}{\partial \mathrm{v}} &= 0,\ \text{在}\Gamma\text{上} \end{aligned} \tag{4.171}$$

式中 $\partial p/\partial \boldsymbol{v}$ 是垂直于边界 Γ 的 p 的导数。

将格林公式［式（4.68）］代入式（4.171），得

$$\int_\Omega f\mathrm{d}\boldsymbol{x}=0$$

该式为相容性条件。在这种情况下，p 在达到积分常数之前是唯一的。定义空间：

$$V=\{\boldsymbol{v}=(\upsilon_1,\upsilon_2)\in \boldsymbol{H}(\mathrm{div},\Omega):\boldsymbol{v}\cdot\boldsymbol{v}=0,\ \text{在}\Gamma\text{上}\}$$

$$W=\left\{w\in L^2(\Omega):\int_\Omega w\mathrm{d}\boldsymbol{x}=0\right\}$$

将式（4.171）的混合变分形式写为：求 $u\in V$ 和 $p\in W$，使

$$\begin{aligned} (\boldsymbol{u},\boldsymbol{v})-(\nabla\cdot\boldsymbol{v},p)&=0,\quad \boldsymbol{v}\in V \\ (\nabla\cdot\boldsymbol{u},w)&=(f,w),\quad w\in W \end{aligned} \tag{4.172}$$

注意到 Neumann 边界条件是纳入空间 V 定义的必要条件。相反，Dirichelet 边界条件则是有限元法的必要条件（参见第 4.2.1 节）。

令 K_h 是 Ω 的非重叠三角形剖分，定义混合有限元空间：

$$V_h=\{\boldsymbol{v}\in\boldsymbol{H}(\mathrm{div},\Omega):\boldsymbol{v}|_K=(b_Kx_1+a_K,b_Kx_2+c_K),a_K,b_K,c_K\in\mathbf{R},\\ K\in K_h,\boldsymbol{v}\cdot\boldsymbol{\nu}=0,\ 在\varGamma上\}$$

$$W_h=\left\{w:w|_K\ 在每个K\in K_h上为常数，且\int_\Omega w\mathrm{d}\boldsymbol{x}=0\right\}$$

同样，$\boldsymbol{V}_h\in\boldsymbol{V}$，$W_h\in W$。问题（4.171）的混合有限元法改写为：求 $\boldsymbol{u}_h\in\boldsymbol{V}_h$，$p_h\in W_h$，使

$$\begin{aligned}(\boldsymbol{u}_h,\boldsymbol{v})-(\nabla\cdot\boldsymbol{v},p_h)=0,\quad \boldsymbol{v}\in\boldsymbol{V}_h\\ (\nabla\cdot\boldsymbol{u}_h,w)=(f,w),\quad w\in\boldsymbol{V}_h\end{aligned}\tag{4.173}$$

可以将该方程组改写成与式（4.169）一样的矩阵形式，误差估计式（4.170）也成立。

（2）第三类边界条件。

现在考虑第三类边界条件：

$$\begin{aligned}-\Delta p=f，在\Omega中\\ bp+\frac{\partial p}{\partial\boldsymbol{\nu}}=g，在\varGamma上\end{aligned}\tag{4.174}$$

其中 b 是 $\varGamma$ 上的严格正函数，g 是已知函数。

利用第 4.5.2 节中定义的线性空间 $\boldsymbol{V}$ 和 W，式（4.174）的混合变分形式为：求 $\boldsymbol{u}\in\boldsymbol{V}$ 和 $p\in W$，使

$$\begin{aligned}(\boldsymbol{u},\boldsymbol{v})+\int_\varGamma b^{-1}\boldsymbol{u}\cdot\boldsymbol{\nu}\boldsymbol{v}\cdot\boldsymbol{\nu}\mathrm{d}\ell-(\nabla\cdot\boldsymbol{v},p)=\int_\varGamma b^{-1}g\boldsymbol{v}\cdot\boldsymbol{\nu}\mathrm{d}\ell,\ \boldsymbol{v}\in\boldsymbol{V}\\ (\nabla\cdot\boldsymbol{u},w)=(f,w),\ w\in W\end{aligned}\tag{4.175}$$

同理，利用第 4.5.2 节中的混合有限元空间，式（4.174）的混合有限元法为：求 $\boldsymbol{u}_h\in\boldsymbol{V}_h$ 和 $p_h\in W_h$，使

$$\begin{aligned}(\boldsymbol{u}_h,\boldsymbol{v})+\int_\varGamma b^{-1}\boldsymbol{u}_h\cdot\boldsymbol{\nu}\boldsymbol{v}\cdot\boldsymbol{\nu}\mathrm{d}\ell-(\nabla\cdot\boldsymbol{v},p_h)=\int_\varGamma b^{-1}g\boldsymbol{v}\cdot\boldsymbol{\nu}\mathrm{d}\ell,\ \boldsymbol{v}\in\boldsymbol{V}_h\\ (\nabla\cdot\boldsymbol{u}_h,w)=(f,w),\ w\in W_h\end{aligned}\tag{4.176}$$

与第 4.5.2 节一样，得到式（4.176）的矩阵形式和误差估计（参见练习 4.51）。

4.5.4 混合有限元空间

考虑 p 的模型问题：

$$\begin{aligned}-\nabla\cdot(\boldsymbol{a}\nabla p)=f，在\Omega中\\ p=g，\qquad 在\varGamma上\end{aligned}\tag{4.177}$$

其中，$\Omega\in\mathbf{R}^d$（$d=2$ 或 3）是边界为 $\varGamma$ 的二维或三维有界区域。假设扩散张量 $\boldsymbol{a}$ 满足式（4.88），f 和 g 分别是 Ω 和 $\varGamma$ 中具有实数值的分片连续有界函数。前面几节考虑过该问题。为了将式（4.177）写成混合变分形式，需要应用第 4.5.2 节介绍的 Sobolev 空间。$W=L^2(\Omega)$ 和 $\boldsymbol{V}=\boldsymbol{H}(\mathrm{div},\Omega)$ 两个空间的范数分别为

$$\|w\| \equiv \|w\|_{L^2(\Omega)} = \left(\int_{\Omega} w^2 \mathrm{d}\boldsymbol{x}\right)^{\frac{1}{2}}, \quad w \in W$$

$$\|\boldsymbol{v}\|_v \equiv \|\boldsymbol{v}\|_{\boldsymbol{H}(\mathrm{div},\Omega)} = \left(\|\boldsymbol{v}\|^2 + \|\nabla\cdot\boldsymbol{v}\|^2\right)^{\frac{1}{2}}, \quad \boldsymbol{v} \in \boldsymbol{V}$$

对于$\Omega\in\mathbf{R}^3$，$\boldsymbol{H}(\mathrm{div},\Omega)$的定义和其在第 4.5.2 节中的一样

$$\nabla\cdot\boldsymbol{v} = \frac{\partial \upsilon_1}{\partial x_1} + \frac{\partial \upsilon_2}{\partial x_2} + \frac{\partial \upsilon_3}{\partial x_3}, \quad \boldsymbol{v} = (\upsilon_1, \upsilon_2, \upsilon_3)$$

令

$$\boldsymbol{u} = -\boldsymbol{a}\nabla p \tag{4.178}$$

与式(4.167)推导方程方式一样，将式(4.177)写成混合变分形式：求$\boldsymbol{u}\in\boldsymbol{V}$和$p\in W$，使

$$\begin{aligned} \left(\boldsymbol{a}^{-1}\boldsymbol{u},\boldsymbol{v}\right) - (\nabla\cdot\boldsymbol{v}, p) &= \int_{\Gamma} g\boldsymbol{v}\cdot\boldsymbol{v}\mathrm{d}\ell, \quad \boldsymbol{v}\in\boldsymbol{V} \\ (\nabla\cdot\boldsymbol{u}, w) &= (f, w), \quad w\in W \end{aligned} \tag{4.179}$$

存在常数 $C_1 > 0$，使$\boldsymbol{V}$和W之间的下确界—上确界(inf-sup)条件成立(Chen，2005)：

$$\sup_{0\neq\boldsymbol{v}\in\boldsymbol{V}} \frac{|(\nabla\cdot\boldsymbol{v}, w)|}{\|\boldsymbol{v}\|_v} \geqslant C_1\|w\| \quad \forall w\in W \tag{4.180}$$

由式(4.88)和式(4.180)知，式(4.179)有唯一解$\boldsymbol{u}\in\boldsymbol{V}$和$p\in W$(Brezzi 和 Fortin，1991)，$\boldsymbol{u}$由式(4.178)给出。

令$\boldsymbol{V}_h\subset\boldsymbol{V}$和$W_h\subset W$是确定的有限维子空间。则式(4.179)的离散形式为：求$\boldsymbol{u}_h\in\boldsymbol{V}_h$和$p_h\in W_h$，使

$$\begin{aligned} \left(\boldsymbol{a}^{-1}\boldsymbol{u}_h,\boldsymbol{v}\right) - (\nabla\cdot\boldsymbol{v}, p_h) &= \int_{\Gamma} g\boldsymbol{v}\cdot\boldsymbol{v}\mathrm{d}\ell, \quad \boldsymbol{v}\in\boldsymbol{V}_h \\ (\nabla\cdot\boldsymbol{u}_h, w) &= (f, w), \quad w\in W_h \end{aligned} \tag{4.181}$$

为使该问题有唯一解，在V_h和W_h之间加一个类似于式(4.180)式的离散下确界—上确界条件：

$$\sup_{0\neq\boldsymbol{v}\in\boldsymbol{V}_h} \frac{|(\nabla\cdot\boldsymbol{v}, w)|}{\|\boldsymbol{v}\|_v} \geqslant C_2\|w\| \quad \forall\|w\|\in W_h \tag{4.182}$$

其中，C_2是与h无关的常数，且$C_2 > 0$。

前两节考虑了三角形混合有限元空间$\boldsymbol{V}_h$和W_h。这些空间是 Raviart et al.(1977)引入的最低阶三角形空间，且满足式(4.182)。本节将介绍满足该稳定性条件的其他混合有限元空间，包括：RTN 空间(Raviart et al.，1977；Nédélec，1980)，BDM 空间(Brezzi et al.，1985)，BDDF 空间(Brezzi et al.，1987a)，BDFM 空间(Brezzi et al.，1987b)和 CD 空间(Chen et al.，1989)。

式(4.182)也称为 Babuška-Brezzi 条件，或 Ladyshenskaja-Babuška-Brezzi 条件。

简单起见，令Ω为多边形区域。曲形区域混合有限元空间的定义与多边形区域混合有限元空间的定义相同，但需要修改$\boldsymbol{V}_h$的自由度(Brezzi et al.，1991)。

（1）三角形混合有限元空间。

对于$\Omega\in\mathbf{R}^2$，设K_h为Ω的三角剖分，其中相邻单元具完全有公共边。对于三角形$K\in K_h$，令

$$P_r(K)=\{\upsilon:\upsilon\text{ 是 }K\text{ 上最高次数为 }r\text{ 的多项式}\}$$

式中r是整数，且$r\geqslant 0$。混合有限元空间$\boldsymbol{V}_{h}\times W_h$在每个单元$K\in K_h$上局部定义，因此，令$\boldsymbol{V}_h(K)=\boldsymbol{V}_h|_K$（将$\boldsymbol{V}_h$限制在$K$上）和$W_h(K)=W_h|_K$。

①三角形 RT 空间。

三角形 RT 空间是由 Raviart et al.（1977）引入的第一个混合有限元空间。对于每个$r\geqslant 0$，三角形上的 RT 空间定义如下：

$$\boldsymbol{V}_h(K)=[P_r(K)]^2\oplus[(x_1,x_2)P_r(K)],\quad W_h(K)=P_r(K)$$

式中，符号$\oplus$表示直接求和，$(x_1, x_2)P_r(K)=[x_1P_r(K), x_2P_r(K)]$。前面几节应用的是$r=0$的情形。在这种情况下，$\boldsymbol{V}_h(K)$具有如下形式：

$$\boldsymbol{V}_h(K)=\{\upsilon:\upsilon=(a_K+b_Kx_1,c_K+b_Kx_2),\quad a_K,b_K,c_K\in\mathbf{R}\}$$

其维度是 3。如第 4.5.2 节所述，用K_h上边的中点处函数的法向分量值作为参数或自由度来描述$\boldsymbol{V}_h$中的函数（图 4.46）。此外，如第 4.5.2 节中所述，$r=0$时，W_h的自由度可以是K上函数的平均值。

通常，对于$r\geqslant 0$，$\boldsymbol{V}_h(K)$和$W_h(K)$的维数是

$$\dim[\boldsymbol{V}_h(K)]=(r+1)(r+3),\quad \dim[W_h(K)]=\frac{(r+1)(r+3)}{2}$$

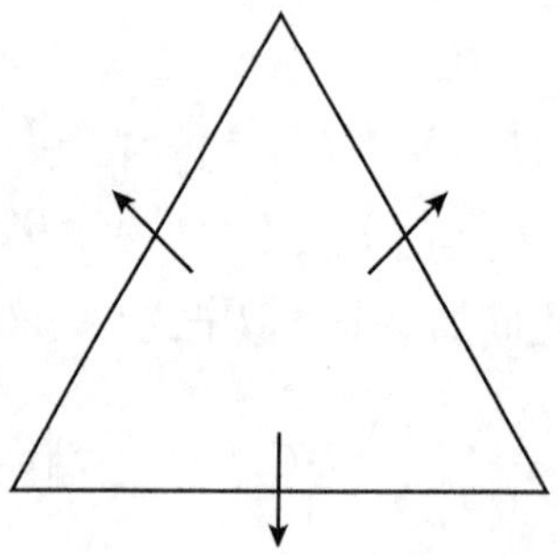

图 4.46　三角形上的 RT 空间

$r\geqslant 0$时，空间$\boldsymbol{V}_h(K)$的自由度为（Raviart et al.，1977）：

$$(\boldsymbol{v}\cdot\boldsymbol{\nu},w)_e\qquad\forall w\in P_r(e),\ e\in\partial K$$

$$(\boldsymbol{v},\boldsymbol{w})_K\qquad\forall\boldsymbol{w}\in[P_{r-1}(K)]^2$$

式中，$\boldsymbol{\nu}$是$e\in\partial K$的单位外法线向量。$\boldsymbol{V}_h$中的函数由这些自由度唯一确定。

②三角形 BDM 空间。

三角形 BDM 空间（Brezzi 等，1985）位于相应的 RT 空间之间，维数小于具有相同指

数的 RT 空间，且为提供与对应 RT 空间有相同阶数向量变量的提供渐近误差估计。对于每个 $r \geqslant 1$，三角形上的 BDM 空间定义如下：

$$V_h(K)=[P_r(K)]^2,\ W_h(K)=(\mathrm{P})_{r-1}(K)$$

三角形上最简单的 BDM 空间是 $r=1$ 的空间。此时 $\boldsymbol{V}_h(K)$ 为：

$$\boldsymbol{V}_h(K)=\left\{\upsilon:\upsilon=\left(a_K^1+a_K^2x_1+a_K^3x_2,a_K^4+a_K^5x_1+a_K^6x_2\right),\ a_K^i\in\mathbf{R},\ i=1,2,\cdots,6\right\}$$

其维度是 6。$\boldsymbol{V}_h$ 的自由度是 K_h 中每条边上两个二次高斯点函数的法向分量值（图 4.47）。$r=1$ 时，空间 $W_h(K)$ 由常数组成。

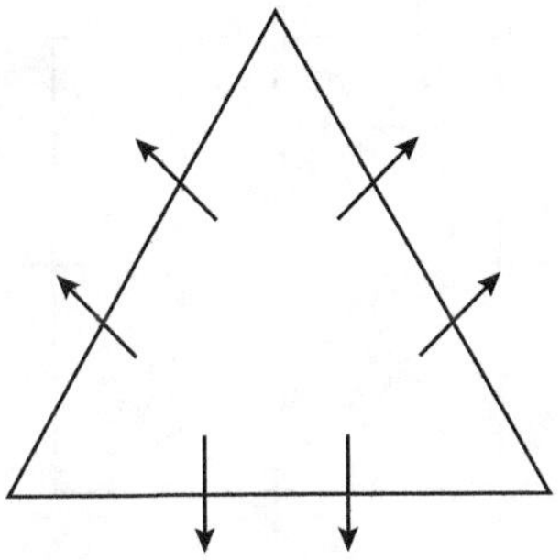

图 4.47　三角形上的 BDM 空间

通常，当 $r \geqslant 1$ 时，$\boldsymbol{V}_h(K)$ 和 $W_h(K)$ 的维数是

$$\dim[\boldsymbol{V}_h(K)]=(r+1)(r+2),\ \dim[W_h(K)]=\frac{r(r+1)}{2}$$

设

$$B_{r+1}(K)=\{\upsilon\in P_{r+1}(K):\upsilon|_{\partial K}=0\}=\lambda_1\lambda_2\lambda_3P_{r-2}(K)$$

式中，λ_1、λ_2、λ_3 是三角形 K 的重心坐标（参见第 4.2.1 节）。$\boldsymbol{V}_h(K)$ 的自由度是（Brezzi 等，1985）：

$$\begin{array}{ll}(\boldsymbol{v}\cdot\boldsymbol{v},w)_e & \forall w\in P_r(e),\ e\in\partial K\\ (\boldsymbol{v},\nabla w)_K & \forall w\in P_{r-1}(K)\\ (\boldsymbol{v},\mathbf{curl}\,w)_K & \forall w\in B_{r-1}(K)\end{array}$$

式中，$\mathbf{curl}\,w=(-\partial w/\partial x_2,\partial w/\partial x_1)$。

（2）矩形混合有限元空间。

现在考虑 Ω 是矩形区域，K_h 为 Ω 的矩形剖分，剖分单元的水平边和垂直边分别平行于 x_1 坐标轴和 x_2 坐标轴，相邻单元具有完全公共边。定义：

$$Q_{l,r}(K)=\left\{\upsilon:\upsilon(\boldsymbol{x})=\sum_{i=0}^{l}\sum_{j=0}^{r}\upsilon_{ij}x_1^ix_2^j,\ \boldsymbol{x}=(x_1,x_2)\in K,\ \upsilon_{ij}\in\mathbf{R}\right\}$$

即，$Q_{l,r}(K)$ 在 x_1 上最高次数为 l、x_2 上最高次数为 r 的多项式，$l,r \geqslant 0$。

①矩形 RT 空间。

矩形 RT 空间是三角形 RT 空间的拓展（Raviart et al.，1977）。对于每个 $r \geqslant 0$，矩形 RT 空间定义为

$$\boldsymbol{V}_h(K)=Q_{r+1,r}(K)\times Q_{r,r+1}(K),\ W_h(K)=Q_{r,r}(K)$$

$r=0$ 时，$\boldsymbol{V}_h(K)$ 的形式为

$$\boldsymbol{V}_h(K)=\left\{\upsilon:\upsilon=\left(a_K^1+a_K^2x_1,a_K^3+a_K^4x_2\right),\ a_K^i\in\mathbf{R},\ i=1,2,3,4\right\}$$

其维度是 4。$\boldsymbol{V}_h$ 的自由度是 K_h 每条边中点处函数的法向分量值（图 4.48）。此时，$Q_{0,0}(K)=P_0(K)$。

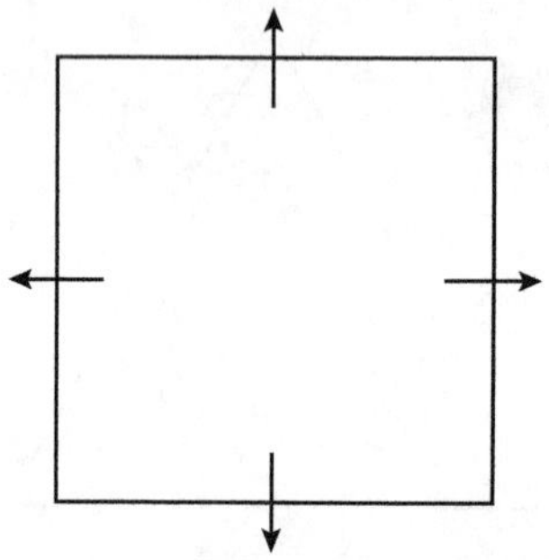

图 4.48　矩形上的 RT 空间

通常，对于 $r \geqslant 0$，$\boldsymbol{V}_h(K)$ 和 $W_h(K)$ 的维数是

$$\dim[\boldsymbol{V}_h(K)]=2(r+1)(r+2),\ \dim[W_h(K)]=(r+1)^2$$

$\boldsymbol{V}_h(K)$ 的自由度是

$$(\boldsymbol{v}\cdot\boldsymbol{\nu},w)_e\quad\forall w\in P_r(e),\ e\in\partial K$$
$$(\boldsymbol{v},w)_K\quad\forall\boldsymbol{w}\in(w_1,w_2),\ w_1\in Q_{r-1,r}(K),\ w_2\in Q_{r,r-1}(K)$$

②矩形 BDM 空间。

因为矩形 BDM 空间（Brezzi et al.，1985）向量元素是基于用精确的两个额外向量增加总次数为 r 的向量多项式空间，而不是用更高的 $2r+2$ 次多项式增加 r 次多项式的向量张量积空间，因此该空间与矩形 RT 空间差别很大。此处也可以使用标量变量的低维空间。对于 $\forall r \geqslant 1$，矩形 BDM 空间由下式给出：

$$\boldsymbol{V}_h(K)=[P_r(K)]^2\oplus\operatorname{span}\left\{\mathbf{curl}\left(x_1^{r+1}x_2\right),\mathbf{curl}\left(x_1x_2^{r+1}\right)\right\}$$
$$W_h(K)=P_{r-1}(K)$$

$r=1$ 时，$\boldsymbol{V}_h(K)$ 的形式为

$$\begin{aligned}\boldsymbol{V}_h(K)=\{\upsilon:\upsilon=\big(&a_K^1+a_K^2x_1+a_K^3x_2-a_K^4x_1^2-2a_K^5x_1x_2,\\&a_K^6+a_K^7x_1+a_K^8x_2+2a_K^4x_1x_2+a_K^5x_2^2\big),\\&a_K^i\in\mathbf{R},i=1,2,\cdots,8\}\end{aligned}$$

其维度是 8。$\boldsymbol{V}_h$ 的自由度是 K_h 中每条边上两个二次高斯点处函数的法向分量值（图 4.49）。

对于任意 $r \geqslant 1$，$\boldsymbol{V}_h(K)$ 和 $W_h(K)$ 的维数是

$$\dim[\boldsymbol{V}_h(K)] = (r+1)(r+2)+2，\dim[W_h(K)] = \frac{r(r+1)}{2}$$

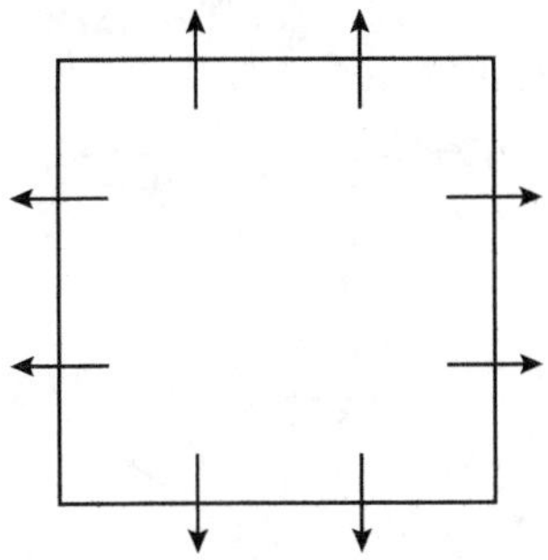

图 4.49　矩形上的 BDM 空间

$\boldsymbol{V}_h(K)$ 的自由度是

$$(\boldsymbol{v}\cdot\boldsymbol{v}, w)_e \quad \forall w \in P_r(e),\ e \in \partial K$$

$$(\boldsymbol{v}, w)_K \quad \forall w \in [P_{r-2}(K)]^2$$

③矩形 BDFM 空间。

矩形 BDFM 空间（Brezzi et al.，1987b）与矩形 BDM 空间有关，也称简化 BDM 空间。除了最低次空间外，BDFM 空间每个矩形的参数更少，因此其收敛速度与对应的 RT 空间的收敛速度相同。对于每个 $r \geqslant 0$，BDFM 空间定义如下：

$$\boldsymbol{V}_h K = \{w \in P_{r+1}(K): x_2^{r+1} \text{ 的系数消失}\} \times \{w \in P_{r+1}(K): x_1^{r+1} \text{ 的系数消失}\}$$

$$W_h(K) = P_{r-1}(K)$$

$r=0$ 时，BDFM 空间就是矩形 RT 空间。通常，对于 $r \geqslant 0$，$\boldsymbol{V}_h(K)$ 和 $W_h(K)$ 的维数是

$$\dim[\boldsymbol{V}_h(K)] = (r+2)(r+3)-2，\dim[W_h(K)] = \frac{(r+1)(r+2)}{2}$$

$\boldsymbol{V}_h(K)$ 的自由度是

$$(\boldsymbol{v}\cdot\boldsymbol{v}, w)_e \quad \forall w \in P_r(e), e \in \partial K$$

$$(\boldsymbol{v}, \boldsymbol{w})_K \quad \forall w \in [P_{r-1}(K)]^2$$

虽然给出的是矩形单元，但是通过将变量从参考矩形单元变为四边形单元，可以将矩形推广为一般四边形单元（Wang et al.，1994；Arnold et al.，2005）（参见第 4.2.2 节）。

（3）四面体混合有限元空间。

设 K_h 是 $\Omega \in \mathbf{R}^3$ 的四面体剖分，其相邻单元具有完全的公共面。在三维情况下，P_r 是三个变量 x_1、x_2、x_3 的 r 次多项式空间。

①四面体 RTN 空间。

四面体 RTN 空间（Nédélec，1980）是三角形 RT 空间的三维类似。对于每个 $r \geqslant 0$，四面体 RTN 空间定义如下：

$$\boldsymbol{V}_h K=[P_r(K)]^3 \oplus [(x_1,x_2,x_3)P_r(K)],\ W_h(K)=P_r(K)$$

式中 $(x_1,x_2,x_3)P_r(K)=[(x_1P_r(K), x_2P_r(K), x_3P_r(K)]$。和二维中一样，对于 $r=0$，$\boldsymbol{V}_h$ 为

$$\boldsymbol{V}_h(K)=\{\upsilon:\upsilon=(a_K+b_Kx_1, c_K+b_Kx_2, d_K, b_Kx_3),\ a_K,b_K,c_K\in\mathbf{R}\}$$

其维度是 4。自由度是 K 中每个面几何中心处函数的法向分量值（图 4.50）。

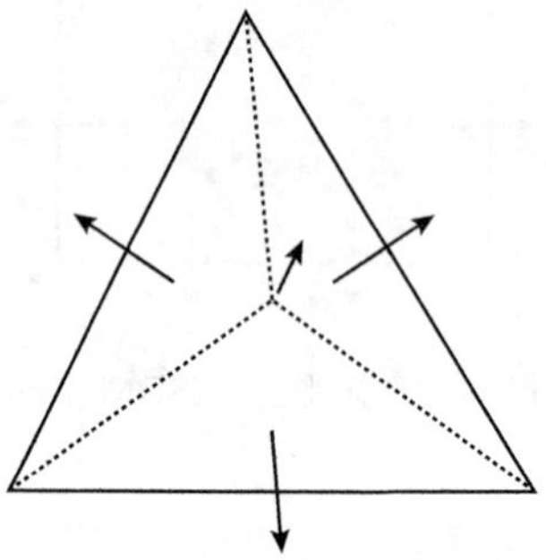

图 4.50 四面体上的 RTN 空间

通常，对于 $r \geqslant 0$，$\boldsymbol{V}_h(K)$ 和 $W_h(K)$ 的维数是

$$\dim[\boldsymbol{V}_h(K)]=\frac{(r+1)(r+2)(r+4)}{2}$$

$$\dim[W_h(K)]=\frac{(r+1)(r+2)(r+3)}{6}$$

$$(V\cdot r,w)_e$$

②四面体 BDDF 空间。

四面体 BDDF 空间（Brezzi et al.，1987a）是三角形 BDM 空间到四面体的推广。对于每个 $r \geqslant 1$，四面体 BDDF 空间定义如下：

$$\boldsymbol{V}_h(K)=[P_r(K)]^3,\ W_h(K)=P_{r-1}(K)$$

$\boldsymbol{V}_h(K)$ 和 $W_h(K)$ 的维数是

$$\dim[\boldsymbol{V}_h(K)]=\frac{(r+1)(r+2)(r+3)}{2}$$

$$\dim[W_h(K)]=\frac{r(r+1)(r+2)}{6}$$

$\boldsymbol{V}_h(K)$ 的自由度是

$$(\boldsymbol{v}\cdot\boldsymbol{v},w)_e \quad \forall w\in P_r(e),\ e\in\partial K$$

$$(\boldsymbol{v},\nabla w)_K \quad \forall w\in P_{r-1}(K)$$

$$(\boldsymbol{v},\boldsymbol{w})_K \quad \forall \boldsymbol{w}\in\left\{\boldsymbol{z}\in[P_r(K)]^3:\boldsymbol{z}\cdot\boldsymbol{v}=0\text{在}\partial K\text{上}/(\boldsymbol{z},\nabla w)_K=0, w\in P_{r-1}(K)\right\}$$

(4)平行六面体混合有限元空间。

设$\Omega\in\mathbf{R}^3$是长方形区域,K_h是$\Omega\in\mathbf{R}^3$的矩形平行六面体剖分，六面体的面与坐标轴平行、相邻单元具有完全的公共面。$\boldsymbol{x}=(x_1,x_2,x_3)$，定义：

$$Q_{l,m,r}(K)=\left\{\upsilon:\upsilon(\boldsymbol{x})=\sum_{i=0}^{l}\sum_{j=0}^{m}\sum_{K=0}^{r}\upsilon_{ijk}x_1^i x_2^j x_3^K,\ \boldsymbol{x}\in K,\ \upsilon_{ijk}\in\mathbf{R}\right\}$$

即，$Q_{l,m,r}(K)$是在x_1上最高次数为l、在x_2上最高次数为m、在x_3上最高次数为k的多项式空间，$l,m,r\geqslant 0$。

①长方体 RTN 空间。

长方体 RTN 空间(Nédélec，1980)是矩形 RT 空间的三维类似。对于每个$r\geqslant 0$，长方体 RTN 空间定义如下：

$$\boldsymbol{V}_h(K)=Q_{r+1,r,r}(K)Q_{r,r+1,r}(K)Q_{r,r,r+1}(K)$$

$$W_h(K)=Q_{r,r,r}(K)$$

对于$r=0$，$\boldsymbol{V}_h$为

$$V_h(K)=\left\{v:v=\left(a_K^1+a_K^2x_1,a_K^3+a_K^4x_2,a_K^5+a_K^6x_3\right),\ a_K^i\in\mathbf{R},\ i=1,2,\cdots,6\right\}$$

其维度是 6。自由度是K中每个面的几何中心处函数的法向分量值(图 4.51)。

对于$r\geqslant 0$，$\boldsymbol{V}_h(K)$和$W_h(K)$的维数是：

$$\dim[\boldsymbol{V}_h(K)]=3(r+1)^2(r+2),\ \dim[W_h(K)]=(r+1)^3$$

$\boldsymbol{V}_h(K)$的自由度是

$$(\boldsymbol{v}\cdot\boldsymbol{v},w)_e\quad\forall w\in Q_{r,r}(e),\ e\in\partial K$$

$$(\boldsymbol{v},\boldsymbol{w})_K\quad\forall\boldsymbol{w}=(w_1,w_2,w_3),\ w_1\in Q_{r-1,r,r}(K),\ w_2\in Q_{r,r-1,r}(K),\ w_3\in Q_{r,r,r-1}(K)$$

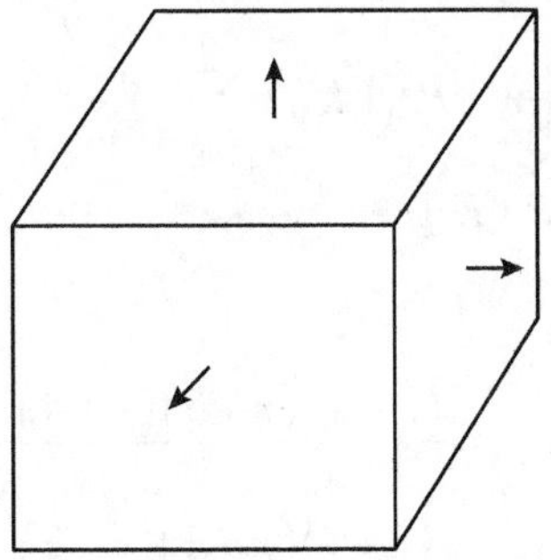

图 4.51 长方体上的 RTN 空间

②长方体 BDDF 空间。

长方体 BDDF 空间(Brezzi 等，1987a)是矩形 BDM 空间的三维类似。对于每个$r\geqslant 1$，长方体 BDDF 空间定义如下：

$$\begin{aligned}\boldsymbol{V}_h(K)=[P_r(K)]^3\oplus\operatorname{span}\{&\mathbf{curl}(0,0,x_1^{r+1}x_2),\mathbf{curl}(0,x_1x_3^{r+1},0),\\&\mathbf{curl}(x_2^{r+1}x_3,0,0),\mathbf{curl}(0,0,x_1x_2^{i+1}x_3^{r-i}),\\&\mathbf{curl}(0,x_1^{i+1}x_2^{r-i}x_3,0),\mathbf{curl}(x_1^{r-i}x_2x_3^{i+1},0,0)\}\end{aligned}$$

$$W_h(K)=P_{r-1}(K)$$

式中 $i=1,2,\cdots,r$，$\boldsymbol{v}=(\upsilon_1,\upsilon_2,\upsilon_3)$，

$$\mathbf{curl}\boldsymbol{v}=\left(\frac{\partial\upsilon_3}{\partial x_2}-\frac{\partial\upsilon_2}{\partial x_3},\frac{\partial\upsilon_1}{\partial x_3}-\frac{\partial\upsilon_3}{\partial x_1},\frac{\partial\upsilon_2}{\partial x_1}-\frac{\partial\upsilon_1}{\partial x_2}\right)$$

$\boldsymbol{V}_h(K)$ 和 $W_h(K)$ 的维数是

$$\dim[\boldsymbol{V}_h(K)]=\frac{(r+1)(r+2)(r+3)}{2}+3(r+1)$$

$$\dim[W_h(K)]=\frac{r(r+1)(r+2)}{6}$$

$\boldsymbol{V}_h(K)$ 的自由度是

$$(\boldsymbol{v}\cdot\boldsymbol{v},w)_e\quad\forall w\in P_r(e),\ e\in\partial K$$

$$(\boldsymbol{v},\boldsymbol{w})_K\quad\forall\boldsymbol{w}\in[P_{r-2}(K)]^3$$

③长方体 BDFM 空间。

长方体 BDFM 空间（Brezzi et al.，1987b）与长方体 BDDF 空间有关，也称简化 BDDF 空间。对于每个 $r\geqslant0$，长方体 BDFM 空间定义如下：

$$\begin{aligned}\boldsymbol{V}_h(K)=&\left\{w\in P_{r+1}(K):\ \sum_{i=0}^{r+1}x_2^{r+1-i}x_3^i\text{的系数为}0\right\}\\&\times\left\{w\in P_{r+1}(K):\ \sum_{i=0}^{r+1}x_3^{r+1-i}x_1^i\text{的系数为}0\right\}\\&\times\left\{w\in P_{r+1}(K):\ \sum_{i=0}^{r+1}x_1^{r+1-i}x_2^i\text{的系数为}0\right\}\end{aligned}$$

$$W_h(K)=P_r(K)$$

$\boldsymbol{V}_h$（K）和 W_h（K）的维数是

$$\dim[\boldsymbol{V}_h(K)]=\frac{(r+2)(r+3)(r+4)}{2}-3(r+2)$$

$$\dim[W_h(K)]=\frac{(r+1)(r+2)(r+3)}{6}$$

$\boldsymbol{V}_h$（K）的自由度是

$$(\boldsymbol{v}\cdot\boldsymbol{v},w)_e\quad\forall w\in P_r(e),\ e\in\partial K$$

$$(\boldsymbol{v},\boldsymbol{w})_K\quad\forall\boldsymbol{w}\in[P_{r-1}(K)]^3$$

（5）棱柱体混合有限元空间。

令区域$\Omega = G\times(l_1, l_2)\in\mathbf{R}^3$，其中$G\in\mathbf{R}^2$，$l_1$和$l_2$为实数。剖分$K_h$将$\Omega$分为多个成棱柱体，它们的底为$(x_1, x_2)$面上的三角形、三个垂直边平行于$x_3$轴、相邻棱柱体具有完全公共面。$P_{L,r}$表示变量$x_1$和$x_2$的$l$次多项式和变量$x_3$的$r$次多项式的空间。

①棱柱体 RTN 空间。

棱柱体 RTN 空间（Nédélec et al.，1986）是长方体 RTN 空间向棱柱体的推广。对于每个$r\geqslant 0$，棱柱体 RTN 空间定义如下：

$$\boldsymbol{V}_h(K)=\{\boldsymbol{v}=(\upsilon_1,\upsilon_2,\upsilon_3):\upsilon_3\in P_{r,r+1}(K)\},\quad \boldsymbol{W}_h(K)=P_{r,r}(K)$$

当x_3一定时，(υ_1,υ_2)满足：

$$(\upsilon_1,\upsilon_2)\in[P_r(K)]^2\oplus[(x_1,x_2)P_r(K)]$$

且υ_1和υ_2在x_3上为r次。对于$r=0$，$\boldsymbol{V}_h$为

$$V_h(K)=\left\{v:v=\left(a_K^1+a_K^2x_1,a_K^3+a_K^2x_2,a_K^4+a_K^5x_3\right),\ a_K^i\in\mathbf{R},\ i=1,2,\cdots,5\right\}$$

维度是 5。自由度是K中每个面的几何中心处函数的法向分量值（图 4.52）。

对于$r\geqslant 0$，$\boldsymbol{V}_h(K)$和$W_h(K)$的维数是

$$\dim[\boldsymbol{V}_h(K)]=(r+1)^2(r+3)\frac{(r+1)(r+2)^2}{2}$$

$$\dim[W_h(K)]=\frac{(r+1)^2(r+2)}{2}$$

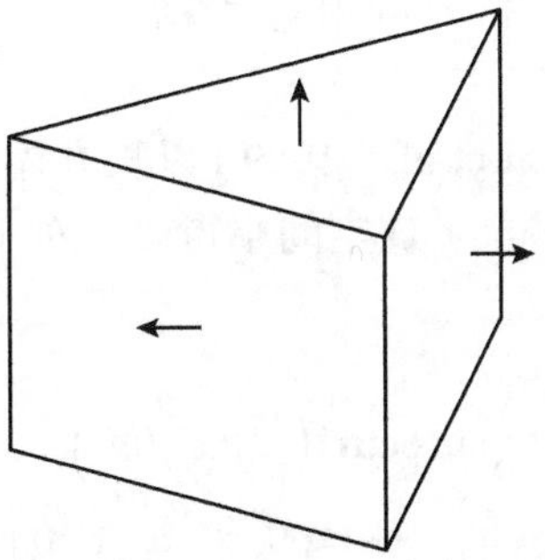

图 4.52　棱柱体 RTN 空间

$\boldsymbol{V}_h(K)$的自由度是：

$(\boldsymbol{v}\cdot\boldsymbol{v},w)_e$	对于两个水平面：$\forall w\in P_r(e)$
$(\boldsymbol{v}\cdot\boldsymbol{v},w)_e$	对于三个垂直面：$\forall w\in Q_{r,r}(e)$
$[(v_1,v_2),(w_1,w_2)]_K$	$\forall(w_1,w_2)\in\left[P_{r-1,r}(K)\right]^2$
$(v_3,w_3)_K$	$\forall w_3\in P_{r,r-1}(K)$

②棱柱体第一类 CD 空间。

棱柱体第一类 CD 空间（Chen et al.，1989）是棱柱体 RTN 空间的类似，但所用的自由

度不同，棱柱体第一类 CD 空间自由度的个数少于 RTN 空间。对于每个 $r \geqslant 0$，棱柱体第一类 CD 空间定义如下：

$$\boldsymbol{V}_h(K)=\{\boldsymbol{v}=(v_1, v_2, v_3):(v_1, v_2) \in [P_{r+1,r}(K)]^2, v_3 \in P_{r,r+1}(K)\}$$

$$W_h(K)=P_{r,r}(K)$$

$\boldsymbol{V}_h(K)$ 和 $W_h(K)$ 的维数是

$$\dim[\boldsymbol{V}_h(K)]=(r+1)(r+2)(r+3)+\frac{(r+1)(r+2)^2}{2}$$

$$\dim[W_h(K)]=\frac{(r+1)^2(r+2)}{2}$$

令

$$B_{r+2,r}(K)=\{v \in P_{r+2,r}(K)：\text{在三个垂直面上 } v|_e=0\}$$

$\boldsymbol{V}_h(K)$ 的自由度是

$$\begin{array}{ll}
(\boldsymbol{v}\cdot\boldsymbol{v}, w)_e & \text{对于两个水平面：} \forall w \in P_r(e) \\
(\boldsymbol{v}\cdot\boldsymbol{v}, w)_e & \text{对于三个垂直面：} \forall w \in Q_{r+1,r}(e) \\
\left[(v_1, v_2), \nabla_{(x_1,x_2)} w\right]_K & \forall w \in P_{r,r}(K) \\
\left[(v_1, v_2), \mathbf{curl}_{(x_1,x_2)} w\right]_K & \forall w \in B_{r+2,r}(K) \\
(v_3, w_3)_K & \forall w_3 \in P_{r,r-1}(K)
\end{array}$$

式中，$\nabla_{(x_1,x_2)}$ 和 $\mathbf{curl}_{(x_1,x_2)}$ 表示 x_1 和 x_2 的相应运算符。

③棱柱体第二类 CD 空间。

棱柱体第二类 CD 空间（Chen et al.，1989）以长方体上的 BDDF 空间为基础，所用的自由度比棱柱体 RTN 空间和第一类 CD 空间小得多。对于每个 $r \geqslant 1$，棱柱体上的第二类 CD 空间定义如下：

$$\begin{aligned}
V_h(K)=[P_r(K)]^3 \oplus \operatorname{span}\Big\{&\mathbf{curl}\left(x_2^{r+1}x_3, 0, 0\right), \mathbf{curl}\left(x_2 x_3^{r+1}, -x_1 x_3^{r+1}, 0\right), \\
&\mathbf{curl}\left(0, x_1^{i+1}x_2^{r-i}x_3, 0\right), i=1,2,\cdots,r\Big\}
\end{aligned}$$

$$W_h(K)=P_{r-1}(K)$$

$\boldsymbol{V}_h(K)$ 和 $W_h(K)$ 的维数是

$$\dim[\boldsymbol{V}_h(K)]=\frac{(r+1)(r+2)(r+3)}{2}+r+2$$

$$\dim[W_h(K)]=\frac{r(r+1)(r+2)}{6}$$

令

$$B_{r+1}(K)=\{v \in P_{r+1}(K)：\text{在 } K \text{ 的三个垂直面上 } v|_e=0\}$$

$\boldsymbol{V}_h(K)$的自由度是

$$
\begin{array}{ll}
(\boldsymbol{v}\cdot\boldsymbol{\nu},w)_e & \forall w\in P_r(e),e\in\partial K \\
\left[(\boldsymbol{v}_1,\boldsymbol{v}_2),\nabla_{(x_1,x_2)}w\right]_K & \forall w\in P_{r-1}(K) \\
\left[(v_1,v_2),\mathbf{curl}_{(x_1,x_2)}w\right]_K & \forall w\in B_{r+1}(K) \\
(v_3,w_3)_K & \forall w_3\in P_{r-2}K
\end{array}
$$

④棱柱体第三类 CD 空间。

棱柱体第三类 CD 空间（Chen et al.，1989）以长方体 BDFM 空间为基础，所用的自由度也比棱柱体 RTN 空间和第一类 CD 空间的小得多。对于每个 $r\geqslant 0$，棱柱体上的第三类 CD 空间定义如下：

$$
\begin{aligned}
\boldsymbol{V}_h(K)=&\left\{w\in P_{r+1}(K):x_3^{r+1}\text{的系数为}0\right\}\\
&\times\left\{w\in P_{r+1}(K):x_3^{r+1}\text{的系数为}0\right\}\\
&\times\left\{w\in P_{r+1}(K):\sum_{i=0}^{r+1}x_1^{r+1-i}x_2^{i}\text{的系数为}0\right\}\\
W_h(K)=&P_r(K)
\end{aligned}
$$

$\boldsymbol{V}_h$（K）和 W_h（K）的维数是

$$
\dim\left[\boldsymbol{V}_h(K)\right]=\frac{(r+2)(r+3)(r+4)}{2}-r-4
$$

$$
\dim\left[W_h(K)\right]=\frac{(r+1)(r+2)(r+3)}{6}
$$

$\boldsymbol{V}_h(K)$的自由度是

$$
\begin{array}{ll}
(\boldsymbol{v}\cdot\boldsymbol{\nu},w)_e & \text{对于两个水平面：}\forall w\in P_r(e) \\
(\boldsymbol{v}\cdot\boldsymbol{\nu},w)_e & \text{对于三个垂直面：}\forall w\in P_{r+1}\setminus\left\{x_3^{r+1}\right\}\big|_e \\
\left[(v_1,v_2),\nabla_{(x_1,x_2)}w\right]_K & \forall w\in P_{r-1}(K) \\
\left[(v_1,v_2),\mathbf{curl}_{(x_1,x_2)}w\right]_K & \forall w\in B_{r+2}(K) \\
(v_3,w_3)_K & \forall w_3\in P_{r-1}(K)
\end{array}
$$

综上，本节介绍了二维和三维空间上不同几何单元的混合有限元空间。这些空间满足下确界—上确界（inf-sup）条件（4.182）（Brezzi et al.，1991；Chen，2005），并得到最优近似属性（见下一节）。本节只考虑了多边形区域 Ω，对于更为一般的区域，剖分 T_h 可以在边界上具有曲边或曲面，并以类似方式构建了混合空间（Raviart et al.，1977；Nédélec，1980；Brezzi et al.，1985，1987a，1987b；Chen et al.，1989）。

4.5.5 近似属性

RTN、BDM、BDFM、BDDF 和 CD 混合有限元空间具有如下近似属性：

$$\begin{aligned}&\inf_{v_h\in V_h}\|\boldsymbol{v}-\boldsymbol{v}_h\|\leqslant Ch^l\|\boldsymbol{v}\|_{H^l(\Omega)}, && 1\leqslant l\leqslant r+1\\ &\inf_{v_h\in V_h}\|\nabla\cdot(\boldsymbol{v}-\boldsymbol{v}_h)\|\leqslant Ch^l\|\nabla\cdot\boldsymbol{v}\|_{H^l(\Omega)}, && 0\leqslant l\leqslant r^*\\ &\inf_{w_h\in W_h}\|w-w_h\|\leqslant Ch^l\|w\|_{H^l(\Omega)}, && 0\leqslant l\leqslant r^*\end{aligned}\tag{4.183}$$

式中，对于 RTN、BDFM 空间以及第一类和第三类 CD 空间，$r^*=r+1$；对于 BDM、BDDF 和第二类 CD 空间，$r^*=r$。当 $\boldsymbol{V}_h$ 和 W_h 是混合空间时，可以利用式（4.183）确定混合有限元方程（4.181）的相应误差估计（Chen，2005）。

本节仅针对稳态问题提出了混合有限元法，可以将这些方法推广到如第 4.2.4 节所述的瞬态问题中；也就是说，可以在时间上用后向欧拉法或 Crank-Nicholson 方法离散，在空间上用混合有限元法离散。用混合有限元法产生的线性代数方程组为鞍点型；即，方程组矩阵既有正特征值也有负特征值。因此，解这些方程组需要特别小心。如果想了解鞍点型线性方程组的各种迭代解法，读者可以参阅 Chen（2005）。当 $\boldsymbol{V}_h\times W_h$ 是长方体最低次 RTN 空间时，可以用特定的求积规则（Russell et al.，1983）将混合有限元法产生的线性方程组写成由单元中心（或块中心）有限差分格式产生的方程组。

4.6 特征有限元法

本节考虑有限元法在反应—扩散—对流问题中的应用：

$$\frac{\partial(\phi p)}{\partial t}+\nabla\cdot(\boldsymbol{b}p-\boldsymbol{a}\nabla p)+Rp=f\tag{4.184}$$

其中 p 为未知量，ϕ、$\boldsymbol{b}$（向量）、$\boldsymbol{a}$（张量）、R 和 f 均为给定函数。注意到问题［式（4.184）］涉及对流（$\boldsymbol{b}$）、扩散（$\boldsymbol{a}$）和反应（R）。许多方程以这种形式出现，例如，多孔介质中的多相多组分流动的饱和度方程和浓度方程即为这种形式（参见第 2 章）。

当扩散较对流占优时，第 4.2 节中的有限元法用在问题［式（4.184）］中效果很好。然而，当对流较扩散占优时，它们的效果就不好了。特别是当式（4.184）的解不光滑时，这些方法表现出过度的非物理振荡。为了消除非物理振荡，可在有限元法中使用标准上游加权方法（参见第 4.3 节），但这些方法模糊了解的尖锐前缘。虽然极细的网格加密有可能克服这一难题，但由于涉及很大的计算工作量，这是不可行。

目前有多求解对流占优问题［式（4.184）］的数值方法有很多，如最优空间法。该方法采用基于空间导数近似误差最小化的欧拉法，并使用满足局部伴随问题的最优测试函数（Brooks et al.，1982；Barrett et al.，1984）。最优空间法在近似中产生上游偏差并具有以下特征：（1）时间截断误差在解中占主导地位；（2）解具有明显的数值扩散和相误差；（3）柯朗数［即 $|\boldsymbol{b}|\Delta t/(\phi h)$］为通常限制小于 1［柯朗数的定义参见式（4.40）］。

其他欧拉方法：如：Petrov-Galerkin 有限元法等，用非零空间截断误差消除时间误差，从而减少总截断误差（Christie et al.，1976；Westerink et al.，1989）。虽然这些方法提高了解的近似精度，但它们仍然受严格的柯朗数限制。

求解式（4.184）的另一类数值方法是欧拉—拉格朗日法。由于具有拉格朗日对流性质，因此采用特征跟踪法处理对流问题。欧拉—拉格朗日法应用潜力巨大，有各种各样的名称，如：特征线法（Garder et al.，1964）、修正特征线法（Douglas et al.，1982）、传导扩散法（Pironneau，1982）、欧拉—拉格朗日法（Neuman，1981）、算子劈分法（Espedal et al.，1987）、欧拉—拉格朗日局部共轭法（Celia et al.，1990；Russell，1990）、特征混合有限元法（Yang，1992；Arbogast et al.，1995）以及欧拉—拉格朗日混合间断法（Chen，2002b）。此类方法的共同特征是：（1）由于对流步的拉格朗日性质，缓解了纯欧拉法的柯朗数限制；（2）可以通过特征跟踪空间和时间维度耦合，因此极大地降低了最优空间方法的时间截断误差影响；（3）合理应用网格的大时间步长求解移动前缘上的解，得到不具有数值扩散的非振荡解。本节介绍欧拉—拉格朗日法。

4.6.1 修正特征线法

修正特征线法（MMOC）基于（4.184）的非发散形式，由 Douglas 和 Russell（1982），以及 Pironneau（1982）独立研发。Pironneau 称其为传导扩散法。工程文献中则经常使用欧拉—拉格朗日法这一名称（Neuman，1981）。

（1）一维问题。

考虑实轴上的一维问题：

$$
\begin{aligned}
&\phi(x)\frac{\partial p}{\partial t}+b(x)\frac{\partial p}{\partial x}-\frac{\partial}{\partial x}\left[a(x,t)\frac{\partial p}{\partial x}\right]+R(x,t)p=f(x,t),\quad x\in\mathbf{R},\ t>0\\
&p(x,0)=p_0(x),\qquad x\in\mathbf{R}
\end{aligned}
\tag{4.185}
$$

设

$$\psi(x)=\left[\phi^2(x)+b^2(x)\right]^{1/2}$$

假设

$$\phi(x)>0,\ x\in\mathbf{R}$$

因此 $\psi(x)>0$，$x\in\mathbf{R}$。用 $\tau(x)$ 表示式（4.185）中双曲部分的特征方向 $\phi\partial p/\partial t+b\partial p/\partial x$，从而有：

$$\frac{\partial}{\partial\tau(x)}=\frac{\phi(x)}{\psi(x)}\frac{\partial}{\partial t}+\frac{b(x)}{\psi(x)}\frac{\partial}{\partial x}$$

然后将式（4.185）写为

$$
\begin{aligned}
&\psi(x)\frac{\partial p}{\partial\tau}-\frac{\partial}{\partial x}\left[a(x,t)\frac{\partial p}{\partial x}\right]+R(x,t)p=f(x,t),\quad x\in\mathbf{R},\quad t>0\\
&p(x,0)=p_0(x),\quad x\in\mathbf{R}
\end{aligned}
\tag{4.186}
$$

假设系数 a、b、R、ϕ 有界，并满足：

$$\left|\frac{b(x)}{\phi(x)}\right|+\left|\frac{\mathrm{d}}{\mathrm{d}x}\left(\frac{b(x)}{\phi(x)}\right)\right|\leqslant C,\ x\in R$$

其中，C 是正常数。引入线性空间（参见第 4.2.1 节）：

$$V=W^{1,2}(\mathbf{R})$$

如果读者想了解 Sobolev 空间 $W^{1,2}(\mathbf{R})$ 的定义，可以参考 Adams（1975）（或者，如第 4.2.1 节所述，可以将 V 看作 $\mathbf{R}$ 上连续函数的空间，该函数在 $\mathbf{R}$ 中有分段连续有界的一阶导数，并在 $\pm\infty$ 处逼近零）。回忆一下 $L^2(\mathbf{R})$ 中的点积：

$$(\upsilon,w)=\int_{\mathbf{R}}\upsilon(x)w(x)\mathrm{d}x$$

用任意 $\upsilon\in V$ 乘以式（4.186）的第一个方程，并在空间上分部积分，从而将式（4.186）写成等价的变分形式：

$$\begin{aligned}&\left[\psi(x)\frac{\partial p}{\partial\tau},\upsilon\right]+\left(a\frac{\partial p}{\partial x},\frac{\mathrm{d}\upsilon}{\mathrm{d}x}\right)+(Rp,\upsilon)=(f,\upsilon),\ \upsilon\in V,\ t>0\\&p(x,0)=p_0(x),\ x\in\mathbf{R}\end{aligned}\tag{4.187}$$

令 $0=t^0<t^1<\cdots<t^n$，$\Delta t^n=t^n-t^{n-1}$。对时间的泛函数 υ，设 $\upsilon^n=\upsilon(t^n)$。特征导数以下列方式近似，令

$$\check{x}_n=x-\frac{\Delta t^n}{\phi(x)}b(x)\tag{4.188}$$

$t=t^n$ 时，

$$\begin{aligned}\psi\frac{\partial p}{\partial\tau}&\approx\psi(x)\frac{p(x,t^n)-p(\check{x}_n,t^{n-1})}{\left[(x-\check{x}_n)^2+(\Delta t^n)^2\right]^{1/2}}\\&=\phi(x)\frac{p(x,t^n)-p(\check{x}_n,t^{n-1})}{\Delta t^n}\end{aligned}\tag{4.189}$$

也就是说，用回溯算法近似特征导数；$\check{x}_n$ 是特征的足部（t^{n-1} 级），其与头部（t^n 级）的 x 对应（图 4.53）。

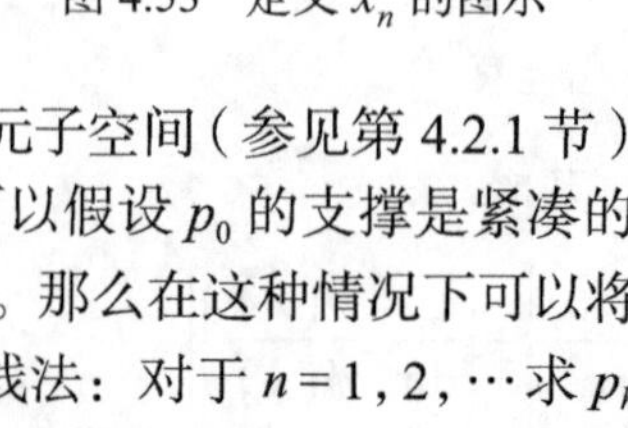

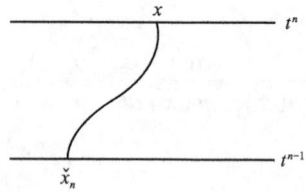

图 4.53 定义 $\check{x}_n$ 的图示

令 V_h 是 $V\cap W^{1,\infty}(\mathbf{R})$ 的有限元子空间（参见第 4.2.1 节）。由于考虑的是整条实轴，因此 V_h 必然是无限维的。实践中，可以假设 p_0 的支撑是紧凑的，需要求解 p 的线段是有界的，并且 p 在该线段集合之外非常小。那么在这种情况下可以将 V_h 视作是有限维的。

定义式（4.185）的修正特征线法：对于 $n=1,2,\cdots$ 求 $p_h^n\in V_h$，使

$$\left(\phi\frac{p_h^n-\check{p}_h^{n-1}}{\Delta t^n},\upsilon\right)+\left(a^n\frac{\mathrm{d}p_h^n}{\mathrm{d}x},\frac{\mathrm{d}\upsilon}{\mathrm{d}x}\right)+\left(R^np_h^n,\upsilon\right)=\left(f^n,\upsilon\right),\ \forall\upsilon\in V_h\tag{4.190}$$

其中，

$$\check{p}_h^{n-1} = p_h\left(\check{x}_n,\ t^{n-1}\right) = p_h\left[x - \frac{\Delta t^n}{\phi(x)} b(x),\ t^{n-1}\right] \tag{4.191}$$

例如，可以将初始近似值 p_h^0 定义为 V_h 中 p_0 的插值。

注意，式（4.190）中根据 p_0 和 f 唯一确定 $\{p_h^n\}$（最起码，对于合理的 a 和 R，使 a 关于 x 和 t 均为正，R 非负）。可按如下方式理解：由于式（4.190）是有限维方程组，因此足以证明解的唯一性。在式（4.190）中，设 $f=p_0=0, \upsilon=p_h^n$，得

$$\left(\phi \frac{p_h^n - \check{p}_h^{n-1}}{\Delta t^n}, p_h^n\right) + \left(a^n \frac{\mathrm{d}p_h^n}{\mathrm{d}x}, \frac{\mathrm{d}p_h^n}{\mathrm{d}x}\right) + \left(R^n p_h^n, p_h^n\right) = 0$$

利用归纳假设 $p_h^{n-1}=0$，得到 $p_h^n=0$。

很明显，即使存在对流项，由式（4.190）得到的线性矩阵也是对称。正定的（参见第 4.2.1 节）。该方程组具有改进的阶的条件数［与直接在式（4.184）中应用第 4.2.4 节介绍的有限元法而产生的条件数相比］（参见练习 4.52）：

$$\mathcal{O}\left[1 + \max_{x\in\mathbf{R}, t\geqslant 0} |a(x,t)| h^{-2}\Delta t\right],\quad \Delta t = \max_{n=1,2,\cdots} \Delta t^n$$

因此，由式（4.190）得到的线性方程组很适合下一章讨论的迭代线性求解算法。

最后，对式（4.190）的收敛结果进行评估。令 $V_h \subset V$ 为具有下列近似属性的有限元空间（参见第 4.2.1 节）：

$$\inf_{v_h \in V_h}\left(\|\upsilon - \upsilon_h\|_{L^2(\mathbf{R})} + h\|\upsilon - \upsilon_h\|_{W^{1,2}(\mathbf{R})}\right) \leqslant Ch^{r+1}|\upsilon|_{W^{r+1,2}(\mathbf{R})} \tag{4.192}$$

式中，常数 C 与 h 无关，$C>0$，r 是整数，且 $r>0$；关于空间的定义及其范数参见第 4.2.1 节。然后，对解 p 的光滑性进行合理假设，并选择适当的 p_h^0，可以证明（Douglas 和 Russell，1982）：

$$\max_{1\leqslant n\leqslant N}\left(\|p^n - p_h^n\|_{L^2(\mathbf{R})} + h\|p^n - p_h^n\|_{W^{1,2}(\mathbf{R})}\right) \leqslant C(p)\left(h^{r+1} + \Delta t\right) \tag{4.193}$$

其中，N 是整数，且满足 $t^N=T<\infty$，$J=(0, \mathrm{T}]$ 是目标时间区间。

该结果本身与在第 4.2 节中用标准有限元法得到的并无差异。然而，当把 MMOC 应用于式（4.185）时，常数 C 得到了很大改善。在时间上，C 依赖于 $\dfrac{\partial^2 p}{\partial t^2}$ 的标准方法范数，应用 MMOC 方法时，C 依赖于 $\dfrac{\partial^2 p}{\partial \tau^2}$ 的范数有关（Chen，2005）。后一个范数要小得多，因此采用具有大柯朗数的长时间步长是可行的。

对于更复杂的微分方程式（4.190）及类似方程式带来了一些求解问题。第一个问题是确定 $\check{x}_n$ 的回溯格式和计算相关积分的数值求积规则。对于本小节考虑的问题，求解问题是可以解决的；所需的计算可以准确地执行。对于更复杂的问题，Russell et al.（1990）进行

了讨论。第二个问题是边界条件的处理。本节研究整条数轴或周期性边界条件（参见下一小节）。对于有界域，如果回溯特征通过域的边界，那么 $\check{x}_n$ 或 $p_h(\check{x}_n)$ 的含义就不明显。最后一个问题也许是 MMOC 方法的最大缺点，就是它无法保持质量守恒。第 4.6.1 节的最后会详细讨论该问题。

（2）周期性边界条件。

前一小节中，将式（4.185）视作在整条数轴上。对于有界区间，例如区间（0, 1），用 MMOC 方处理一般边界条件有难度。在这种情况下，通常建立如下周期性边界条件（参见练习 4.53）：

$$p(0,t)=p(1,t),\ \frac{\partial p}{\partial x}(0,t)=\frac{\partial p}{\partial x}(1,t) \tag{4.194}$$

以上边界条件也称循环边界条件，此时，假设式（4.185）中的所有函数都在空间上周期性重复（0, 1）区间。因此，将线性空间 V 修改为

$$V=\{\upsilon\in H^1(I):\upsilon \text{ 为 } I\text{– 周期的}\},\ I=(0,1)$$

这样修改后，式（4.187）和式（4.190）的展开不变。

（3）推广多维问题。

现在将式（4.184）的 MMOC 方法推广到多维区域上。令 $\Omega\in\mathbf{R}^d$（$d\leqslant 3$）为矩形（及长方体），并假设式（4.184）是 Ω 一周期的；换言之，问题［式（4.184）］中的所有的函数都在空间上都是 Ω 一周期的。将式（4.184）写成非发散形式：

$$\begin{aligned}&\phi(\boldsymbol{x})\frac{\partial p}{\partial t}+\boldsymbol{b}(\boldsymbol{x},t)\cdot\nabla p-\nabla\cdot[\boldsymbol{a}(\boldsymbol{x},t)\nabla p]\\&+R(\boldsymbol{x},t)p=f(\boldsymbol{x},t),\ \boldsymbol{x}\in\Omega,\ t>0\\&p(\boldsymbol{x},t)=p_0(\boldsymbol{x}),\ \boldsymbol{x}\in\Omega\end{aligned} \tag{4.195}$$

设

$$\psi(\boldsymbol{x},t)=\left[\phi^2(\boldsymbol{x})+|\boldsymbol{b}(\boldsymbol{x},t)|^2\right]^{1/2}$$

其中

$$|\boldsymbol{b}|^2=b_1^2+b_2^2+\cdots+b_d^2,\ \boldsymbol{b}=(b_1,b_2,\cdots,b_d)$$

假设

$$\phi(\boldsymbol{x})>0,\ \boldsymbol{x}\in\Omega$$

与式（4.195）中双曲部分 $\phi(\boldsymbol{x})\frac{\partial p}{\partial t}+\boldsymbol{b}(\boldsymbol{x},t)\cdot\nabla p$ 对应的特征方向是 τ，所以：

$$\frac{\partial}{\partial\tau}=\frac{\phi(\boldsymbol{x})}{\psi(\boldsymbol{x},t)}\frac{\partial}{\partial t}+\frac{1}{\psi(\boldsymbol{x},t)}\boldsymbol{b}(\boldsymbol{x},t)\cdot\nabla$$

因此式（4.195）变为

$$\psi(\boldsymbol{x},t)\frac{\partial p}{\partial \tau}-\nabla\cdot[\boldsymbol{a}(\boldsymbol{x},t)\nabla p]+R(\boldsymbol{x},t)p=f(\boldsymbol{x},t),\quad x\in\Omega,\quad t>0$$
$$p(\boldsymbol{x},0)=p_0(\boldsymbol{x}),\quad x\in\Omega \tag{4.196}$$

定义线性空间：

$$V=\{\upsilon\in H^1(\Omega):\upsilon\text{ 是 }\Omega\text{ 一周期的}\}$$

符号

$$(\upsilon,w)_s=\int_S\upsilon(\boldsymbol{x})w(\boldsymbol{x})\mathrm{d}\boldsymbol{x}$$

若 $S=\Omega$，则省略它。在空间中应用格林公式［式（4.68）］及周期性边界条件，式（4.196）可写成等价的变分形式：

$$\left(\psi\frac{\partial p}{\partial \tau},\upsilon\right)+(\boldsymbol{a}\nabla p,\nabla\upsilon)+(Rp,\upsilon)=(f,\upsilon),\quad \upsilon\in V,\quad t>0$$
$$p(\boldsymbol{x},0)=p_0(\boldsymbol{x}),\qquad x\in\Omega \tag{4.197}$$

特征线由下式近似：

$$\check{\boldsymbol{x}}_n=\boldsymbol{x}-\frac{\Delta t^n}{\phi(\boldsymbol{x})}\boldsymbol{b}(\boldsymbol{x},t^n) \tag{4.198}$$

此外，当 $t=t^n$ 时，有

$$\psi\frac{\partial p}{\partial \tau}\approx\psi(\boldsymbol{x},t^n)\frac{p(\boldsymbol{x},t^n)-p(\check{\boldsymbol{x}}_n,t^{n-1})}{\left[|\boldsymbol{x}-\check{\boldsymbol{x}}_n|^2+(\Delta t^n)^2\right]^{\frac{1}{2}}}=\phi(\boldsymbol{x})\frac{p(\boldsymbol{x},t^n)-p(\check{\boldsymbol{x}}_n,t^{n-1})}{\Delta t^n} \tag{4.199}$$

应用类似于一维情况所用的回溯算法近似特征导数（图 4.54）。

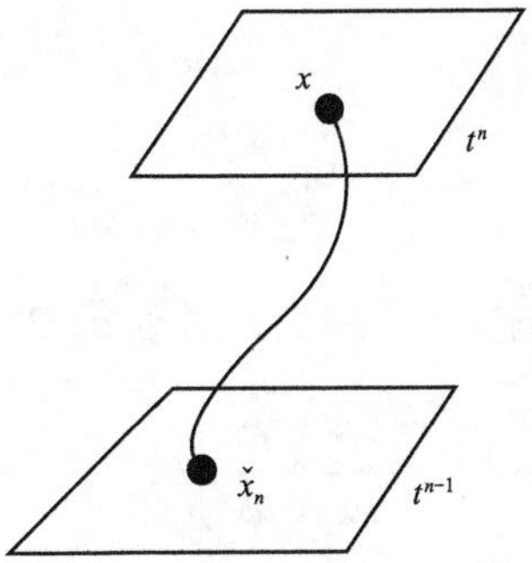

图 4.54 定义 $\check{x}_n$ 的图示

令 $V_h\subset V$ 是与 Ω 的规则剖分 K_h 相关的有限元空间（参见第 4.2.1 节），则式（4.195）的 MMOC 方法为：对于 $n=1,2,\cdots$，求 $p_h^n\in V_h$，使

$$\left(\phi\frac{p_h^n-\check{p}_h^{n-1}}{\Delta t^n},V\right)+\left(\boldsymbol{a}^n\nabla p_h^n,\nabla \upsilon\right)+\left(R^n p_h^n,\upsilon\right)=\left(f^n,\upsilon\right),\quad \forall \upsilon\in V_h \tag{4.200}$$

其中

$$\check{p}_h^{n-1}=p_h\left(\check{\boldsymbol{x}}_n,\ t^{n-1}\right)=p_h\left[\boldsymbol{x}-\frac{\Delta t^n}{\phi(\boldsymbol{x})}\boldsymbol{b}\left(\boldsymbol{x},t^n\right),t^{n-1}\right] \tag{4.201}$$

第 4.6.1 节最后针对式（4.190）的说明也适用于式（4.200）。特别地，当 a 和 R 选择合理时，可以用同样的方式证明式（4.200）解的存在性和唯一性（参见练习 4.54），而且，当 p 的假设合理时，误差估计式（4.193）同样适用于式（4.200）（Chen，2005 年）：

$$\max_{1\leqslant n\leqslant N}\left[\left\|p^n-p_h^n\right\|_{L^2(\Omega)}+h\left\|p^n-p_h^n\right\|_{H^1(\Omega)}\right]\leqslant C(p)\left(h^{r+1}+\Delta t\right)$$

上式成立的条件是对于多维 V_h，类似于式（4.192）的近似属性也成立。

（4）守恒关系讨论。

讨论简单情况下的修正特征线法：

$$R=f=0,\ \nabla\cdot\boldsymbol{b}=0,\ 在\Omega中 \tag{4.202}$$

$\boldsymbol{b}$ 不发散（或螺旋线型）。将条件式（4.202）、周期性假设和发散定理［式（4.66）］应用到式（4.195）中，得到守恒关系：

$$\int_\Omega\phi(\boldsymbol{x})p(\boldsymbol{x},t)\mathrm{d}\boldsymbol{x}=\int_\Omega\phi(\boldsymbol{x})p_0(\boldsymbol{x})\mathrm{d}\boldsymbol{x},\quad t>0 \tag{4.203}$$

在实际应用中，在式（4.195）的任意数值近似中，希望至少保留一种这种关系的离散形式。但是，通常 MMOC 并不守恒。为了说明这一点，在式（4.200）中取 $\upsilon=1$ 并应用式（4.202），得到：

$$\int_\Omega\phi(\boldsymbol{x})p\left(\boldsymbol{x},t^n\right)\mathrm{d}\boldsymbol{x}=\int_\Omega\phi(\boldsymbol{x})p\left(\check{\boldsymbol{x}}_n,t^{n-1}\right)\mathrm{d}\boldsymbol{x}\neq\int_\Omega\phi(\boldsymbol{x})p\left(\boldsymbol{x},t^{n-1}\right)\mathrm{d}\boldsymbol{x} \tag{4.204}$$

对于每个 n，定义变换：

$$\boldsymbol{G}(\boldsymbol{x})\equiv\boldsymbol{G}\left(\boldsymbol{x},t^n\right)=\boldsymbol{x}-\frac{\Delta t^n}{\phi(\boldsymbol{x})}\boldsymbol{b}\left(\boldsymbol{x},t^n\right) \tag{4.205}$$

假设 $\boldsymbol{b}/\phi$ 在空间上具有有界一阶偏导数，那么，对于 $d=3$，该变换的雅可比矩阵 $\boldsymbol{J}(\boldsymbol{G})$ 为

$$\begin{bmatrix}1-\dfrac{\partial}{\partial x_1}\left(\dfrac{b_1^n}{\phi}\right)\Delta t^n & -\dfrac{\partial}{\partial x_2}\left(\dfrac{b_1^n}{\phi}\right)\Delta t^n & -\dfrac{\partial}{\partial x_3}\left(\dfrac{b_1^n}{\phi}\right)\Delta t^n\\ -\dfrac{\partial}{\partial x_1}\left(\dfrac{b_2^n}{\phi}\right)\Delta t^n & 1-\dfrac{\partial}{\partial x_2}\left(\dfrac{b_2^n}{\phi}\right)\Delta t^n & -\dfrac{\partial}{\partial x_3}\left(\dfrac{b_2^n}{\phi}\right)\Delta t^n\\ -\dfrac{\partial}{\partial x_1}\left(\dfrac{b_3^n}{\phi}\right)\Delta t^n & -\dfrac{\partial}{\partial x_2}\left(\dfrac{b_3^n}{\phi}\right)\Delta t^n & 1-\dfrac{\partial}{\partial x_1}\left(\dfrac{b_3^n}{\phi}\right)\Delta t^n\end{bmatrix}$$

行列式为（参见练习 4.55）：

$$\left|\boldsymbol{J}(\boldsymbol{G})\right| = 1 - \nabla \cdot \left(\frac{\boldsymbol{b}^n}{\phi}\right)\Delta t^n + \mathcal{O}\left[\left(\Delta t^n\right)^2\right] \tag{4.206}$$

因此，即使 ϕ 是常数，欲使式（4.204）的第二个等式成立，也需要变换式（4.205）的雅可比行列式等于 1。对于常数 ϕ 和 $\boldsymbol{b}$ 是成立的，但当系数变化时就不成立了。当 ϕ 是常数、$\nabla\cdot\boldsymbol{b}=0$ 时，根据式（4.206），该变换的行列式为 $1+\mathcal{O}[(\Delta t^n)^2]$，因此系统误差这 $\mathcal{O}[(\Delta t^n)^2]$。另一方面，如果 $\nabla\cdot(\boldsymbol{b}/\phi)\neq 0$，则行列式为 $1+\mathcal{O}(\Delta t^n)$，系统误差大小可能为 $\mathcal{O}(\Delta t^n)$。特别地，在用 MMOC 求解两相混相流问题（参见第 7 章）时，Douglas et al.（1997）发现，在随机岩石属性模拟中，质量不守恒高达 10%，而在均匀岩石属性模拟中，质量不守恒更是高达 50% 左右。如此大的误差使数值近似不可用，因此促进对 MMOC 进行修正的研究，目的是使式（4.203）守恒，并且在计算方面不比 MMOC 计算成本低。Douglas et al.（1977 年）定义了满足上述标准的修正对流特征校正方法，该方法由 MMOC 导出，通过特定方式扰动特征线的足部。本章不介绍这种方法，但会介绍欧拉—拉格朗日局部共轭法（ELLAM）（Celia et al.，1990；Russell，1990）。

4.6.2 欧拉—拉格朗日局部共轭法（ELLAM）

考虑散度形式问题［式（4.184）］的 ELLAM：

$$\begin{aligned}
&\frac{\partial(\phi p)}{\partial t} - \nabla\cdot(\boldsymbol{b}p - \boldsymbol{a}\nabla p) + Rp = f, && \boldsymbol{x}\in\Omega,\ t>0\\
&(\boldsymbol{b}p - \boldsymbol{a}\nabla p)\cdot\boldsymbol{v} = g, && \boldsymbol{x}\in\Gamma,\ t>0\\
&p(\boldsymbol{x},0) = p_0(\boldsymbol{x}), && \boldsymbol{x}\in\Omega
\end{aligned} \tag{4.207}$$

式中，$\Omega\in\mathbf{R}^d(d\leqslant 3)$ 是有界区域，$\phi=\phi(\boldsymbol{x},t)$ 和 $\boldsymbol{b}=\boldsymbol{b}(\boldsymbol{x},t)$ 是变量。考虑问题（4.207）中的流动边界条件，推广到 Dirichlet 条件也是可行的（Chen，2005）。

对于任意 $\boldsymbol{x}\in\Omega$ 和两个时间 $0\leqslant t^{n-1}<t^n$，问题［式（4.207）］的双曲部分 $\phi\partial p/\partial t+\boldsymbol{b}\cdot\nabla p$ 定义了沿隙间速度 $\varphi=\boldsymbol{b}/\phi$ 的特征线 $\check{\boldsymbol{x}}_n(\boldsymbol{x},t)$（图 4.54）：

$$\begin{aligned}
&\frac{\partial}{\partial t}\check{\boldsymbol{x}}_n = \varphi(\check{\boldsymbol{x}}_n, t), \quad t\in J^n\\
&\check{\boldsymbol{x}}_n\left(\check{\boldsymbol{x}}_n, t^n\right) = \boldsymbol{x}
\end{aligned} \tag{4.208}$$

通常，式（4.208）中的特征线只能近似确定。求解近似特征线的一阶常微分方程的方法有很多，但这里只考虑欧拉法。

求解式（4.208）近似特征线的欧拉法为：对于任意 $\boldsymbol{x}\in\Omega$，

$$\check{\boldsymbol{x}}_n(\boldsymbol{x},t) = \boldsymbol{x} - \varphi\left(\boldsymbol{x},t^n\right)\left(t^n - t\right), \quad t\in\left[\check{t}(\boldsymbol{x}),t^n\right] \tag{4.209}$$

式中，对于 $t\in\left[t^{n-1},t^n\right]$，如果 $\check{\boldsymbol{x}}_n(\boldsymbol{x},t)$ 不回溯到边界 Γ 上，那么 $\check{t}(\boldsymbol{x})=t^{n-1}$；否则 $\check{t}(\boldsymbol{x})\in J^n=\left(t^{n-1},t^n\right]$ 就是 $\check{\boldsymbol{x}}_n(\boldsymbol{x},t)$ 与 Γ 相交的时刻，即：$\check{\boldsymbol{x}}_n[\boldsymbol{x},\check{t}(\boldsymbol{x})]\in\Gamma$。令

$$\Gamma_+ = \{\boldsymbol{x}\in\Gamma : (\boldsymbol{b}\cdot\boldsymbol{v})(\boldsymbol{x})\geqslant 0\}$$

对于$(\boldsymbol{x},t)\in\Gamma_+\times J^n$，由$(\boldsymbol{x},t)$向后发出的近似特征线为

$$\check{\boldsymbol{x}}_n(\boldsymbol{x},\theta)=\boldsymbol{x}-\varphi(\boldsymbol{x},t)(t-\theta),\quad \theta\in\left[\check{t}(\boldsymbol{x},t),t\right] \tag{4.210}$$

其中，对于$\theta\in\left[t^{n-1},t\right]$，如果$\check{\boldsymbol{x}}_n(\boldsymbol{x},\theta)$不回溯到边界$\Gamma$上，那么$\check{t}(\boldsymbol{x},t)=t^{n-1}$；否则$\check{t}(\boldsymbol{x},t)\in\left(t^{n-1},t\right]$就是$\check{\boldsymbol{x}}_n(\boldsymbol{x},\theta)$与$\Gamma$相交的时刻。

如果Δt^n足够小（取决于φ的光滑度），假设近似特征线彼此不相交，那么$\check{\boldsymbol{x}}_n(\cdot,t)$是$\mathbb{R}^d$到$\mathbb{R}^d$（$d\leqslant 3$）的一一映射；用$\hat{\boldsymbol{x}}_n(\cdot,t)$表示其逆。

对于任意$t\in J^n$，定义：

$$\tilde{\varphi}(\boldsymbol{x},t)=\varphi\left[\hat{\boldsymbol{x}}_n(\boldsymbol{x},t),t^n\right],\quad \tilde{\boldsymbol{b}}=\tilde{\varphi}\phi \tag{4.211}$$

假设在Γ_+上$\tilde{\boldsymbol{b}}\cdot\boldsymbol{\nu}\geqslant 0$。

令K_h是将Ω剖分成单元集$\{K\}$的剖分。对于每个$K\in K_h$，用$\check{K}(t)$表示K向时间t的回溯，$t\in J^n$：

$$\check{K}(t)=\left\{\boldsymbol{x}\in\Omega:\text{对于某些}\boldsymbol{y}\in K,\ \boldsymbol{x}=\hat{\boldsymbol{x}}_n(\boldsymbol{y},t)\right\}$$

令$\mathcal{K}^n$是遵循特征线的时空区域（图4.55）：

$$\mathcal{K}^n=\left\{(\boldsymbol{x},t)\in\Omega\times J:t\in J^n,\ \boldsymbol{x}\in\check{K}(t)\right\}$$

此外，定义：$\mathcal{B}^n=\{(\boldsymbol{x},t)\in\partial\mathcal{K}^n:\boldsymbol{x}\in\partial\Omega\}$。

将式（4.207）的双曲部分写成

$$\frac{\partial(\phi p)}{\partial t}+\nabla\cdot(\boldsymbol{b}p)=\frac{\partial(\phi p)}{\partial t}+\nabla\cdot\left(\tilde{\boldsymbol{b}}p\right)+\nabla\cdot\left[\left(\boldsymbol{b}-\tilde{\boldsymbol{b}}\right)p\right] \tag{4.212}$$

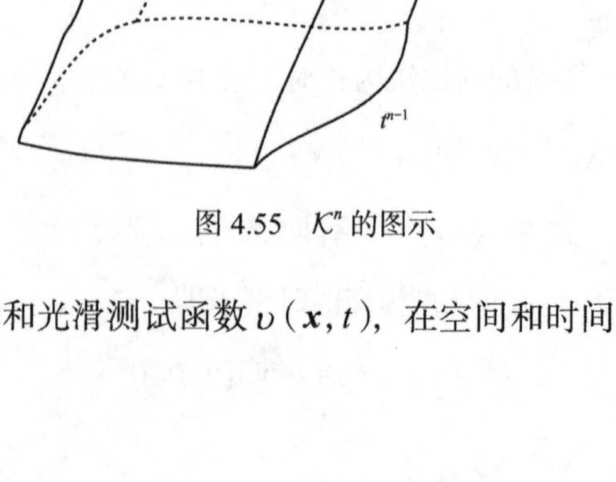

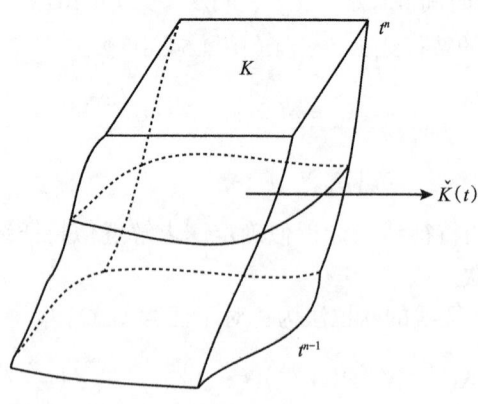

图4.55 $\mathcal{K}^n$的图示

利用$\tau(\boldsymbol{x},t)=\left(\tilde{\boldsymbol{b}},\phi\right)$和光滑测试函数$\upsilon(\boldsymbol{x},t)$，在空间和时间上应用格林公式（参见练习4.56），得

$$\int_{\mathcal{K}^n}\left[\frac{\partial(\phi p)}{\partial t}+\nabla\cdot\left(\tilde{\boldsymbol{b}}p\right)\right]v\mathrm{d}\boldsymbol{x}\mathrm{d}t$$
$$=\int_K\phi^n p^n v^n\mathrm{d}\boldsymbol{x}-\int_{\check{K}\left(t^{n-1}\right)}\phi^{n-1}p^{n-1}v^{n-1,+}\mathrm{d}\boldsymbol{x} \tag{4.213}$$
$$+\int_{\mathcal{B}^n}p\tilde{\boldsymbol{b}}\cdot\boldsymbol{v}v\mathrm{d}\ell-\int_{\mathcal{K}^n}p\boldsymbol{\tau}\cdot\left(\nabla v,\frac{\partial v}{\partial t}\right)\mathrm{d}\boldsymbol{x}\mathrm{d}t$$

其中，应用时空边界 $[\partial\mathcal{K}^n\cap(\check{K}\times J^n)]\backslash\mathcal{B}^n$ 上 $\boldsymbol{\tau}\cdot\boldsymbol{v}\mathcal{K}^n=0$ 的事实以及 $\upsilon^{n-1,+}=\upsilon(x,t^{n-1,+})=\lim_{\epsilon\to0+}\upsilon(x,t^{n-1}+\epsilon)$ 说明了 $\upsilon(x,t)$ 在时间区间上可能不连续的事实。

同理，由式（4.207）的扩散部分得

$$\int_{\mathcal{K}^n}\nabla\cdot(\boldsymbol{a}\nabla p)v\mathrm{d}x\mathrm{d}t=\int_{J^n}\left[\int_{\partial\check{K}(t)}\boldsymbol{a}\nabla p\cdot\boldsymbol{v}_{\check{K}(t)}v\mathrm{d}\ell-\int_{\check{K}(t)}(\boldsymbol{a}\nabla p)\cdot\nabla v\mathrm{d}\boldsymbol{x}\right]\mathrm{d}t \tag{4.214}$$

假设测试函数 $\upsilon(x,t)$ 沿近似特征线为常数。综合式（4.212）至式（4.214），得到式（4.207）的变分形式：

$$\left(\phi^n p^n,\upsilon^n\right)-\left(\phi^{n-1}p^{n-1},\upsilon^{n-1,+}\right)$$
$$+\int_{J^n}[(\boldsymbol{a}\nabla p,\nabla\upsilon)+(Rp,\upsilon)]\mathrm{d}t=\int_{J^n}[(f,\upsilon)-(g,\upsilon)_\Gamma]\mathrm{d}t \tag{4.215}$$
$$+\int_{J^n}\left(\left\{\nabla\cdot\left[\left(\tilde{\boldsymbol{b}}-\mathbf{b}\right)p\right],\hat{\upsilon}\right\}-\left[p\left(\tilde{\boldsymbol{b}}-\boldsymbol{b}\right)\cdot\boldsymbol{v},\upsilon\right]_\Gamma\right)\mathrm{d}t$$

其中应用了空间上的内积符号。如果沿着特征线对式（4.215）中的扩散、反应以及源项应用后向欧拉时间积分，则得

$$\left(\phi^n p^n,\upsilon^n\right)+\left(\Delta t^n\boldsymbol{a}^n\nabla p^n,\nabla\upsilon^n\right)+\left(\Delta t^n R^n p^n,\upsilon^n\right)$$
$$=\left(\phi^{n-1}p^{n-1},\upsilon^{n-1,+}\right)+\left(\Delta t^n f^n,\upsilon^n\right)-\int_{J^n}(g,\upsilon)_\Gamma\mathrm{d}t \tag{4.216}$$
$$+\int_{J^n}\left(\left\{\nabla\cdot\left[\left(\tilde{\boldsymbol{b}}-\boldsymbol{b}\right)p\right],\hat{\upsilon}\right\}-\left[p\left(\tilde{\boldsymbol{b}}-\boldsymbol{b}\right)\cdot\boldsymbol{v},\upsilon\right]_\Gamma\right)\mathrm{d}t$$

其中，$\Delta t^n(x)=t^n-\check{t}(x)$。由于每一点的扩散由作用的时间长度加权，因此采用与 $\boldsymbol{x}$ 有关的 Δt^n 比较恰当。

令 $V_h\subset H^1(\Omega)$ 为有限元空间（参见 4.2.1 节）。对于任意 $w\in V_h$，定义测试函数 $\upsilon(\boldsymbol{x},t)$，沿近似特征线将 $w(\boldsymbol{x})$ 恒定推广到时空域 $\Omega\times J^n$［式（4.209）和式（4.210）］。

$$\begin{aligned}&\upsilon[\hat{\boldsymbol{x}}_n(\boldsymbol{x},t),t]=w(\boldsymbol{x}),\quad t\in\left[\check{t}(\boldsymbol{x}),t^n\right],\quad \boldsymbol{x}\in\Omega\\&\upsilon[\hat{\boldsymbol{x}}_n(\boldsymbol{x},\theta),\theta]=w(\boldsymbol{x}),\quad \theta\in[\check{t}(\boldsymbol{x},t),t],\quad(\boldsymbol{x},t)\in\Gamma_+\times J^n\end{aligned} \tag{4.217}$$

现在，根据式（4.216）定义 ELLAM 过程：对于 $n=1,2,\cdots$求 $p_h^n\in V_h$，使

$$\begin{aligned}&\left(\phi^n p^n,\upsilon^n\right)+\left(\Delta t^n\boldsymbol{a}^n\nabla p^n,\nabla\upsilon^n\right)+\left(\Delta t^n R^n p^n,\upsilon^n\right)\\&=\left(\phi^{n-1}p_h^{n-1},\upsilon^{n-1,+}\right)+\left(\Delta t^n f^n,\upsilon^n\right)-\int_{J^n}(g,\upsilon)_\Gamma\mathrm{d}t\end{aligned} \tag{4.218}$$

在式（4.218）中取 $\upsilon=1$，得到全局质量守恒表达式。关于 MMOC 精度和效率的推导也适用于式（4.218）（参见练习 4.57）。特别是，当 V_h 是在规则三角剖分 K_h 上定义的分段

线性函数的空间时，以下收敛结果成立（Wang，2000）。

假设 Ω 是凸多边形区域，具有光滑边界 Γ，且系数 $\boldsymbol{a}$、$\boldsymbol{b}$、ϕ、f 和 R 满足：

$$\boldsymbol{a}\in\left[W^{1,\infty}(\Omega\times J)\right]^{d\times d},\quad \boldsymbol{b}\in\left[W^{1,\infty}(\Omega\times J)\right]^{d}$$

$$\phi,f\in W^{1,\infty}(\Omega\times J),\qquad R\in L^{\infty}\left[J;W^{1,\infty}(\Omega)\right]$$

如果式（4.207）的解 p 满足 $p\in L^{\infty}[J;W^{2,\infty}(\Omega)]$，$\partial p/\partial t\in L^{2}[J;H^{2}(\Omega)]$，初始误差满足

$$\left\|p_0-p_h^0\right\|_{L^2(\Omega)}\leqslant Ch^2\left\|p_0\right\|_{H^2(\Omega)}$$

且 Δt 足够小，那么：

$$\begin{aligned}&\max_{1\leqslant n\leqslant N}\left\|p^n-p_h^n\right\|_{L^2(\Omega)}\\&\leqslant C\left(\Delta t\left\{\left\|\frac{\mathrm{d}p}{\mathrm{d}\tau}\right\|_{L^2[J;H^1(\Omega)]}+\|p\|_{L^{\infty}[J;W^{2,\infty}(\Omega)]}+\left\|\frac{\mathrm{d}f}{\mathrm{d}\tau}\right\|_{L^2(\Omega\times J)}+\|f\|_{L^2(\Omega\times J)}\right\}\right.\\&\qquad\left.+h^2\left\{\|p\|_{L^{\infty}[J;W^{2,\infty}(\Omega)]}+\left\|\frac{\partial p}{\partial t}\right\|_{L^2[J;H^2(\Omega)]}+\|p_0\|_{H^2(\Omega)}\right\}\right)\end{aligned}$$

其中，p_h 是式（4.218）的解，对于实数 $q,r\geqslant0$，有

$$\|\upsilon\|_{L^2[J;\ W^{q,r}(\Omega)]}=\left\|\|\upsilon(\cdot,t)\|_{W^{q,r}(\Omega)}\right\|_{L^2(J)}$$

$$\|\upsilon\|_{L^{\infty}[J;\ W^{q,r}(\Omega)]}=\max_{t\in J}\|\upsilon(\cdot,t)\|_{W^{q,r}(\Omega)}$$

式（4.218）只在右边有对流项，由式（4.218）得到的线性方程组非常适用于多个空间维度的迭代线性求解算法（参见下一章）。可以将特征线思想与第 4.3~4.5 节介绍的其他有限元方法结合起来。有关特征混合方法的内容，请参考 Yang（1992）、Arbogast et al.（1995）等人的著作，有关欧拉—拉格朗日间断法的内容，请参考 Chen（2002b）的著作。

4.7 自适应有限元法

在油藏模拟中，许多重要的物理和化学现象都是局部的，且是瞬变性的，因此需要采用自适应数值方法求解。自适应数值方法的理念潜力极大，因此变得越来越重要。自适应数值方法是自动调整，提高近似解精度的数值方法。这类方法在计算领域并不是全新的方法，即使在有限元文献中也不是全新的。多年来常微分方程数值解中时间步长自适应调整一直是研究的主题。此外，最优有限元网格的研究也可以追溯到 20 世纪 70 年代早期（Oliveira，1971）。但是，得益于 Babuška et al.（1978a，1978b）以及其他许多人的重要贡献，从 20 世纪 70 年代后期开始自适应数值方法受到了真正关注。

数值近似的总精度常常会因区域的凹角、内部或边界层以及尖锐移动前缘等引起的局部奇点而降低。一种显而易见的方法是加密这些关键区域附近的网格，即在奇点出现的位置附近插入更多网格点。但问题在于如何识别这些区域，对其进行加密，并在网格加密区域和未加密区域之间实现良好的平衡，使总体精度最佳。要想解决这一问题，需要应用自适应性。换言之，需要以某种方式重构数值格式，提高近似解的质量。这对数值方法的选

择提出了很高的要求。重构数值格式包括改变单元的数量、加密局部网格、增加局部近似阶数、移动节点、修改算法结构等。

另一个密切相关的问题是如何获得近似解精度的可靠估计。前面五节得到的先验误差估计通常是不够的，因为它们只给出了误差渐近行为的信息，而且需要解具有正规性，但是在存在上述奇点的情况下，这一性质无法满足。为了解决这一问题，需要对近似解进行后验评估，即在获得初始近似解之后进行评估。这就要求计算后验误差估计。当然，计算后验估计应该比计算近似解成本低得多。此外，必须能够动态计算用于估计解局部质量的局部误差指标。

本节的目的是简要介绍自适应有限元法的两个组成部分的一些基本内容，即：自适应策略和后验误差估计。具体而言，主要介绍第 4.2 节中给出的标准有限元法的这两个组成部分。

4.7.1 空间上的局部网格加密

自适应策略有三种基本类型：(1) 固定网格的局部加密；(2) 在某些单元中利用高阶基函数局部增加自由度；(3) 自适应移动计算网格，获得更好的局部分辨率。

固定网格的局部网格加密称为 *h*- 格式。在这种格式中，根据局部误差指标自动对网格进行加密或粗化。由于这种格式涉及网格的动态生成、节点和单元的重新编号以及单元的连通性，因此造成了非常复杂的数据管理问题。不过，对于给定的误差容限，*h*- 格式可以非常有效地生成接近最优的网格。目前已经针对复杂问题设计出了具有快速数据管理程序的高效 *h*- 格式 (Diaz et al.，1984；Ewing，1986；Bank，1990)。此外，当局部误差指标小于预定的容差时，也可以采用 *h*- 格式撤销加密网格 (或粗化网格)。

通过在某些单元中利用高阶基函数局部增加更多的自由度称为 *p* 格式 (Babuška et al.，1983；Szabo，1986)。如第 4.2 节所述，给定问题的有限元法通过有限维多项式空间中的函数近似求解。*p* 格式通常采用固定的网格和网格单元数量。如果任意单元内的误差指标超过给定容差，则增加多项式次数的局部阶数减少误差。*p* 格式可以非常有效地模拟流场中流体周围的薄边界层，但是使用非常细的网格模拟不切实际且成本很高。还有，*p*- 格式的数据管理问题 (特别是对于复杂几何形状的区域) 可能很难。

通过自适应法动态计算网格实现更好的局部解的策略通常称为 *r*- 格式 (Miller et al.，1981)。*r*- 格式利用固定的网格点数，并尝试将它们动态移动到误差指标超过预先指定容差的区域。*r*- 格式容易应用，且不像 h- 格式和 p- 格式那样数据管理困难。不过，*r*- 格式也有缺点。如果使用时不加小心，这个格式不稳定，且导致网格缠结和近似解局部退化。由于 *r*- 格式无法处理奇异解区域的迁移问题，因此该方法永远无法将误差降到固定极限以下。不过，通过与其他自适应策略的合理结合，能得到控制解误差的有用格式。

也可以将这三种基本策略结合起来，形成诸如 hr- 格式、hp- 格式和 hpr- 格式等组合格式 (Babuška et al.，1981；Oden et al.，1989)。本章以广泛应用的 h- 格式为例进行研究。

(1) 规则 h- 格式。

本节只介绍二维区域。将本节的概念推广到三维情况也很简单，但是，对于下一节中介绍的加密算法推广就不容易了。

在二维情况下，网格可以是三角形、四边形或混合型 (即，由三角形和四边形组成)，见第 4.2 节。如果一个顶点是其每个相邻单元的顶点，则该顶点是规则顶点。如果一个网格的每个顶点都是规则顶点，则该网格是规则网格。上述顶点以外的所有其他顶点都是不规则顶点（称为从节点或悬挂节点），如图 4.56 所示。网格的不规则指数是指属于单元的同一边的最大不规则顶点数。

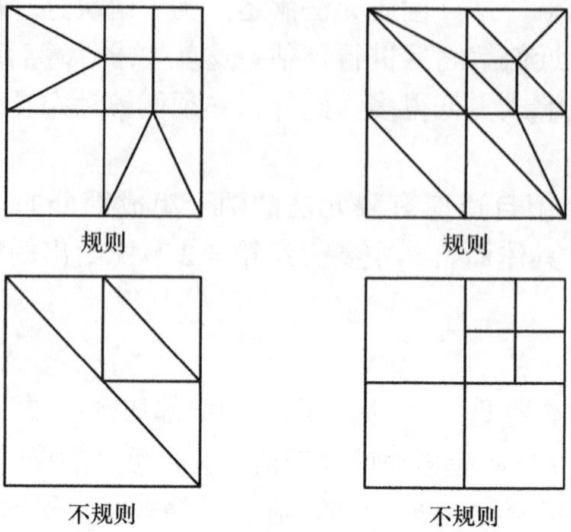

图 4.56　规则顶点与不规则顶点举例

如果一个网格中的所有单元同时被细分为相同数量（通常为四个）的较小单元，则将这种加密称为全局加密。例如，将网格中每个三角形或四边形的边中点相连的加密就是全局加密。全局加密不会引入不规则顶点。前面五节中介绍的所有加密都是全局、规则加密。相比之下，局部加密只将网格中的部分单元细分为较小的单元，在局部加密情况下可能出现不规则顶点（图 4.56）。

本小节只研究规则局部加密。可以用下列加密规则将不规则顶点转换为规则顶点（Bank，1990；Braess，1997）。此规则是为三角形网格设计的，保证原始网格中的每个角最多被平分一次。首先考虑如图 4.57 所示的三角剖分，该剖分有六个不规则顶点需要转换成规则顶点。

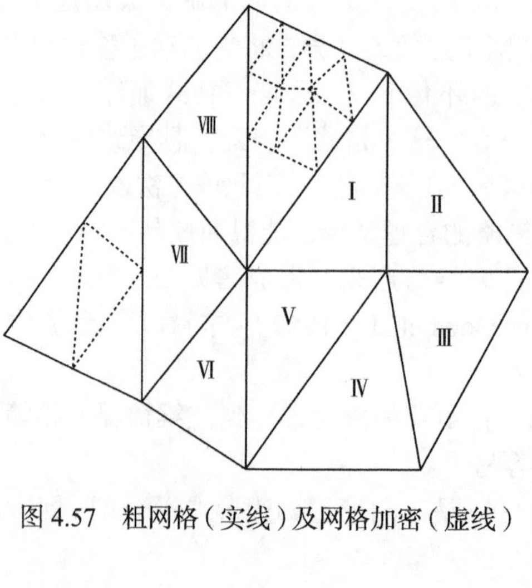

图 4.57　粗网格（实线）及网格加密（虚线）

三角剖分的加密规则定义如下：

①如果一个三角形的边包含两个或两个以上其他三角形的顶点（不算其自己的顶点），那么就将该三角形分成四个均等的小三角形。重复该过程，直到不再存在这样的三角形为止。

②如果一个三角形一条边的中点包含另一个三角形的顶点，则将此三角形分为两部分。将新边称为绿色边。

③如果需要进一步加密，则在下一次迭代之前首先消除绿色边。

对于图 4.57 中的三角剖分，在三角形Ⅰ和Ⅷ中应用第一步。为此，需要在三角形Ⅶ上使用两次加密规则。接下来，在三角形Ⅱ、Ⅴ、Ⅵ以及三个子三角形上构造绿色边（参见练习 4.58）。

尽管具有递归性质，但是在有限次迭代之后停止该过程。令 k 为加密的最大级数，其中最大值取自所有单元（图 4.57 中，$k=2$）。然后，每个单元最多细分 k 次，这代表使用了步骤①的次数上限。再次强调，该过程只是二维的。推广到三维并不简单。关于将三角剖分 Ω 分成四面体的内容，请参阅 Rivara（1984a）给出的方法。

（2）不规则 h- 格式。

使用不规则网格局部加密更方便。在任意不规则网格的一般情况下，可以局部加密某一单元而不干扰相邻单元。对于规则的局部加密，应保留一些不规则加密所需的理想属性。

首先，在连续加密过程中，不应产生失真单元。也就是说，每个单元的最小角度，都应该由一个可能仅取决于初始网格的共有边界限定，使其不为零［式（4.79）］。

其次，由局部加密产生的新网格应包含旧网格的所有节点。特别地如果对所有级别的二阶偏微分问题应用连续有限元空间 $\{V_{h_k}\}$，那么连续加密得到这些空间的嵌套序列：

$$V_{h_1} \subset V_{h_2} \subset \cdots \subset V_{h_k} \subset V_{h_{k+1}} \subset \cdots$$

式中，$h_{k+1} < h_k$，h_k 是第 k 级网格的大小。在不规则局部加密的情况下，为了保持这些空间中函数的连续性，新网格不规则节点处的函数值可以由旧网格节点处的函数值进行多项式插值来获得。

最后，如前所述，网格的不规则指数是指属于单元条边的不规则顶点的最大数量。只研究不规则指数为 1 的不规则网格是有充分理由的。在实践中，不规则指数高的网格不可能对局部 h- 格式有用。而且，通常对问题有限元离散产生的刚度矩阵应该是稀疏的。事实证明，对于一般的不规则网格，无法保证矩阵的稀疏性（Bank et al.，1983）。为了生成不规则指数为 1 的不规则性网格，可以使用 1 指数不规则规则：加密任意未加密的单元，任意一条边包含多个不规则节点的边。

（3）撤销加密。

如上所述，h- 格式也可用于网格粗化。有两个因素决定网格单元是否需要粗化：①局部误差指标；②由规则性或 1 指数不规则性要求而施加在网格上的构造条件。在单元粗化之前，必须检查这两个因素。

单元加密时，会产生许多新的小单元；将旧单元称为父单元，新产生的小单元称为子单元。树结构（或簇结构）由记录每个单元的父单元（若有）及其子单元的结构组成。图 4.58 是一典型的树结构，该图还显示了通过连续加密一个正方形产生的对应当前网格。树根源于初始单元，而树叶则是未加密的单元。

树结构提供简单快速的粗化方法。在存储树信息时，可以通过简单地“切掉对应树枝”来完成局部撤销加密，也就是粗化先前加密的单元，局部恢复先前的网格。

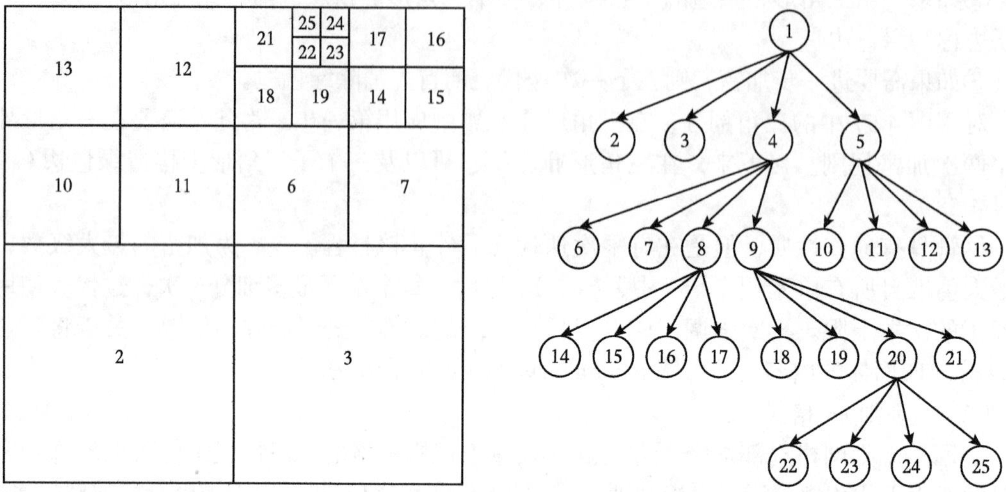

图 4.58 局部加密和对应的树结构

4.7.2 数据结构

在第 4.2 节建立的有限元法中，通常连续地对所有单元和节点进行编号，以便在有限元系统的刚度矩阵中产生最小带宽。在计算程序中识别一个单元以形成刚度矩阵，所需的最小信息是与该单元对应的节点编号的集合（参见 4.2.1 节）。

自适应局部加密和撤销加密需要的数据结构比第 4.2 节中的经典全局加密复杂得多。这是因为单元和节点是以自适应的方式增加或删除，所以通常不可能以连续的方式对它们进行编号。因此，需要建立某种自然的元素排序。所有单元都必须按顺序放置，对于某一给定单元，原始代码必须能够识别序列中的下一个元素（或者在必要时识别上一个单元）。因此，应存储关于单元的以下信息：

（1）节点；

（2）相邻单元；

（3）父单元；

（4）子单元；

（5）加密级别。

对于给定节点，还需要其坐标。对应于特定局部加密数据结构的逻辑可能还需要其他附加信息。不过，上面列出的信息应该是所有现有数据结构的最低要求。目前有几种数据结构可用于自适应局部网格加密和撤销加密（Rheinboldt et al.，1980；Bank et al.，1983；Rivara，1984b）。

4.7.3 后验误差估计

现在研究自适应有限元法的第二个组成部分：后验误差估计。可以用后验误差估计量和指标对误差进行具体评估，并为局部加密和撤销加密奠定坚实的基础。后验误差估计值可大致分类如下（Verfürth，1996）。

（1）残差估计值。该估计量通过与微分方程强形式相关残差的恰当范数约束近似解的误差（Babuška et al.，1978a）。

（2）基于问题的局部估计值。该方法解决了与原始问题相似但更简单的局部离散问题，并用局部解的合适范数进行误差估计（Babuška et al.，1978b；Bank et al.，1985）。

（3）基于平均的估计值。该方法用某种局部外推或求平均值的方法定义误差估计（Zienkiewicz et al.，1987）。

（4）基于层级的估计值。该方法计算与另一个高阶多项式有限元空间或加密网格相关的近似解的残差（Deuflhard et al.，1989）。

通过举例简单研究二维模型问题的残差估计值：

$$\begin{aligned} -\Delta p = f, &\quad 在\Omega中 \\ p = 0, &\quad 在\Gamma_D上 \\ \frac{\partial p}{\partial \boldsymbol{v}} = g, &\quad 在\Gamma_N上 \end{aligned} \tag{4.219}$$

式中，Ω 是平面中的有界区域，边界为 $\bar{\Gamma} = \bar{\Gamma}_{\mathrm{D}} \cup \bar{\Gamma}_{\mathrm{N}}$、$\Gamma_{\mathrm{D}} \cap \Gamma_{\mathrm{N}} = \varnothing$，$f \in L^2(\Omega)$ 和 $g \in L^2(\Gamma_{\mathrm{N}})$ 为给定函数，拉普拉斯算子 Δ 如第 4.2.1 节所定义。本节只研究这一简单问题；到更一般问题的推广参见第 4.2 节或本章引用的参考文献。

假设 Γ_{D} 相对于 Γ 闭合，并具有正长度。定义（参见第 4.2.1 节）：

$$V = \{\upsilon \in H^1(\Omega) : \upsilon = 0，在\Gamma_{\mathrm{D}}上\}$$

另外，引入符号：

$$a(p,v) = \int_\Omega \nabla p \cdot \nabla v \mathrm{d}\boldsymbol{x}, \quad L(v) = \int_\Omega f v \mathrm{d}\boldsymbol{x} + \int_{\Gamma_{\mathrm{N}}} g v \mathrm{d}\ell, \quad v \in V$$

和式（4.69）一样，可以用变分形式改写式（4.219）：

$$求 p \in V，使 a(p,\upsilon) = L(\upsilon), \quad \forall \upsilon \in V \tag{4.220}$$

令 Ω 为凸多边形区域（或者其边界 Γ 光滑），并令 K_h 为 Ω 的三角剖分，将 Ω 剖分成直径为 h_k 的三角形 K 的三角剖分，如第 4.2.1 节所示。利用三角剖分 K_h，联立网格函数 $h(\boldsymbol{x})$，对于某一正常数 C_1，使：

$$C_1 h_K \leqslant h(\boldsymbol{x}) \leqslant h_K, \qquad \forall \boldsymbol{x} \in K, \qquad K \in K_h \tag{4.221}$$

此外，假设存在正常数 C_2，使

$$C_2 h_K^2 \leqslant |K|, \qquad \forall K \in K_h \tag{4.222}$$

式中，$|K|$ 是 K 的面积。式（4.222）是最小角条件，即 K_h 中三角形的角受 C_2 限制［式（4.79）］。

为了使符号保持最小，令 $V_h \subset V$ 由下式定义：

$$V_h = \{\upsilon \in V : \upsilon|_K \in P_1(K), K \in K_h\}$$

本小节最后说明如何推广到高阶多项式的有限元空间。式（4.219）的有限元法表示如下：

$$\text{求 } p_h \in V_h，\text{使 } a(p_h, \upsilon) = L(\upsilon), \quad \forall \upsilon \in V_h \tag{4.223}$$

由式（4.220）和式（4.223），得

$$a(p - p_h, \upsilon) = L(\upsilon) - a(p_h, \upsilon), \quad \forall \upsilon \in V \tag{4.224}$$

式（4.224）的右侧隐含地将 p_h 的残差定义为 V 的对偶空间中的元素。因为 Γ_D 具有正长度，所以庞加莱（Poincaré）不等式（Chen，2005）成立：

$$\|\upsilon\|_{L^2(\Omega)} \leqslant C(\Omega)\|\nabla \upsilon\|_{L^2(\Omega)}, \quad \forall \upsilon \in V \tag{4.225}$$

式中，C 与 Ω 和 Γ_D 的长度有关。利用式（4.225）和柯西（Cauchy）不等式［式（4.59）］，得

$$\frac{1}{1 + C^2(\Omega)}\|\upsilon\|_{H^1(\Omega)} \leqslant \sup\left\{a(\upsilon, w) : w \in V, \|w\|_{H^1(\Omega)} = 1\right\} \leqslant \|\upsilon\|_{H^1(\Omega)} \tag{4.226}$$

因此，联立式（4.224）和式（4.226）得

$$\begin{aligned} & \sup\left\{L(v) - a(p_h, v) : v \in V, \|v\|_{H^1(\Omega)} = 1\right\} \\ & \leqslant \|p - p_h\|_{H^1(\Omega)} \\ & \leqslant \left[1 + C^2(\Omega)\right] \sup\left\{L(v) - a(p_h, v) : v \in V, \|v\|_{H^1(\Omega)} = 1\right\} \end{aligned} \tag{4.227}$$

由于式（4.227）中的上确界等价于 V 的对偶空间中的残差范数，该不等式意味着在达到乘法常数之前，V 中误差范数的上、下限用于对偶空间中的范数。大多数后验误差估计的目的是通过更简单的 f、g 和 p_h 的评估约束残差的对偶范数。

令 $\mathcal{E}_h^0$ ε 表示 K_h 中所有内边 e 的集合，$\mathcal{E}_h^b$ 记 Γ 上边 e 的集合，且 $\mathcal{E}_h = \mathcal{E}_h^0 \cup \mathcal{E}_h^b$。此外，令 $\mathcal{E}_h^D$ 和 $\mathcal{E}_h^N$ 分别记 Γ_D 和 Γ_N 上边 e 的集合。

对于每个 $e \in \mathcal{E}_h$，结合单位法向量 $\boldsymbol{v}$。对于 $e \in \mathcal{E}_h^b$，$\boldsymbol{v}$ 只是 Γ 的单位外法线向量。对于 $e \in \mathcal{E}_h^0$，由于 $e = \bar{K}_1 \cap \bar{K}_2$，$K_1$，$K_2 \in K_h$，$\boldsymbol{v}$ 的方向与跃过 e 的定义有关；如果将函数跃 υ 跃过 e 的定义为

$$[\![\upsilon]\!] \leqslant \left(\upsilon|_{K_2}\right)\Big|_e - \left(\upsilon|_{K_1}\right)\Big|_e \tag{4.228}$$

那么，将 $\boldsymbol{v}$ 定义为 K_2 的单位外法线向量（图 4.59）。

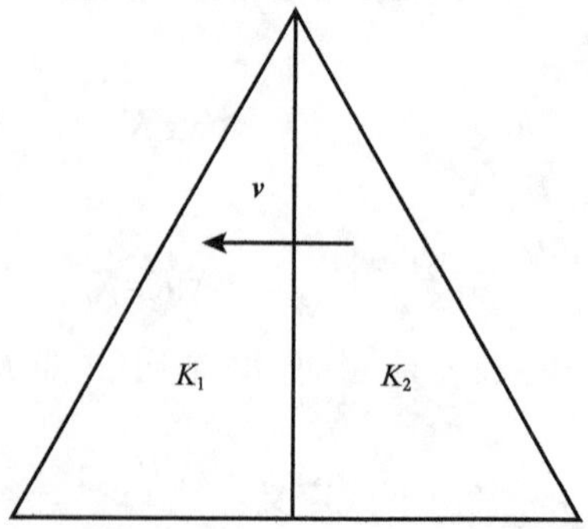

图 4.59　$\boldsymbol{v}$ 的图示

回顾点积符号：

$$(v,w)_S=\int_S v(\boldsymbol{x})w(\boldsymbol{x})\mathrm{d}\boldsymbol{x},\quad v,w\in L^2(\mathcal{S})$$

如果 $\mathcal{S}=\Omega$，省略之。注意到按格林公式［式（4.68）］、$L(\cdot)$ 的定义以及在所有 $K\in K_h$ 上 $\Delta p_h=0$ 的事实，有

$$\begin{aligned}L(v)-a(p_h,v)&=L(v)-\sum_{K\in K_h}(\nabla p_h,\nabla v)_K\\&=L(v)-\sum_{K\in K_h}\left[(\nabla p_h\cdot\boldsymbol{v}_K,v)_{\partial K}-(\Delta p_h,v)_K\right]\\&=(f,v)+\sum_{e\in\mathcal{E}_h^{\mathrm{N}}}(g-\nabla p_h\cdot\boldsymbol{v},v)_e-\sum_{e\in\mathcal{E}_h^0}(\llbracket\nabla p_h\cdot\boldsymbol{v}\rrbracket,v)_e\end{aligned}\tag{4.229}$$

应用式（4.227）和式（4.229），可以证明（参见练习 4.60）：

$$\begin{aligned}\|p-p_h\|_{H^1(\Omega)}\leqslant C\Bigg[&\sum_{K\in K_h}h_K^2\|f\|_{L^2(K)}^2\\&+\sum_{e\in\mathcal{E}_h^{\mathrm{N}}}h_e\|g-\nabla p_h\cdot\boldsymbol{v}\|_{L^2(e)}^2+\sum_{e\in\mathcal{E}_h^0}h_e\|\llbracket\nabla p_h\cdot\mathrm{v}\rrbracket\|_{L^2(e)}^2\Bigg]^{1/2}\end{aligned}\tag{4.230}$$

式中，C 与式（4.220）中的 C_2 及式（4.225）中的 $C(\Omega)$ 有关，h_K 和 h_e 分别表示 K 的直径和 e 的长度。

式（4.230）的右侧因为涉及已知 f、g、近似解 p_h 以及三角剖分 K_h 的几何数据。所以它可用作后验误差估计值，因为它只对于一般函数 f 和 g，式（4.230）右边的第一项和第二项中的积分通常不可能精确计算，因此须用合适的求积公式近似（参见 4.2.2 节）。另外，也可以通过合适的有限元空间内的多项式近似 f 和 g。数值求积、简单函数与其精确积分近似这两种方法通常是等价的，产生的后验估计值也相似。本节只讨论简单函数近似方法。特别地，令 f_h 和 g_h 分别是 f 和 g 到与 K_h 和 $\mathcal{E}_h^N$ 相关的分段常数空间上的 L^2 投影，也就是说，在每个 $K\in K_h$ 和 $e\in\mathcal{E}_h^N$ 上，$f_K=f_h|_K$ 和 $g_e=g_h|_e$ 由局部均值给出：

$$f_K=\frac{1}{|K|}\int_K f\mathrm{d}\boldsymbol{x},\qquad g_e=\frac{1}{h_e}\int_e g\mathrm{d}\ell\tag{4.231}$$

然后，定义残差后验误差估计值：

$$\begin{aligned}\mathcal{R}_K=\Bigg[&h_K^2\|f_K\|_{L^2(K)}^2+\sum_{e\in\partial K\cap\mathcal{E}_h^{\mathrm{N}}}h_e\|g_e-\nabla p_h\cdot\boldsymbol{v}\|_{L^2(e)}^2\\&+\frac{1}{2}\sum_{e\in\partial K\cap\mathcal{E}_h^0}h_e\|\llbracket\nabla p_h\cdot\boldsymbol{v}\rrbracket\|_{L^2(e)}^2\Bigg]^{1/2}\end{aligned}\tag{4.232}$$

$\mathcal{R}_K$ 中的第一项与 p_h 的残差有关，而 p_h 则与微分方程的强形式有关。第二项和第三项反映了 p_h 不完全满足纽曼边界条件和 $p_h\notin H^2(\Omega)$ 的事实。由于内边算了两次，结合式（4.230）、式（4.232）和三角形不等式，得到（参见练习 4.61）：

$$\|p-p_h\|_{H^1(\Omega)} \leqslant C\left\{\sum_{K\in K_h}\left[\mathcal{R}_K^2+h_K^2\|f-f_K\|_{L^2(K)}^2\right]+\sum_{e\in\mathcal{E}_h^{\mathrm{N}}}h_e\|g-g_e\|_{L^2(e)}^2\right\}^{1/2} \quad (4.233)$$

根据式（4.233），利用给定误差 $\epsilon>0$，定义自适应算法如下［其中RHS表示式（4.233）式的右侧］。

算法 I：

（1）选择网格大小为 h_0 的初始网格 K_{h_0}，联立 $V_h=V_{h_0}$ 和式（4.223）求有限元解 p_{h_0}；

（2）给定网格大小为 h_K，对于 V_{h_K} 中的解 p_{h_K}，如果满足以下标准则停止计算：

$$\mathrm{RHS}\leqslant\epsilon \quad (4.234)$$

（3）如果不满足式（4.234），找到求网格大小为 h_K 的新网格 K_{h_K}，使

$$\mathrm{RHS}=\epsilon \quad (4.235)$$

成立，并继续计算。

式（4.234）是停止计算的标准，式（4.235）定义了自适应策略。由式（4.233）得出，如果以 $p_h=p_{h_K}$ 满足了式（4.234），那么估计 $\|p-p_h\|_{H^1(\Omega)}$ 受 ϵ 约束。式（4.235）通过极大性确定了新的网格大小 h_K。也就是说，寻找尽可能大的网格尺寸 h_K（目的是保持效率），满足式（4.235）。极大性通常由误差的等分布确定，从而使各个元素 K 的误差贡献近似相等。令 M_{h_K} 是 K_{h_K} 中元素的个数，等分布意味着：

$$(\mathrm{RHS}|_K)^2=\frac{\epsilon^2}{M_{h_K}},\quad K\in K_{h_K}$$

由于解 p_{h_K} 与 K_{h_K} 有关，因此这是一个非线性问题。举例而言，用 $M_{h_{K-1}}$（前一级的个数）代替 M_{h_K}，可以简化非线性。

在某种意义上，下列不等式意味着式（4.233）反过来也成立（Verfürth，1996；Chen，2005）：对于 $K\in K_h$，

$$\mathcal{R}_K\leqslant C\left\{\sum_{K'\in K_h}\left[\|p-p_h\|_{H^1(K')}^2+h_{K'}^2\|f-f_{K'}\|_{L^2(K')}^2\right]+\sum_{e\in\partial K\cap\mathcal{E}_h^{\mathrm{N}}}h_e\|g-g_e\|_{L^2(e)}^2\right\}^{1/2} \quad (4.236)$$

式中（图 4.60）：

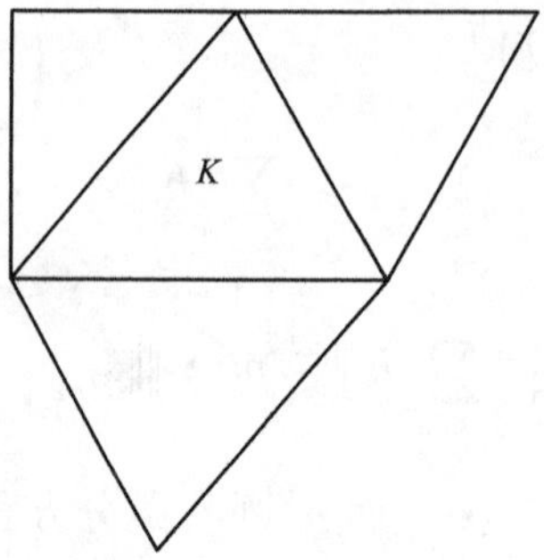

图 4.60 Ω_K 的图示

$$\Omega_K = \bigcup\{K' \in K_h : \partial K' \cap \partial K \neq \varnothing\}$$

估计式(4.236)表明，对于给定的精度，算法I产生的计算网格没有过度加密，在这个意义上该算法是高效的。而式(4.234)表明，由于能保证 H^1 误差在给定容差范围内，因此在这个意义上该算法也是可靠的。

综上所述，本节主要内容如下。首先，可以控制除 H^1 范数以外的范数误差；例如，可以控制最大范数 [$L^\infty(\Omega)$ 范数；参见 Johnson(1994)] 中的梯度误差。其次，本节的结果也适用于次数 $r \geqslant 2$ 的多项式的有限元空间。在这种情况下，f_h 和 g_h 分别是 f 和 g 到与 K_h 和 ε_h^N 有关的、次数为 r–1 的分段多项式空间上的 L^2 投影，并且用 $\Delta p_h|_K + f_K$ 代替 $\mathcal{R}_K$ 中的第一项 f_K(参见练习 4.62)。最后，本节介绍的自适应有限元法也可以扩展到瞬变问题(Chen，2005)。

例 4.14　本例来自 Verfürth(1996)。在以原点为中心、半径为 1、角度为 $3\pi/2$ 的扇形区域上考虑式(4.219)(图 4.61)。函数 f 为零，解 p 在边界 Γ 的直线部分消失，在 Γ 的曲线部分具有法向导数 $\frac{2}{3}\cos\left(\frac{2}{3}\theta\right)$。对于极坐标，式(4.219)的精确解 p 为 $p = r^{\frac{2}{3}}\sin\left(\frac{2}{3}\theta\right)$。用具有分段线性函数空间 V_h 的式(4.233)，结合图 4.61 所示的两个三角剖分计算有限元解 p_h。图 4.61(a)中的三角剖分由初始三角剖分 K_{h0} 的五个均匀加密构成，初始三角剖分 K_{h0} 由三个等腰直角三角形组成，其短边长度为单位长度。在每一步加密中，通过连接三角形三条边的中点将每个三角形分成四个小三角形。把在 Γ 上有两个端点的边的中点也投影到 Γ 上。图 4.61(b)中的三角剖分利用算法I根据 K_{h0} 得到，算法I以式(4.232)中的误差估计量为基础。如果 $\mathcal{R}_K \geqslant 0.5\max_{K' \in K_h}\mathcal{R}_{K'}$，则将三角形 $K \in K_h$ 分成四个小三角形。类似地，把两个端点在 Γ 上的边的中点也投影到 Γ 上。表 4.6 列出了两种三角剖分的三角形的个数(NT)、未知数的个数(NN)，相对误差 $e_r = \|p - p_h\|_{H^1(\Omega)} / \|p\|_{H^1(\Omega)}$ 以及误差估计值质量的度量 $m_q = \left(\sum_{K \in K_h}\mathcal{R}_K^2\right)^{1/2} / \|p - p_h\|_{H^1(\Omega)}$。从表 4.6 中可以清楚地看出自适应方法的优点和误差估计量的可靠性。

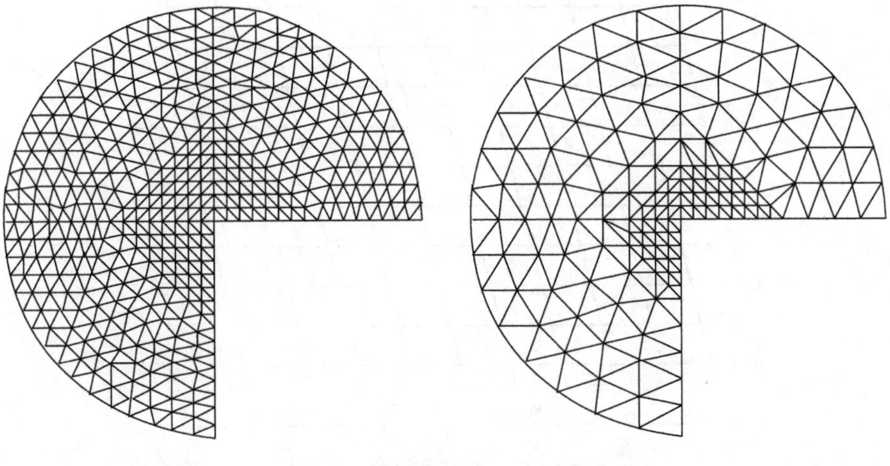

图 4.61　均匀三角剖分(左)和自适应三角剖分(右)

表 4.6　均匀加密和自适应加密的比较

加密方法	NT	NN	e_r	m_q
均匀	3072	1552	3.8%	0.7
自适应	298	143	2.8%	0.6

4.7.4　第八个 SPE 算例：网格化方法

本章介绍了多种不同类型的空间网格：矩形（长方体）、三角形（四面体）、控制体有限元网格、棱柱体网格以及上述各种空间网格的灵活变化。本节用第八个 SPE 标准算例（CSP）（Quandalle，1993）说明在软件应用中可以使用灵活的网格以减少网格数。

CSP 的目标是：

（1）使用灵活网格与规则网格的数值预测；

（2）使用不同灵活网格的数值预测对比；

（3）应用灵活网格减少网格数的对比。

该问题是注气采油的三维模拟，纵向上 4 层，如图 4.62 和图 4.63 以及表 4.7 至表 4.11 所示，其中 B_o 表示地层体积系数。本算例中没有水，其他的流体和岩石物性数据与 SPE 第 1 个标准算例相同（Odeh，1981），用相同的模拟器计算：

（1）第一次计算使用如图 4.62 所示的 10×10×4 规则网格；

（2）第二次计算使用在水平方向上具有灵活性的四层网格，目的是通过应用网格灵活性尽可能减少网格块的数量，同时遵循两口生产井的约束条件：

①用灵活网格（不随时间而变，对应气油比 GOR 为 2000ft^3/bbl）预测的气体突破时间必须与 10×10×4 网格预测的差异在 10% 以内；

②规则网格模型达到 10000ft^3/bbl 的气油比时，灵活网格模型预测的气油比与规则网格预测的相差必须在 10% 以内。

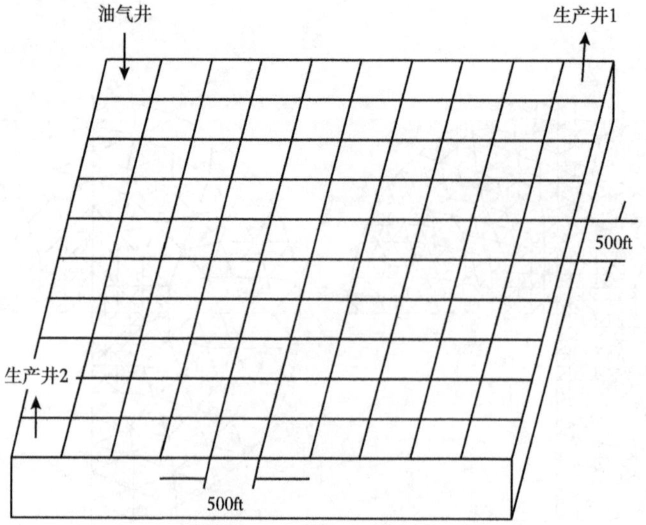

图 4.62　油藏和网格系统

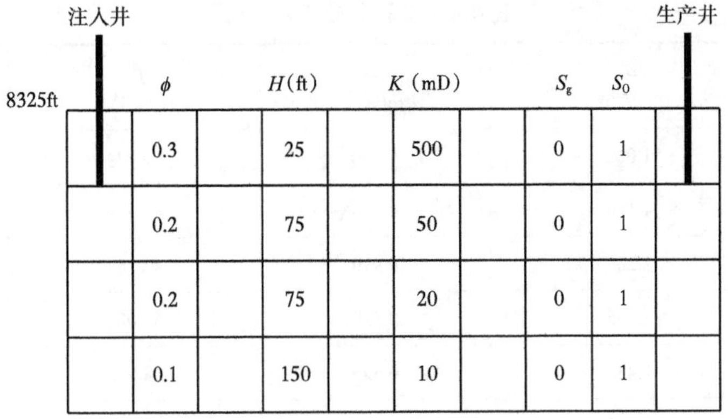

图 4.63　垂直剖面图

井的边界条件由地面条件下两口生产井的产油量和注气井的注气量定义。生产井的井底压力界限设置得很低，模拟时间内永远达不到该值。

此处采用黑油模拟器（参见第 2.6 节和第 8 章），第二次模拟计算采用两种灵活网格：矩形网格的局部加密（图 4.64）和控制体有限元网格的局部加密（图 4.65）。两种情形的网格块个数分别是 96 和 68，与 SPE8 中 INTERA 信息技术所用的网格情形对应。矩形网格用五点有限差分格式，控制体有限元网格用控制体有限元法。表 4.12 和表 4.13 给出了 10×10×4 个基础网格和两种灵活网格的气体突破时间、TGR（基础网格气油比达到 10000ft^3/bbl 的时间）以及 TGR 时两种灵活网格中生产井 1 和生产井 2 的生产气油比。图 4.66 和图 4.67 对比了三种网格下生产井 1 的生产气油比和井底压力。从表 4.12、表 4.13 以及图 4.66 和图 4.67 可以看出，虽然利用局部矩形网格加密使网格块个数减少 4 倍，利用控制体有限元网格使网格块减少 6 倍，但是二者的生产气油比和压力值与使用 10×10×4 的基础网格得到的值非常接近。该结果证明油藏模拟中灵活网格应用潜力巨大。

表 4.7　油藏数据和约束条件

序号	油藏数据和约束条件
1	8400 ft 深度处初始油藏压力为 4800 psia
2	注气井只在上部层位射孔，在 x_1 和 x_2 方向上的距离为 250 ft
3	生产井 1 只在上部层位射孔，在 x_1 方向上的距离为 4750 ft，在 x_2 方向上的距离为 250 ft
4	生产井 2 只在上部层位射孔，在 x_1 方向上的距离为 250 ft，在 x_2 方向上的距离为 4750 ft
5	注气量：12.5×10^6 ft^3/d
6	每口生产井的最大产油量：1875 bbl/d
7	每口生产井的最小产油量：1000 bbl/d
8	每口生产井的最低井底压力：1000 psi
9	岩石压缩系数：3×10^{-6} psi^{-1}
10	14.7 psi 下测得的孔隙度：0.3
11	井筒半径：0.25 ft
12	毛细管压力：0 psi
13	油藏温度：200 °F
14	气体相对密度：0.792
15	第 10 年末或当两口生产井的气油比达到 30000 ft^3/bbl 时结束计算

表 4.8　饱和原油 PVT 数据

油藏压力（psia）	B_o（bbl/bbl）	μ_o（mPa·s）	ρ_o（lb/ft³）	溶解气油比（ft³/bbl）
14.7	1.062	1.040	46.244	1.0
264.7	1.150	0.975	43.544	90.5
514.7	1.207	0.910	42.287	180.0
1014.7	1.295	0.830	41.004	371.0
2014.7	1.435	0.695	38.995	636.0
2514.7	1.500	0.641	38.304	775.0
3014.7	1.565	0.594	37.781	930.0
4014.7	1.695	0.510	37.046	1270.0
5014.7	1.827	0.449	36.424	1618.0
9014.7	2.357	0.203	34.482	2984.0

表 4.9　不饱和原油 PVT 数据

油藏压力（psia）	B_o（bbl/bbl）	μ_o（mPa·s）	ρ_o（lb/ft³）
4014.7	1.695	0.510	37.046
9014.7	1.579	0.740	39.768

表 4.10　气体 PVT 数据

油藏压力（psia）	B_g（bbl/bbl）	μ_g（mPa·s）	ρ_g（lb/ft³）
14.7	0.935829	0.0080	0.0647
264.7	0.067902	0.0096	0.8916
514.7	0.035228	0.0112	1.7185
1014.7	0.017951	0.0140	3.3727
2014.7	0.009063	0.0189	6.6806
2514.7	0.007266	0.0208	8.3326
3014.7	0.006064	0.0228	9.9837
4014.7	0.004554	0.0268	13.2952
5014.7	0.003644	0.0309	16.6139
9014.7	0.002167	0.0470	27.9483

表 4.11　相对渗透率数据

S_g	K_{rg}	K_{ro}
0	0	1.000
0.001	0	1.000
0.020	0	0.997
0.050	0.005	0.980
0.120	0.025	0.700
0.200	0.075	0.350
0.250	0.125	0.200
0.300	0.190	0.090
0.400	0.410	0.021
0.450	0.600	0.010
0.500	0.720	0.001
0.600	0.870	0
0.700	0.940	0
0.850	0.980	0
1.000	1.000	0

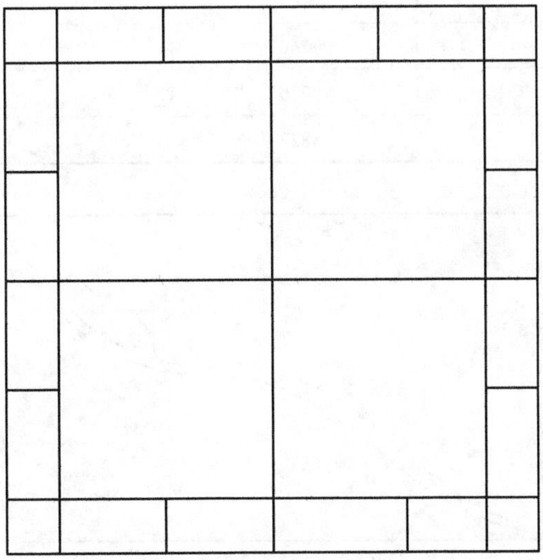

图 4.64　局部矩形网格加密

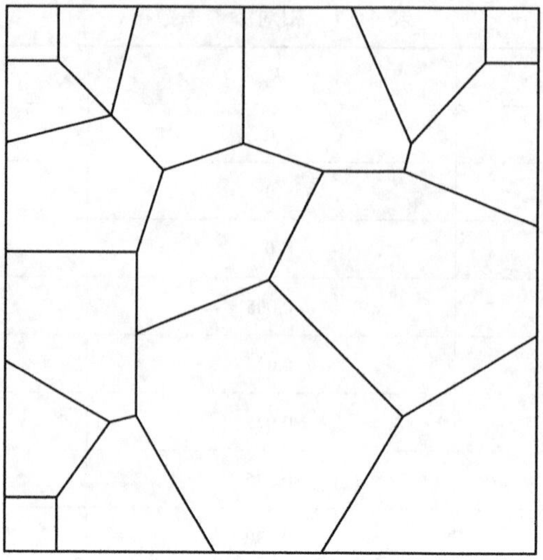

图 4.65　控制体有限元网格

表 4.12　生产井 1 的气体突破时间

网格	突破时间（d）	TGR（d）	GOR（ft^3/bbl）
10×10×4	807	2256	10000
局部加密	774		10403
控制体有限元网格	857		9552

表 4.13　生产井 2 的气体突破时间

网格	突破时间（d）	TGR（d）	GOR（ft^3/bbl）
10×10×4	760	2196	10000
局部加密	726		10055
控制体有限元网格	823		9560

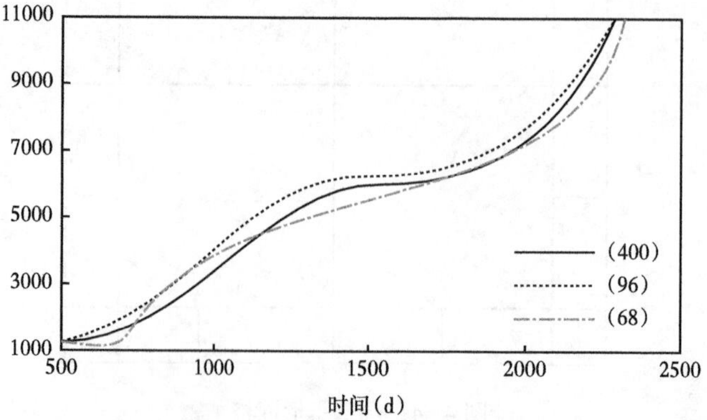

图 4.66　生产井 1 的气油比

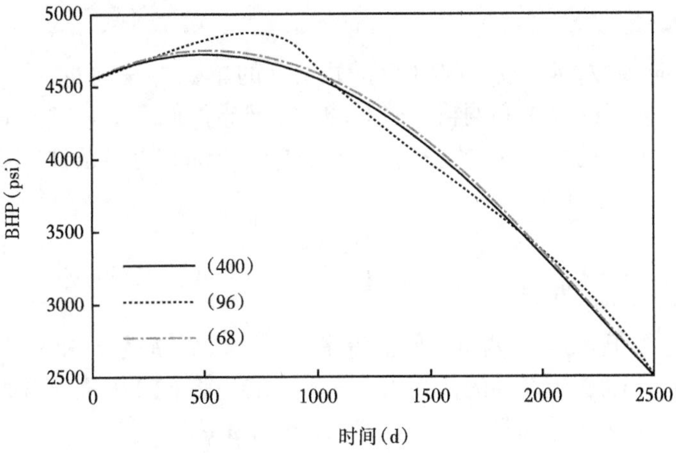

图 4.67 生产井 1 的井底压力

4.8 文献信息

第 4.1 节提出的有限差分法是局部守恒的，在复杂油藏的处理中不灵活；对比而言，第 4.2 节介绍的标准有限元法比较灵活且全局守恒，但在局部单元上（如在三角形上）不守恒。第 4.3 节介绍的控制体有限元法可在每个控制体上局部质量守恒。第 4.4 节介绍的间断有限元法也具有这种局部质量守恒性质。间断有限元法特别适用于对流问题的数值解，而且方便用于第 4.7 节介绍的自适应方法中。第 4.5 节讨论的混合有限元法的目的是得到速度向量的高阶近似。最后，第 4.6 节研究的特征有限元法适用于以对流为主的流动和传导方程问题。

限差分法的文献有很多（如 Richtmyer et al.，1967；Thomas，1995），如果想了解这些方法在油藏模拟中的应用，建议读者参考 Peaceman（1977）以及 Aziz et al.（1979）。有限元方法相关的书籍也很多（如：Strang et al.，1973；Ciarlet，1978；Thomée，1984；Brezzi et al.，1991；Brenner et al.；1994 年；Johnson，1994；Braess，1997；Quarteroni et al.，1997）。第 4.2.4 节简要地介绍了瞬变问题。Thomée（1984）专门讨论了与时间有关的问题。第 4.2 节和第 4.4 节至第 4.7 节的内容选自 Chen（2005）。最后，有关 SPE8 CSP 的更多信息，请参阅 Quandalle（1993）。

练习

练习 4.1 考虑问题（4.18），$a=1$，$\Omega=(0,1)\times(0,1)$（单位正方形）：

$$-\frac{\partial^2 p}{\partial x_1^2}-\frac{\partial^2 p}{\partial x_2^2}=q(x_1,x_2),\quad (x_1,x_2)\in\Omega \tag{4.237}$$

其中，q 表示位于（0.1667, 0.1667）的注入井或位于（0.8333, 0.8333）的生产井。均质 Neumann 边界条件（无流边界条件）为

$$\frac{\partial p}{\partial v}=0$$

其中，$\partial p/\partial v$ 是法向导数，v 是 $\Gamma=\partial\Omega$（Ω 的边界）的单位外法向量。（1）应用 x_1 和 x_2 方向上均有三个等子区间的块中心网格，式（4.237）推导类似于式（4.20）的有限差分格式。（2）用类似于式（4.14）的（$g=0$）的一阶离散格式 Neumann 边界条件。（3）计算井项 q 的表达式如下：

$$q_{i,j}=\frac{2\pi}{\ln\left(r_{\rm e}/r_{\rm w}\right)}\left(p_{\rm bh}-p_{i,j}\right)\quad(i,j)=(1,1)或(3,3)$$

其中，井筒半径 r_w 等于 0.001，两口井的泄流半径 $r_{\rm e}=0.2h$，h 为 x_1 和 x_2 方向上的步长，注入井的井筒压力 $p_{\rm bh}=1.0$，生产井的井筒压力 $p_{\rm bh}=-1.0$。将（1）中推导出的有限差分格式写成矩阵形式 $\boldsymbol{A}\boldsymbol{p}=\boldsymbol{q}$（$\boldsymbol{q}$ 表示井向量），并求矩阵 $\boldsymbol{A}$ 和向量 $\boldsymbol{q}$。

练习 4.2　将第 4.1.7 节给出的一致性定义推广到二维初始抛物型问题［式（4.21）］。

练习 4.3　用练习 4.2 中的定义证明第 4.14 节介绍的前向差分格式、后向差分格式和 Crank-Nicholson 差分格式与式（4.21）一致。

练习 4.4　证明第 4.1.6 节定义的 Crank-Nicholson 差分格式的一维形式对式（4.27）是无条件稳定的。

练习 4.5　证明第 4.1.6 节定义的后向差分格式的一维形式对式（4.27）是收敛的。

练习 4.6　证明第 4.1.6 节定义的 Crank-Nicholson 差分格式的一维形式对式（4.27）是收敛的。

练习 4.7　证明式（4.39）与式（4.38）一致。

练习 4.8　证明式（4.39）的放大因子 γ 是

$$\gamma=1+\frac{b\Delta t}{h}\left[1-\cos(kh)\right]-\bar{i}\,\frac{b\Delta t}{h}\sin(kh)\tag{4.238}$$

练习 4.9　证明 $b>0$ 时式（4.238）中的放大因子 γ 满足 $|\gamma|>1$。

练习 4.10　证明 $b<0$ 时式（4.238）中的放大因子 γ 在 CFL 条件［式（4.40）］成立的情况下满足 $|\gamma|\leqslant 1$。

练习 4.11　证明 $b>0$ 时式（4.41）在式（4.40）下是稳定的。

练习 4.12　证明式（4.42）的放因子数 γ 是

$$\gamma=1-\bar{i}\,\frac{b\Delta t}{h}\sin(kh)$$

练习 4.13　证明式（4.43）的放大因子 γ 是

$$\gamma=\left\{1-\frac{b\Delta t}{h}\left[1-\cos(kh)\right]+\bar{i}\,\frac{b\Delta t}{h}\sin(kh)\right\}^{-1}$$

练习 4.14　证明式（4.45）的放大因子 γ 是

$$\gamma=\left[1+\bar{i}\,\frac{b\Delta t}{h}\sin(kh)\right]^{-1}$$

练习 4.15　$b<0$ 时，式（4.38），定义类似于式（4.39）的 Crank-Nicholson 格式，并研究其稳定性。

练习 4.16　$b>0$ 时，式（4.38），定义类似于式（4.41）的 Crank-Nicholson 格式，并研究其稳定性。

练习 4.17　$b<0$ 和 $b>0$ 时，式（4.38），定义类似于式（4.42）的 Crank-Nicholson 格式，并研究其在 $b<0$ 和 $b>0$ 两种情况下的稳定性。

练习 4.18　对于 $b<0$ 时的式（4.38），推导式（4.39）的局部截断误差［式（4.46）］。

练习 4.19　用 b、h 和 Δt 表示练习 4.16 中定义的 Crank-Nicholson 格式的数值弥散 a_{num}。

练习 4.20　考虑扩散—对流问题：

$$\begin{aligned}&\frac{\partial p}{\partial t}+b\frac{\partial p}{\partial x}-a\frac{\partial^2 p}{\partial x^2}=0,\quad 0<x<\infty,\quad t>0\\&p(x,0)=0,\quad 0<x<\infty\\&p(0,t)=1,\quad p(\infty,t)=0,\quad t>0\end{aligned}\tag{4.239}$$

其中，$a>0$，b 是常数。该问题有精确解：

$$p=\frac{1}{2}\mathrm{erfc}\left[\frac{x-bt}{2(at)^{1/2}}\right]+\exp\left(\frac{bx}{a}\right)\mathrm{erfc}\left[\frac{x+bt}{2(at)^{1/2}}\right]$$

其中，互补误差函数 erfc 为

$$\mathrm{erfc}(x)=1-\frac{2}{\pi^{\frac{1}{2}}}\int_0^x\exp(-\ell^2)\,\mathrm{d}\ell$$

对于式（4.239），考虑差分格式：

$$\frac{p_i^{n+1}-p_i^n}{\Delta t}+b\frac{p_i^n-p_{i-1}^n}{h}-a\frac{p_{i+1}^{n+1}-2p_i^{n+1}+p_{i-1}^{n+1}}{h^2}=0\tag{4.240}$$

初始条件和边界条件如下：

$$\begin{aligned}&p_i^0=0,\quad i\geqslant 1\\&p_0^n=1,\quad p_I^n=0,\quad n\geqslant 1\end{aligned}$$

如果 I 足够大，上面最后一个方程就是 $x=\infty$ 时边界条件的充分表达。计算中选择 $I=5/h$。

$x=0$、$t=0$ 时的精确解未定义。然而，差分格式需要 p_0^0 的值。计算中，任意选择 $p_0^0=5$。其他数据给出如下：

$$h=0.1,\quad b=1.0,\quad a=0.01$$

当 $\Delta t=0.05$ 和 $\Delta t=0.1$ 时，用式（4.240）求解式（4.239）的数值解，并比较对应的数值弥散项 a_{num}［式（4.48）］。

练习 4.21　证明如果 $p\in V$ 满足式（4.52）且 p 二次连续可微，其中空间 V 如第 4.2.1 节中定义，那么 p 满足式（4.50）。

练习 4.22　用第 4.2.1 节介绍的有限元法编写代码近似求解一维问题［式（4.50）］，其中函数 $f(x)=4\pi^2\sin(2\pi x)$，$h=0.1$ 均匀分割（0, 1）。另外，分别计算 $h=0.1$、$h=0.01$ 和

$h=0.001$ 时的误差：

$$\left\|\frac{\mathrm{d}p}{\mathrm{d}x}-\frac{\mathrm{d}p_h}{\mathrm{d}x}\right\|=\left[\int_0^1\left(\frac{\mathrm{d}p}{\mathrm{d}x}-\frac{\mathrm{d}p_h}{\mathrm{d}x}\right)^2\mathrm{d}x\right]^{\frac{1}{2}}$$

并进行比较。这里，p 和 p_h 分别是精确解和近似解（参见第 4.2.1 节）。

练习 4.23　证明柯西不等式［式（4.59）］。

练习 4.24　证明式（4.62）。

练习 4.25　参考第 4.2.1 节，证明式（4.61）中定义的 p 的插值 $\tilde{p}_h \in V_h$ 等于由式（4.54）得到的有限元解 p_h。

练习 4.26　在三维空间中证明格林公式［式（4.68）］。

练习 4.27　推导矩阵系统［式（4.71）］。

练习 4.28　根据第 4.2.1 节中的定义，为图 4.68 的节点 $\boldsymbol{x}_i$ 构建线性基函数。对于图 4.14 所示的以单位正方形（0，1）×（0，1）均匀剖分由所建基函数表示式（4.71）中的刚度矩阵 $\boldsymbol{A}$，证明 A 如第 4.2.1 节所定义。

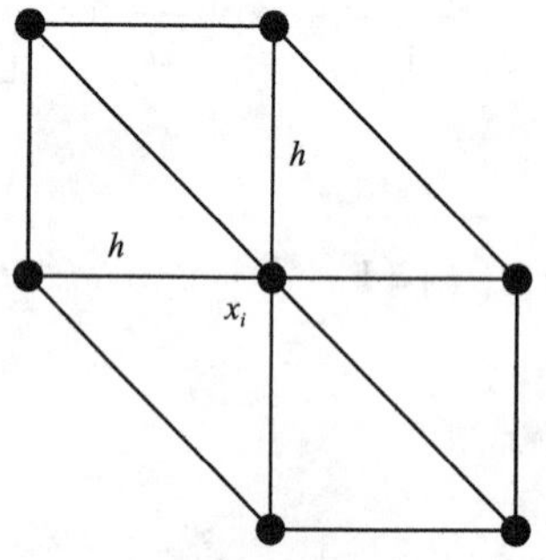

图 4.68　节点 $\boldsymbol{x}_i$ 处基函数的支持

练习 4.29　用第 4.2.1 节介绍的有限元法编写代码近似求解泊松方程［式（4.65）］。求解时使用函数 $f(x_1,x_2)=8\pi^2\sin(2\pi x_1)\sin(2\pi x_2)$ 和图 4.14 所示的均匀剖分 $\Omega=(0,1)\times(0,1)$。另外，分别计算 $h=0.1$、$h=0.01$ 和 $h=0.001$ 时的误差：

$$\|\nabla p-\nabla p_h\|=\left(\int_\Omega|\nabla p-\nabla p_h|^2\,\mathrm{d}\boldsymbol{x}\right)^{\frac{1}{2}}$$

并进行比较。这里，p 和 p_h 分别是精确解和近似解，h 是 x_1 和 x_2 方向上的网格尺寸。

练习 4.30　对于式（4.74），证明式（4.75）。

练习 4.31　从式（4.74）详细推导式（4.76）。

练习 4.32　证明式（4.78）。

练习 4.33　令 $\hat{K}=(0,1)\times(0,1)$ 为单位正方形，顶点为 $\hat{\boldsymbol{m}}_i$，$i=1,2,3,4$，$p(\hat{K})=Q_1(\hat{K})$，$\sum_{\hat{K}}$ 为与 $\hat{\boldsymbol{m}}_i$ 处的函数值对应的自由度。如果 K 是凸四边形，定义适当的映射 $\boldsymbol{F}$：$\hat{K}\to K$，证明以下形式等参有限元 $[K, P(K), \sum_K]$ 定义成立：

$$P(K)=\left\{v:v(\boldsymbol{x})=\hat{v}\left[\boldsymbol{F}^{-1}(\boldsymbol{x})\right],\boldsymbol{x}\in K,\hat{v}\in P\left(\hat{K}\right)\right\}$$

$$\sum_K \text{由} \boldsymbol{m}_i=\boldsymbol{F}\left(\hat{\boldsymbol{m}}_i\right)\text{处的函数值组成}, i=1,2,3,4$$

练习 4.34　假设 Γ 是直径为 L 的圆，Γ_h 是 Γ 的多边形近似，其顶点在 Γ 上，最大边长等于 h。证明从 Γ 到 Γ_h 的最大距离是 $\mathcal{O}(h^2/4L)$（参见第 4.2.2 节）。

练习 4.35　证明当 $f=0$ 时 Crank-Nicholson 方法［式（4.103）］的稳定性结果式（4.102）。当 $f\neq0$ 时，又能证明什么？

练习 4.36　证明三角形 K 的重心坐标 λ_i、λ_j 和 λ_k 满足矩阵系统［式（4.114）］。

练习 4.37　详细推导式（4.117）。

练习 4.38　如第 4.3.2 节所示，正传导率（或正向流动匝连数）在油藏数值模拟中非常重要，尤其是在处理涉及具有不同密度流体的重力主导流动时。假设节点 $\boldsymbol{m}_i$ 在假设 $\boldsymbol{m}_i$ 和 $\boldsymbol{m}_j$ 垂直方向上位于节点 $\boldsymbol{m}_j$ 之上（从 $\boldsymbol{m}_i$ 移动到 $\boldsymbol{m}_j$ 时，深度增加）。两个节点分别具有相等（可动）饱和度的稠密流体（流体 A）和轻质流体（流体 B）。在物理上，流体 A 必定下沉，而流体 B 必定上升。解释 $\boldsymbol{m}_i$ 和 $\boldsymbol{m}_j$ 之间的正离散传导率及负离散传导率的含义。哪一个对应于物理上的正确运动？

练习 4.39　第 3 章介绍了束缚饱和度 S_{ir} 的概念。某一相流体，只有当饱和度值大于束缚饱和度 S_{ir} 时才可移动，反映在流度 λ（即相对渗透率）中为

$$\lambda(S)\begin{cases}>0, & \text{如果} S>S_{\text{ir}}\\ =0, & \text{如果} S\leqslant S_{\text{ir}}\end{cases}$$

考虑式（4.124），其中，渗透率张量 $\boldsymbol{a}$ 为恒等式，Ω 是图 4.32 中给出的一个三角形。假设三个顶点处的压力值满足 $p_k>p_i=p_j$，饱和度值满足 $S_k>S_i=S_j=S_{\text{ir}}$。这表明流动方向在 $-x_2$ 方向上，而且由于 $S_j=S_{\text{ir}}$，因此 x_2 方向上从边 $\boldsymbol{m}_a\boldsymbol{m}_c$ 流出四边形 $\boldsymbol{m}_i\boldsymbol{m}_a\boldsymbol{m}_c\boldsymbol{m}_d$ 的流量为零。用基于势的上游加权控制体有限元（CVFE）（参见第 4.3.4 节）求 x_2 方向上边 $\boldsymbol{m}_a\boldsymbol{m}_c$ 上的流量，再用基于流动的上游加权控制体有限元（参见第 4.3.4 节）求 x_2 方向上边 $\boldsymbol{m}_a\boldsymbol{m}_c$ 上的同一流量。这两个结果说明什么？

练习 4.40　证明：如果 $u\in V=H^1(I)$ 和 $p\in W=L^2(I)$ 满足式（4.155），且如果 p 二阶连续可微，那么 p 满足式（4.152）。

练习 4.41　用第 4.5.1 节介绍的混合有限元法编写代码近似求解式（4.152），其中函数 $f(x)=4\pi^2\sin(2\pi x)$，$h=0.1$ 均匀分割（0，1）。另外，分别计算 $h=0.1$、$h=0.01$ 和 $h=0.001$ 时的误差：

$$\|p-p_h\|=\left[\int_0^1(p-p_h)^2\,\mathrm{d}\boldsymbol{x}\right]^{\frac{1}{2}}$$

$$\|u-u_h\|=\left[\int_0^1(u-u_h)^2\,\mathrm{d}\boldsymbol{x}\right]^{\frac{1}{2}}$$

并进行比较。这里 p、u 和 p_h、u_h 分别是式（4.155）和式（4.157）的解（参见第 4.5.1 节）。如有必要，请参考 Chen（2005）的线性求解算法。

练习 4.42　考虑下列具有非均匀边界条件的问题：

$$-\frac{\mathrm{d}^2 p}{\mathrm{d}x^2}=f(x),\quad 0<x<1$$

$$p(0)=p_{\mathrm{D0}},\ p(1)=p_{\mathrm{D1}}$$

式中，f是（0，1）中给定的具有实数值的分段连续有界函数，p_{D0} 和 p_{D1} 是实数。将该问题改写成混合变分公式，并用 4.5.1 节介绍的有限元空间构建混合有限元法。确定均匀剖分对应的线性代数方程组。

练习 4.43　$x=1$ 时考虑具有 Neumann 边界条件的问题：

$$-\frac{\mathrm{d}^2 p}{\mathrm{d}x^2}=f(x),\quad 0<x<1$$

$$p(0)=\frac{\mathrm{d}p(1)}{\mathrm{d}x}=0$$

用混合变分公式表达该问题，用第 4.5.1 节介绍的有限元空间构建混合有限元法，并确定均匀剖分对应的线性代数方程组。

练习 4.44　构建 $H^1(I)\times L^2(I)$ 上的有限元子空间 $V_h\times W_h$。如何选择参数（自由度）描述 V_h 和 W_h 的这种函数？找到相应的基函数。然后用空间 $V_h\times W_h$ 定义式（4.152）的混合有限元法，并确定 I 上均匀剖分的线性代数方程组。

练习 4.45　证明第 4.5.1 节定义的矩阵 $\boldsymbol{M}$ 具有正特征值和负特征值。

练习 4.46　定义空间：

$$\boldsymbol{H}(\mathrm{div},\Omega)=\left\{\boldsymbol{v}=(\upsilon_1,\upsilon_2)\in\left[L^2(\Omega)\right]^2:\nabla\cdot\boldsymbol{v}\in L^2(\Omega)\right\}$$

对于 $\Omega\in\mathbf{R}^2$ 满足内部子域两两不相交的任意剖分，证明当且仅当法向分量过此分解中的内边时连续，$\boldsymbol{v}\in\boldsymbol{H}(\mathrm{div},\Omega)$。

练习 4.47　证明：如果 $\boldsymbol{u}\in\boldsymbol{V}=\boldsymbol{H}(\mathrm{div},\Omega)$ 和 $p\in W=L^2(\Omega)$ 满足式（4.167），且如果 $p\in H^2(\Omega)$，那么 p 满足式（4.164）。

练习 4.48　$\boldsymbol{V}_h$ 和 W_h 的基函数 $\{\phi_i\}$ 和 $\{\psi_{\mathrm{i}}\}$ 如第 4.5.2 节所定义。对于如图 4.14 所示 $\Omega=(0,1)\times(0,1)$ 的均匀剖分，确定式（4.169）中的矩阵 A 和矩阵 B。

练习 4.49　考虑具有非均匀边界条件的问题［式（4.164）］，即

$$-\Delta p=f,\ 在\ \Omega\ 中$$

$$p=g,\ 在\ \Gamma\ 上$$

式中，Ω 是平面中的有界区域，边界为 Γ。f 和 g 是已知函数。用混合变分形式表达该问题，用第 4.5.2 节介绍的有限元空间写出混合有限元公式，并确定如图 4.14 所示 $\Omega=(0,1)\times(0,1)$ 的均匀剖分对应的线性代数方程组。

练习 4.50　考虑问题：

$$-\Delta p = f,\ 在\Omega中$$
$$p = g_{\mathrm{D}},\ 在\Gamma_{\mathrm{D}}上$$
$$\frac{\partial p}{\partial v} = g_{\mathrm{N}},\ 在\Gamma_{\mathrm{N}}上$$

其中，Ω 是平面中的有界区域，其边界为 Γ，$\bar{\Gamma} = \bar{\Gamma}_D \cup \bar{\Gamma}_N$，$\Gamma_D \cap \Gamma_N = \varnothing$，$f$、$g_{\mathrm{D}}$ 和 g_{N} 为已知函数。用混合变分形式表达该问题，用第 4.5.2 节介绍的有限元空间写出混合有限元公式。

练习 4.51　令 $\{\varphi_i\}$ 和 $\{\psi_i\}$ 分别是式（4.176）中 $\boldsymbol{V}_h$ 和 $\boldsymbol{W}_h$ 的基函数，将式（4.176）写成矩阵形式。

练习 4.52　证明：式（4.190）的两边乘以 Δt^n 后，左边刚度矩阵的条件数具有阶数：

$$\mathcal{O}\left(1+\max_{x\in\mathbf{R},t\geqslant 0}\left|a(x,t)\right|h^{-2}\Delta t\right),\ \Delta t = \max_{n=1,2,\cdots}\Delta t^n$$

练习 4.53　令 $\upsilon\in C^1(\mathbf{R})$（连续可微函数的集合）是（0, 1）周期函数。证明可由条件 $\upsilon(0)=\upsilon(1)$ 得出

$$\frac{\partial \upsilon(0)}{\partial x} = \frac{\partial \upsilon(1)}{\partial x}$$

练习 4.54　设 $\boldsymbol{a}$ 为半正定矩阵，相对于 x 和 t，ϕ 为正，R 非负。证明对于 $\forall n$，式（4.200）都有唯一解 $p_h^n\in V_h$。

练习 4.55　证明式（4.206）。

练习 4.56　详细推导式（4.213）。

练习 4.57　设 $\boldsymbol{a}$ 为半正定矩阵，ϕ 对于 x 和 t 均为正，R 非负。证明对于 $\forall n$，式（4.218），都有唯一解 $p_h^n\in V_h$。

练习 4.58　用第 4.7.1 节定义的加密规则将图 4.57 所示例子的不规则顶点转换为规则顶点。

练习 4.59　对问题：

$$-\nabla\cdot(\boldsymbol{a}\nabla p) = f,\ 在\Omega中$$
$$p=0,\ 在\Gamma_{\mathrm{D}}上$$
$$\boldsymbol{a}\nabla p\cdot\boldsymbol{v} = g_{\mathrm{N}},\ 在\Gamma_{\mathrm{N}}上$$

定义类似于式（4.230）的误差估计值。

练习 4.60　利用式（4.227）和式（4.229）证明式（4.230）。

练习 4.61　利用式（4.231）和式（4.232）从式（4.230）推导出式（4.233）。

练习 4.62　对问题：

$$-\nabla\cdot(\boldsymbol{a}\nabla p) = f,\quad 在\Omega中$$
$$p = 0,\quad 在\Gamma_{\mathrm{D}}上$$
$$\boldsymbol{a}\nabla p\cdot\boldsymbol{v} = g_{\mathrm{N}},\quad 在\Gamma_{\mathrm{N}}上$$

定义类似于式（4.232）的误差估计值。

第5章　线性方程组的解法

如前所述，稳态问题的有限差分或有限元方法，或瞬态问题的隐式格式，都会产生如下形式的线性方程组

$$\boldsymbol{A}\boldsymbol{p}=\boldsymbol{f} \tag{5.1}$$

其中 $\boldsymbol{A}$ 是 $M\times M$ 的矩阵。通常，在油藏数值模拟中矩阵 $\boldsymbol{A}$ 是稀疏的、高度非对称的和病态的，维度 M 通常在数百到数百万之间。对于后一种规模系统的求解，Krylov 子空间算法是唯一的选择。在本章中，对于各种类型的矩阵，考虑用这些迭代算法求解式（5.1）。为了完整性，前两节（第 5.1 节和 5.2 节）讨论了直接算法（高斯消元法或 Cholesky 方法），首先将这些算法应用于三对角线矩阵，然后推广到一般稀疏矩阵。因为矩阵 $\boldsymbol{A}$ 的形式取决于节点的排序，所以第 5.3 节简要介绍了排序问题，回顾了几种常用的油藏模拟排序技术。CG（共轭梯度），GMRES（广义极小残差），ORTHOMIN（正交最小残差）和 BiCGSTAB（稳定双共轭梯度法）迭代算法分别在第 5.4~5.7 节中讨论。讨论这些算法是为了应用。此外，还为给定问题选择恰当算法提供了指导原则。如果没有预处理，Krylov 子空间算法通常无法使用。因此，在第 5.8 节和 5.9 节中研究了预处理方法和预处理子。第 5.10 节给出了油藏模拟中选择预处理子需要考虑的实际因素。最后，直接算法和迭代算法与文献资料中的对比分别在第 5.11 节和 5.12 节中给出。

一般来说，大写斜粗体字母表示矩阵，小写斜粗体字母表示向量。

5.1　三对角系统

在某些情况下，特别是对于一维单相流问题，矩阵 $\boldsymbol{A}$ 是三对角的：

$$\boldsymbol{A}=\begin{pmatrix} a_1 & b_1 & 0 & \cdots & 0 & 0 \\ c_2 & a_2 & b_2 & \cdots & 0 & 0 \\ 0 & c_3 & a_3 & \cdots & 0 & 0 \\ \vdots & \vdots & \vdots & & \vdots & \vdots \\ 0 & 0 & 0 & \cdots & a_{M-1} & b_{M-1} \\ 0 & 0 & 0 & \cdots & c_M & a_M \end{pmatrix}$$

三对角矩阵的系统［式（5.1）］可以通过直接消元法或迭代算法求解。直接消元法效果较好。

正定矩阵 $\boldsymbol{A}$ 具有唯一的 LU 分解（Golub 和 van Loan，1996）

$$\boldsymbol{A}=\boldsymbol{L}\boldsymbol{U} \tag{5.2}$$

其中 $\boldsymbol{L}=(l_{ij})$ 是一个下三角 $M\times M$ 矩阵，即如果 $j>i$，则 $l_{ij}=0$；$\boldsymbol{U}=(u_{ij})$ 是一个上三角

$M \times M$ 矩阵，即如果 $j < i$，则 $u_{ij}=0$。对于这种条件下的特殊三对角矩阵，要求矩阵 $\boldsymbol{L}$ 和 $\boldsymbol{U}$ 具有形式

$$\boldsymbol{L}=\begin{pmatrix} l_1 & 0 & 0 & \cdots & 0 & 0 \\ c_2 & l_2 & 0 & \cdots & 0 & 0 \\ 0 & c_3 & l_3 & \cdots & 0 & 0 \\ \vdots & \vdots & \vdots & & \vdots & \vdots \\ 0 & 0 & 0 & \cdots & l_{M-1} & 0 \\ 0 & 0 & 0 & \cdots & c_M & l_M \end{pmatrix}$$

和

$$\boldsymbol{U}=\begin{pmatrix} 0 & u_1 & 0 & \cdots & 0 & 0 \\ 0 & 1 & u_2 & \cdots & 0 & 0 \\ 0 & 0 & 1 & \cdots & 0 & 0 \\ \vdots & \vdots & \vdots & & \vdots & \vdots \\ 0 & 0 & 0 & \cdots & 1 & u_{M-1} \\ 0 & 0 & 0 & \cdots & 0 & 1 \end{pmatrix}$$

注意，$\boldsymbol{L}$ 的下对角线与 $\boldsymbol{A}$ 的相同，$\boldsymbol{U}$ 的主对角线都是 1。式（5.2）给出了未知数 $l_1, l_2, \cdots l_M$ 和 $u_1, u_2, \cdots, u_{M-1}$ 的 $2M-1$ 个方程。它的解是

$$l_1 = a_1,$$

$$u_{i-1} = b_{i-1} / l_{i-1},\quad i = 2,3,\cdots,M,$$

$$l_i = a_i - c_i u_{i-1},\quad i = 2,3,\cdots,M。$$

这是 Thomas 算法。

通过 LU 分解式（5.2），使用正向消元和回退代入求解系统［式（5.1）］：

$$\boldsymbol{Lv} = \boldsymbol{f} \tag{5.3}$$

$$\boldsymbol{Up} = \boldsymbol{f}$$

即由于 $\boldsymbol{L}$ 是下三角，在式（5.3）中的第一个方程可以通过正向消元求解：

$$v_1 = \frac{f_1}{l_1},\ v_i = \frac{f_i - c_i v_{i-1}}{l_i},\quad i = 2,3,\cdots,M$$

其次，由于 $\boldsymbol{U}$ 是上三角，在式（5.3）中的第二个方程可以通过回退代入求解：

$$p_M = v_M,\ p_i = v_i - u_i p_{i+1},\quad i = M-1, M-2, \cdots, 1$$

如前一章所讨论，对于许多实际问题，矩阵 $\boldsymbol{A}$ 是对称的：

$$A=\begin{pmatrix} a_1 & b_1 & 0 & \cdots & 0 & 0 \\ b_1 & a_2 & b_2 & \cdots & 0 & 0 \\ 0 & b_2 & a_3 & \cdots & 0 & 0 \\ \vdots & \vdots & \vdots & & \vdots & \vdots \\ 0 & 0 & 0 & \cdots & a_{M-1} & b_{M-1} \\ 0 & 0 & 0 & \cdots & b_{M-1} & a_M \end{pmatrix}$$

此时，$\boldsymbol{A}$ 可以被分解为

$$\boldsymbol{A}=\boldsymbol{L}\boldsymbol{L}^{\mathrm{T}}$$

其中 $\boldsymbol{L}^{\mathrm{T}}$ 是 $\boldsymbol{L}$ 的转置，$\boldsymbol{L}$ 的形式为

$$\boldsymbol{L}=\begin{pmatrix} l_1 & 0 & 0 & \cdots & 0 & 0 \\ u_1 & l_2 & 0 & \cdots & 0 & 0 \\ 0 & u_2 & l_3 & \cdots & 0 & 0 \\ \vdots & \vdots & \vdots & & \vdots & \vdots \\ 0 & 0 & 0 & \cdots & l_{M-1} & 0 \\ 0 & 0 & 0 & \cdots & u_{M-1} & l_M \end{pmatrix}$$

通过这个分解，矩阵中的元素计算如下：

$$l_1=\sqrt{a_1},$$

$$u_i=b_i/l_i,\qquad i=1,2,\cdots,M-1,$$

$$l_{i+1}=\sqrt{a_{i+1}-u_i^2},\quad i=1,2,\cdots,M-1。$$

现在，式（5.1）可以使用类似于式（5.3）的正向消元和回退代入求解。

在使用 LU 分解时，必须保证

$$l_i\neq 0,\ i=1,2,\cdots,M$$

可以证明，如果 $\boldsymbol{A}$ 对称正定，则 $l_i>0$，$i=1,2,\cdots,M$（Axelsson，1994；Golub et al.，1996）。l_i 为基准点。

Thomas 算法可以推广到求解块三对角线性系统（参见练习 5.1）。这些线性方程组可能来自单相、两相或三相流问题的离散。例如，两相流的联立求解方法在每个网格点（节点）产生两个未知数；三相流，在每个网格点产生三个未知数。

最通用的三相流的块三对角矩阵是

$$A=\begin{pmatrix} a_1 & b_1 & 0 & \cdots & 0 & 0 \\ c_2 & a_2 & b_2 & \cdots & 0 & 0 \\ 0 & c_3 & a_3 & \cdots & 0 & 0 \\ \vdots & \vdots & \vdots & & \vdots & \vdots \\ 0 & 0 & 0 & \cdots & a_{M-1} & b_{M-1} \\ 0 & 0 & 0 & \cdots & c_M & a_M \end{pmatrix}\tag{5.4}$$

其中，a_i，b_i，c_i 是 3×3 的子矩阵。未知向量和右侧向量 $\boldsymbol{p}$ 和 $\boldsymbol{f}$ 是

$$\boldsymbol{p}=\begin{pmatrix}\boldsymbol{p}_1\\ \boldsymbol{p}_2\\ \vdots\\ \boldsymbol{p}_M\end{pmatrix},\ \boldsymbol{f}=\begin{pmatrix}\boldsymbol{f}_1\\ \boldsymbol{f}_2\\ \vdots\\ \boldsymbol{f}_M\end{pmatrix}$$

其中

$$\boldsymbol{p}_i=\begin{pmatrix}p_i^1\\ p_i^2\\ p_i^3\end{pmatrix},\ \boldsymbol{f}_i=\begin{pmatrix}f_i^1\\ f_i^2\\ f_i^3\end{pmatrix},\ i=1,2,\cdots,M$$

5.2 高斯消元法

高斯消元法通过基本行（或列）运算将一般线性系统转换为上三角系统。为理解这个方法，从 3×3 的系统开始求解：

$$\begin{aligned}a_{11}p_1+a_{12}p_2+a_{13}p_3&=f_1\\ a_{21}p_1+a_{22}p_2+a_{23}p_3&=f_2\\ a_{31}p_1+a_{32}p_2+a_{33}p_3&=f_3\end{aligned}\tag{5.5}$$

假设 $a_{11}\neq 0$，第一步是消除式（5.5）中后两个等式的 p_1。为此，设

$$m_{21}=\frac{a_{21}}{a_{11}},\ m_{31}=\frac{a_{31}}{a_{11}}$$

将式（5.5）的第一个方程乘以 m_{21}，减去式（5.5）的第二个方程，得

$$a_{22}^{(2)}p_2+a_{23}^{(2)}p_3=f_2^{(2)}\tag{5.6}$$

其中

$$a_{22}^{(2)}=a_{22}-m_{21}a_{12},\ a_{23}^{(2)}=a_{23}-m_{21}a_{13},\ f_2^{(2)}=f_2-m_{21}f_1$$

同样，式（5.5）的第三个方程变为

$$a_{32}^{(2)}p_2+a_{33}^{(2)}p_3=f_3^{(2)}\tag{5.7}$$

其中

$$a_{32}^{(2)}=a_{32}-m_{31}a_{12},\ a_{33}^{(2)}=a_{33}-m_{31}a_{13},\ f_3^{(2)}=f_3-m_{31}f_1$$

由此式（5.5）变成

$$\begin{aligned}a_{11}p_1+a_{12}p_2+a_{13}p_3&=f_1\\ a_{22}^{(2)}p_2+a_{23}^{(2)}p_3&=f_2^{(2)}\\ a_{32}^{(2)}p_2+a_{33}^{(2)}p_3&=f_3^{(2)}\end{aligned}\tag{5.8}$$

第二步是消除式（5.8）中第三个方程的 p_2。假设 $a_{22}^{(2)}\neq 0$，那么设

$$m_{32}=a_{32}^{(2)}/a_{22}^{(2)}$$

将式（5.8）中第二个方程乘以 m_{32}，减去式（5.8）的第三个方程，得到

$$a_{33}^{(3)}p_3=f_3^{(3)} \tag{5.9}$$

其中

$$a_{33}^{(3)}=a_{33}^{(2)}-m_{32}a_{23}^{(2)},\ f_3^{(3)}=f_3^{(2)}-m_{32}f_2^{(2)}$$

最后，采用正向消元将式（5.5）简化为上三角系统

$$\begin{aligned}&a_{11}p_1+a_{12}p_2+a_{13}p_3=f_1\\&a_{22}^{(2)}p_2+a_{23}^{(2)}p_3=f_2^{(2)}\\&a_{33}^{(3)}p_3=f_3^{(3)}\end{aligned} \tag{5.10}$$

再使用回退代入就可以解出 p_3、p_2 和 p_1。高斯消元法也适用于一般的 $M\times M$ 方程组。

对于一般的线性系统，矩阵 $\boldsymbol{A}$ 的 LU 分解可以更容易地描述高斯消元法。如上所述，对于一般的正定矩阵 $\boldsymbol{A}$，它具有分解式（5.2），其中 $\boldsymbol{L}=(l_{ij})$ 是一个单位下三角矩阵，即，$l_{ii}=1$ 并且如果 $j>i$，则 $l_{ij}=0$，$\boldsymbol{U}=(u_{ij})$ 是一个上三角矩阵，即如果 $j<i$，则 $u_{ij}=0$。计算 $\boldsymbol{L}$ 和 $\boldsymbol{U}=\boldsymbol{A}^{(\mathrm{M})}$，其中 $\boldsymbol{A}^{(\mathrm{k})}$，$k=1,2,\cdots,M$，依次计算如下：

设 $\boldsymbol{A}^{(1)}=\boldsymbol{A}$；

给定 $\boldsymbol{A}^{(k)}$ 的形式

$$\boldsymbol{A}(\mathrm{k})=\begin{bmatrix}a_{11}^{(k)} & a_{12}^{(k)} & \cdots & a_{1k}^{(k)} & \cdots & a_{1M}^{(k)}\\ 0 & a_{22}^{(k)} & \cdots & a_{2k}^{(k)} & \cdots & a_{2M}^{(k)}\\ \vdots & \vdots & & \vdots & & \vdots\\ 0 & 0 & \cdots & a_{kk}^{(k)} & \cdots & a_{kM}^{(k)}\\ \vdots & \vdots & & \vdots & & \vdots\\ 0 & 0 & \cdots & a_{Mk}^{(k)} & \cdots & a_{MM}^{(k)}\end{bmatrix}$$

设 $l_{ik}=-a_{ik}^{(k)}/a_{ik}^{(k)}$，$i=k+1, k+2,\cdots,M$，

通过

$a_{ij}^{(k+1)}=a_{ij}^{(k)},\ i=1,2,\cdots,k$，或者 $j=1,2,\cdots,k-1$，

$a_{ij}^{(k+1)}=a_{ij}^{(k)}+l_{ik}a_{kj}^{(k)},\ i=k+1,k+2,\cdots,M,\quad j=k,k+1,\cdots,M$

计算 $\boldsymbol{A}^{(k+1)}=\left[a_{ij}^{(k+1)}\right]$

显然，高斯消元法要求每个对角线元素 $a_{kk}^{(k)}$ 非零。对于对称正定矩阵 $\boldsymbol{A}$，$a_{kk}^{(k)}>0$，$k=1,2,\cdots,M$，为了尽量减少四舍五入的误差，此项应尽可能选择得大。部分主元意味着在消元的每个阶段，在 $a_{kk}^{(k)}$，$a_{k+1k}^{(k)}$，$\cdots$，$a_{mk}^{(k)}$ 中搜索绝对值最大的项，然后将有最大项的行与第 k 行互换确保对角线元素最大。虽然病态矩阵可能需要主元，但在油藏模拟中通常不需要主元。关于高斯消元法舍入误差的理论，可以参考 Higham（1996）。

若 $\boldsymbol{A}$ 是对称的，则可以分解为

$$\boldsymbol{A}=\boldsymbol{L}\boldsymbol{L}^{\mathrm{T}} \tag{5.11}$$

即

$$\sum_{k=1}^{j} l_{ik} l_{jk}=a_{ij},\quad j=1,2,\cdots,i,\quad i=1,2,\cdots,M$$

此时，可以使用 Cholesky 分解法直接计算式（5.11）中 $\boldsymbol{L}$ 的 l_{ij} 项，$i=1,2,\cdots,M$。

$$l_{ii}=\sqrt{a_{ii}-\sum_{k=1}^{i-1} l_{ik}^{2}}$$

$$l_{ij}=\left(a_{ij}-\sum_{k=1}^{j-1} l_{ik} l_{jk}\right)/l_{jj},\ j=1,2,\cdots,i-1$$

注意，在 $\boldsymbol{L}$ 的计算中，必须计算 $\boldsymbol{M}$ 的平方根。为了避免这一点，将 $\boldsymbol{L}$ 写成

$$\boldsymbol{L}=\tilde{\boldsymbol{L}}\boldsymbol{D} \tag{5.12}$$

其中 $\tilde{\boldsymbol{L}}$ 是单位下三角矩阵（即 $\tilde{l}_{ii}=1$，$i=1,2,\cdots,M$），$\boldsymbol{D}$ 是对角矩阵：

$$\boldsymbol{D}=\operatorname{diag}\left(\sqrt{d_1},\sqrt{d_2},\cdots,\sqrt{d_M}\right)$$

在这个分解中有，

$$\sum_{k=1}^{j}\tilde{l}_{ik}\,d_k\,\tilde{l}_{jk}=a_{ij},\ j=1,2,\cdots,\ i,\ i=1,2,\cdots,M$$

这意味着，对于 $i=1,2,\cdots,M$：

$$d_i=a_{ii}-\sum_{k=1}^{i-1}\tilde{l}_{ik}^{2}\,d_k \tag{5.13}$$

$$\tilde{l}_{ij}=\left(a_{ij}-\sum_{k=1}^{j-1}\tilde{l}_{ik}\,d_k\,\tilde{l}_{jk}\right)/d_j,\ j=1,2,\cdots,\ i-1$$

式（5.13）中的算术运算次数渐近于 $M^3/6$（参见练习 5.2）。如果矩阵 $\boldsymbol{A}$ 是稀疏的，可以利用稀疏性大大减少运算次数。例如带状矩阵 $\boldsymbol{A}$ 就是这种情况，此时对于 $\boldsymbol{A}$ 的第 i 行，存在整数 m_i，使得：

$$a_{ij}=0,\ j<m_i,\quad i=1,2,\cdots M$$

注意到 m_i 是第 i 行中第一个非零元的列号。因此第 i 行的带宽 L_i 满足

$$L_i=i-m_i,\ i=1,2,\cdots,M$$

此处 $2L_i+1$ 有时称为带宽。可以从式（5.13）得到 $\boldsymbol{A}$ 和 $\tilde{\boldsymbol{L}}$ 具有相同的 m_i 值。因此，在带状情况下，式（5.13）可以修改为（$i=1$，2，$\cdots$，M）：

$$d_i=a_{ii}-\sum_{k=1}^{i-1}\tilde{l}_{ik}^{2}\,d_k$$

$$\tilde{l}_{ij} = \left(a_{ij} - \sum_{k=\max(m_i, m_j)}^{j-1} \tilde{l}_{ik} d_k \tilde{l}_{jk} \right) / d_j \tag{5.14}$$

$$j = m_i, m_i - 1, \cdots, i-1$$

对带状矩阵，因式分解的算术运算次数渐近为 $ML^2/2$，其中 $L = \max_{1 \leqslant i \leqslant M} L_i$（参见练习 5.3）。如果 L 小于 M，则运算次数远小于 $M^3/6$。对于第 4.2 节中给出的有限元方法，有

$$a_{ij} = a\left(\varphi_i, \varphi_j\right),\ i, j = 1, 2, \cdots, M$$

其中 $\{\varphi_i\}_{i=1}^{M}$ 是 V_h 的基。由此得

$$L = \max\left\{ |i-j| : \varphi_i \text{和} \varphi_j \text{对应于同一单元的自由度} \right\}$$

因此，带宽取决于节点的排序。如果使用直接消元，应以使带宽尽可能小的方式对节点计数。例如，对于图 5.1 中的节点，若垂直计数，则 L 为 5（假设每个节点有一个自由度）；若水平计数，L 为 10。如果未知数按行（垂直或水平）排序，则可以获取未知数的标准排序或自然排序，如图 5.1 所示。还有其他排序方法可以节省计算时间和计算机存储空间，见第 5.3 节。

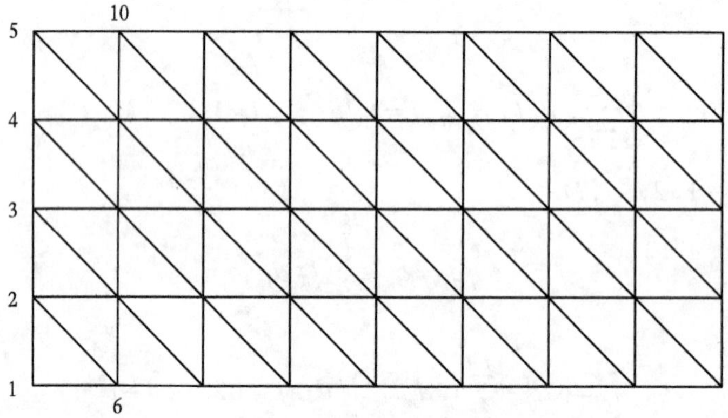

图 5.1　计数的例子

现在，将 $\boldsymbol{A}$ 的矩阵分解式［式（5.11）］代入式（5.1）中，其中 $\boldsymbol{L}$ 由式（5.12）给出。通过分解，式（5.1）变为

$$\tilde{\boldsymbol{L}} \boldsymbol{D}^2 \boldsymbol{v} = \boldsymbol{f}$$

$$\tilde{\boldsymbol{L}}^{\mathrm{T}} \boldsymbol{p} = \boldsymbol{v} \tag{5.15}$$

此处强调这些系统是三角的。第一个系统是

$$\sum_{k=1}^{i} \tilde{l}_{ik} d_k v_k = f_i,\quad i = 1, 2, \cdots, M$$

正向消元得

$$v_1 = \frac{f_1}{d_1},\quad v_i = \frac{f_i - \sum_{k=1}^{i-1} \tilde{l}_{ik} d_k v_k}{d_i},\quad i = 2,3,\cdots,M \tag{5.16}$$

相似地，通过回退代入求解第二个系统

$$p_M = v_M,\ p_i = v_i - \sum_{k=i+1}^{M} \tilde{l}_{ki} p_k,\ i = M-1, M-2, \cdots, 1 \tag{5.17}$$

如果 $\boldsymbol{A}$ 是带状的，将式（5.14）代入式（5.16）得到

$$v_1 = \frac{f_1}{d_1}, v_i = \frac{f_i - \sum_{k=m_i}^{i-1} \tilde{l}_{ik} d_k v_k}{d_i},\ i = 2,3,\cdots,M$$

同样，从式（5.17）可以得到

$$\begin{aligned}
&p_M = v_M \\
&p_{M-1} = v_{M-1} - \tilde{l}_{M,M-1} p_M \\
&p_{M-2} = v_{M-2} - \tilde{l}_{M-1,M-2} p_{M-1} - \tilde{l}_{M,M-2} p_M \\
&\qquad\vdots \\
&p_1 = v_1 - \tilde{l}_{2,1} p_2 - \tilde{l}_{3,1} p_3 - \cdots - \tilde{l}_{M,1} p_M
\end{aligned}$$

注意，从 v_k 中减去 $\tilde{l}_{M,k} p_M$，$k=M-1, M-2, \cdots, 1$，由于 $\boldsymbol{A}$ 的带状结构，即

$$\tilde{l}_{M,k} = 0 \quad 如果k < m_M$$

只有当 $k \geqslant m_M$，才能从 v_k 中减去 $\tilde{l}_{M,k} p_M$。结果是，首先通过

$$v_k := v_k - \tilde{l}_{ik} p_i,\ k = m_i, m_i - 1, \cdots, i-1, i = M, M-1, \cdots, 1$$

依次找到 v_k，然后

$$p_i = v_i,\qquad i = M, M-1, \cdots, 1$$

5.3 节点排序

如第 5.2 节所述，刚度矩阵 $\boldsymbol{A}$ 的形式取决于节点的排序。在有限差分法中，节点的不同排序方法早已经使用。很长时间经典了排序包括字典排序、旋转字典排序、红黑（棋盘）排序、斑马线和四色排序（Hackbusch，1985）。本节简要介绍油藏模拟中有限差分的几种常见排序技术（Price et al.，1974）。这些方法可以推广到有限元方法。简单起见，考虑将储层区域 Ω 剖分为三角形，并假设每个节点有一个自由度（图 5.1）。

对于二维问题，标准高斯消元的工作量和存储量由 x_1 方向（I）中的节点总数和 x_2 方向（J）中的节点总数决定。如果 $J < I$（图 5.2），则标准排序中的高斯消元法的工作量 W 是（Price et al.，1974）：

$$W = \mathcal{O}\left[(IJ) J^2 \right]$$

相应的存储要求是

$$S=\mathcal{O}[(IJ)J]$$

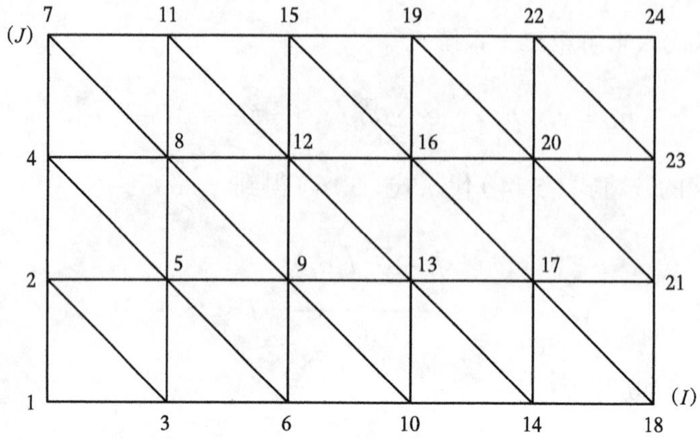

图 5.2　D_2 排序

对于图 5.2 所示的对角线排序（称为 D_2 排序），$J<I$，则工作量 W 和存储量 S 是（Price et al.，1974）：

$$W=\mathcal{O}\left(IJ^3-\frac{J^4}{2}\right),\ S=\mathcal{O}\left(IJ^2-\frac{J^3}{3}\right)$$

当 $I=J$ 时，这种排序方法大致需要标准排序一半的工作量和三分之二的存储量。

图 5.3 所示为交替对角线排序（称为 D_4 排序），$J<I$，W 和 S 的估计值为（Price et al.，1974）：

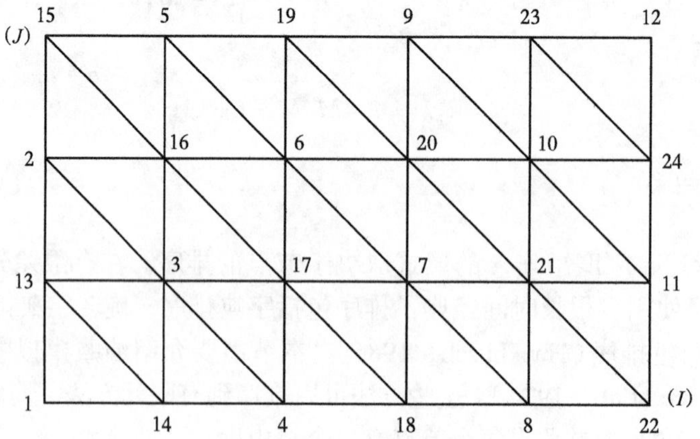

图 5.3　D_4 排序

$$W=\mathcal{O}\left(\frac{IJ^3}{2}-\frac{J^4}{4}\right),\ S=\mathcal{O}\left(\frac{IJ^2}{2}-\frac{J^3}{6}\right)$$

$I=J$ 时，D_4 排序大致需要标准排序四分之一的工作量和三分之一的存储量。因此，在三种排序技术中，D_4 在计算时间和计算机存储方面是最优越的。

观察到了 D_4 排序的优势后，现在实现它。此时，矩阵 $\boldsymbol{A}$ 的形式如图 5.4 所示，可以写成块形式：

$$\boldsymbol{Ap}=\begin{pmatrix}\boldsymbol{A}_{11} & \boldsymbol{A}_{12}\\ \boldsymbol{A}_{21} & \boldsymbol{A}_{22}\end{pmatrix}\begin{pmatrix}\boldsymbol{p}_1\\ \boldsymbol{p}_2\end{pmatrix}=\begin{pmatrix}\boldsymbol{f}_1\\ \boldsymbol{f}_2\end{pmatrix}$$

其中 $\boldsymbol{A}_{11}$ 和 $\boldsymbol{A}_{22}$ 是对角矩阵，$\boldsymbol{A}_{12}$ 和 $\boldsymbol{A}_{21}$ 是稀疏矩阵。因为 $\boldsymbol{A}_{11}$ 是对角矩阵，所以在 $\boldsymbol{A}$ 的下半部分进行正向消元，得到

$$\boldsymbol{Ap}=\begin{pmatrix}\boldsymbol{A}_{11} & \boldsymbol{A}_{12}\\ 0 & \overline{\boldsymbol{A}}_{22}\end{pmatrix}\begin{pmatrix}\boldsymbol{p}_1\\ \boldsymbol{p}_2\end{pmatrix}=\begin{pmatrix}\boldsymbol{f}_1\\ \overline{\boldsymbol{f}}_2\end{pmatrix} \tag{5.18}$$

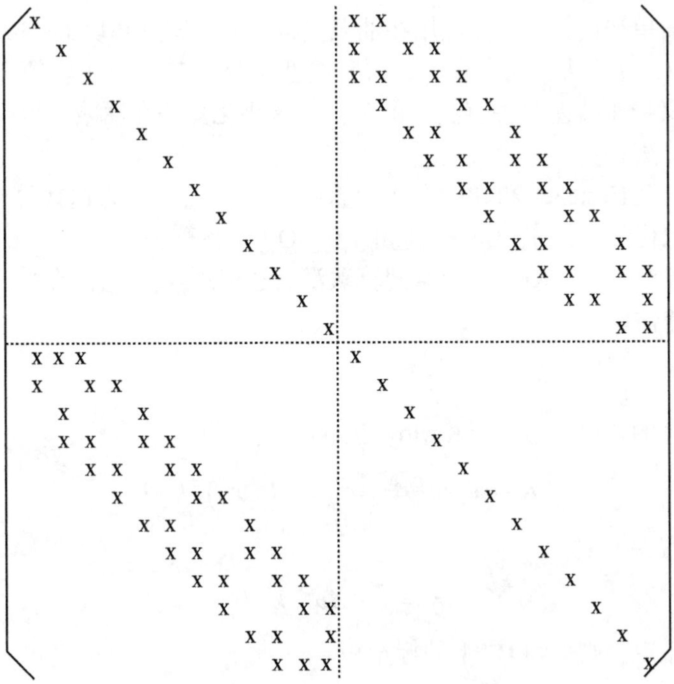

图 5.4　D_4 排序中的 $\boldsymbol{A}$ 矩阵

其中 $\overline{\boldsymbol{A}}_{22}=\boldsymbol{A}_{22}-\boldsymbol{A}_{11}^{-1}\boldsymbol{A}_{12}$，并且 $\overline{\boldsymbol{f}}_2=\boldsymbol{f}_2-\boldsymbol{A}_{11}^{-1}\boldsymbol{f}_1$。现在求解下半部分的方程组

$$\overline{\boldsymbol{A}}_{22}\boldsymbol{p}_2=\overline{\boldsymbol{f}}_2 \tag{5.19}$$

求得 $\boldsymbol{p}_2$ 之后，通过回退代入求解 $\boldsymbol{p}_1$：

$$\boldsymbol{p}_1=\boldsymbol{A}_{11}^{-1}(\boldsymbol{f}_1-\boldsymbol{A}_{12}\boldsymbol{p}_2) \tag{5.20}$$

与式（5.1）相比，式（5.19）的规模减少了一半。因此，对于恒定带宽矩阵，一半未知数的求解工作量将减少两倍。

5.4 共轭梯度法（CG）

矩阵 $\boldsymbol{A}$ 的条件数定义为

$$\text{cond}(\boldsymbol{A})=\|\boldsymbol{A}\|\|\boldsymbol{A}^{-1}\|$$

其中 $\|\boldsymbol{A}\|$ 是 $\boldsymbol{A}$ 矩阵范数，由 $\mathbf{R}^M$ 上的范数 $\|\cdot\|$ 得到（例如，$\mathbf{R}^M$ 上的 l^2 范数 $\|\cdot\|_2$：$\|\boldsymbol{v}\|_2=\left(\sum_{i=1}^{M}|v_i|^2\right)^{1/2}$，$\boldsymbol{v}=(v_1,v_2,\cdots,v_M)$。如果 $\boldsymbol{A}$ 奇异，则 cond（$\boldsymbol{A}$）是无穷大的。例如，式（5.1）的矩阵 $\boldsymbol{A}$ 由二阶椭圆问题的标准有限元离散产生时，当 $h\to0$ 时，条件数与 h^{-2} 成正比（Johnson，1994；Chen，2005），h 是空间网格尺寸。在应用有限元方法求解大规模计算问题时，通过高斯消元法求解是非常麻烦的。大规模系统求解通常使用迭代算法。

本书不介绍求解式（5.1）的迭代算法，Peaceman（1977），Aziz et al.（1979）讨论了有限差分中的一些简单迭代算法，如应用在油藏模拟中的稳定点和块 Jacobi，Gauss-Seidel 以及逐次超松弛（SOR）算法。在本章中，研究线性系统的 Krylov 子空间算法。本节深入研究共轭梯度和广义极小残差两种算法。由于正交最小化算法在油藏模拟中广泛应用，因此还简要讨论了该算法。

1952 年，CG 由 Hestenes 和 Stiefel 作为直接算法提出。作为迭代算法，CG 算法得到广泛应用，普遍取代了 Jacobi，Gauss-Seidel 和 SOR 迭代算法。

与直接迭代算法不同，Krylov 子空间算法没有迭代矩阵。它们在第 k 次迭代时最小化仿射空间上的误差估计

$$\boldsymbol{p}^0+\mathcal{K}^k$$

其中 $\boldsymbol{p}^0$ 是式（5.1）的初值，第 k 个 Krylov 空间 $\mathcal{K}^k$ 定义为

$$\mathcal{K}^k=\text{span}\left(\boldsymbol{r}^0,\boldsymbol{A}\boldsymbol{r}^0,\cdots,\boldsymbol{A}^{k-1}\boldsymbol{r}^0\right),\ k\geqslant1$$

第 k 次迭代 $\boldsymbol{p}^k$ 的残差 $\boldsymbol{r}^k$ 是

$$\boldsymbol{r}^k=\boldsymbol{f}-\boldsymbol{A}\boldsymbol{p}^k,\ k\geqslant0$$

如果 $\boldsymbol{A}$ 对称正定，则得到 $\mathbf{R}^M$ 上的标量积 $\langle\cdot,\cdot\rangle$：

$$\langle\boldsymbol{v},\boldsymbol{w}\rangle=\boldsymbol{v}^{\mathrm{T}}\boldsymbol{A}\boldsymbol{w}=\sum_{i,j=1}^{M}v_ia_{ij}w_j,\ \ \boldsymbol{v},\boldsymbol{w}\in\mathbf{R}^M$$

$\langle\cdot,\cdot\rangle$ 对应的范数 $\|\cdot\|_A$ 是能量范数

$$\|\boldsymbol{v}\|_A=\langle\boldsymbol{v},\boldsymbol{v}\rangle^{\frac{1}{2}},\ \ \boldsymbol{v}\in\mathbf{R}^M$$

CG 的第 k 次迭代 $\boldsymbol{p}^k$ 最小化 $\boldsymbol{p}^0+\mathcal{K}^k$ 上的泛函

$$F(\boldsymbol{p})=\frac{1}{2}\langle\boldsymbol{p},\boldsymbol{p}\rangle-\boldsymbol{p}^{\mathrm{T}}\boldsymbol{f}$$

注意，如果 $F(\boldsymbol{p}^*)$ 是 $\mathbf{R}^M$ 中的最小值，则

$$\nabla F\left(\boldsymbol{p}^*\right)=\boldsymbol{A}\boldsymbol{p}^*-\boldsymbol{f}=0$$

即，$\boldsymbol{p}^*$ 是解。

给定 $\boldsymbol{p}^0$，CG 采用以下形式逐次近似 $\boldsymbol{p}^k$

$$\boldsymbol{p}^k=\boldsymbol{p}^{k-1}+\alpha_{k-1}d^{k-1},\ k=1,2,\cdots \tag{5.21}$$

其中，$\boldsymbol{d}^{k-1}$ 是搜索方向，α_{k-1} 是步长。一旦找到 $\boldsymbol{d}^{k-1}$，α_{k-1} 很容易从迭代的最小化性质得到

$$\left.\frac{\mathrm{d}F\left(\boldsymbol{p}^{k-1}+\alpha\boldsymbol{d}^{k-1}\right)}{\mathrm{d}\alpha}\right|_{\alpha=\alpha_{k-1}}=0$$

搜索方向 $\boldsymbol{d}^{k-1}$ 应该满足 $\boldsymbol{A}$ 共轭条件

$$\left(\boldsymbol{d}^{k_1}\right)^{\mathrm{T}}\boldsymbol{A}\boldsymbol{d}^{k_2}=0,\ \text{如果} k_1\neq k_2$$

通常，CG 反映了最小化性质和 $\boldsymbol{A}$ 共轭条件。CG 算法输入的是初始迭代 $\boldsymbol{p}^0$，然后用解右端 $\boldsymbol{f}$ 和系数矩阵 $\boldsymbol{A}$（或算法上计算 $\boldsymbol{A}$ 对向量的作用）更新。式（5.1）的CG求解算法如图5.5所示。

CG算法

给定 $\boldsymbol{p}^0\in\mathbb{R}^M$，设 $\boldsymbol{r}^0=\boldsymbol{f}-\boldsymbol{A}\boldsymbol{p}^0$ 和 $\boldsymbol{d}^0=\boldsymbol{r}^0$。

对于 $k=1,2,\cdots$，确定 $\boldsymbol{p}^k$ 和 $\boldsymbol{d}^k$：

$$\alpha_{k-1}=\frac{\left(\boldsymbol{r}^{k-1}\right)^{\mathrm{T}}\boldsymbol{r}^{k-1}}{\left\langle\boldsymbol{d}^{k-1},\boldsymbol{d}^{k-1}\right\rangle};$$

$$\boldsymbol{p}^k=\boldsymbol{p}^{k-1}+\alpha_{k-1}\boldsymbol{d}^{k-1};$$

$$\boldsymbol{r}^k=\boldsymbol{r}^{k-1}-\alpha_{k-1}\boldsymbol{A}\boldsymbol{d}^{k-1};$$

$$\beta_{k-1}=\frac{\left(\boldsymbol{r}^k\right)^{\mathrm{T}}\boldsymbol{r}^k}{\left(\boldsymbol{r}^{k-1}\right)^{\mathrm{T}}\boldsymbol{r}^{k-1}};$$

$$\boldsymbol{d}^k=\boldsymbol{r}^k+\beta_{k-1}\boldsymbol{d}^{k-1}。$$

图 5.5　共轭梯度算法

在这类计算过程中不需要形成或存储矩阵 $\boldsymbol{A}$ 本身；只需要计算矩阵－向量乘积。因此，Krylov 空间算法通常称为无矩阵算法。

可以证明，在没有舍入误差的情况下，最多在 M 步之后就能得到 CG 算法的精确解；即

$$\boldsymbol{A}\boldsymbol{p}^k=\boldsymbol{f},\ \text{对于某个} k\leqslant M$$

实际上，所需的迭代次数有时小于 M。也就是对于给定的容差 $\epsilon>0$，为满足

$$\left\|\boldsymbol{p}-\boldsymbol{p}^k\right\|_{\boldsymbol{A}}\leqslant\epsilon\left\|\boldsymbol{p}-\boldsymbol{p}^0\right\|_{\boldsymbol{A}}$$

选择 k（Axelson，1994）：

$$k\geqslant\frac{1}{2}\sqrt{\operatorname{cond}(\boldsymbol{A})}\ln\frac{2}{\epsilon}$$

就足够了。因此，CG 算法所需的迭代次数与 $\sqrt{\mathrm{cond}(A)}$ 成正比。如上所示，在二阶椭圆问题的典型有限元应用中，cond（A）= $\mathcal{O}$（h^{-2}），因此所需的迭代次数为 $\mathcal{O}$（h^{-1}）。

5.5 广义极小残差法（GMRES）

油藏模拟中控制方程离散生成的代数方程组具有特殊的性质。这些方程组的系数（刚度）矩阵是稀疏的，但不对称且不正定。虽然是稀疏的，但由于井穿过了许多网格块和（或）具有不规则网格块结构，一般会破坏矩阵的天然带状结构。对于这样的系统，CG 算法的性能可能严重退化。

为求解非对称线性方程组，人们提出十几个无参数的 Krylov 子空间算法。其中有三个主要的迭代算法：CGN［应用于正态方程组的 CG 迭代（Hestenes et al.，1952）］，GMRES［Krylov 空间的残差极小化（Kuznetsov，1969；Saad et al.，1986）］，BiCGSTAB［由双共轭梯度迭代改进的双正交化方法（van der Vorst，1992）］。这三种算法的计算能力基本不同。如 Nachtigal et al.（1992）所示，可以构造矩阵的例子，说明每种类型的迭代都可以在 $\sqrt{M}$ 或 M（或甚至更多）个数量级上优于其他类型的迭代。例如，在本章中研究的 GMRES BiCGSTAB 算法。

GMRES 是一般稀疏非对称系统非常有效的方法（Kuznetsov，1969；Saad et al.，1986）。GMRES 的第 k 次迭代是求解最小二乘问题：

$$\min_{p\in \boldsymbol{p}^0+K^k}\|\boldsymbol{f}-\boldsymbol{A}\boldsymbol{p}\|_2 \tag{5.22}$$

假设存在一个正交投影 $\boldsymbol{V}^k\boldsymbol{\kappa}^k$，那么对于某个 $\boldsymbol{q}=(q_1, q_2, \cdots, q_k)^{\mathrm{T}}\in\mathbb{R}^k$，$z\in\mathcal{K}^k$ 都可以表示为：

$$z=\sum_{i=1}^{k} q_i \boldsymbol{V}^i$$

其中 v^i 是 $\boldsymbol{V}^k$ 的第 i 列。对于某个 $\boldsymbol{q}\in\mathbf{R}^k$。设

$$\boldsymbol{p}-\boldsymbol{p}^0=\boldsymbol{V}^k\boldsymbol{q}$$

则

$$\boldsymbol{f}-\boldsymbol{A}\boldsymbol{p}=\boldsymbol{f}-\boldsymbol{A}\boldsymbol{p}^0-\boldsymbol{A}\boldsymbol{V}^k\boldsymbol{q}=\boldsymbol{r}^0-\boldsymbol{A}\boldsymbol{V}^k\boldsymbol{q}$$

由此，式（5.22）转化成最小二乘法问题

$$\min_{q\in\mathbf{R}^k}\left\|\boldsymbol{r}^0-\boldsymbol{A}\boldsymbol{V}^k\boldsymbol{q}\right\|_2 \tag{5.23}$$

对于这个标准最小二乘问题，可以通过如 QR 分解的直接方法求解，但这些方法的问题在于每次迭代时必须计算 $\boldsymbol{A}$ 与 $\boldsymbol{v}^k$ 的矩阵向量积。

在式（5.23）中如果应用 Gram-Schmidt 正交化技术，得到的最小二乘问题就不需要额外乘积的 $\boldsymbol{A}$ 与向量乘积。用于构造 $\mathcal{K}^k$ 标准正交基的技术称为 Arnoldi 算法（Arnoldi，1951），如图 5.6 所示。该算法的输入数据是 $\boldsymbol{p}^0$，$\boldsymbol{f}$，$\boldsymbol{A}$ 和维数 k。

Arnoldi算法

给定$\boldsymbol{p}^0$,设$\boldsymbol{r}^0 = \boldsymbol{f} - \boldsymbol{A}\boldsymbol{p}^0$和$\boldsymbol{v}^1 = \boldsymbol{r}^0 / \|\boldsymbol{r}^0\|_2$。

对于$j = 1,2,\cdots,k$,计算:

$h_{ij} = (\boldsymbol{v}^i)^{\mathrm{T}} \boldsymbol{A}\boldsymbol{v}^j, i = 1,2,\cdots j$;

$\boldsymbol{w}^j = \boldsymbol{A}\boldsymbol{v}^j - \sum_{i=1}^{j} h_{ij}\boldsymbol{v}^i$;

$h_{j+1,j} = \|\boldsymbol{w}^j\|_2$;

若$h_{j+1,j} = 0$,则停止计算

$\boldsymbol{v}^{j+1} = \boldsymbol{w}^j / h_{j+1,j}$。

图 5.6 Arnoldi 算法

如果 Arnoldi 算法在第 k 步之前没有停止，则向量 v^1，v^2，…，v^k 构成 $\mathcal{K}^k$ 的标准正交基（参见练习 5.4）。用 $\boldsymbol{V}^k$ 记具有这些列向量的 $M\times k$ 矩阵。用 Arnoldi 算法计算（k+1）×k 上 Hessenberg 矩阵 $\boldsymbol{H}^k$ 的非零项 h_{ij}。该算法（除非很快求解而终止计算）有关系（参见练习 5.5）

$$\boldsymbol{A}\boldsymbol{V}^k = \boldsymbol{V}^{k+1}\boldsymbol{H}^k \tag{5.24}$$

设 $\boldsymbol{e}_1 = (1,0,\cdots,0)^{\mathrm{T}} \in \mathbf{R}^{k+1}$并且$\beta = \|\boldsymbol{r}^0\|_2$。对于某个 $\boldsymbol{q}^k \in \mathbf{R}^k$。定义 GMRES 的第 k 次迭代 $\boldsymbol{p}^k$ 为

$$\boldsymbol{p}^k = \boldsymbol{p}^0 + \boldsymbol{V}^k\boldsymbol{q}^k \tag{5.25}$$

由式（5.24）和式（5.25）得

$$\boldsymbol{r}^k = \boldsymbol{f} - \boldsymbol{A}\boldsymbol{p}^k = \boldsymbol{r}^0 - \boldsymbol{A}(\boldsymbol{p}^k - \boldsymbol{p}^0) = \boldsymbol{V}^{k+1}\left(\beta\boldsymbol{e}_1 - \boldsymbol{H}^k\boldsymbol{q}^k\right)$$

由于 $\boldsymbol{V}^{k+1}$ 具有正交性，有

$$\left\|\boldsymbol{r}^k\right\|_2 = \left\|\boldsymbol{V}^{k+1}\left(\beta\boldsymbol{e}_1 - \boldsymbol{H}^k\boldsymbol{q}^k\right)\right\|_2 = \left\|\beta\boldsymbol{e}_1 - \boldsymbol{H}^k\boldsymbol{q}^k\right\|_2$$

即需要求 $\boldsymbol{q}^k$ 使$\left\|\beta e_1 - \boldsymbol{H}^k\boldsymbol{q}^k\right\|_2$最小。当 k 很小时，只需要求（k+1）×k 的最小二乘问题的解，因此极小值 $\boldsymbol{q}^k$ 的求解成本很低。

GMRES 的输入数据是 $\boldsymbol{p}^0$、$\boldsymbol{f}$ 和 $\boldsymbol{A}$（或程序上 $\boldsymbol{A}$ 与向量的运算结果），如图 5.7 所示。

与 CG 算法一样，如果 $\boldsymbol{A}$ 非奇异，在没有舍入误差的情况下，GMRES 算法将在 M 次迭代内得到解。为了获得收敛速度的更精确信息，考虑 $\boldsymbol{A}$ 可对角化的情形。如果存在非奇异矩阵 $\boldsymbol{E}$，使得

$$\boldsymbol{A} = \boldsymbol{E}\boldsymbol{\Lambda}\boldsymbol{E}^{-1}$$

则 $\boldsymbol{A}$ 是可对角化的，其中 $\boldsymbol{\Lambda}$ 是对角矩阵，对角线上是 $\boldsymbol{A}$ 的特征值。在这种情况下，第 k 次 GMRES 迭代的 $\boldsymbol{p}^k$ 满足（Saad，2004）：

GMRES算法

给定$\boldsymbol{p}^0 \in \mathbf{R}^M$，设$\boldsymbol{r}^0 = \mathrm{f} - \boldsymbol{A}\boldsymbol{p}^0, \beta = \left\|r^0\right\|_2, \boldsymbol{v}^1 = \boldsymbol{r}^0/\beta$。

对于$(k+1)\times k$阶矩阵$\boldsymbol{H}^k = (h_{ij})$，设$\boldsymbol{H}^k = 0$。

对于$j = 1,2,\cdots,k$，计算：

$\boldsymbol{w}^j = \boldsymbol{A}\boldsymbol{v}^j$;

$h_{ij} = (\boldsymbol{v}^i)^{\mathrm{T}}\boldsymbol{w}^j$, $i = 1,2,\cdots,j$;

$\boldsymbol{w}^j = \boldsymbol{w}^j - \sum_{i=1}^{j} h_{ij}\boldsymbol{v}^i$

$h_{j+1,j} = \left\|\boldsymbol{w}^j\right\|_2$;

若$h_{j+1,j} = 0$，设$k = j$并跳过下一步；

$\boldsymbol{v}^{j+1} = \boldsymbol{w}^j / h_{j+1,j}$,

确定$\left\|\beta e_1 - \boldsymbol{H}^k\boldsymbol{q}^k\right\|_2$的最小，$\boldsymbol{q}^k$。

设$\boldsymbol{p}^k = \boldsymbol{p}^0 + \boldsymbol{V}^k\boldsymbol{q}^k$。

图 5.7 广义极小残差算法

$$\frac{\left\|\boldsymbol{r}^k\right\|_2}{\left\|\boldsymbol{r}^0\right\|_2} \leqslant \mathrm{cond}(\boldsymbol{E}) \inf_{p_k \in P_k, p_k(0)=1} \left\{ \max_{z\in\sigma(A)} \left| p_k(z) \right| \right\} \tag{5.26}$$

其中 cond（$\boldsymbol{E}$）是$\boldsymbol{E}$的条件数，P^k是最大k次多项式的集合，σ（$\boldsymbol{A}$）是$\boldsymbol{A}$的特征值集合（$\boldsymbol{A}$的谱）。目前尚不清楚如何计算 cond（$\boldsymbol{E}$）。当然如果$\boldsymbol{A}$是标准的，则有 cond（$\boldsymbol{E}$）=1。

在 GMERS 算法中，仅在终止时计算$\boldsymbol{p}^k$，在迭代内不需要计算$\boldsymbol{p}^k$。重要的是，在迭代过程中，必须存储 Krylov 子空间的基。这意味着如果进行k次 GMRES 迭代，就必须存储长度为M的k个向量，当k很大时，受限于计算机存储器，GMRES 算法变得不切实际。有两种修改方法解决这一问题。第一种是“截断” Arnoldi 算法中的正交化；即选择并固定整数k，并实行“不完全”正交化，这将在下一节中结合正交最小化讨论。第二种修改方法是对于某个整数k（例如，5，10 或 20），在每个k步之后重新开始迭代，$\boldsymbol{p}^k$用作重启迭代的初值，该重启算法称为 GMRES（k）（Saad et al.，1986）。通常重启 GMRES 没有收敛理论；但对于正定矩阵$\boldsymbol{A}$，$k \geqslant 1$，GMRES（k）收敛。虽然重启减慢了收敛速度，但存储量显著减少。

5.6 正交最小化（ORTHOMIN）

ORTHOMIN 算法（Vinsome，1976）能够有效求解非对称、稀疏代数方程组，广泛应用于油藏模拟领域。本节简要讨论该算法；与 GMRES 算法的比较将在第 5.11 节中介绍。ORTHOMIN 算法是 GCR（广义共轭残差）算法的截断版本。因此，为引入 ORTHOMIN，首先讨论 GCR。

CG 和 GMRES 都是基于 Krylov 子空间K^k不同基的选择。在 CG 中，搜索方向$\boldsymbol{d}^k$与$\boldsymbol{A}$正交，即共轭；GMRES 用的是K^k的正交基。实际上，所有 Krylov 子空间算法都与子空间基的不同选择相关。例如，在 GCR 中，搜索方向$\boldsymbol{d}^k$与$\boldsymbol{A}^{\mathrm{T}}\boldsymbol{A}$正交，算法如图 5.8 所示。

GCR算法

给定$\boldsymbol{p}^0 \in \mathbf{R}^M$，设$\boldsymbol{r}^0 = \boldsymbol{f} - \boldsymbol{A}\boldsymbol{p}^0$和$\boldsymbol{d}^0 = \boldsymbol{r}^0$。

对于$k = 1,2,\cdots$,由下式计算$\boldsymbol{p}^k$和$\boldsymbol{d}^k$：

$$\alpha_{k-1} = \frac{\left(\boldsymbol{r}^{k-1}\right)^{\mathrm{T}}\left(\boldsymbol{A}\boldsymbol{d}^{k-1}\right)}{\left(\boldsymbol{A}\boldsymbol{d}^{k-1}\right)^{\mathrm{T}}\left(\boldsymbol{A}\boldsymbol{d}^{k-1}\right)};$$

$$\boldsymbol{p}^k = \boldsymbol{p}^{k-1} + \alpha_{k-1}\boldsymbol{d}^{k-1};$$

$$\boldsymbol{r}^k = \boldsymbol{r}^{k-1} - \alpha_{k-1}\boldsymbol{A}\boldsymbol{d}^{k-1};$$

$$\beta_{i,k-1} = -\frac{\left(\boldsymbol{A}\boldsymbol{r}^k\right)^{\mathrm{T}}\left(\boldsymbol{A}\boldsymbol{d}^i\right)}{\left(\boldsymbol{A}\boldsymbol{d}^i\right)^{\mathrm{T}}\left(\boldsymbol{A}\boldsymbol{d}^i\right)},\quad i=1,2,\cdots,k-1;$$

$$\boldsymbol{d}^k = \boldsymbol{r}^k + \sum_{i=1}^{k-1}\beta_{i,k-1}\boldsymbol{d}^i。$$

图 5.8　GCR 算法

与第 5.4 节中的 CG 算法相比，GCR 算法中 $\boldsymbol{d}^k$ 与 $\boldsymbol{A}^{\mathrm{T}}\boldsymbol{A}$ 正交。此外，为了计算标量$\beta_{i,k-1}$，需要计算 $\boldsymbol{A}\boldsymbol{r}^k$ 和前面的 $\boldsymbol{A}\boldsymbol{d}^i$。为了将每步迭代中矩阵 - 向量乘积的次数限制为 1，可以采用：通过 $\boldsymbol{A}\boldsymbol{r}^k$ 计算 $\boldsymbol{r}^k$，然后在 GCR 算法最后一行之后由等式：

$$\boldsymbol{A}\boldsymbol{d}^k = \boldsymbol{A}\boldsymbol{r}^k + \sum_{i=1}^{k-1}\beta_{i,k-1}\boldsymbol{A}\boldsymbol{d}^i$$

计算 $\boldsymbol{A}\boldsymbol{d}^k\boldsymbol{d}_i$ 和 $\boldsymbol{A}\boldsymbol{d}^i$ 的集合均需存储。与 CG 算法和 GMRES 算法相比，存储需求翻了一倍。每次迭代的算术运算次数也比 GMRES 算法高出约 50%。

GCR 与 GMRES 算法受到的实际限制一样。可以用与 GMRES(k)相同的方式简单地定义重启 GCR(k)。对于给定的 m($1 \leqslant m < k$)，由 $\boldsymbol{A}\boldsymbol{d}^i$ 的正交化截断可得到算法 ORTHOMIN(m)，如图 5.9 所示。

与 GMRES 相比，ORTHOMIN 在每个迭代步中通常需要更多的算术运算和计算存储。在第 5.11 节中，应用油藏数值模拟中的算例对比了这两种算法。

ORTHOMIN（m）算法

给定$\boldsymbol{p}^0 \in \mathbf{R}^M$和$m$, 设$\boldsymbol{r}^0 = \boldsymbol{f} - \boldsymbol{A}\boldsymbol{p}^0$和$\boldsymbol{d}^0 = \boldsymbol{r}^0$。

对于$k = 1,2,\cdots$, 计算$\boldsymbol{p}^k$和$\boldsymbol{d}^k$：

$$\alpha_{k-1} = \frac{\left(\boldsymbol{r}^{k-1}\right)^{\mathrm{T}}\left(\boldsymbol{A}\boldsymbol{d}^{k-1}\right)}{\left(\boldsymbol{A}\boldsymbol{d}^{k-1}\right)^{\mathrm{T}}\left(\boldsymbol{A}\boldsymbol{d}^{k-1}\right)};$$

$$\boldsymbol{p}^k = \boldsymbol{p}^{k-1} + \alpha_{k-1}\boldsymbol{d}^{k-1};$$

$$\boldsymbol{r}^k = \boldsymbol{r}^{k-1} - \alpha_{k-1}\boldsymbol{A}\boldsymbol{d}^{k-1};$$

$$\beta_{i,k-1} = \frac{\left(\boldsymbol{A}\boldsymbol{r}^k\right)^{\mathrm{T}}\left(\boldsymbol{A}\boldsymbol{d}^j\right)}{\left(\boldsymbol{A}\boldsymbol{d}^i\right)^{\mathrm{T}}\left(\boldsymbol{A}\boldsymbol{d}^i\right)},\quad i=k-m,2,\cdots,k-1;$$

$$\boldsymbol{d}^k = \boldsymbol{r}^k + \sum_{i=k-m}^{k-1}\beta_{i,k-1}\boldsymbol{d}^i。$$

图 5.9　ORTHOMIN（m）算法

5.7 稳定双共轭梯度法（BiCGSTAB）

前三节讨论了四个 Krylov 子空间算法，这些算法依赖于 Krylov 向量的某种正交化形式求得近似解。本节考虑一系列 Krylov 子空间算法，这些算法由 Lanczos（1952）的双正交化方法定义。这些算法本质上是非正交的投影方法，它们具有吸引人的特性，但理论上更难分析。

在这些方法中，最先出现的是 BCG（双共轭梯度）算法（Lanczos，1952）。BCG 不需要最小化原则，但是要求第 k 个残差必须满足双正交条件：

$$\left(\boldsymbol{r}^k\right)^{\mathrm{T}}\boldsymbol{v}=0 \quad \forall \boldsymbol{v}\in\hat{\mathcal{K}}^k$$

其中 $\boldsymbol{A}^{\mathrm{T}}$ 的 Krylov 空间 $\hat{\mathcal{K}}^k$ 定义为

$$\mathcal{K}^k=\operatorname{span}\left[\boldsymbol{r}^0,\boldsymbol{A}^{\mathrm{T}}\boldsymbol{r}^0,\cdots,\left(\boldsymbol{A}^{\mathrm{T}}\right)^{k-1}\boldsymbol{r}^0\right]$$

BCG 的一个问题是需要计算转置向量乘积，这需要额外的计算，而且可能是不可行的。解决这个问题的方法是 CGS（共轭梯度平方）算法（Sonneveld，1989）。CGS 以残差多项式的平方项为基础用额外的矩阵向量乘积替换转置向量乘积。这种方法的问题是可能产生大量的舍入误差。BiCGSTAB（van der Vorst，1992）就是为了解决这一问题研发的，它提升了 CGS 的收敛性（图 5.10）。

BICGSTAB算法

给定$\boldsymbol{p}^0\in\mathbf{R}^M$，设$\boldsymbol{r}^0=\boldsymbol{f}-\boldsymbol{A}\boldsymbol{p}^0$和$\boldsymbol{d}^0=\boldsymbol{r}^0$；$\hat{\boldsymbol{r}}^0$任取。

对于$k=1,2,\cdots$，计算$\boldsymbol{p}^k$和$\boldsymbol{d}^k$：

$$\alpha_{k-1}=\frac{\left(\boldsymbol{r}^{k-1}\right)^{\mathrm{T}}\tilde{\boldsymbol{r}}^0}{\left(\boldsymbol{A}\boldsymbol{d}^{k-1}\right)^{\mathrm{T}}\tilde{\boldsymbol{r}}^0};$$

$$\boldsymbol{p}_2^{k-1}=\boldsymbol{r}^{k-1}-\alpha_{k-1}\boldsymbol{A}\boldsymbol{d}^{k-1};$$

$$\omega_{k-1}=\frac{\left(\boldsymbol{A}\boldsymbol{p}_2^{k-1}\right)^{\mathrm{T}}\boldsymbol{p}_2^{k-1}}{\left(\boldsymbol{A}\boldsymbol{p}_2^{k-1}\right)^{\mathrm{T}}\left(\boldsymbol{A}\boldsymbol{p}_2^{k-1}\right)};$$

$$\boldsymbol{p}^k=\boldsymbol{p}^{k-1}+\alpha_{k-1}\boldsymbol{d}^{k-1}+\omega_{k-1}\boldsymbol{p}_2^{k-1};$$

$$\boldsymbol{r}^k=\boldsymbol{p}_2^{k-1}-\omega_{k-1}\boldsymbol{A}\boldsymbol{p}_2^{k-1};$$

$$\beta_{k-1}=\frac{\left(\boldsymbol{r}^k\right)^{\mathrm{T}}\hat{\boldsymbol{r}}^0\alpha_{k-1}}{\left(\boldsymbol{r}^{k-1}\right)^{\mathrm{T}}\hat{\boldsymbol{r}}^0\omega_{k-1}};$$

$$\boldsymbol{d}^k=\boldsymbol{r}^k+\beta_{k-1}\left(\boldsymbol{d}^{k-1}-\omega_{k-1}\boldsymbol{A}\boldsymbol{d}^{k-1}\right)。$$

图 5.10 稳定双共轭梯度算法

BiCGSTAB 没有收敛理论，迭代可能在计算系数 α_{k-1} 和 β_{k-1} 的步骤中崩溃。但在本算法中，单次迭代需要 4 次标量积计算，因此它的存储和浮点运算成本都是有限的。在需要多次 GMRES 迭代且矩阵向量乘积很快的情况下，BiCGSTAB 每次迭代的平均成本比 GMRES 低得多。这是因为如果 Krylov 子空间的维数很大，则后者的正交化成本远高于

BiCGSTAB 中矩阵向量乘积的计算成本。

5.8 预处理迭代法

为了减少矩阵 $\boldsymbol{A}$ 的条件数，提高前四节中讨论的迭代算法性能，可以考虑用另一个具有相同解的系统代替式（5.1）。实际上，若没有预处理，所有 Krylov 子空间算法通常无法使用。本节讨论一些迭代算法特别是 CG 和 GMRES 算法的预处理方法，但没有说明具体使用的预处理器。下一节将考虑标准预处理子的选择。对于油藏数值模拟中的实际使用的预处理子将在第 5.10 节中讨论。

Turing（1948）首次使用术语“预处理”以减少舍入误差对直接算法的影响。Evans（1968）在 Chebyshev SSOR 的加速中首次将“预处理”应用于迭代算法。

5.8.1 预处理 CG

假设 $\boldsymbol{A}$ 对称正定，且预处理子 $\boldsymbol{M}$ 可用。预处理子 $\boldsymbol{M}$ 是在某种意义上近似于 $\boldsymbol{A}$ 的矩阵（如，$\boldsymbol{M}^{-1}\boldsymbol{A}$ 接近单位矩阵）。假设 $\boldsymbol{M}$ 也对称正定。因为预处理算法需要在每一步求解包含 $\boldsymbol{M}$ 的线性系统。从实际角度考虑，对 $\boldsymbol{M}$ 的唯一要求是求解线性系统 $\boldsymbol{Mp}=\boldsymbol{f}$ 时更容易。预处理系统形式为

$$\boldsymbol{M}^{-1}\boldsymbol{A}\boldsymbol{p}=\boldsymbol{M}^{-1}\boldsymbol{f} \qquad (5.27)$$

通常，$\boldsymbol{M}^{-1}\boldsymbol{A}$ 不可能对称，因此式（5.27）不能直接应用 CG 算法。

当 $\boldsymbol{M}$ 具备 Cholesky 分解时：

$$\boldsymbol{M}=\boldsymbol{L}\boldsymbol{L}^{\mathrm{T}}$$

保持对称性的一种简单方法是在左右两侧分裂预处理子，即

$$\boldsymbol{L}^{-1}\boldsymbol{A}\boldsymbol{L}^{-\mathrm{T}}\boldsymbol{q}=\boldsymbol{L}^{-1}\boldsymbol{f},\boldsymbol{p}=\boldsymbol{L}^{-\mathrm{T}}\boldsymbol{q} \qquad (5.28)$$

由此产生一个对称系统。但是，没有必要以这种方式分裂 $\boldsymbol{M}$ 以保持对称性。请注意到 $\boldsymbol{M}^{-1}\boldsymbol{A}$ 在 $\boldsymbol{M}$ 内积中是自伴的：

$$(\boldsymbol{x},\boldsymbol{y})_{M}=\boldsymbol{y}^{\mathrm{T}}\boldsymbol{M}\boldsymbol{x}$$

因为

$$\left(\boldsymbol{M}^{-1}\boldsymbol{A}\boldsymbol{x},\boldsymbol{y}\right)_{M}=(\boldsymbol{A}\boldsymbol{x},\boldsymbol{y})=\left[\boldsymbol{x},\boldsymbol{M}\left(\boldsymbol{M}^{-1}\mathrm{A}\right)\boldsymbol{y}\right]=\left(\boldsymbol{x},\boldsymbol{M}^{-1}\boldsymbol{A}\boldsymbol{y}\right)_{M}$$

用 $\boldsymbol{M}$ 内积替代 CG 中常用的欧几里得内积（·，·）。在 CG 中，$\boldsymbol{r}^{k}=\boldsymbol{f}-\boldsymbol{A}\boldsymbol{p}^{k}$ 表示原始残差，在预处理 CG 中，$\boldsymbol{z}^{k}=\boldsymbol{M}^{-1}\boldsymbol{r}^{k}$ 表示预处理系统的残差。此外，由于 $(\boldsymbol{z}^{k},\boldsymbol{z}^{k})_{M}=(\boldsymbol{r}^{k})^{\mathrm{T}}\boldsymbol{z}^{k}$ 和 $(\boldsymbol{M}^{-1}\boldsymbol{A}\boldsymbol{d}^{k},\boldsymbol{d}^{k})\boldsymbol{M}=(\boldsymbol{A}\boldsymbol{d}^{k},\boldsymbol{d}^{k})$，因此不必明确计算 $\boldsymbol{M}$ 内积。通过这些观察，预处理 CG（PCG）可以如图 5.11 所定义。

当 $\boldsymbol{M}$ 拥有 Cholesky 分解时，有两种选择，即分裂技术［式（5.28）］和上述的 PCG。人们自然会问，哪一个更好？令人惊讶的是，这两个选项产生的迭代相同（Saad，2004）。

PCG算法

给定$\boldsymbol{p}^0 \in \mathbf{R}^M$，设$\boldsymbol{r}^0 = \boldsymbol{f} - \boldsymbol{A}\boldsymbol{p}^0, \boldsymbol{z}^0 = \boldsymbol{M}^{-1}\boldsymbol{r}^0; \boldsymbol{d}^0 = \boldsymbol{r}^0$。

对于$k = 1,2,\cdots$，计算$\boldsymbol{p}^k$和$\boldsymbol{d}^k$：

$$\alpha_{k-1} = \frac{\left(\boldsymbol{r}^{k-1}\right)^{\mathrm{T}} \boldsymbol{z}^{k-1}}{\left(\boldsymbol{d}^{k-1}\right)^{\mathrm{T}} \boldsymbol{A}\boldsymbol{d}^{k-1}};$$

$$\boldsymbol{p}^k = \boldsymbol{p}^{k-1} - \alpha_{k-1}\boldsymbol{d}^{k-1};$$

$$\boldsymbol{r}^k = \boldsymbol{r}^{k-1} - \alpha_{k-1}\boldsymbol{A}\boldsymbol{d}^{k-1};$$

$$\boldsymbol{z}^k = \boldsymbol{M}^{-1}\boldsymbol{r}^k;$$

$$\beta_{k-1} = \frac{\left(\boldsymbol{r}^k\right)^{\mathrm{T}} \boldsymbol{z}^k}{\left(\boldsymbol{r}^{k-1}\right)^{\mathrm{T}} \left(\boldsymbol{z}^{k-1}\right)};$$

$$\boldsymbol{d}^k = \boldsymbol{z}^k + \beta_{k-1}\boldsymbol{d}^{k-1}。$$

图 5.11　预处理共轭梯度算法

5.8.2　预处理 GMRES

与预处理 CG 不同，非对称系统的 GMRES 和其他迭代算法的预处理方法不需要保持预处理系统的对称性。以下考虑左预处理和右预处理两种不同的预处理方法。

（1）左预处理 GMRES。

将 GMRES 直接应用于左预处理系统［式（5.27）］，得到如图 5.12 所示的左预处理 GMRES（k）方法。

由于 $\boldsymbol{V}^k = (\boldsymbol{v}^1, \boldsymbol{v}^2, \cdots, \boldsymbol{v}^k)$，利用 Arnoldi 算法构造左预处理 Krylov 子空间的正交基

$$\mathrm{span}\left[\boldsymbol{p}^0, \boldsymbol{M}^{-1}\boldsymbol{A}\boldsymbol{p}^0, \cdots, \left(\boldsymbol{M}^{-1}\boldsymbol{A}\right)^{k-1}\boldsymbol{p}^0\right]$$

左预处理

给定$\boldsymbol{p}^0 \in \mathbf{R}^M$，设$\boldsymbol{r}^0 = \boldsymbol{M}^{-1}\left(\boldsymbol{f} - \boldsymbol{A}\boldsymbol{p}^0\right)$，$\beta = \left\|\boldsymbol{r}^0\right\|_2$，$\boldsymbol{v}^1 = \boldsymbol{r}^0/\beta$，

对于$(k+1)\times k$阶矩阵，$\boldsymbol{H}^k = \left(h_{ij}\right)$，设$\boldsymbol{H}^k = 0$。

对于$j = 1,2,\cdots,k$，计算：

$$\boldsymbol{w}^j = \boldsymbol{M}^{-1}\boldsymbol{f}\boldsymbol{A}\boldsymbol{v}^j;$$

$$h_{ij} = \left(\boldsymbol{v}^i\right)^{\mathrm{T}}, \boldsymbol{w}^j, i = 1,2,\cdots,j;$$

$$\boldsymbol{w}^j = \boldsymbol{w}^j - \sum_{i=1}^{j} h_{ij}v^i;$$

$$h_{j+1,j} = \left\|\boldsymbol{w}^j\right\|_2;$$

若$\boldsymbol{h}_{j+1,j} = 0$，设$k = j$并跳过下一步；

$$\boldsymbol{v}^{j+1} = \boldsymbol{w}^j / h_{j+1,j}。$$

确定使$\left\|\beta\boldsymbol{e}_1 - \boldsymbol{H}^k\boldsymbol{q}^k\right\|_2$最小的$\boldsymbol{q}^k$。

设$\boldsymbol{p}^k = \boldsymbol{p}^0 + \boldsymbol{V}^k\boldsymbol{q}^k$。

若满足则终止，否则设$\boldsymbol{p}^0 = \boldsymbol{p}^k$并迭代。

图 5.12　广义极小残差算法左预处理方法

（2）右预处理 GMRES。

右预处理 GMRES 求解的系统如下：

$$\boldsymbol{AM}^{-1}\underline{\boldsymbol{q}} = \boldsymbol{f}, \underline{\boldsymbol{q}} = \boldsymbol{Mp} \tag{5.29}$$

新变量 $\underline{\boldsymbol{q}}$ 不需要显式调用。实际上，一旦得到初始残差 $\boldsymbol{r}^0=\boldsymbol{f}-\boldsymbol{Ap}^0=\boldsymbol{f}-\boldsymbol{AM}^{-1}\underline{\boldsymbol{q}}^0$，就可以在不参考 $\boldsymbol{q}$ 变量的情况下找到 Krylov 子空间所有的后续向量，（Saad，2004）。注意根本不需要求 $\underline{\boldsymbol{q}}^0$；预处理系统的初始残差就可以从 $\boldsymbol{r}^0=\boldsymbol{f}-\boldsymbol{Ap}^0$ 中获得，这个值与 $\boldsymbol{f}-\boldsymbol{AM}^{-1}\underline{\boldsymbol{q}}^0$ 相同。通过这种观察，可以定义 GMRES 的右预处理方法，如图 5.13 所示。

右预处理GMRES（k）

给定 $\boldsymbol{p}^0 \in \mathbf{R}^M$，设 $\boldsymbol{r}^0 = \boldsymbol{f} - \boldsymbol{Ap}^0$，$\beta = \|\boldsymbol{r}^0\|_2$，和 $\boldsymbol{v}^1 = \boldsymbol{r}^0/\beta$，

对于 $(k+1)\times k$ 阶矩阵，$\boldsymbol{H}^k = (h_{ij})$，设 $\boldsymbol{H}^k = 0$。

对于 $j = 1, 2, \cdots, k$，计算：

$\boldsymbol{w}^j = \boldsymbol{AM}^{-1}\boldsymbol{v}^j$；

$h_{ij} = (\boldsymbol{v}^i)^{\mathrm{T}}\boldsymbol{w}^j$ for $i = 1, 2, \cdots, j$；

$\boldsymbol{w}^j = \boldsymbol{w}^j - \sum_{i=1}^{j} h_{ij}\boldsymbol{v}^j$；

$h_{j+1,j} = \|\boldsymbol{w}^j\|_2$；

若 $h_{j+1,j} = 0$，设 $k = j$ 并跳过下一步；

$\boldsymbol{v}^{j+1} = \boldsymbol{w}^j / h_{j+1,j}$，

确定 $\|\beta\boldsymbol{e}_1 - \boldsymbol{H}^k\boldsymbol{q}^k\|_2$ 的最小 $\boldsymbol{q}^k$。

设 $\boldsymbol{p}^k = \boldsymbol{p}^0 + \boldsymbol{M}^{-1}\boldsymbol{V}^k\boldsymbol{q}^k$。

若满足则终止，否则设 $\boldsymbol{p}^0 = \boldsymbol{p}^k$ 并迭代。

图 5.13　广义极小残差算法右预处理方法

这种算法中，Arnoldi 算法构造的右预处理 Krylov 子空间正交基如下：

$$\operatorname{span}\left[\boldsymbol{p}^0, \boldsymbol{AM}^{-1}\boldsymbol{p}^0, \cdots, \left(\boldsymbol{AM}^{-1}\right)^{k-1}\boldsymbol{p}^0\right]$$

因为这个算法隐含着残差 $\boldsymbol{r}^k=\boldsymbol{f}-\boldsymbol{Ap}^k=\boldsymbol{f}-\boldsymbol{AM}^{-1}\underline{\boldsymbol{q}}^k$，所以这里残差范数与初始系统 $\boldsymbol{f}-\boldsymbol{Ap}^k$ 有关，这是左右预处理广义极小残差算法之间的本质区别。两个预处理矩阵 $\boldsymbol{M}^{-1}\boldsymbol{A}$ 和 $\boldsymbol{AM}^{-1}$ 的谱是相同的。尽管特征值并不总决定收敛，但它们的收敛性是相似的。右预处理可以作为一种算法的基础，在迭代过程中改变预处理子 $\boldsymbol{M}$，即 FGMRES（灵活 GMRES）算法（Saad，2004）。

（3）灵活 GMRES。

到目前为止，都假定预处理子 $\boldsymbol{M}$ 是固定的，不随迭代改变。在某些情况下，矩阵 $\boldsymbol{M}$ 可能不可用，运算 $\boldsymbol{M}^{-1}\boldsymbol{p}$ 只是一些未指定计算的结果。在这种情况下，$\boldsymbol{M}$ 可能不是常数矩阵。如果 $\boldsymbol{M}$ 不固定，左右预处理 GMRES 算法不收敛，必须对其修改以适应预处理子的变化。在本节中，讨论 GMRES 的灵活变体，FGMRES（Saad，2004）。

假设右预处理 GMRES 的预处理子 $\boldsymbol{M}_j$ 在每一步迭代中都可以改变。那么，在右预处理

GMRES（k）的第四行中，必须保存向量。

$$z^j = M_j^{-1} v^j$$

现在可以很自然地求解 p^k：

$$p^k = p^0 + Z^k q^k$$

其中 Z^k=（Z^1，Z^2，…，Z^k）和 q^k 可以在右预处理 GMRES 中得到。有了这个修正，FGMRES 由图 5.14 定义。

FGMRES(k)

给定 $p^0 \in \mathbf{R}^M$，设 $r^0 = f - Ap^0$，$\beta = \left\| r^0 \right\|_2$，$v^1 = r^0/\beta$。

对于 $(k+1)\times k$ 阶矩阵 $H^k = (h_{ij})$，设 $H^k = 0$。

对于 $j = 1, 2, \cdots, k$，计算：

$z^j = M_j^{-1} v^j$；

$w^j = Az^j$；

$h_{ij} = (v^i)^{\mathrm{T}} w$，$i = 1, 2, \cdots, j$；

$w^j = w^j - \sum_{i=1}^{j} h_{ij} v^i$；

$h_{j+1,j} = \left\| w^j \right\|_2$；

若 $h_{j+1,j} = 0$，设 $k = j$ 并跳过下一步；

$v^{j+1} = w^j / h_{j+1,j}$。

确定 $\left\| \beta \mathbf{e}_1 - H^k q^k \right\|_2$ 的最小 q^k。

设 $p^k = p^0 + Z^k q^k$。

若满足则终止，否则设 $p^0 = p^k$ 并迭代。

图 5.14　灵活 GMRES 算法

右预处理 GMRES 和 FGMRES 之间的主要区别在于必须存储向量 z^j（j=1，2，…，k），并且后者必须使用这些向量更新解。如果对于 j=1，2，…，k，M_j=M，则这两种算法在数学上是等价的。请注意，可以在不参考任何预处理子的情况下选择 z^j。这种灵活性可能导致 FGMRES 出现一些问题。事实上，如果 z^j 选择得太差会导致计算崩溃，例如最坏的情况 z^j=0。

FGMRES 的最优化性质与 GMRES 类似［式（5.22）或式（5.23）］。可以证明该算法的第 k 步近似解 p^k 最小化的是残差范数 $\| f-Ap^k \|_2$ 而不是 p^0+span（Z^k）（Saad，2004）。

5.9　预处理子

粗略地说，预处理子 M 是原始矩阵 A 的某种形式的近似，它能使预处理系统更容易由给定的迭代算法求解。一种常用且易于计算的预处理子是基于 Jacobi 的预处理，其中 M 是 A 对角线部分的逆。还可以利用其他与简单的稳定迭代算法相关的预处理子，例如 Gauss-Seidel，SOR 和 SSOR。在大多数实际情况中的油藏模拟，这些预处理子可能有些用处，但效果不显著。

另一类预处理子基于原始矩阵 $\boldsymbol{A}$ 的不完全 Cholesky 分解（Buleev，1959；Varga，1960），它源于形如 $\boldsymbol{A}=\boldsymbol{LU}-\boldsymbol{R}$ 的分解，其中 $\boldsymbol{L}$ 和 $\boldsymbol{U}$ 分别与 $\boldsymbol{A}$ 的下三角部分和上三角部分有相同的非零结构，$\boldsymbol{R}$ 是分解的残差或误差。这种不完全分解称为 ILU（0），实现起来既简单又便捷。另一方面，它可能会产生一种近似，需要后面 Krylov 子空间算法在多次迭代中收敛。为了解决这一问题，允许在 $\boldsymbol{L}$ 和 $\boldsymbol{U}$ 中进行填充，形成许多替代的不完全分解。通常，ILU 分解越准确，得到的预处理 Krylov 子空间算法越快。然而，计算更准确的 $\boldsymbol{L}$ 和 $\boldsymbol{U}$ 的预处理成本更高。从稳健性的角度来看（如在适用性和可靠性方面），可能确实需要这些更准确地分解。在本节中，将重点放在 ILU（0）及其变体的构造上。

考虑任意稀疏矩阵 $\boldsymbol{A}=(a_{ij})$。广义 ILU 分解算法生成稀疏下三角矩阵 $\boldsymbol{L}$ 和稀疏上三角矩阵 $\boldsymbol{U}$，使得残差矩阵 $\boldsymbol{R}=\boldsymbol{LU}-\boldsymbol{A}$ 满足某些条件（如在某些位置具有零元素）。该算法可以通过运行高斯消元法并在预定的非对角位置舍去某些元素来获得。例如，可以通过选择某些零模式，静态地预定每个步骤中舍去的元素。零模式的唯一限制是不能包括对角线元素。因此，对于任何零模式集 Z，如

$$Z \subset \{(i,j): i \neq j, i, j = 1, 2, \cdots, M\}$$

广义的 ILU 分解算法如图 5.15 所示（Saad，2004）。

广义ILU分解

For $i = 2, 3, \cdots, M$,
  For $k = 1, 2, \cdots, i-1$ and $(i,\ k) \notin Z$,
    $a_{ik} := a_{ik}/a_{kk}$
    For $j = k+1, \cdots, M$ and $(i,\ j) \notin Z$,
      $a_{ij} := a_{ij} - a_{ik}a_{kj}$.
    End
  End
End

图 5.15　广义 ILU 分解

可以证明（Saad，2004）该算法产生矩阵 $\boldsymbol{L}$ 和 $\boldsymbol{U}$，使得 $\boldsymbol{A}=\boldsymbol{LU}-\boldsymbol{R}$，其中 $-\boldsymbol{R}$ 是在不完全消除过程期间舍去元素的矩阵。对于 $(i,j)\in Z$，$\boldsymbol{R}$ 的项 r_{ij} 等于上述算法中第 k 个循环完成时计算的 $-a_{ij}$。否则，$r_{ij}=0$。

5.9.1　ILU（0）

零模式集合 Z 取决于指定的填充级别或阈值。如果 $\boldsymbol{L}$ 和 $\boldsymbol{U}$ 具有与 $\boldsymbol{A}$ 相同的稀疏模式，即零模式 Z 恰好是 $\boldsymbol{A}$ 的零模式，则得到的 ILU 分解就是 ILU（0），这种技术允许填充。

ILU（0）形式如图 5.16 所示，对于图中所示形式的矩阵，存在 $\boldsymbol{A}$ 与 $\boldsymbol{A}$ 的下三角部分具有相同结构的下三角矩阵 $\boldsymbol{L}$，以及与 $\boldsymbol{A}$ 的上三角部分具有相同结构的上三角矩阵 $\boldsymbol{U}$。计算 $\boldsymbol{LU}$ 乘积，生成的矩阵形式如图中所示。通常，对于任何 $\boldsymbol{L}$ 和 $\boldsymbol{U}$，不可能有给定的矩阵 $\boldsymbol{A}$ 与 $\boldsymbol{LU}$ 乘积一致，这是因为乘积中存在额外的对角线。这些额外对角线中的元素称为填充项。如果

舍去这些填充项，则可以找到 **L** 和 **U**，它们的乘积在其他对角线中等于 **A**。这就是 ILU(0) 分解：在 $a_{ij}\neq 0, i, j=1, 2, \cdots, M$ 的位置，$\boldsymbol{A}-\boldsymbol{LU}$ 的元素为零。即模式 Z 是 **A** 的零模式［即 $Z=Z(\boldsymbol{A})$］，ILU(0) 的运算如图 5.17 所示。

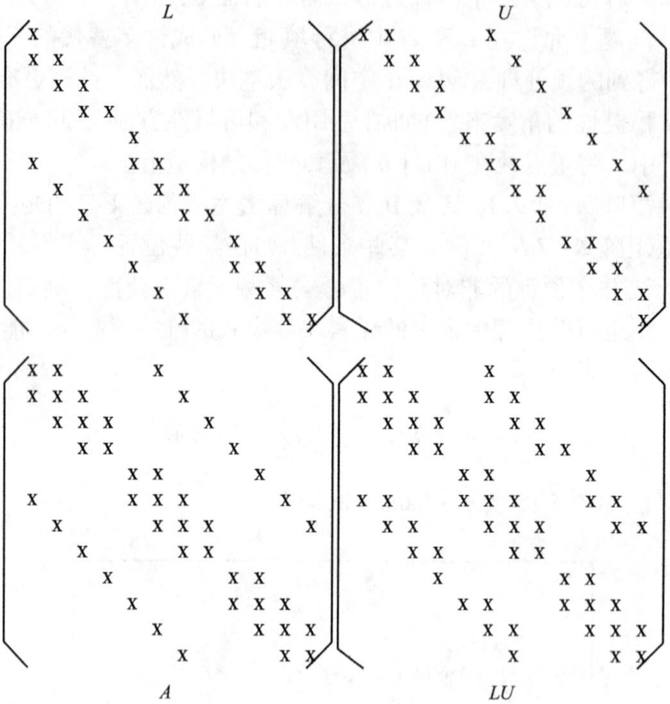

图 5.16　ILU（0）的解释

5.9.2　ILU（l）

ILU(0) 分解可使 Krylov 子空间算法能非常简单和有效地实现。但对于油藏数值模拟中的某些现实问题，ILU(0) 的准确度可能无法提供充分的收敛速度，因此需要更准确的 ILU 分解。这些更准确的分解 ILU(l) 与 ILU(0) 的区别在于允许填充。

ILU(0)因子分解

For $i = 2,3,\cdots,M$,

　　For $k = 1,2,\cdots,i-1$ and $(i,\ k)\notin Z(\boldsymbol{A})$,

　　　　$a_{ik} := a_{ik}/a_{kk}$

　　　　For $j = k+1,\cdots,M$ and $(i,\ j)\notin Z(\boldsymbol{A})$,

　　　　　　$a_{ij} := a_{ij} - a_{ik}a_{kj}$.

　　　　End

　　End

End

图 5.17　ILU（0）分解

用与图 5.16 中 ILU（0）相同的例子在几何上说明 ILU（l）的思路（Saad，2004）。ILU（0）获得 $\boldsymbol{L}$ 和 $\boldsymbol{U}$ 乘积 $\boldsymbol{LU}$ 的零模式 Z，将其作为 ILU（l）的来源，如图 5.18 所示。假设原始矩阵 $\boldsymbol{A}$ 具有这种“扩增”模式。换句话说，在乘积中新增的填充位置属于“扩增”模式，但它们实际上等于零。现在用扩增模式执行 ILU（0）分解获得 ILU（l）的 $\boldsymbol{L}_1$ 和 $\boldsymbol{U}_1$。$\boldsymbol{L}_1\boldsymbol{U}_1$ 在下三角部分和上三角部分有两个额外的对角线（图 5.18）。

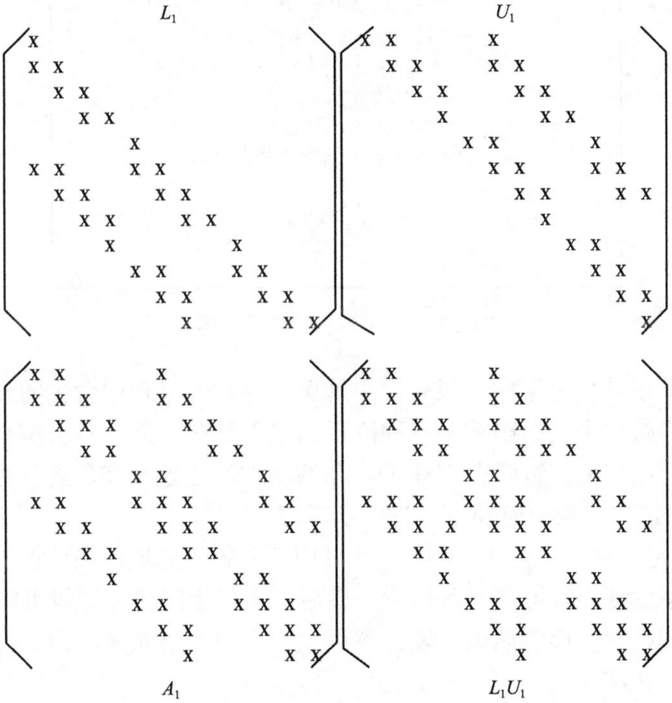

图 5.18　ILU（l）的一种例证

上述问题在于没有推广到一般的稀疏矩阵。为此，引入充填级的概念。充填级起源于消去过程中生成的每个矩阵元素。根据充填级的值删除填充项。最初，假设非零元素的充填级为零，零元素的充填级为 ∞。也就是说，$\boldsymbol{A}$ 的元素 a_{ij} 的初始充填级是（Saad，2004）：

$$lev_{ij}=\begin{cases}0,\text{如果}a_{ij}\neq 0\text{或者}i=j\\ \infty,\text{其他情况}\end{cases}$$

每次根据一般 ILU 分解修改元素（$a_{ij}:=a_{ij}-a_{ik}a_{kj}$），更新其充填级：

$$lev_{ij}=\min\left\{lev_{ij},lev_{ik}+lev_{kj}+1\right\} \tag{5.30}$$

请注意，在消去期间，元素的充填级永远不会增加。如果原始矩阵 $\boldsymbol{A}$ 中的 $a_{ij}\neq 0$，则第（i，j）个位置中的元素在整个消去过程中将具有零充填级。这种充填级概念的引入产生了一种删除元素的自然策略。在 ILU（l）中，保留充填级不超过 l 的所有填充元素。因此，ILU（l）的零模式是集合

$$Z_l = \{(i,j): lev_{ij} > l\}$$

其中 lev_{ij} 是式（5.30）中所有更新后的充填级的值。$l=0$ 与 ILU（0）分解的定义一致。在 ILU（l）分解中（图 5.19），$\boldsymbol{a}_i$ 表示矩阵 $\boldsymbol{A}$ 的第 i 行。

```
ILU(l)因子分解
对于所有非零输入a_ij，设lev_ij = 0
For i = 2,3,⋯,M,
    For k = 1,2,⋯,i−1 and lev_ik ≤ l,
        a_ik := a_ik / a_kk
        a_i := a_i − a_ik a_i
        通过式(5.30)更新非零输入a_ij的充填级
    End
    在第i行中，对于lev_ij>l 的输入，将其替换为0
End
```

图 5.19　ILU（l）因子分解

到目前为止，在 ILU 分解中，只是简单地舍去了消元过程中舍去的元素。有些技术试图补偿舍去的元素减少舍去的影响。一种流行的技术是在广义 ILU 分解算法的 k 循环完成时将舍去的所有项加起来。然后在 $\boldsymbol{U}$ 中的对角线项中减去这个和。这种对角线补偿技术称为修改的 ILU（MILU）分解，这将不再进一步考虑。

ILU（l）分解也有缺点。首先，当 $l>0$ 时用于分解的充填级和计算工作量通常不可预测。其次，算法中更新 lev_{ij} 可能非常昂贵。最后，不定矩阵的充填级可能不是表示被舍去的元素大小的良好指标。换句话说，该分解可以舍去很大的元素。为了克服这些缺点，下面讨论预处理技术 ILUT。

5.9.3　ILUT

如上所述，在 ILU 分解中舍去的元素仅取决于矩阵 $\boldsymbol{A}$ 的结构。在不完全分解过程中存在一些可用的替代算法根据舍去元素大小而不是它们的位置舍去元素。在这些算法中，零模式集合 Z 是动态确定的。ILUT 就是一种这样的算法（具有阈值的 ILU）（Saad，2004）。

通过应用一组舍去小元素的规则，可以从广义 ILU 分解算法中获得 ILUT。下面，对其中的元素应用舍去规则意味着如果满足一组条件，则将该元素替换为零。在 ILUT 算法中（图 5.20），$\boldsymbol{w}=(w_1, w_2, \cdots, w_M)$ 是一个全长度工作行，在消去过程中累积行的线性组合，$\boldsymbol{u}_i$ 代表 $\boldsymbol{U}$ 的第 i 行。

可以将 ILU（0）视为 ILUT 的特例。ILU（0）的舍去规则是舍去矩阵 $\boldsymbol{A}$ 原始结构位置以外的项。与 ILU（l）类似，还可以定义 ILUT（1, $\in$）分解，其中 $\in$ 是舍去标准中使用的舍去容差。在 ILUT（1, $\in$）中，应用以下规则。

（1）在 ILUT 的第五行，如果 w_k 的绝对值小于相对容差 $\in_i$（$\in$ 乘以第 i 行的范数）（如 l_2 范数）$_i$，则舍去该项（即，用零替换）。

（2）在 ILUT 的第十行中，使用了不同的舍去规则。首先，再次舍去行中任何绝对值小于 $\in_i$ 的元素。然后，除了保持对角线项之外，在矩阵 $\boldsymbol{L}$ 和 $\boldsymbol{U}$ 的每行中仅保留绝对值最大的

l 个元素。

ILUT 算法

For $i=1,2,\cdots,M$,

  $\boldsymbol{w}=\boldsymbol{a}_i$

  For $k=1,2,\cdots,i-1$ and if $w_k \neq 0$,

    $w_k := w_k / a_{kk}$

    对 w_k 应用舍去规则

    If $w_k \neq 0$, then

      $\boldsymbol{w}=\boldsymbol{w}-w_k\boldsymbol{u}_i$

    EndIf

  End

  对行 $\boldsymbol{w}$ 应用舍去规则

  $l_{ij}=w_j$ for $j=1,2,\cdots,i-1$

  $u_{ij}=w_j$ for $j=1,2,\cdots,M$

  $\boldsymbol{w}=0$

End

图 5.20 The ILUT algorithm

第二个舍去步骤是控制每行的项数。粗略地说，参数 l 用于控制内存使用量，而 ϵ 用于降低计算成本。在许多情况下，ϵ 在 10^{-4}~10^{-2} 的范围内时，可以获得很好的结果，但 ϵ 的最佳值与问题密切相关。

众所周知，ILU 预处理器不易于并行。原因是 ILU 分解所基于的高斯消元法不易并行。此外，在预处理运算中正向消元和回退代入本质上是高度顺序的，这些运算的很难并行化。

还有一种基于稀疏矩阵近似逆的预处理技术（Benson et al.，1982），其思想是显式地计算稀疏矩阵 $\boldsymbol{M}\approx\boldsymbol{A}^{-1}$，并用作求解式（5.1）的 Krylov 子空间算法的预处理子。这种算法的优点主要是预处理运算只包含矩阵矢量乘积，很容易地实现并行，然而，与 ILU 预处理方法一样，这种方法缺乏算法可扩展性（例如，在操作数方面），因此就有了基于多重网格方法（Hackbusch，1985；Bramble，1993）、代数多重网格方法（Stüben，1983）和区域分解方法（Smith 等，1996）等变体的研发。这类预处理技术对于某些偏微分问题（例如，椭圆或抛物线问题）产生的线性系统是最佳的，所需算术运算次数是 $\mathcal{O}(M)$ 阶。

5.10 实际考虑因素

预处理子可以由系统产生的线性问题的原始物理性质得到。例如，在油藏多相流数值模拟中，控制偏微分方程涉及许多不同的变量，如压力，饱和度和浓度（参见第 2 章），并与注入井和生产井（源项和汇项）耦合。这种应用产生的矩阵系统 $\boldsymbol{A}$ 由具有不同性质的块组成。构建预处理子的一种可行方法是尽可能充分地利用这些块的性质以不同的方法预处理这些块。本节讨论基于此的预处理子的构造方法。

5.10.1 解耦预处理子

考虑系统（5.1）的块形式

$$\boldsymbol{A}\boldsymbol{p}=\begin{pmatrix}\boldsymbol{A}_{11} & \boldsymbol{A}_{12}\\ \boldsymbol{A}_{21} & \boldsymbol{A}_{22}\end{pmatrix}\begin{pmatrix}\boldsymbol{p}_1\\ \boldsymbol{p}_2\end{pmatrix}=\begin{pmatrix}\boldsymbol{f}_1\\ \boldsymbol{f}_2\end{pmatrix} \tag{5.31}$$

其中，$\boldsymbol{p}_1$ 和 $\boldsymbol{p}_2$ 对应压力和饱和度（或浓度）两个不同变量的自由度。虽然只考虑两个变量，但其实可以直接包含更多的变量。假设这两个变量耦合产生的非对角块的项与相应对角块的比较小。

在某些情况下，对于一个变量（压力），预处理子所需的精度比对其他变量要求（如饱和度）高。两相流的压力和饱和度方程耦合系统（参见第 7 章）同时求解就是这种情况，其中迭代过程中压力方程求解就很困难。如果可以找到一个精确的近似值 $\bar{\boldsymbol{p}}_1$，以及 $\boldsymbol{A}_{22}$ 的一个易于求逆的 $\bar{\boldsymbol{A}}_{22}$ 近似值，那么 $\bar{\boldsymbol{A}}_{22}^{-1}(\boldsymbol{f}_2-\boldsymbol{A}_{21}\bar{\boldsymbol{p}}_1)$ 就是 $\boldsymbol{p}_2$ 有意义的近似。如果 $\bar{\boldsymbol{A}}_{22}=\boldsymbol{A}_{22}$ 就意味着这是第二个变量 $\boldsymbol{p}_2$ 的精确解；如果 $\boldsymbol{A}_{22}$ 的刚度小于 $\boldsymbol{A}_{11}$ 的，那么可以用简单的近似值代替 $\boldsymbol{A}_{22}$，例如前一节中介绍的 ILU（0）分解。

假设 $\boldsymbol{A}_{11}$ 的 ILU 分解如下

$$\boldsymbol{A}_{11}=\boldsymbol{LDU}-\boldsymbol{R}$$

其中 $\boldsymbol{L}$、$\boldsymbol{D}$ 和 $\boldsymbol{U}$ 分别是单位下三角，对角线和单位上三角矩阵、$\boldsymbol{R}$ 是残差矩阵。然后给出 $\boldsymbol{A}$ 的近似

$$\begin{pmatrix}\boldsymbol{LDU} & \boldsymbol{A}_{12}\\ \boldsymbol{A}_{21} & \boldsymbol{A}_{22}\end{pmatrix}=\begin{pmatrix}\boldsymbol{LDU} & 0\\ \boldsymbol{A}_{21} & \boldsymbol{I}\end{pmatrix}\begin{bmatrix}\boldsymbol{I} & (\boldsymbol{LDU})^{-1}\boldsymbol{A}_{12}\\ 0 & \boldsymbol{A}_{22}-\boldsymbol{A}_{21}(\boldsymbol{LDU})^{-1}\boldsymbol{A}_{12}\end{bmatrix} \tag{5.32}$$

其中 $\boldsymbol{I}$ 是单位矩阵。如果 $\boldsymbol{LDU}$ 是精确的（即使用高斯消元法），则该分解也精确。当 $\boldsymbol{LDU}$ 是不完全分解时，式（5.32）的右边可以看作是 $\boldsymbol{A}$ 的不完全分解。这里 $\boldsymbol{LDU}^{-1}\boldsymbol{A}_{12}$ 通常是一个满矩阵［$\boldsymbol{A}_{22}$–$\boldsymbol{A}_{21}(\boldsymbol{LDU})^{-1}\boldsymbol{A}_{12}$ 也是］。因此，应该应用 $(\boldsymbol{LDU})^{-1}\boldsymbol{A}_{12}$ 的近似值。最简单的方法是修正式（5.32）如下：

$$\begin{pmatrix}\boldsymbol{L} & 0\\ \boldsymbol{A}_{21} & \boldsymbol{I}\end{pmatrix}\begin{pmatrix}\boldsymbol{DU} & \boldsymbol{DA}_{12}\\ 0 & \boldsymbol{A}_{22}-\boldsymbol{A}_{21}\boldsymbol{DA}_{12}\end{pmatrix} \tag{5.33}$$

这种分解削弱了第一变量和第二变量之间的耦合。在油藏模拟中，已经构建了许多基于类似方法的预处理子，例如约束压力残余预处理子（Wallis 等，1985）。

5.10.2　组合预处理子

由一个变量决定另一个变量的假设有时过于严格。应该使用预处理子，为这两个变量的相互作用提供适度反馈。一个例子是两阶段组合预处理子（Behie 和 ViNoice，1982），其思想是先解耦第一变量的方程，然后找到提供反馈的合适预处理子。

（1）求解方程 $\boldsymbol{A}_{11}\boldsymbol{p}_1=\boldsymbol{f}_1$。

（2）形成残差：

$$\begin{pmatrix}\boldsymbol{r}_1\\ \boldsymbol{r}_2\end{pmatrix}=\begin{pmatrix}\boldsymbol{f}_1\\ \boldsymbol{f}_2\end{pmatrix}-\begin{pmatrix}\boldsymbol{A}_{11}\\ \boldsymbol{A}_{12}\end{pmatrix}\boldsymbol{p}_1$$

（3）预处理新的残差并更新第一个变量：

$$\begin{pmatrix} \boldsymbol{p}_1 \\ \boldsymbol{p}_2 \end{pmatrix} := \boldsymbol{M}^{-1}\begin{pmatrix} \boldsymbol{r}_1 \\ \boldsymbol{r}_2 \end{pmatrix} - \begin{pmatrix} \boldsymbol{p}_1 \\ 0 \end{pmatrix}$$

其中 $\boldsymbol{M}$ 是 $\boldsymbol{A}$ 的预处理子，提供上面提到的反馈。构建组合预处理子的经验表明，为了提供反馈，可以选择 $\boldsymbol{M}$ 作为一个相当粗糙（或弱）的预处理子。例如，ILU（0）可用做此种预处理子。步骤（1）~（3）的组合（建议称为 COMBINATIVE）形成了 $\boldsymbol{A}$ 的预处理子：

$$\begin{pmatrix} \boldsymbol{A}_{11}^{-1} & 0 \\ 0 & 0 \end{pmatrix} + \boldsymbol{M}^{-1}\left[\boldsymbol{I} - \begin{pmatrix} \boldsymbol{A}_{11} \\ \boldsymbol{A}_{12} \end{pmatrix}\boldsymbol{A}_{11}^{-1}\right] \tag{5.34}$$

矩阵 $\boldsymbol{A}_{11}^{-1}$ 可由 $\boldsymbol{A}_{11}$ 的预处理子代替，例如精确的 ILU 预处理子。

5.10.3 边界系统

在隐式油藏模拟中，渗流和井全耦合的线性系统形式如下：

$$\begin{pmatrix} \boldsymbol{A}_{11} & \boldsymbol{A}_{12} \\ \boldsymbol{A}_{21} & \boldsymbol{A}_{22} \end{pmatrix}\begin{pmatrix} \boldsymbol{p} \\ \boldsymbol{p}_w \end{pmatrix} = \begin{pmatrix} \boldsymbol{f}_1 \\ \boldsymbol{f}_2 \end{pmatrix} \tag{5.35}$$

其中 $\boldsymbol{p}_{\mathrm{w}}$ 对应井底压力的自由度，$\boldsymbol{A}_{11}$ 和 $\boldsymbol{A}_{22}$ 分别对应流动方程和井约束方程，$\boldsymbol{A}_{12}$ 和 $\boldsymbol{A}_{21}$ 表示它们的耦合项。由于式（5.35）与式（5.31）形式相同，后者在式（5.32）至式（5.34）中的近似分解适用于前者。

5.10.4 初值的选择

等式 $\boldsymbol{A}=\boldsymbol{LDU}-\boldsymbol{R}$ 中的残差矩阵 $\boldsymbol{R}$ 可以近似地考虑。Gustafsson（1978）提出一种修正 $\boldsymbol{D}$ 方法使得 $\boldsymbol{R}$ 的行和为零。这种对角线修正方法可以与任何不完全分解方法（例如，MILU）一起使用。

Appleyard 等（1981）给出了另一种计算误差矩阵 $\boldsymbol{R}$ 的方法。该方法基于以下观察，在大多数油藏模拟中，式（5.1）右侧向量 $\boldsymbol{f}$ 中的元素总和等于净质量累积率。如果选择初值 $\boldsymbol{p}^0$

$$\boldsymbol{LDUp}^0 = \boldsymbol{f} \tag{5.36}$$

那么初始残差中元素的和为

$$\boldsymbol{r}^0 = \boldsymbol{f} - \boldsymbol{A}\boldsymbol{p}^0 = \boldsymbol{R}\boldsymbol{p}^0$$

表示质量平衡误差。如果 $\boldsymbol{R}$ 的列和为零，则这个和等于零，并且在所有后续迭代中保持为零。对于对称矩阵 $\boldsymbol{A}$，这两种方法产生相同的分解。对于非对称矩阵 $\boldsymbol{A}$，它们是不同的。后一种方法基于物理观察。

Appleyard et al.（1981）的误差计算方法适用于前一节研究的任何 ILU 分解。假设构造 $\boldsymbol{A}$ 的不完全分解 LDU，不是通过行消除而是通过列消除得到因子 $\boldsymbol{L}$、$\boldsymbol{D}$ 和 $\boldsymbol{U}$。不完全分解过程中要忽略的元素（即误差项）从位于同一列（而不是同一行）的对角元中减去。该方法生成列和为零的误差矩阵。如果按式（5.36）那样选择初值 p^0，则所有后续残差和为零。

5.11　结语与比较

本章介绍了直接算法和迭代算法。直接算法基于将矩阵系统 $\boldsymbol{A}$ 分解为易于可逆的矩阵，广泛应用于许多以可靠性为主要考虑因素的油藏计算中，实际上，直接求解方法非常强大，往往需要可预测的资源量存储和时间。利用最先进的稀疏直接求解方法，可以在合理的时间内有效地求解相当大规模的线性系统，特别是当基本问题是二维情况时。

但是直接算法的运算量和存储量方面需求随问题规模增加迅速增加，特别是对于三维问题。三维多相流模拟产生的线性系统含有几百万个未知数的方程组。对于此类模拟，迭代算法是唯一可用的选项。与直接算法相比，虽然迭代算法需要的存储和运算更少（特别是要求近似解相对低精度时），但它们不具有直接算法的可靠性。在某些应用程序中，它们甚至无法在合理的时间内收敛。因此，预处理是必要的，但并不总是充分的。

如前所述，油藏数值模拟中的线性系统是稀疏的、高度非对称的和不确定的。求解此类系统的三种主要迭代算法是 CNG、GMRES 和 BiCGSTAB。这三种算法的功能基本不同。正如 Nachtigal et al.（1992）所证明的那样，可以构建矩阵系统，使得每种类型的迭代可以通过 $\sqrt{M}$ 或 M（或甚至更多）级阶数因子超过其他类型的迭代。因此，通常，在实际油藏问题中很难比较这些算法。在本节中，给出了这些算法求解多相流模拟问题的线性系统的性能对比；给出了高斯消元（直接带状求解方法）、GMRES（包括 ORTHOMIN 和 FGMRES）和 BiCGSTAB 在计算时间和内存方面的比较。线性系统产生于两相流问题压力方程的标准有限元方法离散，这将在第 7 章中详细描述。测试网格节点数为 3600 和 10000 两种情况，预处理技术基于 ILU（l）和 ILUT（l），迭代算法的重启次数设置为 10、15 和 20。数值实验在具有四个 CPU，883 MHZ CPU 频率和 32 GB 内存的 CompaqAlpha ES40 工作站上进行（Chen 等，2002d），数值结果如图 5.21 至图 5.28 所示。这些图中水平轴上的数字 2~6 分别表示 GMRES、FGMRES、带状高斯消元法、BiCGSTAB 和 ORTHOMIN。从这些图中可以得出以下测试结果。

（1）GMRES、FGMRES、BiCGSTAB 和 ORTHOMIN 算法比直接带状高斯消元算法快得多，特别是使用高阶预处理子［例如，ILU（8）和 ILUT（10）］时，并且对于大规模问题，例如这里考虑的网格数为 10000 的问题，它们使用的内存比后者少得多。

（2）在几乎相同的内存需求下，当采用低阶预处理子［例如 ILU（0），ILUT（1）］时，GMRES 和 FGMRES 在计算时间上优于 ORTHOMIN。

（3）在几乎相同的内存需求下，当预处理子固定时，GMRER、FGMRES 和 ORTHOMIN 在重启次数和网格数方面具有相同的趋势。例如，随着重启次数的增加，它们的计算时间减少，存储量增加。

（4）在具有相同的预处理子和几乎相同的内存需求下 ORTHOMIN 法、GMERE 法、FGMRES 和 BiCGSTAB 中，BiCGSTAB 法似乎是在所考虑问题中求解最快的。

（5）在内存需求几乎相同时，ILUT 比 ILU 更有效。

（6）在网格数为 10000 的情况下固定线性求解方法（例如 GMRES）和重启数（例如 10），高阶预处理子 ILUT（10）占 CPU 总时间的 11%，是低阶 ILUT（1）的 2.12 倍。

此外还进行了更复杂问题的比较，如黑油模型（参见第 8 章）进行了与本节类似的测试

（Li 等，2005）。

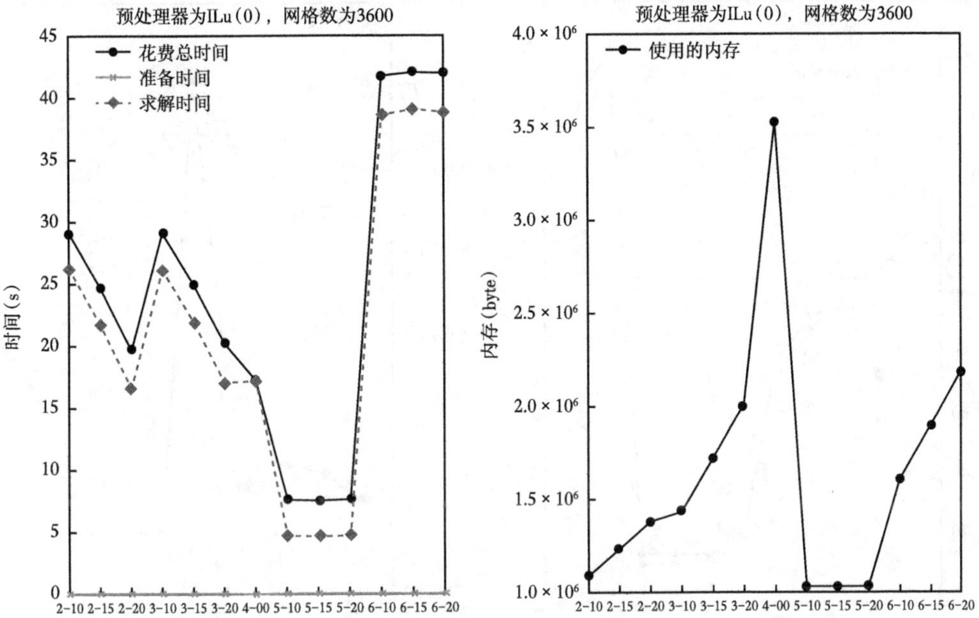

(a) 计算时间　　(b) 使用的内存

图 5.21　计算时间（左）和内存（右）

方法说明：2—GMRES；3—FGMRES；4—带状 GE；5—BiCGSTAB；6—ORTHOMIN；

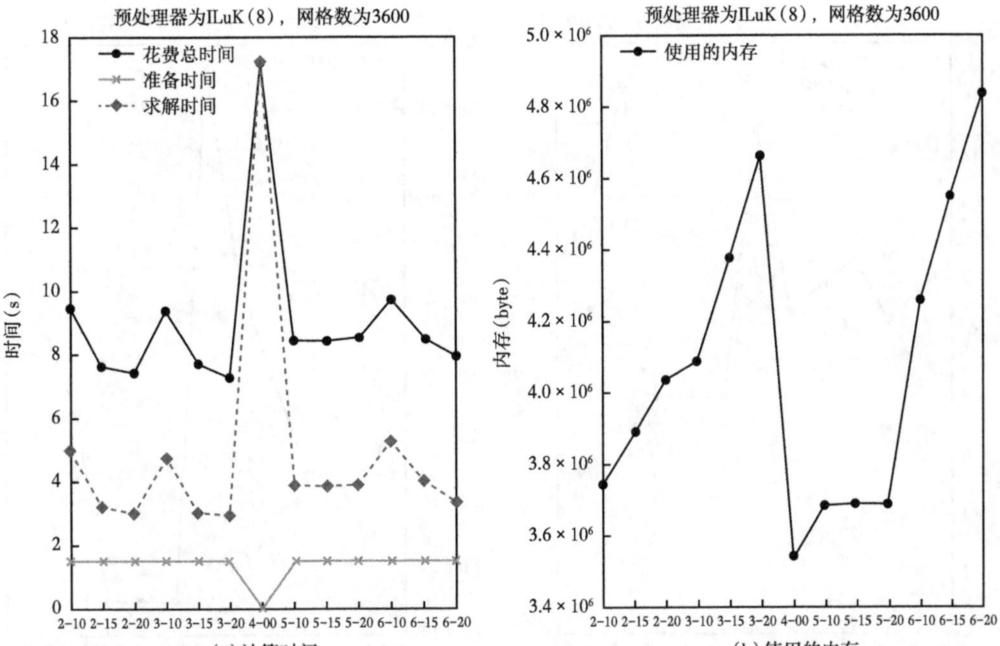

(a) 计算时间　　(b) 使用的内存

图 5.22　计算时间（左）和内存（右）

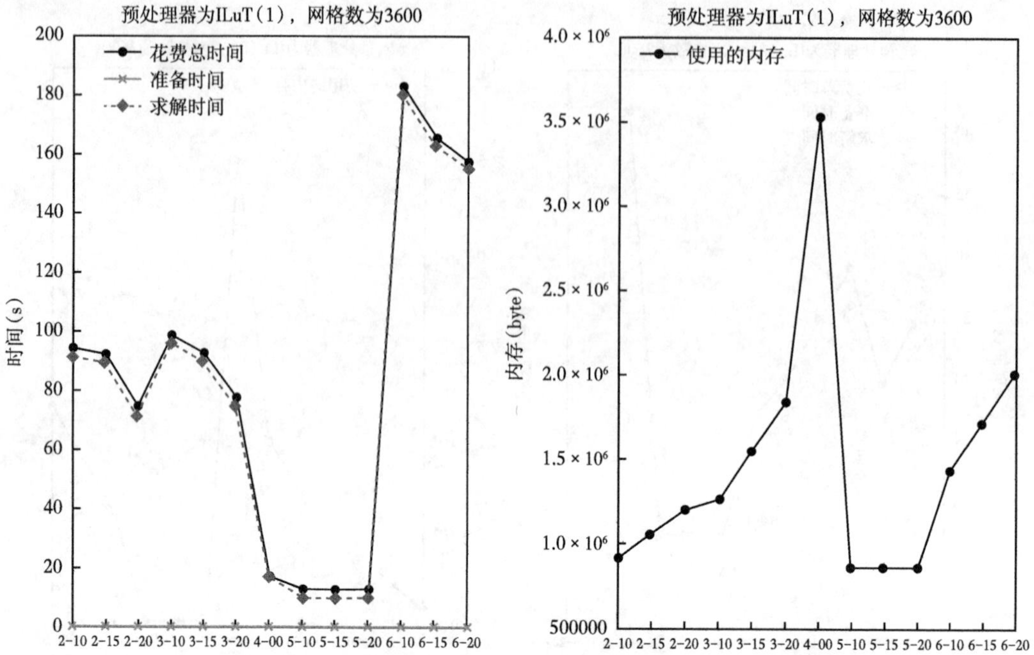

(a)计算时间　　(b)使用的内存

图 5.23　计算时间（左）和内存（右）

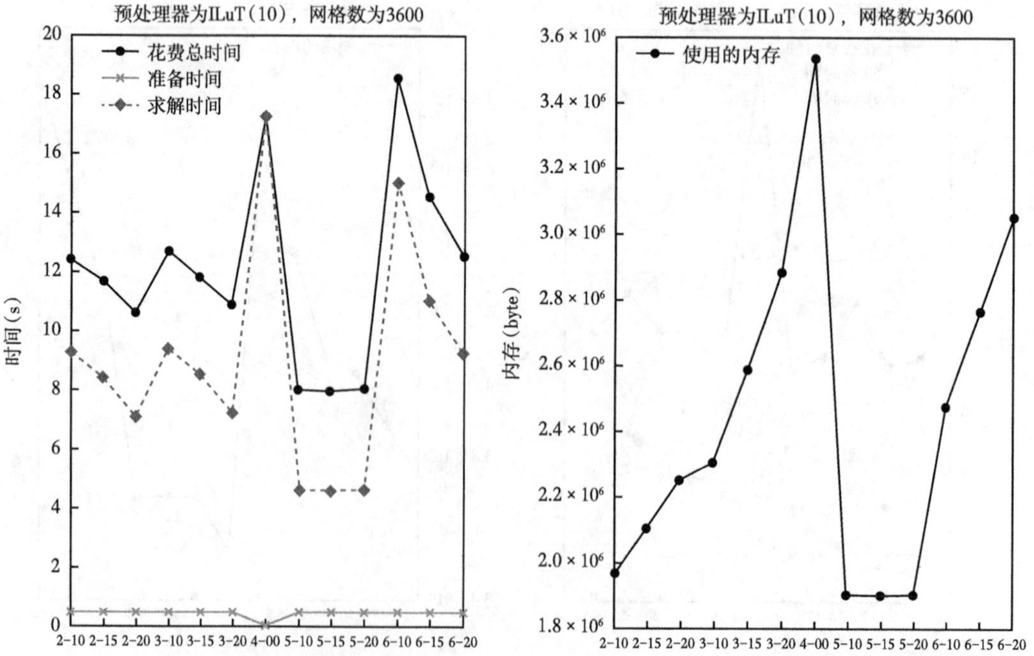

(a)计算时间　　(b)使用的内存

图 5.24　计算时间（左）和内存（右）

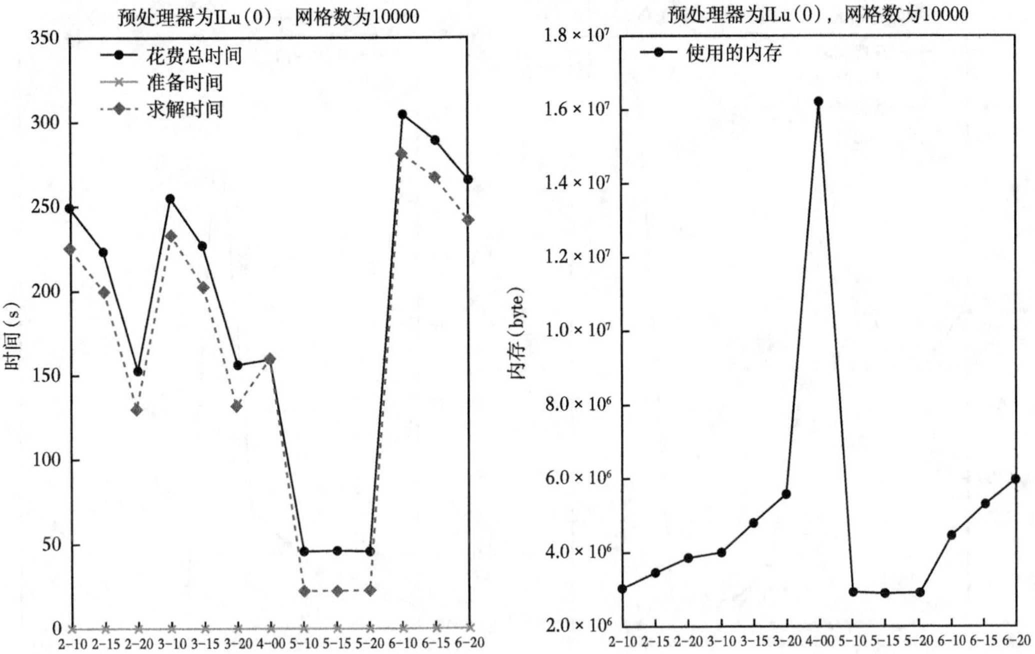

(a)计算时间 (b)使用的内存

图 5.25 计算时间(左)和内存(右)

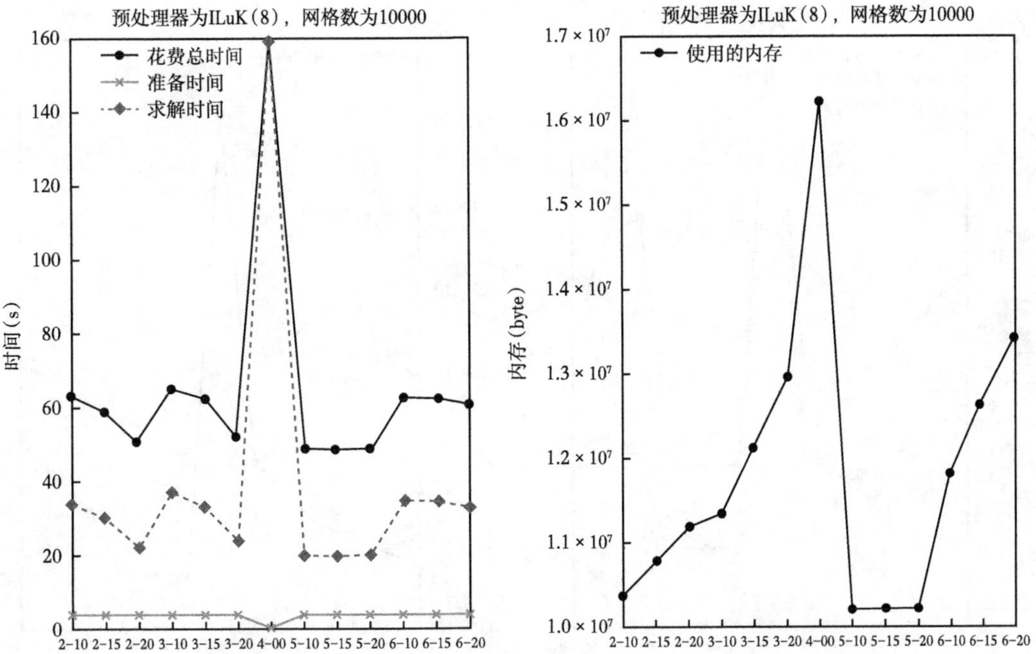

(a)计算时间 (b)使用的内存

图 5.26 计算时间(左)和内存(右)

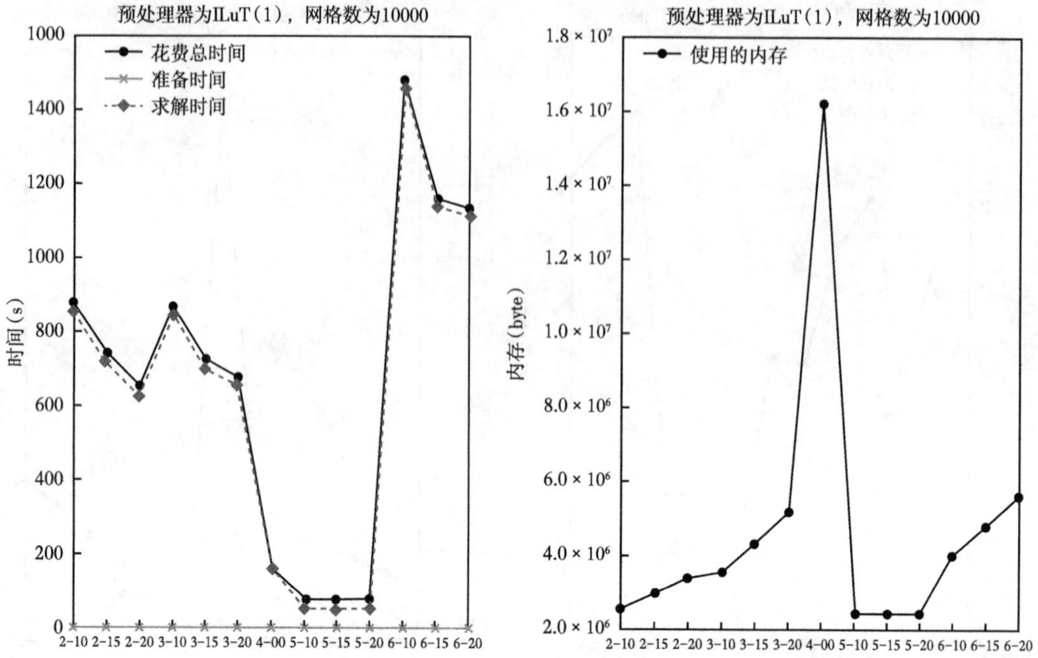

(a)计算时间　　(b)使用的内存

图 5.27　计算时间（左）和内存（右）

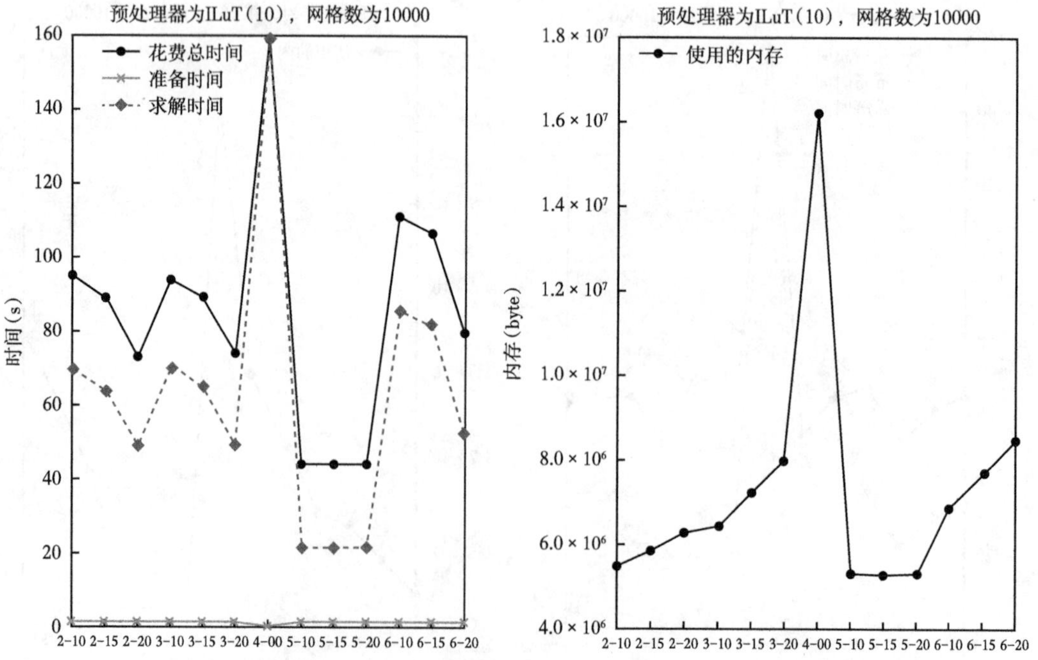

(a)计算时间　　(b)使用的内存

图 5.28　计算时间（左）和内存（右）

5.12 文献信息

关于 Krylov 子空间算法及本章讨论的预处理方法有很多相关的书（Axelsson，1994；Golub et al.，1996；Saad，2004）。第 5.5~5.9 节的内容参考 Saad（2004）。第 5.11 节中的数值结果摘自 Chen et al.（2002d）的论文。线性代数程序可用于一般适用性的算法，例如 LAPACK（Anderson et al.，1999），LINPACK（Dongarra et al.，1979），Netlib（Moore et al.，2002），PETSc（Balay et al.，2004）和 SPARSKIT（Saad，1990）。

练习

练习 5.1 将第 5.1 节中定义的 Thomas 法推广到块三对角线性方程组，其中系统矩阵 $\boldsymbol{A}$ 由式（5.4）给出。

练习 5.2 证明式（5.13）中对称矩阵 $\boldsymbol{A}$ 的算术运算阶数渐近于 $M^3/6$。

练习 5.3 证明带宽是 L 的 $M \times M$ 矩阵的运算次数是 $ML^2/2$［式（5.14）］。

练习 5.4 证明如果 Arnoldi 算法在第 k 步之前没有停止，那么由该算法生成的向量 $v^1, v^2, \cdots, v^k$ 构成 $\mathcal{K}^k$ 的标准正交基。

练习 5.5 验证式（5.24）。

练习 5.6 考虑单位正方形 $\Omega=(0,1)\times(0,1)$ 上的问题：

$$-\frac{\partial^2 p}{\partial x_1^2}-\frac{\partial^2 p}{\partial x_2^2}=q(x_1,x_2),(x_1,x_2)\in\Omega \tag{5.37}$$

其中 q 表示位于（0.1667，0.1667）的注入井或位于（0.8333，0.8333）的生产井。齐次 Neumann 边界条件（无流动边界条件）是

$$\frac{\partial p}{\partial \boldsymbol{v}}=0,$$

其中 $\partial p/\partial v$ 是法向导数，v 是 $\Gamma=\partial\Omega$（Ω 的边界）的外法向单位向量。（1）使用在 x_1 方向和 x_2 方向上各有三个等间隔的块中心网格，为式（5.37）制定一个类似于式（4.20）的有限差分格式。（2）使用类似于式（4.14）的一阶格式离散 Neumann 边界条件，其中 $g=0$。（3）计算井产量 q：

$$q_{i,j}=\frac{2\pi}{\ln(r_{\mathrm{e}}/r_{\mathrm{w}})}(p_{\mathrm{bh}}-p_{i,j}),\ \text{其中}(i,j)=(1,1)\text{或者}(3,3)$$

井筒半径 r_{w} 等于 0.001，两口井的泄流半径 r_{e} 均为 $r_{\mathrm{e}}=0.2h$，其中 h 为 x_1 方向和 x_2 方向的步长，在注入井处井筒压力 p_{bh} 等于 1.0，在生产井处为 -1.0。找到矩阵 $\boldsymbol{A}$ 和向量 $\boldsymbol{q}$。将（1）中导出的有限差分格式写成矩阵形式 $\boldsymbol{Ap}=\boldsymbol{q}$，（4）使用第 5.1 节［式（5.16）和式（5.17）］中给出的高斯消元法来求解该系统。（5）使用第 5.1 节中定义的直接带状求解方法求解同一系统。（6）使用第 5.6 节中定义的 ORTHOMIN 法求解该系统，其中最大正交数可以是 10~25，迭代可以重启，当 $\|\boldsymbol{r}^k\|/\|\boldsymbol{q}\|\leqslant 0.00001$ 时停止迭代。（7）使用第 5.9.1 节中给出的 ILU（0）作为 ORTHOMIN 的预处理器求解该系统。（8）比较（4）~（7）中得到的数值解。

第 6 章　单相流

如第 1 章所述，在早期阶段，油气藏内部通常存在油或气的单相流。通常来说，这个阶段的地层压力很高，无须人工注入。通过自然压降便可开采油气，这个阶段就是常说的一次开采，能够一直持续到油田压力和大气压力达到平衡时。微可压缩流体流动的微分方程如第 6.1 节所述。之后，推导了一维径向流的解析解，并和第 6.2 节得到的数值解进行了对比。在第 6.3 节，给出了单相流动一般微分方程的有限元法。最后第 6.4 节给出了参考书目信息。

6.1　基本微分方程

根据第 2.2.3 节，多孔介质 $\Omega \subset \mathbf{R}^d\,(1 \leqslant d \leqslant 3)$［式（2.20）］内微可压缩流体流动的基本微分方程如下：

$$\phi\rho c_{\mathrm{t}}\frac{\partial p}{\partial t} = \nabla\cdot\left(\frac{\rho}{\mu}\boldsymbol{K}(\nabla p - \rho g\nabla z)\right) \tag{6.1}$$

式中：ϕ 和 $\boldsymbol{K}$ 是多孔介质的孔隙度和绝对渗透率；ρ、p 和 μ 为流体密度、压力和黏度；g 为重力加速度；z 为深度；c_{t} 为综合压缩系数，为

$$c_{\mathrm{t}} = c_{\mathrm{f}} + \frac{\phi_0}{\phi}c_{\mathrm{R}} \tag{6.2}$$

式中：c_{f} 和 c_{R} 分别为流体和岩石的压缩系数；ϕ_0 为参考压力 p_0 下的孔隙度。

式（6.1）是 p 的抛物线方程。可以证明该方程解的存在性、唯一性和正则性（Chavent et al.，1986；Friedman，1982），其数值解也可以很容易获得（第 6.3 节）。

6.2　一维径向流

6.2.1　解析解

本节推导式（6.1）的解析解，可以用这个解检查多孔介质流体流动数值解的近似精度。假设 Ω 是各向同性介质（见第 2.2.1 节），因此 $\boldsymbol{K}=K\boldsymbol{I}$，其中 $\boldsymbol{I}$ 是单位张量。在柱坐标（r, θ, x_3）中，式（6.1）的形式为［练习（1）］：

$$\begin{aligned}\phi\rho c_t\frac{\partial p}{\partial t} = {}& \frac{1}{r}\frac{\partial}{\partial r}\left[\frac{r\rho K}{\mu}\left(\frac{\partial p}{\partial r} - \rho g\frac{\partial z}{\partial r}\right)\right] + \frac{1}{r^2}\frac{\partial}{\partial\theta}\\ & \left[\frac{\rho K}{\mu}\left(\frac{\partial p}{\partial\theta} - \rho g\frac{\partial z}{\partial\theta}\right)\right] + \frac{\partial}{\partial x_3}\left[\frac{\rho K}{\mu}\left(\frac{\partial p}{\partial x_3} - \rho g\frac{\partial z}{\partial x_3}\right)\right]\end{aligned} \tag{6.3}$$

此处假设 Ω 在水平方向是无限延展的。假设有一口独立的生产井，坐标为（0，0，x_3），井轴向上所有特征都是对称的，垂向上储层是均质的（图 6.1）。此外，如果忽略重力和密

度变化的影响，式(6.3)变形为

$$\frac{1}{\chi}\frac{\partial p}{\partial t}=\frac{\partial^2 p}{\partial r^2}+\frac{1}{r}\frac{\partial p}{\partial r} \tag{6.4}$$

其中，$\chi=\frac{K}{\phi\mu c_{\mathrm{t}}}$。

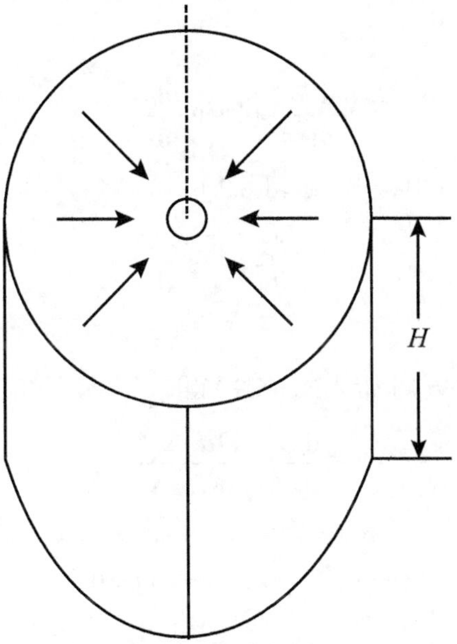

图 6.1 一维径向流

因此，压力 p 只是 r 和 t 的函数，也就是径向流是一维的。下文推导该一维方程的解析解。首先，假设：

$$p(r,0)=p_0,\ 0\leqslant r\leqslant\infty \tag{6.5}$$

式中：p_0 为常数。

边界条件是

$$p(r,t)=p_0, r\to\infty, t\geqslant 0$$

$$r\frac{\partial p}{\partial r}=\frac{Q\mu}{2\pi KH}, r\to 0,\ t>0 \tag{6.6}$$

式中：r 为井半径；Q 为固定的生产流速；H 为储层厚度。

为求解式(6.4)，引入变量的 Boltzmann 变换：

$$y=\frac{r^2}{4t\chi},\quad t>0$$

可得

$$\frac{\partial p}{\partial r}=\frac{\mathrm{d}p}{\mathrm{d}y}\frac{\partial y}{\partial r}=\frac{\mathrm{d}p}{\mathrm{d}y}\frac{r}{2t\chi}$$

$$\frac{\partial^2 p}{\partial r^2}=\frac{\partial}{\partial r}\left(\frac{\mathrm{d}p}{\mathrm{d}y}\frac{r}{2t\chi}\right)=\frac{\mathrm{d}^2 p}{y^2}\left(\frac{r}{2t\chi}\right)^2+\frac{\mathrm{d}p}{\mathrm{d}y}\frac{1}{2t\chi} \tag{6.7}$$

$$\frac{\partial p}{\partial t}=\frac{\mathrm{d}p}{\mathrm{d}y}\frac{\partial y}{\partial t}=-\frac{\mathrm{d}p}{\mathrm{d}y}\frac{r^2}{4t^2\chi}$$

将式（6.7）代入式（6.4）得

$$y\frac{\mathrm{d}^2 p}{\mathrm{d}y^2}+(1+y)\frac{\mathrm{d}p}{\mathrm{d}y}=0 \tag{6.8}$$

利用分离变量法，由式（6.8）中得出（练习 6.2）：

$$\frac{\mathrm{d}p}{\mathrm{d}y}=\frac{C}{y}\mathrm{e}^{-y} \tag{6.9}$$

其中，C 为任意常量。

将边界条件方程［式（6.6）］带入式（6.9）得

$$\frac{\mathrm{d}p}{\mathrm{d}y}=\frac{Q\mu}{4\pi KH}\frac{\mathrm{e}^{-y}}{y} \tag{6.10}$$

注意到：

$$p=p_0,\qquad \text{当}\quad y=\infty, t=0$$

$$p=p(r,t),\ \text{当}\quad y=\frac{r^2}{4t\chi},\quad t>0$$

对于式（6.10），从 $t=0$ 到 t 积分可得

$$p(r,t)=p_0-\frac{Q\mu}{4\pi KH}\int_{r^2/(4t\chi)}^{\infty}\frac{\mathrm{e}^{-y}}{y}\mathrm{d}y \tag{6.11}$$

函数 $\int_{r^2/(4t\chi)}^{\infty}\frac{\mathrm{e}^{-y}}{y}\mathrm{d}y$ 是幂积分函数，通常写作

$$\int_{\frac{r^2}{(4t\chi)}}^{\infty}\frac{\mathrm{e}^{-y}}{y}\mathrm{d}y=-Ei\left(-\frac{r^2}{4t\chi}\right)=-Ei(-y)$$

因此，从式（6.11）得出在任意 r 处压力为

$$p(r,t)=p_0+\frac{Q\mu}{4\pi KH}Ei\left(-\frac{r^2}{4t\chi}\right),\quad t>0 \tag{6.12}$$

图 6.2 给出了 $-Ei(-y)$ 与 y 的关系，从中看出，随着 y 的增加（r 增加或者 t 减少），$-Ei(-y)$ 变小，所以 $p(r,t)$ 增加并且 p_0-p 变小。也就是说，离井越远，压力越大，但是压降越小。当 t 减小时也可观察到同样的现象。

如果开井时间 $t=t_0$ 而不是 $t=0$，那么压力变为

$$p(r,t)=p_0+\frac{Q\mu}{4\pi kH}Ei\left(-\frac{r^2}{4(t-t_0)\chi}\right),\quad t>t_0 \tag{6.13}$$

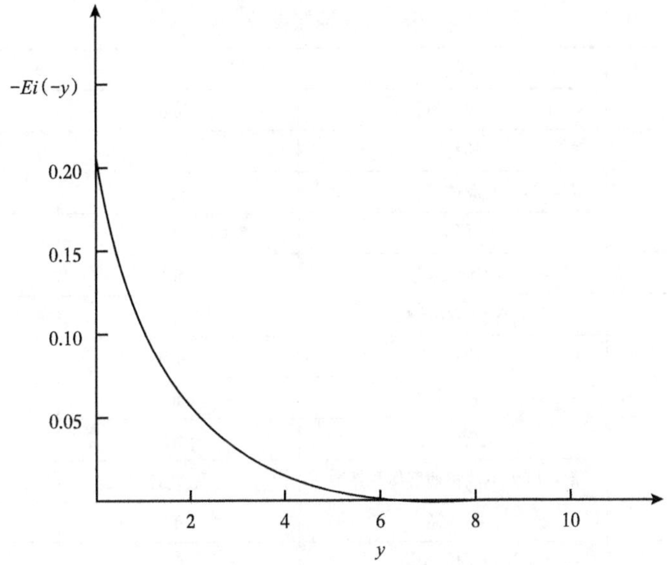

图 6.2 $-Ei(-y)$ 图

同样的，如果井坐标为（$x_{1,0}$，$x_{2,0}$）而非（0，0），那么压力变为

$$p(r,t)=p_0+\frac{Q\mu}{4\pi KH}Ei\left(-\frac{(x_1-x_{1,0})^2+(x_2-x_{2,0})^2}{4t\chi}\right),\quad t>0 \tag{6.14}$$

指数积分函数展开（练习 6.3）为

$$Ei\left(-\frac{r^2}{4t\chi}\right)=-\ln\left(\frac{4t\chi}{r^2}\right)+0.5772-\frac{r^2}{4t\chi}+\frac{1}{4}\left(\frac{r^2}{4t\chi}\right)^2-\cdots,\quad t>0$$

当 $r^2/(4t\chi)<0.01$，该函数近似为

$$Ei\left(-\frac{r^2}{4t\chi}\right)\approx-\ln\left(\frac{4t\chi}{r^2}\right)+0.5772=-\ln\left(\frac{2.25t\chi}{r^2}\right)$$

这个结果的近似误差不到 0.25%。对应式（6.12）的解析解简化为

$$p(r,t)\approx p_0-\frac{Q\mu}{4\pi KH}\ln\left(\frac{2.25t\chi}{r^2}\right) \tag{6.15}$$

在 $r=r_w$ 处由于 r_w 较小，所以 $r^2/(4t\chi)$ 也较小。几秒之后，$r^2/(4t\chi)<0.01$。因此，式（6.15）可用于求解井筒压力：

$$p_w(t)=p_0-\frac{Q\mu}{4\pi KH}\ln\left(\frac{2.25t\chi}{r_w^2}\right) \tag{6.16}$$

6.2.2 数值解对比

式（6.15）给出的简化解析解可以用于检查数值解的精确性。为此，考虑一个储层，其性质参数见表 6.1。

表 6.1 地层参数

量	说明	单位	值
Q_o	油产量	bbl/d	300
μ	油黏度	mPa·s	1.06
k	渗透率	md	300
H	厚度	ft	100
c_o	油压缩系数	psi^{-1}	0.0001
c_R	岩石压缩系数	psi^{-1}	0.000004
ϕ	孔隙度	无量纲	0.2
p_0	初始压力	psia	3600
p_b	泡点压力	psia	2000
B_{ob}	泡点压力下油相地层体积系数	无量纲	1.063
r_w	井半径	ft	0.1875
x_{1max}	x_1 方向的长度	ft	8100
x_{2max}	x_2 方向的长度	ft	8100
h	模拟过程中三角形长度	ft	300
A	井眼附近加密区面积	ft^2	19627.7

为了将数值解和上一节的解析解进行对比，首先将英制单位换为物理单位。

$$1\ \text{ft}=30.48\ \text{cm}$$
$$1\ \text{d}=86400\ \text{s}$$
$$1\ \text{psi}=0.068046\ \text{atm}$$
$$1\ \text{mD}=0.001\ \text{D}$$
$$1\ \text{bbl}=0.1589873\times10^{6}\ \text{cm}^{3}$$

通过单位的转换，获得解析解参数如下：

$$r_w=0.1875\text{ft}=5.715\ \text{cm}$$
$$r_e=0.2\sqrt{\text{A}}=0.2\sqrt{19624.7}=28.0176\text{ft}=853.98\ \text{cm}$$
$$K=300\ \text{mD}=0.3\ \text{D}$$
$$H=100\ \text{ft}=3048\ \text{cm}$$
$$\mu=1.06\ \text{mPa}\cdot\text{s}$$
$$c_t=c_o+c_R=1.4\times10^{-5}\text{psi}^{-1}=2.05743\times10^{-4}\text{atm}^{-1}$$
$$\chi=\frac{K}{\phi\mu c_t}=6877.97\ \text{cm}^2/\text{s}$$
$$B_o=B_{ob}\left[1-c_o\left(p_0-p_b\right)\right]=1.063\left[1-10^{-5}\left(3600-2000\right)\right]=1.04599$$

$$Q = Q_o B_o = 300 \times 1.04599 = 313.7976 \text{ bbl/d}$$
$$=313.7976 \times 0.1589873 \times 10^6 / 86400 = 577.4286 \text{ cm}^3/\text{s}$$

式中：r_e 为等效半径。

当 $r=r_w$，r_e 时，比较数值压力和简化解析解

$$p(r,t) = p_0 - \frac{Q\mu}{4\pi KH}\ln\left(\frac{2.25t\chi}{r^2}\right), \quad \frac{r^2}{4t\chi}<0.01 \tag{6.17}$$

此处的数值解法采用控制体积有限元法，用的是第 4.3 节的分片线性函数。控制体积由三角形划分（图 6.3）。当用此方法求解式（6.4）时，在近井地带采用局部网格加密保持精度一致。表 6.2 和表 6.3 分别给出了 $r=r_w$ 和 $r=r_e$ 时的数值压力 p_h 和解析压力 p。从表中看到，数值解和解析解相当接近。在数值解法中如果三角形网格尺寸变小，那么数值解收敛到解析解。

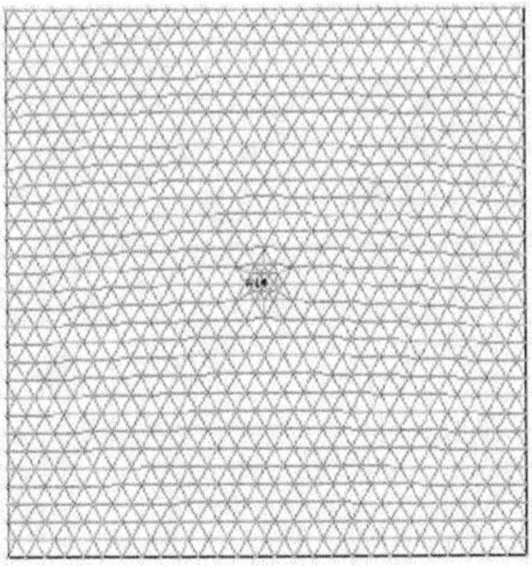

(a) 三角形剖分

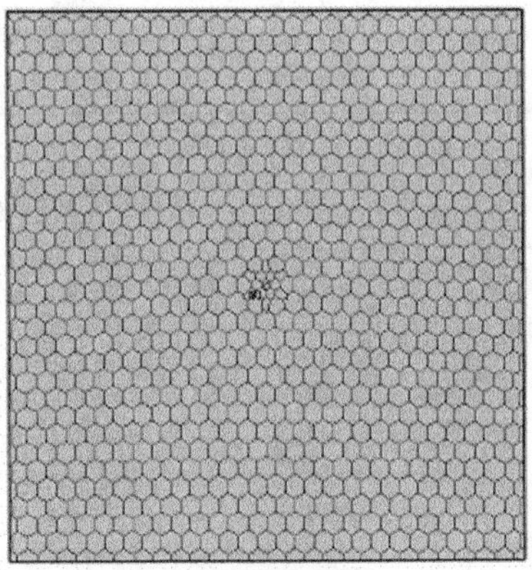

(b) 正六边形剖分

图 6.3　基本三角形和控制体积

在水平方向上增加模型规模，将 x_1 方向和 x_2 方向的 x_{1max} 和 x_{2max} 从 8100ft 增加到 13500ft，$r=r_w$ 时的数值解和解析解对比见表 6.4。从表中看到，二者的差异不到 0.01。由此可知，在水平方向油藏规模更大的时候，数值解更接近解析解。

表 6.2　$r=r_w$ 时的压力对比表

时间（d）	时间（s）	$r^2/(4t/\chi)$（10^8）	p_h（psia）	p（psia）	p_h-p（psia）
0.1	8640	13.740	3576.32	3595.92	0.40
0.2	17280	6.870	3595.47	3595.38	0.09
0.3	25920	4.580	3595.07	3595.06	0.01
0.4	34560	3.435	3594.80	3594.84	−0.04
0.5	43200	2.748	3594.60	3594.66	−0.06

续表

时间（d）	时间（s）	$r^2/(4t/\chi)$（10^8）	p_h（psia）	p（psia）	p_h-p（psia）
0.6	51840	2.290	3594.45	3594.52	−0.07
0.7	60480	1.963	3594.31	3594.40	−0.09
0.8	69120	1.718	3594.20	3594.29	−0.09
0.9	77760	1.527	3594.10	3594.20	−0.10
1.0	86400	1.374	3594.01	3594.12	−0.11
1.5	129600	0.916	3593.69	3593.80	−0.11
2.0	172800	0.687	3593.46	3593.58	−0.12
2.5	216000	0.550	3593.28	3593.40	−0.12
3.0	259200	0.458	3593.13	3593.26	−0.13
4.0	345600	0.344	3592.90	3593.03	−0.13

表 6.3　$r=r_e$ 时的压力对比表

时间（d）	时间（s）	$r^2/(4t/\chi)$（10^8）	p_h（psia）	p（psia）	p_h-p（psia）
0.1	8640	30.680	3588.48	3588.08	0.40
0.2	17280	15.340	3587.63	3587.54	0.09
0.3	25920	10.226	3587.32	3587.22	0.01
0.4	34560	7.670	3586.96	3586.00	−0.04
0.5	43200	6.136	3586.76	3586.82	−0.06
0.6	51840	5.113	3586.61	3586.68	−0.07
0.7	60480	4.383	3586.47	3586.56	−0.09
0.8	69120	3.835	3586.36	3586.45	−0.09
0.9	77760	3.409	3586.26	3586.36	−0.10
1.0	86400	3.068	3586.17	3586.28	−0.11
1.5	129600	2.045	3585.85	3585.96	−0.11
2.0	172800	1.534	3585.62	3585.74	−0.12
2.5	216000	1.227	3585.44	3585.56	−0.12
3.0	259200	1.023	3585.29	3585.42	−0.13
4.0	345600	0.767	3585.06	3585.19	−0.13

6.3 单相流的有限元法

回到三维单相流系统［式(6.1)］，将其写为更一般的形式：

$$\begin{aligned}&c(p)\frac{\partial p}{\partial t}-\nabla\cdot[\boldsymbol{a}(p)\nabla p]=f(p),\text{在}\Omega J\text{中}\\&\boldsymbol{a}(p)\nabla p\cdot\boldsymbol{v}=0,\text{在}\Gamma J\text{上}\\&p(\cdot,0)=p_0,\text{在}\Omega\text{中}\end{aligned}\tag{6.18}$$

其中，$c(p)=c(\boldsymbol{x},t,p)$，$\boldsymbol{a}(p)=a(\boldsymbol{x},t,p)$，且$f(p)=f(\boldsymbol{x},t,p)$，取决于压力$p$，$\boldsymbol{v}$是垂直于$\Omega$边界$\Gamma$的外法向单位向量，方程中$p_0$是给定的，$J=(0,T)(T>0)$是时间长度。

第4章给出了求解式(6.18)线性系统的各种数值解法。现在将这些解法扩展到非线性方程。此外，考虑用第4.2节提出的标准有限元法求解式(6.18)，也可以用同样的方法应用其他的有限元法［Chen，2005；练习(4)和第7.5节］。

表6.4　$r=r_w$时更大的油气藏的压力对比

时间(d)	时间(s)	$r^2/(4t/\chi)(10^8)$	p_h(psia)	p(psia)	p_h-p(psia)
0.1	8640	13.740	3596.32	3596.32	0
0.2	17280	6.870	3595.47	3595.46	0.01
0.3	25920	4.580	3595.07	3595.06	0.01
0.4	34560	3.435	3594.80	3594.80	0
0.5	43200	2.748	3594.60	3594.60	0
0.6	51840	2.290	3594.45	3594.44	0.01
0.7	60480	1.963	3594.31	3594.31	0
0.8	69120	1.718	3594.20	3594.19	0.01
0.9	77760	1.527	3594.10	3594.09	0.01
1.0	86400	1.374	3594.01	3594.01	0
1.5	129600	0.916	3593.69	3593.68	0.01
2.0	172800	0.687	3593.46	3593.45	0.01
2.5	216000	0.550	3593.28	3593.27	0.01
3.0	259200	0.458	3593.13	3593.12	0.01
4.0	345600	0.344	3592.90	3593.90	0

在式(6.18)中，为了方便推导，去掉系数对$\boldsymbol{x}$和t的依赖性，并假设式(6.18)存在唯一解。此外，假设$c(p)$，$\boldsymbol{a}(p)$和$f(p)$是p的全局Lipschitz连续函数，也就是说，存在常数C_ξ，满足：

$$|\xi(p_1)-\xi(p_2)| \leqslant C_\xi |p_1-p_2|, \quad p_1,p_2 \in \mathbf{R}, \xi=c,\boldsymbol{a},\text{或} f \tag{6.19}$$

当 $V=H^1(\Omega)$（第 4.2 节）时，问题式（6.18）可以写成变分形式：求 $p:J\to V$，使得

$$\begin{aligned} &\left[c(p)\frac{\partial p}{\partial t},v\right]+[\boldsymbol{a}(p)\nabla p,\nabla v]=[f(p),v] &&,\forall v\in V, \quad t\in J \\ &p(\boldsymbol{x},0)=p_0(\boldsymbol{x}) &&,\forall \boldsymbol{x}\in\Omega \end{aligned} \tag{6.20}$$

设 V_h 为 V 的有限元子空间（见第 4.2.1 节）。式（6.20）的有限元形式是：求 $p_h:J\to V_h$，使得

$$\begin{aligned} &\left[c(p_h)\frac{\partial p_h}{\partial t},v\right]+[\boldsymbol{a}(p_h)\nabla p_h,\nabla v]=[f(p_h),v] &&,\forall v\in V_h \\ &[p_h(\cdot,0),v]=(p_0,v) &&,\forall v\in V_h \end{aligned} \tag{6.21}$$

和式（4.96）一样，引入子空间 V_h 的基函数后，式（6.21）的矩阵形式（练习 6.5）如下：

$$\begin{aligned} &\boldsymbol{C}(\boldsymbol{p})\frac{\mathrm{d}\boldsymbol{P}}{\mathrm{d}t}+\boldsymbol{A}(\boldsymbol{p})\boldsymbol{p}=\boldsymbol{f}(\boldsymbol{p}), \quad t\in J \\ &\boldsymbol{Bp}(0)=\boldsymbol{p}_0 \end{aligned} \tag{6.22}$$

假设 $c(p)$ 有正常数的下界，那么该非线性常微分方程组有唯一解（至少局部有解）。实际上，由于在式（6.19）中对 $\boldsymbol{c}$，$\boldsymbol{a}$ 和 f 的假设，对于所有的 t，存在解 $\boldsymbol{p}(t)$。下面讨论式（6.22）的几种解法。

6.3.1 线性化方法

用 $0=t^0<t^1<t^2\cdots<t^N$ 划分 J，设 $\Delta t^n=t^n-t^{n-1}$，$n=1，2，3，\cdots，N$。通过滞后一个时间步线性化非线性方程［式（6.22）］。因此，修正式（6.18）的向后差分格式如下：求 $p_h^n\in V_h$，$n=1，2，\cdots，N$，使得

$$\begin{aligned} &\left[c\left(p_h^{n-1}\right)\frac{p_h^n-p_h^{n-1}}{\Delta t^n},v\right]+\left[\boldsymbol{a}\left(p_h^{n-1}\right)\nabla p_h^n,\nabla v\right] \\ &\qquad =\left[f\left(p_h^{n-1}\right),v\right] \quad ,\forall v\in V_h \\ &\left(p_h^0,v\right)=(p_0,v) \quad ,\forall v\in V_h \end{aligned} \tag{6.23}$$

写成矩阵形式为

$$\begin{aligned} &\boldsymbol{C}\left(\boldsymbol{p}^{n-1}\right)\frac{\boldsymbol{p}^n-\boldsymbol{p}^{n-1}}{\Delta t^n}+\boldsymbol{A}\left(\boldsymbol{p}^{n-1}\right)\boldsymbol{p}^n=\boldsymbol{f}\left(\boldsymbol{p}^{n-1}\right) \\ &\boldsymbol{Bp}(0)=\boldsymbol{p}_0 \end{aligned} \tag{6.24}$$

注意到，式（6.24）是 $\boldsymbol{p}^n$ 的线性方程组，可以使用前一章节论述的迭代算法计算。当 V_h 为分段线性方程的有限元空间时，假设 p 适当光滑，当 Δt 足够小时（$\Delta t=\max_{1\leqslant n\leqslant N}\Delta t^n$）误差 $p^n-p_h^n$（$0\leqslant n\leqslant N$）的 $L^2(\Omega)$ 范数渐进为 $\mathcal{O}(\Delta t+h^2)$ 阶（Thomée，1984；Chen et al.，1991），也可以在式（6.23）中使用 Crank-Nicholson 离散方法。然而，这些线性化将时间的离散误差减小到 $\mathcal{O}(\Delta t)$，整体上是 $\mathcal{O}(\Delta t+h^2)$。对于目前的线性化技术，任何高阶时间离散法都存在这个问题，但是在系数 c，$\boldsymbol{a}$ 和 f 线性化时使用外推技术可以克服这个问题

（见第 7.5.3 节）。结合适当的外推，可以证明 Crank-Nicholson 方法在时间上的误差能达到 $\mathcal{O}[(\Delta t)^2]$ 阶（Douglas，1961；Thomée，1984）。在另一方面，高阶外推法通常会增加数据存储量。

6.3.2 隐式时间近似

对于式（6.18），考虑全隐式时间近似法。找到 $p_h^n \in V_h$，$n=1$，2，…，N，使得

$$\left[c\left(p_h^n\right)\frac{p_h^n - p_h^{n-1}}{\Delta t^n}, v\right] + \left[\boldsymbol{a}\left(p_h^n\right)\nabla p_h^n, \nabla v\right] = \left[f\left(p_h^n\right), v\right] \quad ,\forall v \in V_h \tag{6.25}$$
$$\left(p_h^0, v\right) = \left(p_0, v\right) \quad ,\forall v \in V_h$$

矩阵形式为

$$\boldsymbol{C}\left(\boldsymbol{p}^n\right)\frac{\boldsymbol{p}^n - \boldsymbol{p}^{n-1}}{\Delta t^n} + \boldsymbol{A}\left(\boldsymbol{p}^n\right)\boldsymbol{p}^n = \boldsymbol{f}\left(\boldsymbol{p}^n\right) \tag{6.26}$$
$$\boldsymbol{B}\boldsymbol{p}(0) = \boldsymbol{p}_0$$

式（6.26）是 $\boldsymbol{p}^n$ 的非线性方程，在每个时间步必须用迭代法求解。考虑牛顿法（或者牛顿—拉夫逊迭代，第 8 章）。式（6.26）的第一个方程可以重写为

$$\left[\boldsymbol{A}\left(\boldsymbol{p}^n\right) + \frac{1}{\Delta t^n}\boldsymbol{C}\left(\boldsymbol{p}^n\right)\right]\boldsymbol{p}^n - \frac{1}{\Delta t^n}\boldsymbol{C}\left(\boldsymbol{p}^n\right)\boldsymbol{p}^{n-1} - \boldsymbol{f}\left(\boldsymbol{p}^n\right) = \boldsymbol{0}$$

将这个方程写为

$$\boldsymbol{F}\left(\boldsymbol{p}^n\right) = 0 \tag{6.27}$$

式（6.27）的牛顿法为

$$\text{设} \quad \boldsymbol{v}^0 = \boldsymbol{p}^{n-1};$$
$$\text{迭代} \quad \boldsymbol{v}^k = \boldsymbol{v}^{k-1} + \boldsymbol{d}^k, \qquad k = 1, 2, \cdots$$

其中，$\boldsymbol{d}^k$ 满足方程

$$\boldsymbol{G}\left(\boldsymbol{v}^{k-1}\right)\boldsymbol{d}^k = -\boldsymbol{F}\left(\boldsymbol{v}^{k-1}\right)$$

$\boldsymbol{G}$ 是矢量函数 $\boldsymbol{F}$ 的 Jacobian 矩阵：

$$\boldsymbol{G} = \left(\frac{\partial F_i}{\partial p_j}\right)_{i,j=1,2,\cdots,M}$$

其中，M 为 $\boldsymbol{p}$ 的维度。

如果矩阵 $\boldsymbol{G}(\boldsymbol{p}^n)$ 是非奇异矩阵，且 $\boldsymbol{F}$ 二阶偏导数有界，那么牛顿法在 $\boldsymbol{p}^n$ 邻域内二次收敛。也就是说，存在常数 $\varepsilon>0$ 以及 X，且如果 $|v^{k-1}-\boldsymbol{p}^n| \leqslant \varepsilon$，则

$$\left|\boldsymbol{v}^k - \boldsymbol{p}^n\right| \leqslant C\left|\boldsymbol{v}^{k-1} - \boldsymbol{p}^n\right|^2$$

牛顿法的主要困难是要获得一个好的初始猜测值 $\boldsymbol{v}^0$。一旦获得好的初始猜测值，那么只需要很少的迭代步就能收敛。对于强非线性问题，牛顿法是非常有效的迭代方法。在文

献中还有许多牛顿法的变形（Ostrowski，1973；Rheinboldt，1998）。Crank-Nicholson 时间离散格式也可用于求解式（6.25）。在目前的隐式情况下，该格式在时间上是二阶精度。数值实验表明，对于非线性抛物线方程，Crank-Nicholson 格式可能不适用，因为对于非线性抛物线方程该格式不太稳定。

6.3.3 显式时间近似

本小节讨论式（6.18）的前向显式时间近似法。存在 $p_h^n \in V_h$，$n=1, 2, \cdots, N$，使得

$$\left[c\left(p_h^n\right)\frac{p_h^n - p_h^{n-1}}{\Delta t^n}, v\right] + \left[\boldsymbol{a}\left(p_h^{n-1}\right)\nabla p_h^{n-1}, \nabla v\right] = \left[f\left(p_h^{n-1}\right), v\right] \quad, \forall v \in V_h$$
$$\left(p_h^0, v\right) = \left(p_0, v\right) \qquad, \forall v \in V_h \tag{6.28}$$

将其改写为矩阵形式：

$$\boldsymbol{C}\left(\boldsymbol{p}^n\right)\frac{\boldsymbol{p}^n - \boldsymbol{p}^{n-1}}{\Delta t^n} + \boldsymbol{A}\left(\boldsymbol{p}^{n-1}\right)\boldsymbol{p}^{n-1} = \boldsymbol{f}\left(\boldsymbol{p}^{n-1}\right)$$
$$\boldsymbol{B}\boldsymbol{p}(0) = \boldsymbol{p}_0 \tag{6.29}$$

注意到，只有矩阵 $\boldsymbol{C}$ 存在非线性。采用适当的质量集中（一种对角化技术；非对角线上的量放在式（6.29）右侧），式（6.29）的第一个方程表示 M 标量的非线性方程组：

$$F\left(p_i^n\right) = 0, \ i=1, 2, \cdots, M \tag{6.30}$$

式（6.30）中的每个方程都可以用标准方法求解（Ostrowski，1973；Rheinboldt，1998）。

为了保证近似法式（6.28）具有第 4.2.4 节定义的稳定性，以下稳定条件必须满足：

$$\Delta t^n \leqslant Ch^2, \qquad n=1, 2, \cdots, N \tag{6.31}$$

其中，C 取决于 c 和 $\boldsymbol{a}$［式（4.108）］。遗憾的是，正如前面所提到的，对于长时间积分的情况，时间步的限制较大。

总之，为数值求解式（6.18），本节给出了线性化、隐式和显示时间近似法。就计算量而言，在每个时间步显式近似都是最小的；然而，这种方法的稳定性条件要求太高。相对而言，线性化方法更实用，但是它减小了高阶时间离散法的精度（除非进行外推）。全隐式解法是一种有效且精确的解法，虽然它在每个时间步的工作量较大，但是可以用更大的时间步长弥补，尤其是使用的牛顿法有好的初始猜测值的情况。此外，也可以使用修改后的隐式法，例如半隐式方法（Aziz et al.，1979）。对于特定的物理问题，线性化方法适用于弱非线性的情况（例如黏度 μ 依赖于压力 p），而隐式法适用于强非线性的情况（例如密度 ρ 依赖于压力 p），具体参见 Chen et al.（2000c）。

6.4 文献信息

第 6.3 节参考了 Chen（2005）。针对式（6.18）的数值求解问题，本章介绍了不连续的、混合的、特征的且自适应的有限元解法（第 4 章引入），具体可参考 Chen（2005）。

练习

练习 6.1　使用柱坐标（r，θ，x_3），证明式（6.1）可以写成式（6.3）的形式（$x_1 = r\cos\theta$，$x_2 = r\sin\theta$，$x_3 = x_3$）。

练习 6.2　使用分离变量法，证明式（6.8）可以简化为式（6.9）。

练习 6.3　定义欧拉常数 $\gamma = \int_0^\infty \mathrm{e}^{-x} \ln x \, \mathrm{d}x \approx -5772$。证明，如果 $0 < x < 0.1$，幂积分 Ei 可以近似写为：

$$Ei(-x) \approx \ln x + \gamma$$

提示：先写出 $Ei(-x) \approx \gamma + \ln x - x + \frac{1}{2 \times 2!} x^2 - \frac{1}{3 \times 3!} x^3 + \cdots$

练习 6.4　在引入适当空间 V 和 W（第 4.5.2 节）之后，写出问题式（6.18）的混合变分形式。

练习 6.5　在 V_h 空间引入基函数以及适当的矩阵和向量后，证明式（6.21）可以写成式（6.22）形式。

第 7 章　两相流

如第 1 章所述，为了开发一次采油未能采出的剩余油，向部分井（注入井）注入流体（通常为水），通过其他井（生产井）采出原油，这个过程称为二次采油，可有效维持地层压力与流量，并将部分原油驱替至生产井内。在二次采油过程中，如果储层压力高于油相泡点压力，则存在两相非混相流，即油相与水相两相之间不存在质量传递。如第 3 章所述，泡点压力是指流体完全处于液态（油与水）时所对应的压力。

第 7.1 节介绍了两相非混相流的基本微分方程。第 7.2 节推导了一维模型的解析解法。第 7.3 节中，使用隐式压力显式饱和度法（IMPES）求解两相流的微分方程，并与其后研究得到的方法——改进 IMPES 法进行了对比。第 7.4 节对比分析了特殊的微分方程。使用第 4 章得到的各类有限元方法求解上述方程，对比结果见第 7.5 节。混相驱的数值模拟结果见第 7.6 节。最后，参考文献见第 7.7 节。

7.1　基本微分方程

本节介绍多孔介质 Ω 中两相流的基本微分方程。相比于油相，水相对多孔介质的润湿性更强，故将水相定义为润湿相，用下标 w 表示。另一种相（油相）为非润湿相，用 o 表示。第 2.3.1 节已经介绍了基本微分方程，为了保持完整性，此处回顾这些方程。

流体内各相的质量守恒：

$$\frac{\partial(\phi\rho_\alpha S_\alpha)}{\partial t}=-\nabla(\rho_\alpha \boldsymbol{u}_\alpha)+q_\alpha,\qquad \alpha=\mathrm{w,o} \tag{7.1}$$

式中：ϕ 为多孔介质的孔隙度；S_α、ρ_α 分别为各相的饱和度与密度；$\boldsymbol{u}_\alpha$ 为达西速度；q_α 为质量流量。

各相达西定律如下：

$$\boldsymbol{u}_\alpha=-\frac{K_{\mathrm{r}\alpha}}{\mu_\alpha}\boldsymbol{K}(\nabla p_\alpha-\rho_\alpha g\nabla z),\qquad \alpha=\mathrm{w,o} \tag{7.2}$$

式中：$\boldsymbol{K}$ 为多孔介质的绝对渗透率张量；$K_{\mathrm{r}\alpha}$、p_α 及 μ_α 为 α 相的相对渗透率、压力及黏度；g 为重力加速度；z 为深度。

若孔隙被两种流体共同填满，则

$$S_\mathrm{w}+S_\mathrm{o}=1 \tag{7.3}$$

同时，两相之间的压差可由毛细管压力给出。

$$p_\mathrm{c}(S_\mathrm{w})=p_\mathrm{o}-p_\mathrm{w} \tag{7.4}$$

第 3 章给出了 $K_{\mathrm{r}\alpha}$ 与 p_c 的典型表达式。式（7.1）至式（7.4）包含 6 个方程，6 个未知参量 ρ_α、u_α 与 S_α，$\alpha=\mathrm{w}$，o。本节将进一步讨论。第 2.3.2 节中介绍的特殊微分方程，假设两种流体都不可压缩，可以证明两相流系统的解具有存在性、唯一性、正则性（Chen，2001；

Chen，2002a）。

7.2 一维流动

7.2.1 解析解

与单相流求解方法相同，可求得简单两相流系统的解析解。

（1）见水前的解析解。

水驱油过程中，突破时间 t_B 是一个重要参数。当 $t > t_B$ 时，有部分注入水产出。假设 Ω 为坚硬、各向同性介质，在 x_2 与 x_3 方向上保持均质（参见第 2.2.1 节）。它的所有性质仅随 x_1 变化，即仅考虑沿 x 方向（$x=x_1$）的一维流动。另外，如果忽略重力与毛细管压力影响，则质量守恒方程［式（7.1）］转化为

$$\begin{aligned} \phi\frac{\partial S_\mathrm{w}}{\partial t}+\frac{\partial \mu_\mathrm{w}}{\partial x}=0 \\ \phi\frac{\partial S_\mathrm{o}}{\partial t}+\frac{\partial \mu_\mathrm{o}}{\partial x}=0 \end{aligned} \tag{7.5}$$

达西定律［式（7.2）］简化为

$$\begin{aligned} \mu_\mathrm{w}=-K\frac{K_\mathrm{rw}(S_\mathrm{w})}{\mu_\mathrm{w}}\frac{\partial p}{\partial x} \\ \mu_\mathrm{o}=-K\frac{K_\mathrm{ro}(S_\mathrm{o})}{\mu_\mathrm{o}}\frac{\partial p}{\partial x} \end{aligned} \tag{7.6}$$

引入相流度：

$$\lambda_\alpha(S_\alpha)=\frac{K_{\mathrm{r}\alpha}(S_\alpha)}{\mu_\alpha},\quad \alpha=\mathrm{w},\mathrm{o}$$

总流度：

$$\lambda(S_\mathrm{w})=\lambda_\mathrm{w}(S_\mathrm{w})+\lambda_\mathrm{o}(1-S_\mathrm{w})$$

分流函数：

$$f_\mathrm{w}(S_\mathrm{w})=\frac{\lambda_\mathrm{w}(S_\mathrm{w})}{\lambda(S_\mathrm{w})},\ f_\mathrm{o}(S_\mathrm{w})=\frac{\lambda_\mathrm{o}(1-S_\mathrm{w})}{\lambda(S_\mathrm{w})}$$

总速度：

$$u=u_\mathrm{w}+u_\mathrm{o} \tag{7.7}$$

由式（7.3）与式（7.5）可得

$$\frac{\partial u}{\partial x}=0 \tag{7.8}$$

因此 u 与 x 无关。由于 $u_\mathrm{w}=f_\mathrm{w}(S_\mathrm{w})u$，可得

$$\frac{\partial u_\mathrm{w}}{\partial x}=f_\mathrm{w}\frac{\partial u}{\partial x}+u\frac{\mathrm{d}f_\mathrm{w}(S_\mathrm{w})}{\mathrm{d}S_\mathrm{w}}\frac{\partial S_\mathrm{w}}{\partial x}=uF_\mathrm{w}(S_\mathrm{w})\frac{\partial S_\mathrm{w}}{\partial x} \tag{7.9}$$

其中，饱和度的分布函数 F_w 定义为

$$F_w(S_w) = \frac{df_w(S_w)}{dS_w}$$

将式（7.9）代入式（7.5）的第一个方程可得

$$\phi\frac{\partial S_w}{\partial t} + uF_w(S_w)\frac{\partial S_w}{\partial x} = 0 \tag{7.10}$$

方程中定义了一个与孔隙流速 v 相关的特征 $x(t)$:

$$\frac{dx}{dt} = v(x,t) \equiv \frac{uF_w(S_w)}{\phi} \tag{7.11}$$

由该特征与式（7.10）可知，S_w 为常数，即

$$\frac{dS_w[x(t),t]}{dt} = \frac{\partial S_w}{\partial x}\frac{dx}{dt} + \frac{\partial S_w}{\partial t} = 0 \tag{7.12}$$

设 A 为 Ω 的横截面积（x_2—x_3 平面），定义累计产液量:

$$V(t) = A\int_0^t u\,dt \tag{7.13}$$

由式（7.11）与特征 $x(t)$ 得

$$\int_0^t dx = \frac{F_w(S_w)}{\phi}\int_0^t u\,dt$$

因此，由式（7.13）得

$$x(S_w,t) = \frac{F_w(S_w)}{\phi A}V(t) \tag{7.14}$$

由此可得见水前的饱和度 S_w。

（2）水驱前缘处的解析解。

设 S_{wf} 为水驱前缘含水饱和度，S_{wc} 为临界含水饱和度（参见第 3.1.2 节）。依据质量守恒方程，有

$$u_w\big|_{水驱前缘} = \phi(S_{wf} - S_{wc})\frac{dx}{dt}$$

可得

$$\phi(S_{wf} - S_{wc})\frac{dx}{dt} = f_w u \tag{7.15}$$

由于 $u_w = f_w(S_w)u$，将式（7.11）代入式（7.15）得

$$(S_{wf} - S_{wc})F_w = f_w$$

即

$$\frac{df_w}{dS_w}(S_{wf}) = \frac{f_w(S_{wf})}{S_{wf} - S_{wc}} \tag{7.16}$$

由式(7.16)可知，在 S_{wf} 处 f_w 的切线斜率与 $[S_{wf}, f_w(S_{wf})]$ 和 $[S_{wc}, f_w(S_{wc})]$ 两点连线的斜率相同［注意：$f_w(S_{wc})=0$；参考第 3.1.2 节］。因此，采用基于该特征的图解法，由式(7.16)，可得水驱前缘处的含水饱和度。

(3)见水后的解析解。

设 L 为 Ω 沿 x 方向的长度，S_{we} 为 $x=L$ 处的含水饱和度。当 $x=L$ 时，由式(7.14)可得

$$V(t)=\frac{\phi AL}{F_w(S_{we})} \tag{7.17}$$

无量纲的累计产液量定义为

$$\bar{V}(t)=\frac{V(t)}{\phi AL}$$

进一步地：

$$\bar{V}(t)=\frac{1}{F_w(S_{we})} \tag{7.18}$$

引入累计产水量：

$$V_w(t)=\int_{t_B}^{t} f_w \mathrm{d}V(t)=A\int_{t_B}^{t} u_w \mathrm{d}t \tag{7.19}$$

式中：t_B 为突破时间(即当 $t=t_B$ 时，S_w 等于临界值 S_{wc})，该式用到 $f_w\mathrm{d}V=Au_w\mathrm{d}t$［由式(7.13)可知］。

无量纲的累计产水量为

$$\bar{V}_w=\frac{V_w}{\phi AL}$$

由式(7.19)，分部积分可得

$$\bar{V}_w=\frac{1}{\phi AL}\int_{t_B}^{t} f_w \mathrm{d}V(t)=\frac{1}{\phi AL}\left(f_w V-\int_{t_B}^{t} V \mathrm{d}f_w\right)$$

由于 $f_w S_{wc}=0$。因此，由 $\mathrm{d}f_w=F_w\mathrm{d}S_w$ 得

$$\bar{V}_w=\frac{1}{\phi AL}\left(f_w V-\int_{t_B}^{t} V F_w \mathrm{d}S_w\right)$$

最后，由式(7.17)，可得

$$\bar{V}_w=\frac{f_w(S_{we})}{F_w(S_{we})}-(S_{we}-S_{wc}) \tag{7.20}$$

从上式可得 S_{we}。

定义累计产油量：

$$V_o(t)=\int_{t_B}^{t} f_o \mathrm{d}V(t)=A\int_{t_B}^{t} u_o \mathrm{d}t$$

相应的无量纲值为

$$\bar{V}_o = \frac{V_o}{\phi AL}$$

然后，可推导出

$$\bar{V}_o = \frac{1 - f_w(S_{we})}{F_w(S_{we})} + (S_{we} - S_{wc}) \tag{7.21}$$

与

$$\bar{V} = \bar{V}_w + \bar{V}_o$$

可利用式（7.20）或式（7.21）得到 S_{we}。

7.2.2　实例

考虑算例：$\mu_w = 0.42\text{mPa·s}$，$\mu_o = 15.5\text{mPa·s}$，且油、水相对渗透率见表 7.1。

基于表 7.1，构建分流函数 $f_w(S_w)$，如图 7.1 所示。通过式（7.16），当 $S_{wc} = 0.4$ 当，采用式（7.16）定义的图解法可得水驱前缘的含水饱和度。

$$S_{wf} = 0.5364$$

同时，由式（7.14）可得

$$x(S_w, t) = \frac{F_w(S_w)}{\phi A} V(t)$$

表 7.1　相对渗透率

S_w	K_{rw}	K_{ro}	S_w	K_{rw}	K_{ro}
0.40	0	1.0000	0.62	0.0605	0.2025
0.42	0.0005	0.9025	0.64	0.0720	0.1600
0.44	0.0020	0.8100	0.66	0.0845	0.1225
0.46	0.0045	0.7225	0.68	0.0980	0.0900
0.48	0.0080	0.6400	0.70	0.1125	0.0625
0.50	0.0125	0.5625	0.72	0.1280	0.0400
0.52	0.0180	0.4900	0.74	0.1445	0.0225
0.54	0.0245	0.4225	0.76	0.1620	0.0100
0.56	0.0320	0.3600	0.78	0.1805	0.0225
0.58	0.0405	0.3025	0.80	0.0200	0.0000
0.60	0.0500	0.2500	0.82	0.4500	0.0000

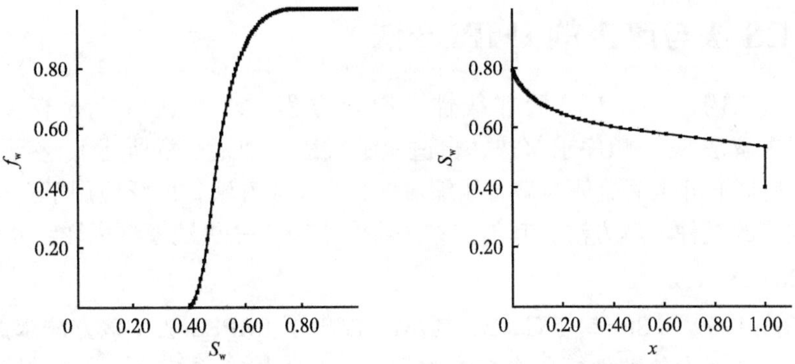

(a) $f_w(S_w)$ 函数　　(b) S_w 随 $\bar{x}$ 关系

图 7.1　$f_w(S_w)$ 函数与 S_w 随 $\bar{x}$ 的关系曲线

水驱前缘突破后，$S_{we}=S_{wf}$，因此：

$$\frac{x}{L}=\frac{F_w(S_w)}{F_w(S_{wf})}$$

由此，可得 S_w 与 $\bar{x}$ 的关系曲线，如图 7.1 所示，其中 $\bar{x}=x/L$。

由式(7.21)可得

$$\bar{V}_o=\frac{1-f_w(S_{we})}{F_w(S_{we})}+(S_{we}-S_{wc})$$

原油采收率定义为

$$v_o=\frac{\bar{V}_o}{1-S_{wc}}$$

图 7.2 给出了 v_o 随注水量以及含水率随 v_o 的变化趋势。含水率定义为 $q_w/(q_w+q_o)$，其中 q_o、q_w 分别为产油量、产水量。本实例中，由于 $q_w=f_w(q_w+q_o)$，所以含水率等于分流函数 f_w。v_o 随注水量和含水率的变化曲线间接确定 S_{we}。

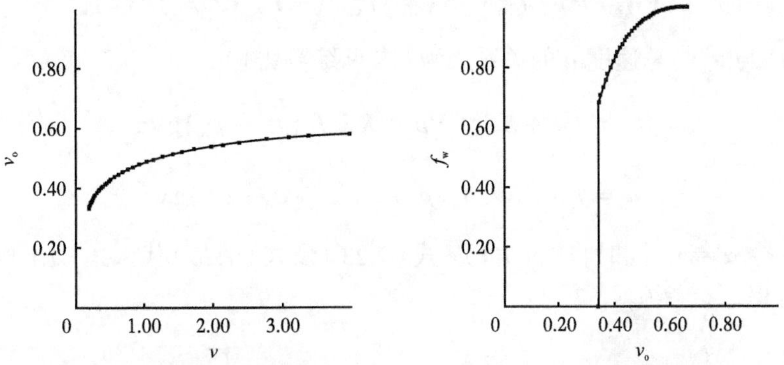

(a) 采收率随注入水量变化　　(b) 含水率随采收率变化

图 7.2　采收率 v_o 随注水量 v 与含水率随 v_o 变化曲线

7.3 IMPES 法与改进的 IMPES 法

注意到式（7.1）至式（7.4）为非线性、耦合方程。求解这些方程有多种方法，如 IMPES、联立求解法 SS、顺序求解法、自适应隐式法，如第 1 章所述）。鉴于 IMPES 是求解两相流（尤其是不可压缩流体与微可压缩流体）的有效方法，广泛应用于石油行业中，本节仅介绍两相流的这种求解方法，其他的方法将在下节——黑油模型中详细介绍。

7.3.1 经典 IMPES

Sheldon 等（1959）、Stone 与 Garder（1961）提出了 IMPES 法。该方法求解式（7.1）至式（7.4）的基本思路为分别计算压力与饱和度，即：将耦合系统分为压力方程与饱和度方程，并分别使用隐式与显式时间近似法求解这两种方程。该方法易于构建，求解效率高，相比于 SS 法等其他方法占用内存小（Douglas 等，1959）。但为确保此方法的稳定性，需使用极小的饱和度时间步。这一方法成本高且不建议使用，尤其对于时间较长的综合性问题以及小网格问题（如锥进问题）。本节首先介绍了经典 IMPES，随后讨论了改进 IMPES。本节主要关注不可压缩流体，可压缩流体将在下节介绍。

使用油相压力与含水饱和度作为主变量：

$$p = p_{\mathrm{o}}, \quad S = S_{\mathrm{w}} \tag{7.22}$$

定义总速度：

$$\boldsymbol{u} = \boldsymbol{u}_{\mathrm{w}} + \boldsymbol{u}_{\mathrm{o}} \tag{7.23}$$

假设流体不可压缩，将式（7.3）与式（7.23）代入式（7.1）得

$$\nabla \boldsymbol{u} = \tilde{q}(p,S) \equiv \tilde{q}_{\mathrm{w}}(p,S) + \tilde{q}_{\mathrm{o}}(p,S) \tag{7.24}$$

将式（7.4）与式（7.23）代入式（7.2）可得

$$\boldsymbol{u} = -\boldsymbol{K}\left[\lambda(S)\nabla p - \lambda_{\mathrm{w}}(S)\nabla p_{\mathrm{c}} - (\lambda_{\mathrm{w}}\rho_{\mathrm{w}} + \lambda_{\mathrm{o}}\rho_{\mathrm{o}})g\nabla z\right] \tag{7.25}$$

其中，$\tilde{q}_{\mathrm{w}} = q_{\mathrm{w}}/\rho_{\mathrm{w}}$ 且 $\tilde{q}_{\mathrm{o}} = q_{\mathrm{o}}/\rho_{\mathrm{o}}$。将式（7.25）代入式（7.24）得到压力方程：

$$-\nabla(\boldsymbol{K}\lambda\nabla p) = \tilde{q} - \nabla\left[K\left(\lambda_{\mathrm{w}}\nabla p_{\mathrm{c}} + (\lambda_{\mathrm{w}}\rho_{\mathrm{w}} + \lambda_{\mathrm{o}}\rho_{\mathrm{o}})g\nabla z\right)\right] \tag{7.26}$$

相速度 $\boldsymbol{u}_{\mathrm{w}}$ 与 $\boldsymbol{u}_{\mathrm{o}}$ 与总速度 $\boldsymbol{u}$ 的关系式为（参见练习 2.3）：

$$\boldsymbol{u}_{\mathrm{w}} = f_{\mathrm{w}}\boldsymbol{u} + \boldsymbol{K}\lambda_{\mathrm{o}}f_{\mathrm{w}}\nabla p_{\mathrm{c}} + \boldsymbol{K}\lambda_{\mathrm{o}}f_{\mathrm{w}}(\rho_{\mathrm{w}} - \rho_{\mathrm{o}})g\nabla z$$

$$\boldsymbol{u}_{\mathrm{o}} = f_{\mathrm{o}}\boldsymbol{u} + \boldsymbol{K}\lambda_{\mathrm{w}}f_{\mathrm{o}}\nabla p_{\mathrm{c}} + \boldsymbol{K}\lambda_{\mathrm{w}}f_{\mathrm{o}}(\rho_{\mathrm{o}} - \rho_{\mathrm{w}})g\nabla z$$

类似地，令 $\alpha = w$，同时将式（7.4）、式（7.23）及式（7.25）代入式（7.1）与式（7.2）可得到饱和度方程［参考练习（2）］：

$$\phi\frac{\partial S}{\partial t} + \nabla\cdot\left\{\boldsymbol{K}f_{\mathrm{w}}(S)\lambda_{\mathrm{o}}(S)\left[\frac{\mathrm{d}p_{\mathrm{c}}}{\mathrm{d}S}\nabla S + (\rho_{\mathrm{o}} - \rho_{\mathrm{w}})g\nabla z\right] + f_{\mathrm{w}}(S)\boldsymbol{u}\right\} = \tilde{q}_{\mathrm{w}}(p,S) \tag{7.27}$$

方便起见，假设 $\phi = \phi(\boldsymbol{x})$。

假设 $J=(0,T]$（$T>0$）为时间间隔，且存在正整数 N，使得 $0=t^0<t^1<\cdots<t^N=T$。对于经典 IMPES 法的压力计算，假设式（7.26）中的饱和度 S 已知，隐式求解压力。即对于 $n=0$，1，…，p^n 满足：

$$-\nabla\left[\boldsymbol{K}\lambda\left(S^n\right)\nabla p^n\right]=F\left(p^n,S^n\right) \tag{7.28}$$

其中，$F(p,s)$ 记式（7.26）的右侧，S^n 为给定值。由式（7.27）可得

$$\phi\frac{\partial S}{\partial t}=\tilde{q}_{\mathrm{w}}-\nabla\left\{\boldsymbol{K}f_{\mathrm{w}}(S)\lambda_{\mathrm{o}}(S)\left[\frac{\mathrm{d}p_{\mathrm{c}}}{\mathrm{d}S}\nabla S+(\rho_{\mathrm{o}}-\rho_{\mathrm{w}})g\nabla z\right]+f_{\mathrm{w}}(S)\boldsymbol{u}\right\} \tag{7.29}$$

在 IMPES 法中，使用式（7.29）显式求解 S；即对于 $n=0$，1，…，S^{n+1} 满足：

$$\phi\frac{S^{n+1}-S^n}{\Delta t^{n+1}}\approx\phi\left.\frac{\partial S}{\partial t}\right|_{t=t^{n+1}}=G\left(p^n,\boldsymbol{u}^n,S^n\right) \tag{7.30}$$

其中，$G(p,\boldsymbol{u},S)$ 记式（7.29）的右侧。

IMPES 法的具体步骤为：开始计算后，对于 $n=0,1,\cdots$，使用式（7.28）与 S^n 计算 p^n，并使用式（7.25）计算 $\boldsymbol{u}^n$；随后，结合 S^n、p^n、$\boldsymbol{u}^n$，以及式（7.30）计算 S^{n+1}。正如所指出的那样，为确保该方法的稳定性，时间步 $\Delta t^n=t^n-t^{n-1}$ 需充分小［见式（4.108）］。

7.3.2 SPE 的第七个算例——水平井模型

本节介绍经典 IMPES 法的数值试验，验证其运算成本与稳定性。定义源与汇项如下：

$$\tilde{q}_\alpha=\sum_{l,m}q_\alpha^{(l,m)}\delta\left[\boldsymbol{x}-\boldsymbol{x}^{(l,m)}\right],\qquad \alpha=\mathrm{w,o}$$

式中：$q_\alpha^{l,m}$ 为第 l 口井第 m 射孔层区域 $x^{(l,m)}$ 单位时间内产出或注入的 α 相体积；δ 为 Dirac 函数。

由 Peaceman（1991），$q_\alpha^{l,m}$ 定义为

$$q_\alpha^{(l,m)}=\frac{2\pi\rho_\alpha\bar{K}K_{\mathrm{r}\alpha}\Delta L^{(l,m)}}{\mu_\alpha\ln\left[\dfrac{r_{\mathrm{e}}^{(l)}}{r_{\mathrm{w}}^{(l)}}\right]}\left[p_{\mathrm{bh}}^{(l)}-p_\alpha-\rho_\alpha g\left(z_{\mathrm{bh}}^{(l)}-z\right)\right]$$

式中：$\Delta L^{(l,m)}$ 为第 l 口井第 m 射孔层所对应网格块的长度（沿流动方向）；$p_{\mathrm{bh}}^{(l)}$ 为基准面深度 $z_{\mathrm{bh}}^{(l)}$ 处的井底压力；$r_{\mathrm{e}}^{(l)}$ 为等效半径，且 $r_{\mathrm{w}}^{(l)}$ 为第 l 口井的半径；$\bar{K}$ 为井区域内 $\boldsymbol{K}$ 的平均值（Peaceman，1991）。

对于对角张量 $K=\mathrm{diag}(K_{11},K_{22},K_{33})$，例如，对于直井，$\bar{K}=\sqrt{K_{11}K_{22}}$，等效半径为

$$r_{\mathrm{e}}^{(l)}=\frac{0.14\left\{\left[\left(\dfrac{K_{22}}{K_{11}}\right)^{\frac{1}{2}}h_1^2+\left(\dfrac{K_{11}}{K_{22}}\right)^{\frac{1}{2}}h_2^2\right]\right\}^{\frac{1}{2}}}{0.5\left[\left(\dfrac{K_{22}}{K_{11}}\right)^{\frac{1}{4}}h_1^2+\left(\dfrac{K_{11}}{K_{22}}\right)^{\frac{1}{4}}\right]}$$

式中：h_1 与 h_2 分别为 x_1 与 x_2 方向网格块（属于直井）的长度。

对于水平井（如沿 x_1 方向），$\bar{K}=\sqrt{K_{22}K_{33}}$ 且：

$$r_{\mathrm{e}}^{(l)}=\frac{0.14\left[\left(\frac{K_{33}}{K_{22}}\right)^{\frac{1}{2}}h_1^2+\left(\frac{K_{22}}{K_{33}}\right)^{\frac{1}{2}}h_3^2\right]^{\frac{1}{2}}}{0.5\left[\left(\frac{K_{33}}{K_{22}}\right)^{\frac{1}{4}}h_1^2+\left(\frac{K_{22}}{K_{33}}\right)^{\frac{1}{4}}\right]}$$

式中：h_3 为 x_3 方向网格块（属于水平井）的长度。

井的处理将在第 13 章详细介绍。

所使用的物理数据取自 SPE 第七个标准算例（Nghiem et al.，1991）。储层维度为

$$\sum_{i=1}^{Nx_1}h_{1,i},\sum_{j=1}^{Nx_2}h_{2,j},\sum_{k=1}^{Nx_3}h_{3,k}$$

其中，$Nx_1=9$，$Nx_2=9$，$Nx_3=6$，且（单位为 ft）

$$h_{1,i}=300,\ i=1,2,\cdots,9$$

$$h_{2,1}=h_{2,9}=620,\ h_{2,2}=h_{2,8}=400$$

$$h_{2,3}=h_{2,7}=200,\ h_{2,4}=h_{2,6}=100,\ h_{2,5}=60$$

$$h_{3,k}=20,\ k=1,2,3,4$$

$$h_{3,5}=30,\ h_{3,6}=50$$

spe7 中共有两口水平井（图 7.3）。水平采油井位于第一层内（$K=1$），且在 $i=6$，7，8；$j=5$ 的网格内，而水平注水井位于第六层内（$K=6$），且在 $i=1$，2，…，9 与 $j=5$ 的网格内。两口井的半径为 2.25in。渗透率张量的对角线上 $K_{11}=K_{22}=300$mD，且 $K_{33}=30$mD。孔隙度 ϕ 为 0.2。六个层的中心埋深分别为 3600ft、3620ft、3640ft、3660ft、3685ft 和 3725ft，各层的初始含水饱和度分别为 0.289、0.348、0.473、0.649、0.869 和 1.0。密度与黏度分别为 $\rho_{\mathrm{o}}=0.8975\mathrm{g/cm^3}$、$\rho_{\mathrm{w}}=0.9814\mathrm{g/cm^3}$、$\mu_{\mathrm{o}}=0.954\mathrm{mPa\cdot s}$、$\mu_{\mathrm{w}}=0.96\mathrm{mPa\cdot s}$。相对渗透率与毛细管压力数据见表 7.2。

表 7.2　相对渗透率与毛细管压力

S	0.22	0.30	0.40	0.50	0.60	0.80	0.90	1.00
K_{rw}	0	0.0700	0.1500	0.2400	0.3300	0.0650	0.8300	1.000
K_{ro}	1.0000	0.4000	0.1250	0.0649	0.0048	0	0	0
p_{c}（psia）	6.30	3.60	2.70	2.25	1.80	0.90	0.45	0

最后，基准面深度 z_{bh} 为 3600ft，注入井与生产井的井底压力 p_{bh} 分别为 3651.4psia 与 3513.6psia。模拟时长 T 为 1500d。

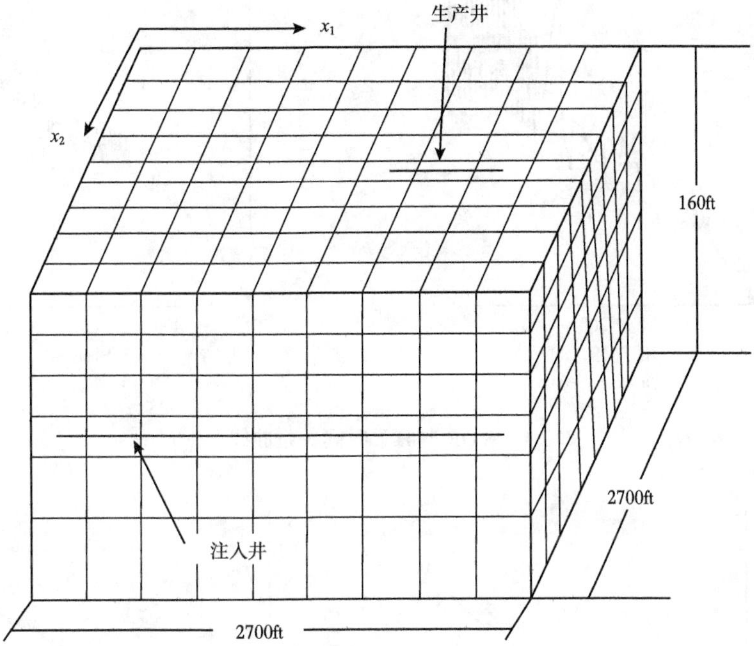

图 7.3 SPE 7

如上所述，为有效控制饱和度变化，使用式(7.30)求解 $n=0, 1, \cdots$ 所对应的 S^{n+1} 之前，需优选合适的时间步 Δt^{n+1}。思路如下：由式(7.30)，计算所有节点处 $\dfrac{\partial S^{n+1}}{\partial t}$ 的最大值。

$$\left(\frac{\partial S^{n+1}}{\partial t}\right)_{\max}=\left[\frac{G\left(p^n,u^n,S^n\right)}{\phi}\right]_{\max}$$

随后，计算：

$$\Delta t^{n+1}=\frac{DS_{\max}}{\left(\dfrac{\partial S^{n+1}}{\partial t}\right)_{\max}}$$

式中：$DS_{\max}$ 为饱和度所允许的最大变化量。

现在，代入该时间步，由式(7.30)中得到 S^{n+1}。这种方法确保饱和度变化量不超过 $DS_{\max}$。其值取决于 t^n。

使用三维直角平行六面体上最低阶的 Raviart–Thomas–Nédélec 空间混合有限元(见第 4.5.4 节与第 7.5 节)。采用无流边界条件(齐次纽曼边界条件)。为测试稳定性，研究 $DS_{\max}=0.05$、0.02、0.01、0.005、0.002 及 0.001 的条件下，生产井内水油比(WOR)随时间变化的曲线。结果如图 7.4 至图 7.6 所示，只有当 $DS_{\max}$ 小于 0.002 时，WOR 曲线才不发生振荡。

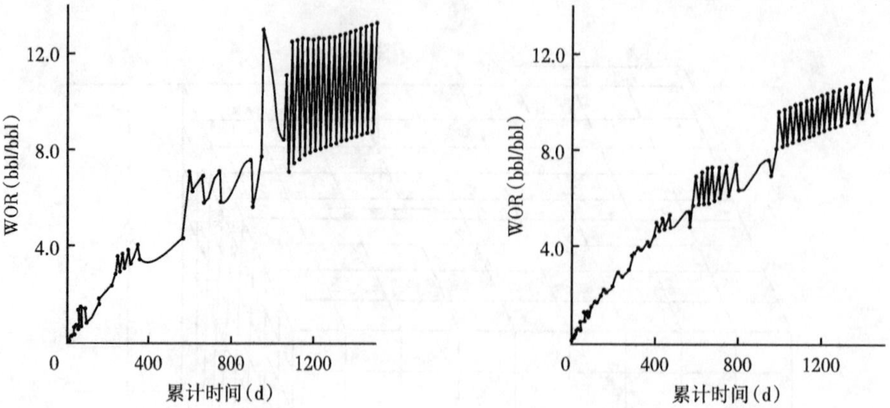

（a）DS_{max}=0.05　（b）DS_{max}=0.02

图 7.4　WOR 与累计时间关系曲线（一）

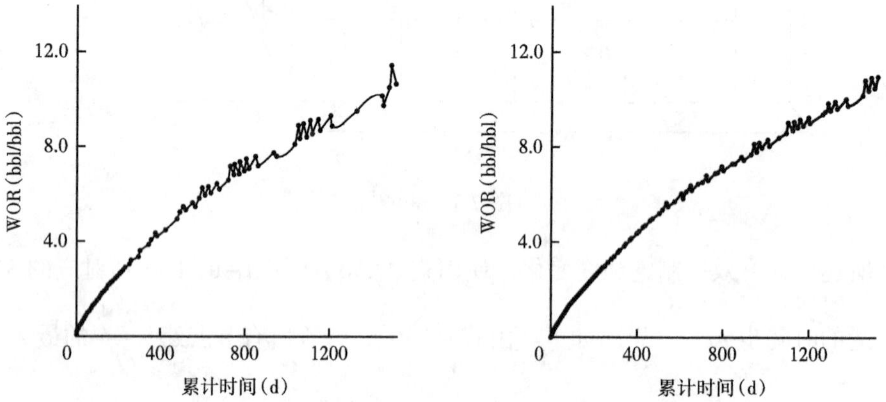

(a) DS_{max}=0.01　(b) DS_{max}=0.05

图 7.5　WOR 与累计时间关系曲线（二）

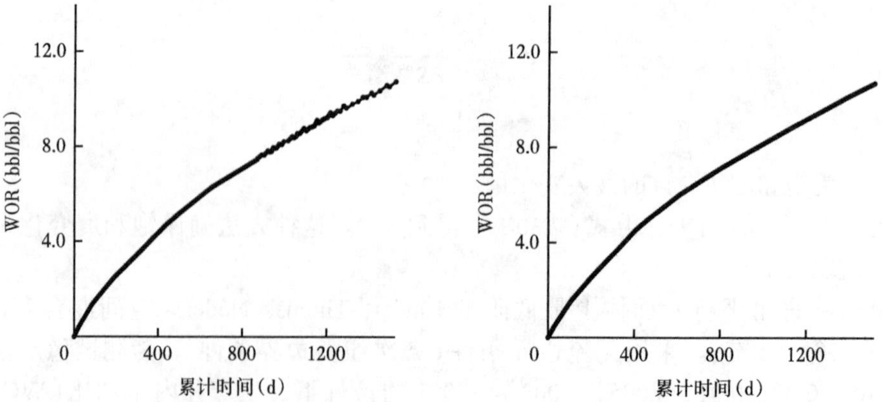

(a) DS_{max}=0.002　(b) DS_{max}=0.001

图 7.6　WOR 与累计时间关系曲线（三）

现在，对比 $T=1500\text{d}$ 模拟中 6 个 $DS_{\max}$ 所对应的计算时间，见表 7.3。表 7.3 中，CPU 时间以 s 为单位，时间步数 N 满足 $t^N=T$。所有计算都在 SGI-O2 工作站上进行。由表 7.3 可知，压力的计算时间远远大于饱和度。

表 7.3 CPU 时间与 $DS_{\max}$

$DS_{\max}$	0.050	0.020	0.010	0.005	0.002	0.001
N	70	91	86	122	226	432
压力 CPU（s）	14.81	19.18	18.13	25.86	47.68	89.49
饱和度 CPU（s）	0.14	0.20	0.19	0.35	0.46	0.88

7.3.3 改进 IMPES

（1）改进方法。

在经典 IMPES 法中，大多数的计算时间花在压力的隐式计算上。从多孔介质渗流力学机理中得到压力随时间的变化比饱和度的慢得多。另外，对时间步长的约束主要用于饱和度的显式计算中。基于上述原因，在压力计算中使用较大的时间步长是合适的。

对于正整数 N，设 $0=t^0<t^1<\cdots<t^N=T$ 将 J 剖分为子区间 $J^n=(t^{n-1},\ t^n]$，子区间长度 $\Delta t_{\mathrm{p}}^n=t^n-t^{n-1}$。以下方法用于压力的计算。对于饱和度，将各个子区间 J^n 进一步分割为子子区间 $J^{n,m}=(t^{n-1,m-1},\ t^{n-1,m}]$：

$$t^{n-1,m}=t^{n-1}+m\Delta t_{\mathrm{p}}^n/M^n,\quad m=1,\cdots,M^n$$

区间 $J^{n,m}$ 的长度记为：$\Delta t_{\mathrm{S}}^{n,m}=t^{n-1,m}-t^{n-1,m-1}$，$m=1,\cdots,M^n$，$n=0,1,\cdots$。步数 M^n 由 n 决定。下文，令 $t^{n-1,0}=t^{n-1}$，$\upsilon^{n,m}=\nu(\cdot,\ t^{n,m})$。

用 $\boldsymbol{H}(p,\ S)$ 记式（7.25）的右侧。现在，改进 IMPES 法定义为：对于 $n=0,1,\cdots$，求得 p^n 满足

$$-\nabla\cdot\left[\boldsymbol{K}\lambda\left(S^n\right)\nabla p^n\right]=F\left(p^n,S^n\right) \tag{7.31}$$

$\boldsymbol{u}^n$ 满足

$$\boldsymbol{u}^n=\boldsymbol{H}\left(p^n,S^n\right) \tag{7.32}$$

然后，对于 $m=1,\cdots,M^n$，$n=0,1,\cdots$，求得 $S^{n+1,m}$ 满足

$$\phi\frac{\partial S^{n+1,m}}{\partial t}=G\left(p^n,\boldsymbol{u}^n,S^{n+1,m-1}\right) \tag{7.33}$$

式（7.33）中的时间步长 $\Delta t_{\mathrm{S}}^{n+1,m}$ 计算如下。设

$$\left(\frac{\partial S^{n+1,m}}{\partial t}\right)_{\max}=\left[\frac{G\left(p^n,\boldsymbol{u}^n,S^{n+1,m+1}\right)}{\phi}\right]_{\max} \tag{7.34}$$

再计算：

$$\Delta t_{\mathrm{S}}^{n+1,m}=\frac{DS_{\max}}{\left(\dfrac{\partial S^{n+1,m}}{\partial t}\right)_{\max}},\ m=1,\cdots,M^{n},\ n=0,1,\cdots \tag{7.35}$$

（2）数值试验。

使用第7.3.2节的实例，测试改进IMPES法。自动选取压力时间步长，并且一个压力时间步长内总饱和度变化固定为0.05。选择$\Delta t_{\mathrm{S}}^{n+1,m}$，对三个$DS_{\max}$进行模拟，$m=1,\cdots,M^{n}$，$n=0,1,\cdots$。结果见表7.4，且与上述三个值相对应的WOR曲线如图7.7所示，当生产井的计算含水率达到98%时结束计算。

表7.4 改进IMPES的CPU时间

$DS_{\max}$	$M\equiv M^{n}$	N	压力CPU（s）	饱和度CPU（s）	总CPU（s）
0.010	5	18	3.63	0.28	3.91
0.005	10	12	2.38	0.33	2.71
0.001	50	9	1.76	0.96	2.73

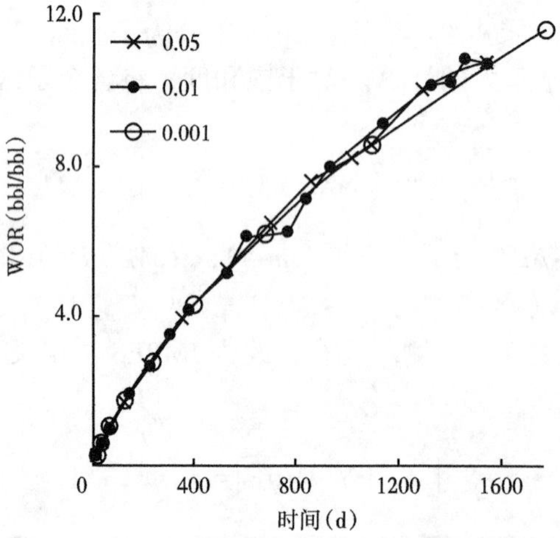

图7.7 WOR与累计时间关系曲线（四）

由图7.7可知，当$DS_{\max}=0.01$与0.005时，WOR曲线略有振荡；当$DS_{\max}=0.001$时，曲线非常平滑。由表7.4可知，$DS_{\max}=0.001$时总CPU时间为2.73s。同时，压力CPU时间与饱和度CPU时间的比值约为1.8:1。这与经典IMPES法形成鲜明对比，随着$DS_{\max}$减半，后者总CPU时间增加一倍，压力CPU时间是饱和度CPU时间的100倍。另外，改进IMPES法的总CPU时间远少于经典IMPES法。例如，当$DS_{\max}=0.001$时，前者为2.73s，后者为90.37s。

（3）与SS法的对比。

为进一步验证改进IMPES法的准确性与效率，使用相同的数值实例，与SS法进行对比。在此，设定压力时间步长为100d，$DS_{\max}=0.001$，结束时间为1500d。对比这两种方法的日产油（相对时间）、累产油以及 WOR 曲线，如图 7.8 与图 7.9（a）所示，这些曲线匹配良好。改进 IMPES 法的总 CPU 时间为 5.03s，而 SS 法的时间为 31.58s。因此，在本例中，改进 IMPES 法的计算速度是 SS 法的 6.3 倍。

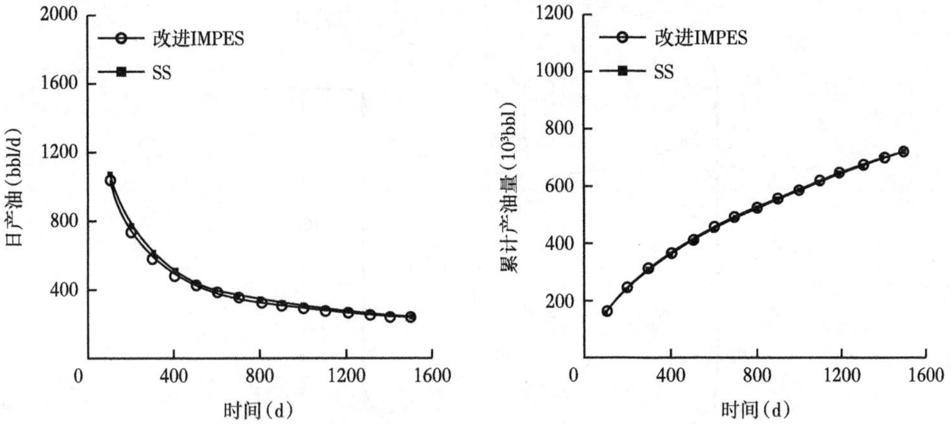

(a)日产油随时间变化对比　　(b)累计产油量随时间变化对比

图 7.8　改进 IMPES 与 SS 累计产油量与产油量对比

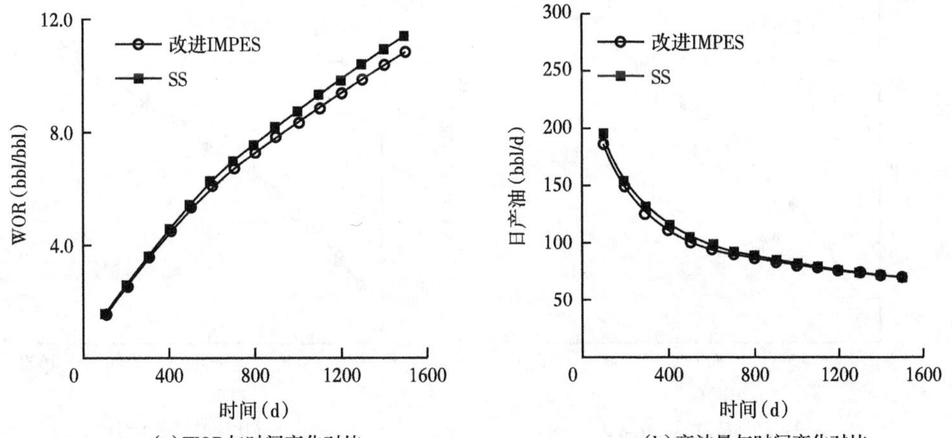

(a)WOR与时间变化对比　　(b)产油量与时间变化对比

图 7.9　改进 IMPES 与 SS 产油量与 WOR 对比

（3）锥进问题中的应用。

经典 IMPES 法不能用于两相流中锥进问题的求解。现在测试，改进 IMPES 法求解该类问题的可靠性。考虑圆柱区域油藏，轴与 x_3 轴平行，半径为 1343.43ft。油藏中心有两口直井：一口采油井垂直位于第一层的，另一口为注水井位于第 6 层（图 7.10）。两口井的半径都为 0.25ft。由内到外的圆柱半径分别为 4ft、8ft、16ft、32ft、64ft、128ft、256ft、512ft 和 1343.43ft。其他所有数据与第 7.3.2 节中的实例相同。对比改进 IMPES 法与 SS 法得到的日产量、累计产油量及 WOR 曲线，如图 7.9（b）与图 7.11 所示。这两种方法的曲线匹配良好。改进 IMPES 所用总 CPU 时间为 2.54s，后者为 17.02s。因此，在锥进问题中，改进 IMPES 法的运算速度是 SS 法的 6.7 倍。另外，压力 CPU 时间为 0.39s，饱和度 CPU 时间为 2.15s。由该试验可知，改进 IMPES 法能够求解两相锥进问题。

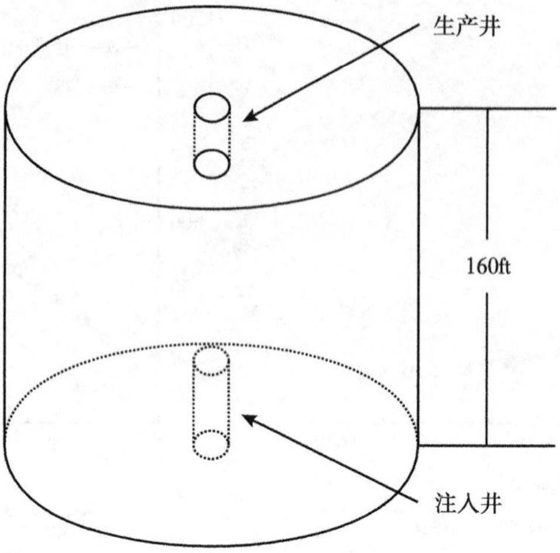

图 7.10　锥进问题实例

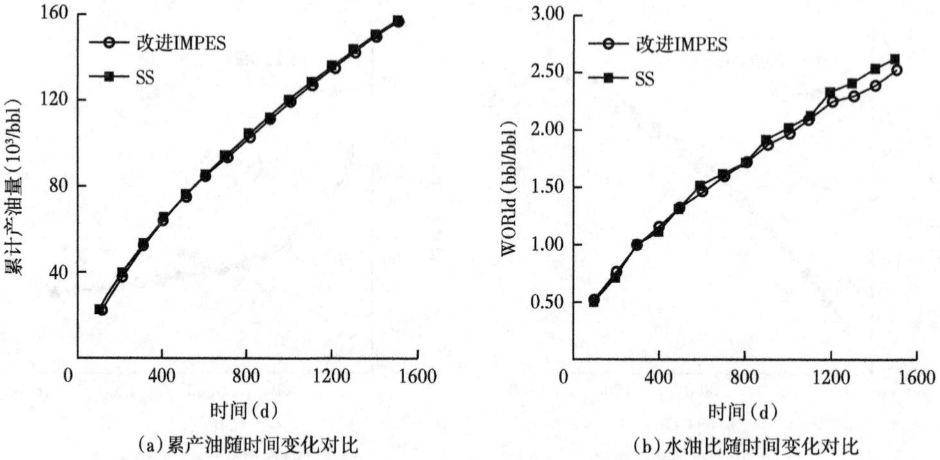

图 7.11　改进 IMPES 与 SS 在锥进问题求解中的对比

7.4　特殊微分方程

在第 2.3.2 节中，给出了微分方程式（7.1）至式（7.4）的几种特殊形式。在此，进一步考虑这些方程，并进行数值对比。

7.4.1　相方程

前文中已使用过相方程。作为对比，在此重申一下该方程。选用油压作为压力变量：

$$p = p_o \tag{7.36}$$

压力方程包含两个方程：

$$\nabla \boldsymbol{u} = \tilde{q} \tag{7.37}$$

与

$$\boldsymbol{u} = -\boldsymbol{K}\left[\lambda(S)\nabla p - \lambda_{\mathrm{w}}(S)\nabla p_{\mathrm{c}} - (\lambda_{\mathrm{w}}\rho_{\mathrm{w}} + \lambda_{\mathrm{o}}\rho_{\mathrm{o}})g\nabla z\right] \tag{7.38}$$

饱和度方程为

$$\phi\frac{\partial S}{\partial t} + \nabla\left[\boldsymbol{K}f_{\mathrm{w}}(S)\lambda_{\mathrm{o}}(S)\left(\frac{\mathrm{d}p_{\mathrm{c}}}{\mathrm{d}S}\nabla S + (\rho_{\mathrm{o}} - \rho_{\mathrm{w}})g\nabla z\right) + f_{\mathrm{w}}(S)\boldsymbol{u}\right] = \tilde{q}_{\mathrm{w}}(p,S) \tag{7.39}$$

7.4.2 加权方程

引入一个比相压力更平滑的压力变量：

$$p = S_{\mathrm{w}}p_{\mathrm{w}} + S_{\mathrm{o}}p_{\mathrm{o}} \tag{7.40}$$

即使某一相消失后（即 S_{w} 或 S_{o} 为 0），仍存在一个非零平滑变量 p。使用与相方程相同的代数运算可得（参考实例 7.3）：

$$\boldsymbol{u} = -\boldsymbol{K}\left\{(\lambda(S)\nabla p + [S\lambda(S) - \lambda_{\mathrm{w}}(S)]\nabla p_{\mathrm{c}} + \lambda(S)p_{\mathrm{c}}\nabla S - (\lambda_{\mathrm{w}}\rho_{\mathrm{w}} + \lambda_{\mathrm{o}}\rho_{\mathrm{o}})g\nabla z)\right\} \tag{7.41}$$

式（7.37）与式（7.39）保持不变。

7.4.3 全局方程

注意到，式（7.38）与式（7.41）中都存在 p_{c}。为消除该变量，定义全局压力（Antontsev，1972；Chavent et al.，1986）：

$$p = p_{\mathrm{o}} - \int^{S} f_{\mathrm{w}}\frac{\mathrm{d}p_{\mathrm{c}}}{\mathrm{d}S}\xi\mathrm{d}\xi \tag{7.42}$$

由此总速度变为（参见练习 7.4）：

$$\boldsymbol{u} = -\boldsymbol{K}\left[\lambda(S)\nabla p - (\lambda_{\mathrm{w}}\rho_{\mathrm{w}} + \lambda_{\mathrm{o}}\rho_{\mathrm{o}})g\nabla z\right] \tag{7.43}$$

由式（7.4）与式（7.42）得

$$\lambda\nabla p = \lambda_{\mathrm{w}}\nabla p_{\mathrm{w}} + \lambda_{\mathrm{o}}\nabla p_{\mathrm{o}}$$

这说明，全局压力使总流体流量等于油流与水流流量的和。式（7.37）与式（7.39）仍保持不变。

相比于相和加权方程，全局方程中的压力与饱和度方程的耦合度降低，非线性减弱。该方程特别适用于两相流的数学分析（Antontsev，1972；Chavent et al.，1986；Chen，2001；Chen，2002）。如果忽略毛细管效应，三个方程相同。此时，饱和度方程变成众所周知的 Buckley–Leverett 方程（见第 2.3.2 节）。

7.4.4 数值对比

利用数值试验对比这三个方程。由于所有公式中的重力项都具有相同的形式，所以忽略重力效应。油藏尺寸为 1000ft×1000ft×100ft^3，相对渗透率为

$$K_{rw}=K_{rwmax}\left(\frac{S_w-S_{wc}}{1-S_{or}-S_{wc}}\right)^2,\quad K_{ro}=\left(\frac{S_o-S_{or}}{1-S_{or}-S_{wc}}\right)^2$$

其中，$K_{rwmax}=0.65$，$S_{wc}=0.22$ 且 $S_{or}=0.2$。毛细管压力曲线为

$$p_c=p_{cmin}-\overline{B}\ln\frac{S-S_{wc}}{1-S_{wc}}$$

其中，常量 $\overline{B}$ 的取值满足，当 $S=S_{wc}$，$p_{cmin}=0\text{psi}$ 且 $p_{cmax}=70\text{psi}$ 时，$p_c=p_{cmax}$。其他物理参数的取值如下：

$$\phi=0.2,\ K=0.1D,\ \mu_w=0.096\text{mPa}\cdot\text{s},\ \mu_o=1.14\text{mPa}\cdot\text{s}$$

其中，$\boldsymbol{K}=K\boldsymbol{I}$。该实例为五点井网油藏中的平面流。一口注入井位于油藏的一角，一口生产井位于注入井对角处。注入水，产出油和（或）水。两口井的半径为 0.2291667ft，初始饱和度等于 S_{wc}。最后，注入井的井底压力为 3700psi，生产井的井底压力为 3500psi。

计算中，在 10×10 的网格上使用最低阶的 Raviart–Thomas 混合有限元法（三角形通过沿对角线方向将每个矩形划分为两个三角形获得；见第 4.5.4 节或第 7.5 节）。采用后向欧拉法离散，采用第 7.3.3 节介绍的改进 IMPES 法，以及无流边界条件。产油量与产水量随时间（d）的变化曲线、水驱油特征曲线以及含水率曲线如图 7.12 和图 7.13 所示。特征曲线定义为，累计产水量与累计产油量比的对数。由这两个图可知，全局方程与相方程的结果非常相近，但与加权方程有很大不同。此外还对比了三种方程在结束时间——$T=3000\text{d}$ 时的 CPU 时间（s），在 DecAlpha 工作站上运行的结果见表 7.5。在该算例中，CPU 时间的差异不大。

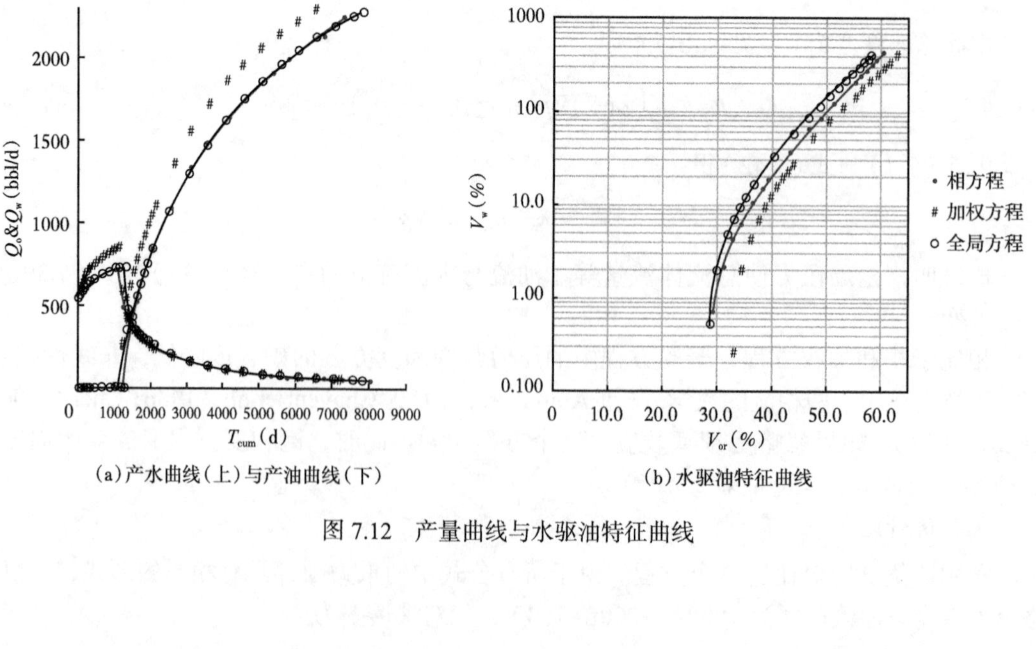

（a）产水曲线（上）与产油曲线（下）　　（b）水驱油特征曲线

图 7.12　产量曲线与水驱油特征曲线

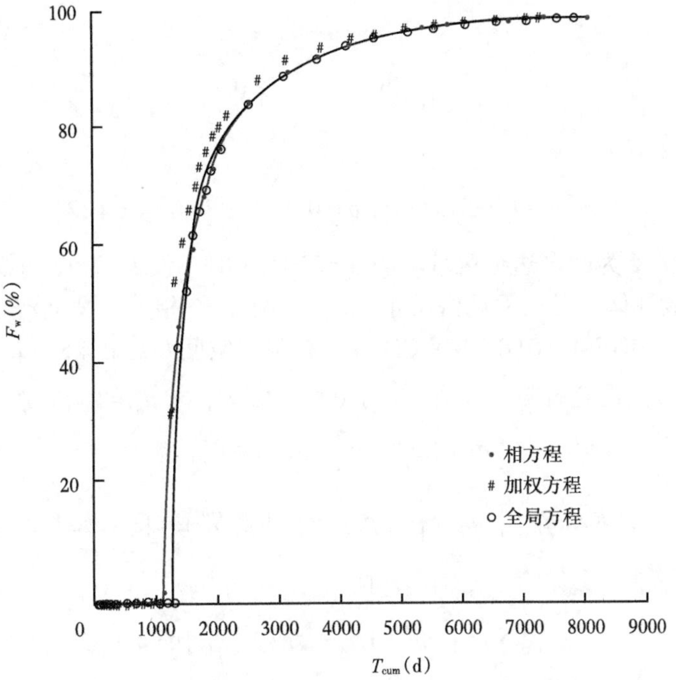

图 7.13 含水率

表 7.5 三种方程的 CPU 时间

方程类型	全局	相	加权
CPU 时间（s）	33.4748	33.5266	33.6622

7.5 两相流的数值方法

使用第 4 章介绍的多种离散法，来求解多孔介质Ω（$\Omega \subset \mathbf{R}^d$，$d=2$或3）中两相流的微分式（7.1）至式（7.4）。上一章（单相流）中介绍了标准有限元法，该方法可扩展应用于本实例中。在此将讨论混合有限元法、控制体有限元法以及特征有限元法在求解式（7.1）至式（7.4）中的应用。前两种方法是压力方程求解的适宜方法。对于两相流扩散效应，物理传输占统治地位，且由于饱和方程中毛细管扩散系数为 0，因此应选用特征有限元法来求解该方程。

7.5.1 混合有限元法

作为一个例子，给出全局方程混合有限元法。如上文所述，在全局方程中，压力方程由式（7.37）与式（7.43）组成。指定边界条件与初始条件，简单起见，压力方程采用无流边界条件：

$$\boldsymbol{u}\boldsymbol{v}=0, \qquad \boldsymbol{x}\in\Gamma, \tag{7.44}$$

其中，$\boldsymbol{\nu}$ 为垂直于 Ω 边界 Γ 的单位外法向量。由式（7.37）与式（7.44），不可压缩流体的相容性需要：

$$\int_{\Omega}\tilde{q}\mathrm{d}x=0,\quad t\geqslant 0$$

设（见第 4.5.2 节）：

$$\boldsymbol{V}=\left\{\boldsymbol{v}\in\boldsymbol{H}(\mathrm{div},\Omega):\boldsymbol{v}\,\boldsymbol{\upsilon}=0,\text{在}\Gamma\text{上}\right\},\ W=L^2(\Omega)$$

简化起见，设 Ω 为凸多边形区域。当 $0<h<1$ 时，设 K_h 为 Ω 的规则剖分，即：四面体、长方体或棱柱体，且最大规格尺寸为 h。与剖分 K_h 相关，设 $V_h\times W_h\subset V\times W$ 表示 RT（或 RTN）、BDM、BDFM、BDDM 或 CD 混合有限元空间（见第 4.5.4 节）。现在，考虑式（7.37）与式（7.43）的混合有限元方法：对于 $0\leqslant n\leqslant N$，求 $u_h^n\in V_h$ 与 $p_h^n\in W_h$ 使得

$$\left(\nabla\boldsymbol{u}_h^n,w\right)=\left[\tilde{q}\left(p_h^n,S_h^n\right),w\right],\qquad w\in W_h,$$

$$\left\{\left[\boldsymbol{K}\lambda\left(S_h^n\right)\right]^{-1}\boldsymbol{u}_h^n,\boldsymbol{v}\right\}-\left(p_h^n,\nabla\boldsymbol{v}\right)=\left[\boldsymbol{\gamma}\left(S_h^n\right),\boldsymbol{v}\right],\quad \boldsymbol{v}\in\boldsymbol{V}_h \tag{7.45}$$

其中，S_h^n 为 S^n 的近似（参见第 7.5.3 节），且

$$\boldsymbol{\gamma}(S)=\left[f_{\mathrm{w}}(S)\rho_{\mathrm{w}}+f_{\mathrm{O}}(S)\rho_{\mathrm{O}}\right]g\nabla z$$

注意，式（7.45）非线性，且上一章介绍的标准有限元的多种求解方法（如：线性隐式时间近似，以及显式时间近似）均可应用于该系统。

7.5.2 CVFE 法

假设 Ω 的剖分 K_h 由一系列控制体积 V_i 组成：

$$\bar{\Omega}=\bigcup_i\bar{V}_i,\quad V_i\cap V_j=\phi,\quad i=j$$

读者可以参考第 4.3 节中有关构建这些控制体积的内容。对于各个 V_i，对式（7.37）积分，由散度定理可得：

$$\int_{\partial V_i}\boldsymbol{u}\boldsymbol{v}\mathrm{d}l=\int_{V_i}\tilde{q}\mathrm{d}\boldsymbol{x} \tag{7.46}$$

将式（7.43）代入上式可得

$$-\int_{\partial V_i}\lambda(S)\boldsymbol{K}\nabla p\boldsymbol{v}\mathrm{d}l=\int_{V_i}\tilde{q}\mathrm{d}\boldsymbol{x}-\int_{\partial V_i}\left[\lambda_{\mathrm{w}}(S)\rho_{\mathrm{w}}+\lambda_{\mathrm{o}}(S)\rho_{\mathrm{o}}\right]g\boldsymbol{K}\nabla z\boldsymbol{v}\mathrm{d}l \tag{7.47}$$

设 $M_h\subset H^1(\Omega)$ 是与 CVFE 剖分 K_h（见第 4.3 节）相关的有限元（函数近似）空间。压力方程的 CVFE 法为：对于 $0\leqslant n\leqslant N$，求 $p_h^n\in M_h$ 使得

$$-\int_{\partial V_i}\lambda\left(S_h^n\right)\boldsymbol{K}\nabla p_h^n\boldsymbol{v}\mathrm{d}l=\int_{V_i}\tilde{q}\left(p_h^n,S_h^n\right)\mathrm{d}x-\int_{\partial V_i}\left[\lambda_{\mathrm{w}}\left(S_h^n\right)\rho_{\mathrm{w}}+\lambda_{\mathrm{o}}\left(S_h^n\right)\rho_{\mathrm{o}}\right]g\boldsymbol{K}\nabla z\boldsymbol{v}\mathrm{d}l \tag{7.48}$$

可使用第 4.3.4 节介绍的上游加权格式求解式（7.48）。

7.5.3 特征有限元法

作为一个例子，使用第 4.6 节介绍的 MMOC 法求解饱和度方程。引入：

$$\tilde{q}_1(p,S)=\tilde{q}_{\rm w}(p,\boldsymbol{S})-\tilde{q}(p,\boldsymbol{S})f_{\rm w}(S)+\nabla[\boldsymbol{K}f_{\rm w}(S)\lambda_{\rm o}(S)(\rho_{\rm o}-\rho_{\rm w})g\nabla z]$$

由式(7.37)与式(7.39)，饱和度方程写为

$$\phi\frac{\partial S}{\partial t}+\frac{\mathrm{d}f_w}{\mathrm{d}S}\boldsymbol{u}\cdot\nabla S+\nabla\left[\boldsymbol{K}f_{\rm w}(S)\lambda_{\rm o}(S)\frac{\mathrm{d}p_{\rm c}}{\mathrm{d}S}\nabla S\right]=q_1(p,S) \tag{7.49}$$

设

$$\boldsymbol{b}(\boldsymbol{x},t)=\frac{\mathrm{df_w}}{\mathrm{dS}}\boldsymbol{u},\quad \Psi(\boldsymbol{x},t)=\left[\phi^2(\boldsymbol{x})+|\boldsymbol{b}(\boldsymbol{x},t)|^2\right]^{\frac{1}{2}}$$

同时将与算子 $\phi\frac{\partial}{\partial t}+\boldsymbol{b}\nabla$ 相关的特征方向记为 $\boldsymbol{\tau}$（$\boldsymbol{x}$，t），使得

$$\frac{\partial}{\partial\tau}=\frac{\phi\boldsymbol{x}}{\Psi(\boldsymbol{x},t)}\frac{\partial}{\partial t}+\frac{b(\boldsymbol{x},t)}{\Psi(\boldsymbol{x},t)}\nabla$$

由此，式(7.49)简化为

$$\Psi\frac{\partial}{\partial\tau}+\nabla\left[\boldsymbol{k}f_{\rm w}(S)\lambda_{\rm o}(S)\frac{\mathrm{d}p_{\rm c}}{\mathrm{d}S}\nabla S\right]=q_1(p,S) \tag{7.50}$$

注意到特征方向 τ 取决于速度 u。由于饱和时间步长 $t^{n-1,m}$ 与压力步长有关系 $t^{n-1}\leqslant t^{n-1,m}\leqslant t^n$，因此需要 $u_h^{n-1,m}$ 与前面的值确定式(7.50)速度近似值。采用线性外推法：如果 $n\geqslant 2$，则用 u_h^{n-2} 与 u_h^{n-1} 进行线性外推：

$$E\boldsymbol{u}_h^{n-1,m}=\left(1+\frac{t^{n-1,m}-t^{n-1}}{t^{n-1}-t^{n-2}}\right)\boldsymbol{u}_h^{n-1}-\frac{t^{n-1,m}-t^{n-1}}{t^{n-1}-t^{n-2}}\boldsymbol{u}_h^{n-2}$$

当 $n=1$ 时，定义：

$$E\boldsymbol{u}_h^{0,m}=\boldsymbol{u}_h^0$$

$E\boldsymbol{u}_h^{n-1,m}$ 在第一个压力步中是时间一阶精确的，在后面步中是二阶精确的。

构造周期性边界条件(见第 4.6 节)的 MMOC。假设 Ω 为矩形区域，且式(7.50)中的所有函数在空间上是 Ω 周期的。设 $M_h\subset H^1(\Omega)$ 为第 4.2.1 节介绍的任意有限元空间。式(7.50)的 MMOC 步骤为：对于任意 $0\leqslant n\leqslant N$ 与 $1\leqslant m\leqslant M^n$，求 $S_h^{n,m}\in M_h$ 使得

$$\left(\phi\frac{S_h^{n,m}-\check{S}_h^{n,m-1}}{t^{n,m}-t^{n,m-1}},w\right)+\left[a\left(S_h^{n,m-1}\right)\nabla S_h^{n,m},\ \nabla w\right]=\left[\tilde{q}_1\left(p_h^n,S_h^{n,m-1}\right),w\right],\quad w\in M_h \tag{7.51}$$

其中

$$\boldsymbol{a}(S)=-\boldsymbol{k}f_{\rm w}(S)\lambda_{\rm o}(S)\frac{\mathrm{d}p_{\rm c}}{\mathrm{d}S}$$

$$\check{S}_h^{n,m-1}=S_h^{n,m-1}\left[\boldsymbol{x}-\frac{\mathrm{d}f_{\rm w}}{\mathrm{d}S}\left(S_h^{n,m-1}\right)\frac{E\boldsymbol{u}_h^{n,m}}{\phi(\boldsymbol{x})}\Delta t^{n,m},\ t^{n,m-1}\right]$$

其中，$\Delta t^{n,m}=t^{n,m}-t^{n,m-1}$。初始近似解 S_h^0 可定义为 S_0 在 M_h 的任意投影（如 S_0 在 M_h 上的 L^2 投影）。对于改进 IMPES 法，式（7.51）中的项 $[\alpha(S_h^{n,m-1})\nabla w]$ 可替换为 $[\alpha(S_h^{n,m-1})\nabla S_h^{n,m-1}, \nabla w]$。

7.5.4　数值方法的对比

使用有限差分法、CVFE 法以及混合有限元法求解第 7.1 节所述的两相流问题，并进行数值对比。为最小化网格取向效应（见第 4.1.9 节与第 4.3.6 节），使用九点差分法，且 Ω 的剖分 K_h 为矩形。CVFE 法基于线性三角形有限元（见第 4.3 节）。最后，混合有限元法使用最低阶的 Raviart–Thomas 三角形元（见第 4.5.4 节）。网格尺寸为 10×10（沿对角线方向将各个矩形剖分为两个三角形）。采用第 7.4 节中的二维渗流问题，且所有的物理参数都一样。使用全局方程与改进 IMPES 法。采用后向欧拉法进行时间离散。

三种离散法（有限差分法、CVFE 法以及混合有限元法）的数值结果如图 7.14 所示。对于其中任意一种方法，使用相同方法离散压力与饱和度方程。图 7.14 给出了含水率与水驱油的特征曲线。三种方法的数值结果与两相流问题的解高度匹配。在后续章节中，将对更复杂问题的离散法进行比较（例如：下章的黑油模型）。

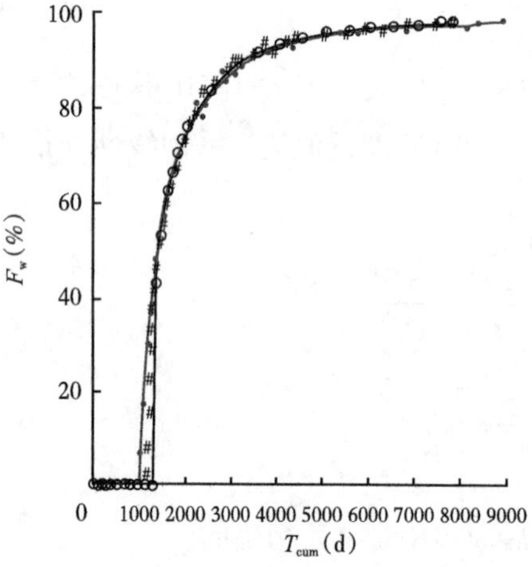

（a）含水率曲线

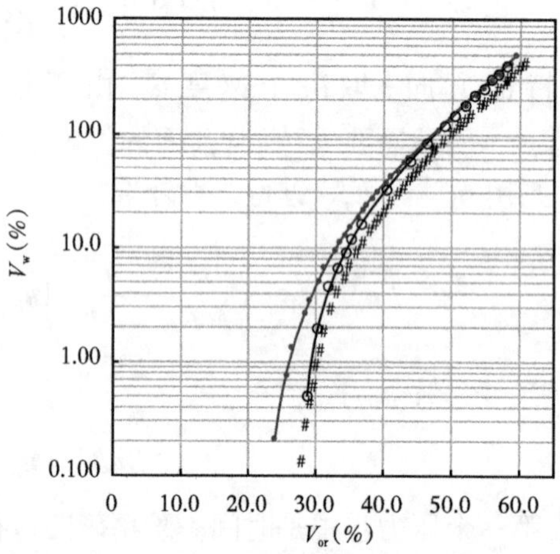

（b）水驱油特征曲线

图 7.14　含水率曲线与水驱特征曲线

7.6　混相驱

第 2.4 节与第 2.5 节介绍了混相驱。使用本章两相非混相流的数值技术，对混相驱进行模拟。混相—非混相类比的基础早已得到广泛认可（Lantz，1970；Chen et al.，1999）。为理解该类比，考虑不可压缩流体中某组分传导的控制方程（见第 2.4 节）：

$$\nabla \boldsymbol{u}=q$$

$$\boldsymbol{u}=-\frac{1}{\mu}\boldsymbol{k}(\nabla p-\rho g\nabla z) \tag{7.52}$$

且

$$\frac{\partial(\phi c)}{\partial t}+\nabla(c\boldsymbol{u}-\boldsymbol{D}(\boldsymbol{u})\nabla c)=\tilde{q}c \tag{7.53}$$

式中：c 为组分浓度。

在形式上，压力方程（7.52）和浓度方程（7.53）分别与两相非混相与不可压缩液流的压力和饱和度方程相似。浓度方程与压力显式相关，所以混合有限元法是式（7.52）离散化的较好选择（见第 7.5.1 节）。另外，由于物理输运主导了混相驱的扩散效应（与两相流类似），所以特征有限元法适用于式（7.53）的数值求解［见第 7.5.3 节与练习（7）］。混相驱数值示例，可参考 Todd et al.（1972 年）以及 SPE 第五个标准算例（Killough et al.，1987）。从混相驱的数值模拟中可以看到由黏度与密度差（Homsy，1987），以及多孔介质各向异性（Ewing 等，1983）所引发的界面不稳定性（指进）。

7.7 文献信息

第 7.3 节、第 7.4 节与第 7.5 节分别参考 Chen et al.（2004）、Chen et al.（2003）、Chen（2002）。spe7 的数据详见 Nghiem et al.（1991）。第 7.5 节中近似求解过程的误差分析参见 Chen（2005）。最后，第 7.6 节中混相驱问题有限元近似法误差分析参见 Douglas et al.（1983）。

练习

练习 7.1　推导式（7.21）。

练习 7.2　令 $\alpha=\omega$，将式（7.4）、式（7.23）与式（7.25）代入式（7.1）与式（7.2），推导饱和度方程（7.27）。

练习 7.3　推导式（7.41）中总速度 $\boldsymbol{u}$ 与加权压力 p 的关系式［见式（7.40）］。

练习 7.4　推导式（7.43）中总速度 $\boldsymbol{u}$ 与整体压力 p 的关系式［见式（7.42）］。

练习 7.5　使用边界条件式（7.44）并引入适当的函数空间，将式（7.37）与式（7.38）改写为混合变分方程的形式。

练习 7.6　参考第 7.5.1 节的全局方程，有限元方法，定义相式（7.37）与式（7.38）的混合有限元法。

练习 7.7　参考第 7.5.1 节，构建式（7.52）及无流边界条件式（7.44），的混合有限元求解方法。参考第 7.5.3 节，构建式（7.53）及周期性边界条件的特征有限元求解方法。

第 8 章　黑油模型

在二次采油中，当油藏压力下降到泡点压力以下时，在热力学平衡下油相（更确切地说是烃相）就会分离成液相和气相。在这种情况中，此类流体就属于黑油模型；其中的水相不与其他相进行物质交换，液相和气相之间存在物质交换。该模型中的气体主要由甲烷和乙烷组成。

第 8.1 节讨论了黑油模型的基本微分方程，并简要描述了岩石和流体的性质。在第 8.2 节中，给出了黑油模型的 Newton-Raphson 迭代和三种求解技术［联立求解、顺序求解和隐压显饱求解（IMPES）］。在第 8.3 节中，对比了这三种求解技术。第 8.4 节描述了一个三相锥进问题的应用。在第 8.5 节中给出了参考文献信息。

8.1　基本微分方程

8.1.1　基本方程

第 2.6 节推导了多孔介质 Ω 黑油模型的基本微分方程，为了完整性，此处回顾这些方程。分别使用小写字母和大写字母下标表示水、油（即液相）、气（即气相）三相和水、油、气三组分。下标 s 表示标准状况。

令 ϕ 和 $\boldsymbol{K}$ 分别多孔介质 Ω（$\Omega \subset \mathbf{R}^3$）的孔隙度和渗透率；$S_\alpha$、$\mu_\alpha$、$p_\alpha$、$\boldsymbol{u}_\alpha$、$B_\alpha$、$K_{r\alpha}$ 分别表示 α 相的饱和度、黏度、压力、体积速度、地层体积系数、相对渗透率，α=w，o，g；R_{so} 为气体溶解度；$\rho_{\beta s}$（标准状况下）和 q_β 分别表示 β 组分的密度和体积速率，β=W，O，G。标准体积条件下质量守恒方程为

水组分：

$$\frac{\partial}{\partial t}\left(\frac{\phi\rho_{Ws}}{B_w}S_w\right) = -\nabla\cdot\left(\frac{\rho_{Ws}}{B_w}\boldsymbol{u}_w\right) + q_W \tag{8.1}$$

油组分：

$$\frac{\partial}{\partial t}\left(\frac{\phi\rho_{Os}}{B_o}S_o\right) = -\nabla\cdot\left(\frac{\rho_{Os}}{B_o}\boldsymbol{u}_o\right) + q_O \tag{8.2}$$

气组分：

$$\frac{\partial}{\partial t}\left[\phi\left(\frac{\rho_{Gs}}{B_g}S_g + \frac{R_{so}\rho_{Gs}}{B_o}S_o\right)\right] = -\nabla\cdot\left(\frac{\rho_{Gs}}{B_g}\boldsymbol{u}_g + \frac{R_{so}\rho_{Gs}}{B_o}\boldsymbol{u}_o\right) + q_G \tag{8.3}$$

各相的达西定律统一表达为

$$\boldsymbol{u}_\alpha = -\frac{K_{r\alpha}}{\mu_\alpha}\boldsymbol{K}(\nabla p_\alpha - \rho_\alpha g\nabla z),\ \alpha = w, o, g \tag{8.4}$$

式中：ρ_α 为 α 相的质量密度；g 为重力加速度；z 为深度。

饱和度约束方程为

$$S_w + S_o + S_g = 1 \tag{8.5}$$

最后，毛细管压力与相压力关系式为

$$p_{cow} = p_o - p_w, \quad p_{cgo} = p_g - p_o \tag{8.6}$$

流体速率定义为

$$q_W = \frac{q_{Ws}\rho_{Ws}}{B_w}, \quad q_O = \frac{q_{Os}\rho_{Os}}{B_o}, \quad q_G = \frac{q_{Gs}\rho_{Gs}}{B_g} + \frac{q_{Os}R_{so}\rho_{Gs}}{B_o} \tag{8.7}$$

式中：q_{Ws}，q_{Os}，q_{Gs} 为标准状况下的速率。引入势：

$$\Phi_\alpha = p_\alpha - \rho_\alpha g z, \quad \alpha = \mathrm{w, o, g} \tag{8.8}$$

此外，定义传导率

$$\boldsymbol{T}_\alpha = \frac{K_{r\alpha}}{\mu_\alpha B_\alpha}\boldsymbol{K}, \quad \alpha = \mathrm{w, o, g} \tag{8.9}$$

将式（8.7）至式（8.9）代入式（8.1）至式（8.3），忽略 ρ_α 空间上的变化，所得方程分别除以 ρ_{Ws}，ρ_{Os}，ρ_{Gs}，得到［参阅练习（1）］

$$\frac{\partial}{\partial t}\left(\frac{\phi S_w}{B_w}\right) = \nabla\cdot\left(\boldsymbol{T}_w \nabla \Phi_w\right) + \frac{q_{Ws}}{B_w}$$

$$\frac{\partial}{\partial t}\left(\frac{\phi S_o}{B_o}\right) = \nabla\cdot\left(\boldsymbol{T}_o \nabla \Phi_o\right) + \frac{q_{Os}}{B_o} \tag{8.10}$$

$$\frac{\partial}{\partial t}\left[\phi\left(\frac{S_g}{B_g} + \frac{R_{so}S_o}{B_o}\right)\right] = \nabla\cdot\left(\boldsymbol{T}_g \nabla \Phi_g + R_{so}\boldsymbol{T}_o \nabla \Phi_o\right) + \frac{q_{Gs}}{B_g} + \frac{q_{Os}R_{so}}{B_o}$$

井内体积流速（标准状况下）表达式为（Peaceman，1991）

$$q_{Ws} = \sum_{j=1}^{N_w}\sum_{m=1}^{M_{wj}} \frac{2\pi\Delta L^{(j,m)}}{\ln\left[r_e^{(j,m)}/r_w^{(j)}\right]} \frac{\bar{K}K_{rw}}{\mu_w}\left\{p_{bh}^{(j)} - p_w - \rho_w g\left[z_{bh}^{(j)} - z\right]\right\}\delta\left[x - x^{(j,m)}\right]$$

$$q_{Os} = \sum_{j=1}^{N_w}\sum_{m=1}^{M_{wj}} \frac{2\pi\Delta L^{(j,m)}}{\ln\left[r_e^{(j,m)}/r_w^{(j)}\right]} \frac{\bar{K}K_{ro}}{\mu_o}\left\{p_{bh}^{(j)} - p_o - \rho_o g\left[z_{bh}^{(j)} - z\right]\right\}\delta\left[x - x^{(j,m)}\right]$$

$$q_{Gs} = \sum_{j=1}^{N_w}\sum_{m=1}^{M_{wj}} \frac{2\pi\Delta L^{(j,m)}}{\ln\left[r_e^{(j,m)}/r_w^{(j)}\right]} \frac{\bar{K}K_{rg}}{\mu_g}\left\{p_{bh}^{(j)} - p_g - \rho_g g\left[z_{bh}^{(j)} - z\right]\right\}\delta\left[x - x^{(j,m)}\right]$$

式中：δ（x）为狄拉克 δ 函数；N_w 为总井数；M_{wj} 为第 j 口井射孔段总数量；$\Delta L^{(j,m)}$ 和 $x^{(j,m)}$ 分别为第 j 口井的第 m 段射孔层段的长度和中心位置；数量 $\bar{K}$ 为井中 K 的平均值（参见第 7.3.2 节和第 13 章）；$r_w^{(j)}$ 为第 j 口井的井筒半径；$r_e^{(j,m)}$ 为第 j 口井位于 $x^{(j,m)}$ 所在网格块中的泄油半径；$p_{bh}^{(j)}$ 为第 j 口井在井基准面处的 $z_{bh}^{(j)}$ 的井底压力。井措施在第 13 章进一步讨论。

引入井指数：

$$WI^{(j,m)} = \frac{2\pi \bar{K} \Delta L^{(j,m)}}{\ln\left[r_{\mathrm{e}}^{(j,m)} / r_{\mathrm{w}}^{(j)} \right]}$$

那么，井内体积流速可以写成

$$\begin{aligned} q_{\mathrm{Ws}} &= \sum_{j=1}^{N_{\mathrm{w}}} \sum_{m=1}^{M_{\mathrm{w}j}} WI^{(j,m)} \frac{K_{\mathrm{rw}}}{\mu_{\mathrm{w}}} \left\{ p_{\mathrm{bh}}^{(j)} - p_{\mathrm{w}} - \rho_{\mathrm{w}} g \left[z_{\mathrm{bh}}^{(j)} - z \right] \right\} \delta\left[x - x^{(j,m)} \right] \\ q_{\mathrm{Os}} &= \sum_{j=1}^{N_{\mathrm{w}}} \sum_{m=1}^{M_{\mathrm{w}j}} WI^{(j,m)} \frac{K_{\mathrm{ro}}}{\mu_{\mathrm{o}}} \left\{ p_{\mathrm{bh}}^{(j)} - p_{\mathrm{o}} - \rho_{\mathrm{o}} g \left[z_{\mathrm{bh}}^{(j)} - z \right] \right\} \delta\left[x - x^{(j,m)} \right] \\ q_{\mathrm{Gs}} &= \sum_{j=1}^{N_{\mathrm{w}}} \sum_{m=1}^{M_{\mathrm{w}j}} WI^{(j,m)} \frac{K_{\mathrm{rg}}}{\mu_{\mathrm{g}}} \left\{ p_{\mathrm{bh}}^{(j)} - p_{\mathrm{g}} - \rho_{\mathrm{g}} g \left[z_{\mathrm{bh}}^{(j)} - z \right] \right\} \delta\left[x - x^{(j,m)} \right] \end{aligned} \tag{8.11}$$

第 3 章介绍了 p_{cow}，p_{cgo}，$K_{\mathrm{r}\alpha}$ 和 S_{w} 和 S_{g} 的典型函数表达式。式（8.5）、式（8.6）和式（8.10）为六个未知量 Φ_α 和 S_α（α=w，o，g）提供了六个方程。如果没有给出井底压力 $p_{\mathrm{bh}}^{(j)}$，那么定义这个压力的源（汇）项又引入了一个未知量［即 $p_{\mathrm{bh}}^{(j)}$］。在适当的边界条件和初始条件下，这是一个可求解的封闭微分系统。在第 7 章的两相流模型中，推导了特殊的微分方程；相、加权以及全局压力方程［Chen，2000；并且参见练习（2）~ 练习（7）］。使用其中的相方程作为本章的一个示例。

8.1.2 岩石性质

第 3 章考虑了三相流的岩石性质。完整起见，这里简要回顾一下。油相压力是要使用的主要变量之一：

$$p = p_{\mathrm{o}} \tag{8.12}$$

尽管式（8.6）已经定义了毛细管压力，但为了方便编程，通常采用定义：

$$p_{\mathrm{cw}} = p_{\mathrm{w}} - p, \quad p_{\mathrm{cg}} = p_{\mathrm{g}} - p \tag{8.13}$$

即 $p_{\mathrm{cw}} = -p_{\mathrm{cow}}$ 和 $p_{\mathrm{cw}} = p_{\mathrm{cgo}}$。

令 $p_{\mathrm{co}} = 0$，假设毛细管压力 p_{cw} 和 p_{cg} 仅是饱和度的函数（Leverett et al.，1941）：

$$p_{\mathrm{cw}} = p_{\mathrm{cw}}\left(S_{\mathrm{w}}\right), \quad p_{\mathrm{cg}} = p_{\mathrm{cg}}\left(S_{\mathrm{g}}\right) \tag{8.14}$$

假定水和气的相对渗透率具有形式：

$$\begin{aligned} K_{\mathrm{rw}} &= K_{\mathrm{rw}}\left(S_{\mathrm{w}}\right), \quad K_{\mathrm{row}} = K_{\mathrm{row}}\left(S_{\mathrm{w}}\right) \\ K_{\mathrm{rg}} &= K_{\mathrm{rg}}\left(S_{\mathrm{g}}\right), \quad K_{\mathrm{rog}} = K_{\mathrm{rog}}\left(S_{\mathrm{g}}\right) \end{aligned} \tag{8.15}$$

举个例子，此时油相相对渗透率的 Stone 模型 II（参见第 3.1.2 节）形式为

$$K_{\mathrm{ro}}\left(S_{\mathrm{w}}, S_{\mathrm{g}}\right) = K_{\mathrm{rc}} \left\{ \left[\frac{K_{\mathrm{row}}\left(S_{\mathrm{w}}\right)}{k_{\mathrm{rc}}} + K_{\mathrm{rw}}\left(S_{\mathrm{w}}\right) \right] \left[\frac{K_{\mathrm{rog}}\left(S_{\mathrm{g}}\right)}{K_{\mathrm{rc}}} + K_{\mathrm{rg}}\left(S_{\mathrm{g}}\right) \right] - K_{\mathrm{rw}}\left(S_{\mathrm{w}}\right) - K_{\mathrm{rg}}\left(S_{\mathrm{g}}\right) \right\} \tag{8.16}$$

其中，$k_{rc}=k_{row}(S_{wc})$，S_{wc}是束缚饱和度（见第 3 章）。最后，假设孔隙度 ϕ 具有形式：

$$\phi=\phi^0\left[1+c_R\left(p-p^0\right)\right] \tag{8.17}$$

式中：ϕ^0 为参考压力 p^0 下的孔隙度；c_R 为岩石的压缩系数。

8.1.3 流体性质

第 3 章已经阐述流体性质。简要回顾密度和黏度的定义。利用水的盐度（参见第 3.2.1 节）定义标准状况下的水密度 ρ_{Ws}，因此水相密度 ρ_w 为

$$\rho_w=\frac{\rho_{Ws}}{B_{wi}}\left[1+c_w\left(p-p_o\right)\right] \tag{8.18}$$

式中：B_{wi} 为原始地层压力 p_o 下水的地层体积系数；c_w 为水压缩系数；水黏度 μ_w 为常数。

黑油模型包括三相和三组分：水、油和气。相和组分之间的关系是：水组分全部为水相，密度为 ρ_w；油组分只存在于油相中，密度为 ρ_{Oo}；而气组分分为两部分，在气相中的部分叫作自由气，密度为 ρ_g，在油相中的另一部分叫作的溶解气密度为 ρ_{Go}。因此，油相密度定义为

$$\rho_o=\rho_{Oo}+\rho_{Go} \tag{8.19}$$

油组分密度 ρ_{Oo} 定义为

$$\rho_{Oo}=\frac{\rho_{Os}}{B_o} \tag{8.20}$$

其中，油的地层体积系数 B_o 为

$$B_o=B_{ob}\left(p_b\right)\left[1-c_o\left(p-p_b\right)\right] \tag{8.21}$$

式中：B_{ob} 为泡点压力 p_b 下的地层体积系数；c_o 为油压缩系数。

溶解气密度 ρ_{Go} 定义为

$$\rho_{Go}=\frac{R_{so}\rho_{Gs}}{B_o} \tag{8.22}$$

自由气密度 ρ_g 定义为

$$\rho_g=\frac{\rho_{Gs}}{B_g} \tag{8.23}$$

其中

$$\rho_{Gs}=Y_G\rho_{air},\quad B_g=\frac{ZT}{p}\frac{p_s}{T_s} \tag{8.24}$$

式中：Y_G 为原料气体密度（气体单位）；ρ_{air} 为气体密度；Z 为气体偏差系数；T 为温度；p_s 和 T_s 分别表示标准状况下的地层压力和温度。

油黏度定义为

$$\mu_o=\mu_{ob}\left(p_b\right)\left[1+c_\mu\left(p-p_b\right)\right] \tag{8.25}$$

式中：μ_{ob} 为 p_b 处的油黏度，c_μ 为原油黏度压缩系数。

气体黏度 μ_g 是压力 p 的函数为

$$\mu_g = \mu_g(p) \tag{8.26}$$

8.1.4　相态

在二次采油中，如果油藏压力高于油相的泡点压力，则流体为两相；如果油藏压力降低到泡点压力以下，则属于黑油类型。由于在油藏中的注入和生产是频繁变化的，所以泡点压力也在相应地变化。如果三相共存，油藏处于饱和状态。当所有气体溶解到油相中时，不存在气相（没有自由气），即 $S_g=0$，这种情况，称为欠饱和状态。饱和状态变为欠饱和状态的临界压力称为泡点压力，反之亦然。在饱和状态下，$S_g \neq 0$，并且 $p_b=p$；密度和黏度只取决于压力 p：

$$\begin{aligned}&\rho_{Oo}(p)=\frac{\rho_{Os}}{B_{ob}(p)},\quad \rho_{Go}(p)=\frac{R_{so}(p)\rho_{Gs}}{B_{ob}(p)},\quad \rho_g(p)=\frac{\rho_{Gs}}{B_g(p)},\\&\mu_o=\mu_o(p),\quad \mu_g=\mu_g(p)\end{aligned} \tag{8.27}$$

欠饱和状态下，$S_g=0$ 并且 $p_b < p$。在油相中的密度和黏度取决于 p 和 p_b：

$$\begin{aligned}&\rho_{Oo}(p,p_b)=\frac{\rho_{Os}}{B_{ob}(p_b)}\left[1+c_o(p-p_b)\right],\\&\rho_{Go}(p,p_b)=\frac{R_{so}(p_b)\rho_{Gs}}{B_{ob}(p_b)}\left[1+c_o(p-p_b)\right],\quad \rho_g(p)=\frac{\rho_{Gs}}{B_g(p)},\\&\mu_o(p,p_b)=\mu_{ob}(p_b)\left[1+c_\mu(p-p_b)\right],\quad \mu_g=\mu_g(g)\end{aligned} \tag{8.28}$$

对于黑油模型的数值解，初始未知量的选择取决于所处的相态。在饱和状态下，$p=p_o$，S_w，S_o 为初始未知量；在欠饱和状态下，$p=p_o$，p_b 与 S_w 为初始未知量。因此，初始条件为

$$p(\boldsymbol{x},0)=p^0(\boldsymbol{x}),\quad S_w(\boldsymbol{x},0)=S_w^0(\boldsymbol{x}),\quad S_o(\boldsymbol{x},0)=S_o^0(\boldsymbol{x}),\quad \boldsymbol{x}\in\Omega \tag{8.29}$$

或者

$$p(\boldsymbol{x},0)=p^0(\boldsymbol{x}),\quad S_w(\boldsymbol{x},0)=S_w^0(\boldsymbol{x}),\quad p_b(\boldsymbol{x},0)=p_b^0(\boldsymbol{x}),\quad \boldsymbol{x}\in\Omega \tag{8.30}$$

取决于油藏的原始状态。

8.2　求解技术

对于耦合微分方程组，求解技术的选择至关重要。本节将讨论几种多相流模拟中常用的求解技术，包括联立求解（SS）、顺序求解、隐式压力—显式饱和度求解（IMPES）或迭代 IMPES 求解、自适应隐式求解和并行技术等。在第 7 章中，已研究了两相流的隐式压力—显式饱和度求解（IMPES）方法，本章进一步研究黑油模型相关的求解方法。

8.2.1　Newton-Raphson 方法

考虑一般的非线性微分方程组：

$$\pounds_m\{F_m[\boldsymbol{p}(\boldsymbol{x})]\}=f_m(\boldsymbol{x}),m=1,\ 2,\ \cdots,\ M,\ \boldsymbol{x}\in\Omega \tag{8.31}$$

式中：$\pounds_m$ 为线性微分算子；$F_{\mathrm{m}}(\cdot)$ 为非线性函数；$\boldsymbol{p}=(p_1, p_2, \cdots, p_{\mathrm{M}})^{\mathrm{T}}$ 为因变量向量；$\boldsymbol{f}=(f_1, f_2, \cdots, f_{\mathrm{M}})^{\mathrm{T}}$ 为给定向量；M 是方程的总数。

求解式（8.31）的 Newton–Raphson 迭代建立了迭代方程组。$F_{\mathrm{m}}(\boldsymbol{p}+\delta\boldsymbol{p})$ 的泰勒级数展开为

$$F_m(\boldsymbol{p}+\delta\boldsymbol{p})=F_m(\boldsymbol{p})+\nabla F_m(\boldsymbol{p})\cdot\delta\boldsymbol{p}+\mathcal{O}\left(|\delta\boldsymbol{p}|^2\right) \tag{8.32}$$

其中，$|\delta\boldsymbol{p}|$ 为 $\delta\boldsymbol{p}$ 的 Zuclidian 范数。

如果舍去截断高阶项 $\mathcal{O}(\delta\boldsymbol{p}^2)$（与 $|\delta\boldsymbol{p}|$ 相关），那么 $F_m(\boldsymbol{p}+\delta\boldsymbol{p})$ 近似为

$$F_m(\boldsymbol{p}+\delta\boldsymbol{p})\approx F_m(\boldsymbol{p})+\nabla F_m(\boldsymbol{p})\delta\boldsymbol{p} \tag{8.33}$$

将式（8.33）代入式（8.31），得到迭代方程：

$$\pounds_m\left[F_m\left(\boldsymbol{p}^l\right)+\nabla F_m\left(\boldsymbol{p}^l\right)\cdot\delta\boldsymbol{p}^l\right]=f_m(\boldsymbol{x}),m=1,2,\cdots,M,\boldsymbol{x}\in\Omega \tag{8.34}$$

式中：$\boldsymbol{p}^l$ 为 $\boldsymbol{p}$ 的第 l 后的迭代解；$\nabla F_{\mathrm{m}}(\boldsymbol{p}^l)$ 为 $\nabla F_{\mathrm{m}}(\boldsymbol{p})$ 在 $\boldsymbol{p}=\boldsymbol{p}^l$ 时的值，初始解为 $\boldsymbol{p}^0$。

在迭代方程组（8.34）中，校正向量 $\delta\boldsymbol{p}^l$ 是未知的。因此，这个方程组可以改写成

$$\pounds_m\left[\nabla F_m\left(\boldsymbol{p}^l\right)\delta\boldsymbol{p}^l\right]=g_m(\boldsymbol{x}),\quad m=1,2,\cdots,M,\quad \boldsymbol{x}\in\Omega \tag{8.35}$$

式（8.35）中，$g_m(\boldsymbol{x})=f_m(\boldsymbol{x})-\pounds_m[F_m(\boldsymbol{p}^l)]$，令 $F_m(\boldsymbol{p}^l)$ 和 $\nabla F_m(\boldsymbol{p}^l)$ 为定值。现在，式（8.35）就是 $\delta\boldsymbol{p}^l$ 的线性系统，可以用第 4 章的各种数值方法求解。

为迭代解向量 $\boldsymbol{p}^l$ 加上校正向量 $\delta\boldsymbol{p}^l$，则将获得新的解向量 $\boldsymbol{p}^{l+1}$，即

$$\boldsymbol{p}^{l+1}=\boldsymbol{p}^l+\delta\boldsymbol{p}^l$$

当 $\delta\boldsymbol{p}^l$ 的 Zuclidian 范数小于给定值时，迭代结束。

8.2.2 联立求解（SS）方法

对于式（8.10），最自然的求解方法是同时求解这三个方程，即联立求解（SS）方法。这种方法最初由 Douglas et al.（1959）提出，仍然广泛用于油藏模拟中。

令 $n>0$（整数）表示时间步长。对于任意时间函数 υ，用 $\bar{\delta}\upsilon$ 记第 n 步的时间增量：

$$\bar{\delta}\upsilon=\upsilon^{n+1}-\upsilon^n$$

式（8.10）的隐式时间近似为

$$\begin{aligned}
&\frac{1}{\Delta t}\bar{\delta}\left(\frac{\phi S_{\mathrm{w}}}{B_{\mathrm{w}}}\right)=\nabla\cdot\left(\boldsymbol{T}_{\mathrm{w}}^{n+1}\nabla\Phi_{w}^{n+1}\right)+\frac{q_{\mathrm{Ws}}^{n+1}}{B_{\mathrm{w}}^{n+1}}\\
&\frac{1}{\Delta t}\bar{\delta}\left(\frac{\phi S_{\mathrm{o}}}{B_{\mathrm{o}}}\right)=\nabla\cdot\left(\boldsymbol{T}_{\mathrm{o}}^{n+1}\nabla\Phi_{\mathrm{o}}^{n+1}\right)+\frac{q_{\mathrm{Os}}^{n+1}}{B_{\mathrm{o}}^{n+1}}\\
&\frac{1}{\Delta t}\bar{\delta}\left[\phi\left(\frac{S_{\mathrm{g}}}{B_{\mathrm{g}}}+\frac{R_{\mathrm{so}}S_{\mathrm{o}}}{B_{\mathrm{o}}}\right)\right]\\
&=\nabla\cdot\left(\boldsymbol{T}_{\mathrm{g}}^{n+1}\nabla\Phi_{\mathrm{g}}^{n+1}+R_{\mathrm{so}}^{n+1}\boldsymbol{T}_{\mathrm{o}}^{n+1}\nabla\Phi_{\mathrm{o}}^{n+1}\right)+\frac{q_{\mathrm{Gs}}^{n+1}}{B_{\mathrm{g}}^{n+1}}+\frac{q_{\mathrm{Os}}^{n+1}R_{\mathrm{so}}^{n+1}}{B_{\mathrm{o}}^{n+1}}
\end{aligned} \tag{8.36}$$

其中，$\Delta t = t^{n+1} - t^{n}$。

式（8.36）是未知量 Φ_α^{n+1} 和 S_α^{n+1} 的非线性方程组，α=w，o，g，利用由 Newton-Raphson 迭代法线性化后得到

$$\Phi_\alpha^{n+1,l+1} = \Phi_\alpha^{n+1,l} + \delta\Phi_\alpha, S_\alpha^{n+1,l+1} = S_\alpha^{n+1,l} + \delta S_\alpha, \alpha = \text{w, o, g}$$

式中：l 为 Newton-Raphson 迭代的次数；$\delta\Phi_\alpha$ 和 δS_α 分别为迭代步中的势和饱和度的增量（方便起见，省略了增量中的上标 l）。

注意到对于任意时间函数 υ 都有

$$\upsilon^{n+1} \approx \upsilon^{n+1,l+1} = \upsilon^{n+1,l} + \delta\upsilon$$

因此

$$\bar{\delta}\upsilon \approx \upsilon^{n+1,l} - \upsilon^{n} + \delta\upsilon$$

将近似关系代入式（8.36）得到

$$\begin{aligned}
&\frac{1}{\Delta t}\left[\left(\frac{\phi S_\text{w}}{B_\text{w}}\right)^{n+1,l} - \left(\frac{\phi S_\text{w}}{B_\text{w}}\right)^{n} + \delta\left(\frac{\phi S_\text{w}}{B_w}\right)\right] \\
&= \nabla\cdot\left(\boldsymbol{T}_\text{w}^{n+1,l+1}\nabla\Phi_\text{w}^{n+1,l+1}\right) + \frac{q_\text{Ws}^{n+1,l+1}}{B_\text{w}^{n+1,l+1}} \\
&\frac{1}{\Delta t}\left[\left(\frac{\phi S_\text{o}}{B_\text{o}}\right)^{n+1,l} - \left(\frac{\phi S_\text{o}}{B_\text{o}}\right)^{n} + \delta\left(\frac{\phi S_\text{o}}{B_\text{o}}\right)\right] \\
&= \nabla\cdot(\boldsymbol{T}_\text{o}^{n+1,l+1}\nabla\Phi_\text{o}^{n+1,l+1}) + \frac{q_\text{Os}^{n+1,l+1}}{B_\text{o}^{n+1,l+1}} \\
&\frac{1}{\Delta t}\left\{\left[\phi\left(\frac{S_\text{g}}{B_\text{g}} + \frac{R_\text{so}S_\text{o}}{B_\text{o}}\right)\right]^{n+1,l} - \left[\phi\left(\frac{S_\text{g}}{B_\text{g}} + \frac{R_\text{so}S_\text{o}}{B_\text{o}}\right)\right]^{n} + \delta\left[\phi\left(\frac{S_\text{g}}{B_\text{g}} + \frac{R_\text{so}S_\text{o}}{B_\text{o}}\right)\right]\right\} \\
&= \nabla\cdot\left(\boldsymbol{T}_\text{g}^{n+1,l+1}\nabla\Phi_\text{g}^{n+1,l+1} + R_\text{so}^{n+1,l+1}\boldsymbol{T}_\text{o}^{n+1,l+1}\nabla\Phi_\text{o}^{n+1,l+1}\right) \\
&+ \frac{q_\text{Gs}^{n+1,l+1}}{B_\text{g}^{n+1,l+1}} + \frac{q_\text{Os}^{n+1,l+1}R_\text{so}^{n+1,l+1}}{B_\text{o}^{n+1,l+1}}
\end{aligned} \tag{8.37}$$

在式（8.37）中，$\delta\Phi_\alpha$ 和 δS_α 为未知量，α=w，o，g。当没有歧义时，用 υ^{l+1} 和 υ^{l} 分别代替 $\upsilon^{n+1,l+1}$ 和 $\upsilon^{n+1,l}$（即省略了上标 n+1）。

在饱和状态下，主要的未知量为 δp、δS_w、δS_o；在欠饱和状态下，未知量为 δp、δS_w、δp_b。

前一种情况下，$\delta S_\text{g} = -\delta S_\text{w} - \delta S_\text{o}$；后一种情况下，$\delta S_\text{g} = 0$，$\delta S_\text{o} = -\delta S_\text{w}$。因此，式（8.37）左侧可以展开如下。

水组分：

$$\delta\left(\frac{\phi S_\text{w}}{B_\text{w}}\right) = c_\text{wp}\delta p + c_{\text{w}S_\text{w}}\delta S_\text{w} \tag{8.38}$$

其中

$$c_{wp}=\phi^0 c_R\left(\frac{S_w}{B_w}\right)^l+\left(\phi S_w\frac{dB_w^{-1}}{dp}\right)^l, c_{wS_w}=\left(\frac{\phi}{B_w}\right)^l$$

在饱和状态下，油组分：

$$\delta\left(\frac{\phi S_o}{B_o}\right)=c_{op}\delta p+c_{oS_o}\delta S_o \tag{8.39}$$

其中

$$c_{op}=\phi^0 c_R\left(\frac{S_o}{B_o}\right)^l+\left(\phi S_o\frac{dB_o^{-1}}{dp}\right)^l, c_{oS_o}=\left(\frac{\phi}{B_o}\right)^l$$

在欠饱和状态下，油组分：

$$\delta\left(\frac{\phi S_o}{B_o}\right)=c_{op}\delta p+c_{oS_w}\delta S_w+c_{op_b}\delta p_b \tag{8.40}$$

其中

$$c_{op}=\phi^0 c_R\left(\frac{S_o}{B_o}\right)^l+\left(\phi S_o\frac{\partial B_o^{-1}}{\partial p}\right)^l, c_{oS_w}=-\left(\frac{\phi}{B_o}\right)^l, c_{op_b}=\left(\phi S_o\frac{\partial B_o^{-1}}{\partial p_b}\right)^l$$

在饱和状态下，气组分：

$$\delta\left[\phi\left(\frac{S_g}{B_g}+\frac{R_{so}S_o}{B_o}\right)\right]=c_{gp}\delta p+c_{gS_w}\delta S_w+c_{gS_o}\delta S_o \tag{8.41}$$

其中

$$c_{gp}=\phi^0 c_R\left(\frac{S_g}{B_g}+\frac{R_{so}S_o}{B_o}\right)^l+\left\{\phi\left[S_g\frac{dB_g^{-1}}{dp}+S_o\frac{d}{dp}\left(\frac{R_{so}}{B_o}\right)\right]\right\}^l$$

$$c_{gS_w}=-\left(\frac{\phi}{B_g}\right)^l, c_{gS_o}=-\left(\frac{\phi}{B_g}\right)^l+\left(\frac{\phi R_{so}}{B_o}\right)^l$$

在欠饱和状态下，气组分：

$$\delta\left[\phi\left(\frac{S_g}{B_g}+\frac{R_{so}S_o}{B_o}\right)\right]=c_{gp}\delta p+c_{gS_w}\delta S_w+c_{gp_b}\delta p_b \tag{8.42}$$

其中

$$c_{gp}=\phi^0 c_R\left(\frac{R_{so}S_o}{B_o}\right)^l+\left[\phi S_o\frac{\partial}{\partial p}\left(\frac{R_{so}}{B_o}\right)\right]^l$$

$$c_{gS_w}=-\left(\frac{\phi R_{so}}{B_o}\right)^l,\quad c_{gp_b}=\left[\phi S_o\frac{\partial}{\partial p_b}\left(\frac{R_{so}}{B_o}\right)\right]^l$$

式（8.37）右侧的初始未知量展开取决于求解技术。

在联立求解方法中，相势通过下式确定。

$$\Phi_\alpha^{l+1} = p^{l+1} + p_{c\alpha}^{l+1} - p_\alpha^{l+1} gz, \quad \alpha = \mathrm{w, o, g} \tag{8.43}$$

类似地，传导率为

$$\boldsymbol{T}_\alpha^{l+1} = \frac{K_{r\alpha}^{l+1}}{\mu_\alpha^{l+1} B_\alpha^{l+1}} \boldsymbol{K}, \quad \alpha = \mathrm{w, o, g} \tag{8.44}$$

其中，$\mu_{\mathrm{w}}^{l+1} = \mu_{\mathrm{w}}$。

井内为

$$\begin{aligned}
q_{\mathrm{Ws}}^{l+1} &= \sum_{j=1}^{N_{\mathrm{w}}} \sum_{m=1}^{M_{\mathrm{w}j}} WI^{(j,m)} \frac{K_{\mathrm{rw}}^{l+1}}{\mu_{\mathrm{w}}} \left\{ \left[p_{\mathrm{bh}}^{(j)} \right]^{l+1} - p^{l+1} - p_{\mathrm{cw}}^{l+1} - \rho_{\mathrm{w}}^{l+1} g \left[z_{\mathrm{bh}}^{(j)} - z \right] \right\} \delta \left[\boldsymbol{x} - \boldsymbol{x}^{(j,m)} \right] \\
q_{\mathrm{Os}}^{l+1} &= \sum_{j=1}^{N_{\mathrm{w}}} \sum_{m=1}^{M_{\mathrm{w}j}} WI^{(j,m)} \frac{K_{\mathrm{ro}}^{l+1}}{\mu_{\mathrm{o}}^{l+1}} \left\{ \left[p_{\mathrm{bh}}^{(j)} \right]^{l+1} - p^{l+1} - \rho_{\mathrm{o}}^{l+1} g \left(z_{\mathrm{bh}}^{(j)} - z \right) \right\} \delta \left[\boldsymbol{x} - \boldsymbol{x}^{(j,m)} \right] \\
q_{\mathrm{Gs}}^{l+1} &= \sum_{j=1}^{N_{\mathrm{w}}} \sum_{m=1}^{M_{\mathrm{w}j}} WI^{(j,m)} \frac{k_{\mathrm{rg}}^{l+1}}{\mu_{\mathrm{g}}^{l+1}} \left\{ \left[p_{\mathrm{bh}}^{(j)} \right]^{l+1} - p^{l+1} - p_{\mathrm{cg}}^{l+1} - \rho_{\mathrm{g}}^{l+1} g \left[z_{\mathrm{bh}}^{(j)} - z \right] \right\} \delta \left[\boldsymbol{x} - \boldsymbol{x}^{(j,m)} \right]
\end{aligned} \tag{8.45}$$

现在，用展开势主要未知量、传导率，以及井内流速。在饱和状态下，未知量为 δp、δS_{w} 和 δS_{o}；在欠饱和状态下，未知量为 δp、δS_{w} 和 δp_{b}。

对于水组分：

$$\Phi_{\mathrm{w}}^{l+1} = \Phi_{\mathrm{w}}^{l} + d_{\mathrm{wp}} \delta p + d_{\mathrm{w}S_{\mathrm{w}}} \delta S_{\mathrm{w}} \tag{8.46}$$

其中

$$d_{\mathrm{w}p} = 1 - \left(\frac{\mathrm{d}\rho_{\mathrm{w}}}{\mathrm{d}p} \right)^l gz, \quad d_{\mathrm{w}S_{\mathrm{w}}} = \left(\frac{\mathrm{d}\rho_{\mathrm{cw}}}{\mathrm{d}S_{\mathrm{w}}} \right)^l$$

在饱和状态下，油组分：

$$\Phi_{\mathrm{o}}^{l+1} = \Phi_{\mathrm{o}}^{l} + d_{\mathrm{op}} \delta p \tag{8.47}$$

其中

$$d_{\mathrm{op}} = 1 - \left(\frac{\mathrm{d}\rho_{\mathrm{o}}}{\mathrm{d}p} \right)^l gz$$

在欠饱和状态下，油组分：

$$\Phi_{\mathrm{o}}^{l+1} = \Phi_{\mathrm{o}}^{l} + d_{\mathrm{op}} \delta p + d_{\mathrm{op_b}} \delta p_{\mathrm{b}} \tag{8.48}$$

其中

$$d_{\mathrm{op}} = 1 - \left(\frac{\mathrm{d}\rho_{\mathrm{o}}}{\mathrm{d}p} \right)^l gz, \quad d_{\mathrm{op_b}} = -\left(\frac{\mathrm{d}\rho_{\mathrm{o}}}{\mathrm{d}p_{\mathrm{b}}} \right)^l gz$$

在饱和状态下，气组分：

$$\boldsymbol{\Phi}_{\mathrm{g}}^{l+1}=\boldsymbol{\Phi}_{\mathrm{g}}^{l}+d_{gp}\delta p+d_{gS}\left(\delta S_{\mathrm{w}}+\delta S_{\mathrm{o}}\right) \tag{8.49}$$

其中

$$d_{\mathrm{gp}}=1-\left(\frac{\mathrm{d}\rho_{\mathrm{g}}}{\mathrm{d}p}\right)^{l}gz,\quad d_{gS}=-\left(\frac{d\rho_{\mathrm{cg}}}{dS_{\mathrm{g}}}\right)^{l}$$

类似地展开传导率。对于水组分：

$$\boldsymbol{T}_{\mathrm{w}}^{l+1}=\boldsymbol{T}_{\mathrm{w}}^{l}+\boldsymbol{E}_{\mathrm{wp}}\delta p+\boldsymbol{E}_{\mathrm{w}S_{\mathrm{w}}}\delta S_{\mathrm{w}} \tag{8.50}$$

其中

$$\boldsymbol{E}_{\mathrm{wp}}=\left(\frac{K_{\mathrm{rw}}}{\mu_{\mathrm{w}}}\frac{\mathrm{d}B_{\mathrm{w}}^{-1}}{\mathrm{d}p}\right)^{l}\boldsymbol{K},\quad \boldsymbol{E}_{\mathrm{w}S_{\mathrm{w}}}=\left(\frac{\mathrm{d}K_{\mathrm{rw}}}{\mathrm{d}S_{\mathrm{w}}}\frac{1}{\mu_{\mathrm{w}}B_{\mathrm{w}}}\right)^{l}\boldsymbol{K}$$

在饱和状态下，油组分：

$$\boldsymbol{T}_{\mathrm{o}}^{l+1}=\boldsymbol{T}_{\mathrm{o}}^{l}+\boldsymbol{E}_{\mathrm{op}}\delta p+\boldsymbol{E}_{\mathrm{o}S_{\mathrm{w}}}\delta S_{\mathrm{w}}+\boldsymbol{E}_{\mathrm{o}S_{\mathrm{o}}}\delta S_{\mathrm{o}} \tag{8.51}$$

其中

$$\boldsymbol{E}_{\mathrm{op}}=\left(K_{\mathrm{ro}}\frac{\mathrm{d}}{\mathrm{d}p}(\frac{1}{\mu_{\mathrm{o}}B_{\mathrm{o}}})\right)^{l}\boldsymbol{K},\quad \boldsymbol{E}_{\mathrm{o}S_{\mathrm{o}}}=-\left(\frac{\mathrm{d}K_{\mathrm{ro}}}{\mathrm{d}S_{\mathrm{g}}}\frac{1}{\mu_{\mathrm{o}}B_{\mathrm{o}}}\right)^{l}\boldsymbol{K},$$

$$\boldsymbol{E}_{\mathrm{o}S_{\mathrm{w}}}=\left[\left(\frac{\mathrm{d}K_{\mathrm{ro}}}{\mathrm{d}S_{\mathrm{w}}}-\frac{\mathrm{d}K_{\mathrm{ro}}}{\mathrm{d}S_{\mathrm{g}}}\right)\frac{1}{\mu_{\mathrm{o}}B_{\mathrm{o}}}\right]^{l}K$$

在欠饱和状态下，油组分：

$$\boldsymbol{T}_{\mathrm{o}}^{l+1}=\boldsymbol{T}_{\mathrm{o}}^{l}+\boldsymbol{E}_{\mathrm{op}}\delta p+\boldsymbol{E}_{\boldsymbol{o}S_{\mathrm{w}}}\delta S_{\mathrm{w}}+\boldsymbol{E}_{\mathrm{o}p_{\mathrm{b}}}\delta p_{\mathrm{b}} \tag{8.52}$$

其中

$$\boldsymbol{E}_{\mathrm{op}}=\left[K_{\mathrm{ro}}\frac{\partial}{\partial p}\left(\frac{1}{\mu_{\mathrm{o}}B_{\mathrm{o}}}\right)\right]^{l}\boldsymbol{K},\quad \boldsymbol{E}_{\mathrm{o}S_{\mathrm{w}}}=\left(\frac{\mathrm{d}K_{\mathrm{ro}}}{\mathrm{d}S_{\mathrm{w}}}\frac{1}{\mu_{\mathrm{o}}B_{\mathrm{o}}}\right)^{l}\boldsymbol{K}$$

$$\boldsymbol{E}_{\mathrm{o}p_{\mathrm{b}}}=\left[K_{\mathrm{ro}}\frac{\partial}{\partial p_{\mathrm{b}}}\left(\frac{1}{\mu_{\mathrm{o}}B_{\mathrm{o}}}\right)\right]^{l}K$$

在饱和状态下，气组分：

$$\boldsymbol{T}_{\mathrm{g}}^{l+1}=\boldsymbol{T}_{\mathrm{g}}^{l}+\boldsymbol{E}_{\mathrm{gp}}\delta p+\boldsymbol{E}_{\mathrm{gs}}\left(\delta S_{\mathrm{w}}+\delta S_{\mathrm{o}}\right) \tag{8.53}$$

其中

$$\boldsymbol{E}_{gp}=\left[K_{\mathrm{rg}}\frac{\mathrm{d}}{\mathrm{d}p}\left(\frac{1}{\mu_{\mathrm{g}}B_{\mathrm{g}}}\right)\right]^{l}\boldsymbol{K},\quad \boldsymbol{E}_{gS}=-\left(\frac{\mathrm{d}K_{\mathrm{rg}}}{\mathrm{d}S_{\mathrm{g}}}\frac{1}{\mu_{\mathrm{g}}B_{\mathrm{g}}}\right)^{l}\boldsymbol{K}$$

类似地，展开对井内流速项。对于水组分：

$$q_{\mathrm{Ws}}^{l+1}=q_{\mathrm{Ws}}^{l}+\sum_{j=1}^{N_{\mathrm{w}}}\sum_{m=1}^{M_{\mathrm{w}j}}WI^{(j,m)}\left[e_{\mathrm{wp}}^{(j)}\delta p+e_{\mathrm{w}S_{\mathrm{w}}}^{(j)}\delta S_{\mathrm{w}}+\mathrm{e}_{\mathrm{w}p_{\mathrm{bh}}}\delta p_{\mathrm{bh}}^{(j)}\right]\delta\left[\boldsymbol{x}-\boldsymbol{x}^{(j,m)}\right] \tag{8.54}$$

其中

$$e_{\mathrm{w}p}^{(j)}=-\frac{1}{\mu_w}\left(K_{\mathrm{rw}}\left\{1+\frac{\mathrm{d}\rho_w}{\mathrm{d}p}g\left[z_{\mathrm{bh}}^{(j)}-z\right]\right\}\right)^l,\quad e_{\mathrm{w}p_{\mathrm{bh}}}=\frac{K_{\mathrm{rw}}^l}{\mu_{\mathrm{w}}},$$

$$e_{\mathrm{w}S_{\mathrm{w}}}^{(j)}=\frac{1}{\mu_{\mathrm{w}}}\left(\frac{\mathrm{d}K_{\mathrm{rw}}}{\mathrm{d}S_{\mathrm{w}}}\left\{p_{\mathrm{bh}}^{(j)}-p-p_{\mathrm{cw}}-\rho_{\mathrm{w}}g\left[z_{\mathrm{bh}}^{(j)}-z\right]\right\}-K_{\mathrm{rw}}\frac{\mathrm{d}p_{\mathrm{cw}}}{\mathrm{d}S_{\mathrm{w}}}\right)^l$$

在饱和状态下，油组分：

$$q_{\mathrm{Os}}^{l+1}=q_{\mathrm{Os}}^{l}+\sum_{j=1}^{N_{\mathrm{w}}}\sum_{m=1}^{M_{\mathrm{w}j}}WI^{(j,m)}\left[e_{\mathrm{op}}^{(j)}\delta p+e_{\mathrm{o}S_{\mathrm{w}}}^{(j)}\delta S_{\mathrm{w}}+e_{\mathrm{o}S_{\mathrm{o}}}^{(j)}\delta S_{\mathrm{o}}+e_{\mathrm{o}p_{\mathrm{bh}}}\delta p_{\mathrm{bh}}^{(j)}\right]\delta\left[\boldsymbol{x}-\boldsymbol{x}^{(j,m)}\right] \tag{8.55}$$

其中

$$e_{\mathrm{op}}^{(j)}=\left[K_{\mathrm{ro}}\left(\frac{\mathrm{d}\mu_{\mathrm{o}}^{-1}}{\mathrm{d}p}\left\{p_{\mathrm{bh}}^{(j)}-p-\rho_{\mathrm{o}}g\left[z_{\mathrm{bh}}^{(j)}-z\right]\right\}-\frac{1}{\mu_{\mathrm{o}}}\left\{1+\frac{\mathrm{d}\rho_{\mathrm{o}}}{\mathrm{d}p}g\left[z_{\mathrm{bh}}^{(j)}-z\right]\right\}\right)\right]^l$$

$$e_{\mathrm{o}S_{\mathrm{w}}}^{(j)}=\left(\frac{1}{\mu_{\mathrm{o}}}\left(\frac{\mathrm{d}K_{\mathrm{ro}}}{\mathrm{d}S_{\mathrm{w}}}-\frac{\mathrm{d}K_{\mathrm{ro}}}{\mathrm{d}S_{\mathrm{g}}}\right)\left\{p_{\mathrm{bh}}^{(j)}-p-\rho_{\mathrm{o}}g\left[z_{\mathrm{bh}}^{(j)}-z\right]\right\}\right)^l$$

$$e_{\mathrm{o}S_{\mathrm{o}}}^{(j)}=-\left(\frac{\mathrm{d}K_{\mathrm{ro}}}{\mathrm{d}S_{\mathrm{g}}}\frac{1}{\mu_{\mathrm{o}}}\left\{p_{\mathrm{bh}}^{(j)}-p-\rho_{\mathrm{o}}g\left[z_{\mathrm{bh}}^{(j)}-z\right]\right\}\right)^l,\quad e_{\mathrm{o}p_{\mathrm{bh}}}=\left(\frac{K_{\mathrm{ro}}}{\mu_{\mathrm{o}}}\right)^l$$

在欠饱和状态下，油组分：

$$q_{\mathrm{Os}}^{l+1}=q_{\mathrm{Os}}^{l}+\sum_{j=1}^{N_{\mathrm{w}}}\sum_{m=1}^{M_{\mathrm{w}j}}WI^{(j,m)}\left[e_{\mathrm{op}}^{(j)}\delta p+e_{\mathrm{o}S_{\mathrm{w}}}^{(j)}\delta S_{\mathrm{w}}+e_{\mathrm{o}p_{\mathrm{b}}}^{(j)}\delta p_{\mathrm{b}}+e_{\mathrm{o}p_{\mathrm{bh}}}\delta p_{\mathrm{bh}}^{(j)}\right]\delta\left[\boldsymbol{x}-\boldsymbol{x}^{(j,m)}\right] \tag{8.56}$$

其中

$$e_{\mathrm{op}}^{(j)}=\left[K_{\mathrm{ro}}\left(\frac{\partial\mu_{\mathrm{o}}^{-1}}{\partial p}\left\{p_{\mathrm{bh}}^{(j)}-p-\rho_{\mathrm{o}}g\left[z_{\mathrm{bh}}^{(j)}-z\right]\right\}-\frac{1}{\mu_{\mathrm{o}}}\left\{1+\frac{\partial\rho_o}{\partial p}g\left[z_{\mathrm{bh}}^{(j)}-z\right]\right\}\right)\right]^l$$

$$e_{\mathrm{oS_w}}^{(j)}=\left(\frac{1}{\mu_{\mathrm{o}}}\frac{\mathrm{d}K_{\mathrm{ro}}}{\mathrm{d}S_{\mathrm{w}}}\left\{p_{\mathrm{bh}}^{(j)}-p-\rho_{\mathrm{o}}g\left[z_{\mathrm{bh}}^{(j)}-z\right]\right\}\right)^l,\quad e_{\mathrm{o}p_{\mathrm{bh}}}=\left(\frac{K_{\mathrm{ro}}}{\mu_{\mathrm{o}}}\right)^l$$

$$e_{\mathrm{o}p_{\mathrm{b}}}^{(j)}=\left[K_{\mathrm{ro}}\left(\frac{\partial\mu_{\mathrm{o}}^{-1}}{\partial p_{\mathrm{b}}}\left\{p_{\mathrm{bh}}^{(j)}-p-\rho_{\mathrm{o}}g\left[z_{\mathrm{bh}}^{(j)}-z\right]\right\}-\frac{1}{\mu_{\mathrm{o}}}\frac{\partial\rho_{\mathrm{o}}}{\partial p_{\mathrm{b}}}g\left[z_{\mathrm{bh}}^{(j)}-z\right]\right)\right]^l$$

在饱和状态下，气组分：

$$q_{\mathrm{Gs}}^{l+1}=q_{\mathrm{Gs}}^{l}+\sum_{j=1}^{N_{\mathrm{w}}}\sum_{m=1}^{M_{\mathrm{w}j}}WI^{(j,m)}\left[e_{\mathrm{gp}}^{(j)}\delta p+e_{\mathrm{gS}}^{(j)}\left(\delta S_{\mathrm{w}}+\delta S_{\mathrm{o}}\right)+e_{\mathrm{g}p_{\mathrm{bh}}}\delta p_{\mathrm{bh}}^{(j)}\right]\delta\left[\boldsymbol{x}-\boldsymbol{x}^{(j,m)}\right] \tag{8.57}$$

其中

$$e_{gp}^{(j)}=\left[K_{\mathrm{rg}}\left(\frac{\mathrm{d}\mu_{\mathrm{g}}^{-1}}{\mathrm{d}p}\left\{p_{\mathrm{bh}}^{(j)}-p-p_{\mathrm{cg}}-\rho_{\mathrm{g}}g\left[z_{\mathrm{bh}}^{(j)}-z\right]\right\}-\frac{1}{\mu_{\mathrm{g}}}\left\{1+\frac{\mathrm{d}\rho_{\mathrm{g}}}{\mathrm{d}p}g\left[z_{\mathrm{bh}}^{(j)}-z\right]\right\}\right)\right]^{l}$$

$$e_{\mathrm{g}p_{\mathrm{bh}}}=\left(\frac{K_{\mathrm{rg}}}{\mu_{\mathrm{g}}}\right)^{l},e_{\mathrm{gS}}^{(j)}=-\left[\frac{1}{\mu_{\mathrm{g}}}\left(\frac{\mathrm{d}K_{rg}}{\mathrm{d}S_{\mathrm{g}}}\left\{p_{\mathrm{bh}}^{(j)}-p-p_{\mathrm{cg}}-\rho_{\mathrm{g}}g\left[z_{\mathrm{bh}}^{(j)}-z\right]\right\}-K_{\mathrm{rg}}\frac{\mathrm{d}p_{\mathrm{cg}}}{\mathrm{d}S_{\mathrm{g}}}\right)\right]^{l}$$

最后，展开式（8.37）的 R_{so} 和 B_{α}，α=w，o，g。

饱和状态下：

$$R_{\mathrm{so}}^{l+1}=R_{\mathrm{so}}^{l}+r_{\mathrm{sp}}\delta p,\quad B_{\alpha}^{l+1}=B_{\alpha}^{l}\left(1-b_{\alpha\mathrm{p}}\delta p\right),\quad \alpha=\mathrm{w,o,g} \tag{8.58}$$

其中

$$r_{\mathrm{sp}}=\left(\frac{\mathrm{d}R_{\mathrm{so}}}{\mathrm{d}p}\right)^{l},\quad b_{\alpha\mathrm{p}}=-\left(\frac{1}{B_{\alpha}}\frac{\mathrm{d}B_{\alpha}}{\mathrm{d}p}\right)^{l},\quad \alpha=\mathrm{w,o,g}$$

欠饱和状态下：

$$R_{\mathrm{so}}^{l+1}=R_{\mathrm{so}}^{l}+r_{\mathrm{sp}}\delta p+r_{\mathrm{s}p_{\mathrm{b}}}\delta p_{\mathrm{b}},\quad B_{\mathrm{o}}^{l+1}=B_{\mathrm{o}}^{l}(1-b_{\mathrm{o}p}\delta p-b_{\mathrm{o}p_{\mathrm{b}}}\delta p_{\mathrm{b}}) \tag{8.59}$$

其中

$$r_{sp}=\left(\frac{\partial R_{\mathrm{so}}}{\partial p}\right)^{l},\quad r_{\mathrm{s}p_{\mathrm{b}}}=\left(\frac{\partial R_{\mathrm{so}}}{\partial p_{\mathrm{b}}}\right)^{l},\quad b_{\mathrm{o}p}=-\left(\frac{1}{B_{\mathrm{o}}}\frac{\partial B_{\mathrm{o}}}{\partial p}\right)^{l},\quad b_{\mathrm{o}p_{\mathrm{b}}}=-\left(\frac{1}{B_{\mathrm{o}}}\frac{\partial B_{\mathrm{o}}}{\partial p_{\mathrm{b}}}\right)^{l}$$

（1）饱和状态。

将式（8.38）至式（8.59）代入式（8.37）得到初始未知量的线性系统。因为未知量的选择取决于油藏所处状态，所以对饱和状态与欠饱和状态分开讨论。在前一种情况下，主要未知量为 δp，δS_{w} 和 δS_{o}。对于水组分，将式（8.38）、式（8.46）、式（8.50）、式（8.54）和式（8.58）代入式（8.37）的第一个方程，忽略 δp 和 δS_{w} 的高阶项［见练习（8）］，得

$$\begin{aligned}&\frac{1}{\Delta t}\left[\left(\frac{\phi S_{\mathrm{w}}}{B_{\mathrm{w}}}\right)^{l}-\left(\frac{\phi S_{\mathrm{w}}}{B_{\mathrm{w}}}\right)^{n}+c_{\mathrm{w}p}\delta p+c_{\mathrm{w}S_{\mathrm{w}}}\delta S_{\mathrm{w}}\right]\\&=\nabla\left[\left(\boldsymbol{T}_{\mathrm{w}}^{l}+\boldsymbol{E}_{\mathrm{wp}}\delta p+\boldsymbol{E}_{\mathrm{w}S_{\mathrm{w}}}\delta S_{\mathrm{w}}\right)\nabla\Phi_{\mathrm{w}}^{l}\right]\\&\quad+\nabla\left[\boldsymbol{T}_{\mathrm{w}}^{l}\nabla\left(d_{\mathrm{w}p}\delta p\right)\right]+\nabla\cdot\left[\boldsymbol{T}_{\mathrm{w}}^{l}\nabla\left(d_{\mathrm{w}S_{\mathrm{w}}}\delta S_{\mathrm{w}}\right)\right]\\&\quad+\frac{1}{B_{\mathrm{w}}^{l}}\left\{q_{\mathrm{Ws}}^{l}+\sum_{j=1}^{N_{\mathrm{w}}}\sum_{m=1}^{M_{\mathrm{w}j}}WI^{(j,m)}\left[e_{\mathrm{w}p}^{(j)}\delta p+e_{\mathrm{w}S_{\mathrm{w}}}^{(j)}\delta S_{\mathrm{w}}\right.\right.\\&\quad\left.\left.+e_{\mathrm{w}p_{\mathrm{bh}}}^{(j)}\delta p_{\mathrm{bh}}^{(j)}\right]\delta\left[\boldsymbol{x}-\boldsymbol{x}^{(j,m)}\right]\right\}+\frac{b_{\mathrm{w}p}q_{\mathrm{Ws}}^{l}}{B_{\mathrm{w}}^{l}}\delta p\end{aligned} \tag{8.60}$$

对于饱和状态下的油组分，将式（8.39）、式（8.47）、式（8.51）、式（8.55）和式（8.58）代入式（8.37）的第二个方程［见练习（9）］，得

$$\frac{1}{\Delta t}\left[\left(\frac{\phi S_{\mathrm{o}}}{B_{\mathrm{o}}}\right)^{l}-\left(\frac{\phi S_{\mathrm{o}}}{B_{\mathrm{o}}}\right)^{n}+c_{\mathrm{o}p}\delta p+c_{\mathrm{o}S_{\mathrm{o}}}\delta S_{\mathrm{o}}\right]$$
$$=\nabla\cdot\left[\left(\boldsymbol{T}_{\mathrm{o}}^{l}+\boldsymbol{E}_{\mathrm{o}p}\delta p+\boldsymbol{E}_{\mathrm{o}S_{\mathrm{w}}}\delta S_{\mathrm{w}}+\boldsymbol{E}_{\mathrm{o}S_{\mathrm{o}}}\delta S_{\mathrm{o}}\right)\nabla\Phi_{\mathrm{o}}^{l}\right]+\nabla\cdot\left[\boldsymbol{T}_{\mathrm{o}}^{l}\nabla\left(d_{\mathrm{o}p}\delta p\right)\right]$$
$$+\frac{1}{B_{\mathrm{o}}^{l}}\left\{q_{\mathrm{Os}}^{l}+\sum_{j=1}^{N_{\mathrm{w}}}\sum_{m=1}^{M_{\mathrm{w}j}}WI^{(j,m)}\left[e_{\mathrm{o}p}^{(j)}\delta p+e_{\mathrm{o}S_{\mathrm{w}}}^{(j)}\delta S_{\mathrm{w}}\right.\right. \tag{8.61}$$
$$\left.\left.+e_{\mathrm{o}S_{\mathrm{o}}}^{(j)}\delta S_{\mathrm{o}}+e_{\mathrm{o}p_{\mathrm{bh}}}^{(j)}\delta p_{\mathrm{bh}}^{(j)}\right]\delta\left[\boldsymbol{x}-\boldsymbol{x}^{(j,m)}\right]\right\}+\frac{b_{\mathrm{o}p}q_{\mathrm{Os}}^{l}}{B_{\mathrm{o}}^{l}}\delta p$$

对于饱和状态下的气组分，将式（8.41）、式（8.49）、式（8.53）、式（8.57）和式（8.58）代入式（8.37）的第三个方程，得

$$\frac{1}{\Delta t}\left\{\left[\phi\left(\frac{S_{\mathrm{g}}}{B_{\mathrm{g}}}+\frac{R_{\mathrm{so}}S_{\mathrm{o}}}{B_{\mathrm{o}}}\right)\right]^{l}-\left[\phi\left(\frac{S_{\mathrm{g}}}{B_{\mathrm{g}}}+\frac{R_{\mathrm{so}}S_{\mathrm{o}}}{B_{\mathrm{o}}}\right)\right]^{n}+c_{\mathrm{g}p}\delta p+c_{\mathrm{g}S_{\mathrm{w}}}\delta S_{\mathrm{w}}+c_{\mathrm{g}S_{\mathrm{o}}}\delta S_{\mathrm{o}}\right\}$$
$$=\nabla\cdot\left\{\left[\boldsymbol{T}_{\mathrm{g}}^{l}+\boldsymbol{E}_{\mathrm{g}p}\delta p+\boldsymbol{E}_{\mathrm{gS}}\left(\delta S_{\mathrm{w}}+\delta S_{\mathrm{o}}\right)\right]\nabla\Phi_{\mathrm{g}}^{l}\right\}$$
$$+\nabla\cdot\left[\boldsymbol{T}_{\mathrm{g}}^{l}\nabla\left(d_{\mathrm{g}p}\delta p\right)\right]+\nabla\cdot\left\{\boldsymbol{T}_{\mathrm{g}}^{l}\nabla\left[d_{\mathrm{g}S}\left(\delta S_{\mathrm{w}}+\delta S_{\mathrm{o}}\right)\right]\right\}$$
$$+\nabla\cdot\left\{\left[R_{\mathrm{so}}^{l}\left(\boldsymbol{T}_{\mathrm{o}}^{l}+\boldsymbol{E}_{\mathrm{o}p}\delta p+\boldsymbol{E}_{\mathrm{o}S_{\mathrm{w}}}\delta S_{\mathrm{w}}+\boldsymbol{E}_{\mathrm{o}S_{\mathrm{o}}}\delta S_{\mathrm{o}}\right)\right.\right.$$
$$\left.\left.+r_{\mathrm{sp}}\boldsymbol{T}_{\mathrm{o}}^{l}\delta p\right]\nabla\Phi_{\mathrm{o}}^{l}\right\}+\nabla\cdot\left[R_{\mathrm{so}}^{l}\boldsymbol{T}_{\mathrm{o}}^{l}\nabla\left(d_{\mathrm{o}p}\delta p\right)\right]$$
$$+\frac{1}{B_{\mathrm{g}}^{l}}\left\{q_{\mathrm{Gs}}^{l}+\sum_{j=1}^{N_{\mathrm{w}}}\sum_{m=1}^{M_{\mathrm{w}j}}WI^{(j,m)}\left[e_{\mathrm{g}p}^{(j)}\delta p+e_{\mathrm{g}S}^{(j)}\left(\delta S_{\mathrm{w}}+\delta S_{\mathrm{o}}\right)\right.\right. \tag{8.62}$$
$$\left.\left.+e_{\mathrm{g}p_{\mathrm{bh}}}^{(j)}\delta p_{\mathrm{bh}}^{(j)}\right]\delta\left[\boldsymbol{x}-\boldsymbol{x}^{(j,m)}\right]\right\}+\frac{b_{\mathrm{g}p}q_{\mathrm{Gs}}^{l}}{B_{\mathrm{g}}^{l}}\delta p$$
$$+\frac{R_{\mathrm{so}}^{l}}{B_{\mathrm{o}}^{l}}\left\{q_{\mathrm{Os}}^{l}+\sum_{j=1}^{N_{\mathrm{w}}}\sum_{m=1}^{M_{\mathrm{w}j}}WI^{(j,m)}\left[e_{\mathrm{o}p}^{(j)}\delta p+e_{\mathrm{o}S_{\mathrm{w}}}^{(j)}\delta S_{\mathrm{w}}+e_{\mathrm{o}S_{\mathrm{o}}}^{(j)}\delta S_{\mathrm{o}}\right.\right.$$
$$\left.\left.+e_{\mathrm{o}p_{\mathrm{bh}}}^{(j)}\delta p_{\mathrm{bh}}^{(j)}\right]\delta\left[\boldsymbol{x}-\boldsymbol{x}^{(j,m)}\right]\right\}+\frac{q_{\mathrm{Os}}^{l}}{B_{\mathrm{o}}^{l}}\left(R_{\mathrm{so}}^{l}b_{\mathrm{o}p}+r_{\mathrm{s}p}\right)\delta p$$

在SS方法中，每个网格节点上，都需要同时求解三个微分方程［式（8.60）至式（8.62）］。注意到在这些方程中 $\delta p_{\mathrm{bh}}^{(j)}$ 也许是未知的。当给定第 j 口井的井底压力时，$\delta p_{\mathrm{bh}}^{(j)}=0$。当给定流速时，$\delta p_{\mathrm{bh}}^{(j)}$ 就是未知的，需要为式（8.60）至式（8.62）补充一个额外的等式。因此，在给定流速的情况下，这三个方程和井控制方程必须同时求解。井的求解参见第8.2.5节。

（2）欠饱和状态。

欠饱和状态下，可以得到主要未知量 δ_{p}，δS_{w} 和 δp_{b} 类似的方程。水组分方程（8.60）保持不变。对于欠饱和状态下的油组分，将式（8.40）、式（8.48）、式（8.52）、式（8.56）和式（8.59）代入式（8.37）的第二个方程，得（参见练习8.11）：

$$
\begin{aligned}
&\frac{1}{\Delta t}\left[\left(\frac{\phi S_{\mathrm{o}}}{B_{\mathrm{o}}}\right)^{l}-\left(\frac{\phi S_{\mathrm{o}}}{B_{\mathrm{o}}}\right)^{n}+c_{op}\delta p+c_{\mathrm{o}S_{\mathrm{w}}}\delta S_{\mathrm{w}}+c_{op_{\mathrm{b}}}\delta p_{\mathrm{b}}\right] \\
&\quad=\nabla\cdot\left[\left(\boldsymbol{T}_{\mathrm{o}}^{l}+\boldsymbol{E}_{\mathrm{o}p}\delta p+\boldsymbol{E}_{\mathrm{o}S_{\mathrm{w}}}\delta S_{\mathrm{w}}+\boldsymbol{E}_{\mathrm{o}p_{\mathrm{b}}}\delta p_{\mathrm{b}}\right)\nabla\Phi_{\mathrm{o}}^{l}\right] \\
&\quad\quad+\nabla\cdot\left[\boldsymbol{T}_{\mathrm{o}}^{l}\nabla\left(d_{op}\delta p\right)\right]+\nabla\cdot\left[\boldsymbol{T}_{\mathrm{o}}^{l}\nabla\left(d_{\mathrm{o}p_{\mathrm{b}}}\delta p_{\mathrm{b}}\right)\right] \\
&\quad\quad+\frac{1}{B_{\mathrm{o}}^{l}}\left\{q_{\mathrm{Os}}^{l}+\sum_{j=1}^{N_{\mathrm{w}}}\sum_{m=1}^{M_{\mathrm{w}j}}WI^{(j,m)}\left[e_{op}^{(j)}\delta p+e_{\mathrm{o}S_{\mathrm{w}}}^{(j)}\delta S_{\mathrm{w}}+e_{\mathrm{o}p_{\mathrm{b}}}^{(j)}\delta p_{\mathrm{b}}\right.\right. \\
&\quad\quad\quad\left.\left.+e_{\mathrm{o}p_{\mathrm{bh}}}^{(j)}\delta p_{\mathrm{bh}}^{(j)}\right]\delta\left[\boldsymbol{x}-\boldsymbol{x}^{(j,m)}\right]+\frac{q_{\mathrm{Os}}^{l}}{B_{\mathrm{o}}^{l}}\left(b_{op}\delta p+b_{\mathrm{o}p_{\mathrm{b}}}\delta p_{\mathrm{b}}\right)\right\}
\end{aligned}
\tag{8.63}
$$

对于欠饱和状态下的气组分，将式(8.42)、式(8.48)、式(8.52)、式(8.56)和式(8.59)代入式(8.37)的第三个方程，得(参见练习 8.12)：

$$
\begin{aligned}
&\frac{1}{\Delta t}\left[\left(\frac{\phi R_{\mathrm{so}}S_{\mathrm{o}}}{B_{\mathrm{o}}}\right)^{l}-\left(\frac{\phi R_{\mathrm{so}}S_{\mathrm{o}}}{B_{\mathrm{o}}}\right)^{n}+c_{gp}\delta p+c_{\mathrm{g}S_{\mathrm{w}}}\delta S_{\mathrm{w}}+c_{gp_{\mathrm{b}}}\delta p_{\mathrm{b}}\right] \\
&\quad=\nabla\cdot\left\{\left[R_{\mathrm{so}}^{l}(\boldsymbol{T}_{\mathrm{o}}^{l}+\boldsymbol{E}_{op}\delta p+\boldsymbol{E}_{\mathrm{o}S_{\mathrm{w}}}\delta S_{\mathrm{w}}+\boldsymbol{E}_{\mathrm{o}p_{\mathrm{b}}}\delta p_{\mathrm{b}})+\boldsymbol{T}_{\mathrm{o}}^{l}\left(r_{\mathrm{sp}}\delta p+r_{sp_{\mathrm{b}}}\delta p_{\mathrm{b}}\right)\right]\nabla\Phi_{\mathrm{o}}^{l}\right\} \\
&\quad\quad+\nabla\cdot\left[R_{\mathrm{so}}^{l}\boldsymbol{T}_{\mathrm{o}}^{l}\nabla\left(d_{\mathrm{o}p}\delta p+d_{\mathrm{o}p_{\mathrm{b}}}\delta p_{\mathrm{b}}\right)\right]+\frac{R_{\mathrm{so}}^{l}}{B_{\mathrm{o}}^{l}}\left\{q_{\mathrm{Os}}^{l}+\sum_{j=1}^{N_{\mathrm{w}}}\sum_{m=1}^{M_{\mathrm{w}j}}WI^{(j,m)}\left[e_{op}^{(j)}\delta p+e_{\mathrm{o}S_{\mathrm{w}}}^{(j)}\delta S_{\mathrm{w}}\right.\right. \\
&\quad\quad\left.\left.+e_{\mathrm{o}p_{\mathrm{b}}}^{(j)}\delta p_{\mathrm{b}}+e_{\mathrm{o}p_{\mathrm{bh}}}^{(j)}\delta p_{\mathrm{bh}}\right]\delta\left(\boldsymbol{x}-\boldsymbol{x}^{(j,m)}\right)\right\}+\frac{q_{\mathrm{Os}}^{l}}{B_{\mathrm{o}}^{l}}\left[(R_{\mathrm{so}}^{l}b_{op}+r_{sp})\delta p+(R_{\mathrm{so}}^{l}b_{\mathrm{o}p_{\mathrm{b}}}+r_{\mathrm{s}p_{\mathrm{b}}})\delta p_{\mathrm{b}}\right]
\end{aligned}
\tag{8.64}
$$

同样，每个网格节点上必须同时求解三个微分方程式(8.60)、式(8.63)和式(8.64)以及井控方程。

(3)Newton–Raphson 迭代的终止。

为了终止 Newton–Raphson 迭代，需要考虑几个重要因素。首先，迭代次数必须小于给定的最大数值。其次，将需要求解的线性系统(LES)的未知量和等式右侧向量的迭代值作为终止条件的一部分。压力、含水饱和度、含油饱和度(泡点压力)和井底压力增量的绝对迭代绝对值必须小于它们各自允许的最大极限。最后，根据模拟经验，线性方程组右侧向量的无穷范数与井射孔层段油气组分流速总和的最大绝对值之比必须小于某一给定极限。质量平衡误差不作为 Newton–Raphson 迭代终止条件的一部分，而是监控模拟过程。质量平衡意味着累积的组分质量产量等于初始的组分质量减去当前的组分质量。

(4)泡点问题的处理。

正确处理泡点问题是控制 Newton–Raphson 迭代收敛性的一个重要问题。油藏的状态可以从饱和变为不饱和，反之亦然。在状态转换过程中确定适当的状态，就是泡点问题。如果能够及时识别泡点问题，并且为不同状态的油藏选择合理的未知量，则能更好地监测 Newton–Raphson 迭代的收敛性，加快迭代速度。

为了妥善处理泡点问题，必须使用如图 8.1 所示的状态机制(Booch et al.，1998)找出导致油藏状态转换的触发因素。油藏网格可以处于在饱和状态或欠饱和状态。此外，在第 n+1 个时间步上的 Newton–Raphson 迭代中从第 l 次迭代到第 l+1 次迭代，网格可以保持相

同状态或转移到另一状态。不同状态下的约束条件和触发因素是不同的。欠饱和状态下，约束条件是

$$\begin{aligned} S_{\mathrm{w}}^{n+1,l}+S_{\mathrm{o}}^{n+1,l}&=1 \\ p^{n+1,l}&>p_{\mathrm{b}}^{n+1,l} \end{aligned} \tag{8.65}$$

另一方面，饱和状态下的约束条件是

$$\begin{aligned} S_{\mathrm{w}}^{n+1,l}+S_{\mathrm{o}}^{n+1,l}+S_{\mathrm{g}}^{n+1,l}&=1 \\ p^{n+1,l}&=p_{\mathrm{b}}^{n+1,l} \end{aligned} \tag{8.66}$$

从欠饱和状态到饱和状态转变的触发因素是

$$p_{\mathrm{b}}^{n+1,l}+\delta p_{\mathrm{b}}>p^{n+1,l+1} \tag{8.67}$$

并且，从饱和状态到欠饱和状态转变的触发因素是

$$S_{\mathrm{g}}^{n+1,l+1}<0 \tag{8.68}$$

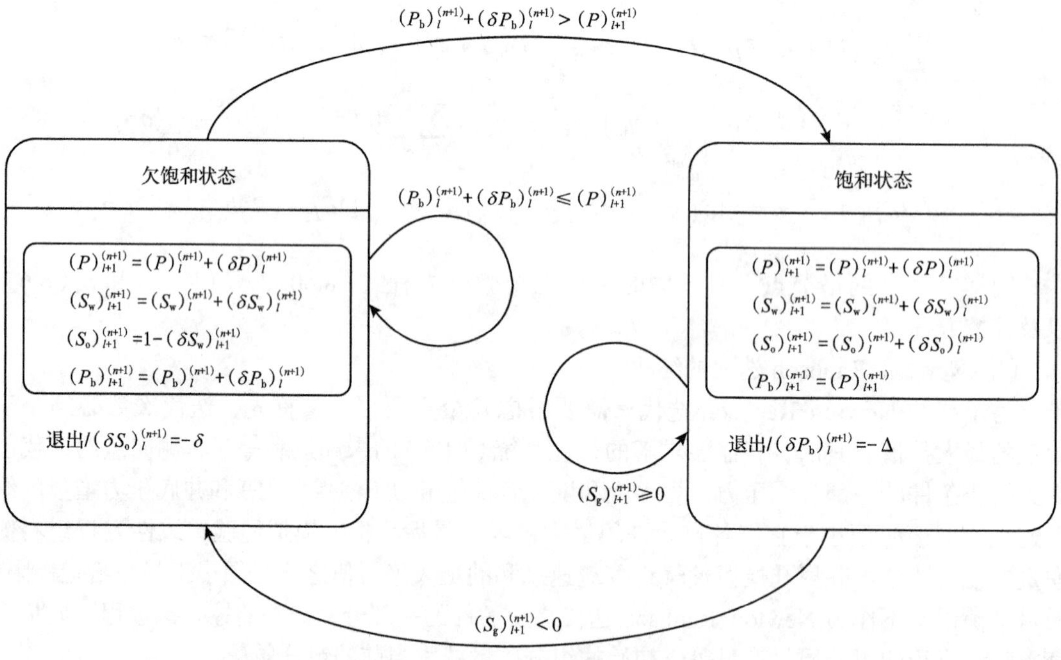

图 8.1 状态机制

为了正确处理泡点问题，必须检查触发因素，以此确定油藏中某个网格是处于旧状态还是转移到了新状态。然后，根据所处状态，让未知量满足相应状态的约束条件。当油藏某网格的储层压力降到泡点压力以下时，有 $p_{\mathrm{b}}^{n+1,l}+\delta p_{\mathrm{b}}>p^{n+1,l+1}$，溶解气从油相中析出，含油饱和度降低，这就触发了网格状态从欠饱和状态转移到饱和状态。为了转换到新的状态，令 δS_{o} 为小的负值，这样含气饱和度大于零，并释放出溶解气来。当该网格处于饱和状态时，更新对应网格点的未知量满足约束条件式（8.66）。类似地，如果油藏网格储层压力增加到使所有气体都溶解到油相中的压力点，那么在该位置处，从饱和状态转变为欠饱和状

态，并且 $S_{\mathrm{g}}^{n+1,l+1} < 0$，这就触发从饱和状态转变为欠饱和状态。新状态下，为了保证油相压力大于泡点压力，设定 δp_{b} 为一个小的负值。在该位置处的储层进入这个新状态之后，更新未知量满足欠饱和状态下的约束条件（8.65）。

8.2.3 顺序求解方法

顺序求解方法（MacDonald et al.，1970）类似于前面讨论的 SS 方法。不同的是，此时式（8.37）的三个方程是分开且顺序求解的。

在顺序求解方法中，所有饱和度的函数 K_{rw}、K_{ro}、K_{rg}、p_{cw} 和 p_{cg} 都使用 Newton–Raphson 迭代前一时间步的饱和度值；即，相势和传导率为

$$\begin{aligned} \Phi_{\alpha}^{l+1} &= p^{l+1} + p_{\mathrm{c}\alpha}^{l+1} - p_{\alpha}^{l+1} g z \\ \boldsymbol{T}_{\alpha}^{l+1} &= \frac{k_{r\alpha}^{l+1}}{\mu_{\alpha}^{l+1} B_{\alpha}^{l+1}} \boldsymbol{K}, \qquad \alpha = \mathrm{w, o, g} \end{aligned} \tag{8.69}$$

井内流速为

$$\begin{aligned} q_{\mathrm{Ws}}^{l+1} &= \sum_{j=1}^{N_{\mathrm{w}}} \sum_{m=1}^{M_{\mathrm{w}j}} WI^{(j,m)} \frac{k_{\mathrm{rw}}^{l}}{\mu_{\mathrm{w}}} \left\{ \left[p_{\mathrm{bh}}^{(j)} \right]^{l+1} - p^{l+1} - p_{\mathrm{cw}}^{l} - \rho_{\mathrm{w}}^{l+1} g \left[z_{\mathrm{bh}}^{(j)} - z \right] \right\} \delta\left[\boldsymbol{x} - \boldsymbol{x}^{(j,m)} \right] \\ q_{\mathrm{Os}}^{l+1} &= \sum_{j=1}^{N_{\mathrm{w}}} \sum_{m=1}^{M_{\mathrm{w}j}} WI^{(j,m)} \frac{k_{\mathrm{ro}}^{l}}{\mu_{\mathrm{o}}^{l+1}} \left\{ \left[p_{\mathrm{bh}}^{(j)} \right]^{l+1} - p^{l+1} - \rho_{\mathrm{o}}^{l+1} g \left[z_{\mathrm{bh}}^{(j)} - z \right] \right\} \delta\left[\boldsymbol{x} - \boldsymbol{x}^{(j,m)} \right] \\ q_{\mathrm{Gs}}^{l+1} &= \sum_{j=1}^{N_{\mathrm{w}}} \sum_{m=1}^{M_{\mathrm{w}j}} WI^{(j,m)} \frac{k_{\mathrm{rg}}^{l}}{\mu_{\mathrm{g}}^{l+1}} \left\{ \left[p_{\mathrm{bh}}^{(j)} \right]^{l+1} - p^{l+1} - p_{\mathrm{cg}}^{l} - \rho_{\mathrm{g}}^{l+1} g \left[z_{\mathrm{bh}}^{(j)} - z \right] \right\} \delta\left[\boldsymbol{x} - \boldsymbol{x}^{(j,m)} \right] \end{aligned} \tag{8.70}$$

因此，对于所有三组分的势展开为

$$\Phi_{\alpha}^{l+1} = \Phi_{\alpha}^{l} + d_{\alpha\mathrm{p}} \delta p, \qquad d_{\alpha\mathrm{p}} = 1 - \left(\frac{\mathrm{d}\rho_{\alpha}}{\mathrm{d}p} \right)^{l} g z, \qquad \alpha = \mathrm{w, o, g} \tag{8.71}$$

类似地，传导率展开为

$$\boldsymbol{T}_{\alpha}^{l+1} = \boldsymbol{T}_{\alpha}^{l} + \boldsymbol{E}_{\alpha\mathrm{p}} \delta p, \qquad \boldsymbol{E}_{\alpha\mathrm{p}} = \left[K_{\mathrm{r}\alpha} \frac{\mathrm{d}}{\mathrm{d}p} \left(\frac{1}{\mu_{\alpha} B_{\alpha}} \right) \right]^{l} \boldsymbol{K}, \qquad \alpha = \mathrm{w, o, g} \tag{8.72}$$

井内流速也可展开，对于水组分：

$$q_{\mathrm{Ws}}^{l+1} = q_{\mathrm{Ws}}^{l} + \sum_{j=1}^{N_{\mathrm{w}}} \sum_{m=1}^{M_{\mathrm{w}j}} WI^{(j,m)} \left[e_{\mathrm{w}p}^{(j)} \delta p + e_{\mathrm{w}p_{\mathrm{bh}}} \delta p_{\mathrm{bh}}^{(j)} \right] \delta\left[\boldsymbol{x} - \boldsymbol{x}^{(j,m)} \right] \tag{8.73}$$

其中

$$e_{\mathrm{w}p}^{(j)} = -\frac{1}{\mu_{\mathrm{w}}} \left\{ K_{\mathrm{rw}} (1 + \frac{\mathrm{d}\rho_{w}}{\mathrm{d}p} g \left[z_{\mathrm{bh}}^{(j)} - z \right] \right\}^{l}, \qquad e_{\mathrm{w}p_{\mathrm{bh}}} = \frac{k_{\mathrm{rw}}^{l}}{\mu_{\mathrm{w}}}$$

对于油组分：

$$q_{\mathrm{Os}}^{l+1} = q_{\mathrm{Os}}^{l} + \sum_{j=1}^{N_{\mathrm{w}}} \sum_{m=1}^{M_{\mathrm{w}j}} WI^{(j,m)} \left[e_{\mathrm{o}p}^{(j)} \delta p + e_{\mathrm{o}p_{\mathrm{bh}}} \delta p_{\mathrm{bh}}^{(j)} \right] \delta\left[\boldsymbol{x} - \boldsymbol{x}^{(j,m)} \right] \tag{8.74}$$

其中

$$e_{op}^{(j)}=\left(K_{\mathrm{ro}}\left\{\frac{\mathrm{d}\mu_{\mathrm{o}}^{-1}}{\mathrm{d}p}\left[p_{\mathrm{bh}}^{(j)}-p-\rho_{\mathrm{o}}g\left(z_{\mathrm{bh}}^{(j)}-z\right)\right]\right.\right.$$
$$\left.\left.-\frac{1}{\mu_{\mathrm{o}}}\left[1+\frac{\mathrm{d}\rho_{\mathrm{o}}}{\mathrm{d}p}g\left(z_{\mathrm{bh}}^{(j)}-z\right)\right]\right\}\right)^{l},\quad e_{op_{\mathrm{bh}}}=\left(\frac{K_{\mathrm{ro}}}{\mu_{\mathrm{o}}}\right)^{l}$$

对于气组分：

$$q_{\mathrm{Gs}}^{l+1}=q_{\mathrm{Gs}}^{l}+\sum_{j=1}^{N_{\mathrm{w}}}\sum_{m=1}^{M_{\mathrm{w}j}}WI^{(j,m)}\left[e_{gp}^{(j)}\delta p+e_{gp_{\mathrm{bh}}}\delta p_{\mathrm{bh}}^{(j)}\right]\delta\left[\boldsymbol{x}-\boldsymbol{x}^{(j,m)}\right] \tag{8.75}$$

其中

$$e_{gp}^{(j)}=\left(K_{rg}\left\{\frac{\mathrm{d}\mu_{\mathrm{g}}^{-1}}{\mathrm{d}p}\left[p_{\mathrm{bh}}^{(j)}-p-p_{\mathrm{cg}}-\rho_{\mathrm{g}}g\left(z_{\mathrm{bh}}^{(j)}-z\right)\right]\right.\right.$$
$$\left.\left.-\frac{1}{\mu_{\mathrm{g}}}\left[1+\frac{\mathrm{d}\rho_{\mathrm{g}}}{\mathrm{d}p}g\left(z_{\mathrm{bh}}^{(j)}-z\right)\right]\right\}\right)^{l},\quad e_{gp_{\mathrm{bh}}}=\left(\frac{k_{\mathrm{rg}}}{\mu_{\mathrm{g}}}\right)^{l}$$

式（8.58）仍然适用于顺序求解方法。

（1）饱和状态。

在顺序求解中，将式（8.38）至式（8.42）和式（8.71）至式（8.75）代入式（8.37），得到关于主要未知数的线性系统。对于水组分，将式（8.38）、式（8.71）至式（8.73）和条件式（8.58）代入式（8.37）的第一个方程，忽略 δp 的高阶项，参见练习 8.13：

$$\begin{aligned}&\frac{1}{\Delta t}\left[\left(\frac{\phi S_{\mathrm{w}}}{B_{\mathrm{w}}}\right)^{l}-\left(\frac{\phi S_{\mathrm{w}}}{B_{\mathrm{w}}}\right)^{n}+c_{\mathrm{w}p}\delta p+c_{\mathrm{w}S_{\mathrm{w}}}\delta S_{\mathrm{w}}\right]\\&=\nabla\cdot\left[\left(\boldsymbol{T}_{\mathrm{w}}^{l}+\boldsymbol{E}_{\mathrm{w}p}\delta p\right)\nabla\Phi_{\mathrm{w}}^{l}\right]+\nabla\cdot\left[\boldsymbol{T}_{\mathrm{w}}^{l}\nabla\left(d_{\mathrm{w}p}\delta p\right)\right]\\&\quad+\frac{1}{B_{\mathrm{w}}^{l}}\left\{q_{\mathrm{Ws}}^{l}+\sum_{j=1}^{N_{\mathrm{w}}}\sum_{m=1}^{M_{\mathrm{w}j}}WI^{(j,m)}\left[e_{\mathrm{w}p}^{(j)}\delta p+e_{\mathrm{w}p_{\mathrm{bh}}}^{(j)}\delta p_{\mathrm{bh}}^{(j)}\right]\right.\\&\quad\left.\cdot\delta\left[\boldsymbol{x}-\boldsymbol{x}^{(j,m)}\right]\right\}+\frac{b_{\mathrm{w}p}q_{\mathrm{Ws}}^{l}}{B_{\mathrm{w}}^{l}}\delta p\end{aligned} \tag{8.76}$$

对于油组分，将条件式（8.39）、条件式（8.71）、条件式（8.72）、条件式（8.74）和条件式（8.58）代入式（8.37）的第 2 个方程，得（参见练习 8.14）

$$\begin{aligned}&\frac{1}{\Delta t}\left[\left(\frac{\phi S_{\mathrm{o}}}{B_{\mathrm{o}}}\right)^{l}-\left(\frac{\phi S_{\mathrm{o}}}{B_{\mathrm{o}}}\right)^{n}+c_{\mathrm{op}}\delta p+c_{\mathrm{o}s_{\mathrm{o}}}\delta S_{\mathrm{o}}\right]\\&=\nabla\cdot\left[\left(\boldsymbol{T}_{\mathrm{o}}^{l}+\boldsymbol{E}_{\mathrm{op}}\delta p\right)\nabla\boldsymbol{\Phi}_{\mathrm{o}}^{l}\right]+\nabla\cdot\left[\boldsymbol{T}_{o}^{l}\nabla\left(d_{\mathrm{op}}\delta p\right)\right]\\&\quad+\frac{1}{B_{\mathrm{o}}^{l}}\left\{q_{\mathrm{Os}}^{l}+\sum_{j=1}^{N_{w}}\sum_{m=1}^{M_{wj}}WI^{(j,m)}\left[e_{\mathrm{op}}^{(j)}\delta p+e_{\mathrm{opbh}}^{(j)}\delta p_{\mathrm{bh}}^{(j)}\right]\delta\left[\boldsymbol{x}-\boldsymbol{x}^{(j,m)}\right]\right\}+\frac{b_{\mathrm{op}}q_{\mathrm{Os}}^{l}}{B_{\mathrm{o}}^{l}}\delta p\end{aligned} \tag{8.77}$$

对于气组分，将式（8.41）、式（8.71）、式（8.72）、式（8.75）和式（8.58）代入式（8.37）的第三个方程，得（参见练习 8.15）

$$
\begin{aligned}
&\frac{1}{\Delta t}\left\{\left[\phi\left(\frac{S_{\mathrm{g}}}{B_{\mathrm{g}}}+\frac{R_{\mathrm{so}}S_{\mathrm{o}}}{B_{\mathrm{o}}}\right)\right]^{l}-\left[\phi\left(\frac{S_{\mathrm{g}}}{B_{\mathrm{g}}}+\frac{R_{\mathrm{so}}S_{\mathrm{o}}}{B_{\mathrm{o}}}\right)\right]^{n}+c_{\mathrm{g}p}\delta p+c_{\mathrm{g}S_{\mathrm{w}}}\delta S_{\mathrm{w}}+c_{\mathrm{g}S_{\mathrm{o}}}\delta S_{\mathrm{o}}\right\}\\
&\quad=\nabla\cdot\left[\left(\boldsymbol{T}_{\mathrm{g}}^{l}+\boldsymbol{E}_{\mathrm{g}p}\delta p\right)\nabla\Phi_{\mathrm{g}}^{l}\right]+\nabla\cdot\left[\boldsymbol{T}_{\mathrm{g}}^{l}\nabla\left(d_{\mathrm{g}p}\delta p\right)\right]\\
&\qquad+\nabla\cdot\left\{\left[R_{\mathrm{so}}^{l}\left(\boldsymbol{T}_{\mathrm{o}}^{l}+\boldsymbol{E}_{\mathrm{o}p}\delta p\right)+r_{sp}\boldsymbol{T}_{\mathrm{o}}^{l}\delta p\right]\nabla\Phi_{\mathrm{o}}^{l}\right\}+\nabla\cdot\left[R_{\mathrm{so}}^{l}\boldsymbol{T}_{\mathrm{o}}^{l}\nabla\left(d_{\mathrm{o}p}\delta p\right)\right]\\
&\qquad+\frac{1}{B_{\mathrm{g}}^{l}}\left\{q_{\mathrm{Gs}}^{l}+\sum_{j=1}^{N_{\mathrm{w}}}\sum_{m=1}^{M_{\mathrm{w}j}}WI^{(j,m)}\left[e_{\mathrm{g}p}^{(j)}\delta p+e_{\mathrm{g}p_{\mathrm{bh}}}^{(j)}\delta p_{\mathrm{bh}}^{(j)}\right]\delta\left[\boldsymbol{x}-\boldsymbol{x}^{(j,m)}\right]\right\}+\frac{b_{\mathrm{g}p}q_{\mathrm{Gs}}^{l}}{B_{\mathrm{g}}^{l}}\delta p\\
&\qquad+\frac{R_{\mathrm{so}}^{l}}{B_{\mathrm{o}}^{l}}\left\{q_{\mathrm{Os}}^{l}+\sum_{j=1}^{N_{\mathrm{w}}}\sum_{m=1}^{M_{\mathrm{w}j}}WI^{(j,m)}\left[e_{\mathrm{o}p}^{(j)}\delta p+e_{\mathrm{o}p_{\mathrm{bh}}}^{(j)}\delta p_{\mathrm{bh}}^{(j)}\right]\delta\left[\boldsymbol{x}-\boldsymbol{x}^{(j,m)}\right]\right\}\\
&\qquad+\frac{q_{\mathrm{Os}}^{l}}{B_{\mathrm{o}}^{l}}\left(R_{\mathrm{so}}^{l}b_{\mathrm{o}p}+r_{sp}\right)\delta p
\end{aligned}
\tag{8.78}
$$

设式（8.60）至式（8.62）右侧中 $\delta S_{\mathrm{w}}=0$ 和 $\delta S_{\mathrm{o}}=0$，也可以得到式（8.76）至式（8.78）得（参见练习 8.16）。

式（8.76）至式（8.78）两侧乘以 Δt，得到

$$
\begin{aligned}
&c_{\mathrm{w}p}\delta p+c_{\mathrm{w}S_{\mathrm{w}}}\delta S_{\mathrm{w}}=F_{\mathrm{w}}\left[\delta p,\delta p_{\mathrm{bh}}\right]\\
&c_{\mathrm{o}p}\delta p+c_{\mathrm{o}S_{\mathrm{o}}}\delta S_{\mathrm{o}}=F_{\mathrm{o}}\left[\delta p,\delta p_{\mathrm{bh}}\right]\\
&c_{\mathrm{g}p}\delta p+c_{\mathrm{g}S_{\mathrm{w}}}\delta S_{\mathrm{w}}+c_{\mathrm{g}S_{\mathrm{o}}}\delta S_{\mathrm{o}}=F_{\mathrm{g}}\left[\delta p,\delta p_{\mathrm{bh}}\right]
\end{aligned}
\tag{8.79}
$$

由式（8.79）的第一和第二个方程，可得

$$
\begin{aligned}
\delta S_{\mathrm{w}}&=\frac{1}{c_{\mathrm{w}S_{\mathrm{w}}}}\left[F_{\mathrm{w}}\left(\delta p,\delta p_{\mathrm{bh}}\right)-c_{\mathrm{w}p}\delta p\right]\\
\delta S_{\mathrm{o}}&=\frac{1}{c_{\mathrm{o}S_{\mathrm{o}}}}\left[F_{\mathrm{o}}\left(\delta p,\delta p_{\mathrm{bh}}\right)-c_{\mathrm{o}p}\delta p\right]
\end{aligned}
\tag{8.80}
$$

把式（8.80）代入式（8.79）的第三个方程，得到

$$
\begin{aligned}
&\left(c_{\mathrm{g}p}-\frac{c_{\mathrm{g}S_{\mathrm{w}}}c_{\mathrm{w}p}}{c_{\mathrm{w}S_{\mathrm{w}}}}-\frac{c_{\mathrm{g}S_{\mathrm{o}}}c_{\mathrm{o}p}}{c_{\mathrm{o}S_{\mathrm{o}}}}\right)\delta p\\
&=F_{\mathrm{g}}\left(\delta p,\delta p_{\mathrm{bh}}\right)-\frac{c_{\mathrm{g}S_{\mathrm{w}}}}{c_{\mathrm{w}S_{\mathrm{w}}}}F_{\mathrm{w}}\left(\delta p,\delta p_{\mathrm{bh}}\right)-\frac{c_{\mathrm{g}S_{\mathrm{o}}}}{c_{\mathrm{o}S_{\mathrm{o}}}}F_{\mathrm{o}}\left(\delta p,\delta p_{\mathrm{bh}}\right)
\end{aligned}
\tag{8.81}
$$

上式是压力方程，在顺序求解中隐式求解。在给定井流速的情况下，必须同时求解该方程和井控制方程的 δp 和 δp_{bh}。

使用 SS 方法中相同的方程计算 δS_{w} 和 δS_{o}［参见式（8.60）］：

$$
\begin{aligned}
&\frac{1}{\Delta t}\left[\left(\frac{\phi S_{\mathrm{w}}}{B_{\mathrm{w}}}\right)^{l}-\left(\frac{\phi S_{\mathrm{w}}}{B_{\mathrm{w}}}\right)^{n}+c_{\mathrm{w}p}\delta p+c_{\mathrm{w}S_{\mathrm{w}}}\delta S_{\mathrm{w}}\right]\\
&\quad=\nabla\cdot\left[\left(\boldsymbol{T}_{\mathrm{w}}^{l}+\boldsymbol{E}_{\mathrm{w}p}\delta p+\boldsymbol{E}_{\mathrm{w}S_{\mathrm{w}}}\delta S_{\mathrm{w}}\right)\nabla\Phi_{\mathrm{w}}^{l}\right]\\
&\qquad+\nabla\cdot\left[\boldsymbol{T}_{\mathrm{w}}^{l}\nabla\left(d_{\mathrm{w}p}\delta p\right)\right]+\nabla\cdot\left[\boldsymbol{T}_{\mathrm{w}}^{l}\nabla\left(d_{\mathrm{w}S_{\mathrm{w}}}\delta S_{\mathrm{w}}\right)\right]\\
&\qquad+\frac{1}{B_{\mathrm{w}}^{l}}\Big\{q_{\mathrm{Ws}}^{l}+\sum_{j=1}^{N_{\mathrm{w}}}\sum_{m=1}^{M_{\mathrm{w}j}}WI^{(j,m)}\Big[e_{\mathrm{w}p}^{(j)}\delta p+e_{\mathrm{w}S_{\mathrm{w}}}^{(j)}\delta S_{\mathrm{w}}\\
&\qquad+e_{\mathrm{w}p_{\mathrm{bh}}}^{(j)}\delta p_{\mathrm{bh}}^{(j)}\Big]\delta\left[\boldsymbol{x}-\boldsymbol{x}^{(j,m)}\right]\Big\}+\frac{b_{\mathrm{w}p}q_{\mathrm{Ws}}^{l}}{B_{\mathrm{w}}^{l}}\delta p
\end{aligned}
\tag{8.82}
$$

以及［见式（8.61）］：

$$
\begin{aligned}
&\frac{1}{\Delta t}\left[\left(\frac{\phi S_{\mathrm{o}}}{B_{\mathrm{o}}}\right)^{l}-\left(\frac{\phi S_{\mathrm{o}}}{B_{\mathrm{o}}}\right)^{n}+c_{\mathrm{o}p}\delta p+c_{\mathrm{o}S_{\mathrm{o}}}\delta S_{\mathrm{o}}\right]\\
&\quad=\nabla\cdot\left\{\left[\boldsymbol{T}_{\mathrm{o}}^{l}+\boldsymbol{E}_{\mathrm{o}p}\delta p+\boldsymbol{E}_{\mathrm{o}S_{\mathrm{w}}}\delta S_{\mathrm{w}}+\boldsymbol{E}_{\mathrm{o}S_{\mathrm{o}}}\delta S_{\mathrm{o}}\right]\nabla\Phi_{\mathrm{o}}^{l}\right\}+\nabla\cdot\left[\boldsymbol{T}_{\mathrm{o}}^{l}\nabla\left(d_{\mathrm{o}p}\delta p\right)\right]\\
&\qquad+\frac{1}{B_{\mathrm{o}}^{l}}\Big\{q_{\mathrm{Os}}^{l}+\sum_{j=1}^{N_{\mathrm{w}}}\sum_{m=1}^{M_{\mathrm{w}j}}WI^{(j,m)}\Big[e_{\mathrm{o}p}^{(j)}\delta p+e_{\mathrm{o}S_{\mathrm{w}}}^{(j)}\delta S_{\mathrm{w}}\\
&\qquad+e_{\mathrm{o}S_{\mathrm{o}}}^{(j)}\delta S_{\mathrm{o}}+e_{\mathrm{o}p_{\mathrm{bh}}}^{(j)}\delta p_{\mathrm{bh}}^{(j)}\Big]\delta\left[\boldsymbol{x}-\boldsymbol{x}^{(j,m)}\right]\Big\}+\frac{b_{\mathrm{o}p}q_{\mathrm{Os}}^{l}}{B_{\mathrm{o}}^{l}}\delta p
\end{aligned}
\tag{8.83}
$$

现在，在每个网格节点上依次求解式（8.81）至式（8.83）；每个方程都隐式求解。

（2）欠饱和状态。

设式（8.63）和式（8.64）右侧中的 $\delta S_{\mathrm{w}}=0$ 和 $\delta p_{\mathrm{b}}=0$，得到了顺序求解方法的压力和饱和度的方程：

$$
\begin{aligned}
&\frac{1}{\Delta t}\left[\left(\frac{\phi S_{\mathrm{o}}}{B_{\mathrm{o}}}\right)^{l}-\left(\frac{\phi S_{\mathrm{o}}}{B_{\mathrm{o}}}\right)^{n}+c_{\mathrm{o}p}\delta p+c_{\mathrm{o}S_{\mathrm{w}}}\delta S_{\mathrm{w}}+c_{\mathrm{o}p_{\mathrm{b}}}\delta p_{\mathrm{b}}\right]\\
&\quad=\nabla\cdot\left[\left(\boldsymbol{T}_{\mathrm{o}}^{l}+\boldsymbol{E}_{\mathrm{op}}\delta p\right)\nabla\Phi_{\mathrm{o}}^{l}\right]+\nabla\cdot\left[\boldsymbol{T}_{\mathrm{o}}^{l}\nabla\left(d_{\mathrm{o}p}\delta p\right)\right]\\
&\qquad+\frac{1}{B_{\mathrm{o}}^{l}}\Big\{q_{\mathrm{Os}}^{l}+\sum_{j=1}^{N_{\mathrm{w}}}\sum_{m=1}^{M_{\mathrm{w}j}}WI^{(j,m)}\Big[e_{\mathrm{o}p}^{(j)}\delta p+e_{\mathrm{o}p_{\mathrm{bh}}}^{(j)}\delta p_{\mathrm{bh}}^{(j)}\Big]\delta\left[\boldsymbol{x}-\boldsymbol{x}^{(j,m)}\right]\Big\}+\frac{b_{\mathrm{o}p}q_{\mathrm{Os}}^{l}}{B_{\mathrm{o}}^{l}}\delta p
\end{aligned}
\tag{8.84}
$$

和

$$
\begin{aligned}
&\frac{1}{\Delta t}\left\{\left(\frac{\phi R_{\mathrm{so}}S_{\mathrm{o}}}{B_{\mathrm{o}}}\right)^{l}-\left(\frac{\phi R_{\mathrm{so}}S_{\mathrm{o}}}{B_{\mathrm{o}}}\right)^{n}+c_{\mathrm{gp}}\delta p+c_{\mathrm{g}S_{\mathrm{w}}}\delta S_{\mathrm{w}}+c_{\mathrm{g}p_{\mathrm{b}}}\delta p_{\mathrm{b}}\right\}\\
&\quad=\nabla\cdot\left\{\left[R_{\mathrm{so}}^{l}\left(\boldsymbol{T}_{\mathrm{o}}^{l}+\boldsymbol{E}_{\mathrm{o}p}\delta p\right)+r_{\mathrm{s}p}\boldsymbol{T}_{\mathrm{o}}^{l}\delta p\right]\nabla\Phi_{\mathrm{o}}^{l}\right\}+\nabla\cdot\left[R_{\mathrm{so}}^{l}\boldsymbol{T}_{\mathrm{o}}^{l}\nabla\left(d_{\mathrm{o}p}\delta p\right)\right]\\
&\qquad+\frac{R_{\mathrm{so}}^{l}}{B_{\mathrm{o}}^{l}}\Big\{q_{\mathrm{Os}}^{l}+\sum_{j=1}^{N_{\mathrm{w}}}\sum_{m=1}^{M_{\mathrm{w}j}}WI^{(j,m)}\Big[e_{\mathrm{o}p}^{(j)}\delta p+e_{\mathrm{o}p_{\mathrm{bh}}}^{(j)}\delta p_{\mathrm{bh}}^{(j)}\Big]\delta\left[\boldsymbol{x}-\boldsymbol{x}^{(j,m)}\right]\Big\}\\
&\qquad+\frac{q_{\mathrm{Os}}^{l}}{B_{\mathrm{o}}^{l}}\left(R_{\mathrm{so}}^{l}b_{\mathrm{o}p}+r_{\mathrm{s}p}\right)\delta p
\end{aligned}
\tag{8.85}
$$

对于水组分，式（8.76）仍成立。

在式（8.76），式（8.84）和式（8.85）两侧乘以 Δt，得到

$$
\begin{aligned}
& c_{wp}\delta p + c_{wS_w}\delta S_w = F_w(\delta p, \delta p_{bh}) \\
& c_{op}\delta p + c_{oS_w}\delta S_w + c_{op_b}\delta p_b = F_o(\delta p, \delta p_{bh}) \\
& c_{gp}\delta p + c_{gS_w}\delta S_w + c_{gp_b}\delta p_b = F_g(\delta p, \delta p_{bh})
\end{aligned}
\tag{8.86}
$$

由式（8.86）后两个方程得

$$
\begin{aligned}
& c_{oS_w}\delta S_w + c_{op_b}\delta p_b = F_o(\delta p, \delta p_{bh}) - c_{op}\delta p \\
& c_{gS_w}\delta S_w + c_{gp_b}\delta p_b = F_g(\delta p, \delta p_{bh}) - c_{gp}\delta p
\end{aligned}
\tag{8.87}
$$

设

$$
\begin{aligned}
D &= \begin{vmatrix} c_{oS_w} & c_{op_b} \\ c_{gS_w} & c_{gp_b} \end{vmatrix} = c_{oS_w}c_{gp_b} - c_{gS_w}c_{op_b} \\
D_S &= \begin{vmatrix} F_o(\delta p, \delta p_{bh}) - c_{op}\delta p & c_{op_b} \\ F_g(\delta p, \delta p_{bh}) - c_{gp}\delta p & c_{gp_b} \end{vmatrix} \\
&= \left[F_o(\delta p, \delta p_{bh}) - c_{op}\delta p\right]c_{gp_b} - \left[F_g(\delta p, \delta p_{bh}) - c_{gp}\delta p\right]c_{op_b} \\
D_p &= \begin{vmatrix} c_{oS_w} & F_o(\delta p, \delta p_{bh}) - c_{op}\delta p \\ c_{gS_w} & F_g(\delta p, \delta p_{bh}) - c_{gp}\delta p \end{vmatrix} \\
&= c_{oS_w}\left[F_g(\delta p, \delta p_{bh}) - c_{gp}\delta p\right] - c_{gS_w}\left[F_o(\delta p, \delta p_{bh}) - c_{op}\delta p\right]
\end{aligned}
$$

从式（8.87）可得

$$
\delta S_w = \frac{D_S}{D}, \quad \delta p_b = \frac{D_p}{D}
$$

将其代入式（8.86）的第一个方程，得到欠饱和状态下的压力方程：

$$
c_{wp}\delta p + c_{wS_w}\frac{D_S}{D}(\delta p, \delta p_{bh}) = F_w(\delta p, \delta p_{bh})
\tag{8.88}
$$

隐式求解式（8.88）中的 δp。由式（8.82）得到 δS_w，由气组分式（8.64）计算 δp_b：

$$
\begin{aligned}
& \frac{1}{\Delta t}\left\{\left(\frac{\phi R_{so}S_o}{B_o}\right)^l - \left(\frac{\phi R_{so}S_o}{B_o}\right)^n + c_{gp}\delta p + c_{gS_w}\delta S_w + c_{gp_b}\delta p_b\right\} \\
&= \nabla\cdot\left\{\left[R_{so}^l\left(\boldsymbol{T}_o^l + \boldsymbol{E}_{op}\delta p + \boldsymbol{E}_{oS_w}\delta S_w + \boldsymbol{E}_{op_b}\delta p_b\right) + \boldsymbol{T}_o^l\left(r_{sp}\delta p + r_{sp_b}\delta p_b\right)\right]\nabla\Phi_o^l\right\} \\
&\quad + \nabla\cdot\left[R_{so}^l\boldsymbol{T}_o^l\nabla\left(d_{op}\delta p + d_{op_b}\delta p_b\right)\right] + \frac{R_{so}^l}{B_o^l}\left\{q_{Os}^l + \sum_{j=1}^{N_w}\sum_{m=1}^{M_{wj}} WI^{(j,m)}\left[e_{op}^{(j)}\delta p + e_{oS_w}^{(j)}\delta S_w\right.\right. \\
&\quad \left.\left. + e_{op_b}^{(j)}\delta p_b + e_{op_{bh}}^{(j)}\delta p_{bh}^{(j)}\right]\delta\left[\boldsymbol{x} - \boldsymbol{x}^{(j,m)}\right]\right\} + \frac{q_{Os}^l}{B_o^l}\left[\left(R_{so}^l b_{op} + r_{sp}\right)\delta p + \left(R_{so}^l b_{op_b} + r_{sp_b}\right)\delta p_b\right]
\end{aligned}
\tag{8.89}
$$

同样，在每个网格上的式（8.88）、式（8.82）和式（8.89），可以隐式、顺序求解。

综上，顺序求解方法具有以下特征：

① SS 和顺序求解的区别在于，每个网格节点上的三个微分方程，在 SS 中同时求解，而不是依次求解。

②所有饱和度的函数 K_{rw}，K_{ro}，K_{rg}，p_{cw} 和 p_{cg} 都使用 Newton–Raphson 迭代前一时间步的饱和度值。

③水、油、气组分方程的左侧求解方法与 SS 相同。

④ SS 和顺序求解方法用于求解第二和第三未知量的方程都是相同的。

（3）时间步长的选择。

顺序求解方法中泡点问题的求解方法与第 8.2.2 节 SS 方法相同。与 SS 方法相比，顺序求解技术的隐式性更低。选择合理的时间步长是控制 Newton–Raphson 迭代收敛和加速模拟的关键。如果选择的时间步太小，将会耗费很多的计算时间；如果选择的时间步太大，Newton–Raphson 迭代就可能发散。

因此，为了选择合理的时间步长，根据试验经验，采用如下经验规则。

①假设给定的最大时间步长 Δt_{max}，时间步长 Δt 应满足 $0<\Delta t<\Delta t_{max}$。

②饱和状态下，Δt 的约束条件为

$$\Delta t \leqslant \Delta t^n \min\left\{3, \frac{(\mathrm{d}p)_{max}}{(\delta p)^n_{max}}, \frac{(\mathrm{d}S_w)_{max}}{(\delta S_w)^n_{max}}, \frac{(\mathrm{d}S_o)_{max}}{(\delta S_o)^n_{max}}\right\} \tag{8.90}$$

其中，Δt^n 是前一个时间步长；$(\mathrm{d}p)_{max}$，$(\mathrm{d}S_w)_{max}$ 和 $(\mathrm{d}S_o)_{max}$ 是压力、含水饱和度和含油饱和度增量允许的最大值；并且 $(\delta p)^n_{max}$、$(\delta S_w)^n_{max}$ 和 $\delta S_o)^n_{max}$ 是这些增量在第 n 时间步的最大值。欠饱和状态下，式（8.90）变为

$$\Delta t \leqslant \Delta t^n \min\left\{3, \frac{(\mathrm{d}p)_{max}}{(\delta p)^n_{max}}, \frac{(\mathrm{d}S_w)_{max}}{(\delta S_w)^n_{max}}, \frac{(\mathrm{d}p_b)_{max}}{(\delta p_b)^n_{max}}\right\} \tag{8.91}$$

其中 $(\mathrm{d}p_b)_{max}$ 是泡点压力增量允许的最大值。

③在给定的时间段内，Δt 应当保证模拟的时间达到给定的周期时间。

由上述规则，可以自动选择时间步长 Δt。当然，它的选择还必须考虑 Newton–Raphson 迭代的收敛性。如果根据这些规则选择 Δt 时，迭代次数大于给定的最大数值，则所选择的时间步长可能太大，必须减小以满足迭代要求。首先，将 Δt 减少 $\Delta t/3$，因为在式（8.90）和式（8.91）中出现了数字 3。然后，将第 n 个时间步的油相压力和泡点压力，含水饱和度和含油饱和度作为第 $(n+1)$ 个时间步的 Newton–Raphson 迭代的第一次迭代值。

8.2.4 迭代 IMPES

前一节讨论了两相流的 IMPES 算法，对于两相流是一种非常有效的方法。特别地，在第 7.3.3 节中介绍的改进 IMPES 求解两相流问题也非常有效。现在，讨论黑油模型的 IMPES 方法。当 IMPES 使用在 Newton–Raphson 迭代中时，称为迭代 IMPES。在迭代 IMPES 中，只有压力方程隐式求解，其他两个方程（饱和度和泡点压力）显式求解。

在迭代 IMPES 方法中，Newton–Raphson 迭代的所有饱和度函数 K_{rw}，K_{ro}，K_{rg}，p_{cw} 和

p_{cg} 都使用前一时间步的饱和度值，传导率中的流体地层体积系数和黏度、相势和井项的计算数据。都使用前一步的 Newton-Raphson 迭代值的计算值。因此，相势为

$$\Phi_{\alpha}^{l+1}=p^{l+1}+p_{\mathrm{c}\alpha}^{n}-\rho_{\alpha}^{l}gz,\qquad \alpha=\mathrm{w,o,g} \tag{8.92}$$

传导率为

$$\boldsymbol{T}_{\alpha}^{l+1}=\frac{K_{\mathrm{r}\alpha}^{l}}{\mu_{\alpha}^{l}B_{\alpha}^{l}}\boldsymbol{k},\qquad \alpha=\mathrm{w,o,g} \tag{8.93}$$

井流量为

$$\begin{aligned}
q_{\mathrm{Ws}}^{l+1}&=\sum_{j=1}^{N_{\mathrm{w}}}\sum_{m=1}^{M_{\mathrm{w}j}}WI^{(j,m)}\frac{K_{\mathrm{rw}}^{n}}{\mu_{\mathrm{w}}}\left\{\left[p_{\mathrm{bh}}^{(j)}\right]^{l+1}-p^{l+1}-p_{\mathrm{cw}}^{n}-\rho_{\mathrm{w}}^{l}g\left[z_{\mathrm{bh}}^{(j)}-z\right]\right\}\delta\left[\boldsymbol{x}-\boldsymbol{x}^{(j,m)}\right],\\
q_{\mathrm{Os}}^{l+1}&=\sum_{j=1}^{N_{\mathrm{w}}}\sum_{m=1}^{M_{\mathrm{w}j}}WI^{(j,m)}\frac{K_{\mathrm{ro}}^{n}}{\mu_{\mathrm{o}}^{l}}\left\{\left[p_{\mathrm{bh}}^{(j)}\right]^{l+1}-p^{l+1}-\rho_{\mathrm{o}}^{l}g\left[z_{\mathrm{bh}}^{(j)}-z\right]\right\}\delta\left[\boldsymbol{x}-\boldsymbol{x}^{(j,m)}\right]\\
q_{\mathrm{Gs}}^{l+1}&=\sum_{j=1}^{N_{\mathrm{w}}}\sum_{m=1}^{M_{\mathrm{w}j}}WI^{(j,m)}\frac{k_{\mathrm{rg}}^{n}}{\mu_{\mathrm{g}}^{l}}\left\{\left[p_{\mathrm{bh}}^{(j)}\right]^{l+1}-p^{l+1}-p_{\mathrm{cg}}^{n}-\rho_{\mathrm{g}}^{l}g\left[z_{\mathrm{bh}}^{(j)}-z\right]\right\}\delta\left[\boldsymbol{x}-\boldsymbol{x}^{(j,m)}\right]
\end{aligned} \tag{8.94}$$

进一步地，三组分的势可以展开为

$$\Phi_{\alpha}^{l+1}=\Phi_{\alpha}^{l}+\delta p,\qquad \alpha=\mathrm{w,o,g} \tag{8.95}$$

井流量展开为

$$\begin{aligned}
q_{\mathrm{Ws}}^{l+1}&=q_{\mathrm{Ws}}^{l}+\sum_{j=1}^{N_{\mathrm{w}}}\sum_{m=1}^{M_{\mathrm{w}j}}WI^{(j,m)}\frac{k_{\mathrm{rw}}^{n}}{\mu_{\mathrm{w}}}\left[\delta p_{\mathrm{bh}}^{(j)}-\delta p\right]\delta\left[\boldsymbol{x}-\boldsymbol{x}^{(j,m)}\right]\\
q_{\mathrm{Os}}^{l+1}&=q_{\mathrm{Os}}^{l}+\sum_{j=1}^{N_{w}}\sum_{m=1}^{M_{wj}}WI^{(j,m)}\frac{k_{\mathrm{ro}}^{n}}{\mu_{\mathrm{o}}^{l}}\left[\delta p_{\mathrm{bh}}^{(j)}-\delta p\right]\delta\left[\boldsymbol{x}-\boldsymbol{x}^{(j,m)}\right]\\
q_{\mathrm{Gs}}^{l+1}&=q_{\mathrm{Gs}}^{l}+\sum_{j=1}^{N_{w}}\sum_{m=1}^{M_{wj}}WI^{(j,m)}\frac{k_{\mathrm{rg}}^{n}}{\mu_{\mathrm{g}}^{l}}\left[\delta p_{\mathrm{bh}}^{(j)}-\delta p\right]\delta\left[\boldsymbol{x}-\boldsymbol{x}^{(j,m)}\right]
\end{aligned} \tag{8.96}$$

（1）饱和状态。

在迭代 IMPES 中，将式（8.38）至式（8.42）和式（8.95）至式（8.96）代入式（8.37）得到关于主要未知量的线性系统。对于水组分，将式（8.38）、式（8.95）和式（8.96）代入式（8.37）的第一个方程，忽略 δp 的高阶项得到（参见练习 8.17）：

$$\begin{aligned}
&\frac{1}{\Delta t}\left[\left(\frac{\phi S_{\mathrm{w}}}{B_{\mathrm{w}}}\right)^{l}-\left(\frac{\phi S_{\mathrm{w}}}{B_{\mathrm{w}}}\right)^{n}+c_{\mathrm{w}p}\delta p+c_{\mathrm{w}S_{\mathrm{w}}}\delta S_{\mathrm{w}}\right]=\nabla\cdot\left[\boldsymbol{T}_{\mathrm{w}}^{l}\nabla\Phi_{\mathrm{w}}^{l}\right]+\nabla\cdot\left[\boldsymbol{T}_{\mathrm{w}}^{l}\nabla(\delta p)\right]\\
&\quad+\frac{1}{B_{\mathrm{w}}^{l}}\left\{q_{\mathrm{Ws}}^{l}+\sum_{j=1}^{N_{\mathrm{w}}}\sum_{m=1}^{M_{\mathrm{w}j}}WI^{(j,m)}\frac{k_{\mathrm{rw}}^{n}}{\mu_{\mathrm{w}}}\left[\delta p_{\mathrm{bh}}^{(j)}-\delta p\right]\delta\left[\boldsymbol{x}-\boldsymbol{x}^{(j,m)}\right]\right\}
\end{aligned} \tag{8.97}$$

对于饱和状态的油组分，将式（8.39）、式（8.95）和式（8.96）代入式（8.37）的第二个方程得到（参见练习 8.18）：

$$
\begin{aligned}
&\frac{1}{\Delta t}\left[\left(\frac{\phi S_{\mathrm{o}}}{B_{\mathrm{o}}}\right)^{l}-\left(\frac{\phi S_{\mathrm{o}}}{B_{\mathrm{o}}}\right)^{n}+c_{\mathrm{o}p}\delta p+c_{\mathrm{o}S_{\mathrm{o}}}\delta S_{\mathrm{o}}\right]=\nabla\cdot\left(\boldsymbol{T}_{\mathrm{o}}^{l}\nabla\boldsymbol{\Phi}_{\mathrm{o}}^{l}\right)+\nabla\cdot\left[\boldsymbol{T}_{\mathrm{o}}^{l}\nabla\left(\delta p\right)\right]\\
&\quad+\frac{1}{B_{\mathrm{o}}^{l}}\left\{q_{\mathrm{Os}}^{l}+\sum_{j=1}^{N_{\mathrm{w}}}\sum_{m=1}^{M_{\mathrm{w}j}}WI^{(j,m)}\frac{k_{\mathrm{ro}}^{n}}{\mu_{\mathrm{o}}^{l}}\left[\delta p_{\mathrm{bh}}^{(j)}-\delta p\right]\delta\left[\boldsymbol{x}-\boldsymbol{x}^{(j,m)}\right]\right\}
\end{aligned}
\tag{8.98}
$$

对于饱和状态的气组分，将式（8.41）、式（8.95）和式（8.96）代入式（8.37）的第三个方程得（参见练习 8.19）：

$$
\begin{aligned}
&\frac{1}{\Delta t}\left\{\left[\phi\left(\frac{S_{\mathrm{g}}}{B_{\mathrm{g}}}+\frac{R_{\mathrm{so}}S_{\mathrm{o}}}{B_{\mathrm{o}}}\right)\right]^{l}-\left[\phi\left(\frac{S_{\mathrm{g}}}{B_{\mathrm{g}}}+\frac{R_{\mathrm{so}}S_{\mathrm{o}}}{B_{\mathrm{o}}}\right)\right]^{n}+c_{\mathrm{g}p}\delta p+c_{\mathrm{g}S_{\mathrm{w}}}\delta S_{\mathrm{w}}+c_{\mathrm{g}S_{\mathrm{o}}}\delta S_{\mathrm{o}}\right\}\\
&=\nabla\cdot\left(\boldsymbol{T}_{\mathrm{g}}^{l}\nabla\Phi_{\mathrm{g}}^{l}\right)+\nabla\cdot\left[\boldsymbol{T}_{\mathrm{g}}^{l}\nabla\left(\delta p\right)\right]+\nabla\cdot\left(R_{\mathrm{so}}^{l}\boldsymbol{T}_{\mathrm{o}}^{l}\nabla\Phi_{\mathrm{o}}^{l}\right)+\nabla\cdot\left[R_{\mathrm{so}}^{l}\boldsymbol{T}_{\mathrm{o}}^{l}\nabla\left(\delta p\right)\right]\\
&\quad+\frac{1}{B_{\mathrm{g}}^{l}}\left\{q_{\mathrm{Gs}}^{l}+\sum_{j=1}^{N_{\mathrm{w}}}\sum_{m=1}^{M_{\mathrm{w}j}}WI^{(j,m)}\frac{K_{\mathrm{rg}}^{n}}{\mu_{\mathrm{g}}^{l}}\left[\delta p_{\mathrm{bh}}^{(j)}-\delta p\right]\delta\left[\boldsymbol{x}-\boldsymbol{x}^{(j,m)}\right]\right\}\\
&\quad+\frac{R_{\mathrm{so}}^{l}}{B_{\mathrm{o}}^{l}}\left\{q_{\mathrm{Os}}^{l}+\sum_{j=1}^{N_{\mathrm{w}}}\sum_{m=1}^{M_{\mathrm{w}j}}WI^{(j,m)}\frac{K_{\mathrm{ro}}^{n}}{\mu_{\mathrm{o}}^{l}}\left[\delta p_{\mathrm{bh}}^{(j)}-\delta p\right]\delta\left[\boldsymbol{x}-\boldsymbol{x}^{(j,m)}\right]\right\}
\end{aligned}
\tag{8.99}
$$

式（8.97）至式（8.99）两侧乘以 Δt，得

$$
\begin{aligned}
&c_{\mathrm{w}p}\delta p+c_{\mathrm{w}S_{\mathrm{w}}}\delta S_{\mathrm{w}}=F_{\mathrm{w}}\left(\delta p,\delta p_{\mathrm{bh}}\right)\\
&c_{\mathrm{o}p}\delta p+c_{\mathrm{o}S_{\mathrm{o}}}\delta S_{\mathrm{o}}=F_{\mathrm{o}}\left(\delta p,\delta p_{\mathrm{bh}}\right)\\
&c_{\mathrm{g}p}\delta p+c_{\mathrm{g}S_{\mathrm{w}}}\delta S_{\mathrm{w}}+c_{\mathrm{g}S_{\mathrm{o}}}\delta S_{\mathrm{o}}=F_{\mathrm{g}}\left(\delta p,\delta p_{\mathrm{bh}}\right)
\end{aligned}
\tag{8.100}
$$

由式（8.100）的第一个和第二个方程，得

$$
\begin{aligned}
&\delta S_{\mathrm{w}}=\frac{1}{c_{\mathrm{w}S_{\mathrm{w}}}}\left[F_{\mathrm{w}}\left(\delta p,\delta p_{\mathrm{bh}}\right)-c_{\mathrm{w}p}\delta p\right]\\
&\delta S_{\mathrm{o}}=\frac{1}{c_{\mathrm{o}S_{\mathrm{o}}}}\left[F_{\mathrm{o}}\left(\delta p,\delta p_{\mathrm{bh}}\right)-c_{\mathrm{o}p}\delta p\right]
\end{aligned}
\tag{8.101}
$$

把上面两个方程代入式（8.100）的第三个方程，得到

$$
\begin{aligned}
&\left(c_{\mathrm{g}p}-\frac{c_{\mathrm{g}S_{\mathrm{w}}}c_{\mathrm{w}p}}{c_{\mathrm{w}S_{\mathrm{w}}}}-\frac{c_{\mathrm{g}S_{\mathrm{o}}}c_{\mathrm{o}p}}{c_{\mathrm{o}S_{\mathrm{o}}}}\right)\delta p\\
&=F_{\mathrm{g}}\left(\delta p,\delta p_{\mathrm{bh}}\right)-\frac{c_{\mathrm{g}S_{\mathrm{w}}}}{c_{\mathrm{w}S_{\mathrm{w}}}}F_{\mathrm{w}}\left(\delta p,\delta p_{\mathrm{bh}}\right)-\frac{c_{\mathrm{g}S_{\mathrm{o}}}}{c_{\mathrm{o}S_{\mathrm{o}}}}F_{\mathrm{o}}\left(\delta p,\delta p_{\mathrm{bh}}\right)
\end{aligned}
\tag{8.102}
$$

这是压力方程，并与井控方程一起隐式求解。得到 δp 和 δp_{bh} 后，把它们代入式（8.101）计算 δS_{w} 和 δS_{o}。

（2）欠饱和状态。

类似地将式（8.40）、式（8.42）、式（8.95）和式（8.96）代入式（8.37），得到欠饱和状态的方程（参见练习 8.20）：

$$
\begin{aligned}
&\frac{1}{\Delta t}\left[\left(\frac{\phi S_{\mathrm{o}}}{B_{\mathrm{o}}}\right)^{l}-\left(\frac{\phi S_{\mathrm{o}}}{B_{\mathrm{o}}}\right)^{n}+c_{op}\delta p+c_{\mathrm{o}S_{\mathrm{w}}}\delta S_{\mathrm{w}}+c_{op_{\mathrm{b}}}\delta p_{\mathrm{b}}\right] \\
&=\nabla\cdot\left(\boldsymbol{T}_{\mathrm{o}}^{l}\nabla\Phi_{\mathrm{o}}^{l}\right)+\nabla\cdot\left[\boldsymbol{T}_{\mathrm{o}}^{l}\nabla(\delta p)\right] \\
&\quad+\frac{1}{B_{\mathrm{o}}^{l}}\left\{q_{\mathrm{Os}}^{l}+\sum_{j=1}^{N_{\mathrm{w}}}\sum_{m=1}^{M_{\mathrm{w}j}}WI^{(j,m)}\frac{k_{\mathrm{ro}}^{n}}{\mu_{\mathrm{o}}^{l}}\left[\delta p_{\mathrm{bh}}^{(j)}-\delta p\right]\delta\left[\boldsymbol{x}-\boldsymbol{x}^{(j,m)}\right]\right\}
\end{aligned}
\tag{8.103}
$$

和

$$
\begin{aligned}
&\frac{1}{\Delta t}\left[\left(\frac{\phi R_{\mathrm{so}} S_{\mathrm{o}}}{B_{\mathrm{o}}}\right)^{l}-\left(\frac{\phi R_{\mathrm{so}} S_{\mathrm{o}}}{B_{\mathrm{o}}}\right)^{n}+c_{gp}\delta p+c_{\mathrm{g}S_{\mathrm{w}}}\delta S_{\mathrm{w}}+c_{gp_{\mathrm{b}}}\delta p_{\mathrm{b}}\right] \\
&=\nabla\cdot\left(R_{\mathrm{so}}^{l}\boldsymbol{T}_{\mathrm{o}}^{l}\nabla\Phi_{\mathrm{o}}^{l}\right)+\nabla\cdot\left[R_{\mathrm{so}}^{l}\boldsymbol{T}_{\mathrm{o}}^{l}\nabla(\delta p)\right] \\
&\quad+\frac{R_{\mathrm{so}}^{l}}{B_{\mathrm{o}}^{l}}\left\{q_{\mathrm{Os}}^{l}+\sum_{j=1}^{N_{\mathrm{w}}}\sum_{m=1}^{M_{\mathrm{w}j}}WI^{(j,m)}\frac{k_{\mathrm{ro}}^{n}}{\mu_{\mathrm{o}}^{l}}\left[\delta p_{\mathrm{bh}}^{(j)}-\delta p\right]\delta\left[\boldsymbol{x}-\boldsymbol{x}^{(j,m)}\right]\right\}
\end{aligned}
\tag{8.104}
$$

对于水组分，式(8.97)不变。

式(8.97)、式(8.103)和式(8.104)两侧乘以 Δt，得

$$
\begin{aligned}
&c_{\mathrm{w}p}\delta p+c_{\mathrm{w}S_{\mathrm{w}}}\delta S_{\mathrm{w}}=F_{\mathrm{w}}\left(\delta p,\delta p_{\mathrm{bh}}\right) \\
&c_{op}\delta p+c_{\mathrm{o}S_{\mathrm{o}}}\delta S_{\mathrm{o}}+c_{op_{\mathrm{b}}}\delta p_{\mathrm{b}}=F_{\mathrm{o}}\left(\delta p,\delta p_{\mathrm{bh}}\right) \\
&c_{gp}\delta p+c_{\mathrm{g}S_{w}}\delta S_{\mathrm{w}}+c_{gp_{\mathrm{b}}}\delta p_{\mathrm{b}}=F_{\mathrm{g}}\left(\delta p,\delta p_{\mathrm{bh}}\right)
\end{aligned}
\tag{8.105}
$$

由式(8.105)的后两个方程，得

$$
\begin{aligned}
&c_{\mathrm{o}S_{\mathrm{w}}}\delta S_{\mathrm{w}}+c_{op_{\mathrm{b}}}\delta p_{\mathrm{b}}=F_{\mathrm{o}}\left(\delta p,\delta p_{\mathrm{bh}}\right)-c_{op}\delta p \\
&c_{\mathrm{g}S_{\mathrm{w}}}\delta S_{\mathrm{w}}+c_{gp_{\mathrm{b}}}\delta p_{\mathrm{b}}=F_{\mathrm{g}}\left(\delta p,\delta p_{\mathrm{bh}}\right)-c_{gp}\delta p
\end{aligned}
\tag{8.106}
$$

定义行列式

$$
D=\begin{vmatrix} c_{\mathrm{o}S_{\mathrm{w}}} & c_{op_{\mathrm{b}}} \\ c_{\mathrm{g}S_{\mathrm{w}}} & c_{gp_{\mathrm{b}}} \end{vmatrix}=c_{\mathrm{o}S_{\mathrm{w}}}c_{gp_{\mathrm{b}}}-c_{\mathrm{g}S_{\mathrm{w}}}c_{op_{\mathrm{b}}}
$$

$$
\begin{aligned}
D_{\mathrm{S}}&=\begin{vmatrix} F_{\mathrm{o}}\left(\delta p,\delta p_{\mathrm{bh}}\right)-c_{op}\delta p & c_{op_{\mathrm{b}}} \\ F_{\mathrm{g}}\left(\delta p,\delta p_{\mathrm{bh}}\right)-c_{gp}\delta p & c_{gp_{\mathrm{b}}} \end{vmatrix} \\
&=\left[F_{\mathrm{o}}\left(\delta p,\delta p_{\mathrm{bh}}\right)-c_{op}\delta p\right]c_{gp_{\mathrm{b}}}-\left[F_{\mathrm{g}}\left(\delta p,\delta p_{\mathrm{bh}}\right)-c_{gp}\delta p\right]c_{op_{\mathrm{b}}}
\end{aligned}
$$

$$
\begin{aligned}
D_{p}&=\begin{vmatrix} c_{\mathrm{o}S_{\mathrm{w}}} & F_{\mathrm{o}}\left(\delta p,\delta p_{\mathrm{bh}}\right)-c_{op}\delta p \\ c_{\mathrm{g}S_{\mathrm{w}}} & F_{\mathrm{g}}\left(\delta p,\delta p_{\mathrm{bh}}\right)-c_{gp}\delta p \end{vmatrix} \\
&=c_{\mathrm{o}S_{\mathrm{w}}}\left[F_{\mathrm{g}}\left(\delta p,\delta p_{\mathrm{bh}}\right)-c_{gp}\delta p\right]-c_{\mathrm{g}S_{\mathrm{w}}}\left[F_{\mathrm{o}}\left(\delta p,\delta p_{\mathrm{bh}}\right)-c_{op}\delta p\right]
\end{aligned}
$$

由式(8.106)得

$$
\delta S_{\mathrm{w}}=\frac{D_{\mathrm{S}}}{D},\quad \delta p_{\mathrm{b}}=\frac{D_{\mathrm{p}}}{D}
\tag{8.107}
$$

将其代入式（8.105）的第一个方程，得到欠饱和状态下的压力方程。

$$c_{wp}\delta p + c_{wS_w}\frac{D_S}{D}(\delta p,\delta p_{bh}) = F_w(\delta p) \tag{8.108}$$

隐式求解式（8.108）和井控制方程，得到 δp 和 δp_{bh}。之后，把 δp 和 δp_{bh} 代入式（8.107），得到 δS_w 和 δp_b。

综上，迭代 IMPES 有以下特征：

①迭代 IMPES 和经典 IMPES 的区别在于迭代 IMPES 在 Newton-Raphson 迭代循环内使用，而经典 IMPES 在 Newton-Raphson 迭代之前使用。

②所有饱和度的函数 k_{rw}，k_{ro}，k_{rg}，p_{cw} 和 p_{cg} 都使用 Newton–Raphson 迭代前一时间步的饱和度值。

③传导率中的流体地层体积系数和黏度，相势和井项的数据，都使用前一步的 Newton-Raphson 迭代值计算。

④水、油、气组分方程的左侧与 SS 求解方法相同。

⑤压力未知量是隐式求解，另外两个未知量显式求解。

类似与顺序求解方法，饱和度的函数 krw，kro，krg，p_{cw} 和 p_{cg} 可以使用前一步 Newton-Raphson 迭代的饱和度值，而不是之前时间步的饱和度值。在迭代 IMPES 中的泡点问题与 SS 的处理方法相同，时间步的控制方法与顺序求解中的相同。前面章节推导的两相流改进 IMPES，也可以推广到黑油模型上。特别地，压力的时间步明显不同于饱和度的时间步。

8.2.5 井耦合

井耦合需要考虑各种井的约束条件。对于注入井，需要考虑两种井约束条件。

要么是给定井底压力 p_{bh}，要么给定某一相的注入量。前一种情况下

$$p_{bh}^{(j)} = p_{bh}^{(j)} \tag{8.109}$$

其中，j 是采用这种井控制条件的井数，$p_{bh}^{(j)}$ 是该井的给定井底压力。此时

$$\delta p_{bh}^{(j)} = 0 \tag{8.110}$$

后一种情况下，由（8.11）可知，注水井和注气井的注入量控制条件为

$$Q_{Ws}^{(j)} = \sum_{m=1}^{M_{wj}} WI^{(j,m)}\frac{K_{rw\max}}{\mu_w}\left[p_{bh}^{(j)} - p_w - \rho_w g\left(z_{bh}^{(j)} - z\right)\right]\delta\left[\boldsymbol{x} - \boldsymbol{x}^{(j,m)}\right] \tag{8.111}$$

和

$$Q_{Gs}^{(j)} = \sum_{m=1}^{M_{wj}} WI^{(j,m)}\frac{K_{rg\max}}{\mu_g}\left[p_{bh}^{(j)} - p_g - \rho_g g\left(z_{bh}^{(j)} - z\right)\right]\delta\left[\boldsymbol{x} - \boldsymbol{x}^{(j,m)}\right] \tag{8.112}$$

其中，$Q_{Ws}{}^{(j)}$ 和 $Q_{Gs}{}^{(j)}$ 分别表示给定的注水量和注气量，j 为井数，$K_{r\alpha\max}$ 表示 α 相的最大相对渗透率，α = w，g。井控制方程（8.111）和式（8.112）。可用 Newton-Raphson 迭代求解。比如，在 SS 方法中，由式（8.54）和式（8.57），对式（8.111）和式（8.112）应采用迭代，得到

$$Q_{\mathrm{Ws}}^{(j)}=\left[q_{\mathrm{Ws}}^{(j)}\right]^{l}+\sum_{m=1}^{M_{\mathrm{w}j}}WI^{(j,m)}\left[e_{\mathrm{w}p}^{(j)}\delta p+e_{\mathrm{w}S_{\mathrm{w}}}^{(j)}\delta S_{\mathrm{w}}+e_{\mathrm{w}p_{\mathrm{bh}}}^{(j)}\delta p_{\mathrm{bh}}^{(j)}\right]\delta\left[\boldsymbol{x}-\boldsymbol{x}^{(j,m)}\right] \tag{8.113}$$

和

$$Q_{\mathrm{Gs}}^{(j)}=\left(q_{\mathrm{Gs}}^{(j)}\right)^{l}+\sum_{m=1}^{M_{\mathrm{w}j}}WI^{(j,m)}\left[e_{\mathrm{g}p}^{(j)}\delta p+e_{\mathrm{wS}}^{(j)}\left(\delta S_{\mathrm{w}}+\delta S_{\mathrm{o}}\right)+e_{\mathrm{g}p_{\mathrm{bh}}}^{(j)}\delta p_{\mathrm{bh}}^{(j)}\right]\delta\left[\boldsymbol{x}-\boldsymbol{x}^{(j,m)}\right] \tag{8.114}$$

其中$Q_{\mathrm{Ws}}^{(j)}=\left(q_{\mathrm{Ws}}^{(j)}\right)^{l+1}$，$Q_{\mathrm{Gs}}^{(j)}=\left(q_{\mathrm{Gs}}^{(j)}\right)^{l+1}$，这两个方程的系数由式（8.54）和式（8.57）确定。对于顺序和迭代 IMPES 求解方法，流速项的展开与第 8.2.3 节和 8.2.4 节相同。

生产井存在三种约束条件：定井底压力，定总产液量，定总流量。定井底压力的约束形式为式（8.109），且式（8.110）成立。定总产液量形式为

$$\begin{aligned}Q_{\mathrm{Ls}}^{(j)}=&\sum_{m=1}^{M_{\mathrm{w}j}}WI^{(j,m)}\frac{K_{\mathrm{rw}}}{\mu_{\mathrm{w}}}\left\{p_{\mathrm{bh}}^{(j)}-p_{\mathrm{w}}-\rho_{\mathrm{w}}g\left[z_{\mathrm{bh}}^{(j)}-z\right]\right\}\delta\left[\boldsymbol{x}-\boldsymbol{x}^{(j,m)}\right]\\&+\sum_{m=1}^{M_{\mathrm{w}j}}WI^{(j,m)}\frac{K_{\mathrm{ro}}}{\mu_{\mathrm{o}}}\left\{p_{\mathrm{bh}}^{(j)}-p_{\mathrm{o}}-\rho_{\mathrm{o}}g\left[z_{\mathrm{bh}}^{(j)}-z\right]\right\}\delta\left[\boldsymbol{x}-\boldsymbol{x}^{(j,m)}\right]\end{aligned} \tag{8.115}$$

其中$Q_{\mathrm{Ls}}^{(j)}$为第j口井的给定总产液量。具有这种井约束条件的射孔层段的含水率（定义为产水与产水和产油总和的比）必须小于某一限度值；如果超过这一限度，这个射孔层段就必须关停。定总流量控制条件也可以类似地定义；此时，需要增加天然气产量。

在 SS 方法中，饱和状态下采用式（8.54）和式（8.55），对式（8.115）运用 Newton-Raphson 迭代，得到

$$\begin{aligned}Q_{\mathrm{Ls}}^{(j)}=&\left[q_{\mathrm{Ls}}^{(j)}\right]^{l}+\sum_{m=1}^{M_{\mathrm{w}j}}WI^{(j,m)}\left[e_{\mathrm{w}p}^{(j)}\delta p+e_{\mathrm{w}S_{\mathrm{w}}}^{(j)}\delta S_{\mathrm{w}}+e_{\mathrm{w}p_{bh}}^{(j)}\delta p_{bh}^{(j)}\right]\delta\left[\boldsymbol{x}-\boldsymbol{x}^{(j,m)}\right]\\&+\sum_{m=1}^{M_{\mathrm{w}j}}WI^{(j,m)}\left[e_{\mathrm{o}p}^{(j)}\delta p+e_{\mathrm{o}S_{\mathrm{w}}}^{(j)}\delta S_{\mathrm{w}}+e_{\mathrm{o}S_{\mathrm{o}}}^{(j)}\delta S_{\mathrm{o}}+e_{\mathrm{o}p_{\mathrm{bh}}}^{(j)}\delta p_{\mathrm{bh}}^{(j)}\right]\delta\left[\boldsymbol{x}-\boldsymbol{x}^{(j,m)}\right]\end{aligned} \tag{8.116}$$

其中，$Q_{\mathrm{Ls}}^{(j)}=[q_{\mathrm{Ls}}^{(j)}]^{l+1}$是固定的，方程中的系数由式（8.54）和式（8.55）确定。在欠饱和状态下的 SS、顺序求解和迭代 IMPES 方法中，$Q_{\mathrm{Ls}}^{(j)}$的展开与第 8.2.2 节至第 8.2.4 节相同。

8.2.6 自适应隐式和其他方法

Thomas et al.（1983）在油藏模拟中引入自适应隐式方法。该方法的主要思想是在 IMPES（或顺序）和 SS 方法之间寻求一个有效的中间地带。也就是说，在给定的时间步长，昂贵的 SS 方法仅限在需要它的网格块上使用，其余网格块上使用 IMPES 方法。在这种方法中，多孔介质中任何网格上的压力都是隐式计算的（如在 IMPES，顺序和 SS 方法中），但是饱和度仅在选定的网格上隐式计算，在其他网格上显式计算。这种隐式和显式网格块的划分，在不同的时间步上可能不同。实现这种方法的主要问题是切换准则，用该准则确定饱和度方程应该隐式还是显式求解。

在最初的工作中（Thomas et al.，1983），切换准则基于解变量的变化（如局部网格加

密中；参见第 4.7 节）。当 IMPES 网格的变化超过指定阈值时，网格就切换到 SS 方法处理。这个准则的缺点是，虽然不稳定性会导致大的求解变化，但是小的变化却并不能保证稳定性。这个缺点导致了其他标准的发展，例如基于特征值的标准（Fung et al.，1989）和双线曲方程稳定性分析［即著名的 Courant-Friedrichs-Lewy（CFL）稳定性分析；参见第 4.1.8 节］。

自适应隐式方法专门用于油藏的有限差分模拟，在有限元法中的应用未在文献中介绍。有限差分法是在网格点上局部定义的，因此 CFL 切换准则可以很容易从局部网格步长中分析得到。然而，有限元方法是在整个域上全局定义的，所以如何定义切换准则并不那么清楚。因此，本书中不讨论这种求解方法。

20 世纪 80 年代后期，油藏模拟并行计算得到了广泛应用，特别是由于共享和分布式存储计算机的引入。例如，Scott et al.（1987）提出了一种用于油藏模拟的多指令多数据（MIMD）方法，Chien et al.（1987）描述了分布式存储计算机上的并行处理方法。文献中有好几种方法用于油藏代码的并行化。它们大多基于信息传递技术，如 PVM（并行虚拟机）和 MPI（信息传递接口），以及域分解方法。在大多数并行方法中，将一个油藏分成若干个子域，并为每个子域问题分配一个处理器（Killough et al.，1987）；Schur 补码方法可用于解决接口问题（Smith et al.，1996）。并行计算将在第 14 章中进一步讨论。

并行算法已用于各种多相流的 SS（Mayer，1989）、IMPES（Rutledge et al.，1991）和自适应隐式求解中（Verdire et al.，1999）。也就是说，在每一种求解方法中，压力和饱和度方程都是并行求解的。测试表明，随着处理器数量的增加，CPU 时间可以线性（或近似线性）加速。并行思想也可作为多相流的求解技术。在 IMPES、顺序和 SS 求解中，压力和饱和度方程是在同一处理器上分别或同时求解的。然而，这两个方程可以并行求解，即它们的求解可以在同一时间分配给不同的处理器。这个想法似乎对多组分、多相流非常有用，其中不同组分（或相）的方程可以分配给不同的处理器。这一方向尚待进一步研究。

8.3 求解方法对比

本节介绍饱和和欠饱和状态下黑油模型的 SS、顺序和迭代 IMPES 方法计算的对比结果。对于欠饱和油藏，由于气组分的高压缩性和低黏度，导致模型控制方程的非线性相对弱于饱和油藏。另外，欠饱和油藏不存在泡点问题。由于顺序和迭代 IMPES 求解具有低隐式性，它们可能适用于欠饱和油藏，但不适用于饱和油藏。下面使用这三种求解方法 测试这两类油藏。

8.3.1 欠饱和油藏

本测试模型来自一个水驱油田的开发方案设计。油田大小为 6890ft×6726ft×4227ft。有四个地质储层，边界和顶底层形状不规则，油藏温度为 74℃（华氏温度 165.2℉）。岩石的绝对渗透率和压缩系数以及地层的厚度在空间上是变化的。水、油以及油黏度的压缩系数分别为 3.1×10^{-6}，3.1×10^{-6}，$0psi^{-1}$。油、水的贮罐密度分别为 60.68 lb/ft^3 和 62.43 lb/ft^3。标准状况下的气体比重（气体分子量与空气分子量之比）为 0.5615。气油界面深度（GOC）和水油界面深度（WOC）分别为 3666ft 和 4593ft。油藏毛细管压力 / 重力最初处于平衡状态。在 3684 英尺深度处压力为 1624psia GOC 和 WOC 处毛细管压力为零。其他 PVT 参数和岩石数据见表 8.1 至表 8.3，其中 Z 表示气体偏差系数（参见第 3 章或者第 8.1.3 节）。

表 8.1　PVT 属性参数

p（psia）	B_o（bbl/bbl）	μ_o（mPa·s）	R_{so}（ft^3/bbl）	B_g（bbl/bbl）	μ_o（mPa·s）	Z（mPa·s）	μ_g（mPa·s）
82.02	1.0057	52.8	6.72	1.022	0.42	0.993	0.0151
435.11	1.0208	37.6	39.19	1.022	0.42	0.966	0.0141
870.23	1.0415	26.3	83.66	1.022	0.42	0.936	0.0132
1305.34	1.0632	19.7	130.25	1.022	0.42	0.913	0.0141
1624.42	1.0795	15.5	165.63	1.022	0.42	0.898	0.0151

表 8.2　油水系统饱和度函数参数

S_w	K_{rw}	K_{row}	p_{cou}（psi）
0.2400	0	1.000	2.4656
0.3050	0.001	0.809	1.1603
0.3266	0.002	0.707	0.8702
0.3483	0.004	0.606	0.5802
0.3699	0.007	0.513	0.3916
0.3915	0.010	0.421	0.2321
0.4131	0.014	0.349	0.1450
0.5000	0.037	0.260	0.0725
0.6000	0.087	0.200	0.0435
0.7000	0.155	0.150	0.0232
0.8000	0.230	0.100	0
0.9000	0.400	0	0
1.0000	1.000	0	0

表 8.3 油气系统饱和度函数参数

S_g	K_{rg}	K_{rog}	p_{cog}（psi）
0	0	1.0000	0
0.04	0	0.4910	0
0.10	0.001	0.2990	0
0.20	0.003	0.1200	0
0.22	0.007	0.1030	0
0.29	0.015	0.0400	0
0.33	0.030	0.0210	0
0.37	0.065	0.0087	0
0.40	0.131	0.0021	0
0.46	0.250	0	0
0.76	1.000	0	0

油藏有 50 口产油井，20 口注水井。这些井在所有层都有射孔（WOC 以上）。每口井的井筒半径是 0.25ft。井控参数可以是井底压力、注水量、产油量，以及 95% 含水率极限控制的产液量。

由于该油藏在垂向上为层状结构，将其划分为六角棱柱体，即在 x_1x_2 平面上为六边形结构，在 x_3 坐标方向上为矩形，如图 4.36 所示。控制体积数量为 2088×4（4 为四个储层）。使用线性单元 CVFE 方法离散控制方程（参见第 4.3 节）。模拟方法参数 $(\mathrm{d}p)_{\max}=300$psia，$(\mathrm{d}S_w)_{\max}=0.05$，$(\mathrm{d}p_b)_{\max}=300$psia（参见第 8.2.3 节），三种求解方法的模拟时间都是 4740d。使用不完全 LU 分解预条件的 ORTHOMIN 算法求解 LES。该油藏的产油量、含水和采收率曲线如图 8.2—8.7 所示，其中“fully”表示 SS 方法，“sequen”表示顺序求解，“imper”表示 IMPES 求解。求解方法的内存空间和计算时间对比结果见表 8.4。顺序求解方法的结果与 SS 的非常吻合，但是 IMPES 的结果存在振荡，如图 8.3 和图 8.5 所示。时间步长减少到一定程度可以消除这些振荡，但模拟进程太慢。当 LESs 变小时，顺序和 IMPES 方法用的内存空间只有 SS 方法的 20.01%。顺序方法求解所用的 CPU 时间仅为 SS 的 12.06%，总 CPU 时间仅为 SS 方法的 23.89%。

从表 8.4 可知，在 SS 方法中，85% 的计算时间都用来求解 LESs 了，其他部分只用了 549.39s。但是在顺序求解方法中，只有 42.17% 的 CPU 时间用来求解 LESs，其他部分的 CPU 时间只比 SS 方法少用了 87.89s，因此，顺序求解比 SS 方法更快的主要原因是顺序求解能大大减少求解 LESs 的计算时间。另外，值得注意的是，顺序求解需要的内存空间也少。迭代 IMPES 方法也具有这些特征。

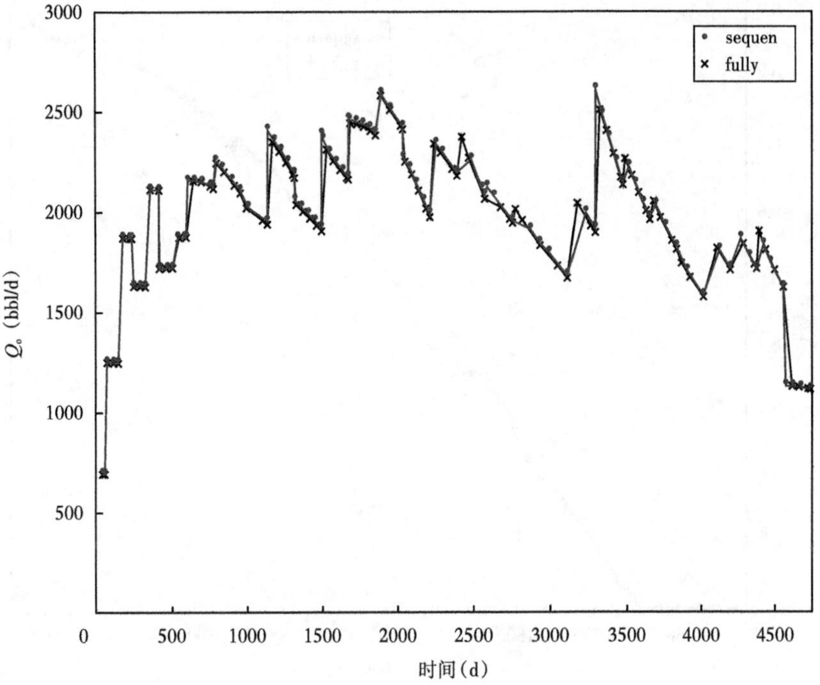

图 8.2 欠饱和油藏产油量(一)

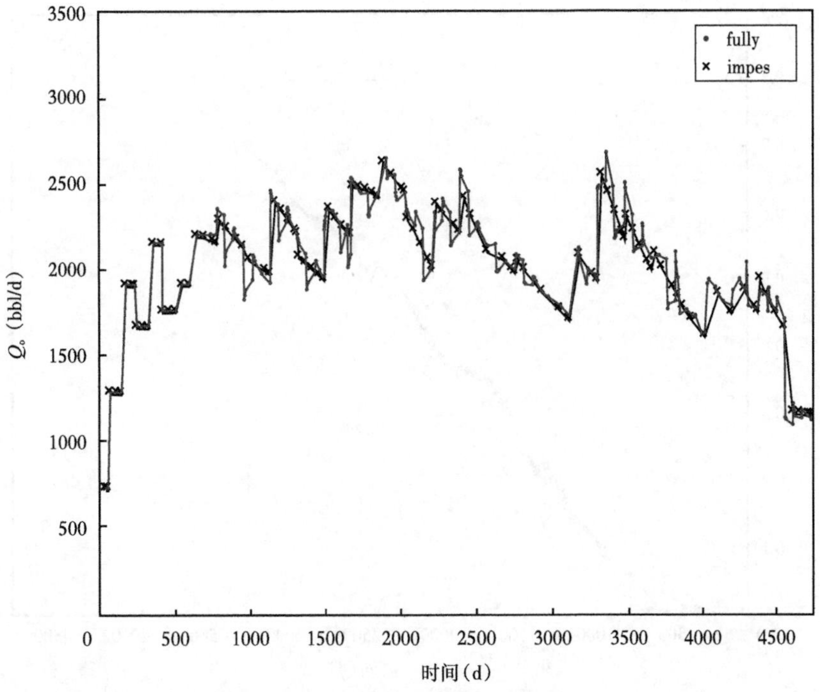

图 8.3 欠饱和油藏产油量(二)

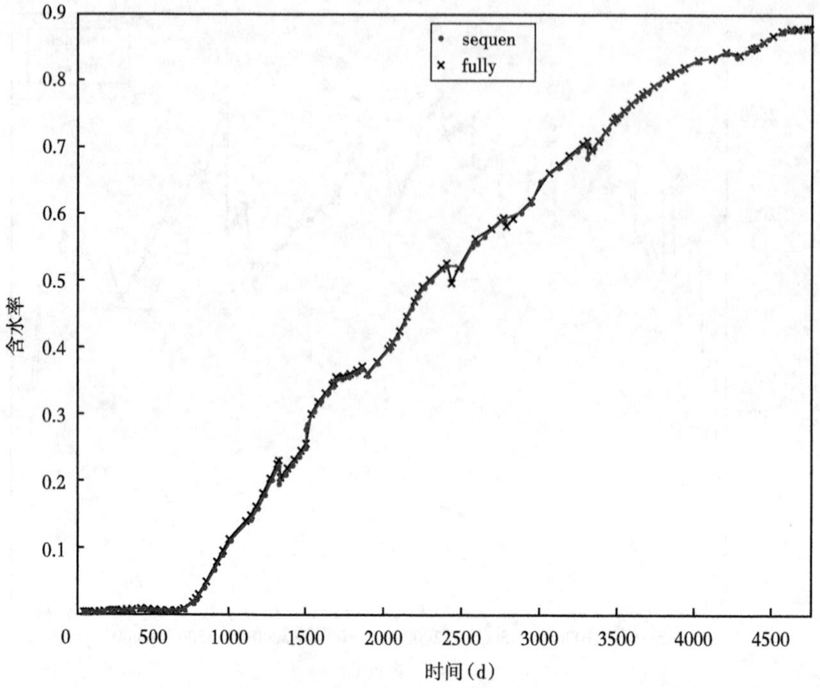

图 8.4 欠饱和油藏的含水率(一)

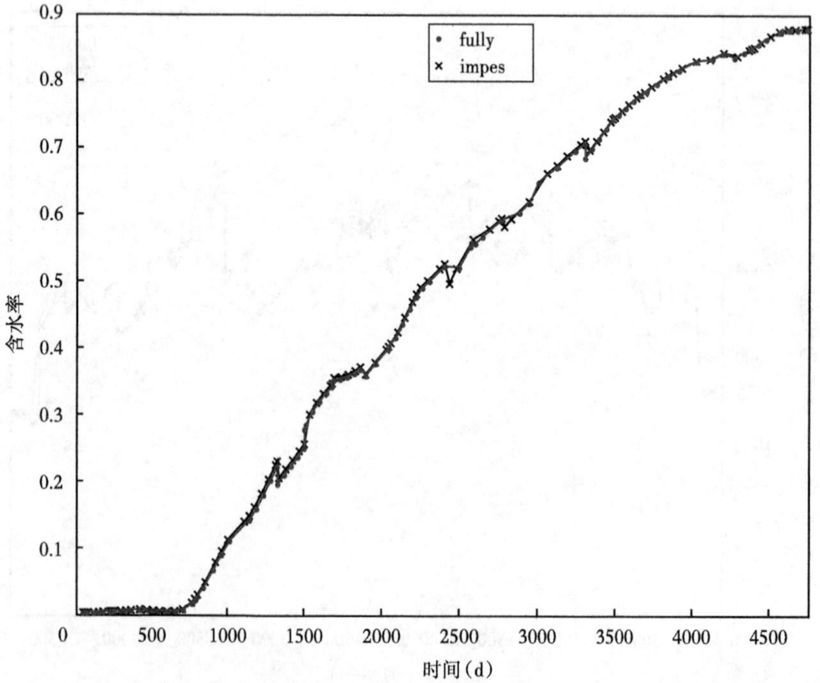

图 8.5 欠饱和油藏的含水率(二)

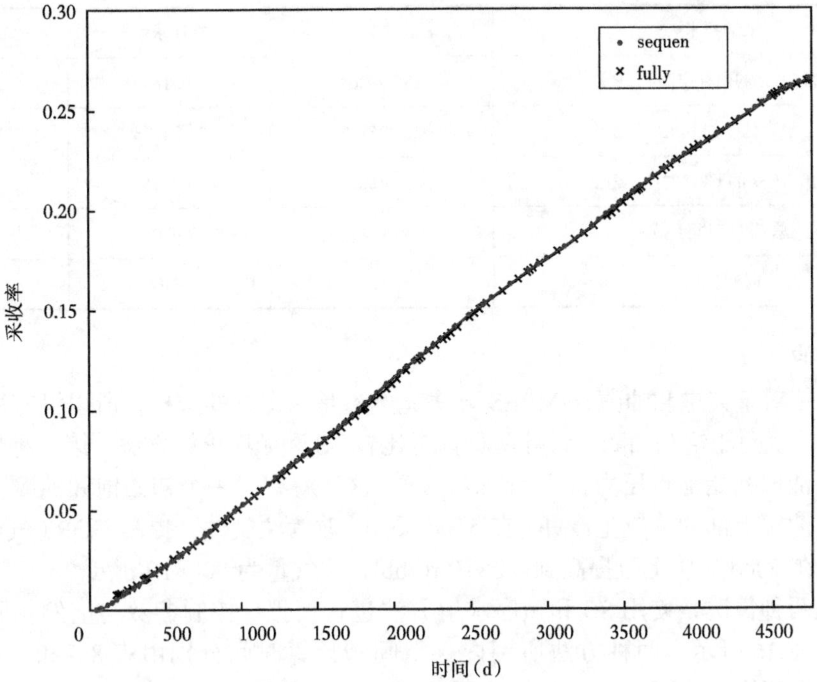

图 8.6　欠饱和油藏的采收率(一)

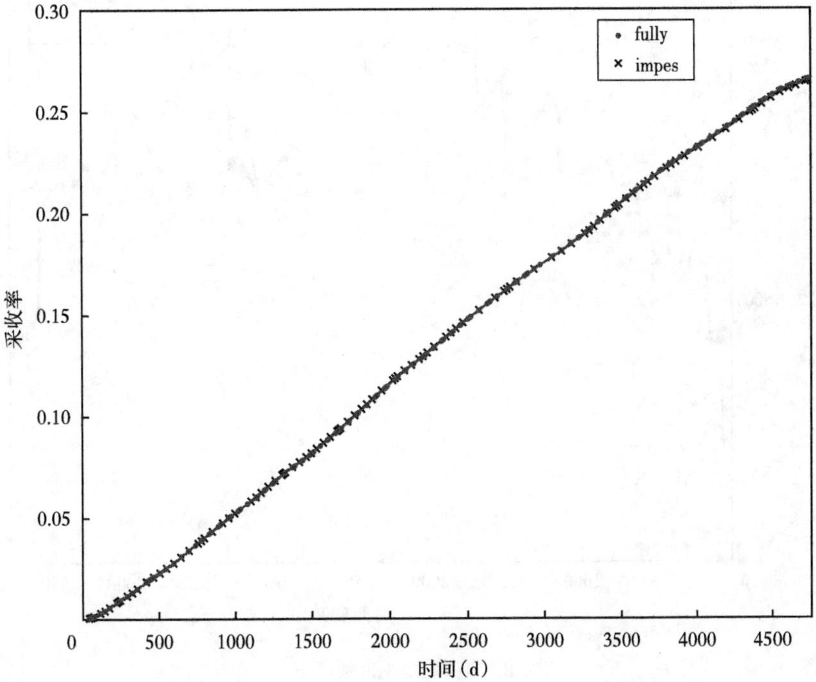

图 8.7　欠饱和油藏的采收率(二)

表 8.4 欠饱和油藏的 SS、顺序求解、迭代 IMPES 方法对比

求解技术	SS	顺序求解	IMPES
求解 LESs 的内存空间（MB）	18.099264	3.621892	3.621892
总存储空间（MB）	26.326132	11.84876	11.84876
求解 LESs 的 CPU 时间（s）	2790.80	336.55	543.17
总 CPU 时间（s）	3340.19	798.05	1518.15
时间步数	30	30	30

8.3.2 饱和油藏

因为即使对于欠饱和油藏，IMPES 方法显然不是一个好的选择，所以没有用饱和油藏测试这个方法。对于饱和油藏，设计两种情况比较 SS 和顺序求解方法。第一种情况，只是将上例中的油田初始泡点压力提高到 1642psia，这样就有了一个初始饱和油藏。第二种情况，将位于油田上部的一口生产井（在 510d 关闭）改为注气井，提高 GOR（气油比）以提升采收率，在 600d 后将上限提高到 $0.2\times10^3ft^3/bbl$，注气量为 $500\times10^3ft^3/d$。

对于这两种情况，使用 SS 和顺序求解方法进行模拟，控制参数与上例相同。计算结果如图 8.8—8.16 所示。两种方法所用内存空间和计算时间分别由表 8.5 和表 8.6 中的情况 1 和情况 2 所示。从图 8.8—8.11 可以看出，在第一种情况中这两种方法得到的产油量、

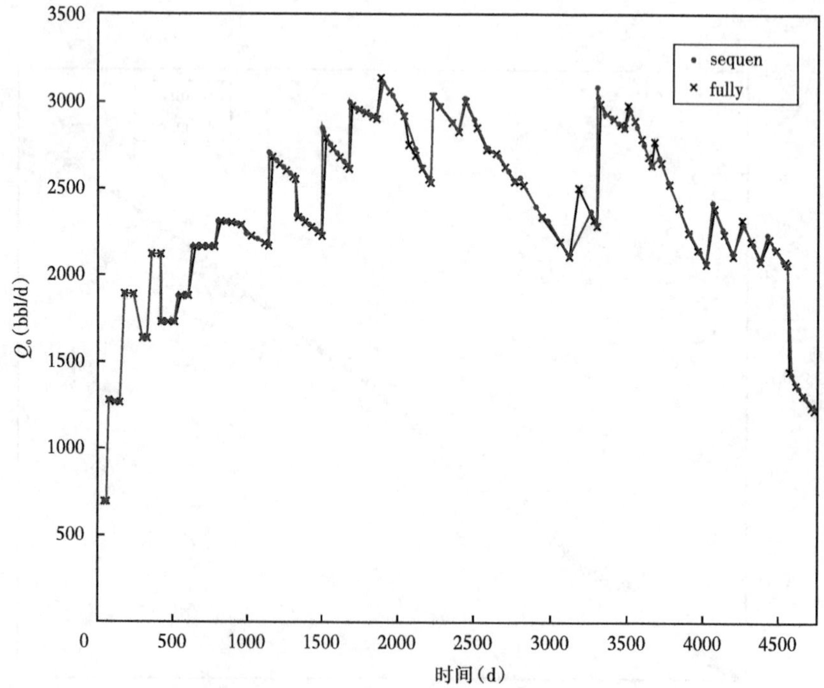

图 8.8 饱和水驱油藏产油量

GOR、含水率和采收率非常吻合，顺序求解占用的总 CPU 时间增加到 SS 方法的 34.60%。对于第二种情况，尽管顺序求解的产油量、含水率和采收率仍然与SS匹配，但在3700d后，这两种方法的 GOR 之间存在偏差（图 8.14）。此外，在这种情况下，顺序方法求解 LESs 的 CPU 时间是 SS 方法的 18.22%，且前者的总计算时间变为后者的 40.78%。顺序求解的 Newton-Raphson 迭代次数比 SS 的次数多 10 次。

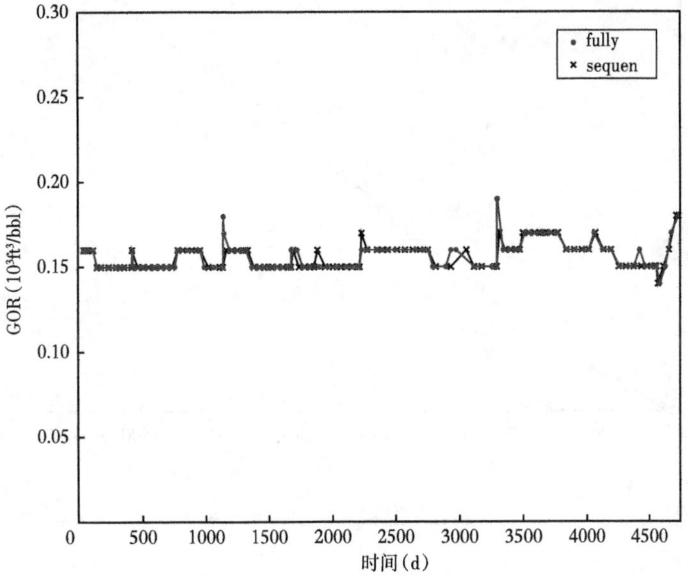

图 8.9 饱和水驱油藏气油比

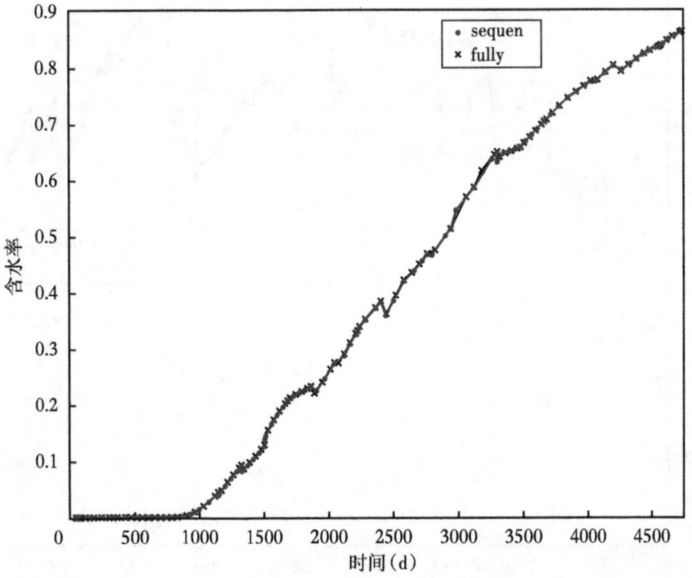

图 8.10 饱和水驱油藏含水率

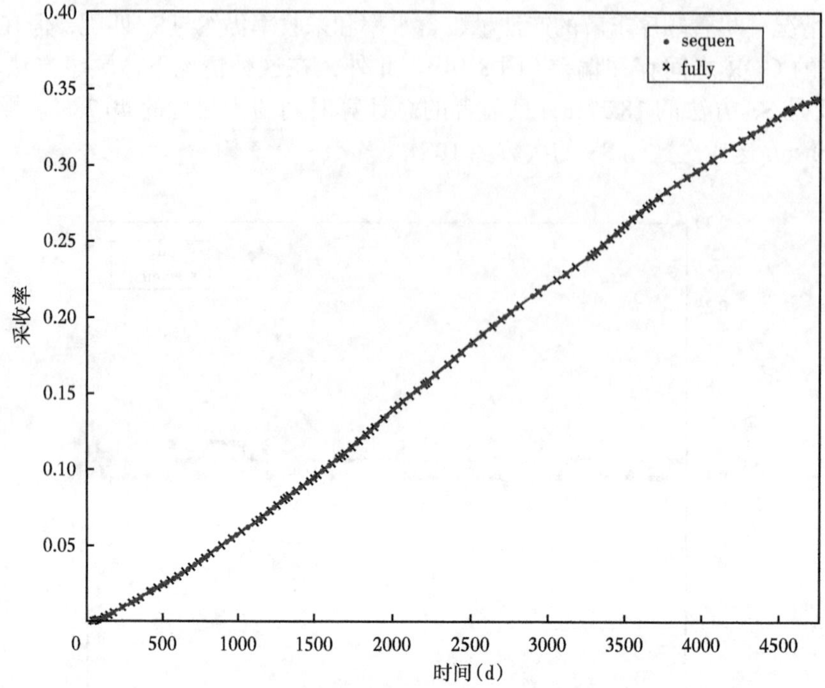

图 8.11 饱和水驱油藏采收率

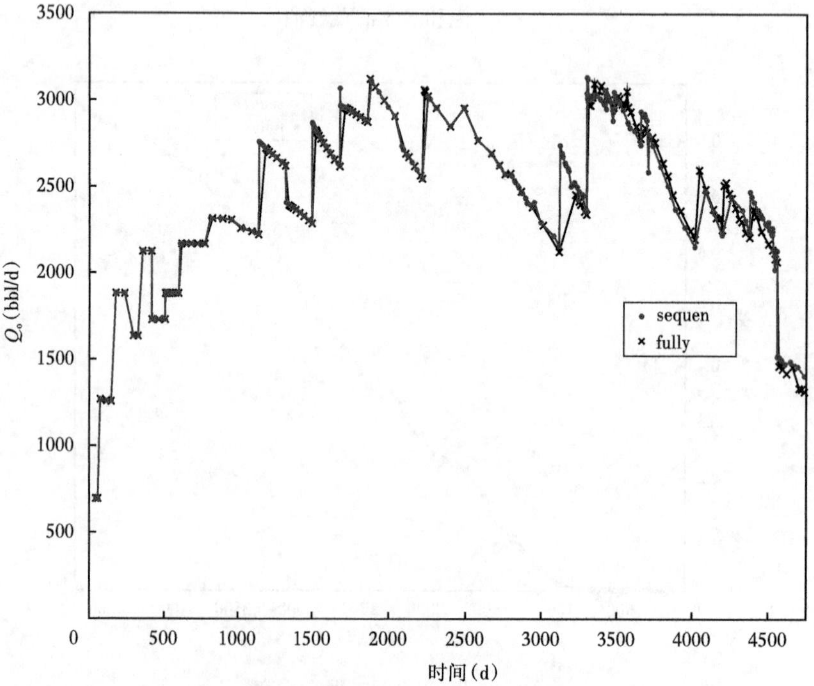

图 8.12 饱和油藏注气生产的产油量

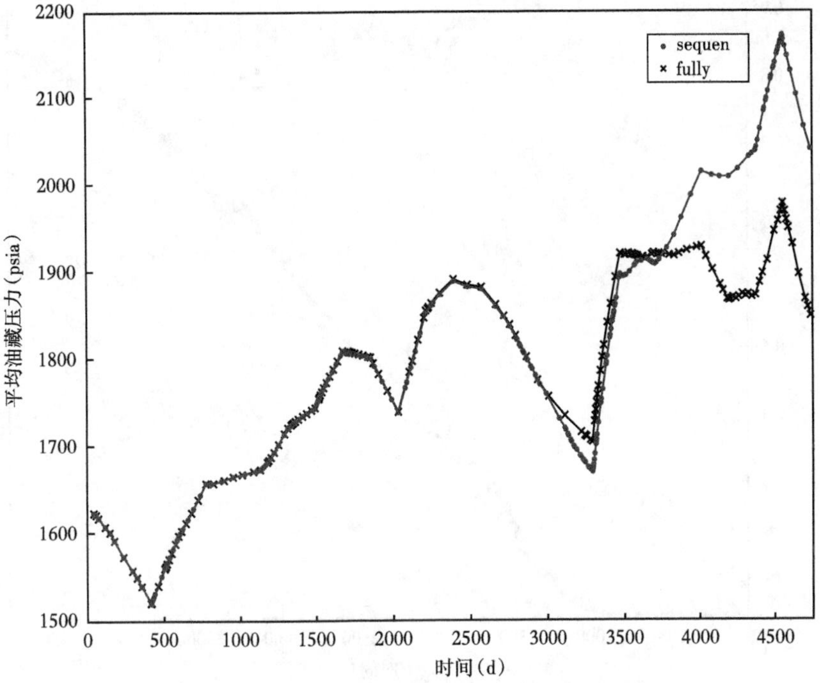

图 8.13 饱和油藏注气生产的平均油藏压力

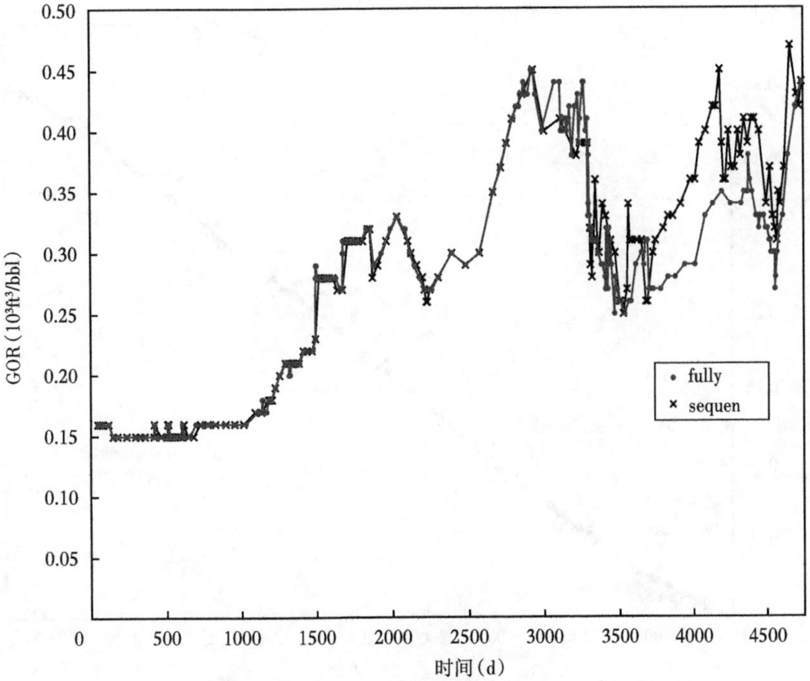

图 8.14 饱和油藏注气生产的 GOR

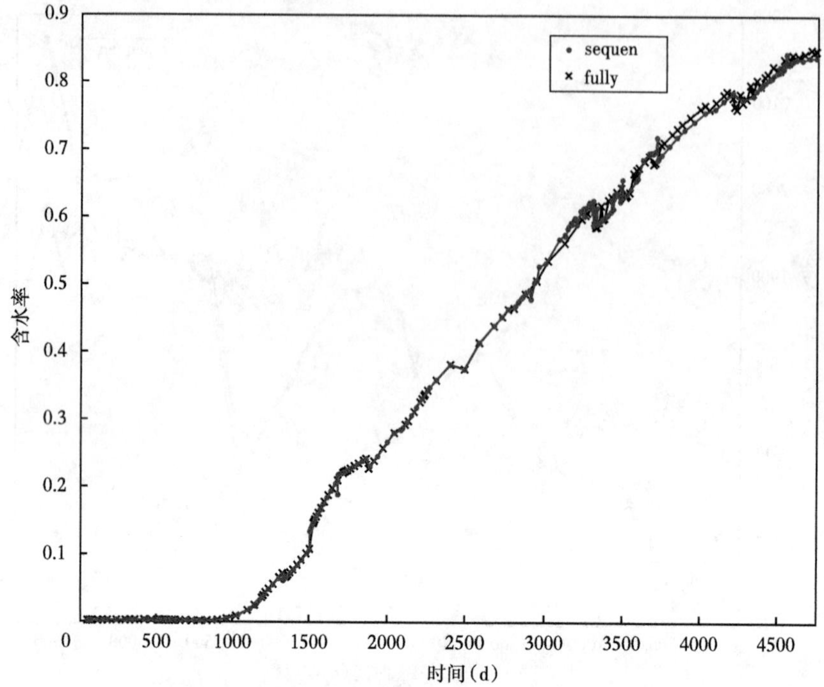

图 8.15 饱和油藏注气生产的含水率

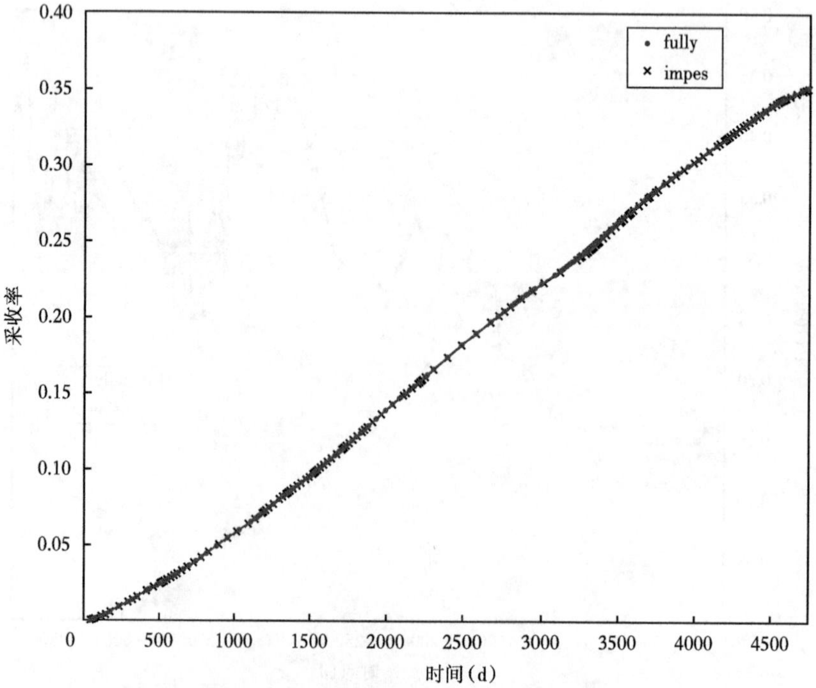

图 8.16 饱和油藏注气生产的采收率

自由气和泡点问题引起的非线性是造成这些现象的主要原因。与水和油相比，自由气具有较大的压缩性，它对饱和状态油藏网格的气组分控制方程流动项有很大贡献。如果顺序求解忽略这个贡献获得压力方程，就在这个压力方程中引入了一个很大的近似误差。特别是，这可能导致 Newton-Raphson 迭代在泡点处发散。对于饱和油藏，某一处的状态可能从饱和状态转变为欠饱和状态。在泡点处，如果压力不正确，将会导致油的 PVT 数据不正确，并且 Newton-Raphson 迭代也将趋近一个不正确的值。在第一种情况下，自由气来自储层中的溶解气体，GOR 仅为 0.15，这是相当低的，自由气引起的非线性较弱。由顺序求解引入压力方程的近似误差很小。因此，它的收敛率很高。但是，在第二种情况下，有大量自由气注入油藏。由自由气引起的非线性很强。在 3700d 后，产油量迅速下降，顺序求解得到的压力高于实际值，这是因为它忽略了由自由气和水引起的非线性（图 8.13），在此压力下，更多的自由气溶解在油里，导致 GOR 偏离其正确值。

表 8.5 第一种情况的饱和水驱油藏的 SS、顺序求解方法对比

求解技术	SS	顺序求解
LESs 求解的内存空间（MB）	18.099264	3.621892
总存储空间（MB）	26.326132	11.84876
LESs 求解的 CPU 时间（s）	2485.88	518.58
总 CPU 时间（s）	3067.10	1061.09
时间步数	30	30
牛顿迭代次数	104	146

表 8.6 第二种情况的饱和注气油藏的 SS、顺序求解方法对比

求解技术	联立求解	顺序求解
LESs 求解的内存空间（MB）	18.099264	3.621892
总存储空间（MB）	26.326132	11.84876
LESs 求解的 CPU 时间（s）	5008.60	912.93
总 CPU 时间（s）	5869.08	2393.66
时间步数	30	30
牛顿迭代次数	137	147

8.3.3 第九个 SPE 算例：黑油模拟

第九个标准算例（CSP）（Killough，1995）的基准问题具有挑战性。因为，首先储层渗透率由地质统计建模产生，可能导致很强的非均质性；其次，水油毛细管压力在水饱和度为 0.35 时具有不连续性，这可能导致 Newton-Raphson 迭代发散；最后，毛细管压力的尾部不能延伸到水饱和度 1.0（图 8.19）。

图 8.17 所示为所研究油藏的矩形平行六面体网格，尺寸是 7200ft×359ft×7500ft。网格（1，1，1）的深度是 9000ft。它在 x_1 方向的倾角为 10°。GOC 和 WOC 分别位于 8800ft 和 9950ft。油藏有 15 个层。

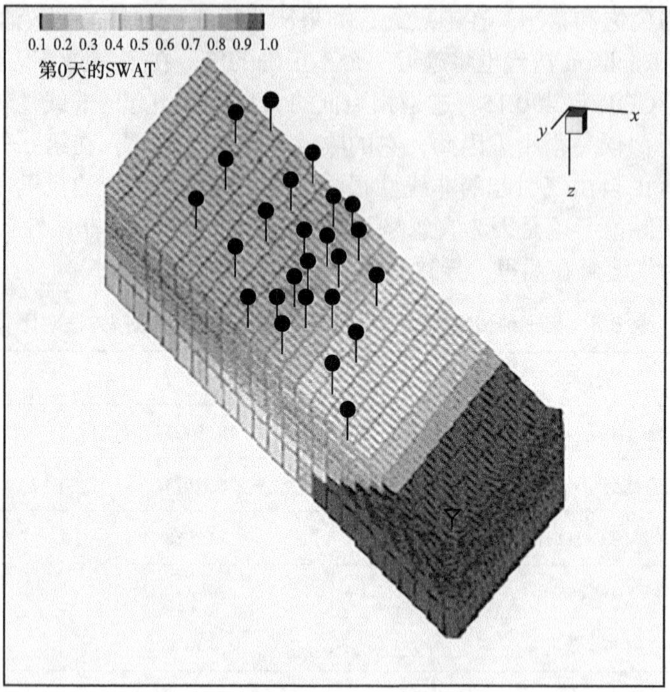

图 8.17　第九个标准算例（CSP）的油藏

每层的孔隙度和厚度，以及油气 PVT 属性数据基于第二个 CSP（Weinstein et al.，1986；也可参见第 8.4 节），如表 8.7 和表 8.8 中所示。气体相对比重为 0.92。表 8.9 给出的油气饱和度函数也来自第二个 CSP。油水系统的相对渗透率和毛细管压力如图 8.18 和图 8.19 所示。

表 8.7　油藏描述

层位	厚度（ft）	孔隙度
1	20	0.087
2	15	0.097
3	26	0.111
4	15	0.160
5	16	0.130
6	14	0.170
7	8	0.170

续表

层位	厚度（ft）	孔隙度
8	8	0.080
9	18	0.140
10	12	0.130
11	19	0.120
12	18	0.105
13	20	0.120
14	50	0.116
15	100	0.157

表 8.8 PVT 属性数据

p（psia）	B_o（bbl/bbl）	μ_o（mPa·s）	R_{so}（ft^3/bbl）	Z	μ_g（mPa·s）
14.7	1.000	1.20	0	0.9999	0.0125
400.0	1.0120	1.17	165	0.8369	0.0130
800.0	1.0255	1.14	335	0.8370	0.0135
1200.0	1.0380	1.11	500	0.8341	0.0140
1600.0	1.0150	1.08	665	0.8341	0.0145
2000.0	1.0630	1.06	828	0.8370	0.0150
2400.0	1.0750	1.03	985	0.8341	0.0155
2800.0	1.0870	1.00	1130	0.8341	0.0160
3200.0	1.0985	0.98	1270	0.8398	0.0165
3600.0	1.1100	0.95	1390	0.8299	0.0170
4000.0	1.1200	0.94	1500	0.8300	0.0175

表 8.9 油气系统饱和度函数数据

S_g	K_{rg}	K_{rog}	p_{cgo}（psi）
0	0	1.00	0
0.04	0	0.60	0.2
0.10	0.0220	0.33	0.5
0.20	0.1000	0.10	1.0

续表

S_g	K_{rg}	K_{rog}	p_{cgo}（psi）
0.30	0.2400	0.02	1.5
0.40	0.3400	0	2.0
0.50	0.4200	0	2.5
0.60	0.5000	0	3.0
0.70	0.8125	0	3.5
0.88	1.0000	0	3.9

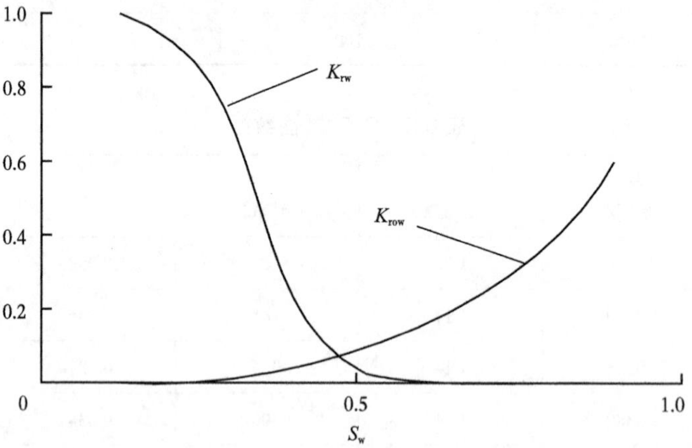

图 8.18　油水相对渗透率

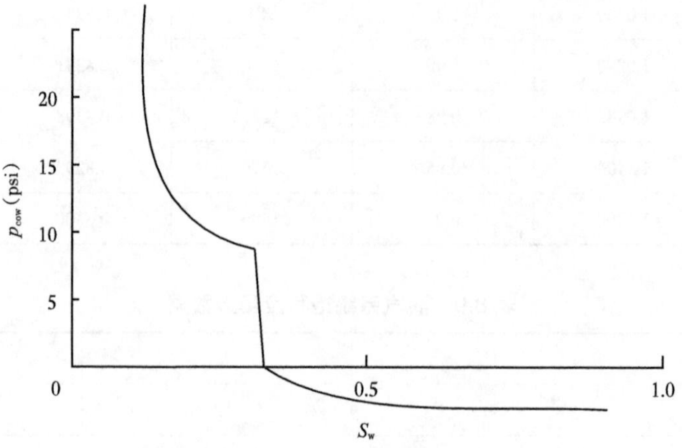

图 8.19　油水毛细管压力

在初始状态下，储层处于平衡状态在 9035ft、处初始储层压力为 3600psia，储层温度为 100°F。原油泡点压力为 3600psia。在泡点压力（p_b）1000psi 以上时，B_o 是 p_b 处的 0.999

倍。储罐油的密度为 0.7296gm/cc。在 3600psia 时油压力梯度为 0.3902psi/ft。储罐水的密度为 1.0095g/cm^3，压力为 3600psia 时地层水体积系数 B_w 为 1.0034bbl/bbl，水压力梯度大约为 0.436psi/ft。岩石可压缩系数为 1.0×10^{-6}psi^{-1}。三相共存时，用 Stone 模型Ⅱ计算油相的相对渗透率。

SPE 9 有 1 口注水井和 25 口采油井，井筒半径为 0.50ft，位置如图 8.17 所示。注水井在第 11~15 层射孔，生产井在第 2~4 层射孔。注水量为 5000bbl/d，最大井底压力为 4000psia。最初，产油量设定为 1500bbl/d。在第 300d 时，产量减少到 100bbl/d。然后，直到第 900d 模拟结束，产量又提高到 1500bbl/d。所有井的参考深度为 9110ft。

对于这个问题可采用第 4.3.5 节的 CVFA 方法离散。为了验证此方法的准确性、稳定性和收敛性，将顺序和 SS 方法的结果与 SS 中的九点有限差分（FD）方法和 VIP-EXECUTIVE 的结果进行比较，VIP-EXECUTIVE 是 J. S. Nolen and Associates 公司（现为 Western ATLAS 软件的一部分）研发的三维三相有限差分油藏模拟器。对于 CVFA 方法，因为所考虑的储层具有层状结构，因此使用六棱柱（x_1x_2 平面中的六边形和 x_3 坐标方向上的矩形，如图 4.36 所示）作为基础网格块。为了定位井的位置，采用角点校正和局部网格加密技术调整基础网格块（参见第 13.4.4 节）。网格块的总数是 765×15，其中 15 是层数。用 ORTHOMIN 迭代算法求解线性方程组，不完全 LU（0）因子作预处理器（参见第 5 章）。对于 SS 方法，在计算过程中的最大饱和度和压力变化分别设置为 0.05 和 150psi，为控制收敛顺序方法的最大饱和度变化设置为 0.02。

图 8.20 给出了 50d 时第一层的含气饱和度分布颜色由深到浅分别表示 Sg 的区间段为

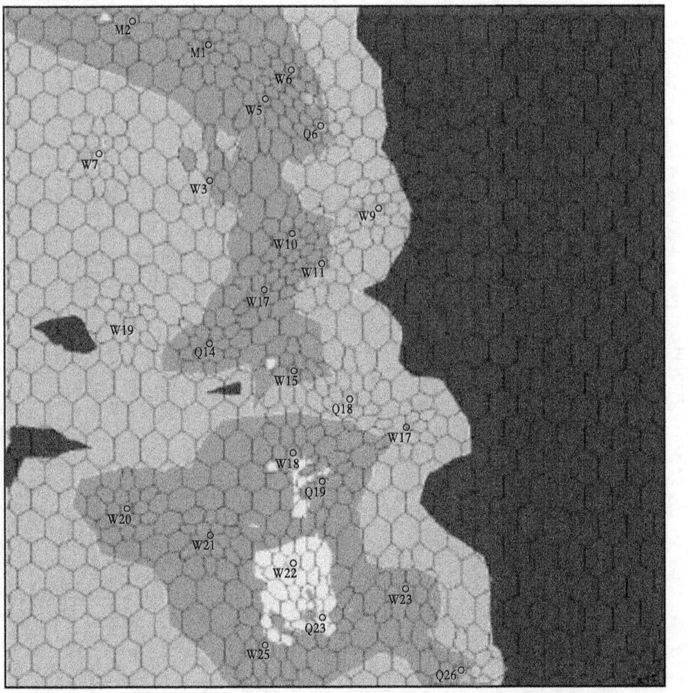

图 8.20 50d 时的含气饱和度

[0，0.02]，(0.02，0.04]，(0.04，0.06]和(0.06，0.08]。含气饱和度分布很不均匀，这是由储层强非均质性引起的，其渗透率具有对数正态分布特征。图 8.21 至图 8.27 是比较结果。顺序方法中 CVFA 的结果比 VIP-EXECUTIVE 结果更接近 SS 方法中 FD 方法。原因可能是笔者的模拟器与 VIP-EXECUTIVE 在井模型的处理、守恒方程的线性化、时间步长控制、迭代控制或所用网格类型方面存在微小差异。从这些图中可以看出，CVFA 和 FD 方法计算油藏压力的完全相同（如图 8.26 所示）；而其他变量，则存在轻微的差异。由于该算例地质模型有很强的非均质性，因此 CVFA 中使用的非结构网格可以更准确地描述储层的非均质性，这一点表现在产量上。表 8.10 显示顺序方法求解线性系统的时间只占 SS 方法 CPU 时间的 28%，总 CPU 时间减小了 45.5%。

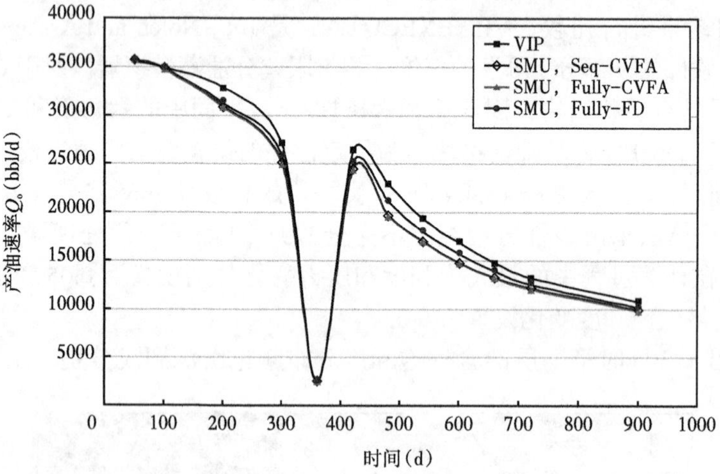

图 8.21　产油量对比图

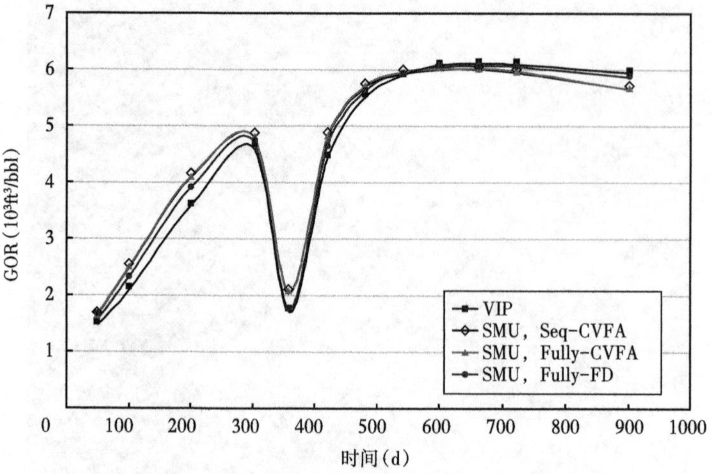

图 8.22　气油比随时间的变化曲线对比图

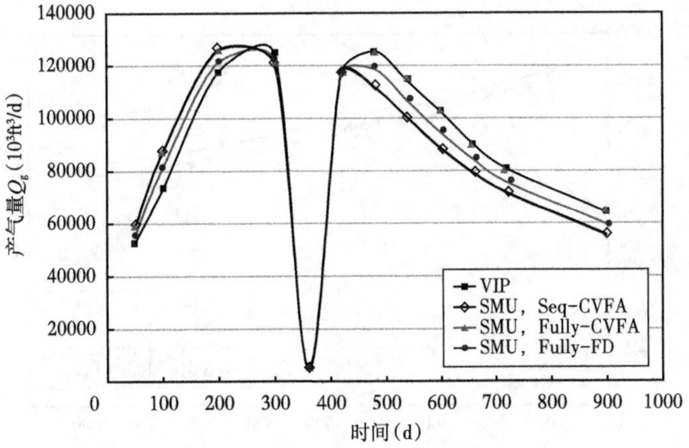

图 8.23　产气量对比图

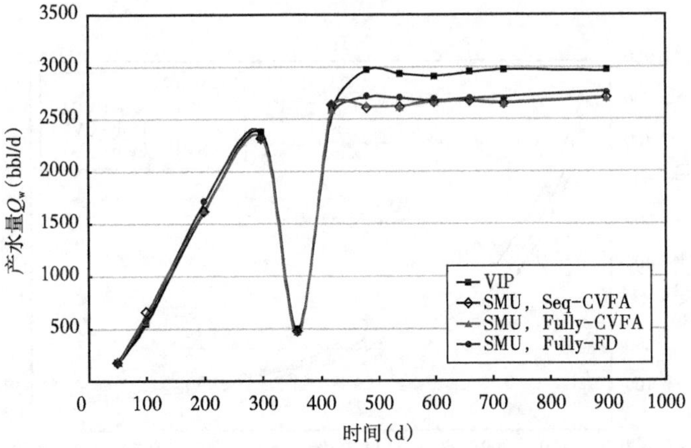

图 8.24　产水量对比图

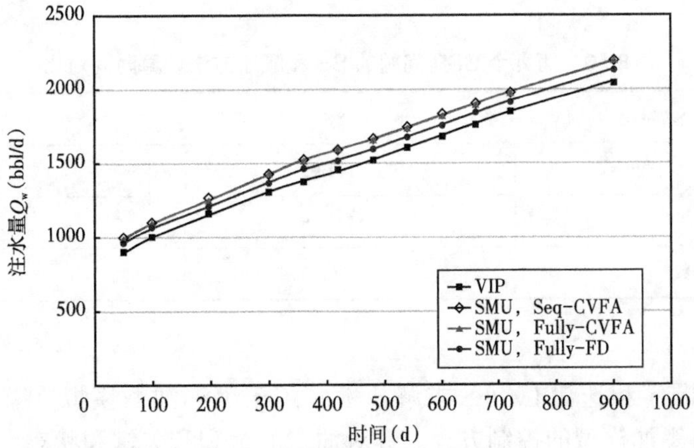

图 8.25　注水量对比图

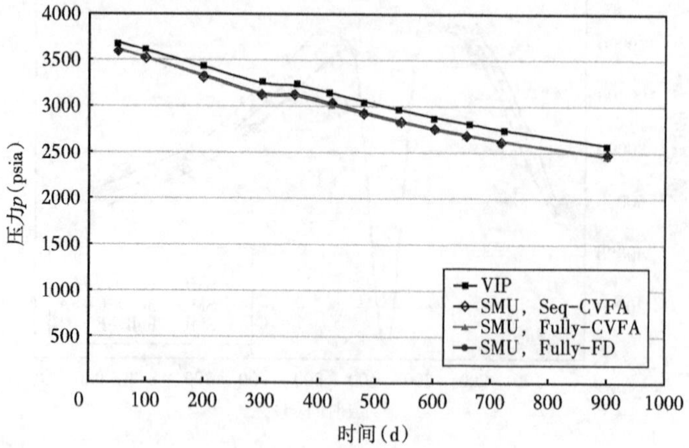

图 8.26　地层压力对比图

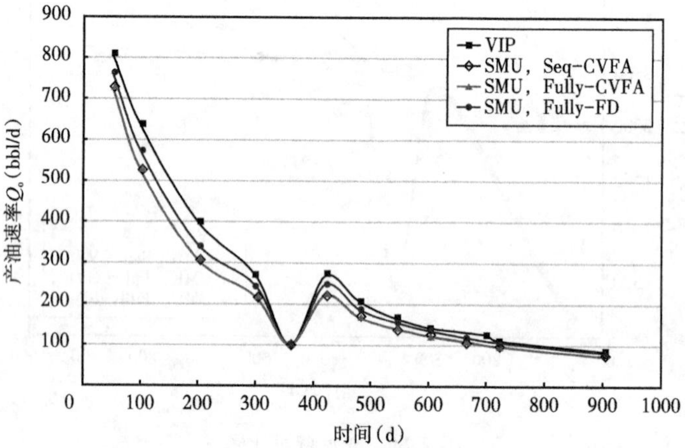

图 8.27　井 21 的产油量对比图

表 8.10　第九个 CSP 问题的 SS 和顺序方法计算时间对比

求解技术	SS	顺序求解
线性方程组 CPU 时间（s）	4141.92	1174.48
总 CPU 时间（s）	5172.76	2819.80
时间步数	119	179

8.3.4　数值试验备注

本节将 SS、顺序和迭代 IMPES 求解技术应用于黑油油藏模拟。采用 FD、CVFE 和 CVFA 方法离散对黑油模型的控制方程。针对油藏的饱和和欠饱和状态，利用油田尺度模型测试这些求解方法。

根据数值试验结果，得出如下结论。

（1）迭代 IMPES 方法不是一个好的选择。

（2）SS 方法是最稳定和最稳健的，但它具有最高的计算内存和时间。

（3）对于欠饱和油藏顺序方法是收敛和稳定的，与 SS 方法相比，可以显著减少存储内存和计算时间。对于饱和油藏，顺序求解的准确性取决于是否注入自由气。无气体时，该方法收敛且准确，并且降低了计算时间。但是，对于有气体注入的情况，顺序求解方法求得的压力和 GOR 与 SS 方法不同，即使这一方法看起来收敛。

（4）对于第九个 SPE 标准算例，SS 和顺序方法的结果非常匹配。

8.4 第二个 SPE 标准算例：锥进问题

本节介绍三相锥进问题。锥进问题是由井轴方向上大梯度相势引起的（Fanchi，2001）。在采油的初始阶段，等势面是具有无限半径的半球形，表面势梯度处处为零。在生产井射孔完井后，这个势梯度不再为零。在井轴方向上，由于生产导致势梯度达到最大值，导致等势面形状发生变化。它逐渐变成锥体，锥体顶部朝向生产井的射孔区域，因此水和（或）气体前缘逐渐到达生产井的射孔区域。在井筒附近，水和（或）气在锥进过程中饱和度和压力变化非常快，这可能导致油藏模拟器不稳定。

第二个 SPE 标准算例（Weinstein et al.，1986）用于测试油藏模拟器模拟锥进问题的稳定性。油藏的横截面如图 8.28 所示。油藏尺寸、渗透率和孔隙度见表 8.11，其中 K_h（$=K_{11}=K_{22}$）和 K_v（$=K_{33}$）分别表示水平渗透率和垂直渗透率。油藏的径向半径为 2050 英尺。在径向上，有 10 个网格块，半径分别为 2.00ft，4.32ft，9.33ft，20.17ft，43.56ft，94.11ft，203.32ft，439.24ft，948.92ft 和 2050ft。垂向上共有 15 个层。储层顶部的深度为 9000ft。孔隙、水、油和油黏度压缩系数分别为 4×10^{-6}psi^{-1}，4×10^{-6}psi^{-1}，3×10^{-6}psi^{-1} 和 0psi^{-1}。油和水的储罐密度分别为 45.0bbl/ft^3 和 63.02bbl/ft^3。标准条件下的气体密度为 0.0702lb/ft^3。GOC，即气层和油层之间的界面，以及 WOC，即水层和油层之间的界面的深度，分别为 9035ft 和 9209ft。油藏最初处于毛细管 / 重力平衡，GOC 处压力为 3600psia。GOC 和 WOC 外的毛细管压力为零。径向系统中心的单井在第 7 层和第 8 层完全射孔完井，井眼半径为 0.25ft，最小井底压力为 3000psia。饱和度函数数据和 PVT 属性数据见表 8.9、表 8.12 和表 8.13，井产量见表 8.14。

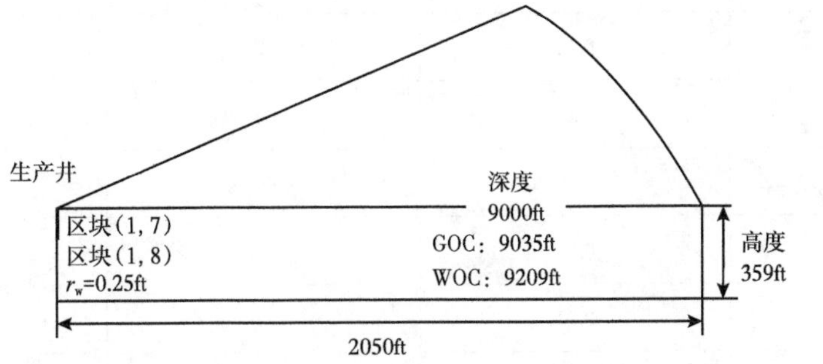

图 8.28 第二个 SPE 的 CSP 剖面图

表 8.11　油藏描述

层位	厚度（ft）	水平渗透率（mD）	垂直渗透率（mD）	孔隙度
1	20	35.000	3.500	0.087
2	15	47.500	4.750	0.097
3	26	148.000	14.800	0.111
4	15	202.000	20.200	0.160
5	16	90.000	9.000	0.130
6	14	418.500	41.850	0.170
7	8	775.000	77.500	0.170
8	8	60.000	6.000	0.080
9	18	682.000	68.200	0.140
10	12	472.000	47.200	0.130
11	19	125.000	12.500	0.120
12	18	300.000	30.000	0.105
13	20	137.000	13.750	0.120
14	50	191.000	19.100	0.116
15	100	350.000	35.000	0.157

表 8.12　油水系统饱和度函数数据

S_w	K_{rw}	K_{row}	p_{cow}（psi）
0.22	0	1.0000	7.0
0.30	0.07	0.4000	4.0
0.40	0.15	0.1250	3.0
0.50	0.24	0.0649	2.5
0.60	0.33	0.0048	2.0
0.80	0.65	0	1.0
0.90	0.83	0	0.5
1.00	1.0	0	0.0

表 8.13 PVT 属性数据

p (psia)	B_o (bbl/bbl)	μ_o (mPa·s)	R_{so} (ft³/bbl)	B_w (bbl/bbl)	μ_w (mPa·s)	B_g (lb/bbl)	μ_g (mPa·s)
400	1.0120	1.17	165	1.01303	0.96	5.90	0.0130
800	1.0255	1.14	335	1.01182	0.96	2.95	0.0135
1200	1.0380	1.11	500	1.01061	0.96	1.96	0.0140
1600	1.0150	1.08	665	1.00940	0.96	1.47	0.0145
2000	1.0630	1.06	828	1.00820	0.96	1.18	0.0150
2400	1.0750	1.03	985	1.00700	0.96	0.98	0.0155
2800	1.0870	1.00	1130	1.00580	0.96	0.84	0.0160
3200	1.0985	0.98	1270	1.00460	0.96	0.74	0.0165
3600	1.1100	0.95	1390	1.00341	0.96	0.65	0.0170
4000	1.1200	0.94	1500	1.00222	0.96	0.59	0.0175
4400	1.1300	0.92	1600	1.00103	0.96	0.54	0.0180
4800	1.1400	0.91	1676	0.99985	0.96	0.49	0.0185
5200	1.1480	0.90	1750	0.99866	0.96	0.45	0.0190
5600	1.1550	0.89	1810	0.99749	0.96	0.42	0.0195

表 8.14 生产计划

阶段数	阶段时间 (d)	产油速率 (bbl/d)
1	1~10	1000
2	10~50	100
3	50~720	1000
4	720~900	100

为了模拟单井的径向流，使用混合网格划分油藏（图 8.29），并应用 CVFA 方法离散控制方程（参见第 4.3.5 节）。中心块是圆柱体，其他块在角度方向上均匀划分。网格块的总数是（18×9+1）×15，其中 15 是层数。网格块的径向大小与问题描述中给出的大小相同。中心圆柱形网格块的泄油半径是

$$r_e = \sqrt{r_w r_1}$$

其中，r_1 为中心网格的半径，r_w 为井筒半径。为了选择合适的时间步，每个时间步的最大饱和度变化设置为 0.05。

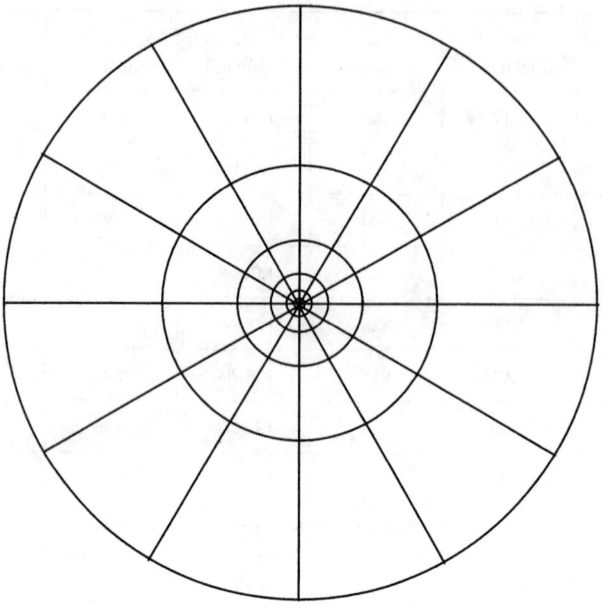

图 8.29 网格系统的横截面视图

笔者比较了 CVFA 和 FD 方法求解三相锥进问题，CVFE 采用基于三角形或四面体的网格，不能精确地模拟圆柱形边界。采用（r，z）坐标系中的 FD 方法。网格块总数为 10×15。

表 8.15 初始地层流体和递减时间

方法	原油（10^6bbl）	水（10^6bbl）	气（10^6bbl）	递减时间（d）
FD	28.87	73.98	47.13	230
CVFA	28.89	73.96	47.08	220

图 8.30 给出了初始饱和度与深度的曲线图。如果深度大于 9035ft，气饱和度下降到零，这与给定的 GOC 和 WOC 的位置一致。此外，初始饱和度满足约束条件式（8.5）。表 8.15 给出了初始地层流体数据。图 8.31 至图 8.35 给出了 CVFA 和 FD 方法的产油量、含水率、GOR、井底压力和压降［p（1，7）−bhp，由于生产导致的井压随时间下降］的所有对比曲线，其中（1，7）表示的是第一个径向网格和第 7 层。两种方法之间存在细微差别。

为了检验 CVFA 方法在强锥进中的稳定性，基于原始数据设计 A、B、C 三种方案，方案 A 中将垂直渗透率与水平渗透率的比值 K_v/K_h 从 0.1 变为 0.5，方案 B 中 $Q_{o,max}$（最大产油量）从 1000bbl/d 变为 2000bbl/d，方案 C 中 $Q_{o,max}$ 从 1000bbl/d 变为 3000bbl/d。图 8.36 至图 8.40 是这三个方案下的产油量、含水率、GOR、井底压力和压降［区块（1，7）处］与时间的关系。结果表明，K_v/K_h 为 0.5 时，水锥、气锥变严重；如果最大产油量增加一倍或三倍，瞬态现象变得显著。然而，并没有振荡发生。

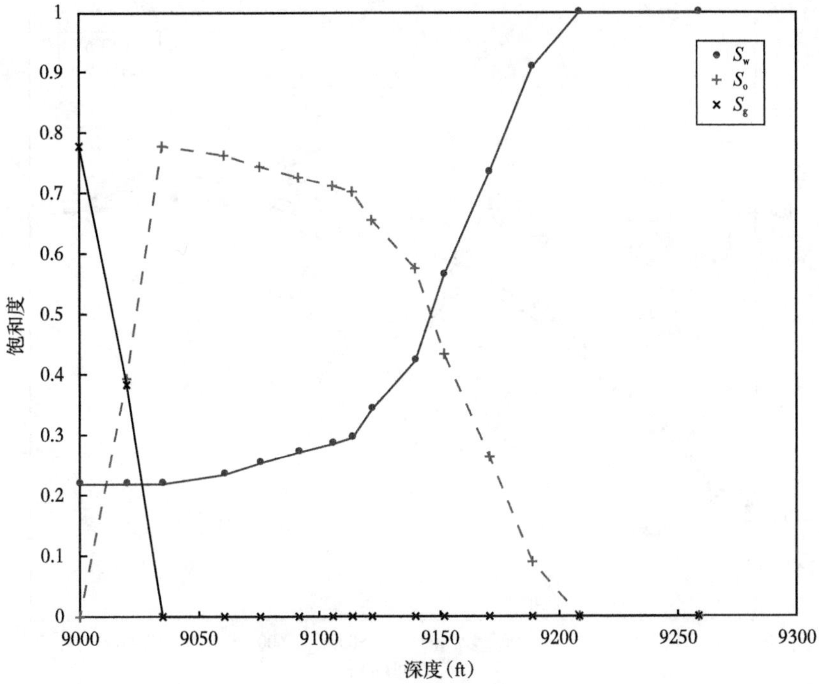

图 8.30 初始饱和度分布

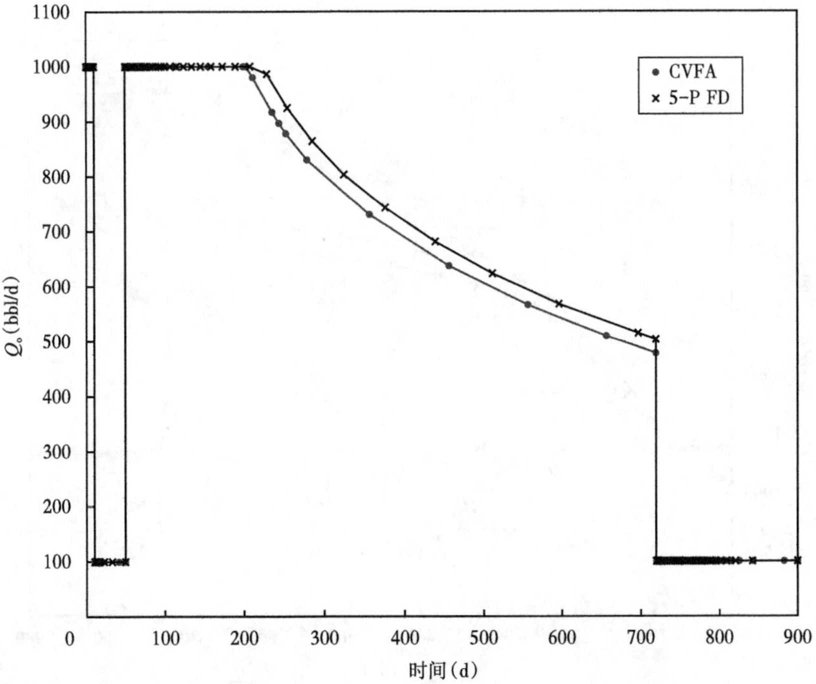

图 8.31 产油量随时间的变化曲线

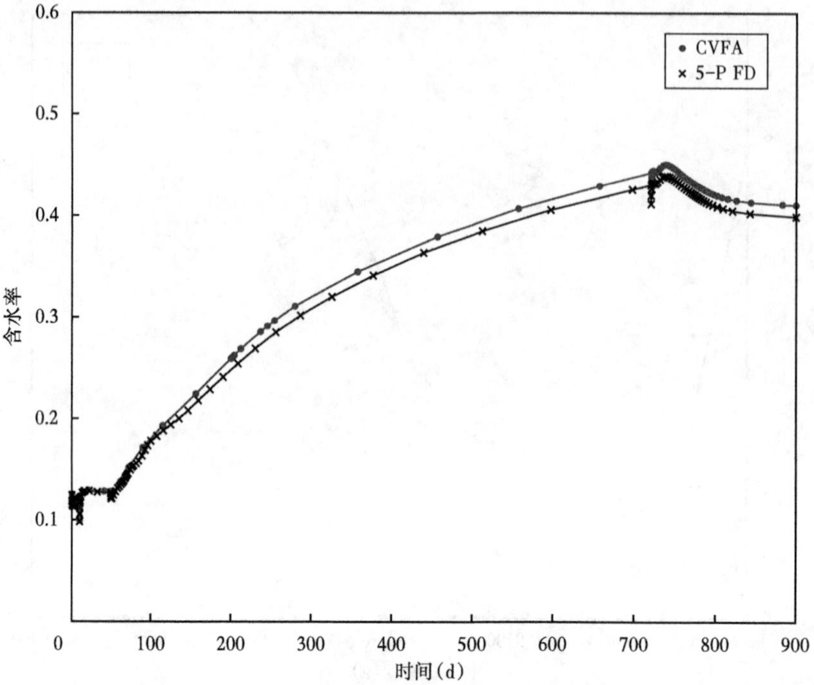

图 8.32　含水率随时间的变化曲线

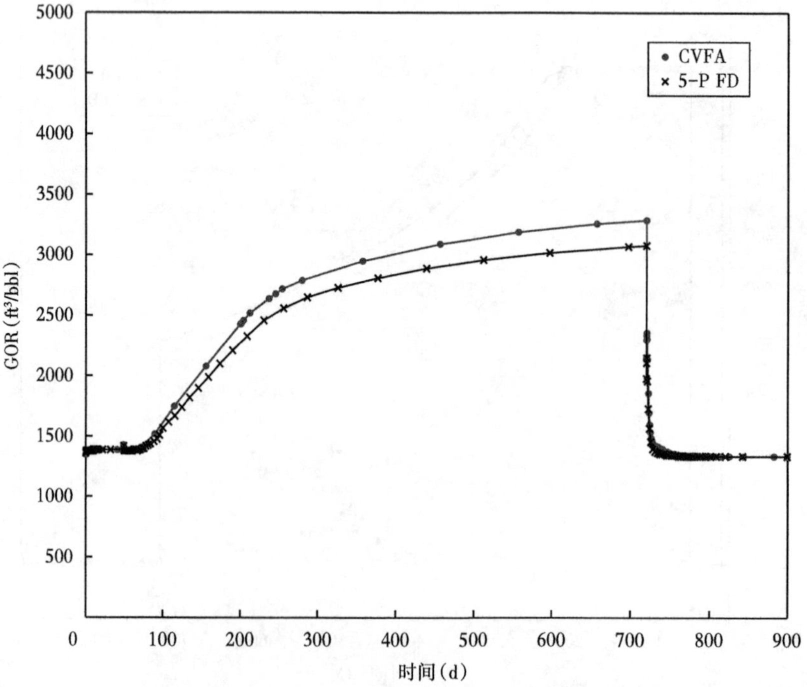

图 8.33　气油比随时间的变化曲线

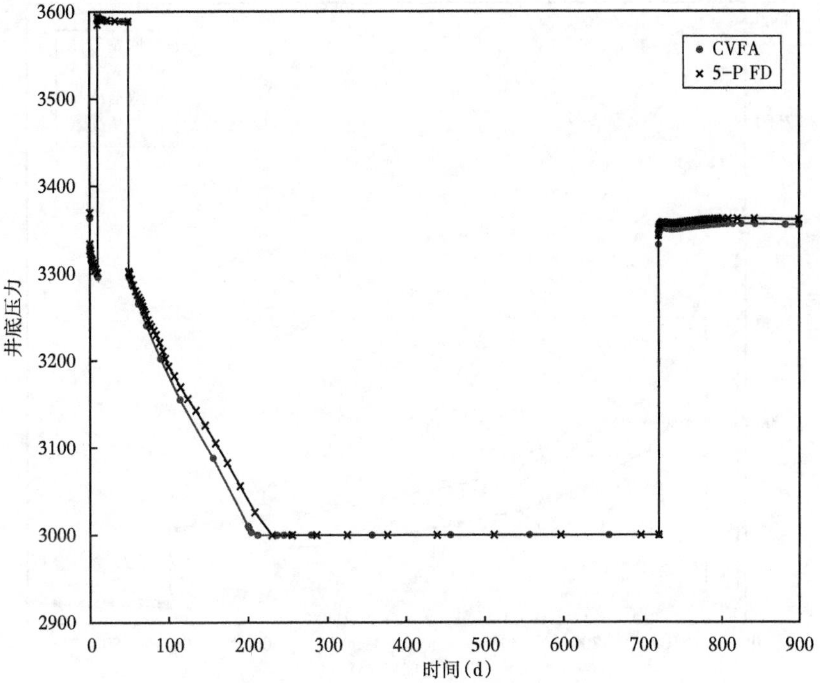

图 8.34 井底压力随时间的变化曲线

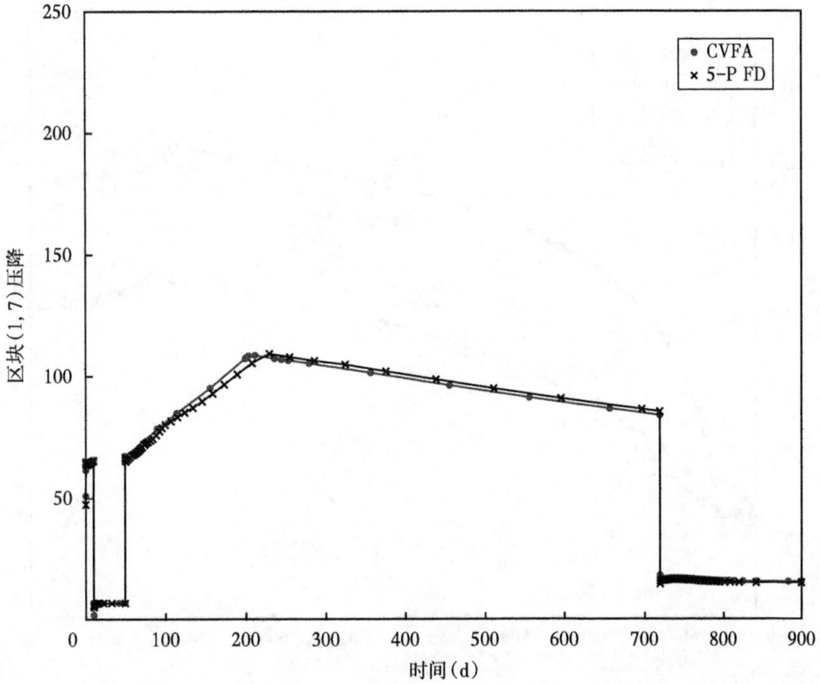

图 8.35 块(1, 7)处压降随时间的变化曲线

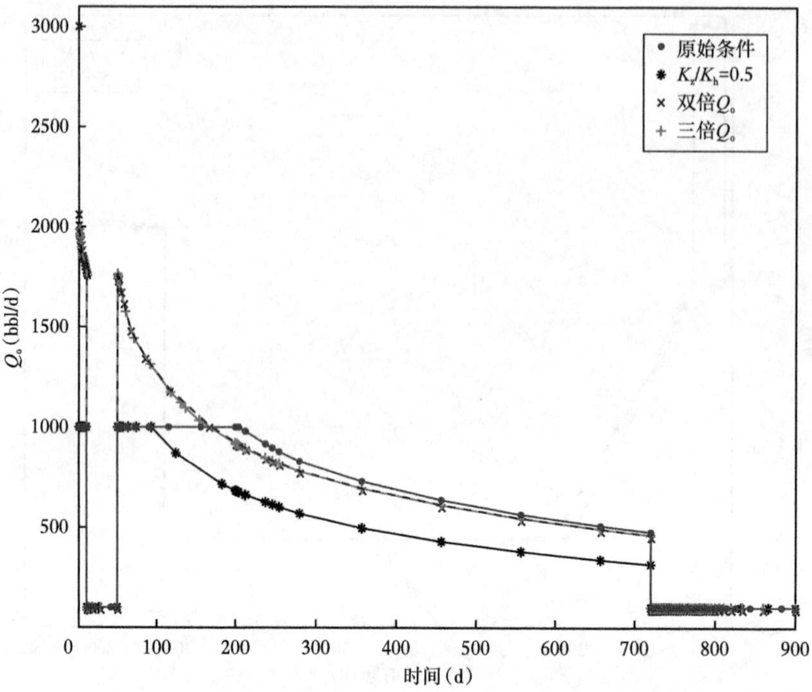

图 8.36　不同参数下的产油量随时间的变化曲线

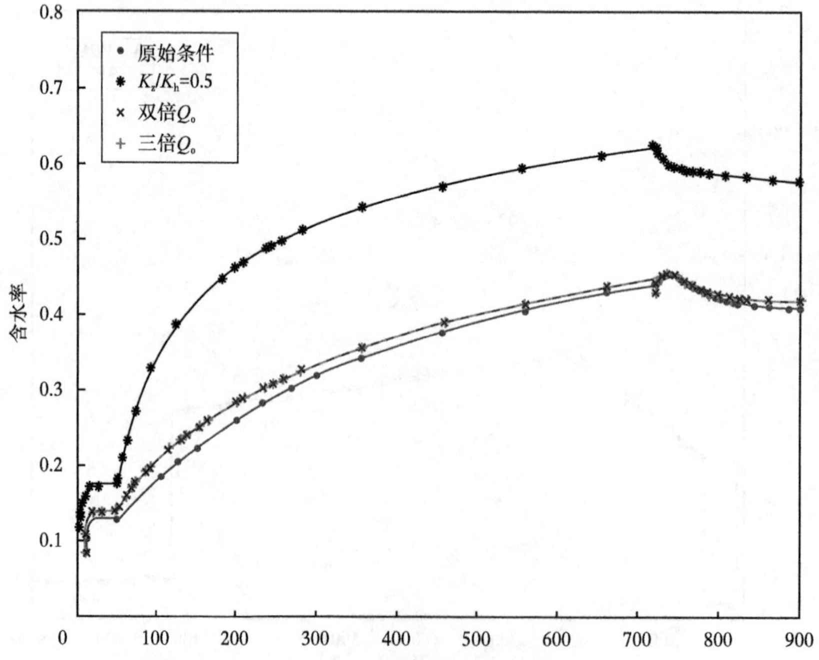

图 8.37　不同参数下的含水率随时间的变化曲线

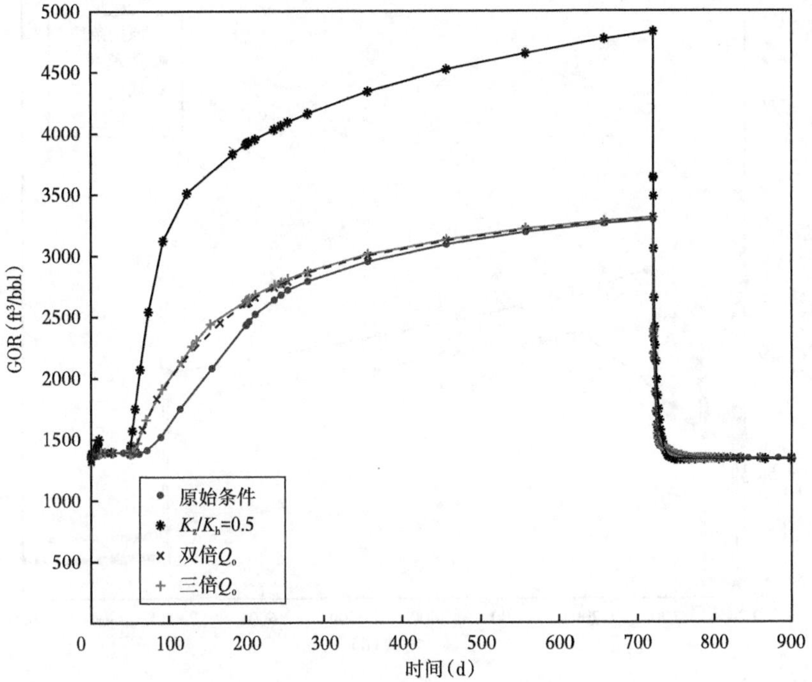

图 8.38　不同参数下的气油比随时间的变化曲线

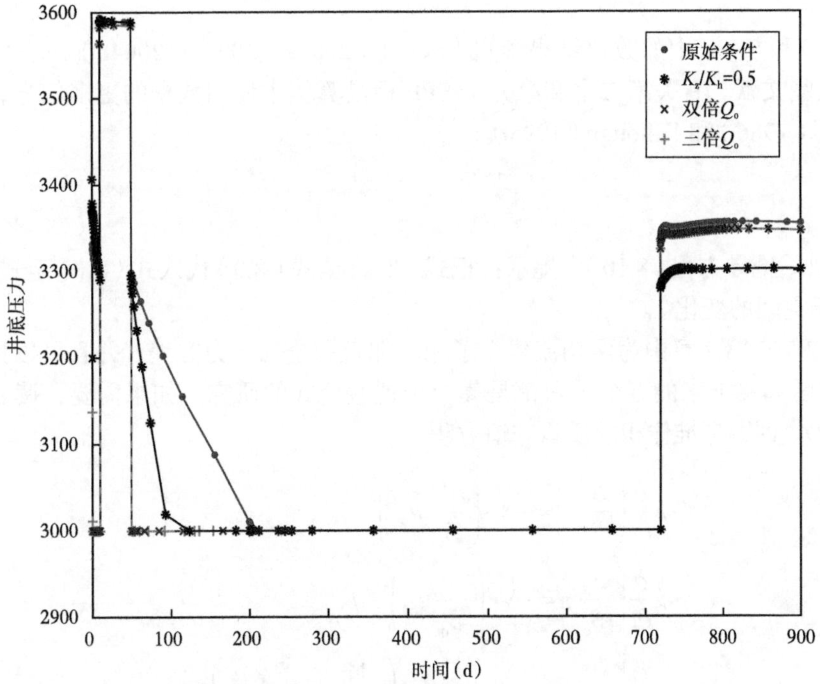

图 8.39　不同参数下的井底压力随时间的变化曲线

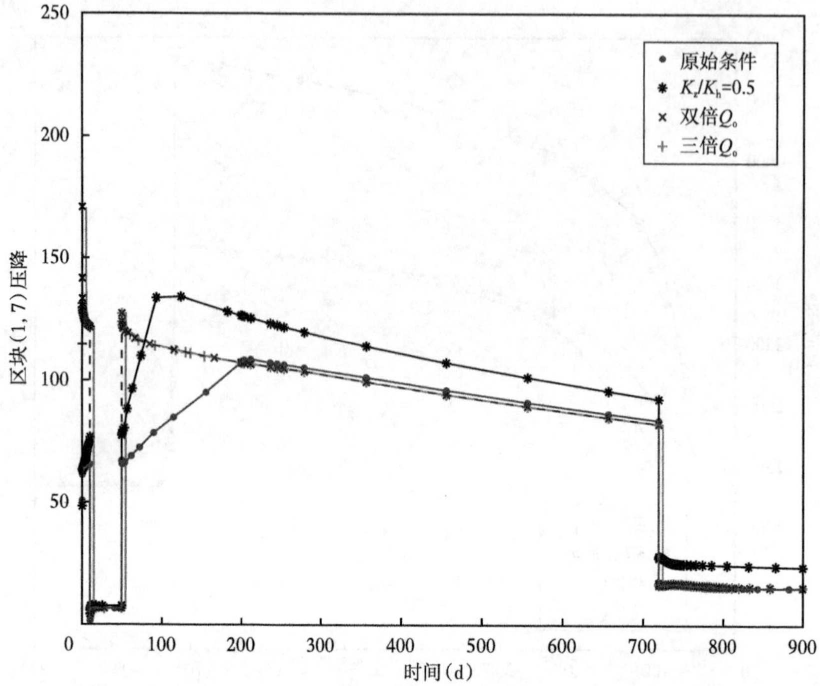

图 8.40　不同参数下块（1，7）处压降随时间的变化曲线

8.5　文献信息

第 8.3 节和 8.4 节中的数值结果摘自 Li et al.（2003a；2004a；2004b）。更多数值结果，也请参考这些文献。有关第二个和第九个 SPE 标准算例中使用数据的更多信息，分别参见 Weinstein 等（1986）和 Killough（1995）。

练习

练习 8.1　推导方程（8.10）[提示：把式（8.7）至式（8.9）代入式（8.1）至式（8.3），忽略 ρ_α 相对于空间的变化]。

练习 8.2　在第 7 章中为两相流建立了相、加权和全局压力方程，并且可以推广到的黑油模型。本题和接下来的五个练习都是集中于这些公式的研究。如果需要，读者可以参考 Chen（2000）。回顾标准体积的质量守恒方程

$$
\begin{aligned}
&\phi\frac{\partial}{\partial t}\left(\frac{S_w}{B_w}\right)=-\nabla\cdot\left(\frac{1}{B_w}\boldsymbol{u}_w\right)+\tilde{q}_W\\
&\phi\frac{\partial}{\partial t}\left(\frac{S_o}{B_o}\right)=-\nabla\cdot\left(\frac{1}{B_o}\boldsymbol{u}_o\right)+\tilde{q}_O\\
&\phi\frac{\partial}{\partial t}\left(\frac{S_g}{B_g}+\frac{R_{so}S_o}{B_o}\right)=-\nabla\cdot\left(\frac{1}{B_o}\boldsymbol{u}_o+\frac{R_{so}}{B_o}\boldsymbol{u}_o\right)+\tilde{q}_G
\end{aligned}
\tag{8.117}
$$

达西定律

$$\boldsymbol{u}_{\alpha}=-\frac{K_{\mathrm{r}\alpha}}{\mu_{\alpha}}\boldsymbol{K}\left(\nabla p_{\alpha}-\rho_{\alpha}g\nabla z\right),\quad \alpha=\mathrm{w,\,o,\,g} \tag{8.118}$$

饱和度和压力约束条件为

$$\begin{aligned}&S_{\mathrm{w}}+S_{\mathrm{o}}+S_{\mathrm{g}}=1\\&p_{\mathrm{c}\alpha}=p_{\alpha}-p_{\mathrm{o}},\quad \alpha=\mathrm{w,\,o,\,g}\end{aligned} \tag{8.119}$$

其中，$\tilde{q}_{\beta}=q_{\beta}/q_{\beta\mathrm{s}}$，$\beta=\mathrm{W,\,O,\,G}$。回想一下相迁移方程

$$\lambda_{\alpha}=K_{\mathrm{r}\alpha}/\mu_{\alpha},\quad \alpha=\mathrm{w,\,o,\,g}$$

总迁移量为

$$\lambda=\sum_{\alpha=\mathrm{w}}^{\mathrm{g}}\lambda_{\alpha}$$

分流量函数为

$$f_{\alpha}=\lambda_{\alpha}/\lambda,\quad \alpha=\mathrm{w,\,o,\,g}$$

在本题的练习中，把油相压力当作压力变量

$$p=p_{\mathrm{o}} \tag{8.120}$$

并且总流量为

$$\boldsymbol{u}=\sum_{\beta=\mathrm{w}}^{\mathrm{g}}\boldsymbol{u}_{\beta} \tag{8.121}$$

证明式（8.117）至式（8.119）可以写成

$$\boldsymbol{u}=-\boldsymbol{K}\lambda\left(\nabla p-G_{\lambda}+\sum_{\beta}f_{\beta}\nabla p_{\mathrm{c}\beta}\right)$$

$$\begin{aligned}\nabla\cdot\boldsymbol{u}=&\sum_{\beta}B_{\beta}\left[\tilde{q}_{\beta}-\phi S_{\beta}\frac{\partial}{\partial t}\left(\frac{1}{B_{\beta}}\right)-\boldsymbol{u}_{\beta}\cdot\nabla\left(\frac{1}{B_{\beta}}\right)\right]\\&-B_{\mathrm{g}}\left(R_{\mathrm{so}}\tilde{q}_{\mathrm{o}}+\frac{\phi S_{\mathrm{o}}}{B_{\mathrm{o}}}\frac{\partial R_{\mathrm{so}}}{\partial t}+\frac{1}{B_{\mathrm{o}}}\boldsymbol{u}_{\mathrm{o}}\cdot\nabla R_{\mathrm{so}}\right)\end{aligned}$$

及

$$\phi\frac{\partial S_{\alpha}}{\partial t}+\nabla\cdot\boldsymbol{u}_{\alpha}=B_{\alpha}\left[\tilde{q}_{\alpha}-\phi S_{\alpha}\frac{\partial}{\partial t}\left(\frac{1}{B_{\alpha}}\right)-\boldsymbol{u}_{\alpha}\cdot\nabla\left(\frac{1}{B_{\alpha}}\right)\right]$$

$$\boldsymbol{u}_{\alpha}=f_{\alpha}\boldsymbol{u}+\boldsymbol{K}f_{\alpha}\sum_{\beta}\lambda_{\beta}\left[\nabla\left(p_{\mathrm{c}\beta}-p_{\mathrm{c}\alpha}\right)-\left(\rho_{\beta}-\rho_{\alpha}\right)\wp\nabla z\right]$$

对于 $\alpha=\mathrm{w,\,o}$，其中

$$\sum_{\beta}=\sum_{\beta=w}^{g},\quad G_{\lambda}=\wp\nabla z\sum_{\beta}f_{\beta}\rho_{\beta}$$

练习 8.3　注意到，上述相方程中出现了速度 $\boldsymbol{u}_\alpha$ 的二次项。为了消除它们，修改了总速度的定义。为此目的，设

$$\lambda_{\mathrm{w}}=\frac{K_{\mathrm{rw}}}{B_{\mathrm{w}}\mu_{\mathrm{w}}},\quad \lambda_{\mathrm{o}}=\frac{1+R_{\mathrm{so}}}{B_{\mathrm{o}}\mu_{\mathrm{o}}}K_{\mathrm{ro}},\quad \lambda_{\mathrm{g}}=\frac{K_{\mathrm{rg}}}{B_{\mathrm{g}}\mu_{\mathrm{g}}},\quad \lambda=\sum_\beta \lambda_\beta$$

并且

$$f_\alpha=\lambda_\alpha/\lambda,\quad \alpha=\mathrm{w,o,g}$$

压力变量定义为式（8.120），但总速度修改为

$$\boldsymbol{u}=\sum_\beta \frac{1}{B_\beta}\boldsymbol{u}_\beta+\frac{R_{\mathrm{so}}}{B_{\mathrm{o}}}\boldsymbol{u}_{\mathrm{o}} \tag{8.122}$$

证明压力和饱和度方程可改写为

$$\boldsymbol{u}=-\boldsymbol{K}\lambda\left(\nabla p-G_\lambda+\sum_\beta f_\beta\nabla p_{\mathrm{c}\beta}\right)$$

$$\phi\frac{\partial}{\partial t}\left(\sum_\beta\frac{S_\beta}{B_\beta}+\frac{S_{\mathrm{o}}R_{\mathrm{so}}}{B_{\mathrm{o}}}\right)+\nabla\cdot\boldsymbol{u}=\sum_\beta\tilde{q}_\beta$$

及

$$\phi\frac{\partial}{\partial t}\left(\frac{S_\alpha}{B_\alpha}\right)+\nabla\cdot\left(\frac{1}{B_\alpha}\boldsymbol{u}_\alpha\right)=\tilde{q}_\alpha,\quad \alpha=\mathrm{w,o}$$

其中

$$\boldsymbol{u}_{\mathrm{o}}=\frac{B_{\mathrm{o}}}{1+R_{\mathrm{so}}}\left\{f_{\mathrm{o}}\boldsymbol{u}+\boldsymbol{K}f_{\mathrm{o}}\sum_\beta\lambda_\beta\left[\nabla p_{\mathrm{c}\beta}-\left(\rho_\beta-\rho_{\mathrm{o}}\right)\wp\nabla z\right]\right\}$$

$$\boldsymbol{u}_{\mathrm{w}}=B_{\mathrm{w}}\left\{f_{\mathrm{w}}\boldsymbol{u}+\boldsymbol{K}f_{\mathrm{w}}\sum_\beta\lambda_\beta\left[\nabla\left(p_{\mathrm{c}\beta}-p_{\mathrm{cw}}\right)-\left(\rho_\beta-\rho_{\mathrm{w}}\right)\wp\nabla z\right]\right\}$$

练习 8.4　现在定义一个比相压力更光滑的压力，即加权的流体压力

$$p=\sum_\alpha S_\alpha p_\alpha$$

相压力为

$$p_\alpha=p+p_{\mathrm{c}\alpha}-\sum_\beta S_\beta p_{\mathrm{c}\beta},\quad \alpha=\mathrm{w,o,g}$$

使用 λ_α，λ，f_α 和练习 8.3 中所定义的修正总速度，证明压力方程为

$$\boldsymbol{u}=-\boldsymbol{K}\lambda\left[\nabla p-G_\lambda+\sum_\beta f_\beta\nabla p_{\mathrm{c}\beta}-\sum_\beta\nabla\left(S_\beta p_{\mathrm{c}\beta}\right)\right]$$

$$\phi\frac{\partial}{\partial t}\left(\sum_\beta\frac{S_\beta}{B_\beta}+\frac{S_{\mathrm{o}}R_{\mathrm{so}}}{B_{\mathrm{o}}}\right)+\nabla\cdot\boldsymbol{u}=\sum_\beta\tilde{q}_\beta$$

且饱和度方程与练习 8.3 的相同。

练习 8.5 为了定义全局压力，假设分数流函数 f_α 仅取决于饱和度 S_w 和 S_g（对于压力相关函数 f_α，参见下一个练习），并且存在一个函数 $(S_w,S_g)\to p_c(S_w,S_g)$，如下

$$\nabla p_c = f_w \nabla p_{cw} + f_g \nabla p_{cg}$$

当且仅当以下等式满足时上式成立（参见练习 2.7）：

$$\frac{\partial p_c}{\partial S_w} = f_w \frac{\partial p_{cw}}{\partial S_w} + f_g \frac{\partial p_{cg}}{\partial S_w}, \quad \frac{\partial p_c}{\partial S_g} = f_w \frac{\partial p_{cw}}{\partial S_g} + f_g \frac{\partial p_{cg}}{\partial S_g} \tag{8.123}$$

满足式（8.123）的函数 p_c 存在的充分必要条件是（参见练习 2.7）

$$\frac{\partial f_w}{\partial S_g}\frac{\partial p_{cw}}{\partial S_w} + \frac{\partial f_g}{\partial S_g}\frac{\partial p_{cg}}{\partial S_w} = \frac{\partial f_w}{\partial S_w}\frac{\partial p_{cw}}{\partial S_g} + \frac{\partial f_g}{\partial S_w}\frac{\partial p_{cg}}{\partial S_g} \tag{8.124}$$

当式（8.124）满足时，有

$$p_c(S_w,S_g) = \int_1^{S_w}\left[f_w(\xi,0)\frac{\partial p_{cw}}{\partial S_w}(\xi,0) + f_g(\xi,0)\frac{\partial p_{cg}}{\partial S_w}(\xi,0)\right] d\xi$$
$$+\int_1^{S_g}\left[f_w(S_w,\xi)\frac{\partial p_{cw}}{\partial S_g}(S_w,\xi) + f_g(S_w,\xi)\frac{\partial p_{cg}}{\partial S_g}(S_w,\xi)\right] d\xi$$

假设积分有定义。定义全局压力和总速度

$$p = p_o + p_c, \quad \boldsymbol{u} = \sum_\beta \boldsymbol{u}_\beta$$

证明式（8.117）至式（8.119）可以写成

$$\boldsymbol{u} = -\boldsymbol{K}\lambda(\nabla p - G_\lambda)$$
$$\nabla\cdot\boldsymbol{u} = \sum_\beta B_\beta\left[\tilde{q}_\beta - \phi S_\beta \frac{\partial}{\partial t}\left(\frac{1}{B_\beta}\right) - \boldsymbol{u}_\beta\cdot\nabla\left(\frac{1}{B_\beta}\right)\right]$$
$$- B_g\left(R_{so}\tilde{q}_o + \frac{\phi S_o}{B_o}\frac{\partial R_{so}}{\partial t} + \frac{1}{B_o}\boldsymbol{u}_o\cdot\nabla R_{so}\right)$$

及

$$\phi\frac{\partial S_\alpha}{\partial t} + \nabla\cdot\boldsymbol{u}_\alpha = B_\alpha\left[\tilde{q}_\alpha - \phi S_\alpha\frac{\partial}{\partial t}\left(\frac{1}{B_\alpha}\right) - \boldsymbol{u}_\alpha\cdot\nabla\left(\frac{1}{B_\alpha}\right)\right],$$
$$\boldsymbol{u}_\alpha = f_\alpha\boldsymbol{u} + \boldsymbol{K}\left[\nabla(p_c - p_{c\alpha}) - \delta_\alpha\right]$$

$\alpha=$w，o，其中

$$\delta_\alpha = \left[f_\beta(\rho_\beta - \rho_\alpha) + f_\gamma(\rho_\gamma - \rho_\alpha)\right]g\nabla z, \quad \alpha,\beta,\gamma = \mathrm{w,o,g}, \ \alpha\ne\beta, \ \beta\ne\gamma, \ \gamma\ne\alpha$$

练习 8.6 结合修正的总速度和全局压力概念，假设溶解系数 R_{so}、地层系数 B_α 和黏度函数 μ_α 仅取决于它们各自的相压力。此外，为了得出全局压力 p，假设这些函数基本上取决于 p。第二个假设忽略了在 p 处而不是 p_α 处计算 α 相的误差。第三个假设就是存在一个

函数$\left(S_{\mathrm{w}}, S_{\mathrm{g}}, p\right) \rightarrow p_{\mathrm{c}}\left(S_{\mathrm{w}}, S_{\mathrm{g}}, p\right)$，满足

$$\nabla p_{\mathrm{c}}=f_{\mathrm{w}} \nabla p_{\mathrm{cw}}+f_{\mathrm{g}} \nabla p_{\mathrm{cg}}+\frac{\partial p_{\mathrm{c}}}{\partial p} \nabla p$$

其中f_α如同练习 8.3 定义。满足这种条件的函数p_{c}存在的充要条件是式（8.124），其中p视为一个参数。在这种情况下：

$$\begin{aligned}p_{\mathrm{c}}(S_{\mathrm{w}}, S_{\mathrm{g}}, p)= & \int_1^{S_{\mathrm{w}}}\left\{f_{\mathrm{w}}(\xi, 0, p) \frac{\partial p_{\mathrm{cw}}}{\partial S_{\mathrm{w}}}(\xi, 0)+f_{\mathrm{g}}(\xi, 0, p) \frac{\partial p_{\mathrm{cg}}}{\partial S_{\mathrm{w}}}(\xi, 0)\right\} \mathrm{d} \xi \\ & +\int_1^{S_{\mathrm{g}}}\left\{f_{\mathrm{w}}(S_{\mathrm{w}}, \xi, p) \frac{\partial p_{\mathrm{cw}}}{\partial S_{\mathrm{g}}}(S_{\mathrm{w}}, \xi)+f_{\mathrm{g}}(S_{\mathrm{w}}, \xi, p) \frac{\partial p_{\mathrm{cg}}}{\partial S_{\mathrm{g}}}(S_{\mathrm{w}}, \xi)\right\} \mathrm{d} \xi\end{aligned}$$

根据这个定义，$p=p_{\mathrm{o}}+p_{\mathrm{c}}$和$\lambda_\alpha$，$\lambda$，$f_\alpha$，以及在练习 8.3 中定义的修正总速度，证明式（8.117）至式（8.119）可以写成

$$\boldsymbol{u}=-\boldsymbol{K} \lambda(\omega \nabla p-G_\lambda)$$

$$\phi \frac{\partial}{\partial t}\left(\sum_\beta \frac{S_\beta}{B_\beta}+\frac{S_{\mathrm{o}} R_{\mathrm{so}}}{B_{\mathrm{o}}}\right)+\nabla \cdot \boldsymbol{u}=\sum_\beta \tilde{q}_\beta$$

及

$$\phi \frac{\partial}{\partial t}\left(\frac{S_\alpha}{B_\alpha}\right)+\nabla \cdot\left(\frac{1}{B_\alpha} \boldsymbol{u}_\alpha\right)=\tilde{q}_\alpha, \quad \alpha=\mathrm{w}, \mathrm{o}$$

其中

$$\boldsymbol{u}_{\mathrm{o}}=\frac{B_{\mathrm{o}}}{1+R_{\mathrm{so}}}\left[\omega^{-1} f_{\mathrm{o}} \boldsymbol{u}+\boldsymbol{K} \lambda_{\mathrm{o}}(\nabla p_{\mathrm{c}}-\delta_{\mathrm{o}})-\omega^{-1} \frac{\partial p_{\mathrm{c}}}{\partial p} G_\lambda\right]$$

$$\boldsymbol{u}_{\mathrm{w}}=B_{\mathrm{w}}\left\{\omega^{-1} f_{\mathrm{w}} \boldsymbol{u}+\boldsymbol{K} \lambda_w[\nabla(p_{\mathrm{c}}-p_{\mathrm{cw}})-\delta_{\mathrm{w}}]-\omega^{-1} \frac{\partial p_{\mathrm{c}}}{\partial p} G_\lambda\right\}$$

及

$$\omega\left(S_{\mathrm{w}}, S_{\mathrm{g}}, p\right)=1-\frac{\partial p_{\mathrm{c}}}{\partial p}$$

练习 8.7　练习 8.5 和 8.6 中的全局压力方程要求满足三相相对渗透率和毛细管压力函数形状的总微分条件［式（8.124）］。现在引入一种不需要这样条件的拟全局压力公式。以下考虑这个公式，并采用练习 8.2 中定义的总速度。假设毛细管压力满足

$$p_{\mathrm{cw}}=p_{\mathrm{cw}}\left(S_{\mathrm{w}}\right), \quad p_{\mathrm{cg}}=p_{\mathrm{cg}}\left(S_{\mathrm{g}}\right) \tag{8.125}$$

引入平均值

$$\hat{f}_{\mathrm{w}}(S_{\mathrm{w}})=\frac{1}{1-S_{\mathrm{w}}} \int_0^{1-S_{\mathrm{w}}} f_{\mathrm{w}}(S_{\mathrm{w}}, \zeta) \mathrm{d} \zeta$$

$$\hat{f}_{\mathrm{g}}(S_{\mathrm{g}})=\frac{1}{1-S_{\mathrm{g}}} \int_0^{1-S_{\mathrm{g}}} f_{\mathrm{g}}(\zeta, S_{\mathrm{g}}) \mathrm{d} \zeta$$

和拟全局压力

$$p = p_o + \int_{S_{wc}}^{S_w} \hat{f}_w(\zeta) \frac{\mathrm{d}p_{cw}(\zeta)}{\mathrm{d}S_w} \mathrm{d}\zeta + \int_{S_{gc}}^{S_g} \hat{f}_g(\zeta) \frac{\mathrm{d}p_{cg}(\zeta)}{\mathrm{d}S_g} \mathrm{d}\zeta$$

其中，S_{wc} 和 S_{gc} 满足 $p_{cw}(S_{wc})=0$ 和 $p_{cg}(S_{gc})=0$。用这个压力和式（8.121）定义的总速度，证明压力方程为

$$\boldsymbol{u} = -\boldsymbol{k}\lambda\left[\nabla p - G_\lambda + \sum_\alpha \left(f_\alpha - \hat{f}_\alpha\right)\frac{\mathrm{d}p_{c\alpha}}{\mathrm{d}S_\alpha}\nabla S_\alpha\right]$$

$$\nabla \cdot \boldsymbol{u} = \sum_\beta B_\beta\left[\tilde{q}_\beta - \phi S_\beta \frac{\partial}{\partial t}\left(\frac{1}{B_\beta}\right) - \boldsymbol{u}_\beta \cdot \nabla\left(\frac{1}{B_\beta}\right)\right] - B_g\left(R_{so}\tilde{q}_o + \frac{\phi S_o}{B_o}\frac{\partial R_{so}}{\partial t} + \frac{1}{B_o}\boldsymbol{u}_o \cdot \nabla R_{so}\right)$$

且饱和度方程与练习 8.2 一样。

练习 8.8　将式（8.38）、式（8.46）、式（8.50）、式（8.54）和式（8.58）代入式（8.37）的第一个等式，忽略 δ_p 和 δS_w 中的高阶项，推导等式（8.60）。

练习 8.9　将式（8.39）、式（8.47）、式（8.51）、式（8.55）和式（8.58）代入式（8.37）的第二个等式，并忽略 δp，δS_w 和 δS_o 中的高阶项，推导等式（8.61）。

练习 8.10　将式（8.41）、式（8.49）、式（8.53）、式（8.57）和式（8.58）代入式（8.37）的第三个等式，忽略 δp，δS_w 和 δS_o 中的高阶项，推导等式（8.62）。

练习 8.11　将式（8.40）、式（8.48）、式（8.52）、式（8.56）和式（8.59）代入式（8.37）的第二个方程，忽略 δp，δS_w 和 δp_b 中的高阶项，推导方程（8.63）。

练习 8.12　将式（8.42）、式（8.48）、式（8.52）、式（8.56）和式（8.59）代入式（8.37）的第三个等式，忽略 δp，δS_w 和 δp_b 中的高阶项，推导等式（8.64）。

练习 8.13　将式（8.38）、式（8.71）至式（8.73）和式（8.58）代入式（8.37）的第一个等式，忽略 δp 中的高阶项，推导等式（8.76）。

练习 8.14　将式（8.39）、式（8.71）、式（8.72）、式（8.74）和式（8.58）代入式（8.37）的第二个等式，忽略 δp 中的高阶项，推导等式（8.77）。

练习 8.15　将式（8.41）、式（8.71）、式（8.72）、式（8.75）和式（8.58）代入式（8.37）的第三个等式，忽略 δp 中的高阶项，推导等式（8.78）。

练习 8.16　设式（8.60）至式（8.62）的右侧 $\delta S_w=0$ 和 $\delta S_o=0$，推导式（8.76）至式（8.78）。

练习 8.17　将式（8.38）、式（8.95）和式（8.96）代入式（8.37）的第一个等式，忽略 δp 中的高阶项，推导等式（8.97）。

练习 8.18　将式（8.39）、式（8.95）和式（8.96）代入式（8.37）的第二个等式，忽略 δp 中的高阶项，推导等式（8.98）。

练习 8.19　将式（8.41）、式（8.95）和式（8.96）代入式（8.37）的第三个等式，忽略 δp 中的高阶项，推导等式（8.99）。

练习 8.20　将式（8.40）、式（8.42）、式（8.95）和式（8.96）代入式（8.37），忽略 δp 中的高阶项，推导出等式（8.103）。

第 9 章　组分模型

为了在水驱后进一步获得油气产量，可以使用提高采收率技术。这些技术涉及复杂的化学和热效应，称为三次采油或提高采收率。提高采收率技术有许多不同的种类。这些技术的主要目标之一是实现混相，降低残余油饱和度。混相可通过提高温度（例如，火烧油层）或通过注入其他化学物质（如 CO_2）实现。组分流体是提高采收率的典型渗流，其中只有组分的数量是预先给出的，相的数量以及每个相的组成取决于热力学条件和每种组分的总浓度。

第 9.1 节介绍了组分模型的控制方程。并简要回顾了 PR 状态方程。第 9.2 节，针对组分模型，进一步研究了第 8 章黑油模型的迭代 IMPES 求解方法。在第 9.3 节中，详细讨论了描述流体相平衡方程的求解方法。在第 9.4 节中，给出了 SPE 第三个标准算例的数值计算结果。最后，第 9.5 节给出了参考文献。

9.1　基本微分方程

9.1.1　基本方程

第 2.8 节中给出了多孔介质 Ω 中组分模型的基本方程。完整起见，此处简化组分模型的假设条件：渗流过程是等温的（即恒温条件）、组分最多有三个相（即水相、油相和气相）、水相和碳氢相（即油相和气相）之间不存在质量交换、且忽略扩散效应。

设 ϕ 和 K 分别表示多孔介质 $\Omega\subset\mathbf{R}^3$ 的孔隙度和渗透率，S_α、μ_α、p_α、$\boldsymbol{u}_\alpha$ 和 $K_{r\alpha}$ 分别为 α 相的饱和度、黏度、压力、体积速度和相对渗透率，$\alpha=\mathrm{w,o,g}$。同时，设 ξ_{io} 和 ξ_{ig} 分别为油（液）相和气相中组分 i 的摩尔密度，$i=1,2,\cdots$，N_C，其中 N_C 为组分总数。相 α 的摩尔密度为

$$\xi_\alpha=\sum_{i=1}^{N_\mathrm{c}}\xi_{i\alpha},\quad \alpha=\mathrm{o,g} \tag{9.1}$$

相 α 中组分 i 的摩尔分数为

$$x_{i\alpha}=\xi_{i\alpha}/\xi_\alpha,\quad i=1,2,\cdots,N_\mathrm{c},\quad \alpha=\mathrm{o,g} \tag{9.2}$$

每个组分的总质量是守恒的：

$$\begin{aligned}&\frac{\partial(\phi\xi_\mathrm{w}S_\mathrm{w})}{\partial t}+\nabla\cdot(\xi_\mathrm{w}\boldsymbol{u}_\mathrm{w})=q_\mathrm{w}\\&\frac{\partial\left[\phi\left(x_{io}\xi_\mathrm{o}S_\mathrm{o}+x_{ig}\xi_\mathrm{g}S_\mathrm{g}\right)\right]}{\partial t}+\nabla\cdot\left(x_{io}\xi_\mathrm{o}\boldsymbol{u}_\mathrm{o}+x_{ig}\xi_\mathrm{g}\boldsymbol{u}_\mathrm{g}\right)\\&=x_{io}q_\mathrm{o}+x_{ig}q_\mathrm{g},\quad i=1,2,\cdots,N_\mathrm{c}\end{aligned} \tag{9.3}$$

其中 ξ_{w} 为水的摩尔密度（即水的质量密度 ρ_{w}），q_α 为井中 α 相的流速。在式（9.3）中，体积速度 $\boldsymbol{u}_\alpha$ 由达西定律给出：

$$\boldsymbol{u}_\alpha = -\frac{K_{\mathrm{r}\alpha}}{\mu_\alpha} K\left(\nabla p_\alpha - \rho_\alpha \wp \nabla z\right), \qquad \alpha = \mathrm{w, o, g} \tag{9.4}$$

其中 ρ_α 为 α 相的质量密度，$\wp$ 为重力加速度，z 为深度。质量密度 ρ_α 与摩尔密度 ξ_{w} 相关（参见式（2.93））。流体黏度 μ_α（p_α，T，$x_{1\alpha}$，$x_{2\alpha}$，$\cdots$，$x_{N_c\alpha}$）由压力、温度和组分计算（Lohrenz et al.，1964）。

除了微分方程［式（9.3）和式（9.4）］，还有代数约束。摩尔分数平衡意味着

$$\sum_{i=1}^{N_c} x_{i\mathrm{o}} = 1, \qquad \sum_{i=1}^{N_c} x_{i\mathrm{g}} = 1 \tag{9.5}$$

在输运过程中，饱和度约束符合：

$$S_{\mathrm{w}} + S_{\mathrm{o}} + S_{\mathrm{g}} = 1 \tag{9.6}$$

最后，相压力与毛细管压力有关：

$$p_{\mathrm{cow}} = p_{\mathrm{o}} - p_{\mathrm{w}}, \qquad p_{\mathrm{cgo}} = p_{\mathrm{g}} - p_{\mathrm{o}} \tag{9.7}$$

相间质量交换的特征在于油相和气相中每种组分质量分布的变化。按照惯例，假设两相瞬时处于相平衡状态。因为相间质量交换比多孔介质流体流动快得多。所以上述假设在物理学上是合理的，由此，两相中烃组分的分布与稳定热力学平衡有关，由组分系统的最小吉布斯自由能给出（Bear，1972; Chen et al.，2000）：

$$f_{i\mathrm{o}}\left(p_{\mathrm{o}}, x_{1\mathrm{o}}, x_{2\mathrm{o}}, \cdots, x_{N_c\mathrm{o}}\right) = f_{i\mathrm{g}}\left(p_{\mathrm{g}}, x_{1\mathrm{g}}, x_{2\mathrm{g}}, \cdots, x_{N_c\mathrm{g}}\right) \tag{9.8}$$

其中 $f_{i\mathrm{o}}$ 和 $f_{i\mathrm{g}}$ 分别为油相和气相中第 i 组分的逸度函数，$i=1$，2，$\cdots$，N_c。

式（9.3）至式（9.8）为 $2N_c+9$ 个因变量：$x_{i\mathrm{o}}$，$x_{i\mathrm{g}}$，u_α，p_α 以及 S_α，$\alpha=\mathrm{w, o, g}$，$i=1, 2, \cdots, N_c$ 提供了 $2N_c+9$ 个独立的函数关系、微分或代数方程。在适当的边界条件和初始条件下，这是一个封闭的微分系统。

9.1.2 状态方程

第 8.1.2 节中黑油模型的岩石属性也适用于组分模型。特别地为方便编程，定义

$$p_{\mathrm{cw}} = p_{\mathrm{w}} - p_{\mathrm{o}}, \qquad p_{\mathrm{cg}} = p_{\mathrm{g}} - p_{\mathrm{o}} \tag{9.9}$$

即，$p_{\mathrm{cw}}=-p_{\mathrm{cow}}$ 且 $p_{\mathrm{cg}}=p_{\mathrm{cgo}}$。而且，为了便于标记，令 $p_{\mathrm{co}}=0$。

为了定义逸度函数 $f_{i\mathrm{o}}$ 和 $f_{i\mathrm{g}}$，第 3.2.5 节介绍了几种状态方程（EOSs），包括 RK，RKS，以及 PR 状态方程。这里，简要回顾一下最常用的 PR 状态方程（Peng et al.，1976; Coats，1980）。

PR 状态方程的混合原理为

$$a_\alpha = \sum_{i=1}^{N_c}\sum_{j=1}^{N_c} x_{i\alpha} x_{j\alpha}\left(1-\kappa_{ij}\right)\sqrt{a_i a_j}, \qquad b_\alpha = \sum_{i=1}^{N_c} x_{i\alpha} b_i, \qquad \alpha = \mathrm{o, g}$$

其中 κ_{ij} 为组分 i 和组分 j 的二元相互作用参数，a_i 和 b_i 是纯组分 i 的经验因子。相互作用

参数解释了两种不同分子间的相互作用。根据定义，当 i 和 j 表示相同的组分时，κ_{ij} 为零，当 i 和 j 表示没有太大差异的组分时（例如，当组分 i 和组分 j 都是烷烃时），κ_{ij} 较小，当 i 和 j 表示本质上不同的组分时，κ_{ij} 较大。理想情况下，κ_{ij} 取决于压力和温度，以及组分 i 和组分 j 的同一性（Zudkevitch et al.，1970；Whitson，1982）。

系数 a_i 和 b_i 可由下式计算

$$a_i = \Omega_{ia}\alpha_i \frac{R^2T_{ic}^2}{p_{ic}}, \quad b_i = \Omega_{ib}\frac{R^2T_{ic}^2}{p_{ic}}$$

其中 R 为通用气体常数，T 为温度，T_{ic} 和 p_{ic} 分别为临界温度及临界压力，状态方程参数 Ω_{ia} 及 Ω_{ib} 为

$$\Omega_{ia} = 0.45724, \quad \Omega_{ib} = 0.077796$$

$$\alpha_i = \left[1-\lambda_i\left(1-\sqrt{T/T_{ic}}\right)\right]^2$$

$$\lambda_i = 0.37464 + 1.5423\omega_i - 0.26992\omega_i^2$$

ω_i 为组分 i 的偏心因子。偏心因子大致表示分子形状与球体间的偏差（Reid 等，1977）。定义

$$A_\alpha = \frac{a_\alpha p_\alpha}{R^2T^2}, \quad B_\alpha = \frac{b_\alpha p_\alpha}{RT}, \quad \alpha = \text{o}, \text{g} \tag{9.10}$$

其中压力 p_α 由 PR 双参数状态方程给出

$$p_\alpha = \frac{RT}{V_\alpha - b_\alpha} - \frac{a_\alpha(T)}{V_\alpha(V_\alpha + b_\alpha) + b_\alpha(V_\alpha - b_\alpha)} \tag{9.11}$$

V_α 为 α 相的摩尔体积。压缩系数

$$Z_\alpha = \frac{p_\alpha V_\alpha}{RT}, \quad \alpha = \text{o}, \text{g} \tag{9.12}$$

式（9.11）可以表示为 Z_α 的三次方程：

$$Z_\alpha^3 - (1-B_\alpha)Z_\alpha^2 + \left(A_\alpha - 2B_\alpha - 3B_\alpha^2\right)Z_\alpha - \left(A_\alpha B_\alpha - B_\alpha^2 - B_\alpha^3\right) = 0 \tag{9.13}$$

第 9.1.4 节将讨论式（9.13）根的正确选择方法。现在，对于 $i=1$，2，…，N_c 及 $\alpha=\text{o}$，g，混合物中组分 i 的逸度系数 $\varphi_{i\alpha}$ 可由下式得到。

$$\ln\varphi_{i\alpha} = \frac{b_i}{b_\alpha}(Z_\alpha - 1) - \ln(Z_\alpha - B_\alpha) - \frac{A_\alpha}{2\sqrt{2}B_\alpha}\left[\frac{2}{a_\alpha}\sum_{i=1}^{N_c} x_{j\alpha}(1-\kappa_{ij})\sqrt{a_i a_j} - \frac{b_i}{b_\alpha}\right] \cdot \ln\left[\frac{Z_\alpha + \left(1+\sqrt{2}\right)B_\alpha}{Z_\alpha - \left(1-\sqrt{2}\right)B_\alpha}\right] \tag{9.14}$$

最后，组分 i 的逸度为

$$f_{i\alpha} = p_\alpha x_{i\alpha}\varphi_{i\alpha}, \quad i = 1,2,\cdots,N_c, \quad \alpha = \text{o}, \text{g} \tag{9.15}$$

每种烃组分在液（油）相和气相中的质量分布由热力学平衡关系式（9.8）给出。

9.2 求解方法

求解方法的选择对于偏微分方程耦合系统至关重要。前一章讨论了几种黑油模型数值解法，包括迭代 IMPES 解法、顺序解法、SS 解法和自适应隐式解法。它们也适用于组分模型数值模拟。然而，组分模拟包括大约几十种组分；即便以如今的算力，SS 方法求解也是一种非常高成本的解法。因此，广泛使用迭代 IMPES 和顺序解法，本章对这两种方法进行研究，如组分模型的迭代 IMPES 解法。从迭代 IMPES 解法到顺序解法的推广类似于前面章节中的黑油模型中所述。

9.2.1 基本变量的选择

式（9.3）至式（9.8）是与时间相关的非线性微分方程和代数约束条件的强耦合系统。虽然该系统的因变量与等式都是 $2N_c+9$ 个，但可将其改写为 $2N_c+2$ 个主要变量的系统，其他变量可以表示为它们的函数。为保持控制方程和约束条件中固有的主要物理性质，减弱方程间的非线性和耦合性，设计高效求解数值方法，必须仔细选择这些主要变量。

为简化式（9.3），引入势的概念

$$\Phi_\alpha = p_\alpha - \rho_\alpha \wp z, \quad \alpha = \mathrm{w, o, g} \tag{9.16}$$

此外，使用烃系统的总质量变量 F（Nolen，1973；Young et al.，1983）

$$F = \xi_o S_o + \xi_g S_g \tag{9.17}$$

以及油和气的质量分数

$$L = \frac{\xi_o S_o}{F}, \quad V = \frac{\xi_g S_g}{F} \tag{9.18}$$

此处，

$$L + V = 1$$

下面，使用烃系统中组分的总摩尔分数，而不是使用各组分的摩尔分数

$$z_i = Lx_{io} + (1-L)x_{ig}, \quad i = 1,2,\cdots,N_c \tag{9.19}$$

由式（9.5）、式（9.17）和式（9.18），有

$$\sum_{i=1}^{N_c} z_i = 1 \tag{9.20}$$

以及

$$x_{io}\xi_o S_o + x_{ig}\xi_g S_g = Fz_i, \quad i = 1,2,\cdots,N_c \tag{9.21}$$

因此，将式（9.4）、式（9.16）代入式（9.3）中的第二个等式，有（参见练习 9.1）

$$\frac{\partial(\phi F z_i)}{\partial t} - \nabla \cdot \left[\boldsymbol{K} \left(\frac{x_{io}\xi_o K_{ro}}{\mu_o} \nabla \Phi_o + \frac{x_{ig}\xi_g K_{rg}}{\mu_g} \nabla \Phi_g \right) \right] = x_{io} q_o + x_{ig} q_g, \quad i = 1,2,\cdots,N_c \tag{9.22}$$

式(9.22)对 i 求和，联立式(9.5)及式(9.20)，得

$$\frac{\partial(\phi F)}{\partial t} - \nabla \cdot \left[\boldsymbol{K} \left(\frac{\xi_o K_{ro}}{\mu_o} \nabla \Phi_o + \frac{\xi_g K_{rg}}{\mu_g} \nabla \Phi_g \right) \right] = q_o + q_g \tag{9.23}$$

式(9.22)是第 i 个组分的单组分渗流方程(即，$i=1, 2, \cdots, N_c-1$)，式(9.23)为全部局渗流方程。

进一步简化微分方程，定义传导率

$$T_\alpha = \frac{\xi_\alpha K_{r\alpha}}{\mu_\alpha} \boldsymbol{K}, \quad \alpha = \mathrm{w, o, g}$$
$$T_{i\alpha} = \frac{x_{i\alpha}\xi_\alpha K_{r\alpha}}{\mu_\alpha} \boldsymbol{K}, \quad \alpha = \mathrm{o, g},\ i = 1,2,\cdots,N_c \tag{9.24}$$

现总结迭代 IMPES 所需方程。将平衡关系(9.8)改写为

$$f_{io}\left(p_o, x_{1o}, x_{2o}, \cdots, x_{N_c o}\right) = f_{ig}\left(p_g + p_{cg}, x_{1g}, x_{2g}, \cdots, x_{N_c g}\right), \quad i = 1,2,\cdots,N_c \tag{9.25}$$

由式(9.24)，将式(9.22)改写为

$$\frac{\partial(\phi F z_i)}{\partial t} = \nabla \cdot \left(T_{io} \nabla \Phi_o + T_{ig} \nabla \Phi_g \right) + x_{io} q_o + x_{ig} q_g, \quad i = 1,2,\cdots,N_c - 1 \tag{9.26}$$

同样，由式(9.23)，有

$$\frac{\partial(\phi F)}{\partial t} = \nabla \cdot \left(T_o \nabla \Phi_o + T_g \nabla \Phi_g \right) + q_o + q_g \tag{9.27}$$

下面，由式(9.3)的第一个等式和式(9.24)可得

$$\frac{\partial(\phi \xi_w S_w)}{\partial t} = \nabla \cdot \left(T_w \nabla \Phi_w \right) + q_w \tag{9.28}$$

最后，由式(9.17)和式(9.18)，饱和度状态方程(9.6)可化为

$$F\left(\frac{L}{\xi_o} + \frac{1-L}{\xi_g} \right) + S = 1 \tag{9.29}$$

式(9.25)至式(9.29)包括 $2N_C+2$ 个方程以及 $2N_c+2$ 个主要未知量：x_{io}（或 x_{ig}），L（或 V），z_i，F，$S=S_w$ 和 $p=p_o$，$i=1, 2, \cdots, N_c-1$。

9.2.2　迭代 IMPES

令 $n>0$(整数)记时间步长。对于任何时间函数 υ，用 $\bar{\delta}\upsilon$ 表示第 n 步的时间增量：

$$\bar{\delta}\upsilon = \upsilon^{n+1} - \upsilon^{n}$$

式（9.25）至式（9.29）在第（n+1）时间步近似为

$$\begin{aligned}
&f_{io}\left(p_{o}^{n+1}, x_{1o}^{n+1}, x_{2o}^{n+1}, \cdots, x_{N_{c}o}^{n+1}\right) = f_{ig}\left(p_{g}^{n+1}, x_{1g}^{n+1}, x_{2g}^{n+1}, \cdots, x_{N_{c}g}^{n+1}\right), \quad i = 1,2,\cdots,N_{c} \\
&\frac{1}{\Delta t}\bar{\delta}\left(\phi F z_{i}\right) = \nabla\cdot\left(T_{io}^{n}\nabla\Phi_{o}^{n+1} + T_{ig}^{n}\nabla\Phi_{g}^{n+1}\right) + x_{io}^{n+1}q_{o}^{n} + x_{ig}^{n+1}q_{g}^{n}, \quad i = 1,2,\cdots,N_{c}-1 \\
&\frac{1}{\Delta t}\bar{\delta}\left(\phi F\right) = \nabla\cdot\left(T_{o}^{n}\nabla\Phi_{o}^{n+1} + T_{g}^{n}\nabla\Phi_{g}^{n+1}\right) + q_{o}^{n} + q_{g}^{n} \\
&\frac{1}{\Delta t}\bar{\delta}\left(\phi\xi_{w}S\right) = \nabla\cdot\left(T_{w}^{n}\nabla\Phi_{w}^{n+1}\right) + q_{w}^{n} \\
&\left[F\left(\frac{L}{\xi_{o}} + \frac{1-L}{\xi_{g}}\right) + S\right]^{n+1} = 1
\end{aligned} \tag{9.30}$$

其中 $\Delta t = t^{n+1} - t^{n}$。注意到式（9.30）中的传导率和井项用的是前一时间步的值。

系统（9.30）是主要未知量的非线性方程组，可以使用第 8.2.1 节介绍的 Newton-Raphson 迭代进行线性化。对于时间的通用函数 υ，使用迭代

$$\upsilon^{n+1,l+1} = \upsilon^{n+1,l} + \delta\upsilon$$

其中为 Newton-Raphson 迭代的迭代次数，$\delta\upsilon$ 表示迭代步的增量。当没有歧义时，分别用 υ^{l+1} 和 υ^{l} 替换 $\upsilon^{n+1,l+1}$ 和 $\upsilon^{n+1,l}$（即，省略上标 n+1）。观察到

$$\upsilon^{n+1} \approx \upsilon^{l+1} = \upsilon^{l} + \delta\upsilon$$

有

$$\bar{\delta}\upsilon \approx \upsilon^{l} - \upsilon^{n} + \delta\upsilon$$

由此，式（9.30）可改写为

$$\begin{aligned}
&f_{io}\left(p_{o}^{l+1}, x_{1o}^{l+1}, x_{2o}^{l+1}, \cdots, x_{N_{c}o}^{l+1}\right) = f_{ig}\left(p_{g}^{l+1}, x_{1g}^{l+1}, x_{2g}^{l+1}, \cdots, x_{N_{c}g}^{l+1}\right), \quad i = 1,2,\cdots,N_{c} \\
&\frac{1}{\Delta t}\left[\left(\phi F z_{i}\right)^{l} - \left(\phi F z_{i}\right)^{n} + \delta\left(\phi F z_{i}\right)\right] \\
&= \nabla\cdot\left(T_{io}^{n}\nabla\Phi_{o}^{l+1} + T_{ig}^{n}\nabla\Phi_{g}^{l+1}\right) + x_{io}^{l+1}q_{o}^{n} + x_{ig}^{l+1}q_{g}^{n}, \quad i = 1,2,\cdots,N_{c}-1 \\
&\frac{1}{\Delta t}\left[\left(\phi F\right)^{l} - \left(\phi F\right)^{n} + \delta\left(\phi F\right)\right] \\
&= \nabla\cdot\left(T_{o}^{n}\nabla\Phi_{o}^{l+1} + T_{g}^{n}\nabla\Phi_{g}^{l+1}\right) + q_{o}^{n} + q_{g}^{n} \\
&\frac{1}{\Delta t}\left[\left(\phi\xi_{w}S\right)^{l} - \left(\phi\xi_{w}S\right)^{n} + \delta\left(\phi\xi_{w}S\right)\right] = \nabla\cdot\left(T_{w}^{n}\nabla\Phi_{w}^{l+1}\right) + q_{w}^{n} \\
&\left[F\left(\frac{L}{\xi_{o}} + \frac{1-L}{\xi_{g}}\right) + S\right]^{l+1} = 1
\end{aligned} \tag{9.31}$$

按主要未知量展开势和传导率。须先确定主要未知量。如果气相在碳氢系统占主导地位（例如，L<0.5），则主要未知量为 x_{io}，L，z_i，F，S 和 p，i=1，2，…，N_c–1，这是 L–X 迭代类型的组分模型。如果油相占主导地位（例如，$L \geqslant 0.5$），则主要未知量为 x_{ig}，V，z_i，F，

S 和 p，$i=1,2,\cdots,N_c-1$，这是 V—Y 迭代类型。下面举例说明，主要未知量是 δx_{io}，δL，δz_i，δF，δS 和 δp，$i=1,2,\cdots,N_c-1$ 时，势和传递率的展开方法；类似地，可得 V–Y 迭代类型的展开式。

对于第 i 个组分的渗流方程：

$$\delta(\phi F z_i)=c_{ip}\delta p+c_{iF}\delta F+c_{iz}\delta z_i,\quad i=1,2,\cdots,N_c-1 \tag{9.32}$$

其中

$$c_{ip}=\phi^0 c_R(Fz_i)^l,\quad c_{iF}=(\phi z_i)^l,\quad c_{iz}=(\phi F)^l$$

式中 ϕ^0 为参考压力 p^0 下的孔隙度，c_R 为岩石可压缩系数。对于全局渗流方程：

$$\delta(\phi F)=c_p\delta p+c_F\delta F \tag{9.33}$$

其中

$$c_p=\phi^0 c_R F^l,\quad c_F=\phi^l$$

对于水相方程：

$$\delta(\phi\xi_w S)=c_{wp}\delta p+c_{wS}\delta S \tag{9.34}$$

其中

$$c_{wp}=\phi^0 c_R(\xi_w S)^l+\left(\phi\frac{d\xi_w}{dp}S\right)^l,\quad c_{wS}=(\phi\xi_w)^l$$

在迭代 IMPES 中，所有饱和度的函数（K_{rw}、K_{ro}、K_{rg}、p_{cw} 和 p_{cg}）、密度和黏度用 Newton–Raphson 迭代中前一时间步的饱和度计算值。相势由下式计算

$$\Phi_\alpha^{l+1}=p^{l+1}+p_{c\alpha}^n-\rho_\alpha^n gz,\quad \alpha=w,o,g \tag{9.35}$$

传导率为

$$\begin{aligned}T_\alpha^n&=\frac{\xi_\alpha^n K_{r\alpha}^n}{\mu_\alpha^n}\boldsymbol{K},\quad \alpha=w,o,g\\ T_{i\alpha}^n&=\frac{x_{i\alpha}^n\xi_\alpha^n K_{r\alpha}^n}{\mu_\alpha^n}\boldsymbol{K},\quad \alpha=o,g,\quad i=1,2,\cdots,N_c\end{aligned} \tag{9.36}$$

由式（9.35）得

$$\Phi_\alpha^{l+1}=\Phi_\alpha^l+\delta p,\quad \alpha=w,o,g \tag{9.37}$$

展开式（9.31）中的每个方程，为此，将 x_{ig} 中的导数替换为主变量中的导数，$i=1,2,\cdots,N_c$。由式（9.19），有

$$\frac{\partial x_{ig}}{\partial x_{io}}=\frac{L}{L-1},\quad \frac{\partial x_{ig}}{\partial z_i}=\frac{1}{1-L}$$

$$\frac{\partial x_{ig}}{\partial L}=\frac{x_{io}-x_{ig}}{L-1},\quad i=1,2,\cdots,N_c$$

由链式法则得

$$\frac{\partial}{\partial x_{io}}=\frac{\partial x_{ig}}{\partial x_{io}}\frac{\partial}{\partial x_{ig}}=\frac{L}{L-1}\frac{\partial}{\partial x_{ig}}$$

$$\frac{\partial}{\partial z_i}=\frac{\partial x_{ig}}{\partial z_i}\frac{\partial}{\partial x_{ig}}=\frac{1}{1-L}\frac{\partial}{\partial x_{ig}}$$

$$\frac{\partial}{\partial L}=\frac{\partial x_{ig}}{\partial L}\frac{\partial}{\partial x_{ig}}=\frac{x_{io}-x_{ig}}{L-1}\frac{\partial}{\partial x_{ig}}$$

联立式（9.5）和式（9.20）消除 $x_{N_c o}$ 和 z_{N_c}，式（9.31）中第一个方程展开得

$$\begin{aligned}&\sum_{j=1}^{N_c-1}\left\{\left(\frac{\partial f_{io}}{\partial x_{jo}}\right)^l-\left(\frac{\partial f_{io}}{\partial x_{N_c o}}\right)^l+\frac{L^l}{1-L^l}\left[\left(\frac{\partial f_{ig}}{\partial x_{jg}}\right)^l-\left(\frac{\partial f_{ig}}{\partial x_{N_c g}}\right)^l\right]\right\}\delta x_{jo}\\&+\frac{1}{1-L^l}\sum_{j=1}^{N_c}\left(\frac{\partial f_{ig}}{\partial x_{jg}}\left(x_{jo}-x_{jg}\right)\right)^l\delta L\\&=f_{ig}^l-f_{io}^l+\left[\left(\frac{\partial f_{io}}{\partial p}\right)^l-\left(\frac{\partial f_{io}}{\partial p}\right)^l\right]\delta p+\frac{1}{1-L^l}\sum_{j=1}^{N_c-1}\left[\left(\frac{\partial f_{ig}}{\partial x_{jg}}\right)^l-\left(\frac{\partial f_{ig}}{\partial x_{N_c g}}\right)^l\right]\delta z_j\end{aligned}\tag{9.38}$$

其中，对于 $i=1,2,\cdots,N_c$

$$f_{io}^l=f_{io}\left(p_o^l,x_{1o}^l,x_{2o}^l,\cdots,x_{N_c o}^l\right),\quad f_{ig}^l=f_{ig}\left(p_g^l,x_{1g}^l,x_{2g}^l,\cdots,x_{N_c g}^l\right)$$

由线性方程式（9.38），可得到（δz_1，δz_2，…，δz_{N_c-1}，δp）和 [δx_{1o}，δx_{2o}，…，$\delta z_{(N_c-1)o}$，δL] 的关系式。

下面，对于 $i=1$，2，…，N_c-1，根据式（9.32）和式（9.37），由式（9.31）中的第二个方程有

$$\begin{aligned}&\frac{1}{\Delta t}\left[\left(\phi F z_i\right)^l-\left(\phi F z_i\right)^n+c_{ip}\delta p+c_{iF}\delta F+c_{iz}\delta z_i\right]\\&=\nabla\cdot\left(T_{io}^n\nabla\Phi_o^l+T_{ig}^n\nabla\Phi_g^l\right)+\nabla\cdot\left[\left(T_{io}^n+T_{ig}^n\right)\nabla\left(\delta p\right)\right]\\&+\left(x_{io}^l+\delta x_{io}\right)q_o\left(\delta p\right)+\left(x_{ig}^l+\delta x_{ig}\right)q_g\left(\delta p\right)\end{aligned}\tag{9.39}$$

由式（9.39）可关于（δF，δp）的表达式，解出（δz_1，δz_2，…，δz_{N_c-1}）。同样，根据式（9.31）中第三个方程可得

$$\begin{aligned}&\frac{1}{\Delta t}\left[\left(\phi F\right)^l-\left(\phi F\right)^n+c_p\delta p+c_F\delta F\right]\\&=\nabla\cdot\left(T_o^n\nabla\Phi_o^l+T_g^n\nabla\Phi_g^l\right)+\nabla\cdot\left[\left(T_o^n+T_g^n\right)\nabla\left(\delta p\right)\right]+q_o\left(\delta p\right)+q_g\left(\delta p\right)\end{aligned}\tag{9.40}$$

由此可得 δF 关于 δp 的表达式。由式（9.31）、式（9.34）和式（9.37）中第四个方程，得

$$\begin{aligned}&\frac{1}{\Delta t}\left[\left(\phi\xi_w S\right)^l-\left(\phi\xi_w S\right)^n+c_{wp}\delta p+c_{wS}\delta S\right]\\&=\nabla\cdot\left(T_w^n\nabla\Phi_w^l\right)+\nabla\cdot\left[T_w^n\nabla\left(\delta p\right)\right]+q_w\left(\delta p\right)\end{aligned}\tag{9.41}$$

式（9.41）给出了 δS 关于 δp 的表达式。

由式（9.12）可得

$$\frac{1}{\xi_\alpha}=\frac{Z_\alpha\left(p_\alpha,x_{1\alpha},x_{2\alpha},\cdots,x_{N_c\alpha}\right)RT}{p_\alpha},\quad \alpha=\mathrm{o,g}$$

联立式（9.5）和式（9.20），从式（9.31）中最后一个方程可得

$$\begin{aligned}&\left(\frac{FLRT}{p}\right)^l\sum_{j=1}^{N_c-1}\left\{\left(\frac{\partial Z_\mathrm{o}}{\partial x_{j\mathrm{o}}}\right)^l-\left(\frac{\partial Z_\mathrm{o}}{\partial x_{N_c\mathrm{o}}}\right)^l-\left[\left(\frac{\partial Z_\mathrm{g}}{\partial x_{j\mathrm{g}}}\right)^l-\left(\frac{\partial Z_\mathrm{g}}{\partial x_{N_c\mathrm{g}}}\right)^l\right]\right\}\delta x_{j\mathrm{o}}\\&+\left(\frac{FRT}{p}\right)^l\left\{Z_\mathrm{o}-Z_\mathrm{g}-\sum_{j=1}^{N_c}\left[\frac{\partial Z_\mathrm{g}}{\partial x_{j\mathrm{g}}}\left(x_{j\mathrm{o}}-x_{j\mathrm{g}}\right)\right]^l\right\}\delta L\\&+\left(\frac{FRT}{p}\right)^l\sum_{j=1}^{N_c-1}\left[\left(\frac{\partial Z_\mathrm{g}}{\partial x_{j\mathrm{g}}}\right)^l-\left(\frac{\partial Z_\mathrm{g}}{\partial x_{N_c\mathrm{g}}}\right)^l\right]\delta z_j\\&+\left\{\frac{RT}{p}\left[LZ_\mathrm{o}+(1-L)Z_\mathrm{g}\right]\right\}^l\delta F+\delta S\\&+\left\{\frac{FRT}{p}\left[L\frac{\partial Z_\mathrm{o}}{\partial p}-\frac{LZ_\mathrm{o}}{p}+(1-L)\frac{\partial Z_\mathrm{g}}{\partial p}-\frac{(1-L)Z_\mathrm{g}}{p}\right]\right\}^l\delta p\\&=1-\left[F\left(\frac{L}{\xi_\mathrm{o}}+\frac{1-L}{\xi_\mathrm{g}}\right)+S\right]^l\end{aligned}\tag{9.42}$$

将由式（9.38）至式（9.41），将 $\delta x_{j\mathrm{o}}$，δL，δ_{zj}，δF 和 δS，$j=1,2,\cdots,N_c-1$，代入式（9.42），得到压力方程，与井控制方程（参见第 8 章）一起，可隐式求解 δp。在得到 δp 后，可显性求解式（9.41）、式（9.40）、式（9.39）和式（9.38），分别得到 $\delta S,\delta F,(\delta z_1,\delta z_2,\cdots,\delta z_{N_c-1})$ 和（$\delta x_{1\mathrm{o}}$，$\delta x_{2\mathrm{o}}$，$\cdots$，$\delta x_{(N_c-1)\mathrm{o}}$，$\delta L$）。第 4 章介绍的数值方法可用于式（9.38）至式（9.42）的离散化。

总之，组分模型的迭代 IMPES 具有以下特征。

（1）迭代 IMPES 和经典 IMPES 的区别在于，迭代 IMPES 在每个 Newton-Raphson 迭代循环中使用，经典 IMPES 在 Newton-Raphson 迭代之外使用。

（2）饱和度约束方程用于隐式求解压力 p。

（3）平衡关系式用于求解（$x_{1\mathrm{o}}$，$\delta x_{2\mathrm{o}}$，$\cdots$，$x_{(N_c-1)\mathrm{o}}$，L）。

（4）碳烃组分渗流方程用于显式求解（z_1，z_2，$\cdots$，z_{N_c-1}）。

（5）根据全局渗流方程显式求解 F。

（6）根据水的渗流方程显式求解 S。

（7）由式（9.19）得到（$x_{1\mathrm{g}}$，$x_{2\mathrm{g}}$，$\cdots$，$x_{N_c\mathrm{g}}$）。

如同黑油模型的顺序求解方法，饱和度的函数 K_{rw}、K_{ro}、K_{rg}、p_{cw} 和 p_{cg} 可以使用 Newton-Raphson 前一个迭代步饱和度值，而不是前一个时间步的值。

9.3 相平衡方程的求解方法

本节讨论求解描述油气相各组分质量分布的方程式(9.25)，下面以 PR 状态方程为例进行研究。

9.3.1 逐次代入

逐次代入法通常用于计算热力学平衡方程式(9.38)的初始猜测值。组分 i 的平衡闪蒸比定义为

$$K_i = \frac{x_{ig}}{x_{io}}, \quad i = 1, 2, \cdots, N_c \tag{9.43}$$

其中K_i是组分i的K值。如果使用前一节的迭代IMPES方法（即，由Newton-Raphson迭代中前一时间步的饱和度计算毛细管压力p_{cg}），则由式（9.15）得

$$f_{i\alpha} = p x_{i\alpha} \varphi_{i\alpha}, \quad i = 1, 2, \cdots, N_c, \quad \alpha = \mathrm{o}, \mathrm{g} \tag{9.44}$$

然后，由式(9.8)得

$$x_{io}\varphi_{io} = x_{ig}\varphi_{ig}, \quad i = 1, 2, \cdots, N_c$$

由式(9.43)得

$$K_i = \frac{\varphi_{io}}{\varphi_{ig}}, \quad i = 1, 2, \cdots, N_c \tag{9.45}$$

其中逸度系数 φ_{io} 和 φ_{ig} 由式(9.14)定义。

闪蒸计算瞬时达到相平衡：

已知 p，T，z_i，求 L(或 V)，x_{io} 及 x_{ig}，$i=1, 2, \cdots, N_c$。

由式(9.19)和式(9.43)得

$$\begin{aligned} & x_{io} = \frac{z_i}{L + (1-L)K_i}, \quad i = 1, 2, \cdots, N_c \\ & \sum_{i=1}^{N_c} \frac{z_i(1-K_i)}{L + (1-L)K_i} = 0 \end{aligned} \tag{9.46}$$

基于式(9.46)，为闪蒸计算引入逐次代入方法。

首先，通过经验公式估算 K_i

$$K_i = \frac{1}{p_{ir}} \exp\left[5.3727(1+\omega_i)\left(1 - \frac{1}{T_{ir}}\right)\right], \quad p_{ir} = \frac{p}{p_{ic}}, \quad T_{ir} = \frac{T}{T_{ic}}$$

(F1)根据 K_i 及 z_i，由下式求 L

$$\sum_{i=1}^{N_c} \frac{z_i(1-K_i)}{L + (1-L)K_i} = 0$$

（F2）由下式求 x_{io} 及 x_{ig}

$$x_{io}=\frac{z_i}{L+(1-L)K_i},\quad x_{ig}=K_i x_{io},\quad i=1,2,\cdots,N_c$$

（F3）由下式计算 K_i 及 z_i

$$K_i=\frac{\varphi_{io}}{\varphi_{ig}},\quad z_i=Lx_{io}+(1-L)x_{ig},\quad i=1,2,\cdots,N_c$$

返回（F1）迭代，直到 K_i 的值收敛。

通常，这种逐次代入法的收敛速度非常慢。但是，它可以作为下面讨论的 Newton-Raphson 闪蒸迭代的初始值。

9.3.2 Newton-Raphson 闪蒸计算

对于 $i=1,2,\cdots,N_c$，$j=1,2,\cdots,N_c-1$，引入

$$G_{ij}=\left(\frac{\partial f_{io}}{\partial x_{jo}}\right)^l-\left(\frac{\partial f_{io}}{\partial x_{N_c o}}\right)^l+\frac{L^l}{1-L^l}\left[\left(\frac{\partial f_{ig}}{\partial x_{jg}}\right)^l-\left(\frac{\partial f_{ig}}{\partial x_{N_c g}}\right)^l\right]$$

$$G_{iN_c}=\frac{1}{1-L^l}\sum_{i=1}^{N_c}\left[\frac{\partial f_{ig}}{\partial x_{jg}}\left(x_{jo}-x_{jg}\right)\right]^l$$

$$H_i\left(\delta p,\delta z_1,\delta z_2,\cdots,\delta z_{N_c-1}\right)=f_{ig}^l-f_{io}^l+\left[\left(\frac{\partial f_{ig}}{\partial p}\right)^l-\left(\frac{\partial f_{io}}{\partial p}\right)^l\right]\delta p$$

$$+\frac{1}{1-L^l}\sum_{j=1}^{N_c-1}\left[\left(\frac{\partial f_{ig}}{\partial x_{jg}}\right)^l-\left(\frac{\partial f_{ig}}{\partial x_{N_c g}}\right)^l\right]\delta z_j$$

则式（9.38）可写为矩阵形式

$$\begin{pmatrix} G_{11} & G_{12} & \cdots & G_{1,N_c-1} & G_{1,N_c} \\ G_{21} & G_{22} & \cdots & G_{2,N_c-1} & G_{2,N_c} \\ \vdots & \vdots & & \vdots & \vdots \\ G_{N_c-1,1} & G_{N_c-1,2} & \cdots & G_{N_c-1,N_c-1} & G_{N_c-1,N_c} \\ G_{N_c,1} & G_{N_c,2} & \cdots & G_{N_c,N_c-1} & G_{N_c,N_c} \end{pmatrix}\begin{bmatrix} \delta x_{1o} \\ \delta x_{2o} \\ \vdots \\ \delta x_{(N_c-1)o} \\ \delta L \end{bmatrix}=\begin{pmatrix} H_1 \\ H_2 \\ \vdots \\ H_{N_c-1} \\ H_{N_c} \end{pmatrix} \tag{9.47}$$

该方程组给出了（δz_i，δx_{1o}，δx_{2o}，$\delta x_{(Nc-1)o}$，δL）和 δz_i 以及 δp 的关系式，$i=1,2,\cdots,N_c-1$。

以下指出闪蒸计算中逐次代换方法和 Newton-Raphson 迭代的区别。

（1）前一种方法更易实现，甚至在临界点附近也更可靠。但是，它的收敛速度通常较慢；在临界点附近可能需要超过 1000 次迭代。

（2）后一种方法收敛速度更快。但它需要 x_{io} 和 L 的初始值比较准确，$i=1,2,\cdots,N_c$；此外，该方法可能不会在临界点附近收敛。

（3）这两种方法可以结合使用。例如，用前者为后者找到较为准确的初始值。在后者难以收敛的地方，使用前者替代使用。

9.3.3 逸度系数的导数

计算雅可比系数矩阵［式(9.47)］涉及的偏导数。首先，由式(9.44)，对于 $i, j=1, 2, \cdots, N_c$，$\alpha = \mathrm{o, g}$：

$$\frac{\partial f_{i\alpha}}{\partial p} = x_{i\alpha}\varphi_{i\alpha} + px_{i\alpha}\frac{\partial \varphi_{i\alpha}}{\partial p}, \qquad \frac{\partial f_{i\alpha}}{\partial x_{j\alpha}} = p\frac{\partial x_{i\alpha}}{\partial x_{j\alpha}}\varphi_{i\alpha} + px_{i\alpha}\frac{\partial \varphi_{i\alpha}}{\partial x_{j\alpha}}$$

其中

$$\frac{\partial x_{i\alpha}}{\partial x_{j\alpha}} = \begin{cases} 1, & \text{当} i = j \\ 0, & \text{当} i \neq j \end{cases}$$

因此，只要得到 $\varphi_{i\alpha}$ 的导数就足够了，其定义见式(9.14)，$i=1, 2, \cdots, N_c$，$\alpha = \mathrm{o, g}$。

由式(9.10)得

$$\frac{\partial A_\alpha}{\partial p} = \frac{a_\alpha}{R^2T^2}, \qquad \frac{\partial B_\alpha}{\partial p} = \frac{b_\alpha}{RT}, \alpha = \mathrm{o, g} \tag{9.48}$$

对式(9.14)的两边求导可得

$$\begin{aligned} \frac{1}{\varphi_{i\alpha}}\frac{\partial \varphi_{i\alpha}}{\partial p} &= \frac{b_i}{b_\alpha}\frac{\partial Z_\alpha}{\partial p} - \frac{1}{Z_\alpha - B_\alpha}\left(\frac{\partial Z_\alpha}{\partial p} - \frac{B_\alpha}{p}\right) \\ &- \frac{A_\alpha}{2\sqrt{2}B_\alpha}\left[\frac{2}{a_\alpha}\sum_{j=1}^{N_c} x_{j\alpha}\left(1-\kappa_{ij}\right)\sqrt{a_i a_j} - \frac{b_i}{b_\alpha}\right] \\ &\times 2B_\alpha\left(\frac{Z_\alpha}{p} - \frac{\partial Z_\alpha}{\partial p}\right)\Big/\left(Z_\alpha^2 + 2\sqrt{2}Z_\alpha B_\alpha + B_\alpha^2\right) \end{aligned} \tag{9.49}$$

同样，根据以下该表达式可以求得 $\partial\varphi_{i\alpha}/\partial x_{j\alpha}$（参见练习 9.2）

$$\begin{aligned} &\frac{\partial A_\alpha}{\partial x_{j\alpha}} = \frac{p}{R^2T^2}\frac{\partial a_\alpha}{\partial x_{j\alpha}}, \qquad \frac{\partial B_\alpha}{\partial x_{j\alpha}} = \frac{p}{RT}\frac{\partial b_\alpha}{\partial x_{j\alpha}} \\ &\frac{\partial a_\alpha}{\partial x_{j\alpha}} = 2\sum_{i=1}^{N_c} x_{i\alpha}\left(1-\kappa_{ij}\right)\sqrt{a_i a_j}, \qquad \frac{\partial b_\alpha}{\partial x_{j\alpha}} = b_j \end{aligned} \tag{9.50}$$

$i, j = 1, 2, \cdots, N_c$，$\alpha = \mathrm{o, g}$。

压缩因子 Z_α（$\alpha = \mathrm{o, g}$）由式(9.13)确定。对式(9.13)隐式求导可得

$$\begin{aligned} \frac{\partial Z_\alpha}{\partial p} = &-\left\{\frac{\partial B_\alpha}{\partial p}Z_\alpha^2 + \left[\frac{\partial A_\alpha}{\partial p} - 2\left(1+3B_\alpha\right)\frac{\partial B_\alpha}{\partial p}\right]Z_\alpha \right. \\ &\left. -\left[\frac{\partial A_\alpha}{\partial p}B_\alpha + \left(A_\alpha - 2B_\alpha - 3B_\alpha^2\right)\frac{\partial B_\alpha}{\partial p}\right]\right\}\Big/\left[2Z_\alpha^2 \right. \\ &\left. -2\left(1-B_\alpha\right)Z_\alpha + \left(A_\alpha - 2B_\alpha - 3B_\alpha^2\right)\right] \end{aligned} \tag{9.51}$$

将式(9.48)代入式(9.51)可得到 $\partial Z_\alpha/\partial p$。类似地，联立式(9.50)可得导数 $\partial Z_\alpha/\partial x_{j\alpha}$（参见练习 9.3），$j=1, 2, \cdots, N_c$。

9.3.4 PR 三次方程的求解

PR 三次方程［式（9.13）］具有形式

$$\mathcal{Z}^3+B\mathcal{Z}^2+C\mathcal{Z}+D=0 \tag{9.52}$$

其中 B，C 和 D 已知。在讨论这个方程求解之前，考虑一个简单的三次方程：

$$X^3+PX+Q=0 \tag{9.53}$$

令

$$\Delta=\left(\frac{Q}{2}\right)^2+\left(\frac{P}{3}\right)^3$$

则式（9.53）有三个根（参见练习 9.4）

$$X_1=\sqrt[3]{-\frac{Q}{2}+\sqrt{\Delta}}+\sqrt[3]{-\frac{Q}{2}-\sqrt{\Delta}}$$

$$X_2=\omega\sqrt[3]{-\frac{Q}{2}+\sqrt{\Delta}}+\omega^2\sqrt[3]{-\frac{Q}{2}-\sqrt{\Delta}}$$

$$X_3=\omega^2\sqrt[3]{-\frac{Q}{2}+\sqrt{\Delta}}+\omega\sqrt[3]{-\frac{Q}{2}-\sqrt{\Delta}}$$

其中

$$\omega=\frac{-1+i\sqrt{3}}{2},\quad \omega^2=\frac{-1-i\sqrt{3}}{2},\quad i^2=-1$$

注意到（参见练习 9.5）

$$X_1+X_2+X_3=0,\quad \frac{1}{X_1}+\frac{1}{X_2}+\frac{1}{X_3}=-\frac{P}{Q},\quad X_1X_2X_3=-Q \tag{9.54}$$

若 $\Delta>0$，则式（9.53）只有一个实根 X_1。若 $P=Q=0$，则只有平凡解 $X_1=X_2=X_3=0$。当 $\Delta\leqslant 0$，有三个实根

$$X_1=2\sqrt[3]{\mathcal{R}}\cos\theta,\quad X_2=2\sqrt[3]{\mathcal{R}}\cos\left(\frac{2\pi}{3}+\theta\right),$$
$$X_3=2\sqrt[3]{\mathcal{R}}\cos\left(\frac{4\pi}{3}+\theta\right) \tag{9.55}$$

其中

$$\mathcal{R}=\sqrt{-\left(\frac{P}{3}\right)^3},\quad \theta=\frac{1}{3}\arccos\left(-\frac{Q}{2\mathcal{R}}\right)$$

为求解式（9.52），设 $\mathcal{Z}=X-\dfrac{B}{3}$。由下式将式（9.52）转换为式（9.53）（参见练习 9.6）

$$P=-\frac{B^2}{3}+C,\quad Q=\frac{2B^3}{27}-\frac{BC}{3}+D$$

则式（9.52）的根为

$$\mathcal{Z}_1 = X_1 - \frac{B}{3}, \quad \mathcal{Z}_2 = X_2 - \frac{B}{3}, \quad \mathcal{Z}_3 = X_3 - \frac{B}{3} \tag{9.56}$$

如果 $\mathcal{Z}_1$ 是唯一的实根，则选择它为解。如果有三个实根，如

$$\mathcal{Z}_1 > \mathcal{Z}_2 > \mathcal{Z}_3$$

若气相占主导地位，选择 $\mathcal{Z}_1$ 为解。如果液（油）相占优势，当 $\mathcal{Z}_2 \leqslant 0$ 时选择 $\mathcal{Z}_1$ 为解；当 $\mathcal{Z}_2>0$ 且 $\mathcal{Z}_3 \leqslant 0$ 时选择 $\mathcal{Z}_2$ 为解；当 $\mathcal{Z}_3>0$ 时选择 $\mathcal{Z}_3$ 为解。

9.3.5 实际问题

本节给出相平衡方程求解编程过程中的几个实际问题。

（1）迭代转换。

如上所述，根据不同的 L 的大小，在闪蒸计算中应使用不同的变量 x_{io} 和 L 或 x_{ig} 和 V，$i=1, 2, \cdots, N_c$。如果气相在烃系统中占主导地位（$L<0.5$），则主要未知量是 x_{io} 和 L。如果油相占优势（如 $L \geqslant 0.5$），则主要未知量是 x_{ig} 和 V。此选择可提高解法精度和收敛速度。例如，当 L 接近于 1 时，闪蒸计算可能不收敛。此时，主要未知量需要切换到 V。在编程过程中，迭代切换应该自动完成。

（2）确定泡点。

通过 Newton-Raphson 迭代同时求解下述 N_c+1 个方程，（$i=1, 2, \cdots, N_c$）得到泡点压力 p 和组分 x_{ig}：

$$\begin{gathered} z_i\varphi_{io}\left(p, x_{1o}, x_{2o}, \cdots, x_{N_c o}\right) = x_{ig}\varphi_{ig}\left(p, x_{1g}, x_{2g}, \cdots, x_{N_c g}\right) \\ \sum_{i=1}^{N_c} x_{ig} = 1 \end{gathered} \tag{9.57}$$

在迭代的后期（例如，在十次迭代之后），式（9.57）中的第二个方程可以替换为

$$\sum_{i=1}^{N_c} \frac{\varphi_{io}}{\varphi_{ig}} z_i = 1 \tag{9.58}$$

以加快收敛速度。在 Newton-Raphson 迭代中，如果连续的压力值变化小于某个值（如，0.01psi），则认为该迭代已经收敛。如果需要超过 30 次迭代或者如果 $|z_i - x_{ig}| < 0.001|z_i|$，则认为它无法收敛。在后一种情况下，可用逐次代入法求 p 和 x_{ig}，$i=1, 2, \cdots, N_c$。对于任意的 p 值，当 $x_{ig}=z_i$ 时出现平凡解，则表明是露点。

（3）确定露点。

露点压力 p 和组分 x_{io}（$i=1, 2, \cdots, N_c$）满足如下 N_c+1 个方程：

$$\begin{gathered} x_{io}\varphi_{io}\left(p, x_{1o}, x_{2o}, \cdots, x_{N_c o}\right) = z_i\varphi_{ig}\left(p, x_{1g}, x_{2g}, \cdots, x_{N_c g}\right) \\ \sum_{i=1}^{N_c} x_{io} = 1 \end{gathered} \tag{9.59}$$

同样地，在经过大约 10 次 Newton-Raphson 迭代后，式（9.59）中的第二个方程可替换为

$$\sum_{i=1}^{N_c} \frac{\varphi_{ig}}{\varphi_{io}} z_i = 1 \tag{9.60}$$

使用与确定泡点相同的原则，如果迭代过程中连续的压力值变化小于 0.01psi，则认为该迭代已经收敛。如果需要超过 30 次迭代或者如果 $|z_i - x_{io}| < 0.001|z_i|$，则认为它无法收敛。在后一种情况下，可用逐次代入法求 p 和 x_{io}，$i = 1, 2, \cdots, N_c$。对于任意的 p，当 $x_{io} = z_i$ 时出现平凡解，则表明达到了泡点。

9.4　第三个 SPE 标准算例：组分模拟

模拟问题选自 SPE 第三个标准算例（Kenyon et al.，1987）。九家公司参加了这个项目。这是一个考虑了两种预测情况的富反凝析气藏循环注气的研究，第一种情况恒定速率销售天然气的同时，循环注气，第二种情况是减量延期销售天然气销售的循环注气，以维持油藏开发早期的地层压力。储层模型的详细说明见表 9.1 至表 9.5，其中 K_h（$=K_{11}=K_{22}$）和 K_v（$=K_{33}$）分别表示水平和垂直方向的渗透率。图 9.1 为一个 9×9×4 的储层网格，它是对角线对称的，这表明可以模拟对个储层的一半。此处选择对整个油藏建模。此外，储层是均质的，具有恒定的孔隙度，但是地层间渗透率和厚度不同，这是导致驱替不均匀的因素。双井模式是任意的，这样能够出现反凝析现象，避免因为循环注气体出现明显的再次气化的情况，以此可模拟真实储层中无法驱替波及的部分。

表 9.1　油藏网格数据

$N_{x1}=N_{x2}=9$，$N_{x3}=4$；$h_1=h_2=293.3$ft
$h_3=30$，30，50，50ft；基准面 =7500ft（地下）
孔隙度：0.13（在油藏初始压力下）
气水界面：7500ft。界面处含水饱和度 S_w：1.0
界面处 p_{cgw}：0.0psi。界面处初始压力：3350psia
界面处水的密度：63.0lb/ft³。水的压缩系数 $c_w=3.0\times10^{-6}$psi^{-1}
地层水黏度：0.78mPa·s。岩石压缩系数：4.0×10^{-6}psi^{-1}

表 9.2　油藏模型描述

地层	厚度（ft）	K_h（mD）	K_v（mD）	中心深度（ft）
1	30	130	13	7330
2	30	40	4	7360
3	50	20	2	7400
4	50	150	15	7450

表 9.3　产出、注入及销售数据

生产井	位置：$i=j=7$。射孔位置：$k=3$，4。半径 =1ft。流量：$6200\times10^3ft^3/d$（气体流量）。最小井底压力 p_{bh}：500psi
注入井	位置：$i=j=1$。射孔位置：$k=1$，2。半径 =1ft。流量：分离器流量－销售天然气流量。最大井底压力 p_{bh}：4000psi
情况 1 的销售天然气流量	销售天然气恒定速率：$0<t<10$ 年，1500MSCF/D；$t>10$ 年，生产的天然气全部销售
情况 2 的销售天然气流量	延期销售：$0<t<5$ 年，$500\times10^3ft^3/d$；$5<t<10$ 年，$2500\times10^3ft^3/d$；$t>10$ 年，生产的天然气全部销售

表 9.4　饱和度函数数据

相饱和度	K_{rg}	K_{ro}	K_{rw}	p_{cgw}（psi）	p_{cgo}（psi）
0	0	0	0	> 50.0	0
0.04	0.005	0	0	> 50.0	0
0.08	0.013	0	0	> 50.0	0
0.12	0.026	0	0	> 50.0	0
0.16	0.040	0	0	50.0	0
0.20	0.058	0	0.002	32.0	0
0.24	0.078	0	0.010	21.0	0
0.28	0.100	0.005	0.020	15.5	0
0.32	0.126	0.012	0.033	12.0	0
0.36	0.156	0.024	0.049	9.2	0
0.40	0.187	0.040	0.066	7.0	0
0.44	0.222	0.060	0.090	5.3	0
0.48	0.260	0.082	0.119	4.2	0
0.52	0.300	0.112	0.150	3.4	0
0.56	0.348	0.150	0.186	2.7	0
0.60	0.400	0.196	0.227	2.1	0
0.64	0.450	0.250	0.277	1.7	0
0.68	0.505	0.315	0.330	1.3	0
0.72	0.562	0.400	0.390	1.0	0
0.76	0.620	0.513	0.462	0.7	0
0.80	0.680	0.650	0.540	0.5	0
0.84	0.740	0.800	0.620	0.4	0
0.88	—	—	0.710	0.3	0
0.92	—	—	0.800	0.2	0
0.96	—	—	0.900	0.1	0
1.00	—	—	1.000	0	0

表 9.5　分离器压力和温度

分离器	压力（psia）	温度（°F）
初级①	815	80
初级	315	80
第二级	65	80
储油罐	14.7	60

注：①初级分离开始时压力设定为815psia，直到油藏压力（在基准面）降到2500psia以下。然后切换至315psia的初级分离。

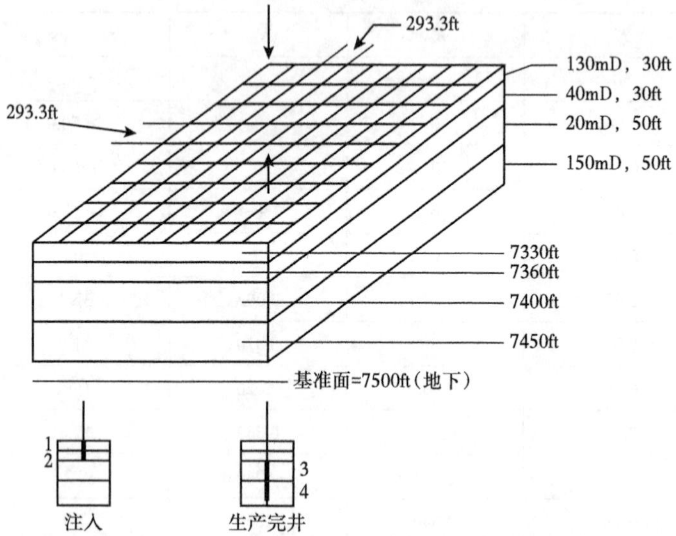

图 9.1　油藏区域

使用第 4.3 节中介绍的线性单元 CVFE 方法离散组分模型控制方程。由于所考虑的储层垂直方向的地层结构，将其区域划分为六棱柱，即水平面中的六边形和垂直方向上的矩形，如图 4.36 所示；另请参见如图 9.2 所示，了解网格的平面视图。初始条件、气水界面的位置和毛细管压力数据产生了延伸到产油区的水气过渡带。然而，由于水的压缩系数非常小且水量较少，使得水对于当前问题微不足道。假设相相对渗透率函数仅取决于其自身相饱和度，则可使用相对渗透率数据。油饱和度是固定的，为 24%，因为冷凝物是在束缚水存在的情况下达到饱和状态，导致 K_{rg} 从 0.74 降低到 0.4。

生产是由分离器气体速率控制的。通过多级分离的液量是可以预测的。给出分离器序列，主分离器压力取决于储层压力，见表 9.5。从大量的分离器气体中排出可销售天然气，并回收剩余的气体。在体积方面，涉及的两种情况在循环周期（10 年）内重新注入再循环气体体积完全相同，但在第二种情况中，在关键的早期阶段回收了更多的气体。排出过程（所有气体全部销售）在循环的第 10 年结束时开始，模拟运行时间达到 15 年或平均油藏压力下降至 1000psi，以先达到者为准。模拟在大约高于露点压力（3443psia）100psi 以上的压力下初始化。

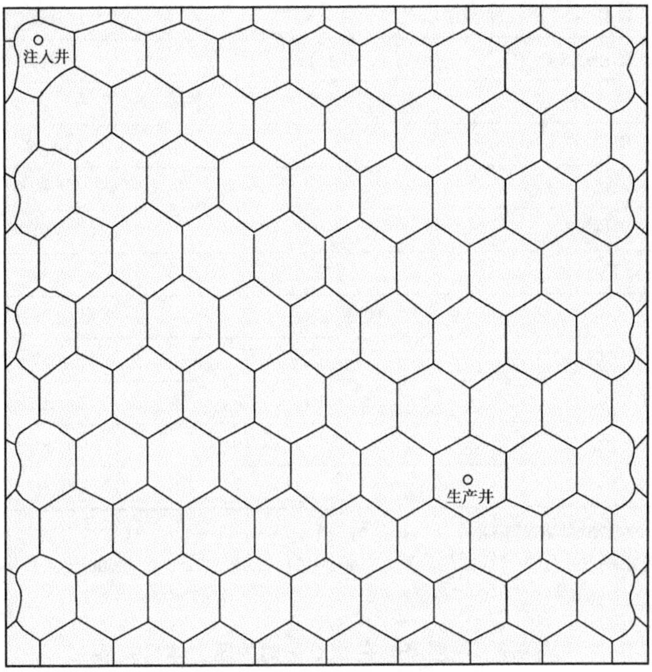

图 9.2 网格平面视图

全部组分模拟研究分为两个步骤：

（1）为获得准确的 EOS 参数和预测结果，研究 lPVT 相行；

（2）使用 CVFE 进行组分流模拟。

9.4.1 PVT 相行为研究

（1）PVT 数据。

测得的 PVT 数据见表 9.6 至表 9.16。这些数据包括烃样分析、等组分膨胀数据、等容衰竭数据，以及含贫气的四种储层气混合物的膨胀数据。表 9.6 给出了储层流体的摩尔分数。表 9.7 给出了等组分膨胀数据，以及在露点压力和高于露点压力下计算的 Z 因子。表 9.8 至表 9.12 中为含贫气的储层气膨胀试验数据。表 9.8 为贫气组成。需要注意的是，它几乎不含 C_{3+} 组分。这与油藏问题中再循环的分离器气体形成对比，后者约含 10% 的 C_{3+}。因此，与典型分离器气体组分对比，对于天然气处理装置残余气体的再循环拟合膨胀数据，更为重要。表 9.9 至表 9.12 是在 200°F 下四种含贫气的油藏气体混合物（摩尔分数分别为：0.1271，0.3046，0.5384 和 0.6538）膨胀的压力—体积数据，给出了每个膨胀过程液体析出的数据。表 9.13 给出了原始储层流体的气体衰竭（等容衰竭）过程中的反凝析数据。表 9.14 给出了分离器和气体处理装置的计算产量，表 9.15 给出了等容衰竭过程中平衡气体的组分。使用这些数据可以拟合多级分离器中储层气的地面体积。表 9.16 给出了含贫气的四种储层气体样品的膨胀实验结果。注意到，总气体含量约为 8000~9000ft^3/bbl 时，贫气含量增加 2467ft^3/bbl，导致露点压力增加约 50%。

表 9.6　储层流体的摩尔分数

组分	摩尔分数（%）
二氧化碳（CO_2）	1.21
氮气（N_2）	1.94
甲烷（C_1）	65.99
乙烷（C_2）	8.69
丙烷（C_3）	5.91
异丁烷（IC_4）	2.39
正丁烷（NC_4）	2.78
异戊烷（IC_5）	1.57
正戊烷（NC_5）	1.12
己烷（C_6）	1.81
庚烷+（C_7）①	6.59

①庚烷的性质如下：60°F 时的相对密度 =0.774，API=51.4，分子量 =140。计算的分离器气体相对密度 =0.736（空气 =1）。14.65psia 和 60°F 条件下，分离器气体的计算总热值 =1216Btu/ft^3。72°F 和 2000psig 条件下，初始分离器气体 / 分离器液体 =4812ft^3/bbl。

表 9.7　储层流体在 200 °F时的压力体积关系

压力（psig）	相对体积	压缩因子 Z
6000	0.8045	1.129
5500	0.8268	1.063
5000	0.8530	0.998
4500	0.8856	0.933
4000	0.9284	0.869
3600	0.9745	0.822
3428（露点压力）	1.0000	0.803①
3400	1.0043	
3350	1.0142	
3200	1.0468	
3000	1.0997	
2800	1.1644	
2400	1.3412	
2000	1.6113	
1600	2.0412	
1300	2.5542	
1030	3.2925	
836	4.1393	

①气体膨胀系数 =1.295×10^{3}ft/bbl。

表 9.8 贫气样本的碳氢化合物分析

组分①	摩尔分数（%）	GPM
氢硫化物	无	
二氧化碳（CO_2）	无	
氮气（N_2）	无	
甲烷（C_1）	94.69	
乙烷（C_2）	5.27	1.401
丙烷（C_3）	0.05	0.014
丁烷 +（C_{4+}）	无	
总计	100.00	1.415

①计算的气体相对密度 =0.58（空气 =1.0）；在 14.65psia 和 60°F 下条件每立方英尺干气计算的总热值 =1216Btu。

表 9.9 在 200°F 下混合物 1 的压力体积关系

压力（psig）	相对体积①	液体体积（饱和体积百分比）
6000	0.9115	
5502	0.9387	
5000	0.9719	
4500	1.0135	
4000	1.0687	
3800	1.0965	
3700	1.1116	
3650	1.1203	
3635（露点压力）	1.1224	0
3600	1.1298	0.3
3500	1.1508	1.7
3300	1.1969	6.8
3000	1.2918	12.8

①基于 3428psig 和 200°F 的原始烃孔隙体积的相对体积和液体体积百分比。

表 9.10 在 200°F 下混合物 2 的压力体积关系

压力（psig）	相对体积	液体体积（饱和体积百分比）
6000	1.1294	
5500	1.1686	
5000	1.2162	
4500	1.2767	
4300	1.3064	
4100	1.3385	

续表

压力（psig）	相对体积	液体体积（饱和体积百分比）
4050	1.3479	
4015（露点压力）	1.3542	0
3950	1.3667	0.1
3800	1.3992	0.5
3400	1.5115	4.5
3000	1.6709	9.4

表 9.11　在 200°F 下混合物 3 的压力体积关系

压力（psig）	相对体积	液体体积（饱和体积百分比）
6000	1.6865	
5600	1.7413	
5300	1.7884	
5100	1.8233	
5000	1.8422	
4950	1.8519	
4900	1.8620	
4800	1.8827	
4700	1.9043	
4610（露点压力）	1.9248	
4500	1.9512	0.1
4200	2.0360	0.3
3900	2.1378	0.6
3500	2.3193	2.1
3000	2.6348	6.0

表 9.12　在 200°F 下混合物 4 的压力体积关系

压力（psig）	相对体积	液体体积（饱和体积百分比）
6000	2.2435	
5500	2.3454	
5000	2.4704	
4880（露点压力）	2.5043	0
4800	2.5288	微量
4600	2.5946	0.1

续表

压力（psig）	相对体积	液体体积（饱和体积百分比）
4400	2.6709	0.3
4000	2.8478	0.7
3500	3.1570	1.4
3000	3.5976	3.6

表 9.13 在 200°F 下气体衰竭过程中的反凝析

压力（psig）	反凝析液体体积（烃孔隙百分比）
3428（露点压力）	0
3400	0.9
3350	2.7
3200	8.1
3000（第一压力衰竭水平）	15.0
2400	19.9
1800	19.2
1200	17.1
700	15.2
0	10.2

表 9.14 衰竭过程中的累计采收率

参数		油藏压力（psig）						
原始流体每百万立方英尺的累计采收率		地层初始	3428	3000	2400	1800	1200	700
井流量（10^3ft^3）		1000.00	0	90.95	247.02	420.26	596.87	740.19
常温分离①储罐液体（bbl）		131.00	0	7.35	14.83	20.43	25.14	29.25
初级分离气（10^3ft^3）		750.46	0	74.75	211.89	369.22	530.64	666.19
二级气（10^3ft^3）		107.05	0	7.25	16.07	23.76	31.45	32.92
储罐气体（10^3ft^3）		27.25	0	2.02	4.70	7.15	9.69	11.67
初级分离器产气总量（gal）	丙烷（C_3）	801	0	85	249	443	654	876
	丁烷（全部 C_4）	492	0	54	613	295	440	617
	戊烷 +（C_{5+}）	206	0	22	67	120	176	255
二级分离产气总量（gal）	丙烷（C_3）	496	0	35	80	119	161	168
	丁烷（全部 C_4）	394	0	30	69	106	146	153
	戊烷 +（C_{5+}）	164	0	12	29	45	62	65

续表

参数		油藏压力（psig）						
总井流量（gal）	丙烷（C_3）	1617	0	141	374	629	900	1146
	丁烷（全部 C_4）	1648	0	137	352	580	821	1049
	戊烷 +（C_{5+}）	5464	0	321	678	973	1240	1488

①油藏压力低于 1200psig 时，初级分离器从 80°F 和 800psig 下降至 80°F 和 300psig；二级阶段降至 50psig 和 80°F；储油罐降至 0psig 和 60°F。

表 9.15　生产井流体的烃分析—摩尔分数：200°F 下的衰竭研究

组分		油藏压力（psig）						
		3428	3000	2400	1800	1200	700	700①
二氧化碳（CO_2）		1.21	1.24	1.27	1.31	1.33	1.32	0.44
氮气（N_2）		1.94	2.13	2.24	2.27	2.20	2.03	0.14
甲烷（C_1）		65.99	69.78	72.72	73.98	73.68	71.36	12.80
乙烷（C_2）		8.69	8.66	8.63	8.79	9.12	9.66	5.27
丙烷（C_3）		5.91	5.67	5.46	5.38	5.61	6.27	7.12
异丁烷（iC_4）		2.39	2.20	2.01	1.93	2.01	2.40	4.44
正丁烷（nC_4）		2.78	2.54	2.31	2.18	2.27	2.60	5.96
异戊烷（iC_5）		1.57	1.39	1.20	1.09	1.09	1.23	4.76
正戊烷（nC_5）		1.12	0.96	0.82	0.73	0.72	0.84	3.74
己烷（C_6）		1.81	1.43	1.08	0.88	0.83	1.02	8.46
庚烷（C_7）		1.44	1.06	0.73	0.55	0.49	0.60	8.09
辛烷（C_8）		1.50	1.06	0.66	0.44	0.34	0.40	9.72
壬烷（C_9）		1.05	0.69	0.40	0.25	0.18	0.16	7.46
癸烷（C_{10}）		0.73	0.43	0.22	0.12	0.08	0.07	5.58
十一烷（C_{11}）		0.49	0.26	0.12	0.06	0.03	0.02	3.96
十二烷 +（C_{12+}）		1.38	0.50	0.13	0.04	0.02	0.02	12.06
总计		100.00	100.00	100.00	100.00	100.00	100.00	100.00
庚烷 +（C_{7+}）分子质量		140	127	118	111	106	105	148
庚烷 +（C_{7+}）相对密度		0.774	0.761	0.752	0.745	0.740	0.739	0.781
平衡气体压缩因子 Z		0.803	0.798	0.802	0.830	0.877	0.924	
两相		0.803	0.774	0.748	0.730	0.703	0.642	
初始生产井产量累计百分比		0.00	9.095	24.702	42.026	59.687	74.019	
稳定组分 GPM	丙烷 +（C_{3+}）	8.729	6.598	5.159	4.485	4.407	5.043	
	丁烷 +（C_{4+}）	7.112	5.046	3.665	3.013	2.872	3.328	
	戊烷 +（C_5）	5.464	3.535	2.287	1.702	1.507	1.732	

①平衡液相，占原始井流量的 10.762%。

表 9.16 在 200°F 下（注入气—贫气）的溶解度和膨胀实验

混合物编号	累计注入气体（ft/bbl）①	累计注入气体（摩尔分数）②	膨胀体积③	露点压力（psig）
0*	0.0	0.0000	1.0000	3，428
1	190	0.1271	1.1224	3，635
2	572	0.3046	1.3542	4，015
3	1，523	0.5384	1.9248	4，610
4	2，467	0.6538	2.5043	4，880

注：原始油藏流体。

① ft^3/bbl 是指 14.65psia 和 60°F 条件下注入气累计立方英尺比上 3428psig 和 200°F 条件下原始油层流体桶。

②摩尔分数是指注入气累计摩尔分数比上所示混合物总摩尔数。

③膨胀体积是指露点压力和 200°F 条件下所示混合物的桶数比上 3428psig 和 200°F 条件下原始油层流体桶。

（2）用于拟合 PVT 数据的 PVT 研究。

PVT 研究包括：

① C_{7+} 裂解；

②组拟分；

③等组分膨胀和等容衰竭；

④膨胀实验；

⑤地层及分离器条件下组分模型的关键参数。

为提高 PVT 数据拟合的准确性。将重烃 C_{7+} 组分裂解为三个组分，HC_1、HC_2 和 HC_3。表 9.17 中列出了这些组分的摩尔分数、摩尔质量和相对密度。

表 9.17 HC_1、HC_2 和 HC_3

组分	摩尔分数	摩尔质量	比重
HC_1	0.05011	118.44	0.74985
HC_2	0.01340	193.95	0.81023
HC_3	0.00238	295.30	0.86651

使用拟组分方法对组分分组。拟分组的目的是减少组分模拟中需计算的组分数量。表 9.18 给出了这些拟组分的性质。

表 9.18 拟组分

拟组分	P_1	P_2	P_3	P_4	P_5	P_6	P_7
天然组分	C_1, N_2	C_2, CO_2	C_3, C_4	C_5, C_6	HC_1	HC_2	HC_3
摩尔分数	0.67930	0.09900	0.11080	0.04500	0.05011	0.01340	0.00238
摩尔质量	16.38	31.77	50.64	77.78	118.44	193.95	295.30

图 9.3 至图 9.6 中给出了 PVT 数据的详细拟合数据。图 9.3 中给出了 200°F 时储层气体等组分膨胀的压力—体积数据。图 9.4 中给出了等容衰竭过程中的反凝析现象。图 9.5 中给出了等容衰竭过程产生的储层气体中多级表面分离的液体产量。图 9.6 给出了随着贫气注入露点压力增加，储层气体膨胀的结果。实验室数据和 PVT 计算数据具有非常高的一致性。

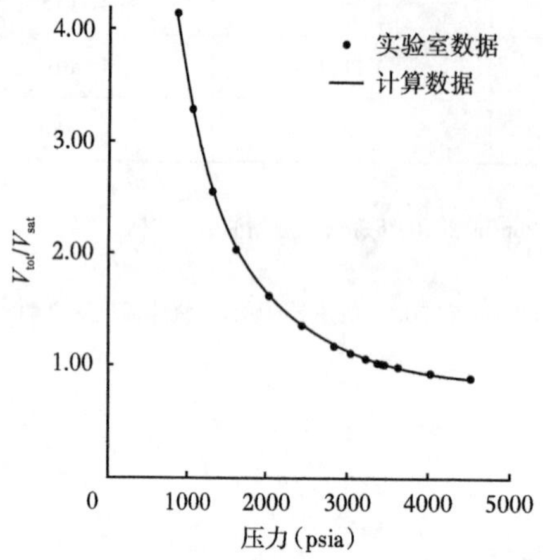

图 9.3　储层流体在 200°F 时的压力—体积关系：等组分膨胀（表 9.7）

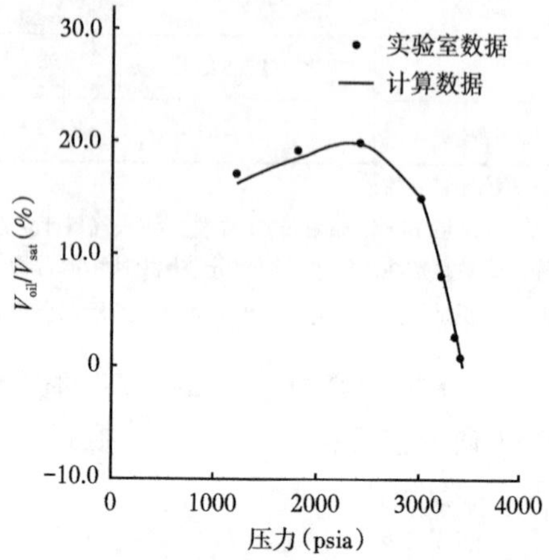

图 9.4　在 200°F 下的等容衰竭过程中的反凝析现象（表 9.13）

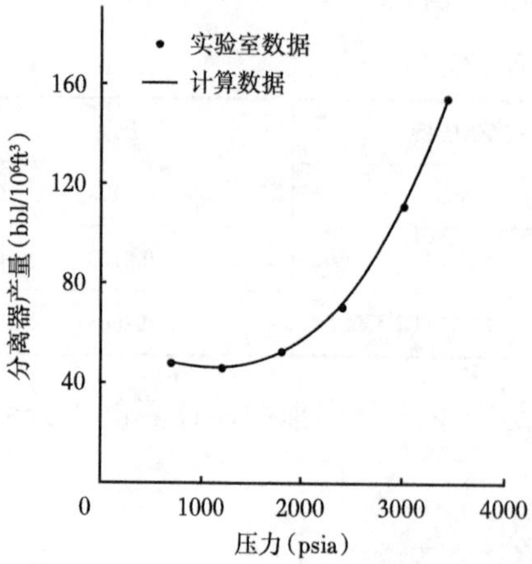

图 9.5　在 200°F 下的等容衰竭过程中的三级分离器产量（表 9.14）

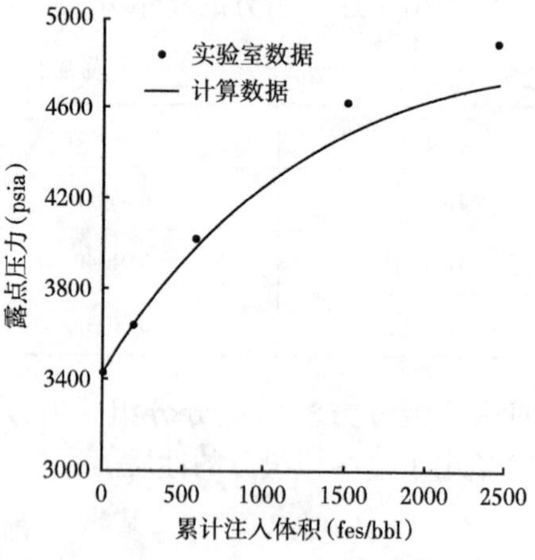

图 9.6　露点压力与 200°F 下膨胀过程中注入贫气累计体积的关系（表 9.16）

最后，表 9.19 至表 9.22 总结了在地层和分离器条件下组分的特征数据和二元相互作用系数。

表 9.19 地层条件下组分的特征数据

拟组分	Z_c	p_c (psia)	T_c (°F)	摩尔质量	离心角度 ω	Ω_a	Ω_b
P_1	0.28968	667.96	-119.11	16.38	0.00891	0.34477208	0.06328161
P_2	0.28385	753.82	90.01	31.77	0.11352	0.52197368	0.09982480
P_3	0.27532	586.26	252.71	50.64	0.17113	0.51497212	0.10747888
P_4	0.26699	469.59	413.50	77.78	0.26910	0.41916871	0.09345540
P_5	0.27164	410.14	605.99	118.44	0.34196	0.48594317	0.07486045
P_6	0.23907	260.33	795.11	193.95	0.51730	0.57058309	0.10120595
P_7	0.22216	183.92	988.26	295.30	0.72755	0.45723552	0.07779607

表 9.20 地层条件下的二元相互作用系数

组分	P_1	P_2	P_3	P_4	P_5	P_6	P_7
P_1	0						
P_2	0.000622	0					
P_3	-0.002471	-0.001540	0				
P_4	0.011418	0.010046	0.002246	0			
P_5	-0.028367	0.010046	0.002246	0	0		
P_6	-0.100000	0.010046	0.002246	0	0	0	
P_7	0.206868	0.010046	0.002246	0	0	0	0

表 9.21 分离器条件下组分的表征数据

拟组分	Z_c	p_c (psia)	T_c (°F)	摩尔质量	离心角度 ω	Ω_a	Ω_b
P_1	0.28968	667.96	-119.11	16.38	0.00891	0.50202385	0.09960379
P_2	0.28385	753.82	90.01	31.77	0.11352	0.45532152	0.08975547
P_3	0.27532	586.26	252.71	50.64	0.17113	0.46923415	0.08221724
P_4	0.26699	469.59	413.50	77.78	0.26910	0.58758251	0.08178213
P_5	0.27164	410.14	605.99	118.44	0.34196	0.55567652	0.06715680
P_6	0.23907	260.33	795.11	193.95	0.51730	0.49997263	0.07695341
P_7	0.22216	183.92	988.26	295.30	0.72755	0.45723552	0.07779607

表 9.22 分离器条件下的二元相互作用系数

组分	P_1	P_2	P_3	P_4	P_5	P_6	P_7
P_1	0						
P_2	0.000622	0					
P_3	-0.002471	-0.001540	0				

续表

组分	P_1	P_2	P_3	P_4	P_5	P_6	P_7
P_4	0.011418	0.010046	0.002246	0			
P_5	0.117508	0.010046	0.002246	0	0		
P_6	0.149871	0.010046	0.002246	0	0	0	
P_7	0.112452	0.010046	0.002246	0	0	0	0

9.4.2 油藏模拟研究

表 9.23 给出了经过多级分离的地层原始流体参数。图 9.7 至图 9.13 给出了所考虑组分模型的模拟结果。在迭代 IMPES 中使用的时间步长大约为 30d（在前几个时间步中时间步长更小一些）。组分模拟器使用 ORTHOMIN Krylov 子空间算法及 ILU 分解预处理子（参见第 5 章）作为线性求解器。

表 9.23 地层原始流体

湿气（10^9ft^3）	干气（10^9ft^3）	地面脱气原油（10^9ft^3）
25.774	23.246	3.450

如前所述，第一种情况是固定流量排出可销售天然气的循环注气，第二种情况是部分天然气销售延期的循环，以维持油藏开发早期地层压力。两种情况下总的天然气销售量相同，不同之处在于前 10 年天然气销售的排出方式（表 9.3）。对于凝析气藏，减少反凝析现象能够减少重烃组分的损失，增加原油产量。

图 9.7 至图 9.10 给出了第一种和第二种情况下的地面脱气原油产量以及最终模拟时长为 15 年的累计产液量。由天然气销售延期产生的地面脱气原油产量增加（第二种情况的油

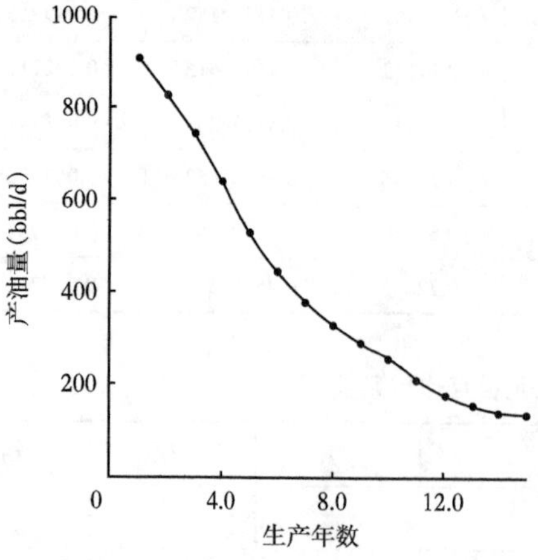

图 9.7 第一种情况下地面脱气原油产量

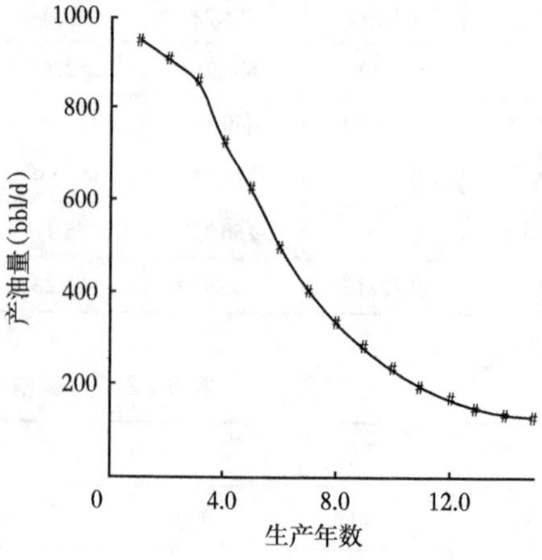

图 9.8 第二种情况下地面脱气原油产量

产量减去第一种情况的油产量）和含油饱和度如图 9.11 至图 9.13 所示。主分离器切换发生在循环阶段（10 年）的后期。预测的地表产油速度与图 9.5 中所示的液体产量预测密切相关。

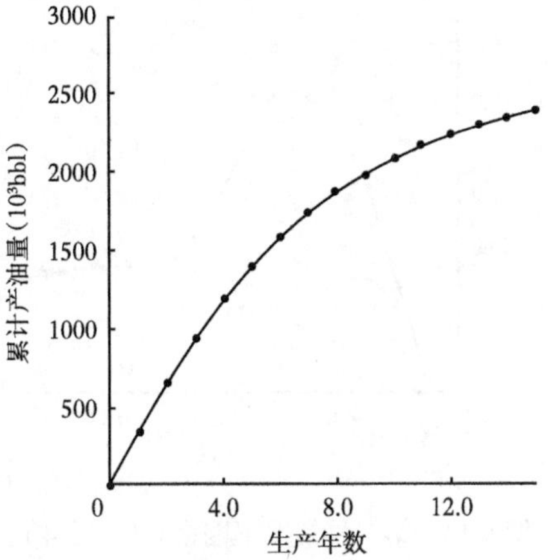

图 9.9 第一种情况下的累计地面脱气原油产量

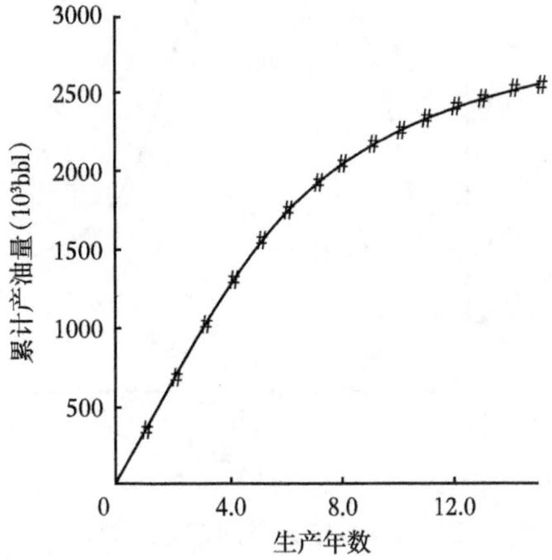

图 9.10 第二种情况下的累计地面脱气原油产量

图 9.11 给出了天然气延期销售导致地面脱气原油产量增加量。在该曲线的峰值处（第 8 年），第二种情况下的累计油产量比第一种情况下的累计储罐油产量多 182×10^3bbl（即增幅为 9.76%）。在最终生产时间（第 15 年）时，增幅降至 159×10^3bbl（增幅为 6.65%）。从注气循环停止后的观测结果可以理解这一现象，液体的产生仅是由于衰竭，且重馏分蒸发成气相产出。

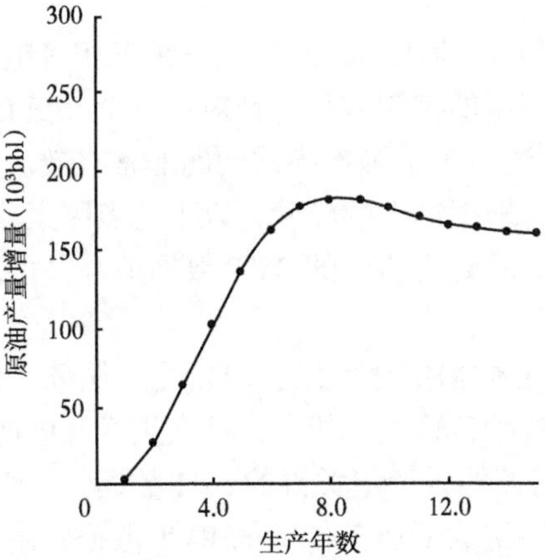

图 9.11 天然气延期销售产生的地面脱气原油产量增加量

（第二种情况下的产量 - 第一种情况下的产量）

图 9.12 和图 9.13 分别给出了这两种情况下网格（7，7，4）的含油饱和度。从这两个数据可以看到第二种情况下的含油饱和度小于第一种情况。这表明第二种情况下的反凝析现象发生率低于第一种情况。

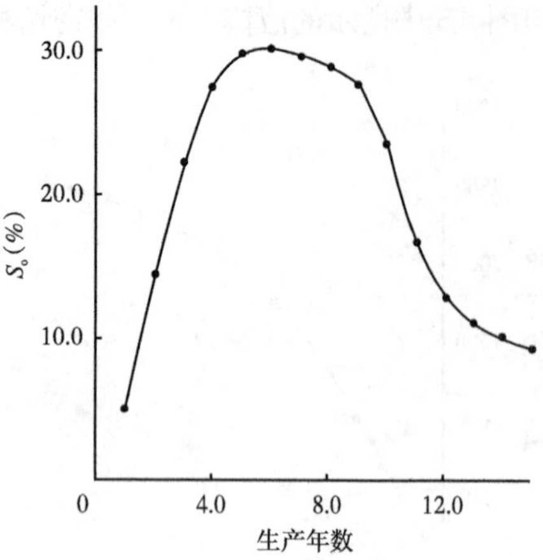

图 9.12　第一种情况下网格（7，7，4）的含油饱和度

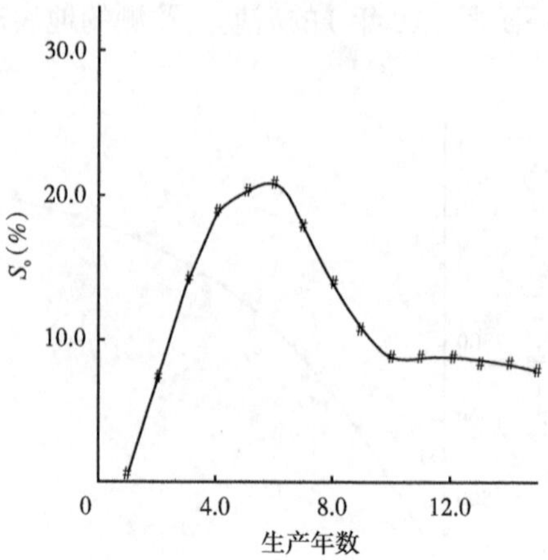

图 9.13　第二种情况下网格（7，7，4）的含油饱和度

图 9.7 至图 9.13 是与九家公司（Kenyon et al.，1987）的对比数值结果，从中看到以上所提出的数值方案效果非常好。地面脱气原油产量和相应的累计产量接近九家公司提供的平均值（Kenyon et al.，1987）。在本节的组分模拟数值方案中，在 Newton-Raphson 迭代中交叉“泡点压力”和“露点压力”的处理非常准确，这使得当流体从三相变为两相时的雅可比矩阵计算非常精确，反之亦然。本节中的方案还利用了精确的后处理技术，检查 Newton-Raphson 迭代后解变量（F，L）与自然变量（S_o，S_g）的一致性。

9.4.3　计算说明

本章将迭代 IMPES 求解方法应用于多孔介质三维三相多组分的组分模拟中。采用线性单元的 CVFE 方法离散组分模型的控制方程。针对第三个 SPE 的标准算例进行了数值试验，结果表明迭代 IMPES 求解方法对于中等规模的问题非常有效。为了使用组分模型准确模拟凝析气藏中的循环注气过程，根据笔者的经验，以下几点因素非常重要。

（1）通过等容衰竭过程中反凝析曲线的 PVT 数据拟合，可以在准确地预测压力降低期间储层油饱和度的变化。

（2）通过膨胀实验的 PVT 数据拟合可以看出，注入循环气体后露点压力的增加会导致热力学平衡中的重烃组分从液相转移到气相中，并在生产井中产出，从而增加产量。

（3）在组分模拟中，有必要输入两组关键的 PVT 数据：一组为高压条件下的 PVT 数据，用于模拟油藏渗流过程，另一组为低压条件下的 PVT 数据，用于模拟分离器过程。提高采收率的效率取决于分离器模拟的准确性。

本节的模拟是在 1 GB 内存的 SGI Power Indigo 上进行的，并且在生产时长 15 年的最终点时，当前组分问题的 CPU 时间约为 39s。

9.5　文献信息

第 9.2.1 节对主要变量的选择遵循 Nolen（1973）以及 Young et al.（1983）。第 9.4 节给

出的数值结果取自 Chen et al.（2005A），其中包含其他数值结果。有关第三个 SPE 标准算例中使用数据的更多信息参见 Kenyon et al.（1987）。

练习

练习 9.1 使用式（9.3）的第二个方程式和式（9.4）、式（9.16）和式（9.21）推导式（9.22），忽略 ρ_α 相对于空间的变化。

练习 9.2 根据第 9.3.2 节引入的 Newton-Raphson 闪蒸计算，计算 $\partial\varphi_{i\alpha}/\partial x_{j\alpha}$，$i,j=1, 2,\cdots,N_c$，$\alpha=o,g$。

练习 9.3 根据第 9.3.2 节中引入的 Newton-Raphson 闪蒸计算，计算 $\partial Z_\alpha/\partial x_{j\alpha}$，$j=1, 2,\cdots,N_c$，$\alpha=o,g$。

练习 9.4 已知三次方程

$$X^3+PX+Q=0$$

证明其三个根为

$$X_1=\sqrt[3]{-\frac{Q}{2}+\sqrt{\left(\frac{Q}{2}\right)^2+\left(\frac{P}{3}\right)^3}}+\sqrt[3]{-\frac{Q}{2}-\sqrt{\left(\frac{Q}{2}\right)^2+\left(\frac{P}{3}\right)^3}}$$

$$X_2=\omega\sqrt[3]{-\frac{Q}{2}+\sqrt{\left(\frac{Q}{2}\right)^2+\left(\frac{P}{3}\right)^3}}+\omega^2\sqrt[3]{-\frac{Q}{2}-\sqrt{\left(\frac{Q}{2}\right)^2+\left(\frac{P}{3}\right)^3}}$$

$$X_3=\omega^2\sqrt[3]{-\frac{Q}{2}+\sqrt{\left(\frac{Q}{2}\right)^2+\left(\frac{P}{3}\right)^3}}+\omega\sqrt[3]{-\frac{Q}{2}-\sqrt{\left(\frac{Q}{2}\right)^2+\left(\frac{P}{3}\right)^3}}$$

练习 9.5 设 X_1，X_2 及 X_3 为练习 9.4 中的三个根，证明它们满足方程（9.54）。

练习 9.6 定义 $Z=X-\frac{B}{3}$，证明方程（9.52）。可转化为方程（9.53），且

$$P=-\frac{B^2}{3}+C,\quad Q=\frac{2B^3}{27}-\frac{BC}{3}+D$$

练习 9.7 证明方程（9.52）的三个根 Z_1, Z_2 及 Z_3 满足：

$$Z_1+Z_2+Z_3=-B,\quad \frac{1}{Z_1}+\frac{1}{Z_2}+\frac{1}{Z_3}=-\frac{C}{D},\quad Z_1Z_2Z_3=-D$$

第 10 章　非等温渗流

第 6 章至第 9 章研究的是等温渗流。本章讨论油藏中的非等温渗流数值模拟。自 20 世纪 70 年代初起，热力采油，尤其是蒸汽驱和蒸汽吞吐，经历了快速的发展。在提高采收率（Enhanced Oil Recovery，EOR）项目中占非常大的比重，近来，蒸汽采油已占到美国 EOR 措施采油总量的近 80%（Lake，1989）。在过去 40 年，热力驱替已在商业上取得了成功。

热力采油存在多种驱替机理，如降黏、蒸馏、混相驱、热膨胀、润湿性改变、裂解以及油水界面张力降低等。对许多应用情况而言，最重要的是随着温度升高，原油黏度降低。实现这一机制的 4 种基本方法是热水驱、蒸汽吞吐、蒸汽驱和火烧油层。以蒸汽吞吐为例，将蒸汽注入井中，然后短时间关井，之后再重新开井生产。

第 10.1 节回顾了非等温渗流的基本微分方程，并简单概述了岩石和流体性质。第 10.2 节将第 8 章的黑油模型 SS 方法进一步推广至非等温渗流问题。第 10.3 节给出了 SPE 第 4 个标准算例的数值模拟结果。最后，第 10.4 节给出了参考文献。

10.1　基本微分方程

多孔介质 Ω 中非等温渗流的控制方程如第 2.9 节所示，质量守恒方程和达西定律与第 9 章讨论的组分模型相同，另外增加一个能量守恒方程。为了便于读者理解，在此对这些方程进行回顾。

控制方程是基于热力采油驱替机理建立的：（1）而原油黏度随着温度升高，而降低；（2）改变相对渗透率，增强原油驱替能力；（3）束缚水蒸发，并考虑轻质组分的混相驱替部分原油蒸发；（4）为保持高储层压力，提高流体和岩石温度。所建立的控制方程可对下列重要的物理因素和过程进行建模分析：

（1）黏度、重力和毛细管压力；

（2）热传导和热对流过程；

（3）储层上覆和下伏围岩的热损失；

（4）各相态间的质量传递；

（5）温度对油、气和水物理性质参数的影响；

（6）岩石压缩和膨胀。

10.1.1　基本方程

假设最多有三相（如水、油和气），N_c 个组分在三相中均可存在，忽略扩散效应。

令 ϕ 和 K 表示多孔介质 $\Omega\subset\mathbf{R}^3$ 的孔隙度和渗透率，S_α、μ_α、p_α、u_α 和 $K_{r\alpha}$ 分别是 α 相（α = w，o，g）的饱和度、黏度、压力、体积速度和相对渗透率。同时，令 $\xi_{i\alpha}$ 表示 α 相中组分 i 的摩尔密度（i=1，2，…，N_c，α=w，o，g）。α 相的摩尔密度可表示为

$$\xi_\alpha = \sum_{i=1}^{N_c} \xi_{i\alpha}, \quad \alpha = \mathrm{w, o, g} \tag{10.1}$$

因此，α 相中组分 i 的摩尔分数为

$$x_{i\alpha} = \xi_{i\alpha} / \xi_\alpha, \quad i = 1, 2, \cdots, N_c, \quad \alpha = \mathrm{w, o, g} \tag{10.2}$$

对各组分，总质量守恒：

$$\frac{\partial}{\partial t} \sum_{\alpha=\mathrm{w}}^{\mathrm{g}} x_{i\alpha} \xi_\alpha S_\alpha + \nabla \cdot \sum_{\alpha=w}^{g} x_{i\alpha} \xi_\alpha \boldsymbol{u}_\alpha = \sum_{\alpha=\mathrm{w}}^{\mathrm{g}} x_{i\alpha} q_\alpha, \quad i = 1, \cdots, N_c \tag{10.3}$$

其中，q_α 为井中 α 相的流量。

在式（10.3）中，体积速度 $\boldsymbol{u}_\alpha$ 由达西定律计算：

$$\boldsymbol{u}_\alpha = -\frac{K_{\mathrm{r}\alpha}}{\mu_\alpha} K(\nabla p_\alpha - \rho_\alpha g \nabla z), \ \alpha = \mathrm{w, o, g} \tag{10.4}$$

其中，ρ_α 为 α 相的质量密度，g 是重力加速度，z 是深度。

能量守恒方程为

$$\frac{\partial}{\partial t}\left[\phi \sum_{\alpha=\mathrm{w}}^{\mathrm{g}} \rho_\alpha S_\alpha U_\alpha + (1-\phi)\rho_{\mathrm{s}} C_{\mathrm{s}} T\right] + \nabla \cdot \sum_{\alpha=\mathrm{w}}^{\mathrm{g}} \rho_\alpha \boldsymbol{u}_\alpha H_\alpha - \nabla \cdot (k_{\mathrm{T}} \nabla T) = q_{\mathrm{c}} - q_{\mathrm{L}} \tag{10.5}$$

其中，T 为温度，U_α 和 H_α 分别为 α 相（单位质量）的比内能和焓，ρ_{s} 和 C_{s} 是固相的密度和比热容，k_{T} 为总导热系数，q_{c} 为热源项，q_{L} 是向上覆和下伏地层的热损失。

式（10.5）中 α 相的比内能 U_α 和焓 H_α，分别为

$$U_\alpha = C_{V\alpha} T, \ H_\alpha = C_{p\alpha} T$$

其中，$C_{\mathrm{V}\alpha}$ 和 $C_{p\alpha}$ 分别代表恒容和恒压下 α 相的热容。

除了微分方程式（10.3）至式（10.5）外，还存在代数约束。摩尔分数平衡：

$$\sum_{i=1}^{N_c} x_{i\alpha} = 1, \ \alpha = \mathrm{w, o, g} \tag{10.6}$$

而在输运过程中，饱和度约束为

$$S_{\mathrm{w}} + S_{\mathrm{o}} + S_{\mathrm{g}} = 1 \tag{10.7}$$

最后，各相压力与毛细管压力关系为

$$p_{\mathrm{cow}} = p_{\mathrm{o}} - p_w, \quad p_{\mathrm{cgo}} = p_{\mathrm{g}} - p_{\mathrm{o}} \tag{10.8}$$

油气组分在各相中的质量分布平衡关系为

$$\begin{aligned} f_{i\mathrm{w}}\left(p_{\mathrm{w}}, T, x_{1\mathrm{w}}, x_{2\mathrm{w}}, \cdots, x_{N_c\mathrm{w}}\right) &= f_{i\mathrm{o}}\left(p_{\mathrm{o}}, T, x_{1\mathrm{o}}, x_{2\mathrm{o}}, \cdots, x_{N_c\mathrm{o}}\right) \\ f_{i\mathrm{o}}\left(p_{\mathrm{o}}, T, x_{1\mathrm{o}}, x_{2\mathrm{o}}, \cdots, x_{N_c\mathrm{o}}\right) &= f_{i\mathrm{g}}\left(p_{\mathrm{g}}, T, x_{1\mathrm{g}}, x_{2\mathrm{g}}, \cdots, x_{N_c\mathrm{g}}\right) \end{aligned} \tag{10.9}$$

其中，$f_{i\alpha}$ 为 α 相第 i 个组分的逸度函数（参见第 3.2.5 节），$i=1, 2, \cdots, N_c$，$\alpha=\mathrm{w, o, g}$。

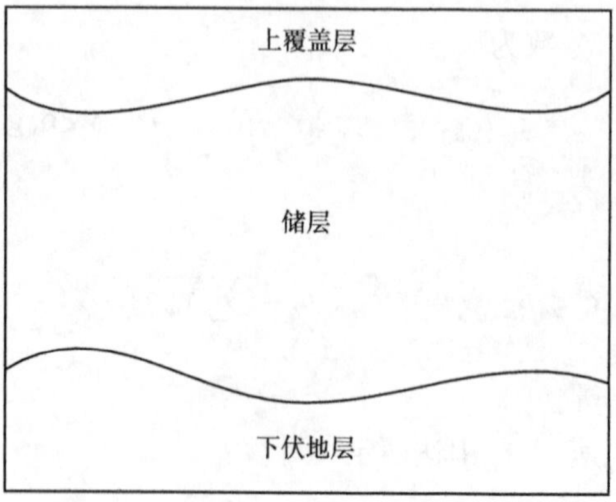

图 10.1　储层、上覆盖层和下伏地层

在热力采油中，热量会散失到与储层相邻的地层，或者说上覆盖层和下伏岩层，这包括在式（10.5）的 q_L 项中。假设上覆盖层和下伏岩层沿 x_3 轴（垂向）的正方向和负方向无限延伸，如图 10.1 所示。如果上覆盖层和下伏岩层为非渗透地层，则热量传递完全通过热传导实现。设所有流体速度和对流通量设为零，则能量守恒方程式（10.5）可简化为

$$\frac{\partial}{\partial t}\left(\rho_{\mathrm{ob}} C_{p,\mathrm{ob}} T_{\mathrm{ob}}\right)=\nabla \cdot\left(k_{\mathrm{ob}} \nabla T_{\mathrm{ob}}\right) \tag{10.10}$$

其中，下标 ob 表示该变量与上覆盖层有关，$C_{p,\mathrm{ob}}$ 为定压条件下的热容。
初始条件是上覆盖层原始温度 $T_{\mathrm{ob},0}$：

$$T_{\mathrm{ob}}(x, 0)=T_{\mathrm{ob},0}(x)$$

储层顶部的边界条件是：

$$T_{\mathrm{ob}}\left(x_1, x_2, x_3, t\right)=T\left(x_1, x_2, x_3, t\right)$$

当 $x_3=\infty$ 时，给定 T_{ob}：

$$T_{\mathrm{ob}}\left(x_1, x_2, \infty, t\right)=T_{\infty}$$

在其他边界，采用非渗透边界条件：

$$k_{\mathrm{ob}} \nabla T_{\mathrm{ob}} \cdot \boldsymbol{v}=0$$

其中，$\boldsymbol{v}$ 代表这些边界的外单位法向向量。现在，上覆盖层的热损失率可由 $k_{\mathrm{ob}} \nabla T_{\mathrm{ob}} \cdot \boldsymbol{v}$ 计算，式中 $\boldsymbol{v}$ 为上覆盖层和储层交界面（指向上覆盖层）的单位法向量。

对于下伏岩层，热传导方程为

$$\frac{\partial}{\partial t}\left(\rho_{\mathrm{ub}} C_{p,\mathrm{ub}} T_{\mathrm{ub}}\right)=\nabla \cdot\left(k_{\mathrm{ub}} \nabla T_{\mathrm{ub}}\right) \tag{10.11}$$

初始条件和边界条件与上覆盖层情况类似。

式(10.3)至式(10.9)为 $3N_c+10$ 个因变量提供了 $3N_c+10$ 个独立方程(微分方程或者代数方程),这些变量分别是:$x_{i\alpha}$、$\boldsymbol{u}_\alpha$、p_α,T 和 S_α,$\alpha=\mathrm{w,o,g}$,$i=1,2,\cdots,N_c$。如果将式(10.10)和式(10.11)包括进去,则又增加两个未知量 T_{ob} 和 T_{ub}。在适当的初始条件和边界条件下,对这些未知量,该偏微分方程组是封闭的。

10.1.2 岩石性质

非等温渗流与等温黑油模型和组分模型的岩石性质类似,只是现在这些性质与温度相关(参见第 3.3 节)。特别地毛细管压力形式为

$$p_{cw}(S_w,T)=p_w-p_o,\quad p_{cg}(S_g,T)=p_g-p_o \tag{10.12}$$

其中,$p_{cw}=-p_{cow}$,且 $p_{cg}=p_{cgo}$。为了符号上使用方便,设 $p_{co}=0$。

类似地,水、油和气的相对渗透率为

$$\begin{aligned}
&K_{rw}=K_{rw}(S_w,T),\ K_{row}=K_{row}(S_w,T)\\
&K_{rg}=K_{rg}(S_g,T),\ K_{rog}=K_{rog}(S_g,T)\\
&K_{ro}=K_{ro}(S_w,S_g,T)
\end{aligned} \tag{10.13}$$

可采用 Stone 模型(参见第 3.1.2 节)计算油相相对渗透率 K_{ro}。

例如,水—油系统的相对渗透率函数 K_{rw} 和 K_{row} 可定义为

$$\begin{aligned}
K_{rw}&=K_{rwro}^{(T)}\left[\frac{S_w-S_{wir}(T)}{1-S_{orw}(T)-S_{wir}(T)}\right]^{nw}\\
K_{row}&=K_{rocw}^{(T)}\left[\frac{1-S_w-S_{orw}(T)}{1-S_{orw}(T)-S_{wc}(T)}\right]^{now}
\end{aligned} \tag{10.14}$$

对于气—油系统,K_{rg} 和 K_{rog} 为

$$\begin{aligned}
K_{rg}&=K_{rgro}(T)\left(\frac{S_g-S_{gr}^*}{1-S_{wc}(T)-S_{oinit}-S_{gr}^*}\right)^{ng}\\
K_{rog}&=K_{rocw}(T)\left(\frac{1-S_g-S_{wc}(T)-S_{org}(T)}{1-S_{wc}(T)-S_{org}(T)}\right)^{nog}
\end{aligned} \tag{10.15}$$

其中 nw、now、ng 和 nog 为实验室测得的非负实数;S_{wc}、S_{wir}、S_{orw}、S_{org} 和 S_{gr}^* 分别是束缚水饱和度、原生水饱和度、水—油系统残余油饱和度,气—油系统残余油饱和度,以及残余气饱和度。K_{rwro}、K_{rocw} 和 K_{rgro} 分别为水—油系统在残余油饱和度条件下的水相相对渗透率,束缚水饱和度条件下的油相相对渗透率以及水—油体系残余油饱和度条件下的气相相对渗透率。S_{oinit} 是气—油系统的初始原油饱和度。

最后,对于岩石性质,必须考虑储层、上覆盖层和下伏岩层的导热系数和热容。

10.1.3 流体性质

可利用第 3.2.5 节讨论的状态方程计算式(10.9)定义的逸度函数 $f_{i\alpha}$。但是,由于非等温渗流的复杂性,通常采用平衡 K 值法描述平衡关系(参见第 3.2.5 节):

$$x_{iw}=K_{iw}(p,T)x_{io},\quad x_{ig}=K_{ig}(p,T)x_{io},\quad i=1,2,\cdots,N_c \tag{10.16}$$

例如，可采用如下经验公式计算 K 值法中的 $K_{i\alpha}$：

$$K_{i\alpha}=\left(\kappa_{i\alpha}^1+\frac{\kappa_{i\alpha}^2}{p}+\kappa_{i\alpha}^3 p\right)\exp\left(-\frac{\kappa_{i\alpha}^4}{T-\kappa_{i\alpha}^5}\right) \tag{10.17}$$

其中，$\kappa_i^{\alpha j}$ 为常数，由实验获得，$i=1,2,\cdots,N_c$，$j=1,2,3,4,5$，$\alpha=w,g$。p 和 T 分别为压力和温度。为了符号使用方便，设 $K_{io}=1$，$i=1,2,\cdots,N_c$。

（1）水的性质。

水和蒸汽的物理性质，如密度、内能、焓和黏度等，可由水—蒸汽表（Lake，1989）获得。表中数据根据独立变量压力和温度给出。三相共存时，储层处于饱和状态。此时，存在自由气，温度和压力相关，因此仅有一个用作自变量。

（2）原油性质。

尽管本章考虑的非等温多相多组分渗流微分系统可处理任意数目的油气组分，但随着组分数量增加，计算量和计算时间都大幅度增长。通常，将几个相似的组分组合为一个数学组分（参见第 9.4.1 节）。在实际应用中，可以模拟较少的组分（或拟组分）。

油相是油气组分混合物，这些组分包括从最轻质的甲烷（CH_4）组分到最重质的沥青。如上文所述，引入拟组分的概念，可以减少组分的数量。根据各个拟组分的组成，可推导其物理性质，如拟分子量（可能不是常数）、临界压力和温度、压缩系数、密度、黏度、热膨胀系数和比热。这些性质都是温度和压力的函数。

油相和气相黏度与温度的关系是最重要的性质：

$$\mu_{io}=\exp\left(a_1T^{b_1}\right)+c_1,\quad \mu_{ig}=a_2T^{b_2}$$

其中，T 为绝对温度，a_1、b_1、c_1、a_2 和 b_2 是试验获得的经验参数，μ_{io} 和 μ_{ig} 分别为油相和气相中第 i 个组分的黏度。

10.2 求解方法

在非等温渗流模拟中，必须求解 3 个部分：油藏、上覆盖层和下伏岩层。由于储层和上覆盖层、下伏岩层之间的弱耦合，这 3 个部分的方程可以解耦，即顺序求解。在油藏区域，可应用第 8 章介绍的 IMPES 法、顺序法和联立求解法。在非等温条件下，由于控制方程存在显著的非线性和耦合性，压力和温度大幅度变化，油相和气相间质量和能量传递频繁，因此对油藏系统采用逐次代入法。上覆盖层和下伏岩层的热传导方程较为简单，时间上可采用全隐式求解。

10.2.1 主变量选择

如前所述，式（10.3）至式（10.9）构成了一个强耦合系统，包含 $3N_c+10$ 个未知量的偏微分方程组和代数约束系统。尽管因变量的数量和方程数量相同，但整个系统可以改写为某些主变量的方程组，其他变量可由这些主变量求得。

（1）欠饱和状态。

如第 8.1.4 节所述，如果三相共存，则油藏处于饱和状态。当所有的气体都溶解在油相中（即不存在自由气，$S_g=0$），油藏处于欠饱和状态。主未知量取决于油藏状态。

引入势：

$$\Phi_\alpha = p_\alpha - \rho_\alpha gz,\ \ \alpha = \mathrm{w, o, g} \tag{10.18}$$

同时，定义传导率：

$$\begin{aligned} T_\alpha &= \frac{\rho_\alpha K_{r\alpha}}{\mu_\alpha}\boldsymbol{k} \\ T_{i\alpha} &= \frac{x_{i\alpha}\xi_\alpha K_{r\alpha}}{\mu_\alpha}\boldsymbol{k},\ \ i=1,2,\cdots,N_c,\ \ \alpha = \mathrm{w,o,g} \end{aligned} \tag{10.19}$$

总摩尔分数：

$$x_i = \sum_{\alpha=\mathrm{w}}^{\mathrm{g}} x_{i\alpha},\ \ i=1,2,\cdots,N_c \tag{10.20}$$

由式（10.16），则方程（10.20）变为

$$x_{i\mathrm{o}} = \frac{1}{K_{i\mathrm{wog}}(p,T)}x_i,\ \ i=1,2,\cdots,N_c \tag{10.21}$$

其中，$K_{i\mathrm{wog}}(p,T) = K_{i\mathrm{w}} + 1 + K_{i\mathrm{g}}$。

如此，可以得到

$$x_{i\mathrm{w}} = \frac{K_{i\mathrm{w}}}{K_{i\mathrm{wog}}}x_i,\ \ x_{i\mathrm{g}} = \frac{K_{i\mathrm{g}}}{K_{i\mathrm{wog}}}x_i,\ \ i=1,2,\cdots,N_c \tag{10.22}$$

因此，x_i 应该作为主未知量，$i=1, 2, \cdots, N_c$。从式（10.6）可以看出，仅有 N_c-2 个未知量是独立的。所以，在欠饱和状态下，选择（p，S，x_1，x_2，$\cdots$,x_{N_c-2}，T）为主未知量，其中 $p=p_o$，$S=S_w$。这些未知量的微分系统由 N_c 个组分的质量守恒方程式（10.23）（参见练习 10.1）和能量守恒方程式（10.24）组成：

$$\frac{\partial(\phi F_i x_i)}{\partial t} = \sum_{\alpha=\mathrm{w}}^{g}\nabla\cdot(T_{i\alpha}\nabla\Phi_\alpha) + \sum_{\alpha=w}^{g} x_{i\alpha}q_\alpha,\ \ i=1,2,\cdots,N_c \tag{10.23}$$

$$\frac{\partial}{\partial t}\left[\phi\sum_{\alpha=\mathrm{w}}^{g}\rho_\alpha S_\alpha C_{\mathrm{v}\alpha}T + (1-\phi)\rho_s C_s T\right] - \nabla\cdot\sum_{\alpha=\mathrm{w}}^{g} C_{p\alpha}TT_\alpha\nabla\Phi_\alpha - \nabla\cdot(k_T\nabla T) = q_c - q_L \tag{10.24}$$

其中，$F_i = \sum_{\alpha=\mathrm{w}}^{\mathrm{g}}\frac{K_{i\alpha}}{K_{i\mathrm{wog}}}\xi_\alpha S_\alpha$。

（2）饱和状态。

饱和状态下存在自由气。压力 p 和温度 T 相关，具体关系见饱和蒸气表，因此两者仅有一个作为主未知量。在这种情况下，选择（ρ，S_w，S_0，x_1，x_2，$\cdots$，x_{N_c-2}）作为主未知

量，其中 $p=p_o$。该微分方程组由 N_c 个组分质量守恒方程（10.23）和能量守恒方程（10.24）组成。

10.2.2 联立求解法

令 $n>0$（整数）表示时间步。对任意时间的函数 $\boldsymbol{v}$，用 $\bar{\delta}v$ 表示前向时间增量，$\bar{\delta}v=v^{n+1}-v^n$。式（10.23）和式（10.24）组成的方程组的时间近似为（$i=1,2,\cdots,N_c$）

$$
\begin{aligned}
&\frac{1}{\Delta t}\bar{\delta}\left(\phi F_i x_i\right)=\sum_{\alpha=w}^{g}\nabla\cdot\left(\boldsymbol{T}_{i\alpha}^{n+1}\nabla\Phi_\alpha^{n+1}\right)+\sum_{\alpha=w}^{g}x_{i\alpha}^{n+1}q_\alpha^{n+1},\\
&\frac{1}{\Delta t}\bar{\delta}\left[\phi\sum_{\alpha=w}^{g}\rho_\alpha S_\alpha C_{V\alpha}T+(1-\phi)\rho_s C_s T\right]\\
&-\nabla\sum_{\alpha=w}^{g}\tilde{\boldsymbol{T}}_\alpha^{n+1}\nabla\Phi_\alpha^{n+1}-\nabla\cdot\left(k_T^{n+1}\nabla T^{n+1}\right)=q_c^{n+1}-q_L^{n+1}
\end{aligned}
\tag{10.25}
$$

其中 $\Delta t=t^{n+1}-t^n$，$\tilde{\boldsymbol{T}}_\alpha^{n+1}=C_{p\alpha}^{n+1}T^{n+1}\boldsymbol{T}_\alpha^{n+1}$。

因为关于主未知量的式（10.25）是非线性的，所以可采用第 8.2.1 节介绍的 Newton-Raphson 迭代线性化。对通用时间函数 v，设

$$v^{n+1,l+1}=v^{n+1,l}+\delta v$$

其中 l 为 Newton-Raphson 迭代次数，δv 是迭代步增量。

在不会产生歧义的情况下，分别用 v^{l+1} 和 v^l 替换 $v^{n+1,l+1}$ 和 $v^{n+1,l}$（即省略上标 $n+1$）。注意 $v^{n+1}\approx v^{l+1}=v^l+\delta v$，因此 $\bar{\delta}v\approx v^l-v^n+\delta v$。将该近似代入式（10.25），对 $i=1,2\cdots,N_c$，有

$$
\begin{aligned}
&\frac{1}{\Delta t}\left[\left(\phi F_i x_i\right)^l-\left(\phi F_i x_i\right)^n+\delta\left(\phi F_i x_i\right)\right]=\sum_{\alpha=w}^{g}\nabla\cdot\left(T_{i\alpha}^{n+1}\nabla\Phi_\alpha^{n+1}\right)+\sum_{\alpha=w}^{g}x_{i\alpha}^{n+1}q_\alpha^{n+1},\\
&\frac{1}{\Delta t}\left[\left(\phi\sum_{\alpha=w}^{g}\rho_\alpha S_\alpha C_{V\alpha}T+(1-\phi)\rho_s C_s T\right)^l-\left(\phi\sum_{\alpha=w}^{g}\rho_\alpha S_\alpha C_{V\alpha}T+(1-\phi)\rho_s C_s T\right)^n\right.\\
&\left.+\delta\left(\phi\sum_{\alpha=w}^{g}\rho_\alpha S_\alpha C_{V\alpha}T+(1-\phi)\rho_s C_s T\right)\right]\\
&-\nabla\sum_{\alpha=w}^{g}\tilde{T}_\alpha^{l+1}\nabla\Phi_\alpha^{l+1}-\nabla\cdot\left(k_T^{l+1}\nabla T^{l+1}\right)=q_c^{l+1}-q_L^{l+1}
\end{aligned}
\tag{10.26}
$$

（1）欠饱和状态。

根据主变量展开式（10.26）的左右边两边。注意到毛细管压力 $p_{c\alpha}$ 和相对渗透率 $k_{r\alpha}$ 是饱和度和温度的已知函数，而黏度 μ_α、摩尔密度 ξ_α 和质量密度 ρ_α 是各自对应的相压力、组分和温度的函数，$\alpha=w,o,g$。

对第 i 组分的渗流方程，有

$$\delta\left(\phi F_i x_i\right)=c_{ip}\delta p+c_{iS}\delta S+\sum_{j=1}^{N_c-2}c_{ix_j}\delta x_j+c_{iT}\delta T,\quad i=1,2,\cdots,N_c \tag{10.27}$$

其中，$c_{i\xi}=\left[\dfrac{\partial(\phi F_i x_i)}{\partial\xi}\right]^l$，$\xi=p,S,x_j,T$。

对能量守恒方程，有：

$$\delta\left[\phi\sum_{\alpha=\mathrm{w}}^{\mathrm{g}}\rho_\alpha S_\alpha C_{V\alpha}T+(1-\phi)\rho_{\mathrm{s}}C_{\mathrm{s}}T\right]=c_{Ep}\delta p+c_{ES}\delta S+\sum_{j=1}^{N_{\mathrm{c}}-2}c_{Ex_j}\delta x_j+C_{ET}\delta T \tag{10.28}$$

其中，$c_{E\xi}=\left\{\dfrac{\partial}{\partial\xi}\left[\phi\sum_{\alpha=\mathrm{w}}^{\mathrm{o}}\rho_\alpha S_\alpha C_{V\alpha}T+(1-\phi)\rho_s C_s T\right]\right\}^l$，$\xi=p,S,x_j,T$。

在欠饱和状态下，$\delta S_{\mathrm{o}}=-\delta S$，$\delta S_{\mathrm{g}}=0$。

在 SS 方法中，可用下式求解各相的势和传导率：

$$\Phi_\alpha^{l+1}=p^{l+1}+p_{\mathrm{c}\alpha}^{l+1}-p_\alpha^{l+1}gz,\quad \alpha=\mathrm{w,o,g}$$

$$\boldsymbol{T}_\alpha^{l+1}=\frac{\rho_\alpha^{l+1}K_{\mathrm{r}\alpha}^{l+1}}{\mu_\alpha^{l+1}}\boldsymbol{k},$$

$$\boldsymbol{T}_{\mathrm{i}\alpha}^{l+1}=\frac{x_{i\alpha}^{l+1}\xi_\alpha^{l+1}K_{\mathrm{r}\alpha}^{l+1}}{\mu_\alpha^{l+1}}\boldsymbol{k},\quad i=1,2,\cdots,N_{\mathrm{c}},\quad \alpha=\mathrm{w,o,g}$$

因此，可以得到

$$\Phi_\alpha^{l+1}=\Phi_\alpha^l+d_{\alpha p}\delta p+d_{\alpha S}\delta S+\sum_{j=1}^{N_{\mathrm{c}}-2}d_{\alpha x_j}\delta x_j+d_{\alpha T}\delta T \tag{10.29}$$

其中，$d_{\alpha\xi}=\left(\dfrac{\partial\Phi_\alpha}{\partial\xi}\right)^l$，$\xi=p,S,x_j,T$，$\alpha=\mathrm{w,o,g}$。

类似地，传导率方程展开为

$$\begin{aligned}
\tilde{\boldsymbol{T}}_\alpha^{l+1}&=\tilde{\boldsymbol{T}}_\alpha^l+\tilde{\boldsymbol{E}}_{\alpha p}\delta p+\tilde{\boldsymbol{E}}_{\alpha S}\delta S+\sum_{j=1}^{N_{\mathrm{c}}-2}\tilde{\boldsymbol{E}}_{\alpha x_j}\delta x_j+\tilde{\boldsymbol{E}}_{\alpha T}\delta T\\
\boldsymbol{T}_{\mathrm{i}\alpha}^{l+1}&=\boldsymbol{T}_{\mathrm{i}\alpha}^l+\boldsymbol{E}_{i\alpha p}\delta p+\boldsymbol{E}_{i\alpha S}\delta S+\sum_{j=1}^{N_{\mathrm{c}}-2}\boldsymbol{E}_{i\alpha x_j}\delta x_j+\boldsymbol{E}_{i\alpha T}\delta T
\end{aligned} \tag{10.30}$$

其中，对 $i=1,2,\cdots,N_{\mathrm{c}}$，$\alpha=\mathrm{w,o,g}$，有

$$\tilde{\boldsymbol{E}}_{\alpha\xi}=\left(\frac{\partial\tilde{\boldsymbol{T}}_\alpha}{\partial\xi}\right)^l,\quad \boldsymbol{E}_{i\alpha\xi}=\left(\frac{\partial\boldsymbol{T}_{i\alpha}}{\partial\xi}\right)^l,\quad \xi=p,S,x_j,T$$

正如第 8 章中的黑油模型，源（汇）项 q_α^{l+1} 可展开为

$$\sum_{\alpha=w}^{\mathrm{g}}x_{i\alpha}^{l+1}q_\alpha^{l+1}=\sum_{\alpha=w}^{\mathrm{g}}\left[x_{i\alpha}^l q_\alpha^l+q_\alpha\left(\delta p,\delta p_{\mathrm{bh}},\delta S,\delta x_1,\delta x_2,\cdots,\delta x_{N_{\mathrm{c}}-2},T\right)\right] \tag{10.31}$$

其中，p_{bh} 为井底压力，如果该压力给定，则 $\delta p_{\mathrm{bh}}=0$。

将式（10.27）至式（10.31）代入式（10.26），忽略增量的高次项，则可得到欠饱和状态情况下第 n+1 时间步第 l+1 次 Newton-Rophson 迭代，以主未知量增量表示的微分系统（参

见练习 10.2）如下，式中 $i=1,2,\cdots,N_c$：

$$\begin{aligned}
&\frac{1}{\Delta t}\left[(\phi F_i x_i)^l-(\phi F_i x_i)^n+c_{ip}\delta p+c_{iS}\delta S+\sum_{j=1}^{N_c-2}c_{ix_j}\delta x_j+c_{iT}\delta T\right]\\
&=\sum_{\alpha=w}^{g}\nabla\cdot\left[\boldsymbol{T}_{i\alpha}^l\nabla\left(\Phi_\alpha^l+d_{\alpha p}\delta p+d_{\alpha S}\delta S+\sum_{j=1}^{N_c-2}d_{\alpha x_j}\delta x_j+d_{\alpha T}\delta T\right)\right.\\
&\left.+\left(\boldsymbol{E}_{i\alpha p}\delta p+\boldsymbol{E}_{i\alpha S}\delta S+\sum_{j=1}^{N_c-2}\boldsymbol{E}_{i\alpha x_j}\delta x_j+\boldsymbol{E}_{i\alpha T}\delta T\right)\nabla\Phi_\alpha^l\right]\\
&+\sum_{\alpha=w}^{g}\left[x_{i\alpha}^l q_\alpha^l+q_\alpha\left(\delta p,\delta p_{bh},\delta S,\delta x_1,\delta x_2,\cdots,\delta x_{N_c-2},T\right)\right],\\
&\frac{1}{\Delta t}\left\{\left[\phi\sum_{\alpha=w}^{g}\rho_\alpha S_\alpha C_{V\alpha}T+(1-\phi)\rho_s C_s T\right]^l-\left[\phi\sum_{\alpha=w}^{g}\rho_\alpha S_\alpha C_{V\alpha}T+(1-\phi)\rho_s C_s T\right]^n\right.\\
&\left.+c_{Ep}\delta p+c_{ES}\delta S+\sum_{j=1}^{N_c-2}C_{Ex_j}\delta x_j+c_{ET}\delta T\right\}\\
&-\nabla\cdot\sum_{\alpha=w}^{g}\left[\tilde{\boldsymbol{T}}_\alpha^l\nabla\left(\Phi_\alpha^l+d_{\alpha p}\delta p+d_{\alpha S}\delta S+\sum_{j=1}^{N_c-2}d_{\alpha x_j}\delta x_j+d_{\alpha T}\delta T\right)\right.\\
&\left.+\left(\tilde{\boldsymbol{E}}_{\alpha p}\delta p+\tilde{\boldsymbol{E}}_{\alpha S}\delta S+\sum_{j=1}^{N_c-2}\tilde{\boldsymbol{E}}_{\alpha x_j}\delta x_j+\tilde{\boldsymbol{E}}_{\alpha T}\delta T\right)\nabla\Phi_\alpha^l\right]\\
&-\nabla\cdot\left[k_T^{l+1}\nabla\left(T^l+\delta T\right)\right]=q_c^{l+1}-q_L^{l+1}
\end{aligned}\tag{10.32}$$

对于主变量增量该方程组是线性的。Newton-Raphson 迭代以主变量在迭代过程中的最大变化为约束，并根据全部时间步的最大变化，自动确定时间步长（参见第 8.2.2 节）。

（2）饱和状态。

在饱和状态下，主未知量为 p、S_w、S_o 和 x_i，$i=1,2,\cdots,N_c-2$。在这种情况下，第 i 个组分的渗流方程为（$i=1,2,\cdots,N_c$）：

$$\delta(\phi F_i x_i)=c_{ip}\delta p+c_{iS_w}\delta S_w+c_{iS_o}\delta S_o+\sum_{j=1}^{N_c-2}c_{ix_j}\delta x_j\tag{10.33}$$

其中，$c_{i\xi}=\left[\dfrac{\partial(\phi F_i x_i)}{\partial\xi}\right]^l$，$\xi=p,S_w,S_o,x_j$。

类似地，对能量守恒方程，有

$$\delta\left[\phi\sum_{\alpha=w}^{g}\rho_\alpha S_\alpha C_{V\alpha}T+(1-\phi)\rho_s C_s T\right]=c_{Ep}\delta p+c_{ES_w}\delta S_w+c_{ES_o}\delta S_o+\sum_{j=1}^{N_c-2}c_{Ex_j}\delta x_j\tag{10.34}$$

其中，对 $\xi=p,S_w,S_o,x_j$，有

$$c_{E\xi}=\left\{\frac{\partial}{\partial\xi}\left[\phi\sum_{\alpha=w}^{g}\rho_\alpha S_\alpha C_{V\alpha}T+(1-\phi)\rho_s C_s T\right]\right\}^l$$

在饱和状态下，$\delta S_{\mathrm{g}}=-\delta S_{\mathrm{w}}-\delta S_{\mathrm{o}}$。

各相的势展开为

$$\Phi_{\alpha}^{l+1}=\Phi_{\alpha}^{l}+d_{\alpha p}\delta p+d_{\alpha S_{\mathrm{w}}}\delta S_{\mathrm{w}}+d_{\alpha S_{\mathrm{o}}}\delta S_{\mathrm{o}}+\sum_{j=1}^{N_{\mathrm{c}}-2}d_{\alpha x_j}\delta x_j \tag{10.35}$$

其中，$d_{\alpha\xi}=\left(\dfrac{\partial\Phi_{\alpha}}{\partial\xi}\right)^{l}$，$\xi=p,S_{\mathrm{w}},S_{\mathrm{o}},x_j$，$\alpha=\mathrm{w,o,g}$

传导率由下式计算：

$$\begin{aligned}\tilde{\boldsymbol{T}}_{\alpha}^{l+1}&=\tilde{\boldsymbol{T}}_{\alpha}^{l}+\tilde{\boldsymbol{E}}_{\alpha p}\delta p+\tilde{\boldsymbol{E}}_{\alpha S_{\mathrm{w}}}\delta S_{\mathrm{w}}+\tilde{\boldsymbol{E}}_{\alpha S_{\mathrm{o}}}\delta S_{\mathrm{o}}+\sum_{j=1}^{N_{\mathrm{c}}-2}\tilde{\boldsymbol{E}}_{\alpha x_j}\delta x_j\\ \boldsymbol{T}_{i\alpha}^{l+1}&=\boldsymbol{T}_{i\alpha}^{l}+\boldsymbol{E}_{i\alpha p}\delta p+\boldsymbol{E}_{i\alpha S_{\mathrm{w}}}\delta S_{\mathrm{w}}+\boldsymbol{E}_{i\alpha S_{\mathrm{o}}}\delta S_{\mathrm{o}}+\sum_{j=1}^{N_{\mathrm{c}}-2}\boldsymbol{E}_{i\alpha x_j}\delta x_j\end{aligned} \tag{10.36}$$

其中，对 $i=1,2,\cdots,N_{\mathrm{c}}$，$\alpha=\mathrm{w,o,g}$，有

$$\tilde{\boldsymbol{E}}_{\alpha\xi}=\left(\frac{\partial\tilde{\boldsymbol{T}}_{\alpha}}{\partial\xi}\right)^{l},\quad \boldsymbol{E}_{i\alpha\xi}=\left(\frac{\partial\boldsymbol{T}_{i\alpha}}{\partial\xi}\right)^{l},\quad \xi=p,S_{\mathrm{w}},S_{\mathrm{o}},x_j$$

最后，源（汇）项 q_{α}^{l+1} 形式如下：

$$\sum_{\alpha=\mathrm{w}}^{\mathrm{g}}x_{i\alpha}^{l+1}q_{\alpha}^{l+1}=\sum_{\alpha=\mathrm{w}}^{\mathrm{g}}\left[x_{i\alpha}^{l}q_{\alpha}^{l}+q_{\alpha}\left(\delta p,\delta p_{bh},\delta S_{w},\delta S_{\mathrm{o}},\delta x_1,\delta x_2,\cdots,\delta x_{N_{\mathrm{c}}-2}\right)\right] \tag{10.37}$$

将式（10.33）至式（10.37）带入式（10.26），可得饱和状态情况下第 n+1 个时间步第 l+1 次 Newton–Raphson 迭代，以主未知量增量表示的微分系统：

$$\begin{aligned}&\frac{1}{\Delta t}\left[(\phi F_i x_i)^{l}-(\phi F_i x_i)^{n}+c_{ip}\delta p+c_{iS_w}\delta S_w+c_{iS_{\mathrm{o}}}\delta S_{\mathrm{o}}+\sum_{j=1}^{N_{\mathrm{c}}-2}c_{ix_j}\delta x_j\right]\\ &=\sum_{\alpha=w}^{g}\nabla\cdot\left[\mathrm{T}_{i\alpha}^{l}\nabla\left(\Phi_{\alpha}^{l}+d_{\alpha p}\delta p+d_{\alpha S_w}\delta S_w+d_{\alpha S_{\mathrm{o}}}\delta S_{\mathrm{o}}+\sum_{j=1}^{N_{\mathrm{c}}-2}d_{\alpha x_j}\delta x_j\right)\right.\\ &\left.+\left(\boldsymbol{E}_{i\alpha p}\delta p+\boldsymbol{E}_{i\alpha S_{\mathrm{w}}}\delta S_{\mathrm{w}}+\boldsymbol{E}_{i\alpha S_{\mathrm{o}}}\delta S_{\mathrm{o}}+\sum_{j=1}^{N_{\mathrm{c}}-2}E_{i\alpha x_j}\delta x_j\right)\nabla\Phi_{\alpha}^{l}\right]\\ &+\sum_{\alpha=\mathrm{w}}^{\mathrm{g}}\left[x_{i\alpha}^{l}q_{\alpha}^{l}+q_{\alpha}\left(\delta p,\delta p_{bh},\delta S_w,\delta S_o,\delta x_1,\delta x_2,\cdots,\delta x_{N_{\mathrm{c}}-2}\right)\right]\end{aligned} \tag{10.38}$$

其中 $i=1,2,\cdots,N_{\mathrm{c}}$，以及

$$\begin{aligned}&\frac{1}{\Delta t}\left\{\left[\phi\sum_{\alpha=\mathrm{w}}^{\mathrm{g}}\rho_{\alpha}S_{\alpha}C_{V\alpha}T+(1-\phi)\rho_{\mathrm{s}}C_{\mathrm{s}}T\right]^{l}-\left[\phi\sum_{\alpha=\mathrm{w}}^{\mathrm{g}}\rho_{\alpha}S_{\alpha}C_{V\alpha}T+(1-\phi)\rho_{\mathrm{s}}C_{\mathrm{s}}T\right]^{n}\right.\\ &\left.+c_{Ep}\delta p+c_{ES_{\mathrm{w}}}\delta S_{\mathrm{w}}+c_{ES_{\mathrm{o}}}\delta S_{\mathrm{o}}+\sum_{j=1}^{N_{\mathrm{c}}-2}C_{Ex_j}\delta x_j\right\}\end{aligned}$$

$$-\nabla\cdot\sum_{\alpha=\mathrm{w}}^{\mathrm{g}}\left[\tilde{\boldsymbol{T}}_{\alpha}^{l}\nabla\left(\Phi_{\alpha}^{l}+d_{\alpha p}\delta p+d_{\alpha S_{\mathrm{w}}}\delta S_{\mathrm{w}}+d_{\alpha S_{\mathrm{o}}}\delta S_{\mathrm{o}}+\sum_{j=1}^{N_{\mathrm{c}}-2}d_{\alpha x_j}\delta x_j\right)\right.$$
$$\left.+\left(\tilde{\boldsymbol{E}}_{\alpha p}\delta p+\tilde{\boldsymbol{E}}_{\alpha S_{\mathrm{w}}}\delta S_{\mathrm{w}}+\tilde{\boldsymbol{E}}_{\alpha S_{\mathrm{o}}}\delta S_{\mathrm{o}}+\sum_{j=1}^{N_{\mathrm{c}}-2}\tilde{\boldsymbol{E}}_{\alpha x_j}\delta x_j\right)\nabla\Phi_{\alpha}^{l}\right]$$
$$-\nabla\cdot\left[k_{\mathrm{T}}^{l+1}\nabla\left(T^{l}+c_{Tp}\delta p\right)\right]=q_{\mathrm{c}}^{l+1}-q_{\mathrm{L}}^{l+1}$$

其中，$c_{\mathrm{Tp}}=(\mathrm{d}T/\mathrm{d}p)^{l}$。

同样地，对于主变量增量，这些方程是线性的。

10.3 第四个 SPE 标准算例：蒸汽驱模拟

所选试验问题来自第 4 个 SPE 的标准算例（Aziz et al.，1985）。有 6 家公司参与了该对比项目，对 2 个注蒸汽相关问题进行数值研究。第 1 个问题是采用二维径向截面网格，研究非蒸馏油藏的循环注汽；第 2 个问题则是以全井网的八分之一部分为对象（图 10.2），在反九点法井网条件下，用蒸汽驱替非蒸馏原油。这两个问题的标准状况设置为压力 14.7psia，温度 60°F。选择这些问题，是为了运用模型中那些对实际应用非常重要的特征，尽管它们可能并不反映真实的现场分析。

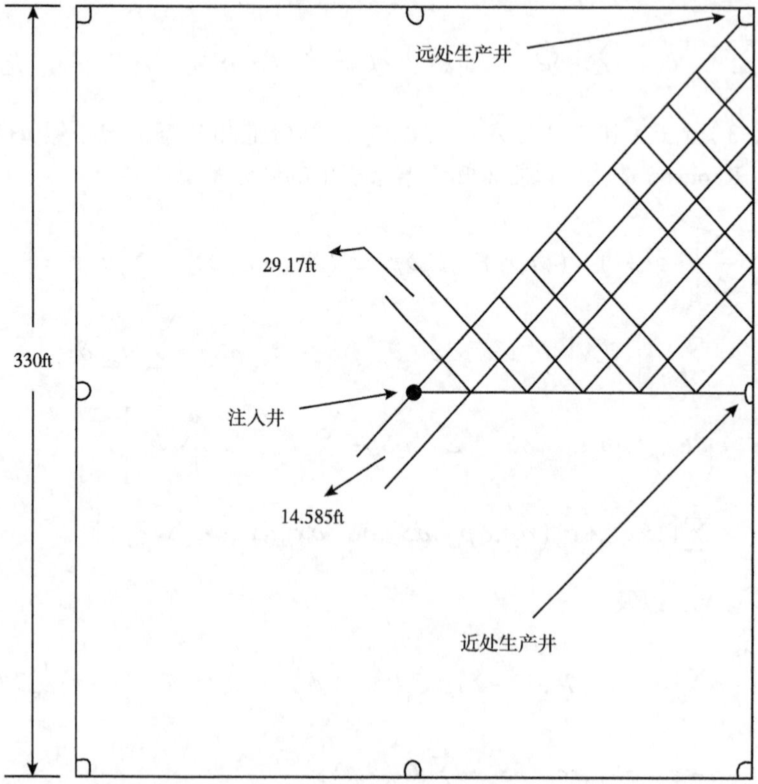

图 10.2 反九点井网的对称性

10.3.1 问题 1

本问题的目的是模拟一个 4 层二维油藏（封闭系统）的循环注汽作业。岩石性质见表 10.1，其中 K_h（$=K_{11}=K_{22}$）和 K_v（$=K_{33}$）分别表示水平和垂向渗透率，储层、上覆盖层及下伏岩层的导热系数和热容为给定值。假设注入水为纯水，具有标准性质。原油性质见表 10.2，黏度与温度的关系见表 10.3。毛细管压力为零。根据式（10.14）和式（10.15），由数据：$nw=2.5$，$now=nog=2$，$ng=1.5$，$S_{wc}=S_{wir}=0.45$，$S_{orw}=0.15$，$S_{org}=0.1$，$S_{gr}^{*}=0.06$，$K_{rwro}=0.1$，$K_{rocw}=0.4$，以及 $K_{rgro}=0.2$，可计算相对渗透率。初始条件见表 10.4，压力分布与重力压头相关。

表 10.1　岩石性质

K_h，自顶层开始：2000mD，500mD，1000mD 和 2000mD
K_v，K_h 的 50%
孔隙度：所有地层均为 0.3
导热系数：24 Btu/（ft·d·°F）
比热容：35 Btu/（ft^3·°F）
有效岩石压缩系数：$5.0\times10^{-4}psi^{-1}$

表 10.2　原油性质

标准状况下密度：60.68lb/ft^3
压缩系数：5.0×10^{-6} psi^{-1}
分子量：600
热膨胀系数：3.8×10^{-4} $°R^{-1}$
比热容：0.5 Btu/（lb·°R）

表 10.3　黏度与温度关系式

温度（°F）	75	100	150	200	250	300	350	500
黏度（mPa·s）	5780	1389	187	47	17.4	8.5	5.2	2.5

表 10.4　初始条件

含油饱和度：0.55
含水饱和度：0.45
储层温度：125°F
顶部储层中心压力：75psia

采用柱状网格，沿径向有 13 个网格节点。井半径为 0.3ft，网格外半径为 263.0ft。径向网格边界分别位于 0.3ft、3.0ft、13.0ft、23.0ft、33.0ft、43.0ft、53.0ft、63.0ft、73.0ft、83.0ft、93.0ft、103.0ft、143.0ft 和 263.0ft；垂向方向的边界分别位于 0ft（产层顶部）、

10.0ft、30.0ft、55.0ft 和 80.0ft。到产层顶部的深度为水下 1500ft。

模拟的空间离散格式，采用矩形剖分的 Raviart-Thomas 混合有限元法（参见第 4.5.4 节）。模型考虑了上游加权跨网格流动以及注入和产出项。采用 ORTHOMIN（正交最小残值）迭代算法，及不完全 LU 分解预条件子求解线性方程组（参见第 5 章）。

对作业情况如下，在注采期间，所有层位均开放（表皮因子为零，参见第 13 章）。注入蒸汽的内能按干度 0.7、温度 450°F 计算。井底条件下，蒸汽干度恒定，为 0.7。模拟 3 个周期：每个周期长 365d，包括注蒸汽 10d，然后焖井 7d，接着生产 348d，完成一个周期。按以下列条件满负荷注汽：顶层中心最大井底压力为 1000psia，最大注汽量为 1000bbl/d。产量受以下条件约束：顶层中心最小井底压力 17psia，最大产液量为 1000bbl/d。

图 10.3 和图 10.4 分别为累计产油量和日产油量。与 Aziz et al.（1985）的结果相比，图 10.3 和 10.4 中的数据更接近 6 家公司结果的平均值。

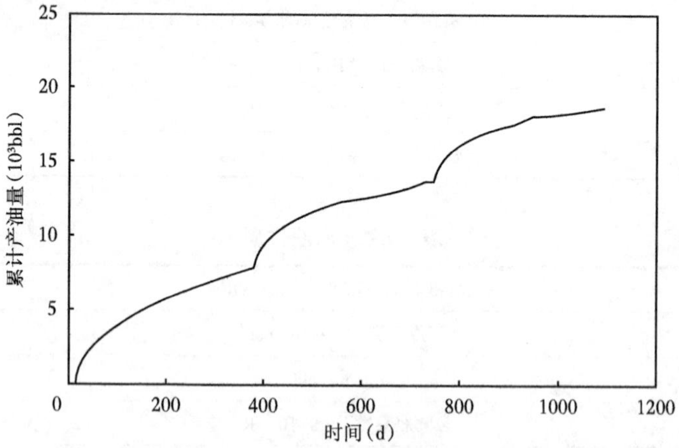

图 10.3 累计产油量与时间关系

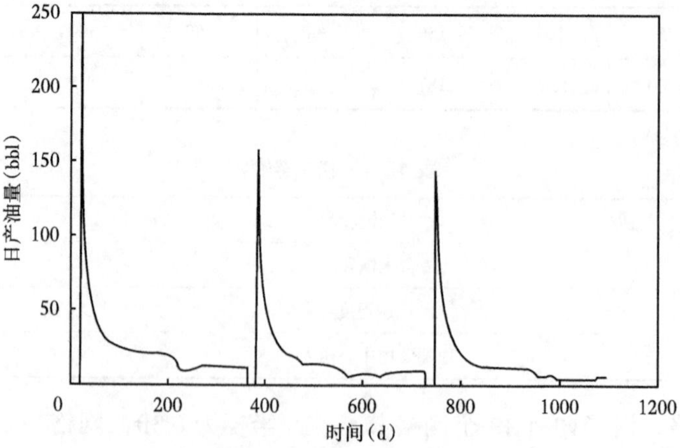

图 10.4 日产油量与时间关系

10.3.2 问题 2

本问题的目标是基于井网对称性，对八分之一部分的反九点井网进行模拟。总井网面积达 2.5 英亩。岩石性质、流体性质、相对渗透率数据和初始条件同问题 1。网格尺寸为 9×5×4（水平方向上均匀分布）。所有井的半径均为 0.3ft。

作业情况如下：仅在底层注汽，而全部 4 个层位均开放生产。蒸汽性质同问题 1。按以下条件满负荷注汽：底层中心最大井底压力 1000psia，最大注汽量 1000bbl/d（全井）。产量受以下条件约束：底层中心最小井底压力 17psia，最大产液量为 1000bbl/d，最大蒸汽量为 10bbl/d。模拟注采时间为 10 年。

全井网累计产油量、注入井远处生产井日产油量和注入井近处生产井日产油量分别如图 10.5 至图 10.7 所示。所有的数据均为全井数据，井网数据也为全井网数据，包括 4 个角点生产井（注入井远处）和 4 个中点生产井（注入井近处）。同样，与 Aziz et al.（1985）的结果相比，3 种生产数据更接近 6 家公司结果的平均值。

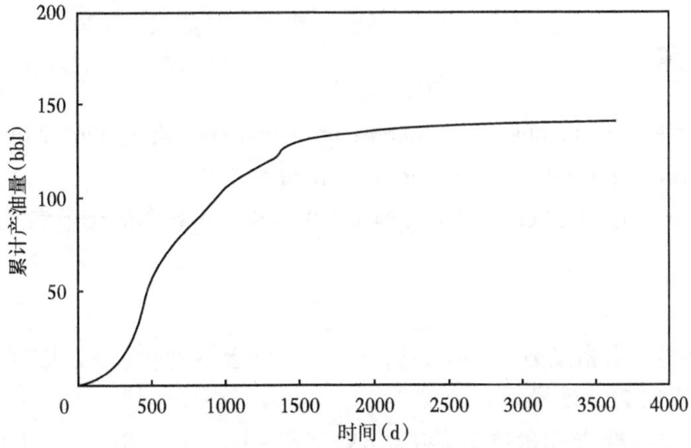

图 10.5 全井网累计产油量与时间关系

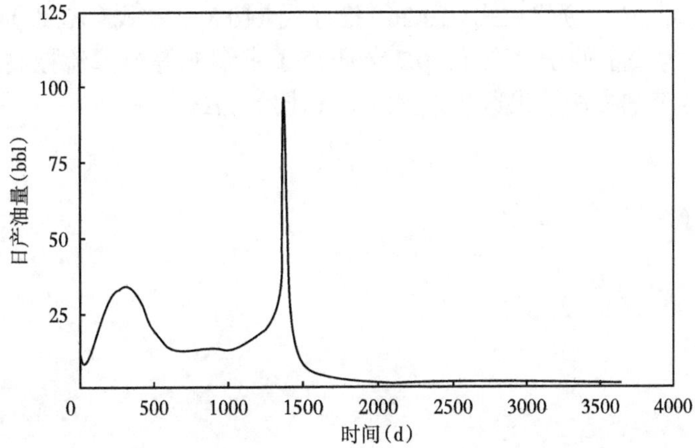

图 10.6 远处生产井的日产油量

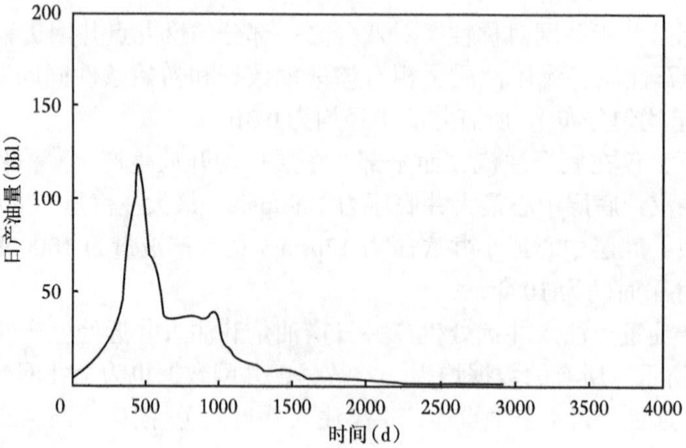

图 10.7 近处生产井的日产油量

10.4 文献信息

Most of the content in this chapter is taken from Chen and Ma (2004). More details about the data used in the fourth SPE CSP can be found in Aziz et al. (1985).

本章大部分的内容选自 Chen et al.（2004）。更多 SPE 4 数据的细节参见 Aziz 等（1985）。

练习

练习 10.1　忽略质量密度 ρ_α（α=w，o，g）在空间上的变化，利用式（10.3），式（10.4）和式（10.18）至式（10.22）推导式（10.23）。

练习 10.2　忽略主要未知量增量（δP，δS，δx_1，δx_2，…，$\delta x_{\mathrm{Nc}-2}$，δT）的高阶项，通过将式（10.27）至式（10.31）代入式（10.26）推导系统（10.32）。

练习 10.3　忽略主要未知量增量（δP，δS_{w}，δS_{o}，δx_1，δx_2，…，$\delta x_{\mathrm{Nc}-2}$）的高阶项，通过将式（10.33）至式（10.37）代入式（10.26）推导式（10.38）和式（10.39）。

练习 10.4　作为一个例子，在第 10.2 节研究了求解非等温渗流控制方程的 SS 方法。请以类似于第 8.2.3 节的方法给出这些方程的顺序求解方法。

第 11 章　化学驱

提高原油采收率（EOR）是通过向油藏中注入非油藏物质来实现的。EOR 中有一个重要方法是化学驱：例如碱驱、表面活性剂驱、聚合物和泡沫（*ASP*+ 泡沫）驱。通过注入这些化学物质降低流体的流动性，从而提高储层的波及系数，即在任何给定时间提高了与渗透性介质的接触体积。虽然在石油行业中化学驱比水驱的原油采收率更高，但它对技术的要求更高，成本和风险也要大得多。化学驱的驱替机理包括降低界面张力、毛细管驱替、化学协同效应和流度控制，描述弥散、扩散、吸附、化学反应等物理化学现象的流动传导模型，以及在地层酸性原油中生成表面活性剂。

本章研究多组分多相的 ASP+ 泡沫驱模型。模型通过界面张力函数的形式描述了协同效应，通过表面活性剂和原油浓度的函数描述泡沫流动阻力，通过状态方程（EOSs）描述毛细管压力、渗透率、气液比、气流速度及相态。平衡方程包括每种化学物质的质量守恒方程、水相压力方程和能量守恒方程。模型的主要物理变量是密度、黏度、速度相关弥散、分子扩散、吸附、界面张力、相对渗透率、毛细管压力、毛细管捕获、阳离子交换以及聚合物和凝胶的性质，例如渗透率降低、不可波及孔隙体积和非牛顿流变能力（Pope et al.，1978）。相流动性是通过圈闭相饱和度和取决于捕获数的相对渗透率来描述的。化学反应包括水电解、矿物沉淀和溶解、与基岩的离子交换（地球化学选择）、油的酸性组分与水溶液的反应，以及聚合物与交联剂形成凝胶的反应（Bhuyan et al.，1991）。

第 11.1 节回顾了第 2.10 节讨论的化学驱基本微分方程。第 11.2 节至第 11.5 节分别给出了碱、聚合物、表面活性剂和泡沫驱替机理的数学公式。第 11.6 节叙述了岩石和流体的性质。第 11.7 节简要介绍了一种数值求解方案。第 11.8 节和第 11.9 节进行了数值分析。最后，在第 11.10 节中列出了引用文献。

11.1　基本微分方程

第 2.10 节建立了多孔介质 Ω 上的化学驱组分模型的基本方程，模型包括每个化学组分的质量守恒方程、能量方程、达西定律和整体质量守恒或压力连续性方程。这些方程的建立基于以下假设：局部热力学平衡、不流动固相、Fick 扩散定律、理想混合、岩石和流体微可压缩以及达西定律。

考虑 N_c 个化学组分形成 N_p 个相的。一般情况，令 ϕ 和 K 表示多孔介质 $\Omega \subset \mathbf{R}^3$ 的孔隙度和渗透率，ρ_α、S_α、μ_α、p_α、u_α 及 $K_{r\alpha}$ 分别表示 α 相的密度、饱和度、黏度、压力、体积速度和相对渗透率，$\alpha = 1$，2，…，N_p。以单位孔隙体积内组分 i 总浓度形式表示质量守恒的方程为

$$\frac{\partial}{\partial t}(\phi \tilde{c}_i \rho_i) = -\nabla \cdot \left[\sum_{\alpha=1}^{N_p} \rho_i (c_{i\alpha} \boldsymbol{u}_\alpha - \boldsymbol{D}_{i\alpha} \nabla c_{i\alpha})\right] + q_i \tag{11.1}$$

其中 $i = 1, 2, \cdots, N_c$，总浓度 $\tilde{c}_i$ 是包括吸附相在内所有相浓度的总和：

$$\tilde{c}_i = \left(1 - \sum_{j=1}^{N_{cv}} \hat{c}_j\right) \sum_{\alpha=1}^{N_p} S_\alpha c_{i\alpha} + \hat{c}_i, \quad i = 1, 2, \cdots, N_c \tag{11.2}$$

其中 N_{cv} 是有体积组分（如水、油、表面活性剂和气）的总数；$\hat{c}_i$、ρ_i 和 q_i 分别是组分 i 的吸附浓度、质量密度和源（汇）项；$c_{i\alpha}$ 和 $\boldsymbol{D}_{i\alpha}$ 分别是 α 相内的组分 i 浓度和扩散—弥散张量。

密度 ρ_i 与参考相压力 p_r 关系为

$$C_i = \frac{1}{\rho_i} \frac{\partial \rho_i}{\partial p_r}\bigg|_T$$

在固定温度 T 下，C_i 为组分 i 的压缩系数。对于微可压缩流体，ρ_i 为［见式（2.13）］：

$$\rho_i = \rho_i^0 \left[1 + C_i^0 \left(p_r - p_r^0\right)\right] \tag{11.3}$$

其中 C_i^0 和 ρ^0 分别为参考压力 p_r^0 下的恒定压缩系数和密度。

多相流的扩散—弥散张量 $\boldsymbol{D}_{i\alpha}$ 为（参见第 2.4 节）：

$$\boldsymbol{D}_{i\alpha}(\boldsymbol{u}_\alpha) = \phi\left\{S_\alpha d_{i\alpha} \boldsymbol{I} + |\boldsymbol{u}_\alpha| \left[d_{l\alpha} \boldsymbol{E}(w_\alpha) + d_{t\alpha} \boldsymbol{E}^\perp(\boldsymbol{u}_\alpha)\right]\right\} \tag{11.4}$$

其中 $d_{i\alpha}$ 是 α 相中组分 i 的分子扩散系数；$d_{l\alpha}$ 和 $d_{t\alpha}$ 分别为 α 相的纵向和横向弥散系数；$|\boldsymbol{u}_\alpha|$ 是 $\boldsymbol{u}_\alpha = (u_{1\alpha}, u_{2\alpha}, u_{3\alpha})$ 的 Euclidean 范数，$|\boldsymbol{u}_\alpha| = \sqrt{u_{1\alpha}^2 + u_{2\alpha}^2 + u_{3\alpha}^2}$；$\boldsymbol{E}(\boldsymbol{u}_\alpha)$ 是沿速度方向的正交投影：

$$\boldsymbol{E}(\boldsymbol{u}_\alpha) = \frac{1}{|\boldsymbol{u}_\alpha|^2} \begin{pmatrix} u_{1\alpha}^2 & u_{1\alpha}u_{2\alpha} & u_{1\alpha}u_{3\alpha} \\ u_{2\alpha}u_{1\alpha} & u_{2\alpha}^2 & u_{2\alpha}u_{3\alpha} \\ u_{3\alpha}u_{1\alpha} & u_{3\alpha}u_{2\alpha} & u_{3\alpha}^2 \end{pmatrix}$$

$\boldsymbol{E}^\perp(\boldsymbol{u}_\alpha) = \boldsymbol{I} - \boldsymbol{E}(\boldsymbol{u}_\alpha)$；$I$ 是单位矩阵，$i = 1, 2, \cdots, N_c$，$\alpha = 1, 2, \cdots, N_p$。源（汇）项 q_i 是组分 i 的总流量之和，表示为

$$q_i = \phi \sum_{\alpha=1}^{N_p} S_\alpha r_{i\alpha} + (1-\phi) r_{is} + \tilde{q}_i \tag{11.5}$$

其中 $r_{i\alpha}$ 和 r_{is} 分别为 α 流体相和岩石相内组分 i 的反应速率；$\tilde{q}_i$ 是单位体积内相同组分注入（或生产）速率。体积速度 u_α 满足达西定律：

$$\boldsymbol{u}_\alpha = -\frac{1}{\mu_\alpha} \boldsymbol{K} K_{r\alpha} (\nabla p_\alpha - \rho_\alpha g \nabla z), \quad \alpha = 1, 2, \cdots, N_p \tag{11.6}$$

其中，g 是重力加速度，z 是深度。

能量守恒方程：

$$\frac{\partial}{\partial t}\left[\phi \sum_{\alpha=1}^{N_p} \rho_\alpha S_\alpha U_\alpha + (1-\phi)\rho_s C_s T\right] + \nabla \cdot \sum_{\alpha=1}^{N_p} \rho_\alpha \boldsymbol{u}_\alpha H_\alpha - \nabla \cdot (k_T \nabla T) = q_C - q_L \tag{11.7}$$

其中，T 是温度，U_α 和 H_α 是 α 相（每单位质量）的比内能和焓，ρ_s 和 C_s 是固相的密度和比热容，k_T 是总热导系数，q_c 表示热源项，q_L 表示上覆盖层和下伏岩层的热损失（参见第 10 章）。在式（11.7）中，α 相的比内能 U_α 和焓 H_α 分别为

$$U_\alpha = C_{V\alpha}T,\ H_\alpha = C_{p\alpha}T$$

其中 $C_{V\alpha}$ 和 $C_{p\alpha}$ 分别代表恒容和恒压下 α 相的热容。

在化学驱数值模拟中，水相（如相 1）的压力方程可通过占有体积组分的总质量平衡得到。其他相压力由毛细管压力函数求得：

$$p_{c\alpha 1} = p_\alpha - p_1, \quad \alpha = 1,2,\cdots,N_p \tag{11.8}$$

方便起见，令 $p_{c11}=0$。引入相流度：

$$\lambda_\alpha = \frac{k_{r\alpha}}{\mu_\alpha}\sum_{i=1}^{N_{cv}}\rho_i c_{i\alpha}, \quad \alpha = 1,2,\cdots,N_p$$

及总流度

$$\lambda = \sum_{\alpha=1}^{N_p}\lambda_\alpha$$

注意到

$$\sum_{i=1}^{N_{cv}}\rho_i \boldsymbol{D}_{i\alpha}\nabla c_{i\alpha} = 0, \qquad \sum_{i=1}^{N_{cv}} r_{i\alpha} = \sum_{i=1}^{N_{cv}} r_{is} = 0, \quad \alpha = 1,2,\cdots,N_p$$

式（11.1）对 i 求和，$i=1,2,\cdots,N_{cv}$，得到压力方程（参见练习 11.1）：

$$\phi c_t \frac{\partial p_1}{\partial t} - \nabla\left(\lambda \boldsymbol{k}\nabla p_1\right) = \nabla\cdot\sum_{\alpha=1}^{N_p}\lambda_\alpha \boldsymbol{k}\left(\nabla p_{c\alpha 1} - \rho_\alpha g\nabla z\right) + \sum_{i=1}^{N_{cv}}\tilde{q}_i \tag{11.9}$$

其中总压缩系数 c_t 为

$$c_t = \frac{1}{\phi}\frac{\partial}{\partial p_1}\sum_{i=1}^{N_{cv}}\phi\tilde{c}_i\rho_i$$

假设在参考压力 p_r^0 下岩石的压缩系数 c_R 为［见式（2.16）］：

$$\phi = \phi^0\left[1 + c_R\left(p_r - p_r^0\right)\right] \tag{11.10}$$

其中 ϕ^0 是 p_r^0 下的孔隙度。$p_r=p_1$，由式（11.3）和式（11.10），得出

$$\phi\tilde{c}_i\rho_i = \phi^0\tilde{c}_i\rho_i^0\left[1 + \left(c_R + C_i^0\right)\left(p_1 - p_1^0\right) + c_R C_i^0\left(p_1 - p_1^0\right)^2\right]$$

忽略高阶项（由于岩石和流体相微可压缩），方程变成：

$$\phi\tilde{c}_i\rho_i \approx \phi^0\tilde{c}_i\rho_i^0\left[1 + \left(c_R + C_i^0\right)\left(p_1 - p_1^0\right)\right] \tag{11.11}$$

由式（11.11），总压缩系数 c_t 简化为

$$c_{\mathrm{t}} = \frac{\phi^0}{\phi} \sum_{i=1}^{N_{\mathrm{cv}}} \tilde{c}_i \rho_i^0 \left(c_{\mathrm{R}} + C_i^0 \right) \tag{11.12}$$

这里因变量总数多于微分和代数关系总数，有 $N_{\mathrm{c}}+N_{\mathrm{cv}}+N_{\mathrm{c}}N_{\mathrm{p}}+3N_{\mathrm{p}}+1$ 个因变量为：c_i, $\hat{c}_j$，$c_{i\alpha}$，T，$\boldsymbol{u}_\alpha$，p_α，S_α，$\alpha=1,2,\cdots,N_{\mathrm{p}}$，$i=1,2,\cdots,N_{\mathrm{c}}$，$j=1,2,\cdots,N_{\mathrm{cv}}$。方程组（11.1）和式（11.6）至式（11.9）提供了 $N_{\mathrm{c}}+2N_{\mathrm{p}}$ 个微分或代数独立关系式；剩下的 $N_{\mathrm{cv}}+N_{\mathrm{c}}N_{\mathrm{p}}+N_{\mathrm{p}}+1$ 个约束关系式如下：

$$\begin{aligned}
&\sum_{\alpha=1}^{N_{\mathrm{p}}} S_\alpha = 1 \qquad (\text{饱和度约束}), \\
&\sum_{i=1}^{N_{\mathrm{cv}}} c_{i\alpha} = 1 \qquad (N_{\mathrm{p}}\text{相浓度约束}), \\
&c_i = \sum_{\alpha=1}^{N_{\mathrm{p}}} S_\alpha c_{i\alpha} \qquad (N_{\mathrm{c}}\text{组分浓度约束}), \\
&\hat{c}_j = \hat{c}_j\left(c_1, c_2, \cdots, c_{N_{\mathrm{c}}}\right) \qquad (N_{\mathrm{cv}}\text{吸附约束}), \\
&f_{i\alpha}\left(p_\alpha, T, c_{1\alpha}, \cdots, c_{N_{\mathrm{c}}\alpha}\right) = f_{i\beta}\left(p_\beta, T, c_{1\beta}, \cdots, c_{N_{\mathrm{c}}\beta}\right) \qquad \left[N_{\mathrm{c}}(N_{\mathrm{P}}-1)\text{相平衡关系}\right]
\end{aligned} \tag{11.13}$$

其中 $f_{i\alpha}$ 是 α 相中第 i 个组分的逸度函数。对于一般组分流，建立几个状态方程定义逸度函数 $f_{i\alpha}$，如 Realich-Kwong，Redlich-Kwong-Soave 和 Peng–Robinson 状态方程（参见第 3.2.5 节）。本章所考虑的每种化学驱方法的相态模型将在下面四节中讨论。

以下相以水（水溶液）、油（油酸）、微乳液、气体（空气）的顺序编号，组分以水、油、表面活性剂、聚合物、氯化物、钙、醇和气体（空气）的顺序编号。

11.2 表面活性剂驱

由于强表面张力，大量油被束缚在小孔隙中无法通过水驱采出。注入表面活性剂可以降低界面张力减少毛细管压力，从而动用束缚油。表面活性剂在提高采收率（EOR）中的作用不仅限于降低界面张力，还可用于改变润湿性，稳定分散体，降低主体相黏度，促进乳化和挟带。

在水、油和表面活性剂体系中表面活性剂相行为涉及多达五种体积组分（水、油、表面活性剂和两种醇），在溶液中形成三种拟组分。简单起见，仅考虑三种组分（水、油和表面活性剂）。含盐量和二价阳离子浓度对相行为有很大影响。在低盐度下，过量油相和微乳液相共存，其中过量油相基本上是纯油，微乳液相包含水加电解质、一些溶解油和表面活性剂。低含盐量下的系线（分布曲线）具有负斜率［图 11.1（a）］。这种相环境被称为Ⅱ（-）型或 Winsor Ⅰ型（Winsor，1954）。高含盐量下，过量水相和微乳液相共存，此时后者包含一些溶解水，大部分油及表面活性剂。这种相环境称为Ⅱ（+）型［图 11.1（b）］。在中等含盐量时，过量的水相和油相以及微乳液相共存，后者由三相共存不动点构成。这种三相环境称为Ⅲ型或 Winsor III 型（图 11.2）。只要给出双节点曲线和系线（分布曲线），水、油和表面活性剂的相行为模型就可以表示为有效含盐量的函数。

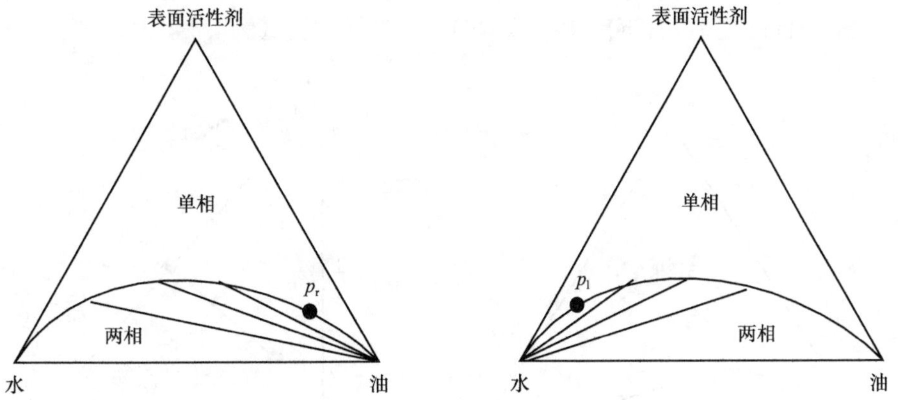

(a) Ⅱ(-)型　　(b) Ⅱ(+)型

图 11.1　Ⅱ(－)型和Ⅱ(＋)型示意图

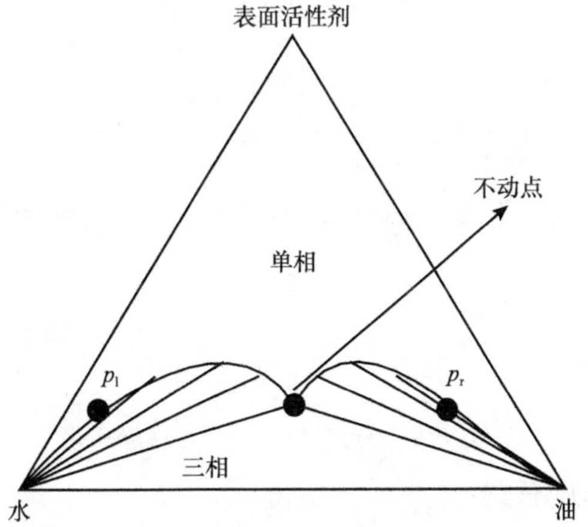

图 11.2　Ⅲ型示意图

11.2.1　有效含盐量

有效含盐量随二价阳离子与胶束［表面分子的聚集体（或簇），参见 Glover et al.，1979；Hirasaki，1982］的结合而增加，随着阴离子表面活性剂的温度升高而降低，并且随着非离子表面活性剂的温度升高而增加：

$$c_{SE} = c_{51}\left(1-\beta_6 f_6^s\right)^{-1}\left[1+\beta_T\left(T-T^0\right)\right]^{-1} \tag{11.14}$$

其中 c_{51} 为水相阴离子浓度，β_6 为钙的有效含盐正常数，$f_6^s = c_6^s/c_3^m$ 为总二价阳离子与表面活性剂胶束结合的比例，β_T 为温度系数，T_0 为参考温度。三个平衡相形成或消失的有效含盐量称为有效含盐量的下限和上限，即 c_{SEL} 和 c_{SEU}。

11.2.2　双节点曲线

在所有的相环境中均采用 Hand 规则绘制双节点曲线。这个规则基于双对数坐标上平衡相浓度比是直线的经验观测。图 11.3 给出了Ⅱ(－)型环境 2 号和 3 号平衡相的三元图及对应的 Hand 图。Hand 规则（Hand，1939）双节点曲线读数公式为

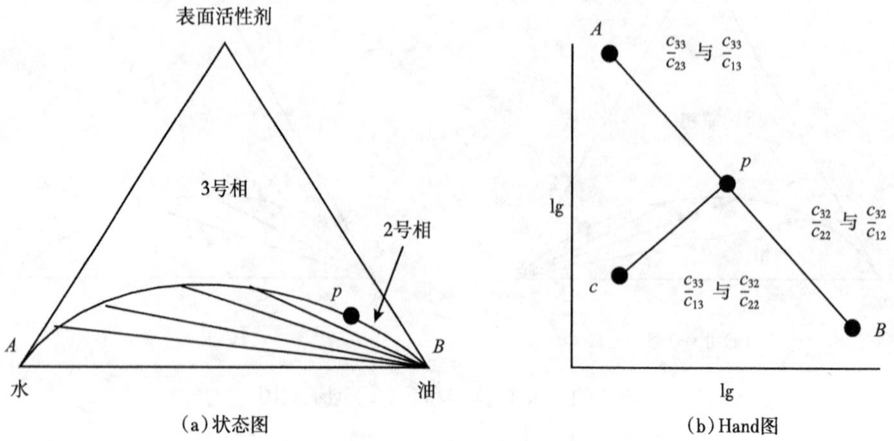

图 11.3　三元图与 Hand 图的对应关系

$$\frac{c_{3\alpha}}{c_{2\alpha}} = A\left(\frac{c_{3\alpha}}{c_{1\alpha}}\right)^B \quad \alpha = 1,2或3 \tag{11.15}$$

其中 A 和 B 是经验参数。B=–1 时为对称双节点曲线。在这种情况下，所有相浓度都根据油浓度 $c_{2\alpha}$ 显式计算：

$$\begin{aligned} c_{3\alpha} &= \frac{1}{2}\left[-Ac_{2\alpha} + \sqrt{\left(Ac_{2\alpha}\right)^2 + 4Ac_{2\alpha}\left(1 - c_{2\alpha}\right)}\right], \\ c_{1\alpha} &= 1 - c_{2\alpha} - c_{3\alpha}, \quad \alpha = 1,2或3 \end{aligned} \tag{11.16}$$

参数 A 与双节点曲线的高度有关：

$$A_m = \left(\frac{2c_{3\max,m}}{1 - c_{3\max,m}}\right)^2, \quad m = 0,1,2$$

其中 $m=0,1,2$ 对应低含盐量、最佳含盐量、高含盐量，高度 $c_{3\max,m}$ 取决于温度的线性函数：

$$c_{3\max,m} = H_{\text{BNC},m} + H_{\text{BNT},m}\left(T - T^0\right), \quad m = 0,1,2 \tag{11.17}$$

$H_{\text{BNC},m}$ 与 $H_{\text{BNT},m}$ 为输入参数。A 通过线性插值获得：

$$A = \left(A_0 - A_1\right)\left(1 - \frac{c_{\text{SE}}}{c_{\text{SEOP}}}\right) + A_1, \quad 如果 c_{\text{SE}} \leqslant c_{\text{SEOP}}$$

$$A = \left(A_2 - A_1\right)\left(\frac{c_{\text{SE}}}{c_{\text{SEOP}}} - 1\right) + A_1, \quad 如果 c_{\text{SE}} \geqslant c_{\text{SEOP}}$$

其中 c_{SEOP} 表示最佳有效含盐量。

11.2.3 两相系线

对于Ⅱ(−)型和Ⅱ(+)型，低于双节点曲线的相态只包含两相。系线是连接平衡相组分的线：

$$\frac{c_{3\alpha}}{c_{2\alpha}} = E\left(\frac{c_{33}}{c_{13}}\right)^F \tag{11.18}$$

其中 $\alpha=1$ 时为Ⅱ(+)型，$\alpha=2$ 时为Ⅱ(−)型。如果系线的数据无法获取，设定 $F=-1/B$。对于对称双节点曲线($B=-1$)，$F=1$。由于临界点既在双节点曲线上，又在系线上，故有

$$E = \frac{c_{1P}}{c_{2P}} = \frac{1-c_{2P}-c_{3P}}{c_{2P}}$$

在临界点，联立双节点曲线的表达式为

$$E = \frac{1}{c_{2P}}\left\{1-c_{2P}-\frac{1}{2}\left[-Ac_{2P}+\sqrt{\left(Ac_{2P}\right)^2+4Ac_{2P}\left(1-c_{2P}\right)}\right]\right\} \tag{11.19}$$

其中 c_{2P} 是临界点处的含油量，也是Ⅱ(−)型和Ⅱ(+)型的输入参数。注意，临界点 c_{1P} 和 c_{3P} 分别是水和表面活性剂的浓度。

11.2.4 三相系线

假定过量的油相和水相为纯相，计算Ⅲ型三相区的相组分。微乳液相的组成由不动点(M)的坐标定义，为有效含盐量的函数：

$$c_{2M} = \frac{c_{\text{SE}}-c_{\text{SEL}}}{c_{\text{SEU}}-c_{\text{SEL}}} \tag{11.20}$$

将 $c_{2\text{M}}$ 代入式(11.16)计算出浓度 $c_{1\text{M}}$ 和 $c_{3\text{M}}$。

11.2.5 相饱和度

在表面活性剂存在时，使用相浓度和总组分浓度计算饱和区中的相饱和度。

$$\sum_{\alpha=1}^{3} S_\alpha = 1,\quad c_i = \sum_{\alpha=1}^{3} S_\alpha c_{i\alpha},\quad i=1,2,3 \tag{11.21}$$

11.2.6 界面张力

假定水/油界面张力(σ_{ow})和水/气界面张力(σ_{aw})为常数。计算微乳液/油界面张力(σ_{23})和微乳液/水界面张力(σ_{13})的模型以 Healy 和 Reed 模型为基础(Healy et al.，1974)：

$$\begin{aligned}\lg\sigma_{\alpha3} &= \lg F_\alpha + G_{\alpha2} + \frac{G_{\alpha1}}{1+G_{\alpha3}R_{\alpha3}}, \quad 如果R_{\alpha3}\geqslant 1\\ \lg\sigma_{\alpha3} &= \lg F_\alpha + \left(1-R_{\alpha3}\right)\lg\sigma_{\text{ow}} + R_{\alpha3}\left(G_{\alpha2}+\frac{G_{\alpha1}}{1+G_{\alpha3}}\right), \quad 如果R_{\alpha3}<1\end{aligned} \tag{11.22}$$

其中 $G_{\alpha i}$ 是输入参数($i=1$，2)，$R_{\alpha3}=c_{\alpha3}/c_{33}$ 是溶解比，校正因子 F_α 保证临界点处的界面张力为零(Hirasaki，1981)：

$$F_\alpha = \frac{1-\mathrm{e}^{-\sqrt{con_\alpha}}}{1-\mathrm{e}^{-\sqrt{2}}},\quad con_\alpha = \sum_{i=1}^{3}\left(c_{i\alpha}-c_{i3}\right)^2,\quad \alpha=1,2$$

其他模型，如 Huh 模型（Huh，1979），也可用于计算 σ_{13} 和 σ_{23}。当没有表面活性剂或表面活性剂浓度低于临界胶束浓度时，这些界面张力等于 σ_{ow}，这将在下文中讨论。

11.2.7 无传质界面张力

注入高浓度表面活性剂大大提高了原油采收率，但其价格昂贵。在大多数应用中，所使用表面活性剂的浓度低于临界胶束浓度。在这种情况下，水、油和表面活性剂体系不涉及相间传质。因此，整个系统由水相和过量的纯油相组成，前者包含所有表面活性剂、电解质和水溶极限下的溶解油。这种系统称为稀疏系统，不存在质量交换。通过水、油、表面活性剂和碱的协同作用，实现了该系统的 ASP+ 泡沫驱油机理。这种效应可以用界面张力函数描述：

$$\sigma_{ow} = \sigma_{ow}\left(c_S, c_A\right)$$

其中，σ_{ow} 是水相和油相之间的界面张力，c_S 和 c_A 分别是表面活性剂和碱的浓度。这一函数通过实验获得。

11.2.8 捕集数

EOR 驱替机制是由于注入表面活性剂导致界面张力降低，从而使捕集的有机相具有流动性（Brown et al.，1994）。浮力也影响捕集相的动用，可由邦德数定义（Morrow 和 Songkran，1982）。邦德数和毛细管数是两个无量纲数，前者表示重力 / 毛细管压力，后者表示黏性 / 毛细管压力。传统上，毛细管数定义如下（Lake，1989）：

$$N_{c\alpha} = \frac{\left|\boldsymbol{k} \cdot \nabla \Phi_\beta\right|}{\sigma_{\alpha\beta}}, \quad \alpha, \beta = 1, 2, \cdots, N_p \tag{11.23}$$

其中 α 和 β 分别是被驱替和驱替流体，势 $\boldsymbol{\Phi}_\beta$ 为

$$\Phi_\beta = p_\beta - \rho_\beta \wp z, \quad \beta = 1, 2, \cdots, N_p \tag{11.24}$$

邦德数为

$$N_{B\alpha} = \frac{k\wp\left(\rho_\alpha - \rho_\beta\right)}{\sigma_{\alpha\beta}}, \quad \alpha, \beta = 1, 2, \cdots, N_p \tag{11.25}$$

其中，$\boldsymbol{k} = k\boldsymbol{I}$。

11.2.9 相对渗透率

残余油饱和度与捕集数的关系如下：

$$S_{\alpha r} = \min\left\{S_{\alpha r}, S_{\alpha r}^{H} + \frac{S_{\alpha r}^{L} - S_{\alpha r}^{H}}{1 + C_\alpha N_{c\alpha}}\right\}, \quad \alpha = 1, 2, \cdots, N_p$$

其中，C_α 是基于残余饱和度与捕集数之间关系实验观测的正输入参数，$S_{\alpha r}^{L}$和 $S_{\alpha r}^{H}$ 分别是 α 相在低和高捕集数时的输入残余饱和度。这种相关性基于 n-癸烷的实验数据获得（Delshad et al.，2000）。

在高捕集数下，相对渗透率曲线随残余饱和度的变化而变化，由下式解释：

$$K_{r\alpha} = K_{r\alpha}^{0}\left(S_{n\alpha}\right)^{n_\alpha}, \quad \alpha = 1, 2, \cdots, N_p$$

其中，$S_{n\alpha}$ 是 α 相的归一化饱和度：

$$S_{n\alpha}=\left(S_{\alpha}-S_{\alpha r}\right)\Big/\left(1-\sum_{\alpha=1}^{N_p}S_{\alpha r}\right),\quad \alpha=1,2,\cdots,N_p$$

相对渗透率函数中的端点和指数由高和低捕集数给定输入值（$K_{r\alpha}^{L},K_{r\alpha}^{H},n_{\alpha}^{L},n_{\alpha}^{H}$）的线性插值计算：

$$K_{r\alpha}^{0}=K_{r\alpha}^{L}+\frac{S_{\beta r}^{L}-S_{\beta r}}{S_{\beta r}^{L}-S_{\beta r}^{H}}\left(K_{r\alpha}^{H}-K_{r\alpha}^{L}\right)$$

$$n_{\alpha}=n_{\alpha}^{L}+\frac{S_{\beta r}^{L}-S_{\beta r}}{S_{\beta r}^{L}-S_{\beta r}^{H}}\left(n_{\alpha}^{H}-n_{\alpha}^{L}\right),\quad \alpha,\beta=1,2,\cdots,N_p$$

11.3 碱驱

碱或高 pH 值驱的采油机理有许多种（de Zabala 等，1982），如降低界面张力、形成乳状液和改变润湿性。在表面活性剂驱中，表面活性剂是注入的，而在高 pH 值驱中，表面活性剂是原位生成的。原油中的碱性和酸性烃类反应生成表面活性剂。此外，碱性化学物质和渗透性介质矿物的相互作用会导致这些化学物质在介质中传播的过度延迟。化学反应平衡模型可描述高 pH 值驱中的物理化学现象（Bhuyan 等，1991）。该模型中的反应化学包括水电解质化学、矿物沉淀和溶解、与基质的离子交换反应（地球化学选择），以及原油中酸性组分与水溶液中碱的反应。当注入的化学物质与储层岩石和流体发生化学反应时，该模型可用于计算储层岩石和流体的化学组成。

11.3.1 基本假设

反应平衡模型的建立基于以下假设（Delshad et al.，2000）：

（1）所有反应均达到局部热力学平衡。

（2）不存在氧化还原反应。

（3）化学反应引起的温度、压力和体积变化很小，可以忽略不计。特别地，储层等温。

（4）所有反应物质的活性系数都是单位化的，因此由摩尔浓度代替反应平衡计算中的活度。

（5）任何相中存在的水都具有相同的化学组分，且与基岩矿物处于平衡状态。

（6）不允许水性物质过饱和。

（7）原油中的活性酸组分可以由单一的拟酸组分共同表示。该拟组分在油中溶解度高，并且在水和油之间以恒定分配系数划分。

11.3.2 反应平衡的数学方程

假设反应体系有 N 个独立组分包括：N_F 种液体组分、N_S 种固体组分、N_I 种基质吸附阳离子、N_M 种胶束缔合阳离子，即存在 $N_F+N_S+N_I+N_M$ 个未知平衡浓度，由此需要相同数量的独立方程。

（1）质量守恒方程。

N 个组分质量守恒方程为

$$c_r^{\mathrm{t}}=\sum_{j=1}^{N_\mathrm{F}}h_{rj}c_j+\sum_{k=1}^{N_\mathrm{S}}g_{rk}\hat{c}_k+\sum_{i=1}^{N_\mathrm{I}}f_{ri}\overline{c}_i+\sum_{m=1}^{N_\mathrm{M}}e_{rm}\check{c}_m \tag{11.26}$$

其中 $r=1,2,\cdots,N$ ，c_r^{t} 是组分 r 的总浓度；c_j 、$\hat{c}_k$ 、$\overline{c}_i$ 和 $\check{c}_m$ 分别是第 j 个流体组分、第 k 个固体组分、第 i 个基岩吸附阳离子和第 m 个胶束缔合阳离子的浓度；h_{rj}、g_{rk}、f_{ri} 和 e_{rm} 是在相应组分和阳离子中第 r 个组分的反应系数。流体相的电中性给出了一个附加方程：

$$\sum_{j=1}^{N_\mathrm{F}}Z_jc_j+\sum_{m=1}^{N_\mathrm{M}}\check{Z}_m\check{c}_m=0 \tag{11.27}$$

其中 Z_j 和 $\check{Z}_m$ 分别是第 j 个流体组分和第 m 个胶束缔合阳离子的电中性系数。方程（11.27）是质量守恒方程式（11.26）的线性组合。因此，这个方程不是独立的，但可用来代替任何组分的质量守恒方程。

（2）水溶液反应平衡方程。

从 N_F 个流体化学组分中，任意选择 N 个独立组分，其余 $N_\mathrm{F}-N$ 个组分浓度利用平衡关系表示为 N 个独立组分浓度组合的形式：

$$c_r=k_r^{\mathrm{eq}}\prod_{j=1}^{N}c_j^{w_{rj}},\quad r=N+1,N+2,\cdots,N_\mathrm{F} \tag{11.28}$$

其中 k_r^{eq} 和 w_{rj} 分别是反应平衡常数和指数。

（3）溶度积约束。

对每一种固相组分，溶度积约束为：

$$k_k^{\mathrm{sp}}\geqslant\prod_{j=1}^{N}c_j^{w_{kj}},k=1,2,\cdots,N_\mathrm{S} \tag{11.29}$$

其中溶度积常数 K_k^{sp} 仅根据独立组分浓度定义。如果固体完全溶解，相应的溶度积约束是式（11.29）中的不等式；如果固体存在，式（11.29）取等式形式。

（4）基质表面离子交换平衡方程。

每一基质允许在 N_l 个阳离子之间交换，存在电中性条件如下：

$$Q_\mathrm{v}=\sum_{i=1}^{N_\mathrm{I}}\overline{Z}_j\overline{c}_j \tag{11.30}$$

其中 Q_v 是基质表面阳离子交换量，$\overline{Z}_j$ 是第 i 个基质吸附阳离子的电中性系数。

此外，对于 N_I 个吸附阳离子，存在 $N_\mathrm{I}-1$ 个独立的交换平衡关系：

$$k_s^{\mathrm{ex}}=\prod_{j=1}^{N}c_j^{y_{sj}}\prod_{i=1}^{N_\mathrm{I}}\overline{c}_i^{x_{si}},\quad s=1,2,\cdots,N_\mathrm{I}-1 \tag{11.31}$$

其中 k_s^{ex} 是基质表面的交换平衡常数，x_{si} 和 y_{sj} 是平衡指数。

（5）胶束离子交换平衡方程：

对于表面活性剂胶束相关的 N_M 个阳离子，存在 $N_\mathrm{M}-1$ 个阳离子交换（胶束）平衡关系：

$$k_q^{\mathrm{exm}} = \prod_{j=1}^{N} c_j^{y_{qj}} \prod_{j=1}^{N_{\mathrm{M}}} \check{c}_m^{x_{qm}}, \quad q = 1,2,\cdots,N_{\mathrm{M}}-1 \tag{11.32}$$

其中，k_q^{exm} 是胶束表面的交换平衡常数。

在静电缔合模型中质量作用平衡“常数”实际上是阴离子表面活性剂总浓度的函数，因此它充分地描述了这些离子交换平衡关系（Hirasaki，1982）。这些平衡“常数”修正为

$$k_q^{\mathrm{exm}} = \beta_q^{\mathrm{exm}} \left(c_{A^-} + c_{S^-} \right), \quad q = 1,2,\cdots,N_{\mathrm{M}}-1$$

其中，c_{A^-} 和 c_{S^-} 分别是原位生成和注入的表面活性剂的浓度，由胶束的电中性条件确定：

$$c_{A^-} + c_{S^-} = \sum_{m=1}^{N_{\mathrm{M}}} \check{Z}_m \check{c}_m \tag{11.33}$$

综上所述，存在 N 个质量守恒方程（11.26），$N_{\mathrm{F}}-N$ 个水溶液反应平衡方程（11.28），N_{S} 个溶度积约束（11.29），1 个基质表面电中性条件（11.30），N_I-1 个阳离子交换（在基质表面）平衡关系（11.31），$N_{\mathrm{M}}-1$ 个阳离子交换（在胶束上）平衡方程（11.32）和 1 个胶束电中性条件（11.33），由此给出了总数为 $N_{\mathrm{F}}+N_{\mathrm{S}}+N_{\mathrm{I}}+N_{\mathrm{M}}$ 个独立方程组，以计算 N_{F} 个流体组分、N_{S} 个固体组分、N_{I} 个基质吸附阳离子、N_{M} 个吸附在胶束表面阳离子的平衡浓度。可以采用 Newton-Raphson 迭代（参见第 8.2.1 节）等迭代方法求解这组非线性方程。

11.4 聚合物驱

一般来说，只有当水驱流度比高、储层非均质性强或两者兼具时，聚合物驱才有经济性。聚合物驱过程中，在水中加入聚合物降低某流动性，由此黏度增加、水相渗透率降低，从而导致流度比降低，进而扩大波及体积效率、降低波及区域含油饱和度，最终提高水驱效率。

11.4.1 黏度

在一定的剪切速率下，聚合物溶液黏度是含盐量和聚合物浓度的函数（Flory，1953）：

$$\mu_{\mathrm{P}}^0 = \mu_{\mathrm{w}} \left[1 + \left(a_{\mathrm{P1}} c_{4\alpha} + a_{\mathrm{P2}} c_{4\alpha}^2 + a_{\mathrm{P3}} c_{4\alpha}^3 \right) c_{\mathrm{SEP}}^{b_{\mathrm{P}}} \right], \quad \alpha = 1或3 \tag{11.34}$$

其中，$c_{4\alpha}$ 为水或微乳液中聚合物的浓度，μ_{w} 为水相黏度，c_{SEP} 为聚合物的有效含盐量，a_{P1}、a_{P2}、a_{P3} 和 b_{P} 为输入参数。常数 b_{P} 决定了聚合物黏度随含盐量变化的程度。

聚合物溶液的黏度是剪切速率 γ' 的函数，利用 Meter 关系表达（Meter 和 Bird，1964）：

$$\mu_{\mathrm{P}} = \mu_{\mathrm{w}} + \frac{\mu_{\mathrm{P}}^0 - \mu_{\mathrm{w}}}{1 + \left(\gamma' / \gamma'_{1/2} \right)^{n_{\mathrm{M}}-1}} \tag{11.35}$$

其中 n_{M} 是经验系数，$\gamma'_{1/2}$ 是 $\mu_{\mathrm{P}} = \left(\mu_{\mathrm{P}}^0 - \mu_{\mathrm{w}} \right)/2$ 时的剪切速率。当式（11.35）应用于多孔介质中的流动时，通常称 μ_{P} 为表观黏度，剪切速率为等效剪切速率 γ'_{eq}。用校正多相流 Blake-Kozeny 毛细管束方程计算 α 相的地层剪切速率（Sorbie，1991）：

$$\gamma'_{\mathrm{eq},\alpha} = \frac{\gamma'_{\mathrm{c}} \left| \boldsymbol{u}_\alpha \right|}{\sqrt{\bar{k} k_{\mathrm{r}\alpha} \phi S_\alpha}} \tag{11.36}$$

其中 $\gamma_c' = 3.97C_s^{-1}$，C 是剪切速率系数。用于解释例如孔壁处的滑移等非理想效应（Wreath 等，1990），$\bar{k}$ 是平均渗透率：

$$\bar{K} = \left[\frac{1}{K_{11}} \left(\frac{u_{1\alpha}}{|\boldsymbol{u}_\alpha|} \right)^2 + \frac{1}{K_{22}} \left(\frac{u_{2\alpha}}{|\boldsymbol{u}_\alpha|} \right)^2 + \frac{1}{K_{33}} \left(\frac{u_{3\alpha}}{|\boldsymbol{u}_\alpha|} \right)^2 \right]^{-1}$$

其中 $\boldsymbol{u}_\alpha = (u_{1\alpha}, u_{2\alpha}, u_{3\alpha})$，$\boldsymbol{K} = \mathrm{diag}(K_{11}, K_{22}, K_{33})$。

11.4.2 渗透率下降

聚合物既降低了多孔介质的有效渗透率，又降低了驱替流体的流度。定义渗透率下降系数 R_k 描述渗透率下降情况：

$$R_k = \frac{K_w}{K_P} \tag{11.37}$$

其中 K_w 和 K_P 分别是水和聚合物的有效渗透率。由于黏度增加和渗透性降低的综合作用，流度变化为阻力系数 R_r：

$$R_r = \frac{R_k \mu_P}{\mu_w} \tag{11.38}$$

即使聚合物溶液穿过多孔介质，渗透率降低效应仍然存在。这种效应由残余阻力系数描述：

$$R_{rr} = \frac{\lambda_P}{\tilde{\lambda}_P} \tag{11.39}$$

其中，λ_P 和 $\tilde{\lambda}_P$ 分别为聚合物溶液驱替前后的流度。

11.4.3 不可及孔隙体积

由于聚合物分子尺寸大而导致孔隙的不可波及或驱替（使孔隙度降低）称为不可及孔隙体积。聚合物比水流动得更快。该效应可具体表示为聚合物守恒中孔隙度与有效孔隙体积输入参数的乘积。

11.5 泡沫驱

泡沫驱使用表面活性剂，通过形成稳定的气—液泡沫，降低气相流度。降低界面张力并不是重要的机制。为控制胶束驱油的流度，气—液泡沫为聚合物提供了一种替代方案。与单独泡沫驱油相比，ASP+ 泡沫驱产生更小的泡沫。对于初始油湿多孔介质，这些泡沫可以进入水驱无法到达的小孔隙，从而动用那里的残余油。此外，由于油和 ASP+ 泡沫体系之间的界面张力低，这种类型的驱油可以有效地驱替水驱后残留在岩石表面的残余油。

在多孔介质中泡沫的流动可以极大地降低气相流度，可通过以下关系说明：

$$K_{rg}^f = \frac{K_{rg}}{R_s R_u} \tag{11.40}$$

其中 k_{rg} 和 k_{rg}^f 是泡沫形成前后气相的相对渗透率，R_s 和 R_u 是独立的气相流度下降因子。R_s

与油相饱和度、表面活性剂、渗透率和毛细管压力有关，R_u 与气流速和气液比有关。这些参数可由下文的式（11.41）至式（11.43）确定。

11.5.1 临界含油饱和度

原油的存在不利于泡沫的形成，主要是由于油水界面张力低于气水界面张力。当这两个界面共存于油层中时，界面能量沿界面张力减小的方向变化，使起泡剂从气水界面移动到油水界面。因此泡沫失去表面活性剂膜的保护并迅速破裂。因此，在 ASP+ 泡沫驱油中，存在一个临界含油饱和度 S_{oc}。当 S_o 大于 S_{oc} 时，不形成泡沫；否则，可以形成泡沫。

11.5.2 临界表面活性剂浓度

泡沫是气泡在液体中的分散体。这种分散体通常非常不稳定，在不到一秒钟内破裂。然而，如果在液体中添加表面活性剂，其稳定性会大大提高，一些泡沫可以持久存在。如果用作起泡剂的表面活性剂浓度太低，则无法形成泡沫。只有当表面活性剂浓度高于临界浓度 C_s^c 时，才能形成泡沫。

11.5.3 临界毛细管压力

储层岩石的毛细管压力在泡沫形成过程中起着重要作用。只有当毛细管压力足够小时泡沫才能形成。当气泡通过小孔喉道时，毛细管压力随着气泡的扩张而减小，液体产生的压力梯度导致液体从周围区域进入这些喉道。如果毛细管压力足够小，液体将完全充满喉道，这将导致大气泡分裂成更小的气泡。因此，在此类机制中形成泡沫需要足够小的毛细管压力。通常对于储层，存在临界毛细管压力 p_c^*，使得泡沫性质在 p_c^* 的一个小邻域（$p_c^*-\epsilon, p_c^*+\epsilon$）里显著变化，其中 ϵ 是一个正常数。当毛细管压力 p_c 满足 $p_c>p_c^*+\epsilon$ 时，不形成泡沫；当 $p_c<p_c^*+\epsilon$ 时，形成的泡沫强度非常大。如果 p_c 是水相饱和度 S_w 的函数，

$$p_c = p_c(S_w)$$

从该函数可以得到相应的临界水相饱和度 S_{wc}。

11.5.4 油的相对渗透率影响

在岩心流动实验中，随着 ASP+ 泡沫物质的注入，岩心高渗透区的产液量降低；低渗透区产液量增加。这表明泡沫倾向阻塞高渗透区。

根据上述结论，流度下降因子 R_s 函数定义如下：

$$R_s = 1，\text{如果} S_o > S_{oc} \text{或} c_s < c_s^c \tag{11.41}$$

如果 $S_o \leqslant S_{oc}$ 且 $c_s \geqslant c_s^c$，则

$$R_s = \begin{cases} 1, & S_w \leqslant S_{wc} - \epsilon \\ \left[1 + (R_{max} - 1)\left(\dfrac{S_w - S_{wc} + \epsilon}{2\epsilon}\right)\right]\left(1 + \dfrac{k}{\bar{k}}\right)^2, & S_{wc} - \epsilon < S_w < S_{wc} + \epsilon \\ R_{max}\left(1 + \dfrac{k}{\bar{k}}\right)^2, & S_w \geqslant S_{wc} + \epsilon \end{cases} \tag{11.42}$$

其中 R_{max} 是实验确定的常数，$\bar{k}$ 为渗透率 k 的加权平均值，权重为每层的有效厚度。

11.5.5 气液比影响

在 ASP+ 泡沫驱中，存在最佳气液比 R_{gl}^*，在此气液比条件下泡沫强度最大，采收率最高。当气液比 R_{gl} 高于或低于 R_{gl}^* 时，泡沫强度都会减弱，采收率也会下降。

11.5.6 气相流速影响

泡沫强度也取决于气相流速 u_g。气相流速越低，泡沫强度越大。R_{gl} 和 u_g 对流度下降因子 R_u 的影响可用以下函数表示：

$$R_u = \begin{cases} \left(u_g / u_g^0\right)^{\sigma-1} & ，如果R_{gl} \leqslant R_{gl}^* \\ \left(u_g / u_g^0\right)^{\sigma-1} R_{gl}^{-\omega} & ，如果R_{gl} > R_{gl}^* \end{cases} \tag{11.43}$$

其中 u_g^0 是参考气相流速，α 和 ω 是实验确定的常数。

11.6 岩石流体性质

在 ASP+ 泡沫驱中，储层岩石和流体之间会发生非常复杂的物理和化学现象，如吸附、阳离子交换，以及相位比重和黏度随组分的变化。

11.6.1 吸附

（1）表面活性剂。

几十年来表面活性剂吸附一直是广泛研究的主题，目前已经获很清楚了。通常，表面活性剂吸附等温线是非常复杂的（Somasundaran et al.，1977；Scamehorn et al.，1982）。当表面活性剂不是异构纯且基质不是纯矿物时，这一点尤为真实。然而，人们认为可以用 Langmuir 型等温线获取模拟采油过程中表面活性剂吸附的基本特征（Camilleri et al.，1987）。这一类型的等温线描述了考虑含盐量、表面活性剂浓度和岩石渗透率的表面活性剂吸附水平。表面活性剂的吸附浓度表示如下：

$$\hat{c}_i = \min\left[\hat{c}_i, \quad \frac{a_i\left(\tilde{c}_i - \hat{c}_i\right)}{1 + b_i\left(\tilde{c}_i - \hat{c}_i\right)}\right] \tag{11.44}$$

其中 $i=3$（表面活性剂），b_i 是常数。取最小值是为了确保吸附量不大于表面活性剂总浓度。吸附随有效含盐量线性增加，随渗透率增加而减小：

$$a_i = \left(a_{i1} + a_{i2} c_{SE}\right)\sqrt{\frac{K^0}{K}}$$

其中 c_{SE} 为有效含盐量，a_{i1} 和 a_{i2} 为常数，K 为渗透率，K^o 为基准渗透率。基准渗透率是指定输入吸附参数的渗透率。比值 a_i/b_i 代表吸附表面活性剂的最大水平，b_i 控制等温线的曲率。

根据在石油应用中的经验，在很多情况下，Langmuir 型等温线是无效的；吸附的表面活性剂浓度曲线必须在实验室重新测量。根据笔者的实验室实验（Chen et al.，2005b），在 pH 基准值 pH_r 处的吸附浓度 $\hat{c}_i^0$ 可以通过其与表面活性剂浓度 c_i 的关系计算：

$$\hat{c}_i^0 = \hat{c}_i^0\left(c_i\right)$$

吸附浓度 $\hat{c}_i$ 随 pH 值的变化而变化：

$$\hat{c}_i = \left(1 - \frac{(a_i(\mathrm{pH} - \mathrm{pH_r}))}{\mathrm{pH_{max}} - \mathrm{pH_r}}\right)\hat{c}_i^0$$

其中 $\mathrm{pH_{max}}$ 是 pH 值的最大值，a_i 是实验常数。

（2）聚合物。

由于聚合物吸附在固体表面并被捕获在小孔隙内，因此滞留于多孔介质中。聚合物滞留类似于表面活性剂，减慢聚合物流速，并耗尽聚合物段塞。聚合物吸附由式（11.44）给出参数 a_i 定义为

$$a_i = (a_{i1} + a_{i2}c_{\mathrm{SEP}})\sqrt{\frac{K^0}{K}}$$

其中，$i=4$（聚合物），c_{SEP} 是聚合物的有效含盐量：

$$c_{\mathrm{SEP}} = \frac{c_{51} + (\beta_{\mathrm{P}} - 1)c_{61}}{c_{11}}$$

其中 c_{51}、c_{61} 和 c_{11} 是水相中的阴离子、钙和水的浓度，β_{P} 是在实验室测量的输入参数。

11.6.2 相密度

相密度（$\gamma_\alpha=\rho_\alpha g$）是相压力和组分的函数：

$$\begin{aligned}\gamma_\alpha &= c_{1\alpha}\gamma_{1\alpha} + c_{2\alpha}\gamma_{2\alpha} + c_{3\alpha}\gamma_{3\alpha} + 0.02533c_{5\alpha} \\ &-0.001299c_{6\alpha} + c_{8\alpha}\gamma_{8\alpha}, \quad \alpha = 1,2,\cdots,N_{\mathrm{p}}\end{aligned} \tag{11.45}$$

其中，$\gamma_{i\alpha} = \gamma_i^0\left[1 + C_i^0(p_\alpha - p_{\mathrm{r}}^0)\right]$，且 γ_i^0 是组分 i 在参考压力 p_{r}^0 下的密度。

11.6.3 相黏度

液相黏度用纯组分黏度和有机物、水及表面活性剂的相浓度表示：

$$\begin{aligned}\mu_\alpha &= c_{1\alpha}\mu_{\mathrm{w}}e^{\beta_1(c_{2\alpha}+c_{3\alpha})} + c_{2\alpha}\mu_0 e^{\beta_2(c_{1\alpha}+c_{3\alpha})} \\ &+ c_{3\alpha}\beta_3 e^{\beta_4 c_{1\alpha}+\beta_5 c_{2\alpha}}, \quad \alpha = 1,2,3\end{aligned} \tag{11.46}$$

其中，参数 β_{i} 通过几种组分拟合实验室微乳液黏度确定的。当表面活性剂和聚合物不存在的情况下，水相和油相黏度降低到纯水和纯油相黏度 μ_{w} 和 μ。当聚合物存在时，μ_{w} 由式（11.35）定义的聚合物黏度 μ_{P} 代替。

以下指数表达式可用于计算（关于温度的函数）黏度：

$$\mu_i = \mu_i^0 \exp\left[b_i\left(\frac{1}{T} - \frac{1}{T^0}\right)\right], \quad i = \text{水、油或气} \tag{11.47}$$

其中，μ_i^0 是在参考温度 T^0 下的黏度，b_i 是输入参数。空气黏度是压力的线性函数：

$$\mu_{\mathrm{a}} = \mu_{\mathrm{a}}^0 + \mu_{\mathrm{a}}^{\mathrm{s}}(p_{\mathrm{r}} - p_{\mathrm{r}}^0) \tag{11.48}$$

其中，μ_{a}^0 是在参考压力 p_{r}^0 下的空气黏度，$\mu_{\mathrm{a}}^{\mathrm{s}}$ 是空气黏度与压力关系曲线的斜率（变化率）。

11.6.4　阳离子交换

饱和多孔介质中初始流体和注入流体的电解质组分不相容导致阳离子交换。阳离子交换会影响溶液中离子的运移，从而影响最佳含盐量、表面活性剂相态和吸附（Pope et al.，1978；Fountain，1992）。参与交换的阳离子的类型和浓度也对渗透性（Fetter，1993）有影响。阳离子以自由离子的形式存在，吸附在黏土表面，并与表面活性剂胶束或吸附的表面活性剂缔合。Hirasaki 模型（Hirasaki，1982）可用来描述阳离子交换，钙（$i=6$）和钠（$i=12$）在黏土和表面活性剂上离子交换的浓度作用方程为：

$$\frac{\left(c_{12}^{s}\right)^2}{c_6^{\mathrm{s}}}=\beta^s c_3^m\frac{\left(c_{12}^{\mathrm{f}}\right)^2}{c_6^{\mathrm{f}}},\quad \frac{\left(c_{12}^{a}\right)^2}{c_6^{a}}=\beta^a Q_{\mathrm{v}}\frac{\left(c_{12}^{f}\right)^2}{c_6^{f}} \tag{11.49}$$

其中，上标 f、a 和 s 分别表示自由阳离子、黏土吸附阳离子和胶束吸附阳离子；β^s 和 β^a 是黏土和表面活性剂的离子交换常数；c_3^{m} 是表面活性剂的浓度，单位是 m mol/mL；Q_{v} 是黏土的阳离子交换能力。电中性和质量守恒是完成离子交换方程组所必需的：

$$\begin{gathered}
c_5=c_{12}^{f}+c_6^{f}\\
c_6=c_6^{f}+c_6^{s}+c_6^{a}\\
c_3=c_6^{s}+c_{12}^{s}\\
Q_v=c_6^{a}+c_{12}^{a}\\
c_5-c_6=c_{12}^{f}+c_{12}^{s}+c_{12}^{a}
\end{gathered} \tag{11.50}$$

这些方程的所有浓度均以相对水的浓度（m mol/mL）表示。表面活性剂摩尔体积浓度的评价方式如下：

$$c_3^{\mathrm{m}}=\frac{1000c_3}{c_1 M_3} \tag{11.51}$$

其中 M_3 是表面活性剂当量。用 Newton-Raphson 迭代法求解阳离子交换方程式（11.49）至式（11.51）的六个未知量 c_6^a、c_{12}^a、c_6^f、c_{12}^f、c_6^s 和 c_{12}^s（参见第 8.2.1 节）。

11.7　数值方法

第 4 章中提出的各种数值方法和第 8 章讨论的求解方法均可用于化学驱控制方程的数值求解。对于下一节的数值结果，时间离散采用后向欧拉模式，空间离散采用长方体的 Raviart-Thomas 混合有限元方法（参见第 4.5.4 节）。所使用的顺序求解方法，是从 Delshad 等（2000）研发的用于化学驱组分模拟器的 IMPEC（即隐式压力和显式组分浓度；参见第 8.2.4 节）技术发展而来。由于溶液组分的显式性，必须限制时间步长大小以稳定整个过程。相比之下，顺序方法（参见第 8.2.3 节）隐式地求解了压力和组分，并放松了时间步长限制。每个压力和组分方程的 Newton-Raphson 迭代都受到这些变量在迭代过程中最大变化的约束（参见第 8.2.3 节），时间步长的自动选择由这些时间步长的最大变化决定，其中包括上游加权块间流量（例如流度）和注采项。线性代数方程组用不完全 LU 分解预条件的 ORTHOMIN 迭代算法求解（参见第 5 章）。

每个压力和组分方程的隐式时间格式和隐式井底压力处理都增加了稳定性并保留了用户指定的速率和约束。事实上，对于下一节进行的数值试验，已经观察到顺序方法的速度大约是 IMPEC 的四倍。

顺序求解方法按以下顺序进行：

（1）隐式求解压力方程。

（2）隐式求解各组分总浓度输运系统。

（3）利用化学反应平衡模型求得有效含盐量。

（4）利用闪蒸计算获得相饱和度和各相中的组分浓度。

（5）计算界面张力、捕集数、残余相饱和度、相对渗透率、相密度、黏度、流度下降系数等。

（6）回到步骤（1），重复这个过程，直到达到最终状态。

11.8 数值结果

利用三个算例验证第 11.1 节至第 11.6 节建立的化学组分模型：包括无相间传质的化学流动、实验室砂岩岩心、有传质的 ASP+ 泡沫驱替问题。第一个算例用于证明该化学模型的可靠性和实用性。因为所考虑的化学组分问题没有可用的解析解，所以第二个算例用于比较数值和实验室结果。第三个算例比第一个更实际，用于研究不同开发方法、驱油机理以及不同因素对 ASP+ 泡沫驱采收率的影响。数值模拟可用于化学驱的机理研究、可行性评价、开发方案优化和性能预测，提高采收率，降低运营成本。

11.8.1 例 1

本例是一个典型的五点法井网问题，有四口注入井和一口生产井（图 11.4）。注采井距 250m，水平方向网格为 9×9，空间网格尺寸为 44.19m，时间步长约为几天。在纵向上有两层，每层的有效厚度为 3m，第一层和第二层的渗透率分别为 800mD 和 1500mD，孔隙度为 0.26。初始含水饱和度为 0.45，注入速度为 0.19 PV/d。含水率（WC）定义为产水量与产水、产油总量之比。

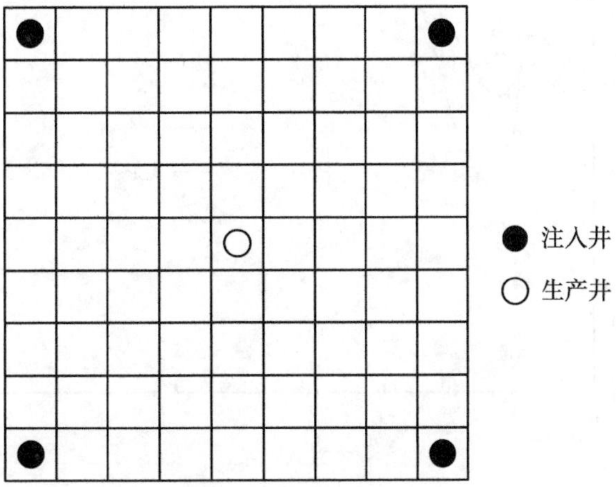

图 11.4 五点法井网

采用有三种驱油方式：水驱、聚合物驱和三元复合 ASP 驱，具体如下。

（1）水驱：注水直到 WC=98%。

（2）聚合物驱：注入 0.05PV 水，接着注入聚合物（1000mg/L 溶液）至总注入量达到 0.38PV，然后注水直到 WC=98%。

（3）ASP 驱：注入 0.05PV 水，接着注入含 0.3% 表面活性剂的 ASP、聚合物（1000mg/L 溶液）和质量分数为 2% 的 NaOH 至总注入量达到 0.38PV，然后注水直到 WC=98%。

模拟中使用的界面张力活性函数见表 11.1。第二种（聚合物驱）和第三种（ASP 驱）驱油方法的采收率分别为 23% 和 32% OIP（石油地质储量）。图 11.5 给出了不同驱油方法的 WC 曲线。图 11.6 是当 WC 等于 98% 时，分别采用聚合物和 ASP 驱的第一层剩余油饱和度。从图 11.5 看到第二种和第三种的 WC 分别从最高值 92.34% 下降到 79.85% 和 66.56%，且第三种更大幅度地降低了残余油饱和度。这些结果符合实际开采规律，这表明该化学模拟器是实用的。虽然本例使用了相当粗的网格，但对于细网格，模拟结果类似（图 11.5）。

表 11.1 界面张力的活性函数表

碱	表面活性剂					
	0	0.001	0.002	0.003	0.004	0.005
0	20.0000	0.90000	0.20000	0.12000	0.07000	0.04000
0.5%	0.75800	0.01700	0.00400	0.00019	0.00015	0.00010
1.0%	0.17300	0.01100	0.00100	0.00009	0.00004	0.00003
1.5%	0.07300	0.00600	0.00070	0.00005	0.00003	0.00002
2.0%	0.03000	0.00200	0.00030	0.00002	0.00002	0.00001
3.0%	0.06000	0.00800	0.00070	0.00012	0.00010	0.00005

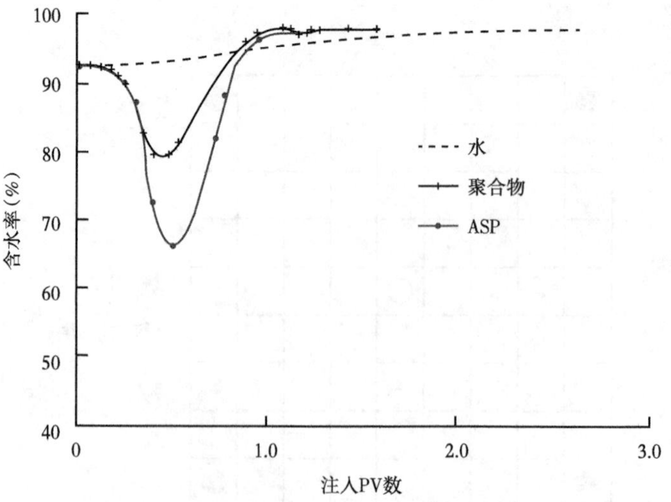

图 11.5 含水率对比

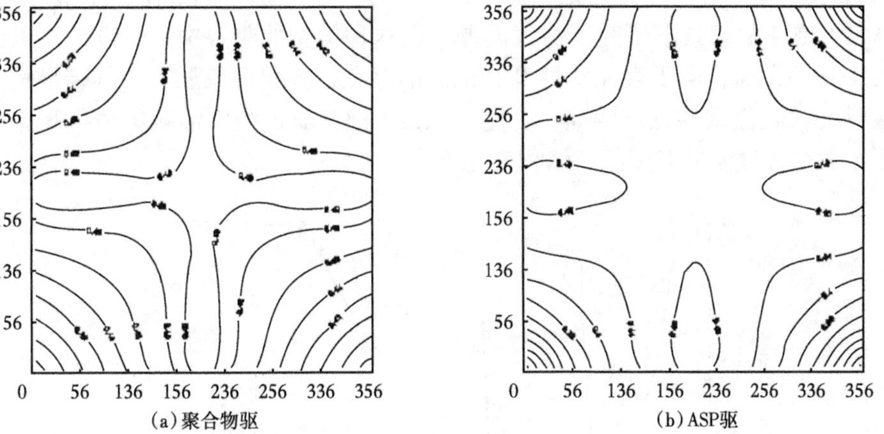

图 11.6 聚合物驱和 ASP 驱

11.8.2 例 2

为了验证化学组分模拟器的准确性，本例比较了岩心流动实验的数值结果与实验室结果。实验岩心是砂岩岩心，水平方向上非均质。岩心尺寸为 30cm×4.5cm×4.5cm，共有三层，每层厚度为 1.5cm。每层平均渗透率为 1000mD，变异系数为 0.72。孔隙度为 0.26，模型已水驱至 WC＝98%。

本例由两次注入组成。第一次注入，ASP 由浓度为 0.3%ORS41、1.0wt% NaOH 溶液和 2000mg/L 聚合物 1275A 溶液组成；第二次注入，ASP 由浓度为 0.05%ORS41、1.0%（质量分数）NaOH 溶液和 1800mg/L 的聚合物 1275A 溶液组成。以等体积（天然）气液交替注入，在每个循环注入 0.05 PV。在一次注入中，分别注入 0.3PV 气体和液体；在二次注入中，分别注入 0.1PV 气体和液体。在这两次注入之后，有一个保护期。在此期间，首先注入 0.05PV 800mg/L 的聚合物 1275A 溶液，然后注入 0.15PV 500mg/L 的聚合物 1275A 溶液，最后注入水。图 11.7 给出了数值模拟和实验室的采油率结果对比曲线（相对于当前 OIP），图 11.8 给出了相应的 WC 对比结果。这对比表明，数值和实验室结果基本吻合。

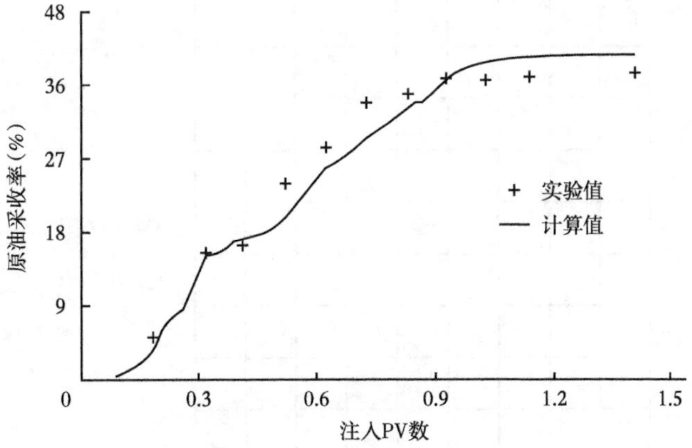

图 11.7 采收率拟合对比曲线

虽然第 11.1 节中的微分方程是为微可压缩流推导的，但它们适用于本节的注气实验。本例在 ASP+ 泡沫驱背景下研究了注气问题。在这种类型的驱替中，一方面，聚合物的黏度相当大，另一方面，由于表面活性剂和泡沫的存在，乳化现象显著。其结果是，所形成的乳化液黏度大且流动性低。因此，在整个 ASP+ 泡沫驱过程中油藏压力很高。在如此高的压力下，大部分气流呈泡沫状，体积变化不大。

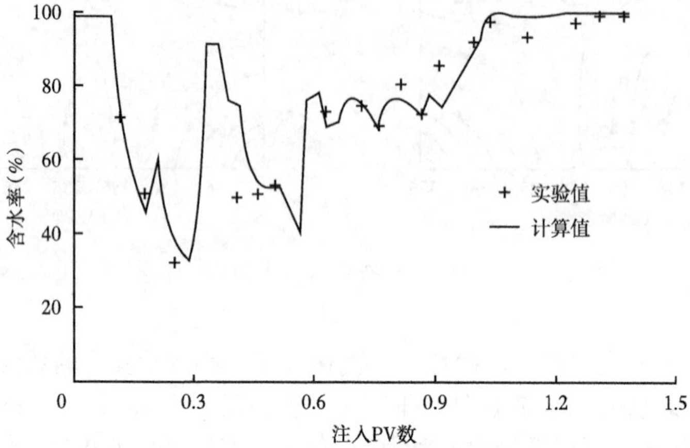

图 11.8　含水率拟合对比曲线

11.8.3　例 3

这个例子比第一个例子更实际。采用化学组分模型研究了不同开发方法、驱油机理及不同因素对 ASP+ 泡沫驱效果的影响。

（1）模型。

这是一口注水井和四口生产井的反五点法井网问题，注采井之间的距离为 250m（图 11.9）。有三个垂直层，每个层的厚度为 2m。第一层、第二层和第三层的平均渗透率分别为 154mD、560mD 和 2421mD，每一层的变异系数为 0.72。孔隙度为 0.26，初始含水饱和度为 0.26。网格数为 9×9×3，水平网格尺寸为 44.1942 m，注入速率为 0.19 PV/d。

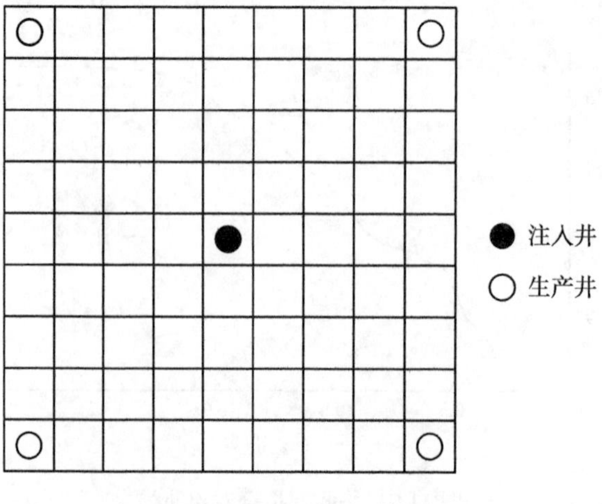

图 11.9　反五点法井网

（2）采收率研究。

利用本化学组分模拟器模拟四种不同的驱油方式：水驱、聚合物驱、ASP 驱、ASP+ 泡沫驱油。具体如下：

①水驱：注水直到 WC＝98%。

②聚合物驱：注水直到 S_w＝0.915，接着注入聚合物（1000mg/L 溶液）至总注入量达到 0.57PV，然后注水直到 WC＝98%。

③ASP 驱：注水直到 S_w＝0.915，接着在保护阶段注入 0.15PV 聚合物（1000mg/L 溶液），然后注入含 0.3% 表面活性剂的 ASP、1.0wt% NaOH 和 1000mg/L 聚合物溶液至总注入量达到 0.57PV，最后注水直到 WC＝98%。

④ ASP+ 泡沫驱：注水直到 S_w＝0.915，接着在保护阶段注入 0.15PV 聚合物（1000mg/L 溶液），然后同时注入 ASP+ 泡沫与气体、液体至总注入量达到 0.57PV，其中气液比为 1∶1，ASP+ 泡沫含 0.3% 表面活性剂、1.0%（质量分数）NaOH 和 1000mg/L 聚合物溶液，最后注水直到 WC＝98%。

四种驱油方法的采收率如图 11.10 所示，从中可见 ASP+ 泡沫驱效率最高。

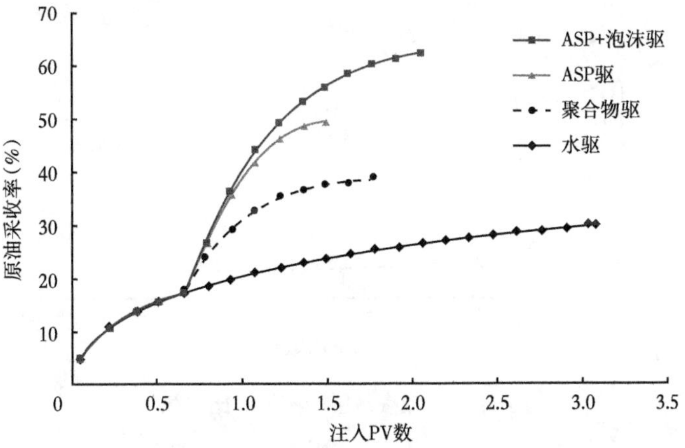

图 11.10　不同驱油方式采收率对比

（3）驱替机理研究。

正如第 11.5 节所述，在初始油湿多孔介质中，ASP+ 泡沫驱由于泡沫流动阻力的变化，ASP+ 泡沫进入水驱无法波及的小孔隙，并驱替出大量残余油。因此，通过提高波及体积率和降低波及区域含油饱和度，该驱替提高水驱效率。

ASP+ 泡沫驱的终极目标是提高体积波及效率从而提高油藏中水、气或蒸汽驱的采收率。这种波及效率的提高很大程度上取决于泡沫对多孔介质的封堵能力。数值模拟是研究 ASP+ 泡沫驱在油藏中不同渗透层的流动特性，揭示封堵作用的有效途径之一。

在非均质严重的多孔介质水驱开发中，大部分液体来自高渗透层，少量液体来自低渗透层。当注入泡沫时，它们首先进入高渗透区。随着不断注入，泡沫很快在这些区域中起到封堵作用，增加了流动阻力，然后逐渐向低渗透区推进。这就是这种驱替方法提高波及体积的原因。

为验证上述问题，对水驱和 ASP+ 泡沫驱进行模拟。这两种驱替及注入段塞如下。

①水驱：注水直到 WC=98%。

② ASP+ 泡沫驱：注水直到 S_w=0.915，接着在保护阶段注入 0.15PV 聚合物（1000mg/L 溶液），然后同时注入 ASP+ 泡沫与气体、液体至总注入量达到 0.57PV，其中气液比为 1:1，ASP+ 泡沫含 0.3% 表面活性剂、1.0wt% NaOH 和 1000mg/L 聚合物溶液，最后注水直到 WC=98%。

对于这个模型，水驱和 ASP+ 泡沫驱的采收率分别为 29.86% 和 62.06%。显然，第二种驱替方式更有效。图 11.11 至图 11.13 给出了这两种驱替方式下三个不同层（高、中、低渗透层）的产液量。这些图表明，在水驱中，大多数液体产自高渗透层，而其他两个层产液量较少。在 ASP+ 泡沫驱油中，泡沫可以有效地封堵高渗透层，使其产液量下降，中渗透层和低渗透层产液量增加。此外，中渗透层中的产液量增加多于低渗透层。这些结果与 ASP+ 泡沫驱提高波及体积的驱替机理吻合。

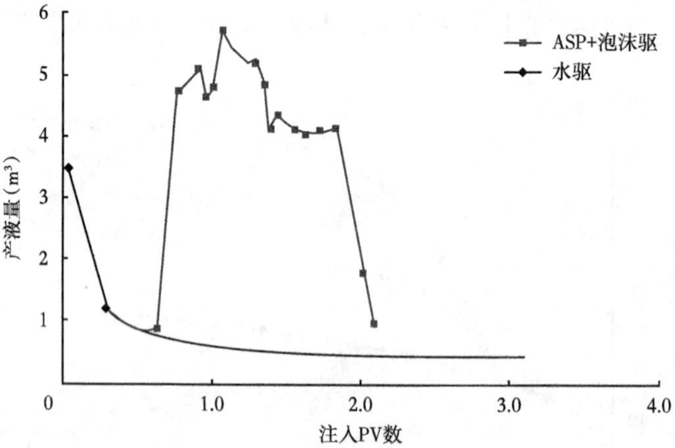

图 11.11　低渗透层产液量对比曲线

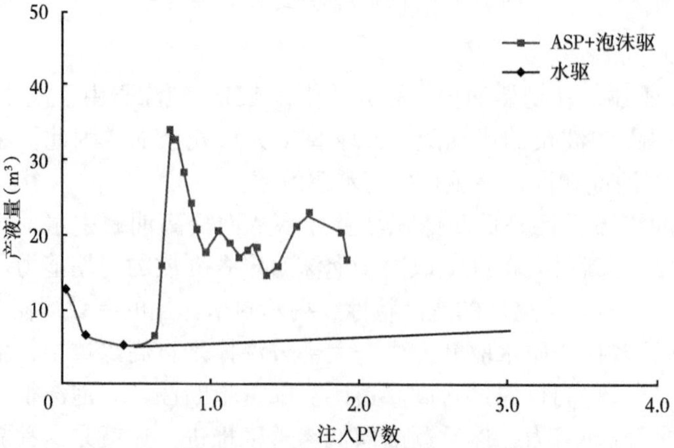

图 11.12　中渗透层产液量对比曲线

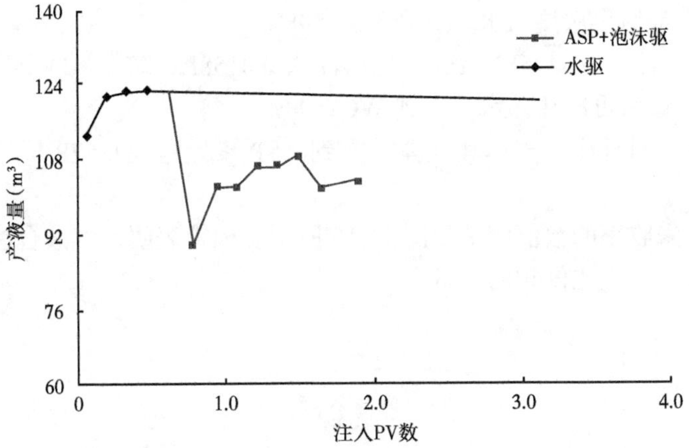

图 11.13 高渗透层产液量对比曲线

(4)不同因素的影响。

影响 ASP+ 泡沫驱采收率的因素很多。笔者对其中两种因素：气液比和不同注入方法，进行了数值研究。

①气液比影响。

在 ASP+ 泡沫驱中，气液比分别设定为 1∶1，3∶1，5∶1，驱油效果如图 11.14 所示，从中可以看出，最佳气液比为 3∶1。该比值产生高质量的泡沫，能够有效地进入和封堵高渗透层，使得更多的驱替流体能够到达中渗透层和低渗透层，从而获得更大的体积波及效率。

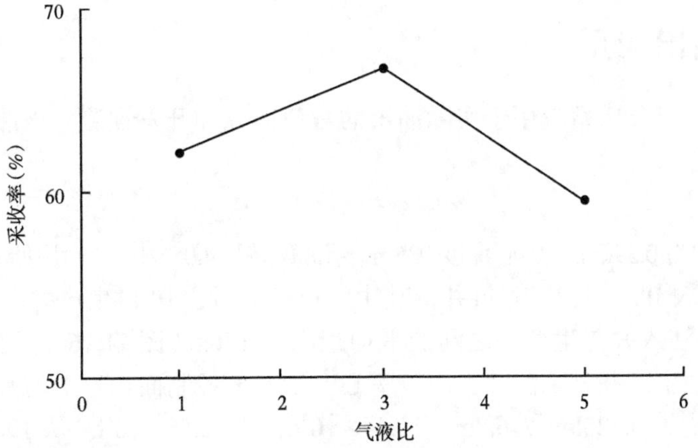

图 11.14 采收率与气液比关系

②气体和液体注入影响。

可以交替或同时注入气体和液体。在交替注入中，注入频率(或周期)也可不同。不同的注入方式对采收率有不同的影响。

将气液比固定为 3∶1。研究低频交替注入、高频交替注入和气液合注三种方式。

（a）低频交替：注入 0.095PV ASP，然后注入 0.032PV 气体，再交替注入，直到 ASP 累计达到 0.57PV，最后再次注入水，直到 WC = 98%。

（b）高频交替：注入 0.0475PV ASP，然后注入 0.0158PV 气体，再交替注入，直到 ASP 累计达到 0.57PV，最后再次注入水，直到 WC = 98%。

（c）气液合注：同时注入气体和液体，直到 ASP 累计达到 0.57PV，然后再次注入水，直到 WC = 98%。

三种注入方式采收率的数值结果如图 11.15 所示。模拟表明，气液合注比交替注入方法有效。对于交替法，高频比低频的产量大。

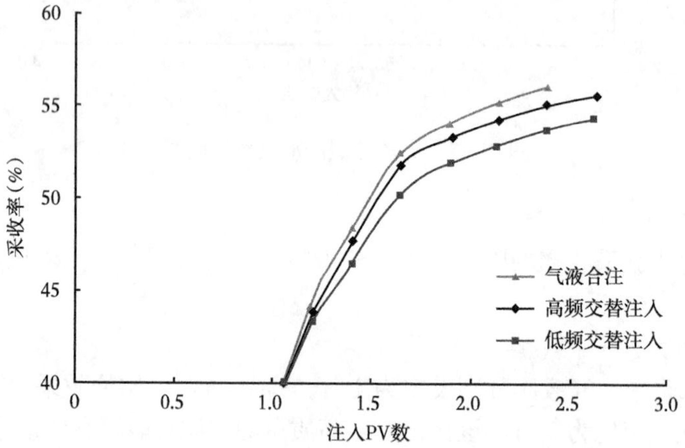

图 11.15 不同注入方式采收率对比

11.9 实际油田应用

本节，将化学组分模型应用于实际油田的数值研究和开发预测。该油田位于亚洲，自 1963 年开始运营。

11.9.1 背景

该研究区面积为 0.39km^2，中心深度 935m，孔隙体积 64.05 × 10^{4}m^3，原始 OPI 为 35.92×10^{4}t，原始储层压力 10.5MPa。共有 16 口井，其中 6 口注入井，10 口生产井。注入井之间的平均距离为 250m，注入井与生产井之间的平均距离为 176m（图 11.16）。两口中心生产井是主要生产井，其他生产井是观测井。两口中心产油井的控制面积、平均有效厚度、孔隙体积和原始 OIP 分别为 0.125km^2、6.8m、22.44 × 10^{4}m^3 和 12.58 × 10^{4}t。从 1989 年 3 月到 1993 年 9 月，共有 36 个周期的水气交替注入。累计注气量为 4938 × 10^{4}m^3（在标准条件下），相当于 0.24PV；累计注水量为 66.92×10^{4}m^3，相当于 0.48PV。

11.9.2 数值模型

为了模拟这一模型，重新排列注入井和生产井，如图 11.16 所示。使用封闭边界条件。储层为六层，网格尺寸为 25 × 17 × 6。x_1 方向和 x_2 方向网格尺寸分别为 31.304m 和 30.829m。

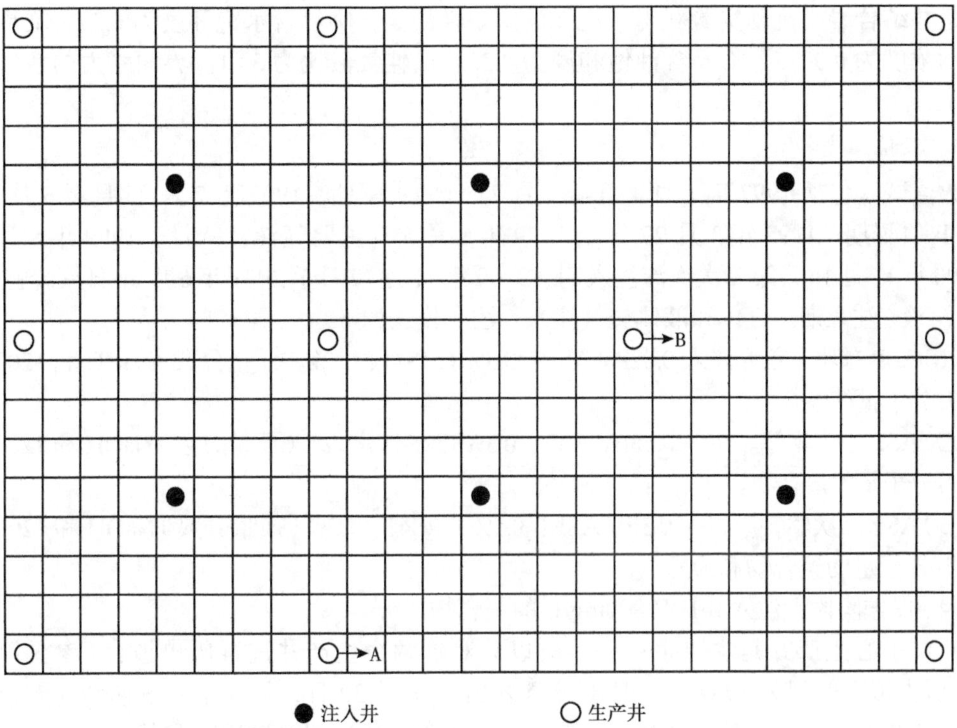

图 11.16 研究区域

井所在网格点的有效厚度、渗透率、孔隙度和深度是通过测井资料获得的，见表 11.2。井点之间的数据由井点数据插值获得。ASP+ 泡沫驱之前含水饱和度无法直接得到。因此可以使用测井提供的注入、产液和 WC 数据确定井点的含水饱和度。WAG（水—气体交替）试验表明，在 ASP+ 泡沫驱之前，储层中存在 $13.88\times10^4m^3$ 的注入气体，而注气区的孔隙体积为 $139.2\times10^4m^3$，二者之比为 9.97%，作为残留气的参考饱和度。

表 11.2 储层数据

层位	有效厚度（m）	渗透率（D）	孔隙度（%）	深度（m）
第一层	0~2.8	0.04~0.378	0.235~0.257	912~950
第二层	0~1.4	0.039~0.417	0.235~0.257	914~952
第三层	0~2.8	0.04~0.596	0.235~0.257	920~953
第四层	0.2~2.6	0.039~0.493	0.235~0.257	922~956
第五层	0.5~2.2	0.039~0.543	0.235~0.257	924~958
第六层	0–4.1	0.039–0.543	0.235–0.257	926–960

本实例中使用的化学剂和泡沫的物理化学性质同上一节的第二个例子一样，通过实验室测量并结合岩心流动实验获得。泡沫的主要性质是：临界含水饱和度为 0.37，临界表面活性剂浓度为 0.0015，临界含油饱和度为 0.25，最佳气液比为 3∶1。界面张力的活性函数见表 11.1。

11.9.3　数值历史拟合

数值试验包括 1997 年 1 月 1 日至 2 月 24 日的水驱期、1997 年 2 月 25 日至 3 月 26 日的 ASP 预驱期、1997 年 3 月 27 日至 1999 年 8 月 5 日主要气液注入期、1999 年 8 月 6 日至 2000 年 11 月 16 日第二次泡沫注入期、2000 年 11 月 17 日至 2001 年 6 月 30 日聚合物（800 mg/L 溶液）注入期。气体和液体交替注入。注入模式如下。

（1）ASP 预驱。首先注入 0.02PV ASP：0.3% ORS41、1.2%（质量分数）NaOH 和 1200mg/L 1500 万分子量的聚合物。

（2）ASP 主体驱替。注入 0.55PV ASP：0.3% ORS41、1.2%（质量分数）NaOH 和 1200mg/L 1500 万分子量的聚合物。

（3）ASP 二次驱替。注入 0.3PV ASP：0.1% ORS41、1.2%（质量分数）NaOH 和 1200mg/L 1500 万分子量的聚合物和天然气。

（4）保护阶段：注入 0.1PV 800mg/L 的聚合物。

两口中心生产井是主要生产井，所以只对这两个生产井进行历史拟合（参见第 14.2 节）。历史拟合时间为 1997 年 1 月 1 日至 2001 年 6 月 30 日，从注水开发期到注聚合物保护期。拟合的变量包括日产油量、日产水量和 WC。通过相对渗透率和其他物理数据的调整进行历史拟合。对于 0~0.97 体积范围内的注入 PV，实际结果与数值结果对比如图 11.17 至图 11.22 所示。同一时期的累计产油量见表 11.3。

WC 拟合的相对误差为 4.48%。从图 11.17 至图 11.22 和表 11.3 可以看到，日产油量和日产水量、累计产油量和采收率比较吻合。

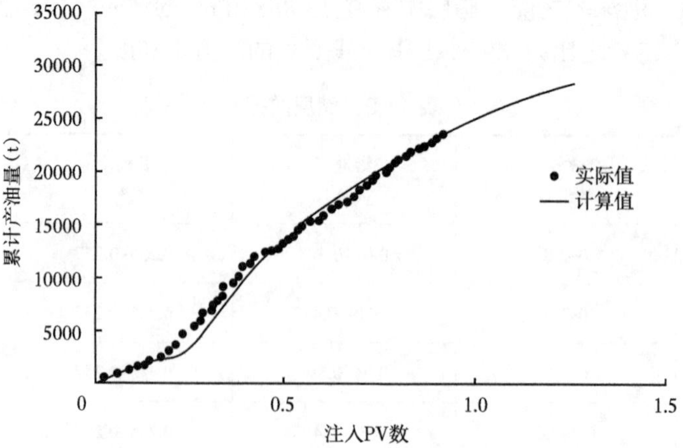

图 11.17　中心井区累计产油量拟合预测结果

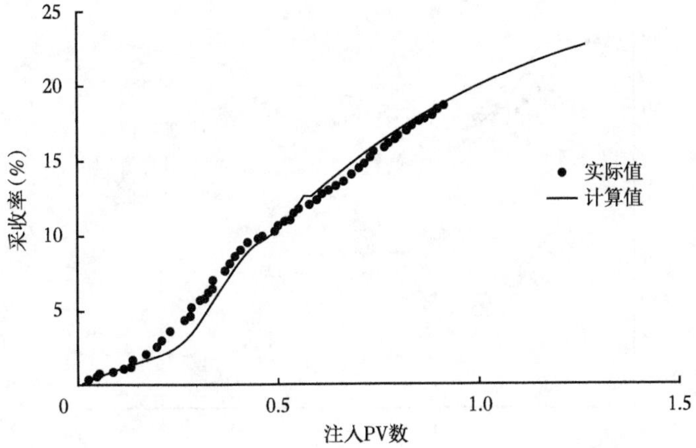

图 11.18　中心井区采收率拟合预测结果

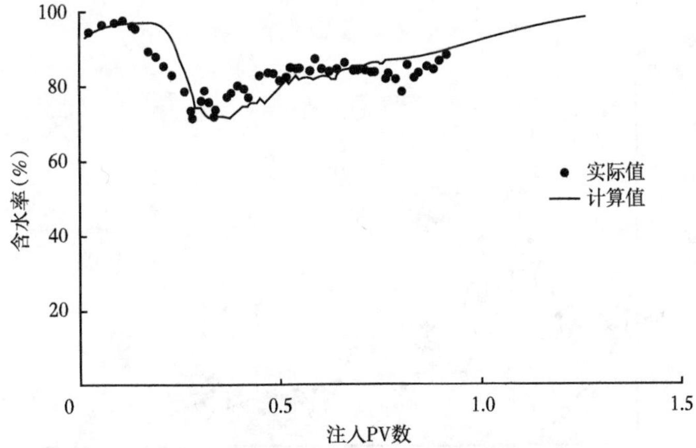

图 11.19　中心井区含水率拟合预测结果

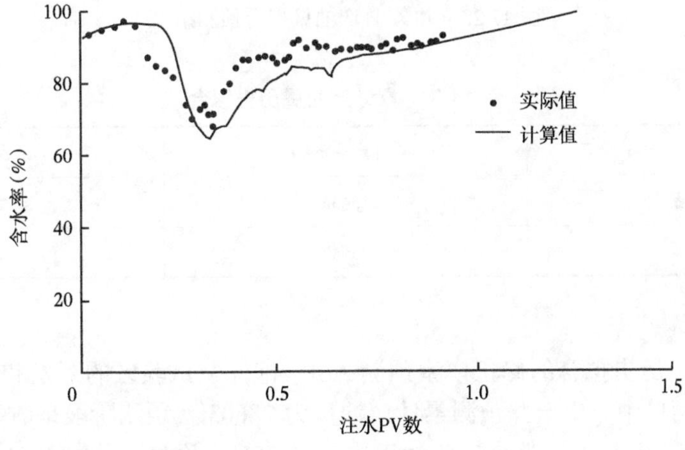

图 11.20　井 A 含水率拟合预测结果

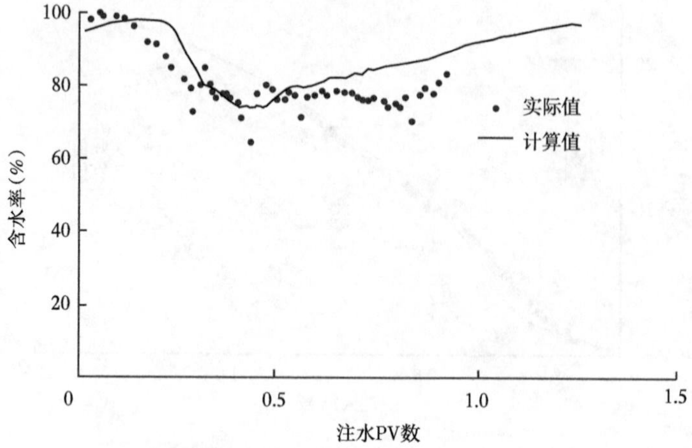

图 11.21 井 B 含水率拟合预测结果

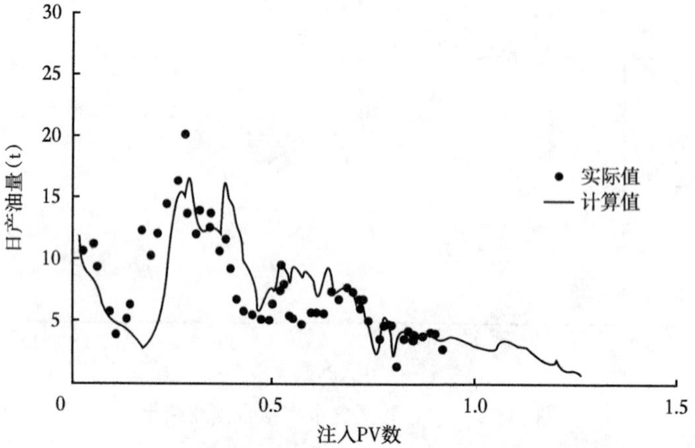

图 11.22 井 A 日产油量拟合预测结果

表 11.3 累计产油量历史拟合

类型	累计产油量（t）	采收率（%）
实际值	23435	18.63
数值计算	23647	18.80

11.9.4 预测

可以采用基于历史拟合的修正模型预测 ASP+ 泡沫驱试验区的开发和产量，预测直到 WC 达到 98%。两口中心生产井预测累计产油量为 28603t，预测阶段采收率为 22.74%，总采收率为 67.36%，注入 PV（整个试验油田）为 1.27PV。预测结果如图 11.17 至图 11.22 所示，其中注入的 PV 数在 0.97~1.27 PV 范围内。

11.9.5 不同开发方案的评价

油藏数值模拟的优势在于它能够对油藏不同开发方法进行评估，以便选择一种稳健可靠的方法提高采收率，获得更大的经济效益。在本试验中，比较了三种不同的开发方法：水驱、保护性周期性聚合物注入 ASP+ 泡沫驱和无保护期的 ASP+ 泡沫驱（即二次 ASP+ 泡沫驱后再注入水）。表 11.4 给出了两口中心生产井的预测时间周期（1997 年 1 月 1 日至 2001 年 6 月 30 日）的累计产油量和采收率。很明显，单靠水驱很难采收剩余油。ASP+ 泡沫驱大大提高了采收率。此外，具有保护期的 ASP+ 泡沫驱采收率更高。这意味着第二个开发方案是三个项目中最有效的。

表 11.4 不同开发方法的评价

开发方案	累计产量（t）	采收率（%）
水驱	4029	3.20
有保护期的 ASP+ 泡沫驱	28603	22.74
无保护期的 ASP+ 泡沫驱	27022	21.48

11.10 文献信息

本章大部分内容来自 Chen et al.（2005b）。第 11.2~11.4 节的内容来自 Delshad et al.（2000）。

练习

方程（11.1）对 $i=1, 2, \cdots, N_{cv}$ 求和，联立式（11.6）和式（11.8）推导式（11.9）。

第 12 章　裂缝介质中的渗流

裂缝储层存在贯穿的互相连通的裂缝系统，这些裂缝将多孔介质划分为本质上互不相交的多孔岩块，称为“基质块”（图 2.2）。这类储层有两个不同空间尺度，即微观尺度的裂缝宽度（大约 10^{-4}m），及宏观尺度的裂缝间的平均距离，也就是基质块的大小（0.1~1m）。由于整个裂缝储层横向尺寸为 10^3~10^4m，因此只能在某种平均意义下对储层流体进行数学模拟。双重孔隙（以及双孔双渗）的概念已经应用在不同尺度上流体流动的模拟中（Pirson，1953；Barenblatt et al.，1960；Warren et al.，1963；Kazemi，1969）。在双重孔隙模型中，裂缝系统和基质系统不同，具有较高的渗透率，但是储存的流体却很少。相反，基质系统渗透率较低，但是具有较强的储存能力。建立双重孔隙模型时，如何处理裂缝—基质系统之间的窜流至关重要。

目前，处理基质—裂缝系统窜流项的方法有两种。第一种是 Warren–Root 法（参见第 2.11.2 节），认为特定相的窜流项与形状因子、流体流度以及这两个系统间的压差直接相关。同时，毛细管压力、重力和黏滞力也应加入这一项中。本章除了回顾这种方法，还研究了基质块压差加入窜流的一般形式，另一种方法是通过基质块的边界条件显式处理窜流项。与第一种方法不同的是，这种方法可以避免引入一些特定参数（例如形状因子和特征长度），并且更通用。但是，第二种方法只能用于双重孔隙模型，不适用双孔双渗模型。

在裂缝性介质中，各相流体的质量守恒方程与普通介质的方程相同，只是附加了基质—裂缝窜流项。裂缝和基质块这两个重叠的连续体，共存且相互影响。更进一步来说，不同的基质块之间也可是存在连通，此时需要为裂缝储层建立双孔双渗模型。如果基质块只作为裂缝系统的来源项，且它们之间不连通，那么就需要建立双重孔隙模型（即双孔单渗模型）。

第 12.1 节建立了描述裂缝多孔介质渗流的控制方程，并介绍了双重孔隙模型和双孔双渗模型中的基岩—裂缝窜流项。在第 12.2 节，给出了 SPE 第 6 个标准算例。最后，第 12.3 节是参考书目信息。

12.1　渗流方程

第 2.2.6 节和第 2.11 节分别为裂缝介质的单相流和组分流建立了双孔双渗模型。这里所用的流体流动方程基于三相、三组分的黑油模型（参见第 2.6 节或者第 8 章）。

为了避免混淆，本章明确对相和组分进行了区分，用小写的下标表示相，用大写的下标表示组分。此外，用下标 f 表示裂缝变量。

12.1.1　双孔双渗模型

令 ϕ 和 $\boldsymbol{K}$ 分别表示基岩系统的孔隙度和渗透率，S_α、μ_α、p_α、$\boldsymbol{u}_\alpha$、ρ_α、$K_{r\alpha}$ 分别表示 α 相的饱和度、黏度、压力、流速、密度和相对渗透率，α=w, o, g。由于油相和气相之间存在物质交换，因此各相质量并不守恒，但是各组分总质量必须守恒。对于基质系统，质量守恒方程如下：

水组分

$$\frac{\partial(\phi\rho_{\mathrm{w}}S_{\mathrm{w}})}{\partial t}=-\nabla\cdot(\rho_{\mathrm{w}}\boldsymbol{u}_{\mathrm{w}})-q_{\mathrm{Wm}} \tag{12.1}$$

油组分

$$\frac{\partial(\phi\rho_{\mathrm{Oo}}S_{\mathrm{o}})}{\partial t}=-\nabla\cdot(\rho_{\mathrm{Oo}}\boldsymbol{u}_{\mathrm{o}})-q_{\mathrm{Oom}} \tag{12.2}$$

气组分

$$\frac{\partial}{\partial t}\left[\phi\left(\rho_{\mathrm{Go}}S_{\mathrm{o}}+\rho_{\mathrm{g}}S_{\mathrm{g}}\right)\right]=-\nabla\cdot\left(\rho_{\mathrm{Go}}\boldsymbol{u}_{\mathrm{o}}+\rho_{\mathrm{g}}\boldsymbol{u}_{\mathrm{g}}\right)-(q_{\mathrm{Gom}}+q_{\mathrm{Gm}}) \tag{12.3}$$

其中，ρ_{Oo} 与 ρ_{Go} 分别表示油相中的油组分和气组分的密度。q_{Wm}、q_{Oom}、q_{Gom}、q_{Gm} 分别表示基质—裂缝窜流传递项。式（12.3）表明气组分既可存在于油相也可存在于气相中。

达西定律通用形式为：

$$\boldsymbol{u}_{\alpha}=-\frac{K_{\mathrm{r}\alpha}}{\mu_{\alpha}}K(\nabla p_{\alpha}-\rho_{\alpha}g\nabla z),\quad \alpha=\mathrm{w,o,g} \tag{12.4}$$

其中，g 是重力加速度，z 是油藏深度。

三相饱和度约束为：

$$S_{\mathrm{w}}+S_{\mathrm{o}}+S_{\mathrm{g}}=1 \tag{12.5}$$

最后，毛细管压力与相压力有关：

$$p_{\mathrm{cow}}=p_{\mathrm{o}}-p_{\mathrm{w}},\ p_{\mathrm{cgo}}=p_{\mathrm{g}}-p_{\mathrm{o}} \tag{12.6}$$

对于裂缝系统，质量守恒方程如下：

$$\begin{aligned}
&\frac{\partial(\phi\rho_{\mathrm{w}}S_{\mathrm{w}})_{\mathrm{f}}}{\partial t}=-\nabla\cdot(\rho_{\mathrm{w}}\boldsymbol{u}_{\mathrm{w}})_{\mathrm{f}}+q_{\mathrm{Wm}}+q_{\mathrm{w}}\\
&\frac{\partial(\phi\rho_{\mathrm{Oo}}S_{\mathrm{o}})_{\mathrm{f}}}{\partial t}=-\nabla\cdot(\rho_{\mathrm{Oo}}\boldsymbol{u}_{\mathrm{o}})_{\mathrm{f}}+q_{\mathrm{Oom}}+q_{\mathrm{Oo}}\\
&\frac{\partial}{\partial t}\left[\phi\left(\rho_{\mathrm{Go}}S_{\mathrm{o}}+\rho_{\mathrm{g}}S_{\mathrm{g}}\right)\right]_{\mathrm{f}}=-\nabla\cdot\left(\rho_{\mathrm{Go}}\boldsymbol{u}_{\mathrm{o}}+\rho_{\mathrm{g}}\boldsymbol{u}_{\mathrm{g}}\right)_{\mathrm{f}}+(q_{\mathrm{Gom}}+q_{\mathrm{Gm}})+(q_{\mathrm{Go}}+q_{\mathrm{G}})
\end{aligned} \tag{12.7}$$

其中 q_{W}，q_{Oo}，q_{Go}，q_{G} 为外部的源汇项，并假设这些外部项只与裂缝系统相互作用。由于裂缝系统中的流动比基质系统中的快得多，因此这个假设是合理的。式（12.4）至式（12.6）也可用于裂缝。

双孔双渗模型中的基岩—裂缝窜流项可用 Warren-Root（1963）以及 Kazemi（1969）提出的概念定义。对于特定组分，窜流项与形状因子 σ、流体流度以及裂缝—基质系统间的势差直接相关。同时毛细管压力、重力和黏滞力也需要合理地并入该项中。进一步地，每个基质块压力梯度以及分子扩散作用的贡献也应该包含在该项中。为了简化研究，忽略扩散的作用，只讨论压力梯度的贡献。

对基质块压力梯度的研究基于以下考虑：对于裂缝中被水包围的含油基质块，有

$$\Delta p_{\mathrm{w}}=0,\quad \Delta p_{\mathrm{o}}=g\left(\rho_{\mathrm{w}}-\rho_{\mathrm{o}}\right)$$

类似地，对于裂缝中被气包围的含油基质块，以及裂缝中被水包围的含气基质块，分别有：

$$\Delta p_{\mathrm{g}}=0,\quad \Delta p_{\mathrm{o}}=g\left(\rho_{\mathrm{o}}-\rho_{\mathrm{g}}\right)$$

及

$$\Delta p_{\mathrm{w}}=0,\quad \Delta p_{\mathrm{g}}=g\left(\rho_{\mathrm{w}}-\rho_{\mathrm{g}}\right)$$

通常，引入裂缝中的整体流体密度为

$$\rho_{\mathrm{f}}=S_{\mathrm{w,f}}\rho_{\mathrm{w}}+S_{\mathrm{o,f}}\rho_{\mathrm{o}}+S_{\mathrm{g,f}}\rho_{\mathrm{g}}$$

定义压力梯度

$$\Delta p_{\alpha}=g\left|\rho_{\mathrm{f}}-\rho_{\alpha}\right|,\quad \alpha=\mathrm{w,o,g}$$

由此，考虑毛细管压力、重力、黏滞力以及基质块压力梯度的窜流项：

$$\begin{aligned}
q_{\mathrm{Wm}}&=T_{\mathrm{m}}\frac{K_{\mathrm{rw}}\rho_{\mathrm{w}}}{\mu_{\mathrm{w}}}\left(\Phi_{\mathrm{w}}-\Phi_{\mathrm{w,f}}+L_{\mathrm{c}}\Delta p_{\mathrm{w}}\right)\\
q_{\mathrm{Oom}}&=T_{\mathrm{m}}\frac{K_{\mathrm{ro}}\rho_{\mathrm{Oo}}}{\mu_{\mathrm{o}}}\left(\Phi_{\mathrm{o}}-\Phi_{\mathrm{o,f}}+L_{\mathrm{c}}\Delta p_{\mathrm{o}}\right)\\
q_{\mathrm{Gom}}&=T_{\mathrm{m}}\frac{K_{\mathrm{ro}}\rho_{\mathrm{Go}}}{\mu_{\mathrm{o}}}\left(\Phi_{\mathrm{o}}-\Phi_{\mathrm{o,f}}+L_{c}\Delta p_{o}\right)\\
q_{\mathrm{Gm}}&=T_{\mathrm{m}}\frac{K_{\mathrm{rg}}\rho_{\mathrm{g}}}{\mu_{\mathrm{g}}}\left(\Phi_{\mathrm{g}}-\Phi_{\mathrm{g,f}}+L_{\mathrm{c}}\Delta p_{\mathrm{g}}\right)
\end{aligned}\tag{12.8}$$

其中 $\boldsymbol{\Phi}_{\alpha}$ 是 α 相的势：

$$\Phi_{\alpha}=p_{\alpha}-\rho_{\alpha}gz,\quad \alpha=\mathrm{w,o,g}$$

L_{c} 是基岩—裂缝流的特征长度，T_{m} 是基质—裂缝流窜项系数。

$$T_{\mathrm{m}}=K\sigma\left(\frac{1}{l_{x1}^{2}}+\frac{1}{l_{x2}^{2}}+\frac{1}{l_{x3}^{2}}\right)$$

其中 σ 是形状因子，l_{x1}，l_{x2} 和 l_{x3} 是基质块的尺寸（Kazemi，1969；Coats，1989）。当基质渗透率 $\boldsymbol{K}$ 是张量，且在三个方向不同时，基质—裂缝窜流系数修改为

$$T_{\mathrm{m}}=\sigma\left(\frac{K_{11}}{l_{x1}^{2}}+\frac{K_{22}}{l_{x2}^{2}}+\frac{K_{33}}{l_{x3}^{2}}\right),\quad \boldsymbol{K}=\mathrm{diag}\left(K_{11},K_{22},K_{33}\right)$$

12.1.2　双重孔隙模型

为了获得双重孔隙模型，假设流体不会直接从一个基质块流入另一个基质块，而是先流入裂缝中，再流入另一个基质块或者是滞留在裂缝中。由于裂缝中流体流速远大于基岩中流体，这个假设合理。因此，基质块作为裂缝系统的源项，在双重孔隙模型中基质—基质之间不存在连通的情况。此时，可以利用两种方法建立模型：第一种是如第 12.1.1 节所述方法，第二种是下面的边界条件法。

（1）Warren–Root 法。

该方法中，基质中的质量守恒方程变为

$$\begin{aligned}
&\frac{\partial(\phi\rho_{\mathrm{w}}S_{\mathrm{w}})}{\partial t}=-q_{\mathrm{Wm}}\\
&\frac{\partial(\phi\rho_{\mathrm{Oo}}S_{\mathrm{o}})}{\partial t}=-q_{\mathrm{Oom}}\\
&\frac{\partial}{\partial t}\left[\phi\left(\rho_{\mathrm{Go}}S_{\mathrm{o}}+\rho_{\mathrm{g}}S_{\mathrm{g}}\right)\right]=-\left(q_{\mathrm{Gom}}+q_{\mathrm{gm}}\right)
\end{aligned}\tag{12.9}$$

其中 q_{Wm}，q_{Oom}，q_{Gom} 和 q_{gm} 由式（12.8）给出，裂缝中的方程与第 12.1.1 节中的相同。

（2）边界条件法。

对于双重孔隙模型，根据 Pirson（1953）和 Barenblatt et al.（1960）提出的方法，通过基质块边界条件可以显式表达基岩—裂缝窜流项。设基质系统由互不相连的基质块 $\{\Omega_i\}$ 构成，每个基质块 $\{\Omega_i\}$ 都遵循下列质量守恒方程：

$$\begin{aligned}
&\frac{\partial(\phi\rho_{\mathrm{w}}S_{\mathrm{w}})}{\partial t}=-\nabla\cdot(\rho_{\mathrm{w}}\boldsymbol{u}_{\mathrm{w}})\\
&\frac{\partial(\phi\rho_{\mathrm{Oo}}S_{\mathrm{o}})}{\partial t}=-\nabla\cdot(\rho_{\mathrm{Oo}}\boldsymbol{u}_{\mathrm{o}})\\
&\frac{\partial}{\partial t}\left[\phi\left(\rho_{\mathrm{Go}}S_{\mathrm{o}}+\rho_{\mathrm{g}}S_{\mathrm{g}}\right)\right]=-\nabla\cdot\left(\rho_{\mathrm{Go}}\boldsymbol{u}_{\mathrm{o}}+\rho_{\mathrm{g}}\boldsymbol{u}_{\mathrm{g}}\right)
\end{aligned}\tag{12.10}$$

单位时间流过第 i 个基质块 $\{\Omega_i\}$ 的水的总质量为

$$\int_{\partial\Omega_i}\rho_{\mathrm{w}}\boldsymbol{u}_{\mathrm{w}}\cdot\boldsymbol{v}\mathrm{d}l$$

其中，$\boldsymbol{v}$ 是 $\partial\Omega_i$ 面的单位外法线向量。利用散度定量和式（12.10）的第一个方程可得

$$\int_{\partial\Omega_i}\rho_{\mathrm{w}}\boldsymbol{u}_{\mathrm{w}}\cdot\boldsymbol{v}\mathrm{d}l=\int_{\Omega_i}\nabla\cdot(\rho_{\mathrm{w}}\boldsymbol{u}_{\mathrm{w}})\mathrm{d}\boldsymbol{x}=-\int_{\Omega_i}\frac{\partial(\phi\rho_{\mathrm{w}}S_{\mathrm{w}})}{\partial t}\mathrm{d}\boldsymbol{x}\tag{12.11}$$

定义：

$$q_{\mathrm{Wm}}=-\sum_i\chi_i(\boldsymbol{x})\frac{1}{|\Omega_i|}\int_{\Omega_i}\frac{\partial(\phi\rho_{\mathrm{w}}S_{\mathrm{w}})}{\partial t}\mathrm{d}\boldsymbol{x}\tag{12.12}$$

其中，$|\Omega_i|$ 表示 Ω_i 的体积，$\chi_i(x)$ 为特征函数，即

$$\chi_i(\boldsymbol{x})=\begin{cases}1, & \text{如果}\,\boldsymbol{x}\in\Omega_i\\ 0, & \text{其他情况}\end{cases}$$

同样，可得 q_{Oom} 和 $q_{\mathrm{Gom}}+q_{\mathrm{Gm}}$：（参见练习 12.1）

$$q_{\mathrm{Oom}}=-\sum_i\chi_i(\boldsymbol{x})\frac{1}{|\Omega_i|}\int_{\Omega_i}\frac{\partial(\phi\rho_{\mathrm{Oo}}S_{\mathrm{o}})}{\partial t}\mathrm{d}\boldsymbol{x}\tag{12.13}$$

及

$$q_{\mathrm{Gom}}+q_{\mathrm{Gm}}=-\sum_i \chi_i(\boldsymbol{x})\frac{1}{|\Omega_i|}\int_{\Omega_i}\frac{\partial\left[\phi\left(\rho_{\mathrm{Go}}S_{\mathrm{o}}+\rho_{\mathrm{g}}S_{\mathrm{g}}\right)\right]}{\partial t}\mathrm{d}\boldsymbol{x} \tag{12.14}$$

这种定义窜流项的方法避免了引入特定参数（如形状因子和特征长度）。

通过定义 q_{Wm}、q_{Oom} 和 $q_{\mathrm{Gom}}+q_{\mathrm{Gm}}$，每个基质块表面的边界条件可以用一种通用的方式表达，且重力和压力梯度效应也可以纳入这些边界条件中（参见第 2.2.6 节和第 2.11 节）。定义相的拟势为

$$\Phi'_\alpha(p_\alpha)=\int_{p_\alpha^0}^{p_\alpha}\frac{1}{\rho_\alpha(\xi)g}\mathrm{d}\xi-z \tag{12.15}$$

其中 p_α^0 为参考压力，α=w，o，g。将该积分的逆记为 $\psi'_\alpha(\cdot)$。由此可得，式（12.10）在每个基质块 Ω_i 表面 $\partial\Omega_i$ 上的边界条件为

$$\Phi'_\alpha(p_\alpha)=\Phi'_{\alpha,\mathrm{f}}(p_{\alpha,\mathrm{f}})-\Phi_\alpha^0,\ \text{在}\partial\Omega_i\text{上},\ \alpha=\mathrm{w,\ o,\ g} \tag{12.16}$$

其中，对于给定的 $\Phi'_{\alpha,\mathrm{f}}$，$\Phi_\alpha^0$ 就是每个基质块 Ω_i 上的拟势参考值。下式定义：

$$\frac{1}{|\Omega_i|}\int_{\Omega_i}(\phi\rho_\alpha)\left[\psi'_\alpha\left(\Phi'_{\alpha,\mathrm{f}}-\Phi_\alpha^0+x_3\right)\right]\mathrm{d}\boldsymbol{x}=(\phi\rho_\alpha)(p_{\alpha,\mathrm{f}}) \tag{12.17}$$

如果假设 $\partial\rho_\alpha/\partial\rho_\alpha \geqslant 0$，那么由式（12.17）可以解出 Φ_α^0（对于不可压缩的 x 相流体，设 Φ_α^0=0）

该模型反映出裂缝系统具有高渗透率的特点，在裂缝中能够迅速达到局部相平衡。这种相平衡由相拟势确定，通过边界条件方程式（12.16）反映在基质方程中。

12.2 第六个 SPE 标准算例：双重孔隙模拟

本算例来自第 6 个 SPE 的基准问题（Thomas et al.，1983；Firoozabadi-Thomas，1990）。有 10 个研究机构参与到了这项工作中。该问题探讨了裂缝性油藏多相流各方面的物理问题。通过将裂缝中的气—油毛细管压力设为 0 或非 0，可以研究裂缝中毛细管压力及其对产能的影响。非 0 毛细管压力只作为敏感性参数研究不需要实际测量数据作支撑。此外，还研究了随压力变化的气—油界面张力。气—油毛细管压力直接影响气—油界面张力，因此该毛细管压力应该根据在此压力下与指定毛细管压力下界面张力的比进行调整。

用这个例子模拟裂缝油藏中衰竭、注气及注水开采的情况。表 12.1 是基本的岩石和流体物性数据，表 12.2 是油藏的地层描述数据，表 12.3 给出了基质块的形状因子，表 12.4 和表 12.5 是裂缝和岩石数据（相对渗透率和毛细管压力），表 12.6 和表 12.7 是油气的 PVT 数据，其中 B_{o} 和 B_{g} 分别是油和气的地层体积系数，R_{so} 是气体溶解度，c_μ 是油的黏度压缩系数。在所有的试验中，注入井都在 $i=1$ 处，生产井都在 $i=10$ 处。每个算例的输入数据如下。

表 12.1 岩石和流体基本物性数据表

K=1mD，ϕ=0.29，ϕ_f=0.01
N_{x1}=10，N_{x2}=1，N_{x3}=5
h_1=200ft，h_2=1000ft，h_3=50ft
z 方向的传导率：用计算值乘以 0.1
初始压力：6014.7psia。饱和压力：5559.7psia
水黏度：0.35mPa·s。水压缩系数：$3.5\times10^{-6}psi^{-1}$
水的地层体积系数：1.07
岩石和油的压缩系数：$3.5\times10^{-6}psi^{-1}$，$1.2\times10^{-5}psi^{-1}$
油藏温度：200°F。基准深度：13400ft。到顶部深度：13400ft
储罐油水密度：0.81918g/cm^3 和 1.0412g/cm^3
标况下气相相对密度：0.7595
Rate=$\frac{K_r PI}{B\mu}$，Δp 的单位为 psi，μ 的单位为 mPa·m，B 的单位为 bbl/bbl，Rate 的单位为 bbl/d

表 12.2 油层描述数据表

地层	K_f（mD）	层高（ft）	$PI\left(\frac{bbl\cdot mPa\cdot s}{d\cdot psi}\right)$
1	10	25	1
2	10	25	1
3	90	5	9
4	20	10	2
5	20	10	2

表 12.3 基质块形状因子

基质块尺寸（ft）	水—油（ft^{-2}）	气—油（ft^{-2}）
5	1.00	0.0800
10	0.25	0.0200
25	0.04	0.0032

表 12.4 裂缝相渗与毛细管压力数据

S_w	K_{rw}	K_{row}	p_{cow}
0	0	1.0	0
1.0	1.0	0	0
S_g	K_{rg}	K_{rog}	p_{cgo}
0	0	1.0	0.0375
0.1	0.1	0.9	0.0425
0.2	0.2	0.8	0.0475
0.3	0.3	0.7	0.0575
0.4	0.4	0.6	0.0725
0.5	0.5	0.5	0.0880
0.7	0.7	0.3	0.1260
1.0	1.0	0	0.1930

表 12.5 基质相渗与毛细管压力数据

S_w	K_{rw}	K_{row}	p_{cow}
0.20	0	1.000	1.00
0.25	0.005	0.860	0.50
0.30	0.010	0.723	0.30
0.35	0.020	0.600	0.15
0.40	0.030	0.492	0
0.45	0.045	0.392	−0.20
0.50	0.060	0.340	−1.20
0.60	0.110	0.154	−4.00
0.70	0.180	0.042	−10.00
0.75	0.230	0	−40.00
1.00	1.000	0	−100.00
S_g	K_{rg}	K_{rog}	p_{cgo}
0	0	1.000	0.075
0.10	0.015	0.700	0.085
0.20	0.050	0.450	0.095
0.30	0.103	0.250	0.115
0.40	0.190	0.110	0.145
0.50	0.310	0.028	0.255
0.55	0.420	0	0.386
0.60	0.553	0	1.000
0.80	1.000	0	100.000

表 12.6 油的 PVT 数据

p_b (psia)	R_{so} (ft^3/bbl)	μ_o (mPa·s)	c_μ (psi^{-1})	B_o (bbl/bbl)
1688.7	367	0.529	0.000325	1.3001
2045.7	447	0.487	0.000353	1.3359
2544.7	564	0.436	0.000394	1.3891
3005.7	679	0.397	0.000433	1.4425
3567.7	832	0.351	0.000490	1.5141
4124.7	1000	0.310	0.000550	1.5938
4558.7	1143	0.278	0.000619	1.6630
4949.7	1285	0.248	0.000694	1.7315
5269.7	1413	0.229	0.000819	1.8540
7014.7	2259	0.109	0.0001578	2.1978

衰竭开采：衰竭开采期设置为最多 10 年或当产量小于 1bbl/d 的时候。设置最大产量为 500bbl/d，最大压降为 100 psi，且在最底层井段射孔。研究了裂缝毛细管压力为 0 和非 0 的两种情况。非 0 的毛细管压力数据见表 12.4。这些数据都是泡点压力 p_b 为 5545psig 时的数据，并且根据压力对界面张力的影响进行一定的调整。

注气：前期产出气的 90% 都重新注入。注气井在第 1~3 层射孔。生产井在第 4 层和第 5 层射孔，设置最大压降为 100psi。最大产量为 1000bbl/d，最小截止产量 100bbl/d。此外，还研究了裂缝毛细管压力为 0 和非 0 的情况，后者数据见表 12.4。

表 12.7 气的 PVT 数据

p_g (psia)	μ_g (mPa·s)	B_g (bbl/bbl)	σ_1 (10^{-5}N/cm)①
1688.7	0.0162	1.98	6.0
2045.7	0.0171	1.62	4.7
2544.7	0.0184	1.30	3.3
3005.7	0.0197	1.11	2.2
3567.7	0.0213	0.959	1.28
4124.7	0.0230	0.855	0.72
4558.7	0.0244	0.795	0.444
4949.7	0.0255	0.751	0.255
5269.7	0.0265	0.720	0.155
5559.7	0.0274	0.696	0.090
7014.7	0.0330	0.600	0.050

① $\sigma_1=IFT(p)/IFT(p_{ref})$，$p_{cgo}(S_g)=p_{cgo,ref}(S_g)\sigma_1$。

注水：初始注水最大流量为 1750bbl/d，最大注入压力为 6100psig。日产液量设定为 1000bbl/d。注水井在第 1 层 ~ 第 4 层射孔，生产井在第 1~3 层射孔，模型运行时间 20 年。

此处的数值求解方法为：时间离散采用后向欧拉法，空间离散采用长方体的 Raviart–Thomas–Nédélec 混合有限元法（参见第 4.5.4 节）。采用了同时全隐式解法（参见第 8.2.2 节），并使用了 Warren–Root 法模拟基岩—裂缝窜流项。

对于前两个开发方式（衰竭开采和注气），模拟得到了随时间（年）变化的产油量（Q_o，bbl/d），以及气油比（GOR，ft^3/bbl）。而对于第三个开发方式（注水），模拟得到了产油量和含水率的变化。裂缝毛细管压力为 0 和非 0 的情况的模拟结果如图 12.1 至图 12.5 所示，结果表明，毛细管压力的连续性对数值解有重要的影响。究其原因，以衰竭开采为例，当毛细管压力强于重力泄油力时，随着压力下降，界面张力变大，因此从基质流出的油减少。注意到，10 年后含水率曲线保持稳定，这是因为 10 年后整个裂缝系统已经充满水，基质和裂缝之间的流体交换主要依靠渗吸完成（最小值 p_{cow}），而渗吸量一直都很小。

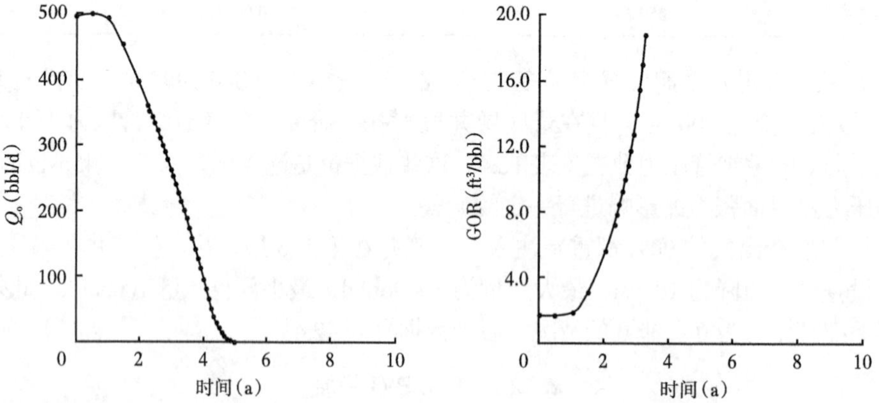

(a) Q_o　(b) GOR

图 12.1　衰竭开采，p_{cgo}=0

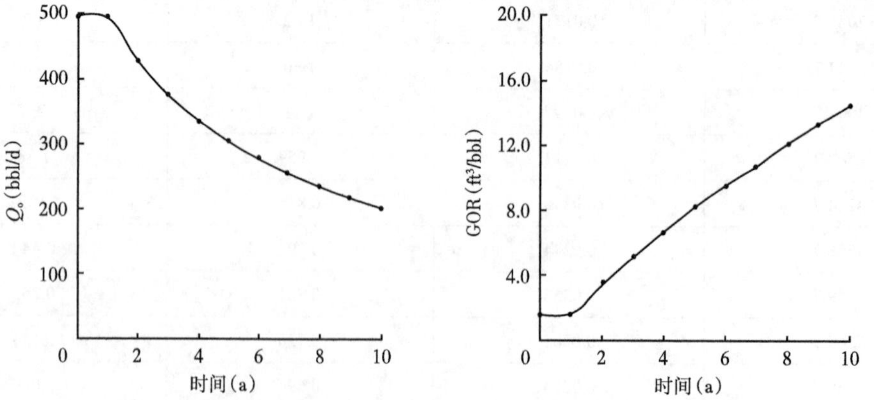

(a) Q_o　(b) GOR

图 12.2　衰竭开采，p_{cgo}≠0

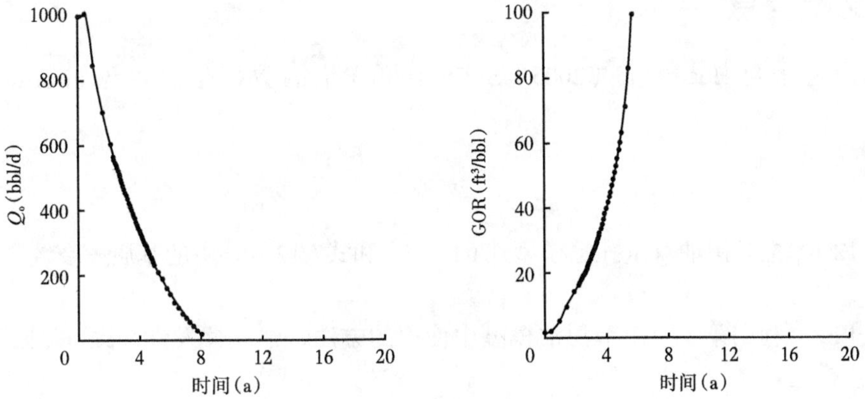

(a) Q_o (b) GOR

图 12.3 循环注气，$p_{cgo}=0$

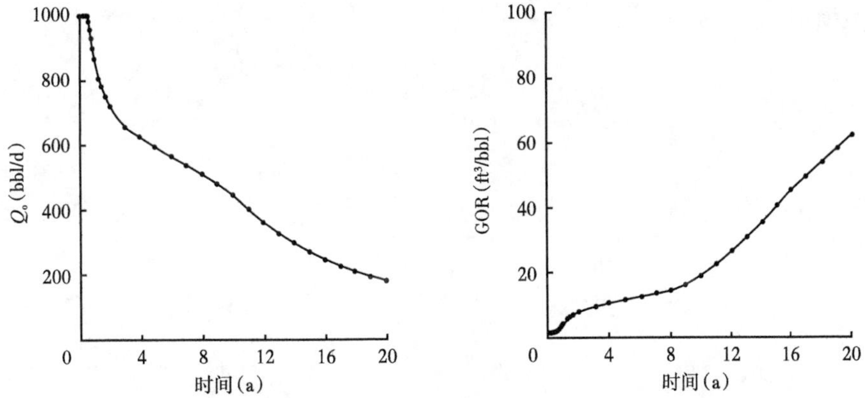

(a) Q_o (b) GOR

图 12.4 循环注气，$p_{cgo}\neq0$

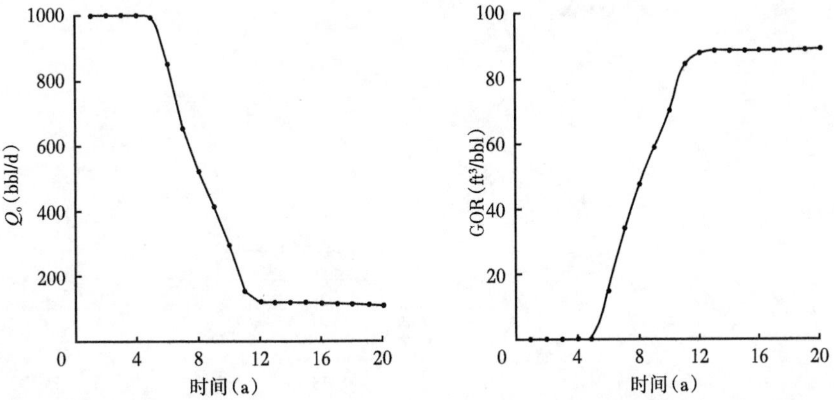

(a) Q_o (b) 含水率

图 12.5 水驱

12.3 文献信息

本章内容来自 Huan et al.（2005）.SPE6 中更详细的数据信息参见 Firoozabadi et al.（1990）。

练习

练习 12.1　推导黑油双重孔隙模型式（12.13）和式（12.14）中的基质—裂缝窜流项 q_{Oom} 和 $q_{\mathrm{Gom}}+q_{\mathrm{Gm}}$。

练习 12.2　利用第 12.1.1 节黑油模型中使用的方法，建立挥发性油藏（参见第 2.7 节）的双孔双渗模型。

练习 12.3　利用第 12.1.2（1）中黑油模型使用的方法，建立挥发性油藏（参见第 2.7 节）的双重孔隙模型。

练习 12.4　利用第 12.1.2（2）中黑油模型使用的方法，建立挥发性油藏（参见第 2.7 节）的双重孔隙模型。

第 13 章　井的模拟

对油气藏中流体流动进行数值模拟时，必须考虑井筒的存在。如果网格块处存在一口井，则该处的压力与该区块中的平均压力不同，并且与该井的井底流压也不同（Peaceman，1977a）。在现场尺度数值模拟中对井进行模拟的困难之处在于最靠近井的区域压力梯度最大，并且该区域远小于网格块的空间大小。在井眼周围使用局部网格细化可以缓解这个问题，但可能导致数值模拟中时间步长的不合理限制（参见第 4.2.4 节）。模拟井的基本任务是能够准确地模拟流入井筒的流量，并建立精确的井方程，以便在给出生产速率或注入速率时计算井底压力，或当该压力已知时计算速率。在本章中，利用有限差分法（参见第 13.2 节）、标准有限元法（参见第 13.3 节）、控制体积有限元法（参见第 13.4 节）和混合有限元法（参见第 13.5 节），建立了用于油气藏流体流动数值模拟的井筒流动方程。这些井方程的建立需要使用解析计算公式（参见第 13.1 节）。第 13.6 节讨论了各种井控和井约束。基于 SPE 第七个标准算例的数值结果在第 13.7 节中给出。文献信息见第 13.8 节。

13.1　解析式

推导井流方程的基本假设，条件是井附近流动是径向的（参见第 6.2.1 节）。推导中需要使用径向流解析公式。而这些公式仅在简化的流动情况下是已知的，所以本节考虑各向同性储层中的单相不可压缩流动。此外，本章关注稳态流动；非稳态单相流已在第 6.2 节讨论了。在稳态情况下，质量守恒方程为［式（2.1）和式（2.10）］：

$$\nabla\cdot(\rho\boldsymbol{u})=q\delta \tag{13.1}$$

其中 ρ 和 $\boldsymbol{u}$ 分别是流体密度和体积速度；δ 是 delta 函数，可以表示置于原点的井；q 是该井的产量或注入量。不包含重力项的达西定律为［式（2.4）］：

$$\boldsymbol{u}=-\frac{1}{\mu}\boldsymbol{K}\nabla p \tag{13.2}$$

其中 $\boldsymbol{K}$ 是储层的绝对渗透率张量，p 和 μ 分别是流体压力和黏度。

为了获得式（13.1）和式（13.2）的解析解，假设：

（1）流动在 x_1 和 x_2 方向上是二维的（即在 x_3 方向上是均质的，并且忽略了重力）。

（2）储层均质且各向同性；例如 $\boldsymbol{K}=k\boldsymbol{I}$，且 k 是常数（参见第 2.2.1 节）。

（3）黏度 μ 和密度 ρ 是常数。

（4）近井地带为径向流。

根据最后的假设，在井附近，速度 $\boldsymbol{u}$ 具有形式：

$$\boldsymbol{u}(r,\theta)=u(r)(\cos\theta,\sin\theta)$$

其中（r,θ）是极坐标系。由于井眼位于原点，将此速度代入式（13.1）得到（参见习题 13.1）：

$$\frac{\mathrm{d}u}{\mathrm{d}r}+\frac{1}{r}u=0,\quad r>0 \tag{13.3}$$

它的解为 $u=C/r$（参见习题 13.2）。常数 C 与 q 成比例。注意，q 代表产量或注入量。以注入井为例，原点处任何小邻域 B 内（小圆），质量通量 q 为

$$q=h_3\int_B \rho \boldsymbol{u}\cdot \boldsymbol{v}\mathrm{d}a(\boldsymbol{x})=2\pi\rho h_3 C$$

即

$$C=\frac{q}{2\pi\rho h_3}$$

其中 $\boldsymbol{v}$ 是垂直于 B 的单位外法向量，而 h_3 是储层厚度（或含有井的网格块的高度）。最后，得到：

$$\boldsymbol{u}=\frac{q}{2\pi\rho h_3 r}(\cos\theta,\ \sin\theta) \tag{13.4}$$

将式（13.4）代入式（13.2），将得到的方程与 $\boldsymbol{v}=(1,\ 0)$ 作点积，并从 $(r_{\mathrm{o}},\ 0)$ 到 $(r,\ 0)$ 积分，得到（参见习题 13.3）：

$$p(r)=p(r^{\mathrm{o}})-\frac{\mu q}{2\pi\rho \boldsymbol{K} h_3}\ln\left(\frac{r}{r^{\mathrm{o}}}\right) \tag{13.5}$$

其中 $(r^{\mathrm{o}},\ 0)$ 是参考点（例如，r^{o} 是井半径 r_{w}）。式（13.5）是井附近的解析渗流模型，井方程的数值求解可采用以下四节的方法。

13.2　有限差分法

Peaceman（1977A）首次采用方形网格块中心的有限差分法对单相流井模型进行了全面研究。该研究合理解释了井块压力，并得出了与井底流压的关系。该研究的重要性在于，使用等效半径 r_{e} 将实际井稳态压力与井块数值压力关联起来。对于网格大小为 h 的方形网格，Peaceman 通过三种不同的方法推导 r_{e} 的公式：（1）假设井块相邻块中心的压力，由径向流模型精确计算，得到 $r_{\mathrm{e}}=0.208\mathrm{h}$；（2）通过求解系列网格上的压力方程，得到 $r_{\mathrm{e}}=0.2\mathrm{h}$；以及（3）精确求解差分方程组，重复五点井网，对注采井之间的压降方程进行数值计算，得到 $r_{\mathrm{e}}=0.1987\mathrm{h}$。从这些方法来看，他得出的结论是 $r_{\mathrm{e}}=0.2\mathrm{h}$。在本章中，第一种方法不仅适用于有限差分方法，也适用于有限元方法。

13.2.1　方形格网

对于方形网格 K_{h}，在井位于网格单元中心的情况下求解式（13.1）和式（13.2）。图 13.1 给出了相邻的单元格。对式（13.1）和式（13.2）应用五点差分格式（参见第 4.1 节）得

$$\frac{\rho \boldsymbol{K} h_3}{\mu}(4p_0-p_1-p_2-p_3-p_4)=q \tag{13.6}$$

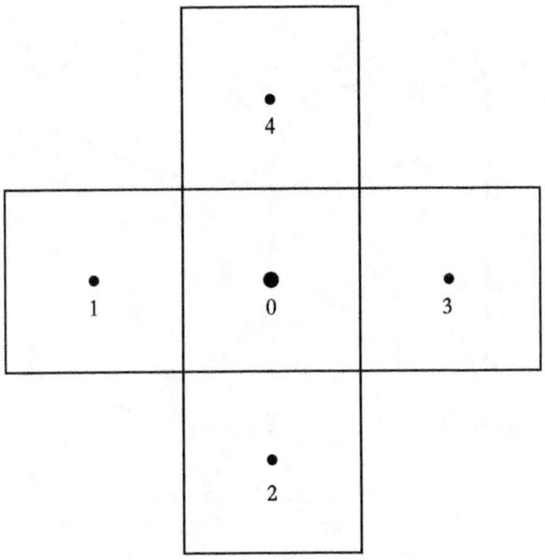

图 13.1 方形网格上的块中心有限差分

由于解 p 具有对称性，即 $p_1=p_2=p_3=p_4$，因此：

$$\frac{\rho \boldsymbol{K} h_3}{\mu}(p_0-p_1)=\frac{q}{4} \tag{13.7}$$

假设相邻单元的压力可以准确计算。特别地，这意味着上一小节井模型的解析解是单元 1 的高度近似。因此，如果给定井底压力 p_{bh}，由式（13.5）得

$$p_1=p_{\mathrm{bh}}-\frac{\mu q}{2\pi\rho \boldsymbol{K} h_3}\ln\left(\frac{r_1}{r_{\mathrm{w}}}\right) \tag{13.8}$$

其中 r_{w} 是井半径，$r_1=h$。将式（13.8）代入式（13.7）得到

$$\begin{aligned}
p_0&=p_{\mathrm{bh}}-\frac{\mu q}{2\pi\rho \boldsymbol{K} h_3}\ln\left(\frac{h}{r_{\mathrm{w}}}\right)+\frac{q\mu}{4\rho k}\\
&=p_{\mathrm{bh}}+\frac{\mu q}{2\pi\rho \boldsymbol{K} h_3}\left[\ln\left(\frac{r_{\mathrm{w}}}{h}\right)+\frac{\pi}{2}\right]\\
&=p_{bh}+\frac{\mu q}{2\pi\rho \boldsymbol{K} h_3}\ln\left(\frac{r_{\mathrm{w}}}{\alpha_1 h}\right)
\end{aligned}$$

其中 $\alpha_1=\mathrm{e}^{-\frac{\pi}{2}}=0.20788\cdots$，这是 Peaceman 井模型：

$$q=\frac{2\pi\rho \boldsymbol{K} h_3}{\mu\ln(r_{\mathrm{e}}/r_{\mathrm{w}})}(p_{\mathrm{bh}}-p) \tag{13.9}$$

其中等效半径 $r_{\mathrm{e}}=\alpha_1 h=0.20788h$，$p=p_0$（图 13.2）。等效半径是实际井的稳态压力与井块的数值压力相等时的半径。当井是生产井时，q 为

$$q=\frac{2\pi\rho \boldsymbol{K} h_3}{\mu\ln(r_{\mathrm{e}}/r_{\mathrm{w}})}(p-p_{\mathrm{bh}}) \tag{13.10}$$

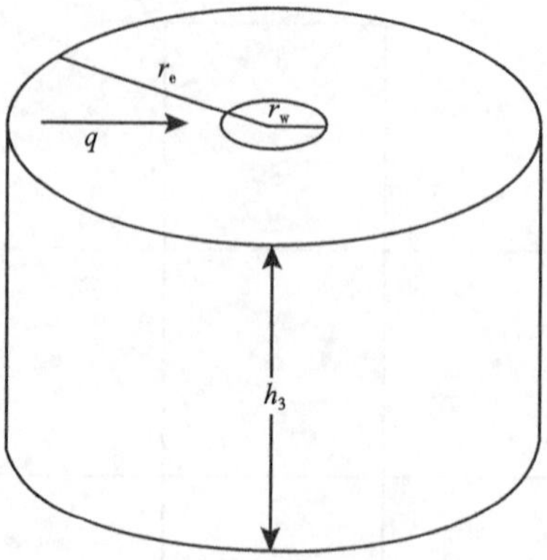

图 13.2 径向流动

13.2.2 推广

（1）各向异性介质的推广。

上述井模型需要向不同方面扩展，包括矩形网格并重力效应、各向异性储层、表皮效应、水平井和多相流等。此处考虑前四个效应，推广式（13.9）的模型。重力效应，必须与压力梯度同等对待。表皮因子 s_k 是无量纲数，用于解释由于钻井造成的地层伤害所产生的影响。对于各向异性渗透率 $\boldsymbol{K}=\mathrm{diag}(K_{11}, K_{22}, K_{33})$，考虑这些效应的单相流，井模型为

$$q=\frac{2\pi\rho h_3\sqrt{K_{11}K_{22}}}{\mu[\ln(r_e/r_w)+s_k]}[p_{bh}-p-\rho g(z_{bh}-z)] \tag{13.11}$$

其中，g 是重力加速度，z 是深度，z_{bh} 是井基准面深度。因子 $\sqrt{K_{11}K_{22}}$ 由以下坐标变换得到 $x_1'=x_1/\sqrt{K_{11}}$ 和 $x_2'=x_2/\sqrt{K_{22}}$（参见第 4.3.2 节）。

在非方形网格和各向异性介质情况下，等效半径 r_e 为（Peaceman，1983）

$$r_e=\frac{0.14\left[(K_{22}/K_{11})^{\frac{1}{2}}h_1^2+(K_{11}/K_{22})^{\frac{1}{2}}h_2^2\right]^{\frac{1}{2}}}{0.5\left[(K_{22}/K_{11})^{\frac{1}{4}}+(K_{11}/K_{22})^{\frac{1}{4}}\right]} \tag{13.12}$$

其中，h_1 和 h_2 是包含垂直井的网格块在 x_1 方向和 x_2 方向的网格长度。井指数定义为

$$WI=\frac{2\pi h_3\sqrt{K_{11}K_{22}}}{\ln(r_e/r_w)+s_k} \tag{13.13}$$

（2）水平井的推广。

x_1 方向或 x_2 方向的水平井使用与直井相同的井模型方程。仅需要修改与井筒方向相关的参数。平行于 x_1 方向的水平井的井指数计算如下：

$$WI=\frac{2\pi h_1\sqrt{K_{22}K_{33}}}{\ln(r_e/r_w)+s_k} \tag{13.14}$$

如果井平行于 x_2 方向，则为

$$WI=\frac{2\pi h_2\sqrt{K_{11}K_{33}}}{\ln(r_e/r_w)+s_k} \tag{13.15}$$

因此，在 x_1 方向上等效半径 r_e 为

$$r_e=\frac{0.14\left[(K_{33}/K_{22})^{\frac{1}{2}}h_2^2+(K_{22}/K_{33})^{\frac{1}{2}}h_3^2\right]^{\frac{1}{2}}}{0.5\left[(K_{33}/K_{22})^{\frac{1}{4}}+(K_{22}/K_{33})^{\frac{1}{4}}\right]} \tag{13.16}$$

在 x_2 方向上等效半径 r_e 为

$$r_e=\frac{0.14\left[(K_{33}/K_{11})^{\frac{1}{2}}h_1^2+(K_{11}/K_{33})^{\frac{1}{2}}h_3^2\right]^{\frac{1}{2}}}{0.5\left[(K_{33}/K_{11})^{\frac{1}{4}}+(K_{11}/K_{33})^{\frac{1}{4}}\right]} \tag{13.17}$$

任意方向上的井（即斜井）不易通过有限差分法建模，但可采用第 13.4 节方法。

（3）多相流的推广。

为单相流推导的直井方程可以推广到多相流，例如，水、油和气的流体系统：

$$q_\alpha=\frac{2\pi h_3\sqrt{K_{11}K_{22}}}{\ln(r_e/r_w)+s_k}\frac{\rho_\alpha K_{r\alpha}}{\mu_\alpha}\left[p_{bh}-p_\alpha-\rho_\alpha g(z_{bh}-z)\right] \tag{13.18}$$

其中，ρ_α，$K_{r\alpha}$ 和 p_α 分别是相 α 的密度，相对渗透率和压力，α=w，o，g。井指数 WI 和等效半径定义保持不变。对于多相流，可以对水平井进行类似的推广。

13.3 标准有限元法

有限差分井方程的方法也可以推广到有限元。在有限差分方法中，采用数值计算井单元的压力，相邻单元的压力使用解析式（13.5）计算。这种方法也适用于有限元法求解。同样，本节主要考虑二维流。

13.3.1 三角形有限元

简单起见，考虑有限元空间 V_h 是与三角剖分 K_h 相关的分片线性多项式空间的情况（参见第 4.2 节）。设 $\varphi_0\in V_h$ 为井所在的节点 x_0 处的基函数，Ω_0 为 φ_0 的支撑集（图 13.3）。由式（13.1）和式（13.2），得到

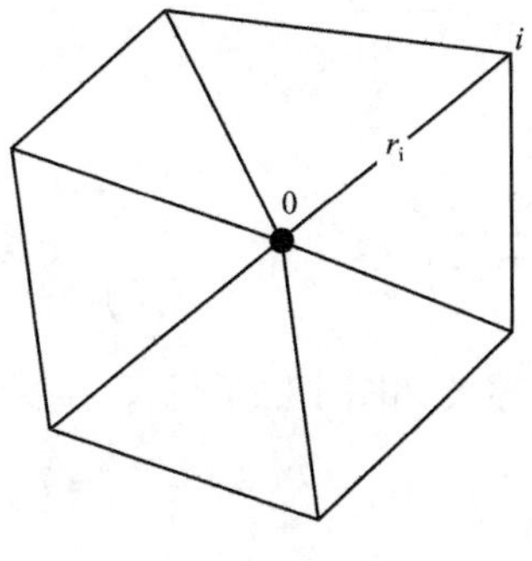

图 13.3　φ_0 的支撑集 Ω_0

$$\frac{\boldsymbol{K}\rho h_3}{\mu}\sum_{K\subset\Omega_0}\int_K \nabla p\cdot\nabla\varphi_0\mathrm{d}\boldsymbol{x}=q \tag{13.19}$$

因为在 Ω_0 上 $p=\Sigma_i\varphi_i p_i$，所以由式（13.19）得

$$\frac{\boldsymbol{K}\rho h_3}{\mu}\sum_{K\subset\Omega_0}\sum_i\left(\int_K \nabla\varphi_i\cdot\nabla\varphi_0\mathrm{d}\boldsymbol{x}\right)p_i=q \tag{13.20}$$

使用与第 4.3 节中相同的参数，该等式变为

$$-\frac{\boldsymbol{K}\rho h_3}{\mu}\sum_i T_{0i}(p_i-p_0)=q \tag{13.21}$$

其中传导系数 T_{0i} 为（图 13.4 和练习 13.5）：

$$T_{0i}=-\sum_{l=1}^{2}(|K|\nabla\varphi_i\cdot\nabla\varphi_0)\Big|_{K_l}=\sum_{l=1}^{2}\frac{\cot\theta_l}{2} \tag{13.22}$$

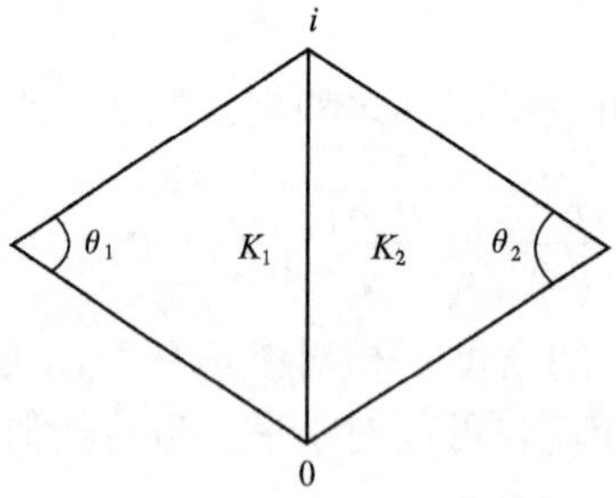

图 13.4　两个相邻的三角形

系统（13.21）是式（13.1）和式（13.2）在节点 x_0 处有限元离散产生的线性代数系统。

在相邻节点 x_i 处，利用解析模型式（13.5）计算压力，得到

$$p_i=p_{\mathrm{bh}}-\frac{\mu q}{2\pi\rho\boldsymbol{K}h_3}\ln\left(\frac{r_i}{r_{\mathrm{w}}}\right) \tag{13.23}$$

其中 r_i 是 x_i 和 x_0 之间的距离。将式（13.23）代入式（13.21）得到井模型（参见练习 13.6）：

$$q=\frac{2\pi\rho\boldsymbol{K}h_3}{\mu\ln(r_{\mathrm{e}}/r_{\mathrm{w}})}(p_{\mathrm{bh}}-p) \tag{13.24}$$

其中 $p=p_0$ 且等效半径 r_{e} 为

$$r_{\mathrm{e}}=\exp\left[\left(\sum_i T_{0i}\ln r_i-2\pi\right)\Big/\sum_i T_{0i}\right] \tag{13.25}$$

考虑一个例子，其中 φ_0 的支撑集如图 13.5 所示。在这种情况下（参见练习 13.7）：

$$T_{01}=T_{02}=T_{04}=T_{05}=1,\quad T_{03}=T_{06}=0 \tag{13.26}$$

和

$$r_e = he^{-\pi/2} = 0.20788\ldots \tag{13.27}$$

半径与有限差分法中的半径完全相同。这并不奇怪，因为有限元方法是图 13.5 中五点法格式（参见第 4.2.1 节）。

13.3.2 矩形有限元

同样，简洁起见，考虑最简单的矩形有限元，即双线性有限元（参见第 4.2.1 节）。举个例子，设 φ_0 的支撑集如图 13.6 所示。在这种情况下，式（13.19）仍然有效。由于径向流的对称假设，$p_1=p_3=p_5=p_7$ 且 $p_2=p_4=p_6=p_8$。Ω_0 如图 13.6 所示，由式（13.19）得（参见练习 13.8）：

$$\frac{4}{3}\frac{\boldsymbol{K}\rho h_3}{\mu}(2p_0 - p_1 - p_2) = q \tag{13.28}$$

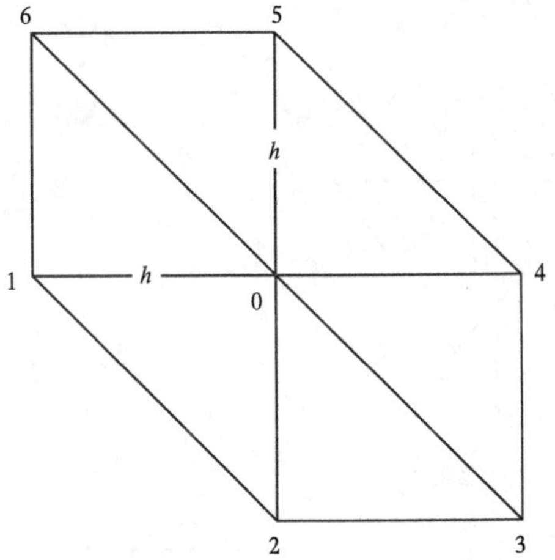

图 13.5 井筒附近的三角剖分的例子

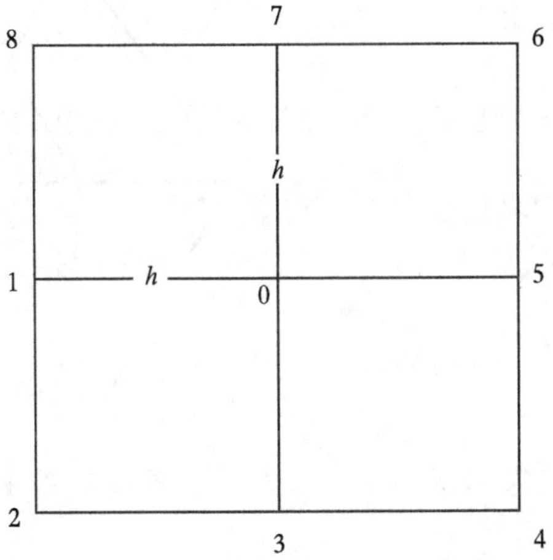

图 13.6 双线性有限元的支撑集 Ω_0

由解析模型式（13.5），得

$$\begin{aligned} p_1 &= p_{bh} - \frac{\mu q}{2\pi\rho \boldsymbol{K} h_3}\ln\left(\frac{h}{r_w}\right) \\ p_2 &= p_{bh} - \frac{\mu q}{2\pi\rho \boldsymbol{K} h_3}\ln\left(\frac{\sqrt{2}h}{r_w}\right) \end{aligned} \tag{13.29}$$

联合式（13.28）和式（13.29），得到具有等效半径的井模型式（13.24）：

$$r_e = 2^{\frac{1}{4}} e^{-\frac{3\pi}{4}} h \tag{13.30}$$

13.4 控制体积有限元法

13.4.1 井模型方程

对于基于三角形线性单元的控制体积有限元（CVFE）方法（参见第 4.3 节），此方法产生的线性系统与使用分片线性函数的标准有限元方法相同［式（4.120）］所以，井模型式（13.24）和式（13.25）中定义的等效半径 r_e 保持不变。对于 CVFE，节点 x_0 是控制体积的中心；即，井位于中心（图 13.7），而不是如标准有限元方法中的顶点。在实践中，CVFE 的等效半径 r_e 可以使用更简单的公式计算（Chen et al.，2002c）：

$$r_e = \sqrt{\frac{|V_0|}{\pi}} \tag{13.31}$$

其中 $|V_0|$ 是包含井的控制体 V_0 的面积（图 13.7）。式（13.31）的推导基于以下原理：$|V_0|$ 近似为包含井的半径为 r_e 的圆的面积，V_0 上的压力平均值近似为该圆上的压力（Chen et al.，2002C）。

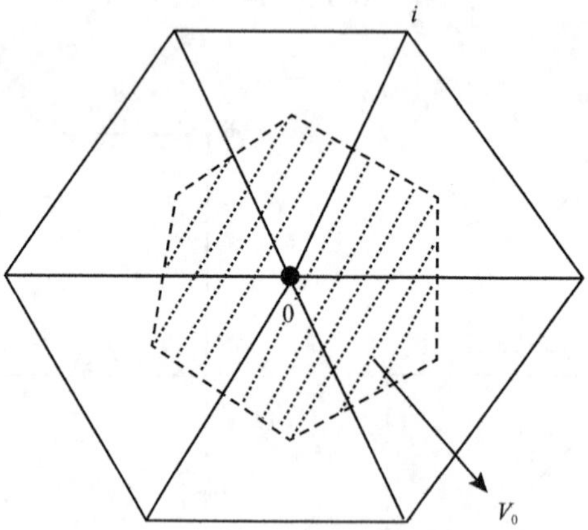

图 13.7　线性有限元的控制体积 V_0

13.4.2　水平井

使用有限元推导出的直井模型可以推广到包括以下效应：重力，各向异性储层，表皮因子，水平井和多相流，推广方法与有限差分情况相同；这里仅关注水平井建模。

由于有限元网格固有的灵活性，可以精确地模拟水平井附近任意方向的渗流，特别是使用局部网格加密情况。如果水平井穿过一个三角形，则需要对这个三角形进行加密：（1）如果它穿过三角形的两个边，可以通过适当的方式调整两条边的中点，使交点成为较小三角形的顶点（或控制体积的中心）（图 13.8）；（2）如果它穿过三角形的一个顶点，则可以通过连接井边交点与其他边的两个中点完成局部加密，如图 13.9 所示。这种方法的特点是水平井只包含三角形顶点（图 13.10）或控制体积中心（图 13.11）。

对于 CVFE，任意方向水平井的井模型方程推导类似于式（13.24）：

$$q = \frac{2\pi\rho K\Delta L}{\mu \ln(r_e / r_w)}(p_{bh} - p) \tag{13.32}$$

其中 ΔL 是井方向上控制体积（包含井）的直径，等效半径 r_e 定义与式（13.25）相同。对于后者，使用与式（13.31）类似的原则，更简单的定义是（Chen et al.，2002C）：

$$r_e = \sqrt{\frac{|V_0| h_3}{\pi \Delta L}} \tag{13.33}$$

其中 h_3 是包含井的块的 x_3 方向空间网格大小。式（13.32）到多相流的推广形式见式（8.11）。

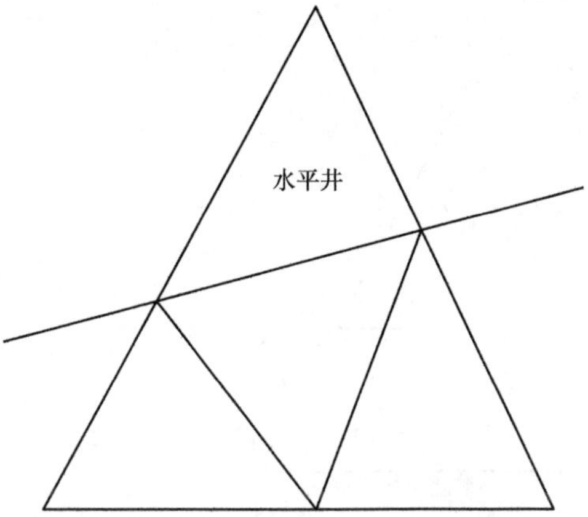

图 13.8　水平井通过两条边

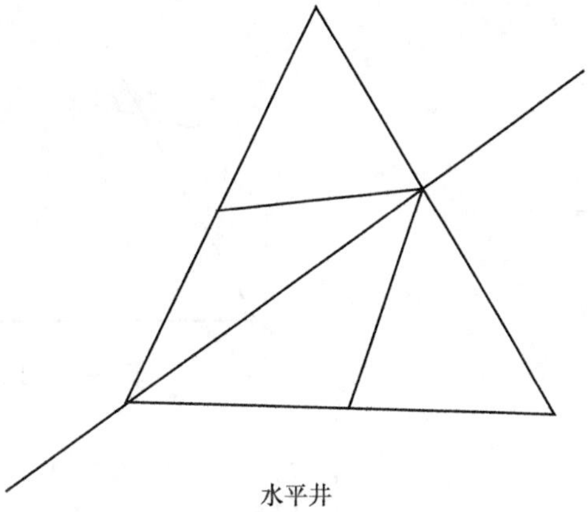

图 13.9　水平井穿过顶点

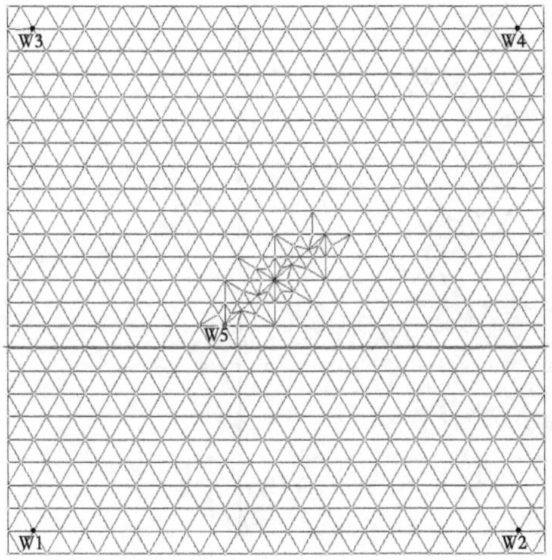

图 13.10　三角形情形的水平井

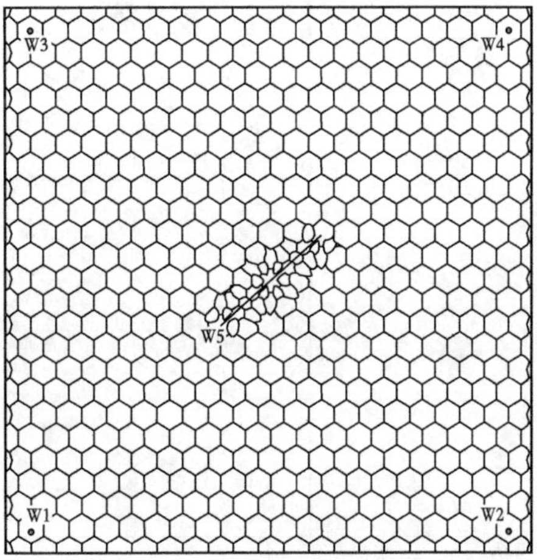

图 13.11　CVFE 情形的水平井

13.4.3　断层的处理

通过调整边缘中点和三角形的重心，以类似于水平井的方式处理油气藏中的断层，使它们位于断层上（图 13.12）。在目前的情况下，只需要改变控制体积的形式和区域；其他没有改变。控制体积中穿过断层的两个点之间传导率设置为零。这种方法易于实现。数值示例如图 13.13 所示。

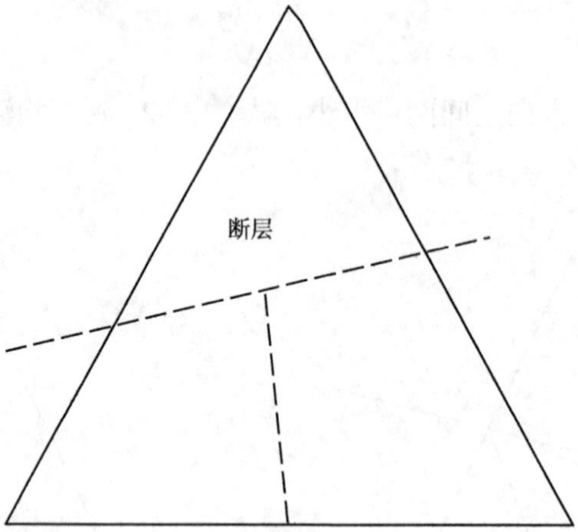

图 13.12　断层的处理

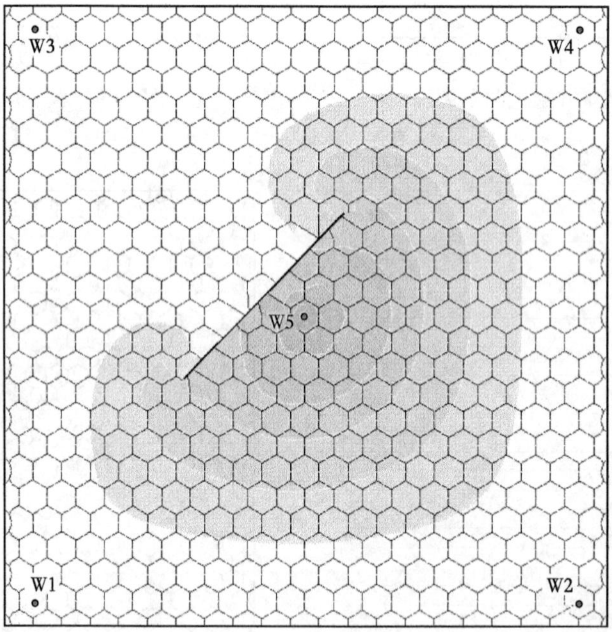

图 13.13　断层周围渗流例子

13.4.4　角点技术

为调整网格块的位置可将角点技术应用于第 13.2 节中讨论的有限差分法，（Collins et al.，1991）。当直井不位于矩形中心时，必须调整矩形顶点（以及其他矩形的顶点以保持网格正交性）。这种角点技术也可以应用于 CVFE。找到包含直井的控制体积的中心，找出这些中心和井中心之间的 x_1 方向和 x_2 方向的差异（图 13.14），并使用这些差异的值调整所有控制体积的位置，与油藏边界相邻或包含水平井或断层的情形除外。注意，CVFE 网格不需要网格正交性。

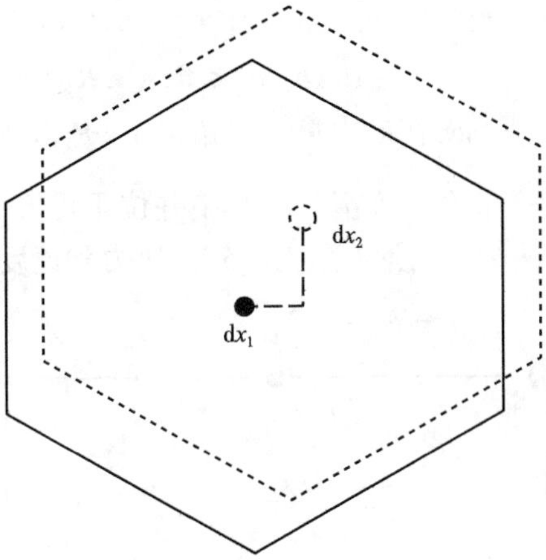

图 13.14　角点技术

13.5　混合有限元法

混合有限元方法使用两个近似空间，V_h 表示速度，W_h 表示压力（参见第 4.5 节）。例如，在 $\Omega\subset\mathbb{R}^2$ 外边界 Γ 上的无流边界条件情况下，式（13.1）和式（13.2）的混合弱形式是：

$$\int_{\Omega}\boldsymbol{u}\cdot\boldsymbol{v}\mathrm{d}\boldsymbol{x}-\frac{k}{\mu}\int_{\Omega}\nabla\cdot\boldsymbol{v}p\mathrm{d}\boldsymbol{x}=0\quad\forall\boldsymbol{v}\in\boldsymbol{V}_h$$
$$\rho h_3\int_{\Omega}\nabla\cdot\boldsymbol{u}w\mathrm{d}\boldsymbol{x}=qw(\boldsymbol{x}_0)\quad\forall w\in W_h \tag{13.34}$$

其中 x_0 是井的位置，$\boldsymbol{V}_h\subset\boldsymbol{V}$，$\boldsymbol{V}$ 由下式给出（参见第 4.5.2 节）：

$$\boldsymbol{V}=\{\boldsymbol{v}=(v_1,v_2)\in\boldsymbol{H}(\mathrm{div},\Omega):\boldsymbol{v}\cdot\boldsymbol{v}=0,\text{在}\Gamma\text{上}\}$$

本节考虑的是矩形和三角形的最低阶 Raviart-Thomas 混合空间（参见第 4.5.4 节）。

13.5.1　矩形混合空间

令 K_h 为矩形区域 Ω 的矩形剖分，矩形的水平和垂直边分别平行于 x_1 和 x_2 坐标轴，并且相邻单元完全共享它们的共同边。空间 $\boldsymbol{V}_h$ 和 $\boldsymbol{W}_h$ 是

$$\boldsymbol{V}_h=\{\boldsymbol{v}\in\boldsymbol{V}:\boldsymbol{v}|_K=(b_Kx_1+a_K,d_Kx_2+c_K)$$
$$a_K,b_K,c_K,d_K\in\mathbf{R},K\in K_h\}$$
$$\boldsymbol{w}_h=\{\boldsymbol{w}:\text{在}k_h\text{中每个矩形上}w\text{是常数}\}$$

例如，考虑 x_0 位于矩形中心的情况（图 13.1）。在这种情况下，混合方法式（13.34）缩小为五点法格式，如同式（13.6）（Russell et al.，1983），井模型方程式（13.9）及其在第 13.2 节中得出的推广方程完全相同。

13.5.2　三角形混合空间

设 K_h 是多边形区域 Ω 的三角剖分，一个三角形的顶点不位于另一个三角形边的内部。在三角形情况下，空间 $\boldsymbol{V}_h$ 和 $\boldsymbol{W}_h$ 是

$$V_h = \{ \boldsymbol{v} \in \boldsymbol{V} : \boldsymbol{v}|_K = (b_K x_1 + a_K, b_K x_2 + c_K)$$
$$a_K, b_K, c_K \in \mathbf{R}, K \in K_h \}$$
$$\boldsymbol{w}_h = \{ \boldsymbol{w}: \text{在} K_h \text{中每个三角形中} w \text{是常数} \}$$

举个例子，考虑四分之一平面对称情况，其中井位于正方形的角 x_0 处，通过连接与井顶点相邻的顶点将其细分为两个三角形（图 13.15）。压力和速度节点如图 13.15 所示。

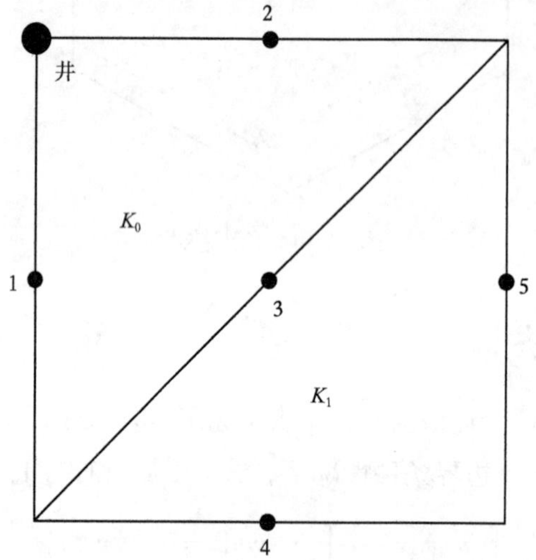

图 13.15　三角形混合元素中井的位置

如第 4.5.2 节所述，令 $\boldsymbol{\varphi}_i$ 为对应于节点 x_i（$i=1$，2，3，4，5）的速度基函数。令

$$\boldsymbol{u} = \sum_{i=1}^{5} u_i \boldsymbol{\varphi}_i$$

其中 u_i 表示 $\boldsymbol{u}$ 在 x_i 处的法向分量。由对称性，正确的边界条件在 x_1 和 x_2 边界交界处是无流的，这意味着 $u_1=u_2=0$。

可以看出（参见习题 13.9）：

$$\varphi_3 = \begin{cases} \dfrac{\sqrt{2}}{h}(x_1, x_2), & (x_1, x_2) \in K_0 \\ \dfrac{\sqrt{2}}{h}(h - x_1, h - x_2), & (x_1, x_2) \in K_1 \end{cases} \tag{13.35}$$

其中 h 是 x_1 和 x_2 方向的网格大小。还可以验证（参见练习 13.10）：

$$\int_\Omega \varphi_3 \cdot \varphi_4 \mathrm{d}\boldsymbol{x} = \int_\Omega \varphi_3 \cdot \varphi_5 \mathrm{d}\boldsymbol{x} = 0 \tag{13.36}$$

在式（13.34）的第一个方程中令 $\boldsymbol{v} = \boldsymbol{\varphi}_3$，并利用式（13.36）得

$$u_3 \int_{K_0 \cup K_1} \varphi_3 \cdot \varphi_3 \mathrm{d}\boldsymbol{x} - \frac{K}{\mu} \int_{K_0 \cup K_1} \nabla \cdot \varphi_3 p \mathrm{d}\boldsymbol{x} = 0$$

因此

$$u_3\frac{2h^2}{3}-\frac{K}{\mu}(p_0-p_1)\sqrt{2}h=0 \tag{13.37}$$

其中 p_0 和 p_1 分别是 K_0 和 K_1 上的压力值。

接下来，按四分之一平面对称并使用式（13.35），在 K_0 上选择 w=1，在式（13.34）第二个方程中选择 w=0，得到

$$4\sqrt{2}\rho h_3u_3h=q \tag{13.38}$$

联立式（13.37）和式（13.38）得

$$p_0-p_1=\frac{q\mu}{12\rho Kh_3} \tag{13.39}$$

对于 p_1 的值，使用井方程式（13.5）得

$$p_1=p_{\mathrm{bh}}-\frac{\mu q}{2\pi\rho Kh_3}\ln\left(\frac{r_1}{r_{\mathrm{w}}}\right) \tag{13.40}$$

其中 $r_1=2\sqrt{2}h/3$ 是从井到三角形 K_1 重心的距离。将式（13.40）代入式（13.39）得到具有等效半径

$$r_{\mathrm{e}}=\frac{2\sqrt{2}h}{3}\mathrm{e}^{-\pi/6} \tag{13.41}$$

的井模型方程式（13.9）。

13.6 井约束

油藏数值模拟必须考虑井约束（参见第 8.2.5 节）。本节的讨论限于由水、油和气组成的多相流系统的直井。对于注入井，存在两种类型的井约束：要么是给已知底压力 p_{bh}，要么是固定相注入速率。在前一种情况下：

$$p_{\mathrm{bh}}=P_{\mathrm{bh}} \tag{13.42}$$

其中 P_{bh} 是已知的井底压力，相注入速率根据式（13.18）计算。在后一种情况下，注水井的注入速率约束是

$$\frac{2\pi h_3\sqrt{K_{11}K_{22}}}{\ln(r_{\mathrm{e}}/r_{\mathrm{w}})+s_{\mathrm{k}}}\frac{\rho_{\mathrm{w}}K_{\mathrm{rwmax}}}{\mu_{\mathrm{w}}}[p_{\mathrm{bh}}-p_{\mathrm{w}}-\rho_{\mathrm{w}}g(z_{\mathrm{bh}}-z)]=Q_{\mathrm{w}} \tag{13.43}$$

其中 Q_{w} 是给定的水注入速率，K_{rwmax} 是水相的最大相对渗透率。在这种情况下，p_{bh} 是未知的，可由式（13.43）与渗流方程耦合求得（参见第 8.2.5 节）。当井的注气速率确定时，类似的控制方程成立。

对于生产井，存在三种类型的井约束：固定井底压力，给定总产液速率和给定总流量。井底压力约束形式为式（13.42）。总产液速率约束为

$$\frac{2\pi h_3\sqrt{K_{11}K_{22}}}{\ln(r_e/r_w)+s_k}\left\{\frac{\rho_w K_{rw}}{\mu_w}\left[p_{bh}-p_w-\rho_w g(z_{bh}-z)\right]+\frac{\rho_o K_{ro}}{\mu_o}\left[p_{bh}-p_o-\rho_o g(z_{bh}-z)\right]\right\}=Q_L \tag{13.44}$$

其中 Q_L 表示给定的总产液量。在具有这种井约束的射孔区域中，含水率（产水量与产液量之比）必须小于一定限度；超过此限制，在生产中必须关闭射孔。恒定的总流量控制也可以类似地定义；这种情况下，天然气产量会增加。

13.7　第七个 SPE 标准算例：水平井模拟

这个标准算例模拟的是薄层油藏中水平井的生产，其锥进趋势明显。该算例用于比较油藏中不同的水平井模拟方法，并研究水平井的长度和生产速度对采收率的影响（Nghiem et al.，1991）。

油藏的尺寸为 2700ft×2700×160ft，如图 13.16 所示。油藏和初始数据见表 13.1 和表 13.2，其中 K_h（$=K_{11}=K_{22}$）和 K_v（$=K_{33}$）分别代表水平渗透率和垂直渗透率。初始泡点压力与初始油压相同。流体性质数据在表 13.3 中给出，相对渗透率和毛细管压力数据见表 13.4 和表 13.5。

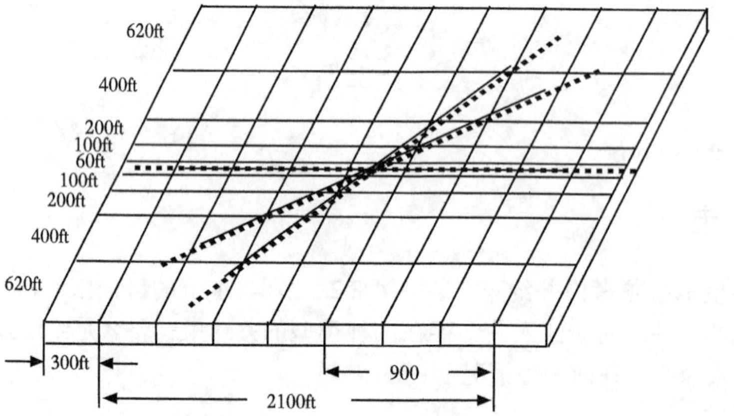

图 13.16　SPE7 模型示意图

油藏共六层，层位数据见表 13.1。生产井是位于顶层的水平井，且全井段射孔。考虑生产井的两个长度：900ft 和 2100ft，如图 13.16 所示。井约束条件是定产液量。该水平井内径为 0.1875ft。注入井是位于底层的水平井，全长是 2700ft。生产井和注入井在纵向上的同一个平面上。考虑三个井向：0°，45° 和 60°（图 13.16）。假设注入井有两个井约束：定井底流压和定注水量。设计 12 个井方案用于油藏数值模拟，见表 13.6。最后四个方案是新设计的。模拟时长为 1500d。本节对比日产油量，累计产油量，水油比（WOR），产水量，累计产水量，气油比（GOR），累计产气量和井底压力。后六个方案与前六个的储层渗透率、注入井井约束和井向不同。后六个的储层渗透率是前六个的 10 倍。前六种情况下注入井约束定井底流压，后六种的是定注水量。最后四个案例的井眼方向都为正角。

表 13.1 油藏数据

层位	厚度（ft）	层位中部深度（ft）	K_h（mD）	K_v（mD）
1	20	3600	300	30
2	20	3620	300	30
3	20	3640	300	30
4	20	3660	300	30
5	30	3685	300	30
6	50	3725	300	30

表 13.2 油藏初始数据

层位	p_o（psia）	S_o	S_w
1	3600	0.711	0.289
2	3608	0.652	0.348
3	3616	0.527	0.473
4	3623	0.351	0.649
5	3633	0.131	0.869
6（底层）	3650	0.000	1.000

表 13.3 流体性质数据

p（psia）	R_{so}（ft^3/bbl）	B_o（bbl/bbl）	B_g（bbl/ft^3）	μ_o（mPa·s）	μ_g（mPa·s）
400	165	1.0120	0.00590	1.17	0.0130
800	335	1.0255	0.00295	1.14	0.0135
1200	500	1.0380	0.00196	1.11	0.0140
1600	665	1.0510	0.00147	1.08	0.0145
2000	828	1.0630	0.00118	1.06	0.0150
2400	985	1.0750	0.00098	1.03	0.0155
2800	1130	1.0870	0.00084	1.00	0.0160
3200	1270	1.0985	0.00074	0.98	0.0165
3600	1390	1.1100	0.00065	0.95	0.0170
4000	1500	1.1200	0.00059	0.94	0.0175
4400	1600	1.1300	0.00054	0.92	0.0180
4800	1676	1.1400	0.00049	0.91	0.0185
5200	1750	1.1480	0.00045	0.90	0.0190
5600	1810	1.1550	0.00042	0.89	0.0195

表 13.4　水和油的饱和度函数数据

S_w	K_{rw}	K_{row}	p_{cow}
0.22	0	1.0000	6.30
0.30	0.07	0.4000	3.60
0.40	0.15	0.1250	2.70
0.50	0.24	0.0649	2.25
0.60	0.33	0.0048	1.80
0.80	0.65	0	0.90
0.90	0.83	0	0.45
1.00	1.00	0	0

表 13.5　气和油的饱和度函数数据

S_g	K_{rg}	K_{rog}	p_{cgo}
0	0	1.00	0
0.04	0	0.60	0.2
0.10	0.0220	0.33	0.5
0.20	0.1000	0.10	1.0
0.30	0.2400	0.02	1.5
0.40	0.3400	0	2.0
0.50	0.4200	0	2.5
0.60	0.5000	0	3.0
0.70	0.8125	0	3.5
0.78	1.0000	0	3.9

表 13.6　生产和注入井方案

方案	井向（°）	生产井长度（ft）	产液速度（bbl/d）	注水方案
1a	0	900	3000	p=3700psia
1b	0	2100	3000	p=3700psia
2a	0	900	6000	p=3700psia
2b	0	2100	6000	p=3700psia
3a	0	900	9000	p=3700psia
3b	0	2100	9000	p=3700psia
4a	0	900	9000	Q_w=6000bbl/d

续表

方案	井向（°）	生产井长度（ft）	产液速度（bbl/d）	注水方案
4b	0	2100	9000	Q_w=6000bbl/d
5a	45	900	9000	Q_w=6000bbl/d
5b	45	2100	9000	Q_w=6000bbl/d
6a	30	900	9000	Q_w=6000bbl/d
6b	30	2100	9000	Q_w=6000bbl/d

对于前 8 种方案，使用（CVFE）和有限差分（FD）方法，进行空间离散化并比较计算结果。对于后四种方案中仅使用 CVFE，因为 FD 在这些情况下模拟水平井难度较大。在使用 CVFE 的模型中，采用六边形棱柱剖分储层（图 4.36），x_1x_2 平面上基准网格的两个相邻网格点间距为 300ft。对于使用 FD 的模型，使用长方体网格块划分储层。网格块的尺寸如图 13.16 和表 13.1 所示。

前六种方案的收敛控制参数是$(\delta t)_{\max}=50$d，$(\delta p)_{\max}=200$psia，$(\delta S_w)_{\max}=0.05$，及$(\delta S_g)_{\max}=0.05$（参见第 8.2.3 节）。在这些情况下，注入井的井底流压固定在 3700psia 因此释放的游离气非常少。对于所选参数，迭代计算过程是稳定的。图 13.17 至图 13.28 给出了这些情况的计算结果。表 13.7 和 13.8 比较了生产井在 1500d 的累计产油量和井底压力。可以看出，使用 CVFE 和 FD 方法获得的计算结果接近 SPE7 的平均值。从图 13.17 至图 13.28 可以看出，增加水平井的长度可以减少锥进趋势，由此，原油产量增加，WOR 减少，水产量下降。采用 CVFE 模拟得到的数值结果与 FD 的结果吻合。

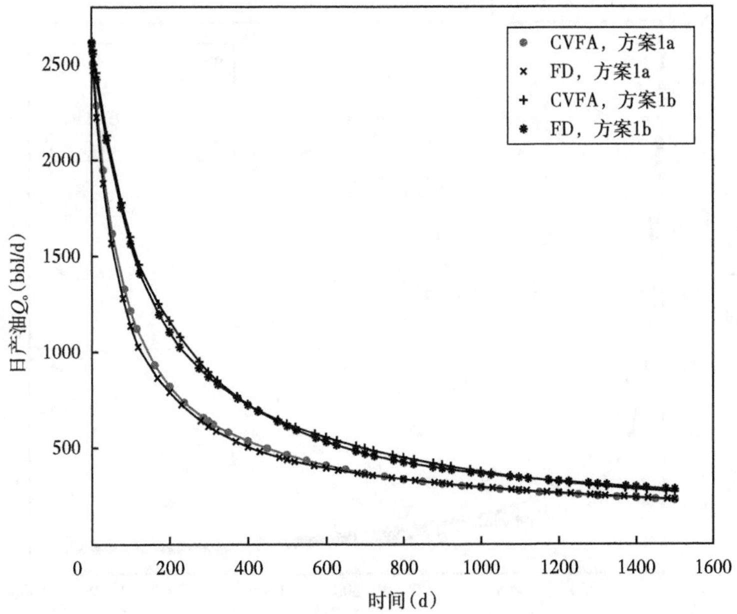

图 13.17　方案 1a 和 1b 的日产油量

方案 4a 和方案 4b 使用定注水量作为井约束条件。注入井的井底压力可能急剧下降，然后出现大量的游离气。因此，如果使用方案 1~3 选择的相对较大的收敛控制参数，则方案 4a 和方案 4b 的模拟迭代过程可能不稳定（参见第 8.3.2 节）。因此，对于这两种情况，模拟器需要有更严格的收敛控制参数（表 13.9 和表 13.10）。

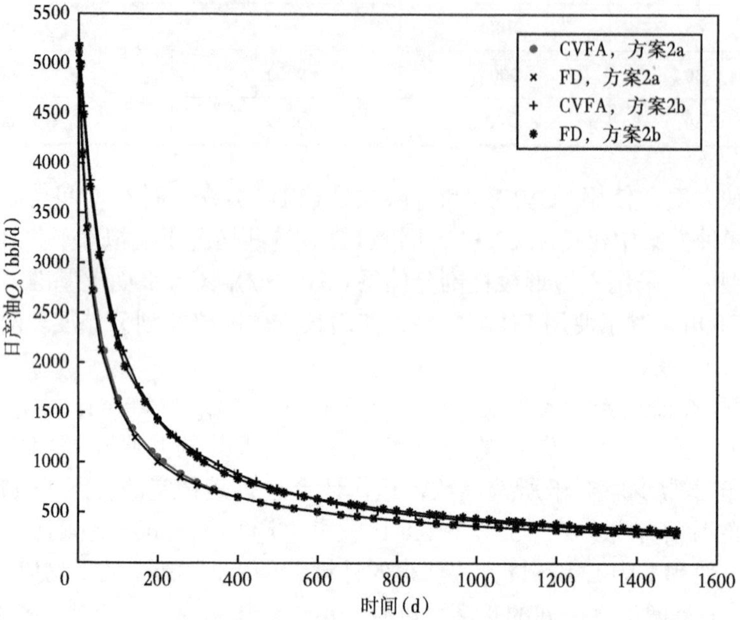

图 13.18 方案 2a 和方案 2b 的日产油量

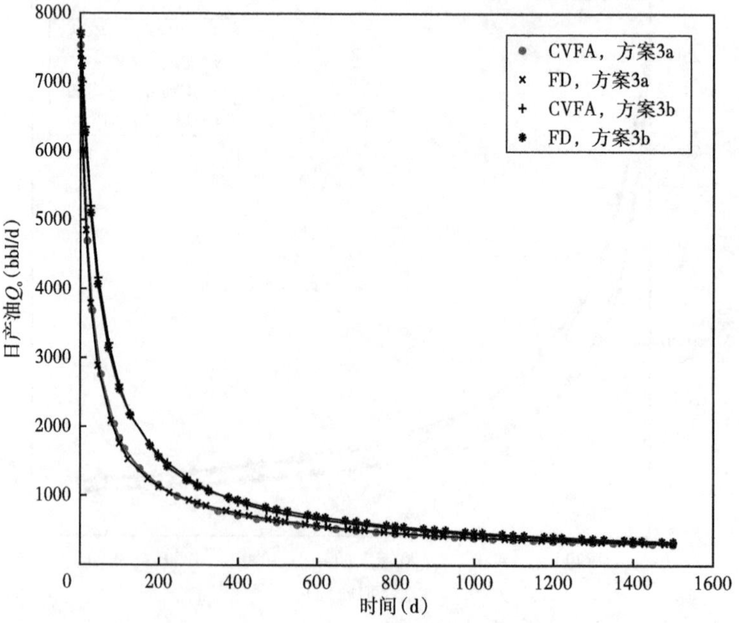

图 13.19 方案 3a 和方案 3b 的日产油量

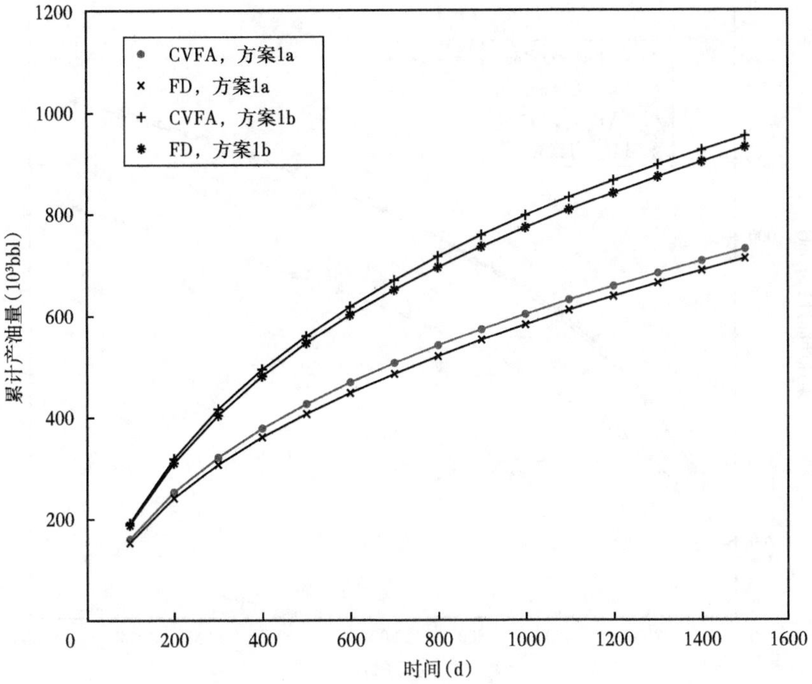

图 13.20 方案 1a 和方案 1b 的累计产油量

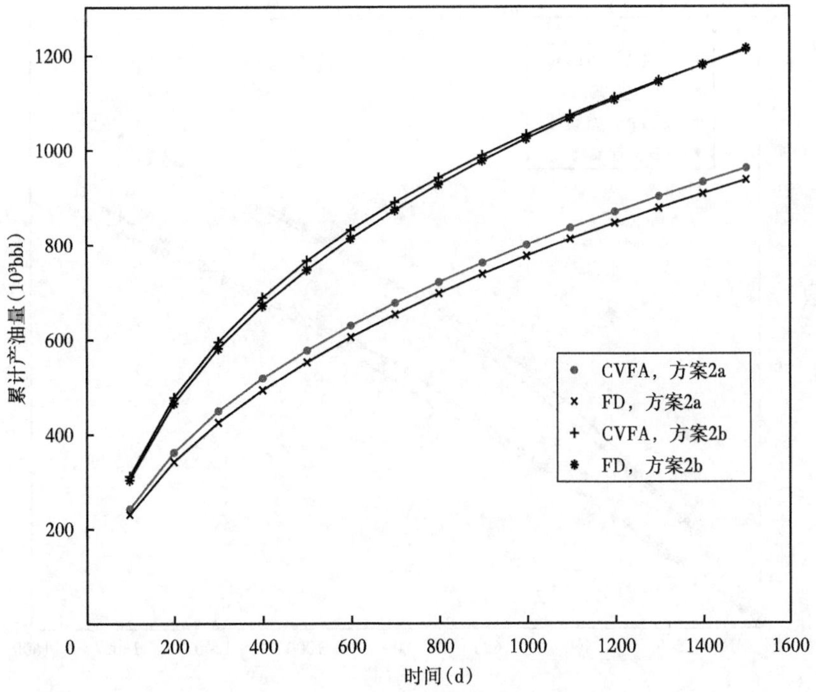

图 13.21 方案 2a 和方案 2b 的累计产油量

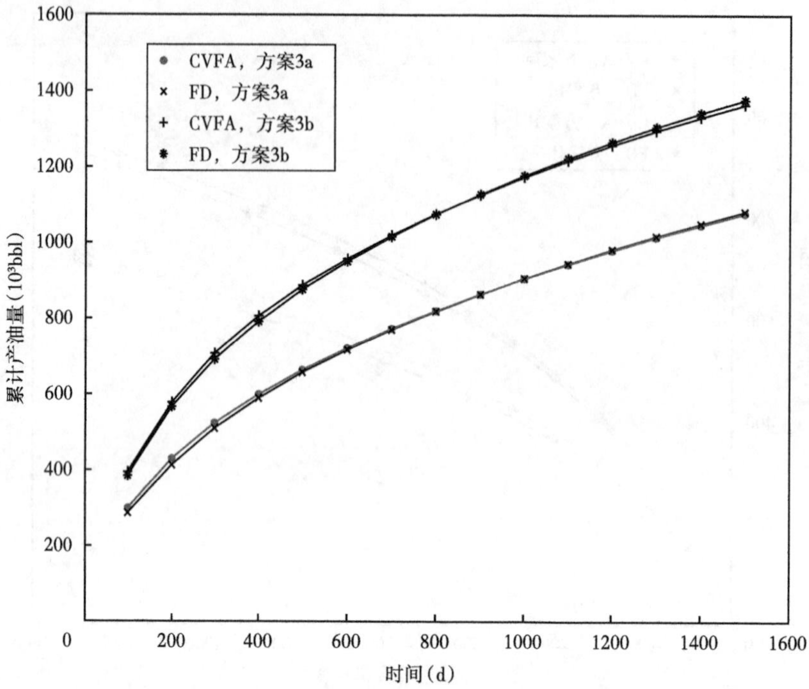

图 13.22　方案 3a 和方案 3b 的累计产油量

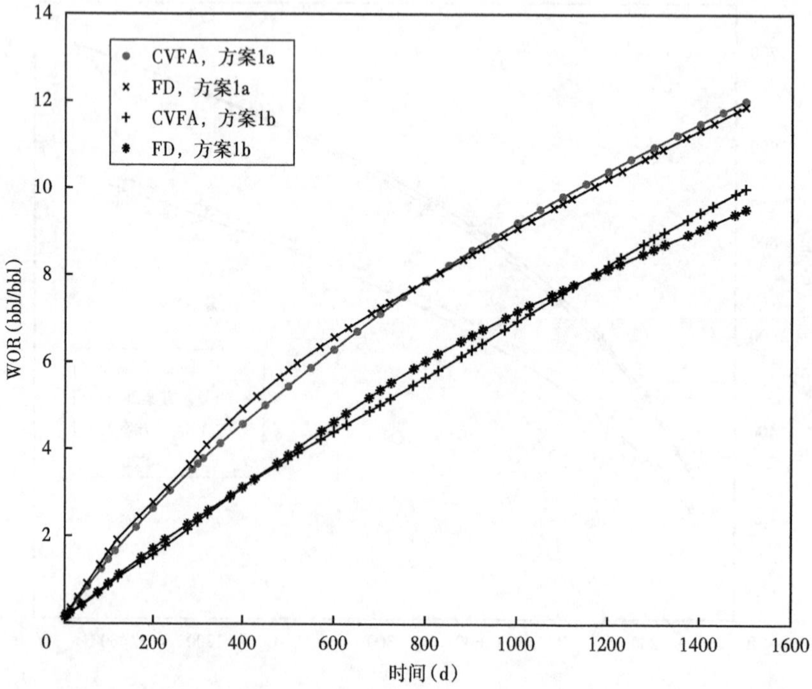

图 13.23　方案 1a 和方案 1b 的水油比

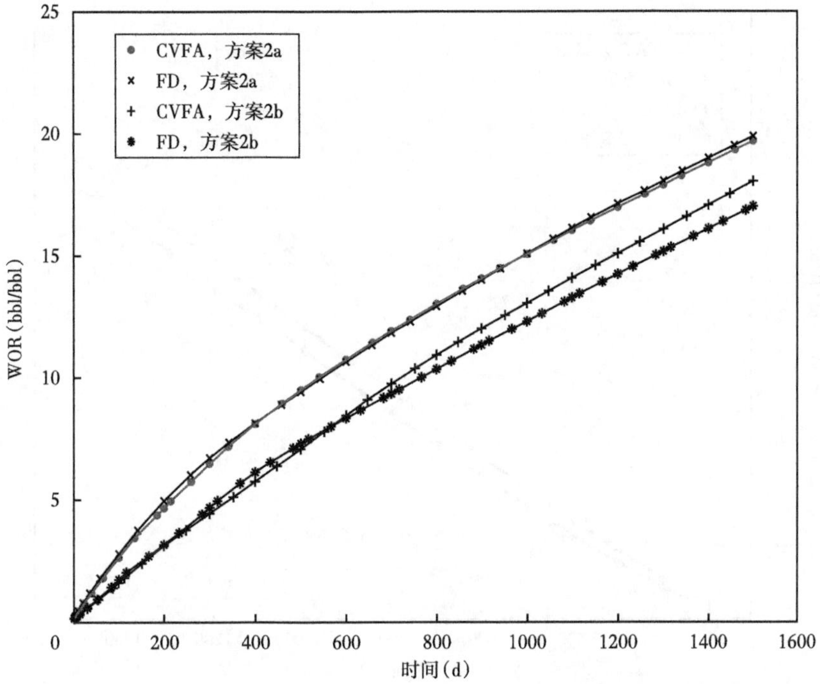

图 13.24 方案 2a 和方案 2b 的水油比

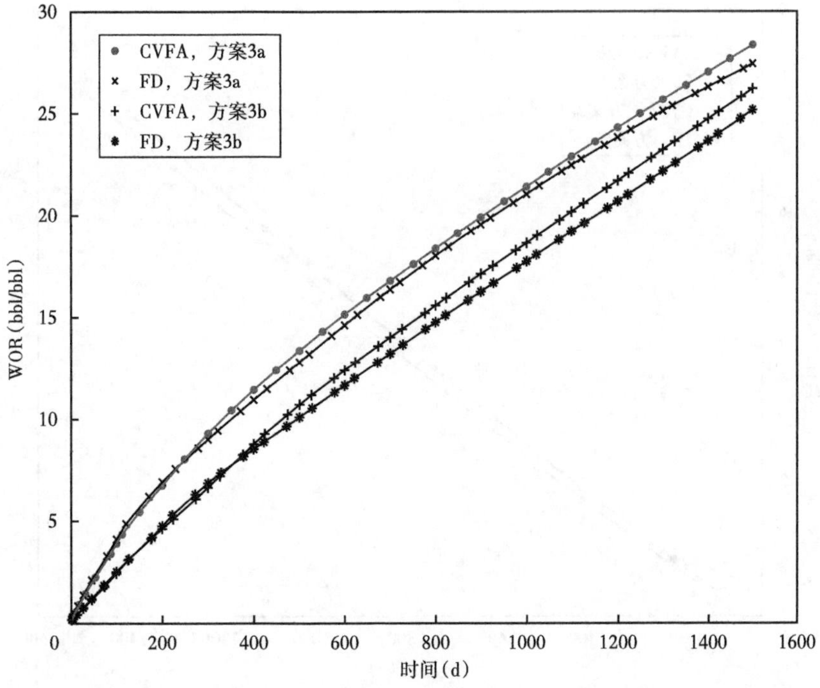

图 13.25 方案 3a 和方案 3b 的水油比

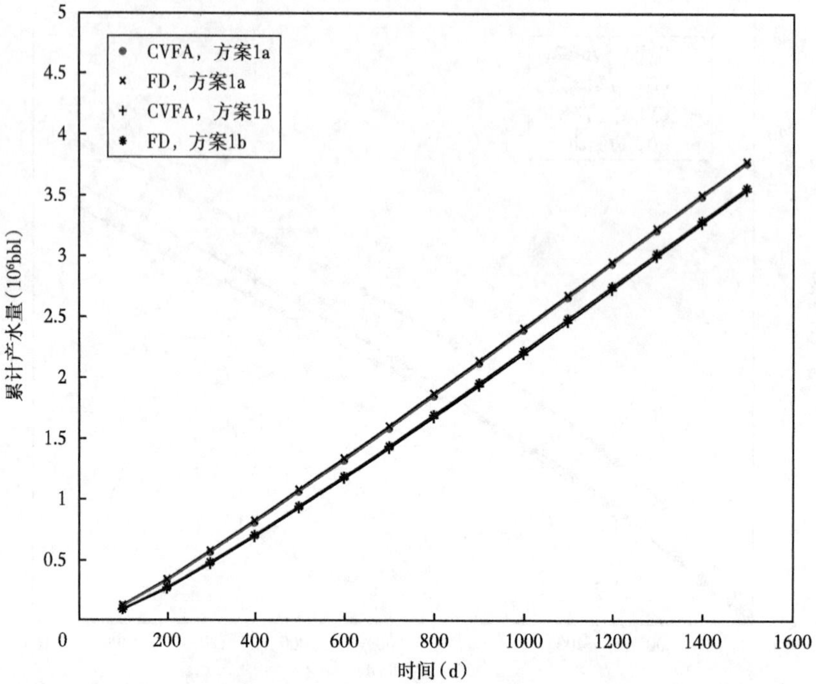

图 13.26 方案 1a 和方案 1b 的累计产水量

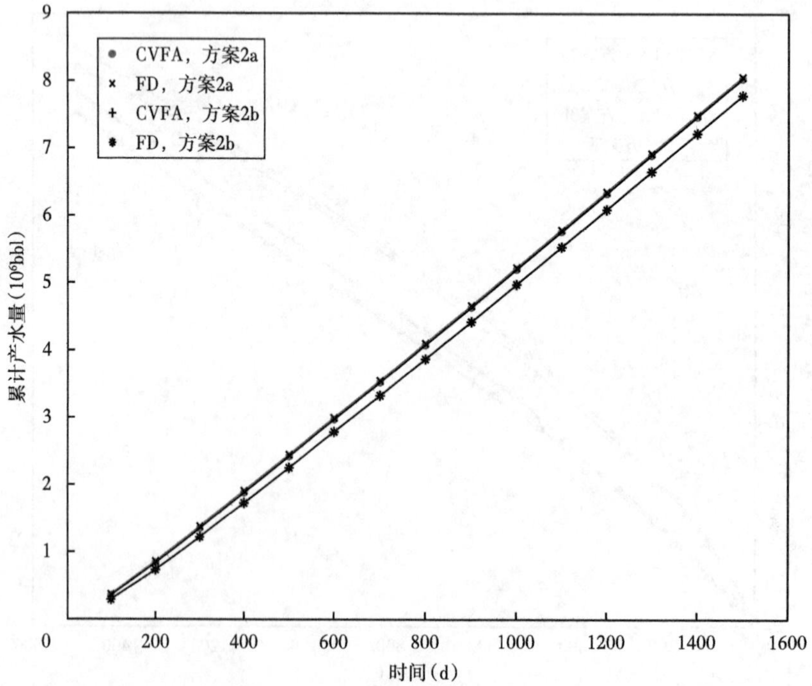

图 13.27 方案 2a 和方案 2b 的累计产水量

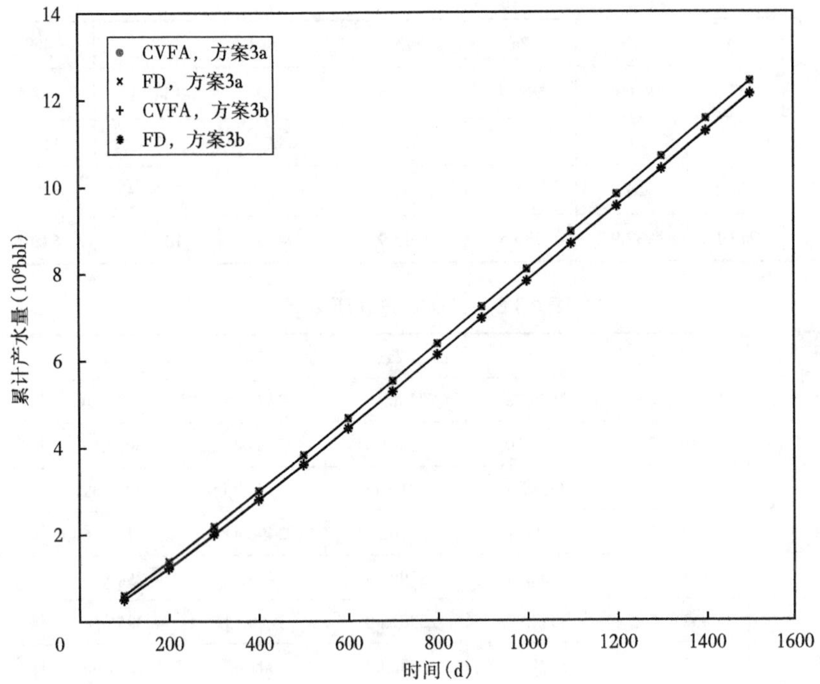

图 13.28　方案 3a 和方案 3b 的累计产水量

表 13.7　1500d 时累计产油量　　单位：10^3bbl

参与公司	1a	1b	2a	2b	3a	3b	4a	4b
ARTEP 公司	747.2	951.7	976.4	1221.0	1096.4	1318.5	740.8	902.8
雪佛龙公司	741.0	929.4	958.1	1181.6	1066.0	1274.8	665.3	797.7
CMG 公司	753.6	960.1	983.6	1230.3	1106.1	1330.2	709.0	850.6
ECL 公司	757.2	951.0	1034.2	1251.0	1229.1	1444.8	696.7	827.4
ERC 公司	683.5	870.2	900.3	1106.1	1031.4	1222.3	672.0	788.4
HOT 公司	765.0	961.9	1045.9	1263.7	1247.0	1466.8	714.0	877.6
INTECH 公司	723.3	957.5	949.6	1241.5	1103.2	1414.7	754.4	890.4
JNOC 公司	717.4	951.3	931.6	1245.9	1084.4	1412.7	660.6	843.9
Marathon 公司	722.9	964.3	941.5	1257.1	1096.0	1436.7	781.7	895.8
Philips 公司	750.9	956.8	980.5	1227.1	1103.5	1325.0	712.0	959.7
RSRC 公司	678.7	916.7	877.9	1177.8	1017.1	1333.2	620.5	801.5
壳牌公司	749.0	954.8	978.4	1224.6	1100.0	1322.4	733.5	884.1
斯坦福公司	742.0	943.9	968.7	1211.8	1043.7	1305.6	331.0	457.6
TDC 公司	766.2	989.4	989.4	1210.0	1105.0	1279.2	854.4	933.6

续表

参与公司	1a	1b	2a	2b	3a	3b	4a	4b
平均值	735.6	946.4	965.4	1217.8	1101.1	1349.1	688.4	829.4
标准差	27.4	26.7	45.2	41.0	64.7	73.5	117.0	115.4
SMU（CVFE）	731.8	954.9	961.6	1211.6	1077.7	1364.7	657.4	792.3
SMU（FD）	713.1	932.9	936.5	1213.9	1082.5	1377.7	645.0	779.3

表 13.8　1500d 井底压力

单位：psia

参与公司	1a	1b	2a	2b	3a	3b
ARTEP	3466.76	3575.78	3236.68	3470.49	3002.20	3364.74
雪佛龙	3464.77	3576.10	3239.19	3464.42	3012.13	3356.08
CMG	3446.32	3558.33	3210.46	3454.76	2970.39	3345.85
ECL	3485.03	3569.71	3326.22	3490.41	3170.46	3412.53
ERC	3439.96	3562.14	3199.89	3453.11	2949.06	3343.41
HOT	3511.65	3582.92	3382.08	3250.19	3256.18	3459.89
INTECH	3530.00	3601.00	3382.00	3541.00	3221.00	3479.00
JNOC	3471.72	3589.29	3251.86	3491.07	3020.84	3405.28
Marathon	3493.24	3593.85	3295.26	3509.80	3085.07	3433.56
Philips	3449.40	3572.40	3203.40	3460.20	2953.20	3351.90
RSRC	3567.80	3610.90	3444.10	3575.30	3318.90	3530.30
Shell	3448.75	3571.38	3201.16	3456.91	2948.98	3345.16
Stanford	3454.64	3572.29	3216.69	3464.30	2977.69	3359.93
TDC	3438.21	3544.40	3203.95	3452.69	2959.80	3343.16
平均值	3476.30	3577.18	3270.92	3486.04	3060.42	3395.06
标准差	37.96	17.45	81.54	37.87	127.79	60.28
SMU（CVFE）	3482.48	3587.02	3269.03	3496.32	3043.11	3391.13
SMU（FD）	3434.74	3579.45	3171.97	3458.44	2903.07	3353.75

表 13.9　方案 4a 和方案 4b 的收敛控制参数

方案	方法	$(\delta t)_{max}$（d）	$(\delta p)_{max}$（psia）	$(\delta S_w)_{max}$	$(\delta S_g)_{max}$
4a	CVFE	20	150	0.010	0.010
4a	FD	20	100	0.010	0.010
4b	CVFE	50	150	0.020	0.020
4b	FD	50	200	0.050	0.050
5a	CVFE	20	150	0.005	0.005

续表

方案	方法	$(\delta t)_{max}$ (d)	$(\delta p)_{max}$ (psia)	$(\delta S_w)_{max}$	$(\delta S_g)_{max}$
5b	CVFE	20	100	0.010	0.010
6a	CVFE	20	100	0.005	0.005
6b	CVFE	20	100	0.010	0.010

和方案 1a 至方案 3b 一样，方案 4a 和方案 4b 中增加水平井长度也能减少锥进趋势。图 13.29 和图 13.30 分别给出了这两种情况下的日产油和累计产油量。图 13.31 和图 13.32 给出了产水量和累计产水量。方案 4a 和方案 4b 的对比表明，后者的，日产油和累计产油量增加，并且产水量和累计产水量减少。方案 4b 中的产水量在约 690d 时下降至最小值，但在方案 4a 中这个产量的下降有延迟；由于方案 4a 中具有更大的锥进可能性，该产量在大约 800d 时降至最小值。图 13.35 给出了生产井的井底压力。对于方案 4a 和方案 4b，井底压力分别在 800d 和 690d 下降到最小值 1500psia。产水量的下降是由于储层压力下降造成的。由于注入井的井约束不是定井底压力，因此储层压力不能继续保持在泡点压力之上。当它低于泡点压力时，出现游离气。如果储层压力下降到生产井射孔区域的最小井底压力，则该区域不会产生液体。因此，产水率降低。一段时间后，储层压力上升；增加储层和井筒之间的压差提高了产水量。GOR 和累计产气量如图 13.33 和图 13.34 所示，图中表明产生了大量的游离气。

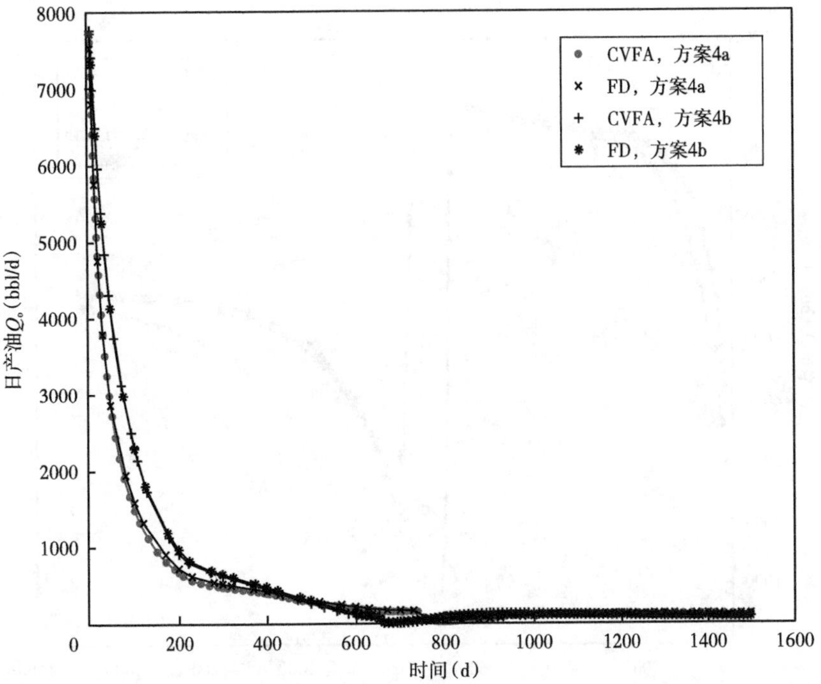

图 13.29 方案 4a 和方案 4b 的日产油

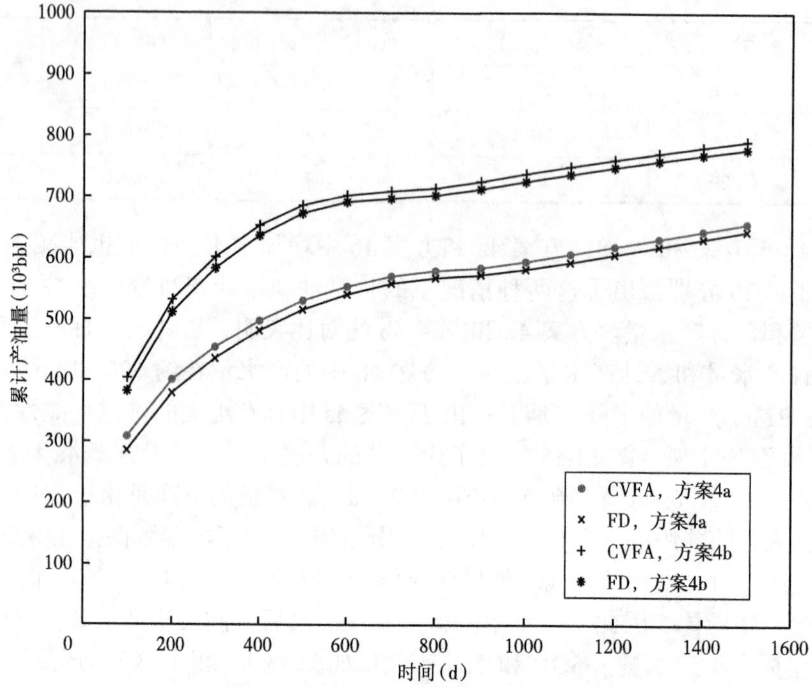

图 13.30　方案 4a 和方案 4b 的累计产油量

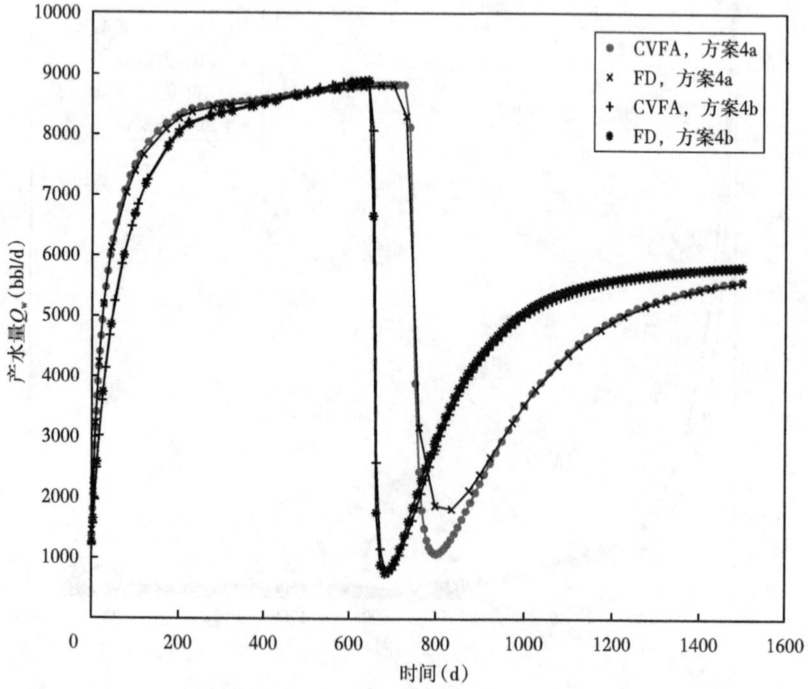

图 13.31　方案 4a 和方案 4b 的产水量

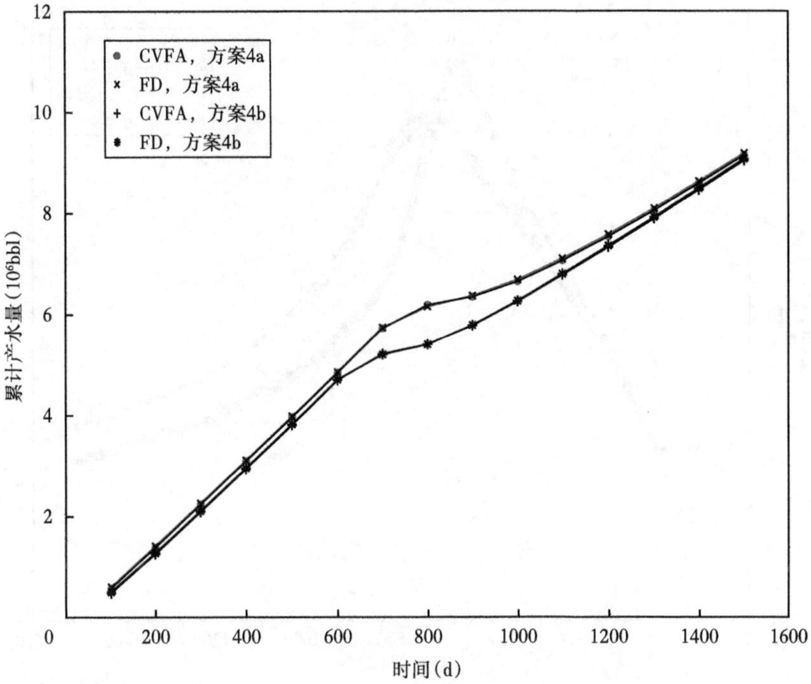

图 13.32　方案 4a 和方案 4b 的累计产水量

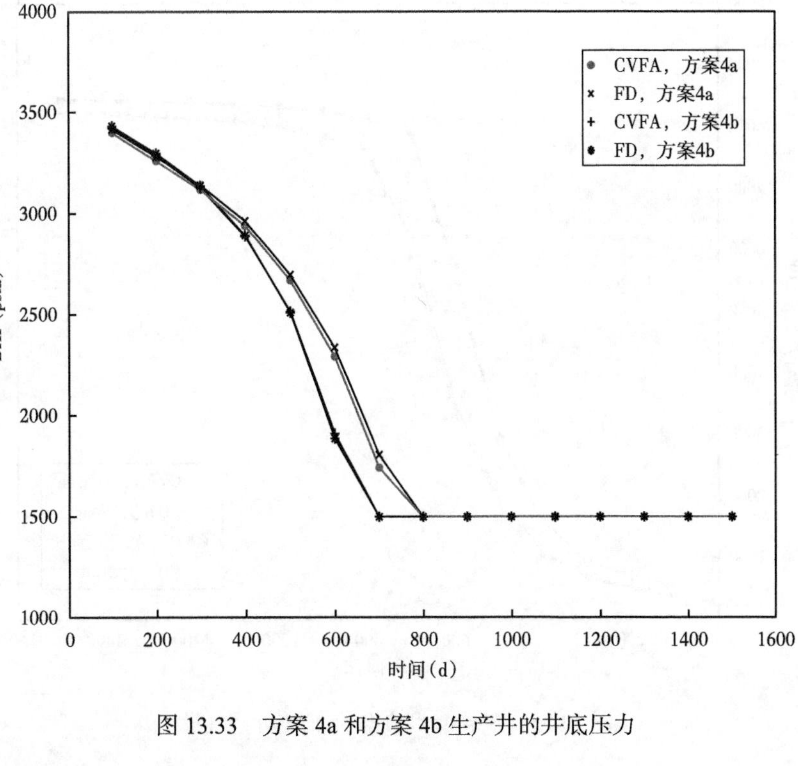

图 13.33　方案 4a 和方案 4b 生产井的井底压力

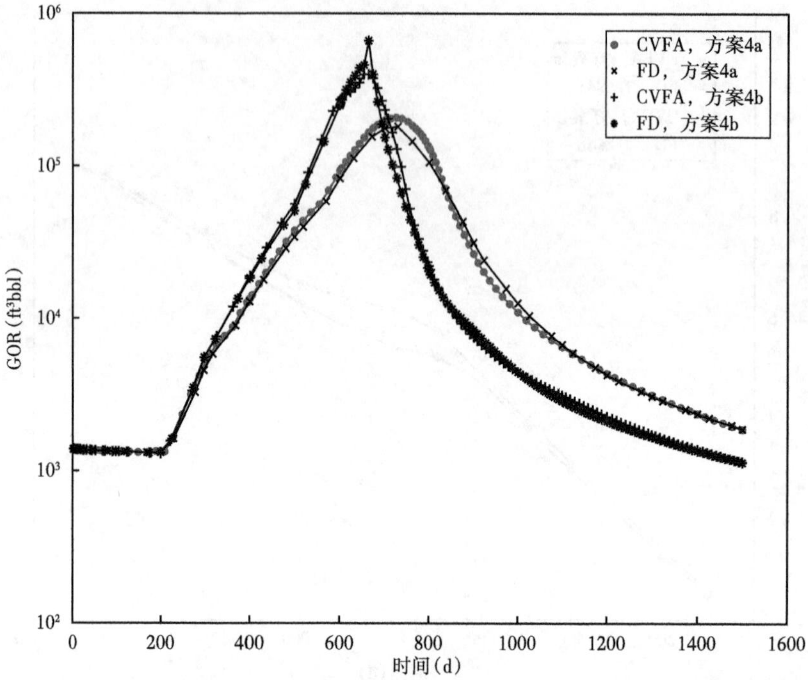

图 13.34 方案 4a 和方案 4b 的 GOR

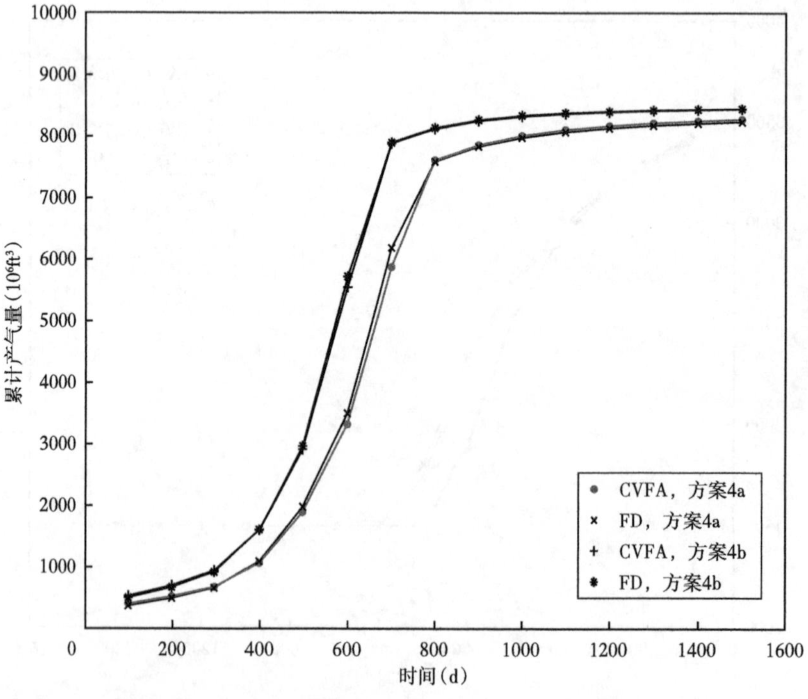

图 13.35 方案 4a 和方案 4b 的累计产气量

方案 5 和方案 6 旨在测试对任一方向的水平井进行建模。从表 13.6 可以看出，这两种情况仅在井的方向上与方案 4 不同。图 13.36 和图 13.37 是日产油和累计产油量。方案 4a，方案 5a 和方案 6a 中的日产油非常接近，方案 4b，方案 5b 和方案 6b 也如此（表 13.11）。方案 5a 和方案 6a 中的累计产油量也类似，但与方案 4a 不同。对于方案 4b，方案 5b 和方案 6b，也可

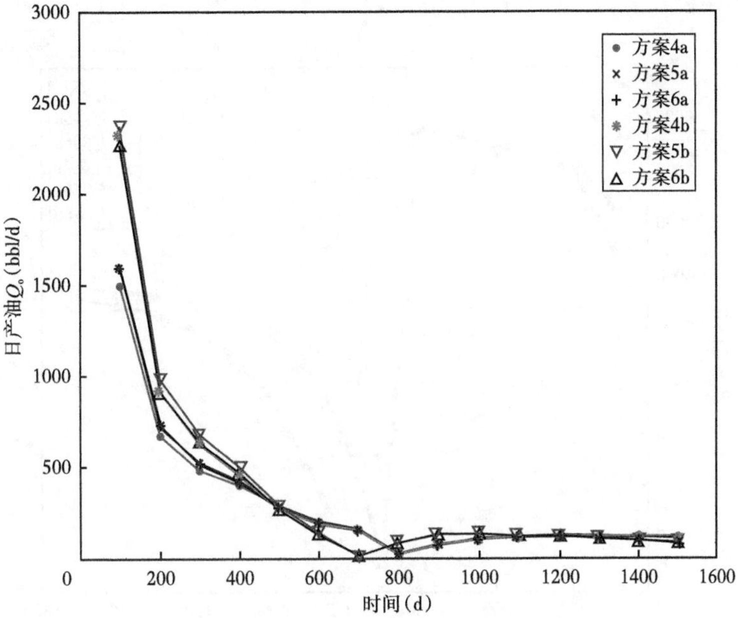

图 13.36　方案 4a 至方案 6b 的日产油

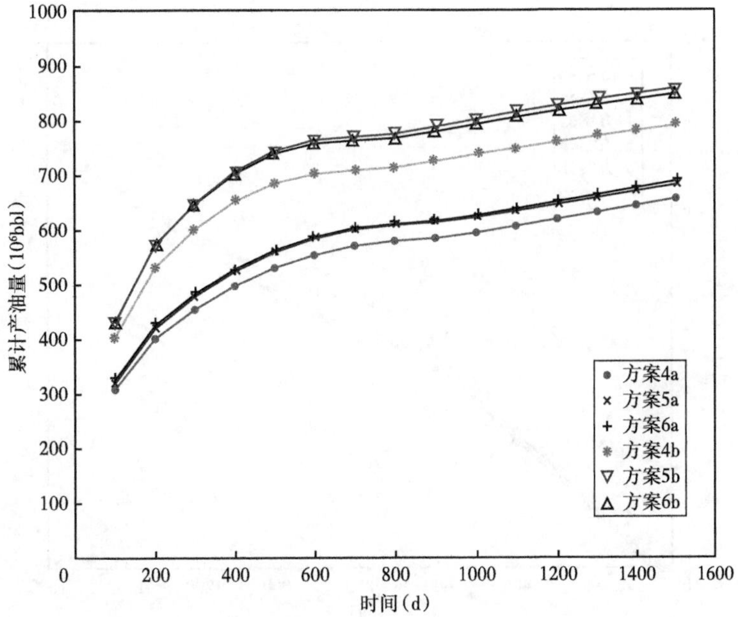

图 13.37　方案 4a 至方案 6b 的累计产油量

以看到累计产油量的差异。图 13.38 至图 13.43 给出了产水量，累计产水量，WOR，GOR，累计产气量和井底压力。图 13.44 给出了方案 4a 中的水饱和度分布。所有这些图表明，方案 5 和方案 6 的结果接近，与方案 4 的结果略有不同。这种现象是由于这些方案中井向不同。尽管方案 4，方案 5 和方案 6 具有相同的井长度、注入量和生产速度，但是方案 5 和方案 6 中的井位置更接近。

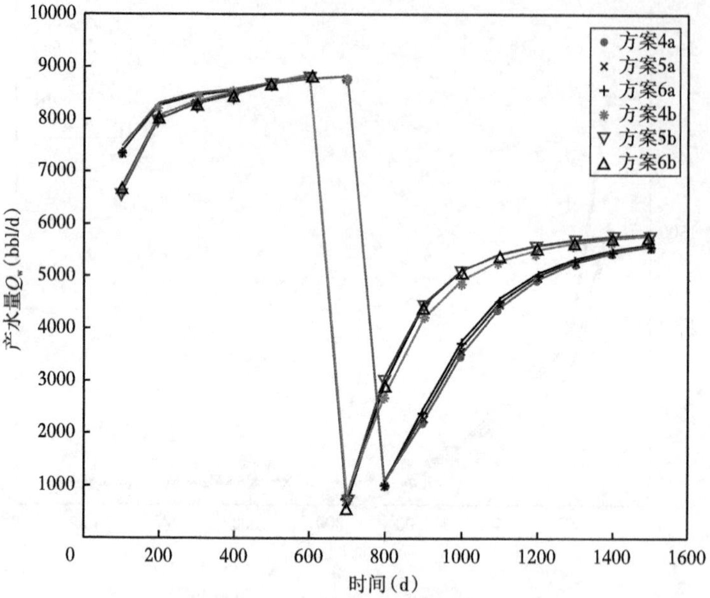

图 13.38 方案 4a 至方案 6b 的产水量

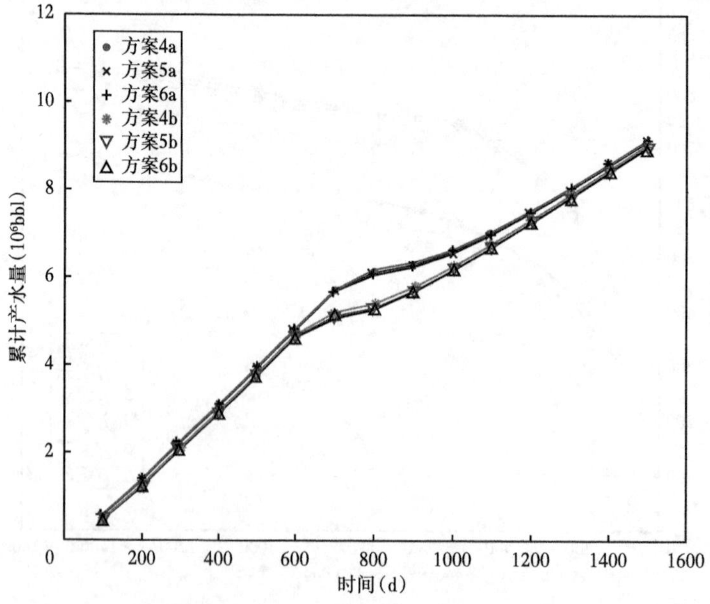

图 13.39 方案 4a 至方案 6b 的累计产水量

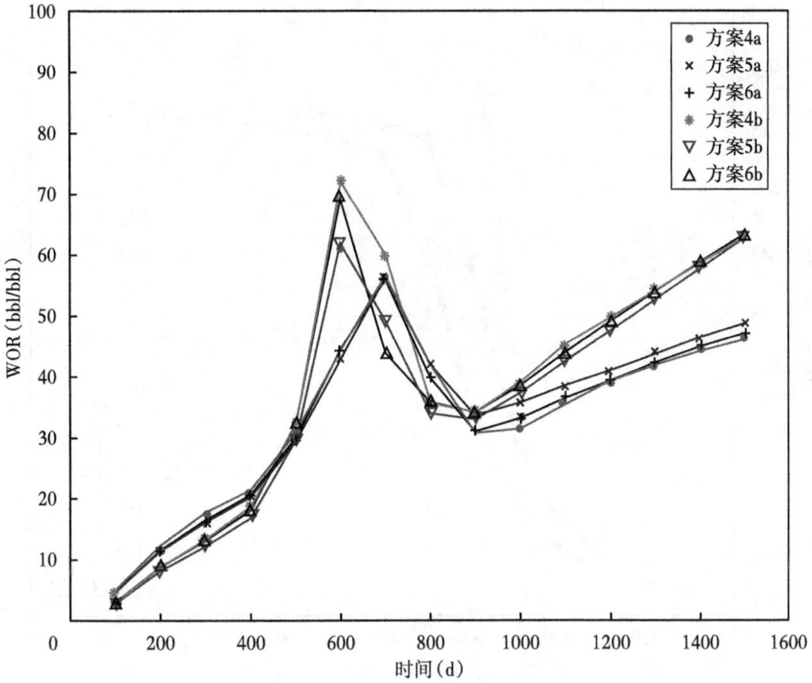

图 13.40 方案 4a 至方案 6b 的 WOR

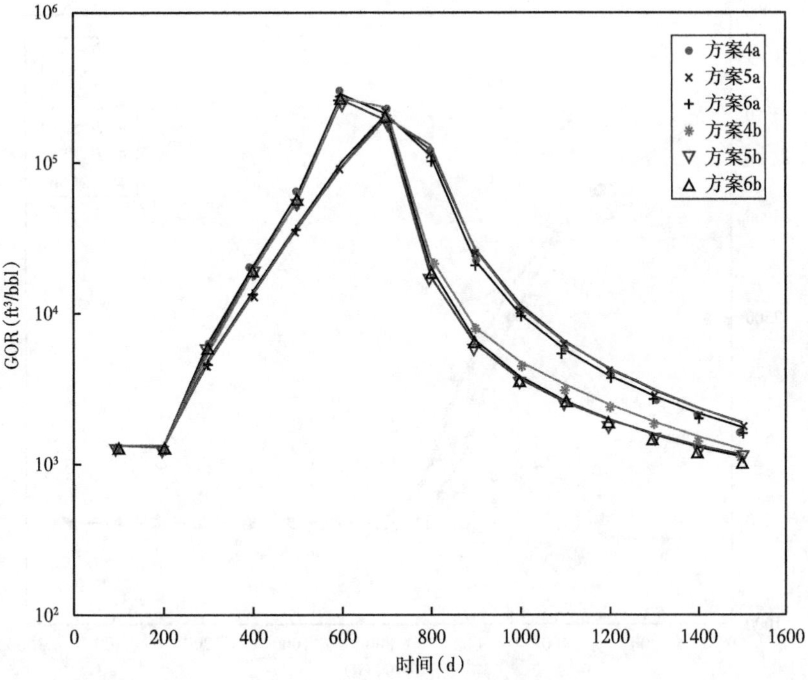

图 13.41 方案 4a 至方案 6b 的 GOR

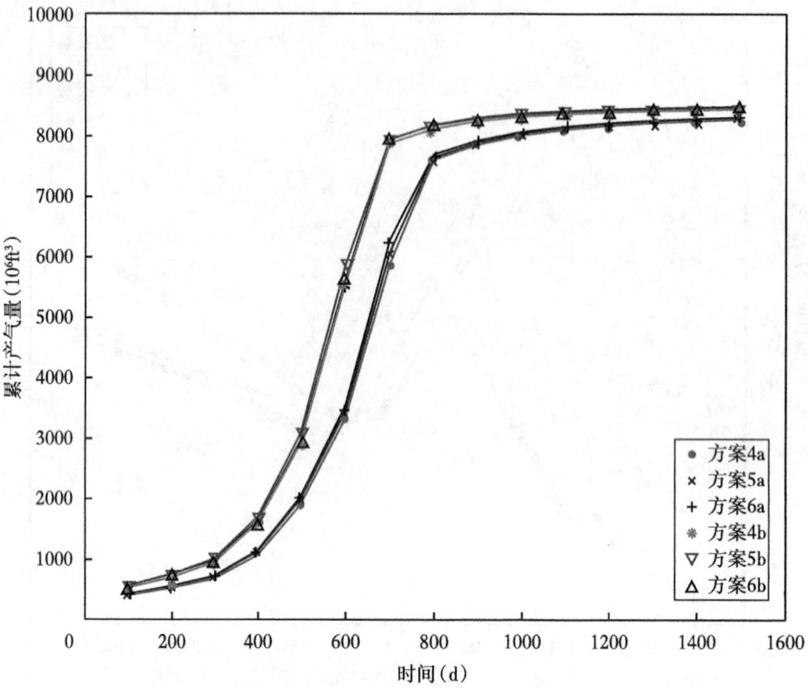

图 13.42 方案 4a 至方案 6b 的累计产气量

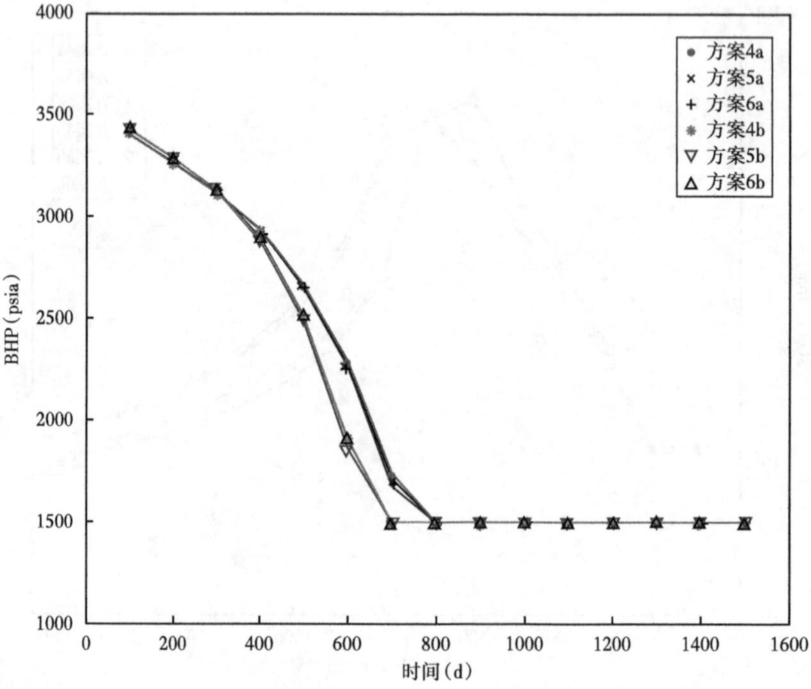

图 13.43 方案 4a 至方案 6b 的井底压力

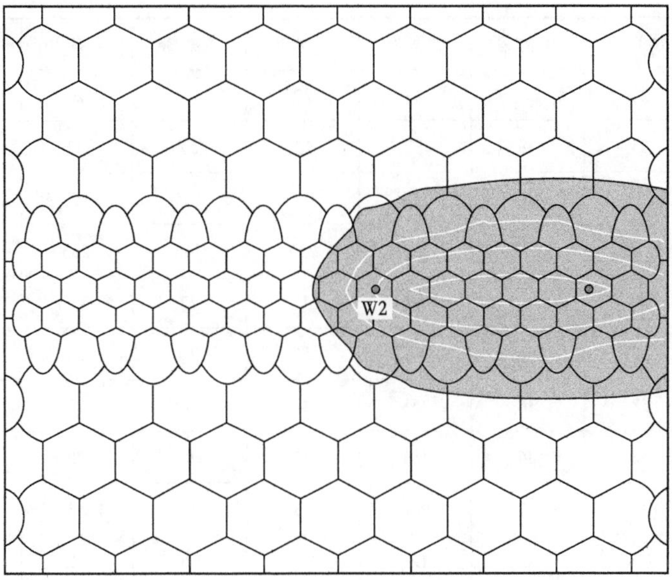

图 13.44 方案 4a 的含水饱和度分布

表 13.10 时间步和牛顿迭代

参与公司	方案 1a	方案 1b	方案 2a	方案 2b	方案 3a	方案 3b	方案 4a	方案 4b
ARTEP	39	39	45	39	47	42	50	49
	104	94	120	100	124	107	186	171
雪佛龙	36	21	36	23	37	24	66	45
	84	63	96	78	120	92	247	246
CMG	24	23	25	25	25	25	31	33
	58	61	62	76	61	66	135	154
ECL	23	21	23	23	23	22	35	34
	55	51	64	56	65	57	102	103
ERC	26	25	24	27	24	25	149	343
	39	38	42	43	51	45	459	943
HOT	17	17	17	17	17	17	102	96
	23	23	24	24	27	26	256	182
INTECH	31	31	33	31	34	33	82	72
	92	106	105	104	105	114	392	356

续表

参与公司	方案 1a	1b 方案	方案 2a	方案 2b	方案 3a	方案 3b	方案 4a	方案 4b
JNOC	22	21	23	22	24	22	48	47
	53	48	57	53	57	53	130	134
Marathon	155	155	161	157	165	157	288	252
	221	192	291	233	346	253	898	961
Philips	47	46	47	47	47	47	47	50
	57	50	66	56	70	60	104	101
RSRC	58	36	158	44	182	71	1732	1264
	58	36	161	45	197	72	1733	1264
壳牌	42	42	45	43	42	43	55	47
	114	109	123	121	120	125	180	155
Stanford	20	19	22	20	22	21	49	43
	55	44	55	50	60	57	265	116
TDC	318	96	632	272	951	421	901	541
	2093	189	4441	1796	6986	2882	7326	3366
SMU（CVFE）	38	48	37	36	37	49	128	125
	121	149	121	114	119	158	431	397
SMU（FD）	49	48	35	49	50	49	49	118
	153	150	114	155	159	167	197	387

注：每个公司对应的第一行数据是时间步，第二行数据是迭代次数

表 13.11 方案 4a~6b 在 1500d 时的模拟结果

方案	日产油（bbl）	日产气（10^3ft^3）	日产水（bbl）	采收率（%）	含水率（%）
4a	121.55	227.0	5606.73	5.765	97.88
4b	92.41	117.0	5808.17	6.948	98.43
5a	115.35	218.0	5627.49	5.987	97.99
5b	92.77	108.0	5825.35	7.511	98.43
6a	119.68	210.0	5642.36	6.043	97.92
6b	91.94	103.0	5832.61	7.427	98.45

13.8 文献信息

在有限差分的背景下，直井和水平井的模型由 Peaceman（1977A；1991）推导得出。这些方程的 CVFE 格式由 Chen et al.（2002C）建立。第 13.5.2 节中介绍的三角形混合元井方程参见 Ewing 等（1999）。有关第七个 SPE 算例更详细的数据，参见 Nghiem et al.（1991）。第 13.7 节的内容取自 Li et al.（2003b）。

练习

练习 13.1　推导式（13.3）。

练习 13.2　求解式（13.3）。

练习 13.3　推导式（13.5）。

练习 13.4　将第 13.2.2（2）节中单相流水平井模型推广到第 13.2.2（3）节中的多相流。

练习 13.5　由式（13.20）推导式（13.21），其中传导率系数 T_{0i} 在式（13.22）中已经给出。

练习 13.6　将式（13.23）代入式（13.21），推导式（13.24）。

练习 13.7　对于图 13.5，验证式（13.26）和式（13.27）。

练习 13.8　对于双线性有限元（参见第 4.2.1 节），从式（13.19）推导式（13.28），其中 Ω_0 如图 13.6 所示。

练习 13.9　验证式（13.35）中 $\boldsymbol{\varphi}_3$ 的定义。

练习 13.10　根据图 13.15，推导三角形 K_1 中基函数 $\boldsymbol{\varphi}_4$ 和 $\boldsymbol{\varphi}_5$ 的表达式，然后证明它们之间的正交性关系式（13.36）。

第14章　专　　题

本章简单讨论在油藏模拟的特定阶段必须解决的一些实际问题，包括粗化、历史拟合、并行计算、采收率优化和地面管网系统。本章篇幅很短，目的只是让读者了解所涉及的工作步骤和必须作的决定。详细阐述每个问题已超出了本书的范围。本章第 14.1 节概述了粗化，第 14.2 节简要介绍历史拟合，第 14.3 节讨论油藏模拟并行计算的主要内容，第 14.4 节和 14.5 节分别介绍采收率优化和地面管网系统，最后，第 14.6 节提供了参考书目。

14.1　粗化

近年来，粗化在将精细地质网格转化为数值模拟网格中所起的作用越来越重要。为了准确描述已知油藏属性、推断未知油藏属性，地质模型通常需要利用几千万个网格对储层孔隙度和渗透率精细描述。数量规模如此大的地质网格太细，无法用作模拟网格。即使有了当今的计算能力，大多数油藏模型也只有十万个左右网格，比地质网格少 100 倍，为此研发粗化技术弥合二者之间的差距。其具体思路是在给定精细油藏描述网格尺度和模拟网格的情况下，设计粗化算法，得到适用粗网格模拟的孔隙度、渗透率和其他属性参数值。粗化方法有多种，如压力求解法（Begg et al.，1989）、重正化法（King，1989）、有效介质法（King，1989），幂律平均法（Deutsch，1989）、调和 / 算术平均法、局部平均法（Whitaker，1986）和均质化法（Amaziane et al.，1991）。若想了解更多粗化方法，请参阅 Christie（1996）及 Barker 和 Thibeau（1997）的粗化和拟化方法综述。本节简要介绍其中的一些方法。

14.1.1　单相流

对单相流，粗化的目的是保持模拟网格上流动的总体特征。此时，需要计算有效渗透率的算法，使得通过粗均匀网格计算的总流量与细非均质网格计算的总流量相同。

例如，在压力求解方法（Begg et al.，1989）中，建立具有特定边界条件的单相流计算问题，然后寻找有效渗透率，使得该问题与精细尺度上得到的流量相同。这一结果取决于所做的假设，特别是关于边界条件的假设。如果采用无流边界条件，就可以得到对角线有效渗透率张量并直接输入油藏模拟器。或者，如果采用周期性边界条件，可以得到完全有效渗透率张量（White et al.，1987）。

重正化方法（King，1989）是能够快速计算有效渗透率但精度较差的一种方法。这种方法得到的有效渗透率接近于压力方程的精确解，并能快速求得特大网格系统的有效渗透率，其主要原理是将一个大问题分解成若干易于求解的小问题。

14.1.2　两相流

对两相流，通常认为只对绝对渗透率进行粗化不足以刻画非均质性对两相流模拟的影响（Muggeridge，1991; Durlofsky et al.，1994），特别是与井距相比，当流动模拟网格无法体现非均质关联长度时尤其如此，因此，需要使用多相粗化方法。最直观的方法是采用拟相对渗透率（Lake et al.，1990）。拟相对渗透率的作用是确定每一流体相流出网格块的流量。当每个网格块的平均饱和度给定时，拟相对渗透率将流量与该网格块及相邻网格块之间的压力梯度关联起来。流量和压力梯度取决于网格内饱和度分布情况。因此，为了得到拟相对渗透率曲线，对于任意给定平均饱和度需要确定网格内的饱和度分布情况（Barker et al.，1997）；参见 Christie（1996）以及 Barker 和 Thibeau（1997）计算拟相对渗透率的综述文章。

14.1.3 粗化的局限性

粗化的一个主要局限是它通常只给出问题的解，但无法确定求解时所做的假设是否成立，而且，粗化过程也没有严格的理论支持。此外，某些因素也使得粗化的值不一定可靠；这些因素包括大纵横比网格块、与网格线成一定角度的显著传导，以及与非均质油藏的关联长度接近的粗化网格块等。多相流粗化的发展比单相流慢得多，对其的理解也少得多。第十个 SPE 标准算例对比了两个问题的不同粗化方法（Christie et al.，2001）；有 9 家公司参与该项目。

14.2 历史拟合

油藏工程师的一项根本任务是预测给定油藏或具体井的未来产量。多年来，油藏工程师们建立了各种方法来完成这项任务。这些方法既有简单的递减曲线分析法，也有本书研究的复杂的多维、多相油藏模拟器。无论采用简单方法还是复杂方法，产量预测的基本思路是首先根据已经掌握时间段的生产信息计算产量。如果计算产量能拟合上实际产量，说明计算是正确的，可用于未来产量预测。如果计算产量拟合不上实际产量，则必须修改某些模型参数（如孔隙度、渗透率等），并重新计算。有时，必须在多次迭代中重复该试错过程才能得到一组可用的模型参数。修改模型参数，使计算产量能拟合上实际测量产量的过程就叫历史拟合。

对于给定的生产方式，拟合数据通常包括：（1）实测气油比（GOR）和水油比（WOR）；（2）实测地层压力（关井压力）或观察井压力；（3）实测井底流压；（4）实测产油量。

历史拟合过程耗时长、难度大，通常占油藏研究很大一部分时间。历史拟合可以通过上述试错过程手动或自动调整模型参数完成。手动历史拟合的一般方法是修改不确定性最大且对解的影响也最大的参数。解对某些参数的敏感性通常在历史拟合过程中确定。据笔者所知，没有手动历史拟合的一般准则。不过，以下提示可能有用（Aziz et al.，1979；Mattax et al.，1990）。

（1）地层压力的拟合受到地下流体体积、水体大小以及储层与水体之间的连通程度所影响。此外，GOR 和 WOR 拟合不好也会导致平均压力拟合差。

（2）压降主要取决于水平渗透率和表皮系数。

（3）GOR 和 WOR 主要受压降影响，但也受流体界面位置和过渡带厚度（取决于毛细管压力）的影响。突破后 GOR 和 WOR 曲线的形状取决于相对渗透率曲线；突破时间则主要取决于相对渗透率曲线的端点，即只有一相流动时的有效渗透率。

（4）突破时间经常拟合不上。实际上，拟合突破时间是最艰巨的任务之一。

手动历史拟合需要丰富经验，很大程度上取决于个人判断。近年来，人们投入了大量力量研发自动历史拟合技术。虽然自动历史拟合也需要结合专业经验，但它确实可能节省大量时间和人力，并提供更准确的模型参数估计值。这类方法通常采用涉及输出最小二乘算法的逆模拟，而最小二乘算法基于最小化目标函数（成本函数），也就是实测值和预测值之差的二次函数。自动历史拟合还采用基于梯度的算法加速参数估算过程，并增加约束条件和先验信息（通过贝叶斯估计）限制参数空间的维数。最后，针对约束优化问题应用了涉及信任域方法的复杂搜索算法，因此，自动历史拟合过程也就成为数学最小化问题。油藏历史拟合问题的特点是通常有大量未知参数，故而数值最小化算法的效率就是主要的关注点。另外，这些问题通常都是病态的；许多差别大的参数估计值会得出几乎相同的数据拟合结果（Ewing 等，1994）。由于存在这些问题，尚未开展太多自动历史拟合研究，而且在当前阶段，自动历史拟合对解决实际问题的用途也非常有限。

14.3 并行计算

并行计算的快速发展可以克服单机油藏模拟规模和分辨率方面的限制。在过去十年中，典型油藏模拟使用的网格总数已从几千个增加到数百万个，这主要是由于并行计算机和分布式内存机的普及，这类机器具有数百个到数千个处理器。20 世纪 80 年代后期，油藏模拟中并行计算得到广泛研究。目前有并行黑油、组分和热采模拟器（Briens et al.，1997；Killough et al.，1997；Ma et al.，2004）。另外还有并行商业油藏模拟器，如 Parallel-VIP（兰德马克图形公司）和 Eclipse Parallel（斯伦贝谢软件）。

由于 70%~90% 的计算时间都花在线性代数方程组的建立和求解上，因此在油藏模拟中普遍采用的办法是仅对线性求解部分并行化。但是，这种方法可能是无效的。原因在于：首先，模型规模受 CPU 的可访问内存大小限制。在 PC 机或工作站集群的并行环境中，这一困难尤为突出；其次，油藏模拟中线性求解器的预条件大部分都基于不完全 LU 分解（参见第 5 章），本质上是一个顺序过程。虽然已经引入了多种技术如并行近似逆并行处理这些预条件，但是还需要额外的计算。因此，为了真正提高模拟的效率，必须采用全局并行方案。在全局并行计算中，必须解决区域分解方法、数据通信、负载均衡和时间步长控制等问题。

14.3.1 区域分解

区域分解是通过将问题空间区域分解为多个小区域求解偏微分问题的一种方法（Chen et al.，1994），通常，可分为重叠方法和非重叠方法。重叠方法更易于描述和应用，更稳健，更容易实现最优收敛速度。但是，与非重叠方法相比，重叠区域需要更多工作。此外，如果微分问题的系数在边界间不连续，那么扩展的子区域就有不连续的系数，这使得它们的解有问题。另一方面，非重叠方法需要在子区域的所有界面上解界面问题。

14.3.2 负载均衡

在并行计算中，应尽力将工作负载平均分配到各处理器上。但实际上，很难达到接近最优的负载均衡。好在，油藏模拟中有几种工作负载的分配指南。首先，网格应均匀分布在处理器之间，每个处理器上，不仅内部网格数量大致相同，外部的网格块数量也应大致相同。其次，如果油藏中存在天然断层，那么应该将这些断层用作子区域之间的边界。断层两侧某些 PVT 数据和岩石属性数据不连续，且两侧也没有数据通信。最后，所有子区域都应包含相同的井数。负载均衡也必须考虑井的操作方案。所指的井既可以是注入井，也可以是生产井。例如，在热采模拟（参见第 10 章）中，一口井可以同时是注入井和生产井。此外，在分配工作量时还必须考虑注入期、生产期和关井期。在上述三个指南中，最后一个应该最受重视。

14.3.3 数据通信

存在消息传递的标准程序，该标准程序允许在 MPI（消息传递接口）和 PVM（并行虚拟机）等不同的处理器之间进行数据通信。在处理器之间传递消息是并行计算的基本组成。可以采用两种形式传递消息，即：阻塞（同步）和非阻塞（异步）消息传递形式。具体使用哪种形式取决于要传输的数据的特征。在油藏模拟中，根据其时变特征将通信数据分为三种基本类型，即：静态数据、慢速瞬态数据和快速瞬态数据。描述油藏几何模型和岩石属性参数的数据是静态数据。本质上，静态数据在模拟中不会改变。在迭代过程的一个时间步上，压力、温度、饱和度是慢速瞬态数据。需要在特定时间记录这些数据，重新开始计算。除此以外的所有其他数据都是快速瞬态数据，尤其是在重叠区域上频繁传输的数据。实践中，用阻塞通信模式传输静态数据和慢速瞬态数据，用非阻塞通信模式传输快速瞬态数据，这样做的目的是减少通信费用，提高通信效率。

14.3.4 时间步长和通信时间控制

在并行计算中，不同子区域上的时间步长可以不同。为了保证能够安全加载所有生产周期的井数据，并使每个处理器上的模拟过程稳定、准确，可以用第 7.3.2 节建立的自适应控制策略选择具有所需属性的第 i 个子域 Ω_i 的步长 Δt_i^n，其中 N 是子区域的个数，$i=1$，2，...，N。

为了同步不同处理器上的计算过程，并在特定时间在处理器之间有效地传递消息，对第 n 个通信时间控制如下：

（1）预测第 i 个子区域的通信时间 t_i^n，$i=1, 2, \cdots, N$；

（2）确定第 n 个同步通信时间 t^n：

$$t^n = \min\left\{t_1^n, t_2^n, \cdots, t_N^n\right\}$$

（3）求第 i 个子区域的第 n 个通信时间 t_i^n：$t_i^n=t^n$。

虽然这里建议采用最小时间级方法，但需要指出的是，也可以使用最大时间级和加权时间级方法。根据经验，当区域分解大致实现负载均衡时，这三种方法差异很小。此处所用的方法也将得到最精确的解。

14.4 采收率优化

近年来，提高采收率技术得到了广泛关注。这种技术需要向油藏注入大量相当昂贵的流体（参见第 1 章）。商业应用任何提高采收率技术都要依靠经济评价，只有经济评价结果表明预计会有良好的投资回报方可实施。由于化学品成本高，因此，为了以最低的化学品注入成本获得最高的采收率，对提高采收率工艺技术进行优化是极其重要的。提高采收率技术经济价值的最大化需要最优控制历史或操作策略。确定这些策略是成功应用提高采收率技术的关键因素之一。

正确处理提高采收率技术的经济指标之所以重要，是因为它是决定提高采收率技术是否适用的主要因素。大多数油田都可以通过应用这种技术显著提高采收率。然而，高昂的油田钻井成本和化学品注入成本严重制约了提高采收率技术的适用性。在提高采收率技术优化中，首先，必须通过初步筛选确定候选油藏；然后，通过历史拟合等准确的技术预测，得到精确的经济评价结果（参见第 14.2 节）；最后，为了最大化提高采收率项目的盈利能力，还必须评价注入政策。

可以将优化目标表示为待极值化的性能指标。如果采用利润指标，则实现最大值为佳。与提高采收率技术有关的控制因素是注入流体的物理状态历史。因此，提高采收率的优化问题就是确定能得到最大盈利指标的注入政策，该问题服从于描述系统动态特征的微分方程的约束条件。关于该问题的更多信息，可以参考 Ramirez（1987），了解最优控制理论在石油工业中确定最优操作策略的应用。

14.5 地面管网系统

井产量和井底压力必须同时根据油藏、生产井和地面管网系统确定。集输管网的任何变化都会影响单井产量。集输管网由连接井口与分离站的管道、阀门以及其他配件组成。根据流入动态曲线（由油藏模型确定）和流出动态曲线（由井筒、套管和地面管网模型确定）的交点可以准确计算任一口井的产量。

必须将井筒和地面管网设施（如管道和阀门）中的多相流模型添加到油藏模型中，才能进行一体化全油田模拟。因此，同时模拟油藏、井筒和地面管网系统中的多相流需要以下模型：

（1）描述流体从油藏流到生产井井筒的的井筒模型；

（2）控制从井筒到井口流动的油管模型；

（3）确定地面管网系统流量的地面设施模型。

油藏和井筒模型确定流入动态曲线，油管和地面设施模型确定每口生产井的流出动态曲线。井的产量和井底压力根据流入动态曲线和流出动态曲线的交点计算。

油藏和井筒模型已详细介绍，下面简要介绍利用流动装置、连接与节点的油管和地面设施模型。

14.5.1 流动装置的水力模型

地面管网装置（管柱、管道、阀门等）中的多相流的水力模型是地面管网系统的基本要素，也是地面管网系统的基本组成部分。每个流动装置都有入口和出口（参见图 14.1）。在稳态流动中，装置的水力模型确定了该装置的入口压力，入口压力是出口压力及烃组分流量的函数。确定该函数的基本方法有两种，即：解析稳态模拟（Beggs，1991）和水力查找表（VIP-Executive，1994）。前一种方法广泛应用在石油工业中，用于模拟井筒、管道和阀门中的多相流。后一种方法对照出口压力和流量将入口压力制成表格。表格法比解析法所需的 CPU 时间少得多，但是这种方法有明显的缺点：需要预处理程序包建立表格，而且需要庞大的计算机内存存储第 9 章至第 12 章中讨论的每种复杂油藏模型的大量水力表。

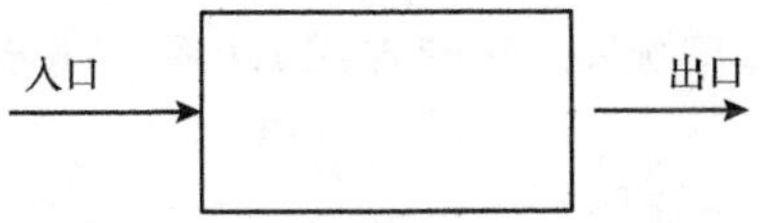

图 14.1 流动装置模型示意图

14.5.2 连接与节点模型

所谓“连接”包括井筒、井口与地面管网系统节点之间的连通体、节点之间的连通体内的多相流模拟。每个连接只有一个入口和一个出口（图 14.2）。图 14.2 所示的连接由四个流动装置组成：油管、阀门、管道和液压工作台。

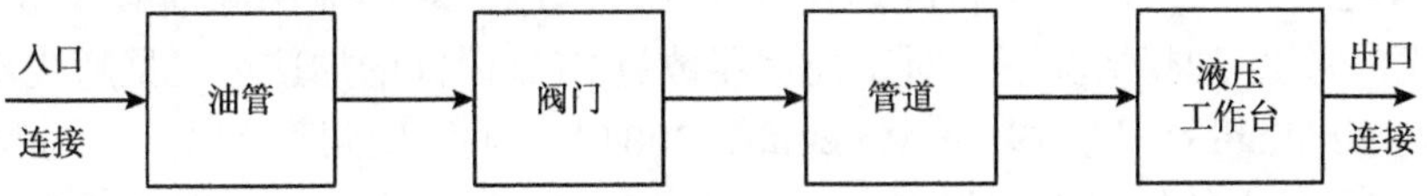

图 14.2 连接示意图

节点是若干连接的交汇点。每个节点可以有任意多个输入连接，但只能有一个输出连接。生产井可以连接到任意节点。图 14.3 给出了一个有 7 口生产井的地面管网系统的示意图。图中所示有五个节点，并用连接模拟井筒内和节点连通体内的流动。

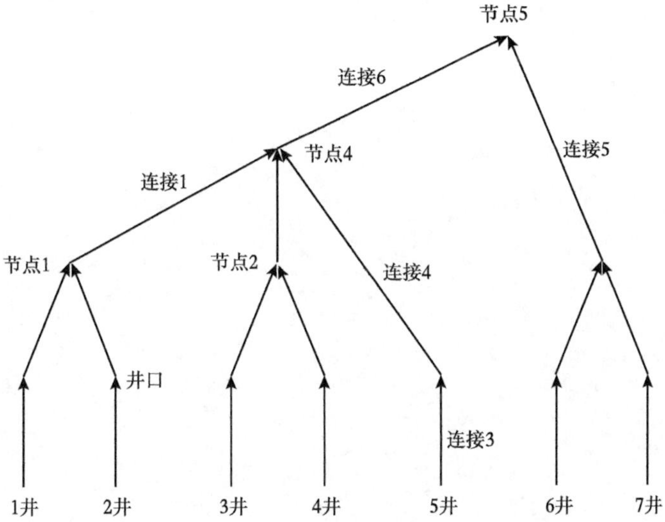

图 14.3 地面管网系统示意图

为每个连接建立压力方程。节点压力方程根据出口压力和烃类组分的质量流量确定该连接的入口压力。建立地面管网系统中每个节点的烃类组分质量守恒方程。这类方程表明，节点出口处每种组分的质量流量等于连接到该节点的所有节点出口处每种组分的质量流量之和（Litvak et al.，1995 年）。

总之，油藏、井筒和地面管网系统中多相流的同时模拟包括网格中油藏模型的解、生产井中井筒模型的解、连接和节点中油管和地面设施模型的解。这三个子系统既可以同时（完全耦合方式）求解，也可以按顺序（解耦方式）求解（Litvak et al.，1995）。

14.6 文献信息

本章简单介绍了油藏模拟中的五个专题，即：粗化、历史拟合、并行计算、采收率优化和地面管网系统。粗化仍然是热门研究课题，需要开展大量研究。有关粗化的最新研究工作，读者可以参考 Christie（1996）、Barker et al.（1997）以及美国石油工程师学会第十个标准算例（SPE CSP）（Christie et al.，2001）的综述性文章。历史拟合过程有时很难，已经有大量的研究工作致力于自动化这一工作（参见两年出版一次的最新的 SPE 数值模拟论文集）。由于出现了强大的并行计算机，并行计算技术已大规模应用于油藏模拟（特别是 20 世纪 90 年代以来）。理想情况下，对于处理器数量 CPU 时间的加速可以是超线性的（Briens et al.，1997；Killough et al.，1997；Ma et al.，2004）。与投入油藏模拟的时间和人力相比，采收率优化方面投入的研究工作很少，Ramirez（1987）的著作是这一领域一个很好的起点。最后，油藏、井筒和地面管网系统中多相流同时模拟的研究需要更多关注，第 14.5 节介绍的方法基于 Litvak et al.（1995）的研究。

第 15 章　术语解释

15.1　英文缩略词表

英文缩写	含义
ASP	碱、表面活性剂和聚合物
BCG	双共轭梯度
BDDF	Brezzi–Douglas–Durán–Fortin
BDFM	Brezzi–Douglas–Fortin–Marini
BDM	Brezzi–Douglas–Marini
BiCGSTAB	稳定双共轭梯度法
CD	Chen–Douglas
CG	共轭梯度
CGN	用于标准方程的共轭梯度
CGS	共轭梯度平方
CSP	方案对比项目
CVFA	控制体积函数近似法
CVFE	控制体积有限元
DG	间断有限元
ELLAM	欧拉—拉格朗日局部伴随法
EOR	提高采收率
EOS	状态方程
erfc	余误差函数
FD	差分
FGMRES	灵活广义最小残差法
GMRES	广义最小残差法
GOC	气油界面
GOR	气油比
ILU	不完全 LU 分解
ILUT	含阈的不完全 LU 分解法
IMPES	隐压显饱法，即显式求解饱和度法

续表

英文缩写	含义
LES	线性方程组
MMOC	修正特征法
OIP	石油储量
ORTHOMIN	正交最小化法
PCG	预处理共轭梯度法
PI	采油指数
RT	Raviart–Thomas
RTN	Raviart–Thomas–Nédélec
SDG	稳定间断伽辽金法
SOR	逐次超松弛迭代法
SPE	石油工程师学会
SS	联立求解
SSOR	对称超松弛迭代法
WAG	水气交替驱
WC	含水率
WOC	水油界面
WOR	水油比

15.2 下标

下标	含义
f	流体相或裂缝相
g	气相
i	组分或者坐标索引
o	油相
s	标准状况或固相
t	总量
w	水相
α	相标识

15.3 基本量

符号	基本量	单位
L	长度	m
M	质量	kg
T	温度	K
t	时间	s

15.4 英文符号

符号	物理量	量纲
A	面积	L^2
API	原油重度	°API
a	加速度	L/t^2
B	体积系数	
B_α	相 α 的体积系数	
C_i	组分 i 的压缩系数	Lt^2/M
C_s	比热容	$L^2/(Tt^2)$
$C_{V\alpha}$	相 α 的比定压热容	$L^2/(Tt^2)$
$C_{p\alpha}$	相 α 的比定压热容	$L^2/(Tt^2)$
$C_{p,\mathrm{ob}}$	恒压下过热容	$L^2/(Tt^2)$
c	质量浓度	
c_f	流体压缩系数	Lt^2/M
c_g	气体压缩系数	Lt^2/M
c_o	原油压缩系数	Lt^2/M
c_w	水压缩系数	Lt^2/M
c_i	组分 i 的浓度	
$c_{i\alpha}$	组分 i 在相态 α 中的浓度	
c_R	岩石压缩系数	Lt^2/M
c_{SE}	有效盐度	
c_{SEL}	有效盐度下限	
c_{SEU}	有效盐度上限	

续表

符号	物理量	量纲
c_{SEOP}	最佳有效盐度	
c^c_S	表面活性剂临界浓度	
c_t	综合压缩系数	Lt^2/M
c_μ	原油黏度压缩系数	Lt^2/M
$\tilde{c}_i$	组分 i 总浓度	
$\hat{c}_i$	组分 i 吸附浓度	
$\hat{c}_i^0$	组分 i 参考吸附浓度	L^2/t
$\boldsymbol{D}$	扩散—弥散张量	L^2/t
$\boldsymbol{D}_{i\alpha}$	组分 i 在相 α 中扩散—弥散张量	L^2/t
D_{xi}	x_i 方向上的网格尺寸	L
$\boldsymbol{d}_{i\alpha}$	组分 i 在相 α 中的扩散流量	$M/(L^2T)$
d_m	分子扩散	L^2/t
d_l	纵向扩散	L
d_t	横向扩散	L
$d\iota$	线或曲面积分符号	L（或 L^2）
$\mathrm{d}\boldsymbol{x}$	平面或体积积分符号	L^2（或 L^3）
$\boldsymbol{E}$	能量流	M/t^3
E	能量	L^2M/t^2
Ei（·）	指数积分函数	
$\boldsymbol{E}(\boldsymbol{u})$	沿 $\boldsymbol{u}$ 正交投影	
$E^\perp(\boldsymbol{u})$	$\boldsymbol{E}(\boldsymbol{u})$的余	$1-\boldsymbol{E}(\boldsymbol{u})$
F	力	LM/t^2
F	总质量变量	M/L^3
F_α（·）	相态 α 的分布函数	
$f_{i\alpha}$	组分 i 在相 α 中的逸度函数	$M/(Lt^2)$
f_α	相 α 的分流函数	
G	杨氏模量	
g	重力加速度	L/t^2
H_α	相 α 的焓	L^2/t^2
H	油藏厚度	L

续表

符号	物理量	量纲
h_3	油藏厚度	L
h_3	井网格块的高度	L
h_i	x_i 方向上的网格尺寸	L
$\boldsymbol{I}$	单位张量	
I	空间间距	L
$J=(0, T]$	相关的时间步长	t
J^n	子时间步长	t
$\lvert K\rvert$	集合 K 的面积或体积	L^2（L^3）
K_i	组分 i 的平衡常数 K	
$\boldsymbol{K}$	渗透率张量	L^2
K_{ii}	x_i 方向上的渗透率	L^2
$\bar{K}$	K 的平均值	L^2
K_h	水平渗透率	L^2
K_v	垂向渗透率	L^2
K_α	相 α 的有效渗透率	L^2
$K_{r\alpha}$	相 α 的相对渗透率	
K_{row}	油水相对渗透率	
K_{rog}	油气相对渗透率	
K_{rc}	临界含水饱和度 S_{wc} 下的油水相对渗透率 K_{row}	K_{row}（S_{wc}）
k^{f}_{ij}	正向化学反应速率	M/（L^3t）
k^{r}_{ij}	逆向化学反应速率	M/（L^3t）
k_T	导热系数	MT/（Tt^3）
k_{ob}	上覆岩层的导热系数	MT/（Tt^3）
L	石油的质量分数	
L_c	特征长度	L
L_i	组分 i 的化学损失速率	M/（L^3T）
l_{x_i}	x_i 方向上矩阵空间维数	L
$N_{B\alpha}$	邦德（Bond）数	
N_c	组分数	
$N_{c\alpha}$	毛细管数	

续表

符号	物理量	量纲
N_p	相数	
N_{cv}	占据体积组分的总数	
N_w	井数	
Nx_i	x_i方向上的网格数	
p	压力	M/（Lt^2）
p_b	泡点压力	M/（Lt^2）
p_α	相α的分压	M/（Lt^2）
p_{pc}	拟临界压力	M/（Lt^2）
p_c	毛细管压力	M/（Lt^2）
p^*_c	临界毛细管压力	
p_{ic}	组分i的临界压力	M/（Lt^2）
$p_{c\alpha 1}$	毛细管压力	M/（Lt^2）
p_{cow}	毛细管压力p_o-p_w	M/（Lt^2）
p_{cgo}	毛细管压力p_g-p_o	M/（Lt^2）
p_{cw}	毛细管压力 =-p_{cow}	M/（Lt^2）
p_{cg}	毛细管压力 =p_{cgo}	M/（Lt^2）
p_{cb}	临界压力	M/（Lt^2）
p_{bh}	井底压力	M/（Lt^2）
P_{bh}	给定井底压力	M/（Lt^2）
p^0	参考压力	M/（Lt^2）
p_r	流体相的相对分压	M/（Lt^2）
Q	产量	L^3/t
Q_α	流体相α的产量	L^3/t
Q_i	组分i的化学反应速率	M/（L^3t）
q_c	热传导量	M/t^3
q_r	热辐射量	M/t^3
q	源或汇	M/（L^3t）
q_{ext}	外部源或汇	M/（L^3t）
q_{Gm}	天然气在基质和裂缝间的窜流流量	M/（L^3t）

续表

符号	物理量	量纲
q_{Gom}	石油中，天然气在基质和裂缝间的窜流流量	M/（L^3t）
q_{Oom}	石油中，石油在基质和裂缝间的窜流流量	M/（L^3t）
q_{Wm}	水在基质和裂缝间的窜流流量	M/（L^3t）
q_{mf}	基质和裂缝间的窜流流量	M/（L^3t）
q_α	流体相 α 的源或汇	M/（L^3t）
$q^{(i)}$	井 i 的生产或注入速度	L^3/t
q_{H}	焓源	M/（L^3t）
q_{L}	热损失	M/（L^3t）
R	通用气体常数	R≈0.8205
R_{gl}	气液比	
R_{k}	渗透率下降系数	
R_{r}	阻力系数	
R_{rr}	残余阻力系数	
R_{s}（R_{u}）	天然气流动下降系数	
R_{so}	溶解气油比	
R_{v}	石油在天然气中的挥发性	
r_{e}	等效半径	L
r_{w}	井筒半径	L
$r_{i\alpha}$	组分 i 在流体相 α 中的反应速率	M/（L^3t）
$r_{i\mathrm{s}}$	组分 i 在固相中的反应速率	M/（L^3t）
S_α	流体相 α 的饱和度	
$S_{\mathrm{n}\alpha}$	流体相 α 归一化饱和度	
S_{oc}	临界含油饱和度	
S_{wc}	临界含水饱和度	
S_{nc}	残余饱和度	
S_{or}	残余油饱和度	
$S_{\alpha\mathrm{r}}$	流体相 α 残余饱和度	
S_{wf}	油水前缘含水饱和度	
s_{k}	表皮系数	

续表

符号	物理量	量纲
$\boldsymbol{T}_\alpha$	流体相 α 的传导率	L^3t/M
T	温度	T
T_c	临界温度	T
T_m	基质—裂缝传导率	
T_{ob}	围岩温度	T
T_{pc}	拟临界温度	T
t_B	见水时间	t
U	比能	L^2/t^2
U_α	流体相 α 比内能	L^2/t^2
$\boldsymbol{u}$	达西速度（u_1，u_2，u_3）	L/t
$\lvert\boldsymbol{u}\rvert$	$\boldsymbol{u}$ 的欧几里得范数	L/t
u_α	流体相 α 的速度	L/t
V	体积	L^3
$\lvert V_0\rvert$	集合 V_0 的面积或体积	L^2（L^3）
V	气体质量分数	
W	分子量	M/mole
W_i	组分 i 的分子量	M/mole
WI	井指数	L^3
w	流体驱替	L
w_s	固体驱替	L
$\boldsymbol{x}$	空间变量（x_1，x_2，x_3）	L
$\boldsymbol{x}^{(i)}$	井位	L
$x_{i\alpha}$	组分 i 在流体相 α 中的摩尔分数	
Y_G	原始气体重度	
Z	气体压缩系数或偏差因子	
Z_α	流体相 α 的压缩因子	
z	深度	L
z_i	总摩尔分数	
z_{bh}	基准面深度	L

15.5 希腊符号

符号	量	单位
$\bar{\alpha}$	量纲因子	
β	惯性或紊流系数	
κ_{ij}	二元交互作用系数	
Ω	解空间	L^3
Ω_i	第 i 个矩阵块	L^3
Ω_0	φ_0 的支撑集	L^3
$\partial\Omega$	Ω 的边界	L^2
$\partial/\partial t$	时间导数	t^{-1}
$\partial/\partial x_i$	空间导数	L^{-1}
∇	梯度算子	L^{-1}
$\nabla\cdot$	散度算子	L^{-1}
Δ	拉普拉斯算子	L^{-2}
ΔL	在一个网格中的井段长度	L
Δp_α	穿过一个基质网格的压力梯度	$M/(L^2t^2)$
Φ	势	$M/(Lt^2)$
Φ_α	相 α 的势	$M/(Lt^2)$
Φ^0	基准势	$M/(Lt^2)$
Φ'	拟势	L
φ	孔隙度	
φ^0	基准孔隙度	
$\varphi_{i\alpha}$	组分 i 在流体相 α 中的逸度系数	
ψ	拟压力	$M/(Lt^3)$
ψ'	方程（2.7）的反函数	L
μ	黏度	$M/(Lt)$
μ_α	流体相 α 的黏度	$M/(Lt)$
μ_P	聚合物黏度	$M/(Lt)$
ρ	密度	M/L^3
ρ_f	流体密度	M/L^3
ρ_f	裂缝中流体总体密度	M/L^3

续表

符号	量	单位
ρ_α	流体相 α 的密度	M/L^3
ρ^0	基准密度	M/L^3
ρ_t	总质量密度	M/L^3
ρ_{Go}	气体在石油中的分密度	M/L^3
ρ_{Oo}	石油在石油中的分密度	M/L^3
ρ_{ob}	上覆岩层密度	M/L^3
δ	狄拉克 δ 函数	$1/L^3$
δv^l	第 l 次牛顿迭代时 v 的增量	
$\bar{\delta} v^n$	第 n 步时 v 的时间增量	
σ	矩阵形状因子	$1/L^2$
σ	表面张力	M/t^2
σ_{aw}	水 / 空气界面张力	M/t^2
σ_{ow}	水 / 油界面张力	M/t^2
σ_{23}	微乳剂 / 油界面张力	M/t^2
σ_{13}	微乳剂 / 水界面张力	M/t^2
$\boldsymbol{\sigma}$	应力张量	$M/（Lt^2）$
ϵ_s	应变张量	$M/（Lt^2）$
v	泊松比	
$\boldsymbol{v}$	单位外法向向量	
$\chi_i（\cdot）$	特征函数	
λ_α	流体相 α 的流度	L^3t/M
λ	总流度	L^3t/M
$\xi_{i\alpha}$	组分 i 在流体相 α 中的摩尔密度	$mole/L^3$
ξ_α	流体相 α 的摩尔密度	$mole/L^3$
θ	接触角	
ω_i	组分 i 的偏心因子	
γ_α	相位比重	$M/（L^2t^2）$
$\gamma_{i\alpha}$	组分 i 在流体相 α 中的比重	$M/（L^2t^2）$
γ_i^0	组分 i 的基准比重	$M/（L^2t^2）$

15.6 第 4 章和第 5 章使用的通用符号

符号	定义
$\boldsymbol{A}$	系统的系数矩阵（刚度矩阵）
$\boldsymbol{a}$	扩散系数
$\boldsymbol{a}_{\text{har}}$	a 的调和平均
a	扩散系数
$a(\cdot,\cdot)$	双线性型
$a_{\text{h}}(\cdot,\cdot)$	网格相关双线性型
$a_K(\cdot,\cdot)$	$a(\cdot,\cdot)$ 在 K 上的约束
a_{ij}	矩阵 $\boldsymbol{A}$ 的元素
a^K_{ij}	a_{ij} 在 K（元素）上的约束
a_{har}	a 的调和平均
a_{num}	数值弥散
$\boldsymbol{B}$	质量矩阵
$\boldsymbol{B}_1$	仿射映射中的矩阵
B_{r+1}	等于 $\lambda_1\lambda_2\lambda_3P_{r-2}$
B_{r+2}	参考 4.5.4 小节
$b(\cdot,\cdot)$	双线性型
$\boldsymbol{b}$	对流或平流系数向量
b	对流或平流系数
c	反应系数
$\boldsymbol{C}$	与时间相关系数矩阵
d	维数（d=1，2 或 3）
e_{ik}	∂V_i 上第 k 条边
ε^{D}_h	Γ_{D} 上边集合
ε^{N}_h	Γ_{N} 上边集合
ε^{O}_h	K_h 中内边的集合
ε^{b}_h	Γ 上边集合
ε_h	分解 K_h 的边集合

续表

符号	定义
F	势能泛函或总势能
F_i	等于 $\int_{V_i} f(\boldsymbol{x})\,\mathrm{d}\boldsymbol{x}$
$\boldsymbol{F}$	映射
f	右函数或负荷
$\boldsymbol{f}$	系统的右向量
f_K	K 的局部均值
f_i	$\boldsymbol{f}$ 的第 i 个元素
f_α	分流函数
$\boldsymbol{G}$	导数矩阵或映射
g	边界数据
g_e	e 的局部均值
$\boldsymbol{H}^k$	（k+1）×k 海森伯格矩阵
h	网格尺寸
h_e	边 e 的长度
h_i	x_i 方向上网格尺寸
h'_i	x_i 方向上网格尺寸
h''_i	x_i 方向上网格尺寸
h_k	k 级的网格尺寸
h_K	K（元素）的直径
I	$\mathbb{R}$ 内的分段
I_i	子分段
I	单位矩阵或算子
$\check{I}_i(t)$	I_i 回到时间 t
$\mathcal{I}_i^n$	时空域尾随特征
$\bar{\mathrm{i}}$	等于 $\sqrt{-1}$
J	相关时间间隔，J=（0，T]

续表

符号	定义
J^n	第 n 个子时间间隔
K	元素（三角、矩形等）
$\|K\|$	K 的面积或体积
$\hat{K}$	参考元素
K_h	三角剖分（分割）
$\breve{K}(t)$	K 回到时间 t
κ^n	时空域尾随特征
κ^k	$\boldsymbol{A}$ 的第 k 次 Krylov 空间
$\hat{\kappa}^k$	$\boldsymbol{A}^{\mathrm{T}}$ 的第 k 次 Krylov 空间
$L(\cdot)$	线性泛函数
$L_{-}(\cdot)$	对称 DG 的线性泛函数
$L_{+}(\cdot)$	非对称 DG 的线性泛函数
L_h	拉格朗日乘数法的空间
L_i	矩阵第 i 行的宽度
L	矩阵的带宽
$\boldsymbol{L}$	下三角矩阵
$\mathcal{L}$	线性算子
l_{ij}	矩阵 L 的元素
M	网格点数量（节点）
$\boldsymbol{M}$	混合方法产生的系数矩阵
$\boldsymbol{m}_{\mathrm{c}}$	元素的中心
$\boldsymbol{m}_i$	元素的顶点
$\boldsymbol{m}_{ij}$	边的中点
$\boldsymbol{m}_0$	元素的中心
N_h	K_h 中的顶点集合
p	基本未知量

续表

符号	定义
$\boldsymbol{p}$	系统的未知向量
p_h	p 的近似解
p_0	初始数据
$\check{p}_h^{n-1}$	（$\check{x}_n$，t^{n-1}）: p_h（$\check{x}_n$，t^{n-1}）下的 p_h 值
$\tilde{p}_h$	p_h 的插值
$\boldsymbol{p}_k$	第 k 次迭代
p^n_{ij}	（$x_{1,i}$，$x_{2,j}$，t^n）下的 p 值
P_r	总次数小于 r 的多项式集合
$P_{l,r}$	定义在棱柱体的多项式集合
p_α	相 α 的压力
Q_r	每个变量总次数小于 r 的多项式集合
$Q_{l,r}$	次数 l 位于 x_1 内、r 位于 x_2 内的多项式集合
$\boldsymbol{Q}$	上三角矩阵
R	反应系数
$\mathbb{R}^d$	欧氏空间，d=1，2，3
R^n_i	截断误差
$\boldsymbol{r}^k$	第 k 次残差向量
$\mathcal{R}_K$	残差的后验估计
S	计算机存储器
t	时间变量
$\check{t}$	参见 4.6.2 节
t^n	第 n 个时间步
T	结束时间
T_{ij}	节点 i 和 j 之间的传导率
$\boldsymbol{u}$	等于 $-\boldsymbol{a}\nabla p$ 或 $-\nabla p$
$\boldsymbol{U}$	u 或 $\boldsymbol{u}$ 的未知向量
u_{ij}	$\boldsymbol{U}$ 的元素

续表

符号	定义
v_-	左极限符号
v_+	右极限符号
V	线性向量空间
V'	V 的对偶空间
V_h	有限元空间
$\boldsymbol{V}$	一对混合空间中的向量空间
$\boldsymbol{V}_h$	一对混合有限元空间中的向量空间
$\boldsymbol{V}_h(K)$	$\boldsymbol{V}_h$ 在 K 上的约束
V_i	控制体积
$\boldsymbol{V}^k$	正交投影
w_i	综合重量
W	计算量
W	一对混合空间内的标度空间
W_h	一对混合有限元空间中的标度空间
$W_h(K)$	W_h 在 K 上的约束
x	$\mathbf{R}$ 中的自变量
x	$\mathbf{R}^d$ 中的自变量：$\boldsymbol{x}=(x_1, x_2, \ldots, x_d)$
$\check{x}_n$	对应于 x 在 t_n 上特征值的底
$Z(2, M)$	节点的坐标矩阵
$\mathcal{Z}(3, \mathrm{M})$	矩阵的节点数量
Z^n	$\sup_i\{\lvert z_i^n\rvert\}$ 的最大误差
z_i^n	误差 $P_i^n - p_i^n$
$\mathrm{cond}(\boldsymbol{A})$	矩阵 $\boldsymbol{A}$ 的条件数
$\mathbf{R}$	实数集
Ω	$\mathbf{R}^d$ 的开集（d=2 或者 3）
$\bar{\Omega}$	Ω 的闭集

续表

符号	定义
Ω_e	具有共同边 e 的元素的集合
Ω_K	与 K 相邻的元素的集合
Ω_i	$\boldsymbol{m}_i$ 邻节点集合
Ω_m	具有公共顶 $\boldsymbol{m}$
Γ	Ω 的边界 $\partial\Omega$
Γ_-	Γ 的内流边界
Γ_+	Γ 的外流边界
Γ_{D}	Γ 的狄里克雷（Dirichlet）边界
Γ_{N}	Γ 的第二类（Neumann）边界
∂K	K 的边界
∂K_-	∂K 的内流部分
∂K_+	∂K 的外流部分
∇	梯度算子
$\nabla\cdot$	散度算子（div）
Δ	拉普拉斯算子
Δ^2	双调和算子（$\Delta\Delta$）
Δt	时间步长
Δt^n	第 n 个时间步的步长
$\frac{\partial}{\partial x_i}$	x_i 的偏导数
$\frac{\partial}{\partial t}$	t（时间）的偏导数
$\frac{\partial}{\partial \nu}$	法向导数
$\frac{\partial}{\partial \boldsymbol{t}}$	切向导数
$\frac{\partial}{\partial \tau}$	沿特征值的方向导数

续表

符号	定义
$\frac{D}{Dt}$	随体导数
D^{α}	偏导数符号
$C^{\infty}(\Omega)$	光滑函数的空间
$D(\Omega)$	Ω 中具有紧密支撑集 $C^{\infty}(\Omega)$ 的子集
$C_0^{\infty}(\Omega)$	与 $D(\Omega)$ 相同
$\mathrm{diam}(K)$	K 的直径
$L_{\mathrm{loc}}^{1}(\Omega)$	Ω 内部任意紧集上的可积函数空间
$L^{q}(\Omega)$	勒贝格（Lebesgue）空间
$W^{r,q}(\Omega)$	索伯列夫（Sobolev）空间
$W_0^{r,q}(\Omega)$	$D(\Omega)$ 关于 $W^{r,q}(\Omega)$ 的完成
$\|\cdot\|$	范数
$\|\cdot\|_h$	不相容空间的范数
$\|\cdot\|_{L^q(\Omega)}$	$L^{q}(\Omega)$ 的范数
$\|\cdot\|_{W^{r,q}(\Omega)}$	$W^{r,q}(\Omega)$ 的范数
$\vert\cdot\vert_{W^{r,q}(\Omega)}$	$W^{r,q}(\Omega)$ 的半范数
$\vert\boldsymbol{u}\vert$	欧几里得范数 $\sqrt{u_1^2+u_2^2+\cdots+u_d^2}$
$(\cdot,\cdot)$	内积
$H^{r}(\Omega)$	与 $W^{r,2}(\Omega)$ 相同
$H_0^{r}(\Omega)$	与 $W_0^{r,2}(\Omega)$ 相同
$H^{l}(K_h)$	分段光滑空间
$\boldsymbol{H}(\mathrm{div},\Omega)$	散度空间
β	对流或平流系数
α	多重指标（d 重数）：$\alpha=(\alpha_1,\alpha_2,\cdots,\alpha_d)$
β_1	$K\in K_h$ 上的最小角测量
β_2	均匀三角常数
ϵ_i^n	扰动误差

续表

符号	定义
$\sum_K$	自由度集合
γ	放大系数
γ_k^n	ϵ_i^n 的量级（膨胀系数）
π_h	插值算子
π_K	π_h 对元素 K 的约束
Π_h	射影算子
$\delta[x-x^{(l)}]$	$x^{(l)}$ 上的狄拉克 δ 函数
ρ_K	K 中最大内切圆的直径
$\boldsymbol{\nu}$	单位外法向向量
ϕ	时间差分系数
φ，$\boldsymbol{\varphi}$	空隙速度
φ_i	V_h 的基函数
φ_{ik}^j	CVFA 中基函数
ψ_i	W_h 的基函数
$\boldsymbol{\varphi}_i$	V_h 的基函数
λ_d	拉格朗日乘数
λ_i	重心坐标（i=1，2，3）
λ_{ij}^{up}	上游加权系数
$\tau, \boldsymbol{\tau}$	特征方向
$[\![\cdot]\!]$	跳跃算子符号
$\{\cdot\}$	平均算子符号
$\det(\cdot)$	矩阵的行列式
$\sigma(\boldsymbol{A})$	A 的谱

第16章　单　　位

16.1　单位缩写

符号	意义
atm	大气压
bbl	地层条件下桶数
Btu	英热单位
℃	摄氏度
cm^3	立方厘米或容积
cm	厘米
cP	厘泊
d	天
dyn	达因
℉	华氏度
ft	英尺
g	克
gm	克
h	小时
J	焦耳
K	开尔文（绝对温度单位）
kg	千克
lb	磅（表示力）
lbm	磅（表示质量）
m	米
mD	毫达西
mg/L	毫克/升
mol	摩尔
mPa·s	毫帕·秒
N	牛

续表

符号	意义
Pa	帕
ppm	百万分之一
psi	磅力每平方英寸
psia	磅力每平方英寸（绝压）
psig	磅力每平方英寸（表压）
PV	孔隙体积
°R	兰氏度
RB	地层条件下桶数
s	秒
SCF	标准立方英尺
SCM	标准立方米
STB	标准桶
t	吨

16.2 单位转换

长度

1m=100cm=1000mm=3.28084ft=39.3701in

1ft=0.30480m=30.4800cm=3048mm=12in

1km=0.621388mile

面积

$1m^2=10000cm^2=1000000mm^2=10.7639ft^2=1550.0in^2$

$1ha=10000m^2=2.47105acre$

$1mile^2$（section）$=2.58985km^2=258.985ha=639.965acre$

$1acre=43560ft^2=0.404686ha=4046.86m^2$

体积（容量）

$1m^3=1000L=1000dm^3=35.3147ft^{3}=6.28981bbl$

$1L=1dm^3=0.001m^3=1000cm^3=0.0353147ft^3=61.0237in^3$

$1ft^3=0.0283168m^3=28.3168L$

1bbl（API）$=0.158987m^3=158.987L=5.61458ft^3$

质量

1kg=2.20460lb=1000g

1lb=0.453597kg=453.597g

1t=1000kg=2204.60lb

密度

$1kg/m^3=0.001g/cm^3=0.001t/m^3=0.0624273lbm/ft^3$

$1lbm/ft^3=16.0186kg/m^3=0.0160186g/cm^3$

$1g/cm^3=1000kg/m^3=1t/m^3=1kg/L=62.4273lbm/ft^3$

力

$1N=10^5dyn=0.102kgf=0.225lbf$

$1kgf=9.81N=9.81\times10^5dyn=2.205lbf$

$1lbf=4.45N=0.454kgf$

压力

$1MPa=10^6Pa=9.86923atm=10.1972at=145.038psi$

$1atm=0.101325MPa=1.03323at=14.6959psi$

$1psi=0.00689476MPa=6.89476kPa=0.0680460atm=0.0703072at$

温度

$°C=(°F-32)/1.8$

$K=°C+273.16$

$°F=1.8(°C)+32$

$°R=°F+459.67$

$K=°R/1.8$

黏度

$1mPa\cdot s=1cP$ (dynamic) $=10^{-3}Pa\cdot s$

$1mm^2/s=1cSt=1.08\times10^{-5}ft^2/s$ (kinematic)

渗透率

$1\mu m^2=10^{-12}m^2=1.01325D=1.01325\times10^3mD$

$1mD=10^{-3}D=9.86923\times10^{-16}m^2=9.86923\times10^{-4}\mu m^2$

$1\mu m^2\approx1D=1000mD$

表面张力

$1mN/m=1dyn/cm$

功、能量、功率

$1J=9.47813\times10^{-4}Btu$

$1Btu=1055.06J$

传热系数

$1kJ/(m\cdot d\cdot K)=1.60996Btu/(ft\cdot d\cdot °F)$

$1Btu/(ft\cdot d\cdot °F)=6.23067kJ/(m\cdot d\cdot K)$

比热

$1J/(kg\cdot K)=2.38846\times10^{-4}Btu/(lb\cdot °F)$

$1Btu/(lb\cdot °F)=4.1868\times10^3J/(kg\cdot K)$

一些特殊单位

γ_o（原油相对密度）=141.5/（131.5+°API）

1SCF/STB（气油比）=0.17811m^3/m^3（标况）

1m^3/m^3=5.6146SCF/STB

1psi/ft（压力梯度）=0.223248atm/m=0.0226206MPa/m

16.3 SI 和其他公制单位

量	符号	SI 基础单位	SI 常用单位	混合基础单位	混合常用单位	混合英制单位
原油产量	q_o	m^3/s	m^3/d	cm^3/s	m^3/d	bbl/d
注水量	q_w	m^3/s	m^3/d	cm^3/s	m^3/d	bbl/d
临界产量	q_c	m^3/s	m^3/d	cm^3/s	m^3/d	bbl/d
截面	A	m^2	m^2	cm^2	m^2	ft^2
渗透率	K	m^2	μm^2	D	mD	mD
有效深度	h	m	m	cm	m	ft
射孔长度	ΔL	m	m	cm	m	ft
油藏长度	L	m	m	cm	m	ft
毛细管半径	r_c	m	μm	cm	μm	μin
井筒半径	r_w	m	m	cm	m	ft
泄流半径	r_e	m	m	cm	m	ft
原油体积系数	B_o					
原油黏度	μ	Pa·s	mPa ·s	cP	cP	cP
压差	Δp	Pa	MPa	atm	atm	psi
初始压差	p_0	Pa	MPa	atm	atm	psi
井筒压力	p_{bh}	Pa	MPa	atm	atm	psi
毛细管压力	p_c	Pa	MPa	dyn/cm^2	atm	psi
原油密度	ρ_o	kg/m^3	g/cm^3	g/cm^3	g/cm^3	lbm/ft^3
水密度	ρ_w	kg/m^3	g/cm^3	g/cm^3	g/cm^3	lbm/ft^3
生产时间	t	s	h	s	h	h
饱和度	S	%	%	%	%	%
表皮系数	s_k					
原油压缩系数	c_o	Pa^{-1}	MPa^{-1}	atm^{-1}	atm^{-1}	psi^{-1}
岩石压缩系数	c_R	Pa^{-1}	MPa^{-1}	atm^{-1}	atm^{-1}	psi^{-1}

续表

量	符号	SI 基础单位	SI 常用单位	混合基础单位	混合常用单位	混合英制单位
井控储量	N	m^3	m^3	cm^3	m^3	bbl
紊流系数	β	m^{-1}	m^{-1}	cm^{-1}	m^{-1}	ft^{-1}
孔隙度	ϕ	%	%	%	%	%
表面张力	σ	N/m	mN/m	dyn/cm	dyn/cm	dyn/cm
接触角	θ	(°)	(°)	(°)	(°)	(°)
能量	E	J	J	J	J	Btu
导热系数	k_T	$\frac{W}{m \cdot K}$	$\frac{kJ}{m \cdot d \cdot K}$	$\frac{W}{m \cdot K}$	$\frac{kJ}{m \cdot d \cdot K}$	$\frac{Btu}{ft \cdot d \cdot ℉}$
比热	U	$\frac{J}{kg \cdot K}$	$\frac{J}{kg \cdot K}$	$\frac{J}{kg \cdot K}$	$\frac{J}{kg \cdot K}$	$\frac{Btu}{lb \cdot ℉}$

国外油气勘探开发新进展丛书（一）

书号：3592
定价：56.00元

书号：3663
定价：120.00元

书号：3700
定价：110.00元

书号：3718
定价：145.00元

书号：3722
定价：90.00元

国外油气勘探开发新进展丛书（二）

书号：4217
定价：96.00元

书号：4226
定价：60.00元

书号：4352
定价：32.00元

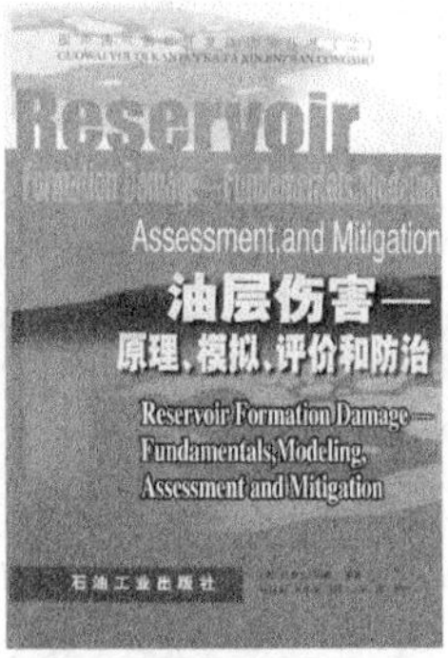

书号：4334
定价：115.00元

书号：4297
定价：28.00元

国外油气勘探开发新进展丛书（三）

书号：4539
定价：120.00元

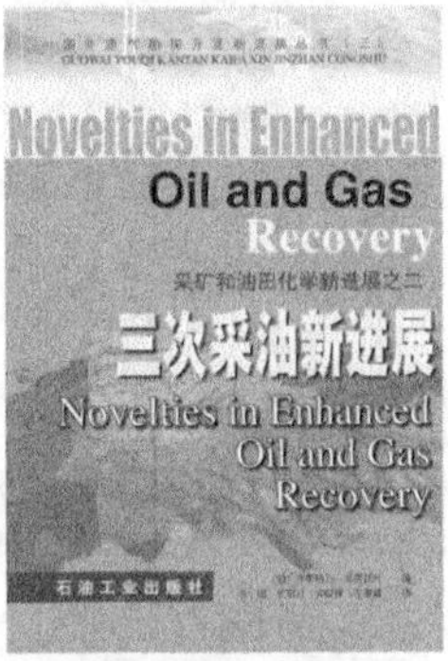

书号：4725
定价：88.00元

书号：4707
定价：60.00元

书号：4681
定价：48.00元

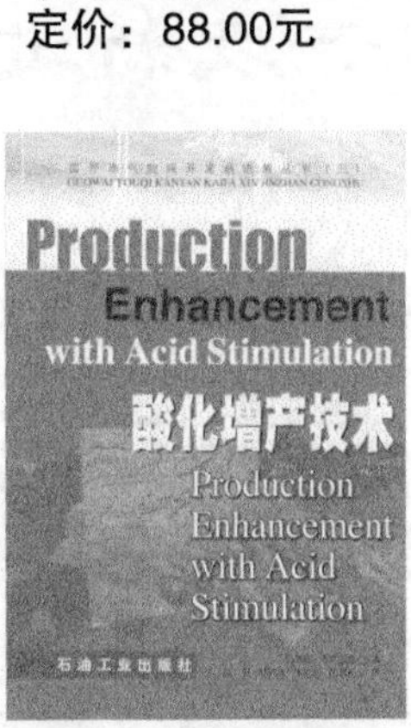

书号：4689
定价：50.00元

书号：4764
定价：78.00元

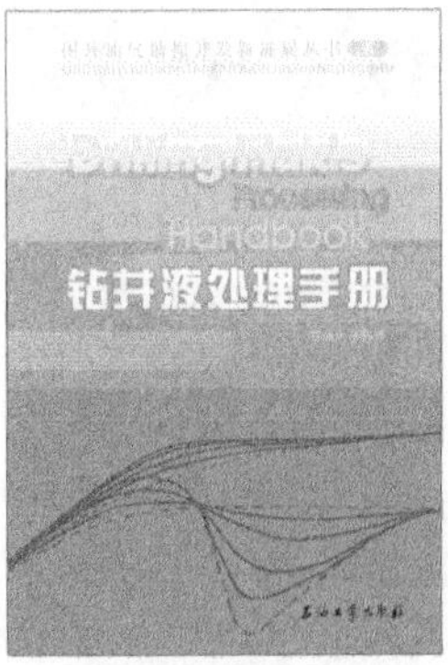

书号：6402
定价：96.00元

书号：6309
定价：185.00元

书号：6718
定价：150.00元

国外油气勘探开发新进展丛书（六）

书号：7055
定价：290.00元

书号：7000
定价：50.00元

书号：7035
定价：32.00元

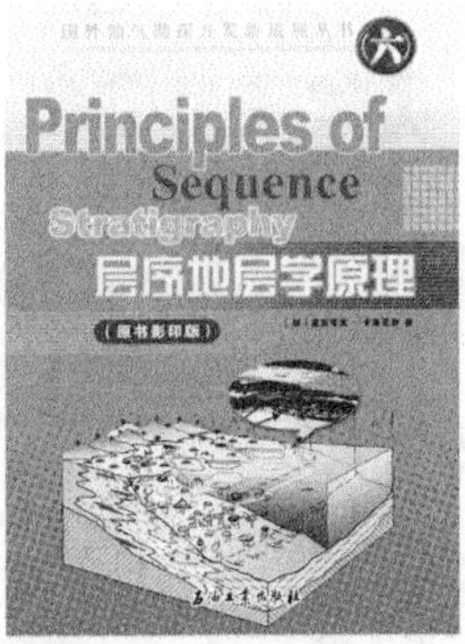

书号：7075
定价：128.00元

书号：6966
定价：42.00元

书号：6967
定价：32.00元

国外油气勘探开发新进展丛书（七）

书号：7533
定价：65.00元

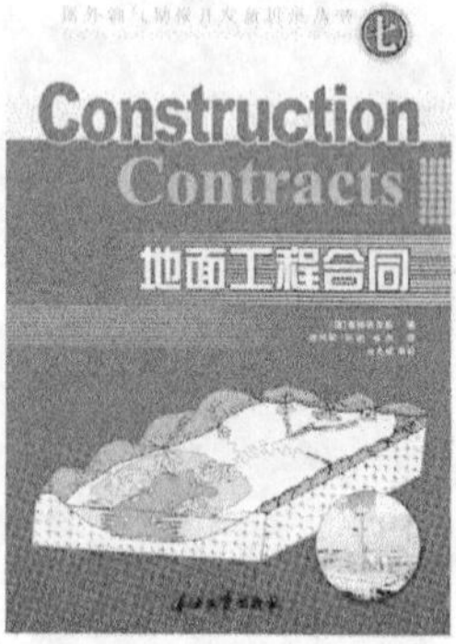

书号：7802
定价：110.00元

书号：7555
定价：60.00元

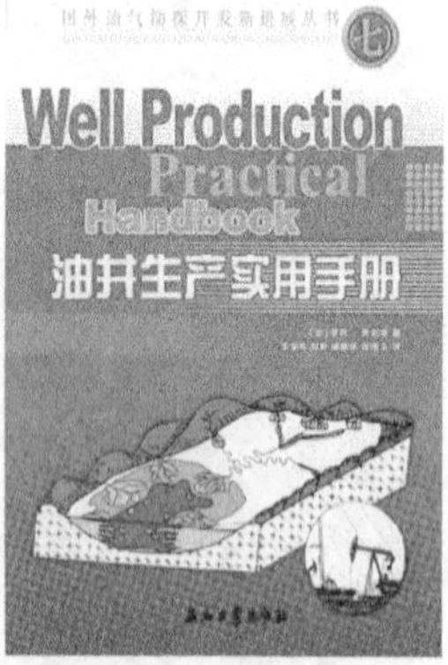

书号：7290
定价：98.00元

书号：7088
定价：120.00元

书号：7690
定价：93.00元

国外油气勘探开发新进展丛书（八）

书号：7446
定价：38.00元

书号：8065
定价：98.00元

书号：8356
定价：98.00元

书号：8092
定价：38.00元

书号：8804
定价：38.00元

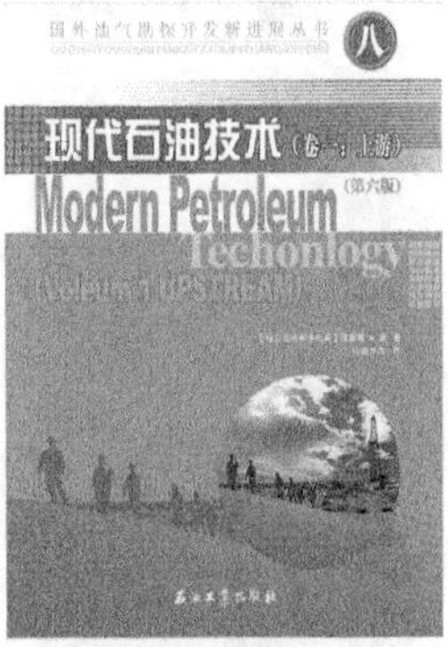

书号：9483
定价：140.00元

国外油气勘探开发新进展丛书（九）

书号：8351
定价：68.00元

书号：8782
定价：180.00元

书号：8336
定价：80.00元

书号：8899
定价：150.00元

书号：9013
定价：160.00元

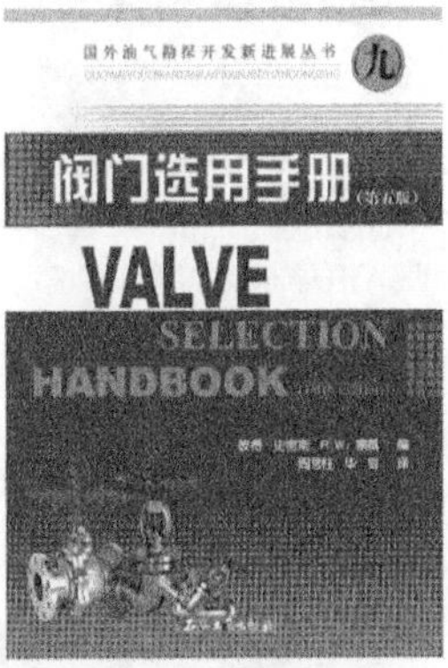

书号：7634
定价：65.00元

书号：0916
定价：80.00元

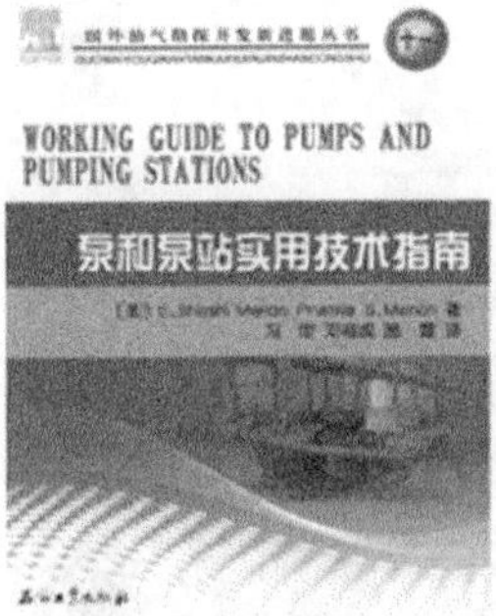

书号：0867
定价：65.00元

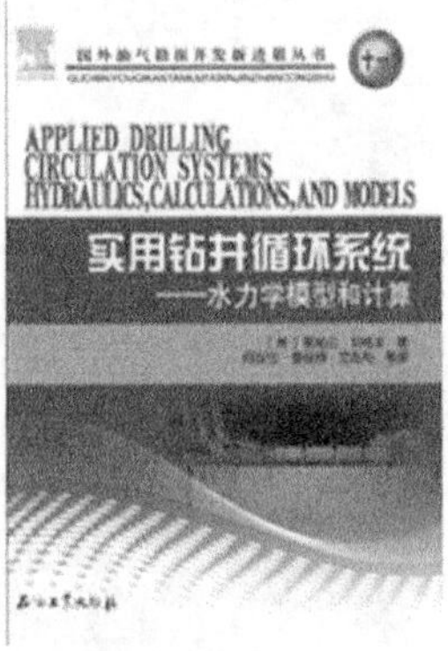

书号：0732
定价：75.00元

国外油气勘探开发新进展丛书（十二）

书号：0661
定价：80.00元

书号：0870
定价：116.00元

书号：0851
定价：120.00元

书号：1172
定价：120.00元

书号：0958
定价：66.00元

书号：1529
定价：66.00元

书号：2857
定价：80.00元

书号：2362
定价：76.00元

国外油气勘探开发新进展丛书（十五）

书号：3053
定价：260.00元

书号：3682
定价：180.00元

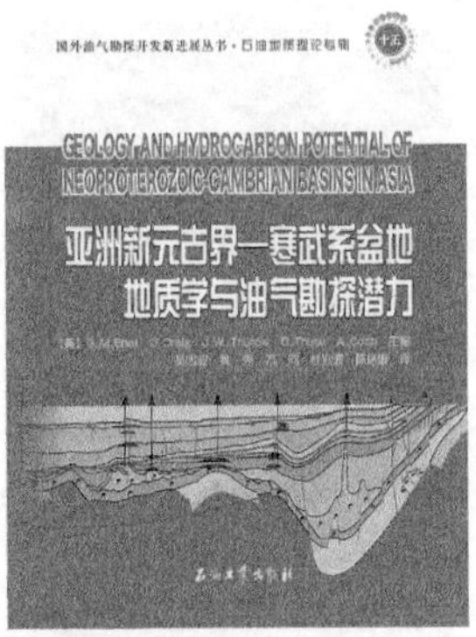

书号：2216
定价：180.00元

书号：3052
定价：260.00元

书号：2703
定价：280.00元

书号：2419
定价：300.00元

国外油气勘探开发新进展丛书（十六）

书号：2274
定价：68.00元

书号：2428
定价：168.00元

书号：1979
定价：65.00元

书号：3450
定价：280.00元

书号：3384
定价：168.00元

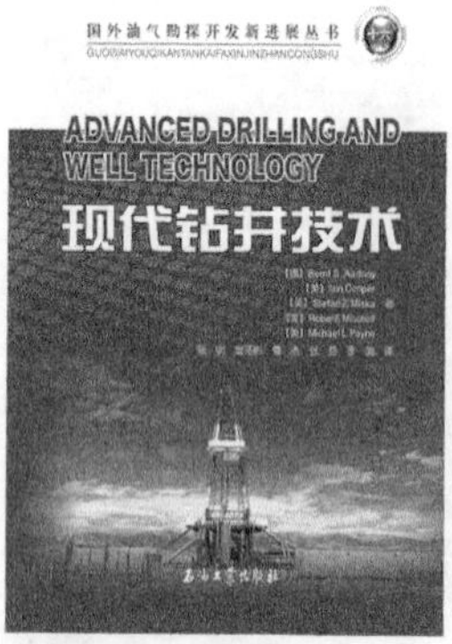

书号：5259
定价：280.00元

国外油气勘探开发新进展丛书（十七）

书号：2862
定价：160.00元

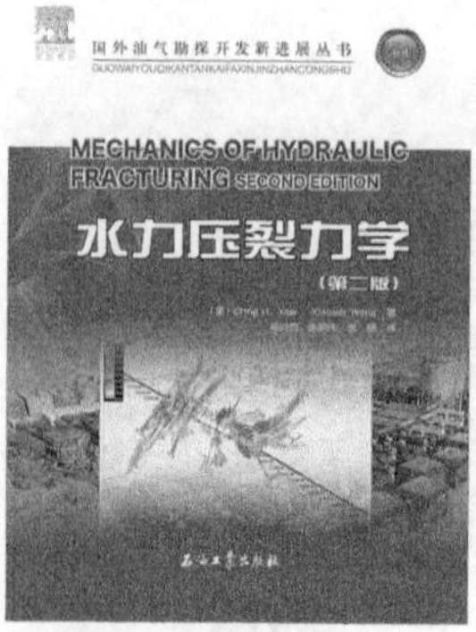

书号：3081
定价：86.00元

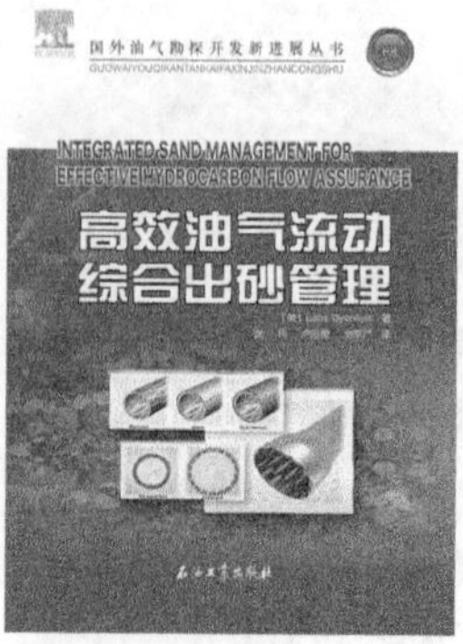

书号：3514
定价：96.00元

书号：3512
定价：298.00元

书号：3980
定价：220.00元

书号：5701
定价：158.00元

国外油气勘探开发新进展丛书（十八）

书号：3702
定价：75.00元

书号：3734
定价：200.00元

书号：3693
定价：48.00元

书号：3513
定价：278.00元

书号：3772
定价：80.00元

书号：3792
定价：68.00元

国外油气勘探开发新进展丛书（十九）

书号：3834
定价：200.00元

书号：3991
定价：180.00元

书号：3988
定价：96.00元

书号：3979
定价：120.00元

书号：4043
定价：100.00元

书号：4259
定价：150.00元

国外油气勘探开发新进展丛书（二十）

书号：4071
定价：160.00元

书号：4192
定价：75.00元

书号：4770
定价：118.00元

书号：4764
定价：100.00元

书号：5138
定价：118.00元

书号：5299
定价：80.00元

国外油气勘探开发新进展丛书（二十一）

书号：4005
定价：150.00元

书号：4013
定价：45.00元

书号：4075
定价：100.00元

书号：4008
定价：130.00元

书号：4580
定价：140.00元

书号：5537
定价：200.00元

国外油气勘探开发新进展丛书（二十二）

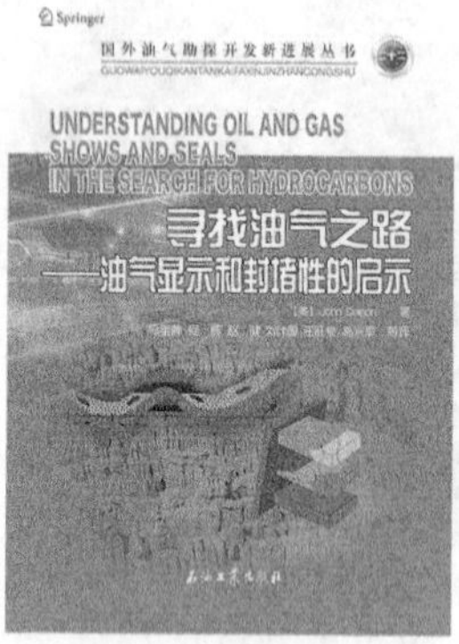

书号：4296
定价：220.00元

书号：4324
定价：150.00元

书号：4399
定价：100.00元

书号：4824
定价：190.00元

书号：4618
定价：200.00元

书号：4872
定价：220.00元

国外油气勘探开发新进展丛书（二十三）

书号：4469
定价：88.00元

书号：4673
定价：48.00元

书号：4362
定价：160.00元

书号：4466
定价：50.00元

书号：4773
定价：100.00元

书号：4729
定价：55.00元

国外油气勘探开发新进展丛书（二十四）

书号：4658
定价：58.00元

书号：4785
定价：75.00元

书号：4659
定价：80.00元

书号：4900
定价：160.00元

书号：4805
定价：68.00元

书号：5702
定价：90.00元

国外油气勘探开发新进展丛书（二十五）

书号：5349
定价：130.00元

书号：5449
定价：78.00元

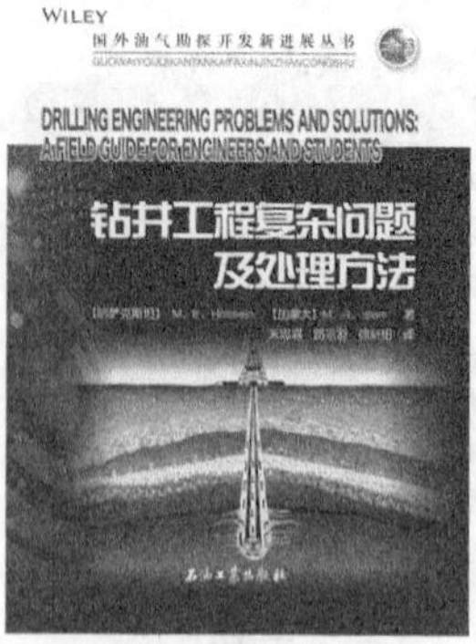

书号：5280
定价：100.00元

书号：5317
定价：180.00元

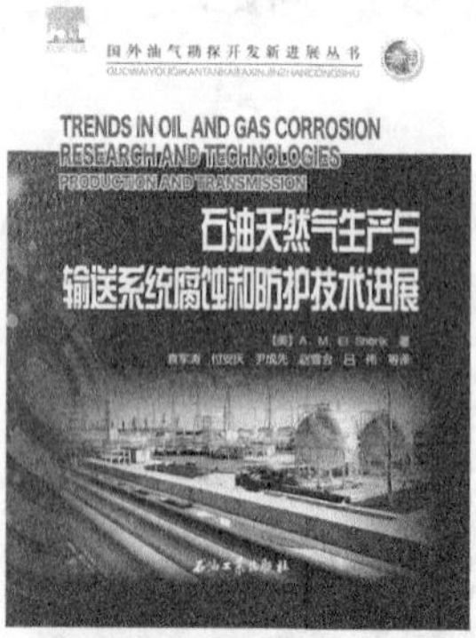

书号：6509
定价：258.00元

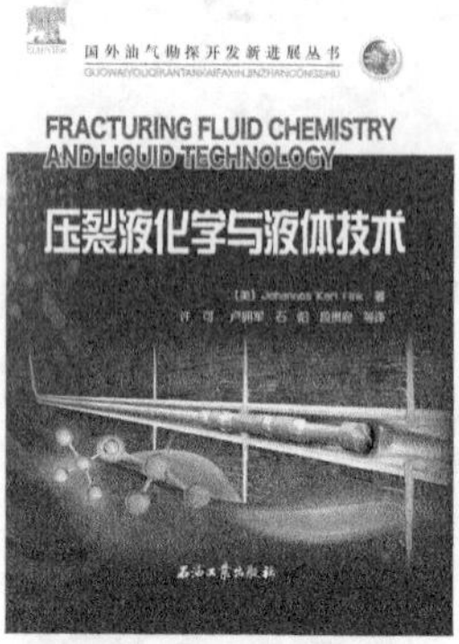

书号：5718
定价：90.00元

国外油气勘探开发新进展丛书（二十六）

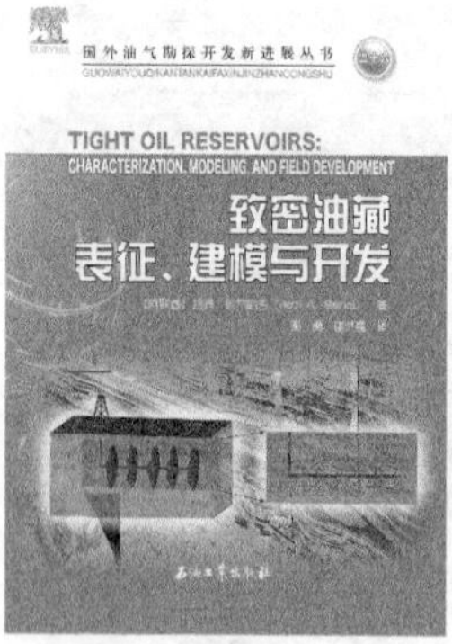

书号：6703
定价：160.00元

书号：6738
定价：120.00元

书号：7111
定价：80.00元

书号：5677
定价：120.00元

书号：6882
定价：150.00元